ELEKTROCHEMIE

THEORETISCHE GRUNDLAGEN UND ANWENDUNGEN

VON

DR. GIULIO MILAZZO

ISTITUTO SUPERIORE DI SANITÀ, ROM
PROF. INC. FÜR ELEKTROCHEMIE AN DER UNIVERSITÄT ROM

NEUBEARBEITUNG
DER ERSTEN ITALIENISCHEN AUFLAGE

INS DEUTSCHE ÜBERTRAGEN VON
DR. W. SCHWABL, WIEN

MIT 108 TEXTABBILDUNGEN

SPRINGER-VERLAG WIEN GMBH 1952

ISBN 978-3-7091-7575-0   ISBN 978-3-7091-7574-3 (eBook)
DOI 10.1007/978-3-7091-7574-3
Softcover reprint of the hardcover 1st edition 1952

Aus dem Geleitwort zur ersten italienischen Auflage

Dieser Wissenszweig hat in den letzten 25 Jahren sowohl in theoretischer Hinsicht als auch in den technischen Anwendungen nur langsam und mühsam Fortschritte gemacht: Fortschritte, die bestimmt nicht mit der Periode stürmischer Vorwärtsentwicklung verglichen werden können, in der die mit den Namen eines Arrhenius, Ostwald und Nernst verbundenen Theorien und praktischen Anwendungen der Elektrochemie jenes Gepräge gegeben haben, das den Chemikern meiner Generation vertraut ist. Man denke nur an die schwerfällige und auch heute noch unbefriedigende Entwicklung der Theorie der elektrolytischen Lösungen während der letzten 25 Jahre!

Andererseits ist die neue Gedankenwelt der Quantenphysik noch nicht in dem Maße in die Elektrochemie eingedrungen, wie es eigentlich hätte sein müssen. Die Elektronentheorie der Metalle, die Quantentheorie der Ionenkristalle, die Quantenmechanik der Ionenreaktionen in Lösungen haben noch keine entsprechende Koordination im Rahmen einer zusammenhängenden Lehre der Elektrochemie gefunden. Wer — wie der moderne Spektralchemiker — in der Welt der Elektronen und Wellenfunktionen zu Hause ist, fühlt vielleicht noch stärker die Notwendigkeit dieser Ausrichtung.

Auf unserem Kontinent bewegt sich die Elektrochemie noch immer auf der Linie der klassischen Forschung. Wenn sie auch hier und dort neue Gedankengänge aufgreift, so sind diese fast nie von grundlegender Bedeutung. Wir müssen den Lehrbuchautoren schon dankbar sein, wenn sie sich wenigstens dazu verstehen, die Elektrochemie auf einer gesunden thermodynamischen Grundlage zu entwickeln.

Auch in Italien weist die Elektrochemie der letzten 25 Jahre keine stürmischen Fortschritte auf, was mit ein Grund sein mag für das verhältnismäßig geringe Interesse, das in weiten Kreisen von Studierenden und praktischen Chemikern diesem Wissenszweig entgegengebracht wird.

Und doch hat die italienische Chemie im letzten Vierteljahrhundert hervorragende Namen von Elektrochemikern, wie Giordani, Scarpa und Cambi, verzeichnet, Namen, die sicherlich Meilensteine im Werden dieser Wissenschaft bedeuten.

Während der drei Lustren, in denen ich an der Universität Bologna Chemiestudenten, Industriechemikern und Ingenieuren Elektrochemie vorgetragen habe, war ich öfters versucht, ein kleines Lehrbuch der Elektrochemie zu schreiben. Ich habe jedoch immer wieder die Verwirklichung meines Vorhabens hinausgeschoben — wenn ich mir dadurch auch den Vorwurf manches Kollegen zugezogen habe —, in der Hoffnung, ein Buch schreiben zu können, das bereits den Stempel eines durch und durch modernen Entwurfes trüge und im wesentlichen von den neuen Ideen der Quantenphysik, der Thermodynamik und der Kinetik inspiriert wäre.

Aber vielleicht war für ein derartiges Werk die Zeit noch nicht reif und die Absicht ist auch heute noch zu hochfliegend, wenn man sie den bescheidenen Kräften eines Chemikers gegenüberstellt, der wie ich im 19. Jahrhundert geboren und in den Gedankengängen der traditionellen Chemie eines Ostwald und Nernst groß geworden ist.

Milazzo hat sich im allgemeinen von der klassischen, traditionellen Linie nicht entfernt. Er hat aber nicht verfehlt, hier und dort die Gesichtspunkte und die Bedeutung der neuen Probleme klarzustellen. Das Buch ist leicht lesbar und von großem praktischem Nutzen, auch wegen des Reichtums an Zahlenangaben und Tabellen experimenteller Daten, die es auf eine reale Grundlage stellen und dem Leser die Möglichkeit geben, immer die Verbindung mit den experimentellen Tatsachen herzustellen.

Dieses Buch will weder eine theoretische noch eine angewandte Elektrochemie sein, es stellt vielmehr einen brauchbaren Führer zum Verständnis beider Zweige unserer Wissenschaft dar. In diesem Sinne ist die gleichmäßige Behandlung der verschiedenen Teile und die Auswahl der Kapitel, die sich mit der Entwicklung der Anwendungen befassen, zu verstehen.

Es ist zu hoffen, daß die Verbreitung dieses Lehrbuches mithelfen wird, bei den Studierenden Interesse für den Gegenstand zu erwecken und ihnen die geistigen Grundlagen zu vermitteln, die, zusammen mit einer soliden und zielbewußten Vorbereitung in der physikalischen Chemie, für viele die Voraussetzung für eine spätere Spezialisierung in der Elektrochemie sein können.

Wenn dies erreicht wird, darf der Verfasser zufrieden sein und das Bewußtsein haben, sich der Mühe einer undankbaren Aufgabe nicht umsonst unterzogen zu haben.

Bologna, im Mai 1947.

G. B. Bonino
o. Professor der allgemeinen
und physikalischen Chemie

Geleitwort zur deutschen Ausgabe

Die vorliegende deutsche Ausgabe bringt eine Neubearbeitung und moderne Ergänzung des vor einigen Jahren erschienenen italienischen Lehrbuches der Elektrochemie durch den Verfasser Prof. Giulio Milazzo (Rom), das mit einer warmen einführenden Empfehlung von Prof. Bonino (Bologna) rasch seinen Weg machte.

Der gewaltige Aufschwung der Elektrochemie und die ständige Ausdehnung ihrer technischen Anwendung zur Bereitung und Reinigung wichtigster Rohstoffe hat heute schon eine kaum übersehbare Fülle von Material hervorgebracht. Es ist ein besonderer Vorzug dieses Buches, daß es diesem umfangreichen Ausmaße auch in allen bemerkenswerten Einzelheiten gerecht wird, wobei eine klare und kritische Darstellung sowohl der theoretischen Grundlagen als auch der experimentellen Erfahrungen sorgfältig festgehalten ist.

Die Gliederung des Stoffes in zwölf große Kapitel, von denen selbst wieder jedes in eine ganze Reihe von Unterabschnitten zerfällt, ist überaus zweckmäßig und übersichtlich, wie schon das einleitende Inhaltsverzeichnis des Buches erkennen läßt.

Welchen bedeutenden Zuwachs auch an streng wissenschaftlicher Erkenntnis die Arbeiten der chemischen Technologen für die Klärung der Grundprozesse und der begleitenden Nebenreaktionen gebracht haben, das lehrt das ausführlich behandelte Gebiet der Elektrometallurgie wässeriger Lösungen, ferner der nichtmetallurgischen elektrolytischen Prozesse sowie schließlich der Schmelzelektrolyse.

Besonders sei noch hervorgehoben, daß die Elektrochemie der Kolloide in einem eigenen Kapitel eine nähere Würdigung gefunden hat. In der Tat bietet die eigenartige Zwischenstellung der Kolloide zwischen niedrigmolekularen Zerteilungen und den Eigenschaften von Grenzflächen eine besondere Variation der elektrochemischen Merkmale, die allmählich auch zu einer zunehmenden Ausgestaltung und Vertiefung unserer elektrochemischen Betrachtungsweise ihren Beitrag leistet. Es sind die Fortschritte in der Reindarstellung und Konzentrierung von Kolloiden, die unsere Kenntnisse von deren chemischen Konstitution erst auf eine sichere Grundlage stellten und deren Zusammenhang mit dem elektrochemischen und optischen Verhalten sowie auch mit den Kolloid-Kolloidreaktionen ins rechte Licht setzten. Der weitere Ausbau dieses Abschnittes hat gute Zukunftsaussichten.

Ein sehr reiches, kritisch nach Genauigkeit und Geltungsbereich charakterisiertes Tabellenmaterial gibt auch die Möglichkeit für eine stärkere praktische Verwendung dieses Lehrbuches, das sowohl dem fortgeschrittenen Studierenden als auch dem Betriebschemiker ein willkommener Helfer und Berater werden dürfte.

Zürich, im September 1951.

Wolfgang Pauli sen.

Vorwort

Das vorliegende Buch hat den Zweck, die Grundlagen der Elektrochemie dem Leser in einer möglichst einfachen und auch für den Nichtspezialisten verständlichen Form zu vermitteln. Es setzt daher nur ein Minimum an Vorkenntnissen in der Chemie und physikalischen Chemie voraus. Aus diesem Grunde eignet es sich als Lehrbuch, ist aber auch ein praktischer Ratgeber, da ich darin viele Zahlenangaben gesammelt und in Tabellenform zusammengestellt habe, die in der Literatur verstreut und oft nicht leicht zugänglich sind.

Es ist unmöglich, in einem Band die gesamte Theorie und alle Anwendungen der Elektrochemie zusammenfassend darzustellen, ohne ihn zu einer allzu voluminösen Abhandlung anwachsen zu lassen. Das vorliegende Buch entwickelt daher in erster Linie jenen Teil der Theorie, der zu speziell ist, um in einem Werk über allgemeine physikalische Chemie Platz zu finden, und untersucht in zweiter Linie, wie die allgemeinen, aus dem Studium der physikalischen Chemie schon bekannten und in diesem Buch in der speziellen elektrochemischen Richtung weiter entwickelten Auffassungen über chemische Umsetzungen auf die elektrochemischen Vorgänge angewendet werden können.

In meiner Darstellung habe ich immer getrachtet, nicht nur die zu unserem festen Besitzstand gehörenden Ergebnisse, sondern auch die Schwierigkeiten und Unsicherheiten, die immer noch auf theoretischem und experimentellem Gebiete bestehen, hervorzuheben.

Dagegen habe ich es nicht als zweckmäßig erachtet, eine Reihe von Themen, die gewöhnlich in den Lehrbüchern der Elektrochemie behandelt werden (Indikatoren, Hydrolyse, Pufferlösungen, elektrothermische Reaktionen, elektrische Öfen usw.), ebenfalls aufzunehmen, da diese nicht zur Elektrochemie, sondern eher zur Theorie der Gleichgewichte (Ionengleichgewichte), zur Theorie der Reaktionen bei hohen Temperaturen (elektrothermische Reaktionen), zur Technologie (elektrische Öfen) usw. gehören.

Ich habe es auch nicht für zweckmäßig gehalten, *alle* elektrochemischen Prozesse von industriellem Interesse im einzelnen zu beschreiben. Allein der Umstand, daß es unmöglich ist, sämtliche in den letzten Jahren veröffentlichten Abhandlungen und Originalarbeiten zu Rate zu ziehen, würde jede Bemühung vereiteln, die verschiedenen Industrieverfahren nach dem von der heutigen Technik tatsächlich erreichten Stand darzustellen. Weiters befindet sich die Verfahrenstechnik in ständiger Entwicklung und viele Verfahren unterscheiden sich darüber hinaus nicht in prinzipiellen Punkten, sondern in Konstruktionsdetails, die nur zu dem Zweck entwickelt wurden, bestehende Patente nicht zu verletzen. Es ist ferner sehr schwierig, aus der Patentliteratur das Wesentliche eines Verfahrens herauszuschälen, da oft die wichtigsten Punkte eifersüchtig geheimgehalten werden und man Gefahr läuft, auf diese Weise patentierte Verfahren zu beschreiben, die niemals angewendet worden sind. Ich habe es daher vorgezogen, nur die prinzipiellen Gedankengänge einiger der wichtigsten und typischesten elektrochemischen Industrieprozesse zu erörtern, wobei ich mich bei der Beschreibung der Anlagen auf den Teil beschränkte, der für das Prinzipielle des Prozesses von Interesse ist.

Ich möchte noch darauf hinweisen, daß es sich bei der vorliegenden deutschen Ausgabe keineswegs um eine Übersetzung des italienischen Buches handelt, sondern um eine vollständige Neubearbeitung des letzteren. Dem neuen Text liegt durchwegs eine strengere thermodynamische Auffassung zugrunde, die es im Gegensatz zu den alten und vielfach überholten Arbeitshypothesen gestattet, die gleichen Ergebnisse vollständig hypothesenfrei auf rein thermodynamischem Wege zu erhalten. Das Zahlenmaterial der Tabellen wurde auf den letzten Stand gebracht und bedeutend vermehrt. Weiters wurden zwei neue Kapitel aufgenommen. Das erste behandelt die thermodynamischen Grundbegriffe, soweit sie für das Verständnis der weiteren Ausführungen unbedingt erforderlich sind, das andere beschäftigt sich mit der Elektrochemie der Gase.

Ich möchte in besonderer Weise Sr. Exz. Prof. G. B. Bonino für die fruchtbaren Diskussionen danken, die ich mit ihm über verschiedene Fragen hatte, sowie für die kritische Durchsicht des Manuskripts; ebenso Herrn Professor Wo. Pauli, der in liebenswürdigster Weise die Mühe auf sich genommen hat, den deutschen Text durchzusehen, und zahlreiche Ratschläge erteilt hat; ferner Herrn Dr. W. Schwabl, der die Übersetzung mit der größten Sorgfalt durchgeführt hat und dabei stets bemüht war, den Charakter des italienischen Originals zu wahren; und schließlich dem Springer-Verlag, der trotz der zeitbedingten Schwierigkeiten dem Buch eine echte „Springer-Ausstattung" gegeben hat.

Rom, im September 1951.
Istituto Superiore di Sanità.

Giulio Milazzo

Inhaltsverzeichnis

Tabellenverzeichnis

Erstes Kapitel

Einführende Hinweise

1. Abgrenzung des Stoffes

Die Elektrochemie untersucht die Wechselbeziehungen zwischen der Energie und den chemischen Umsetzungen jener Reaktionen, mit denen äußere elektrische Arbeit verbunden ist. Im besonderen behandelt sie daher die Elektrolyse, die galvanischen Elemente, einige Reaktionen im gasförmigen Zustand, einen großen Teil der kolloiden Erscheinungen usw.

Die Beziehungen zwischen den chemischen Umsetzungen und der äußeren elektrischen Arbeit sind zahlreich und vielfältig:

1. Der Durchgang des elektrischen Stromes durch einen Elektrolyten verursacht Bewegung von Materie und chemische Reaktionen. Sendet man z. B. Strom durch die Lösung eines Alkalichlorids, so kann man ohne weiteres am positiven Pol die Entwicklung von Chlorgas beobachten, während in der Lösung die Konzentration des Alkalichlorids unter gleichzeitiger Bildung von Alkalihydroxyd, -hypochlorit und eventuell -chlorat abnimmt: auf diese Weise hat man eine Umwandlung von Materie auf Kosten äußerer elektrischer Arbeit erhalten.

2. Einige in geeigneter Weise durchgeführte Spontanreaktionen erzeugen äußere elektrische Arbeit auf Kosten der freien Energie des Systems. Ein klassisches Beispiel hiefür ist das Daniell-Element, das aus einer Kupferplatte, die in eine Kupfersulfatlösung, und aus einer Zinkplatte, die in eine Zinksulfatlösung eintaucht, besteht. Bringt man die beiden Lösungen in Kontakt (wobei allerdings ihre Vermischung z. B. durch ein poröses Diaphragma verhindert werden muß) und verbindet man die beiden Platten mit einem metallischen Leiter, so kann man in diesem Leiter Durchgang von Strom beobachten, während sich gleichzeitig eine bestimmte Menge metallischen Kupfers an der Kupferplatte abscheidet, die Konzentration der Kupfersulfatlösung abnimmt, eine gewisse Zinkmenge in Lösung geht und sich die Konzentration der Zinksulfatlösung erhöht.

3. Bei der sogenannten stillen Entladung in einem Luft- oder Sauerstoffstrom erhält man Ozon. Die Bildung von Ozon aus Sauerstoff als Ausgangssubstanz ist endotherm und erfolgt deshalb während der stillen Entladung auf Kosten eines Teiles der bei der Entladung selbst verbrauchten elektrischen Energie. Auch das ist eine erzwungene Reaktion und in diesem Sinne als analog zu der im ersten Beispiel zitierten aufzufassen.

4. Ein großer Teil der kolloiden Erscheinungen ist elektrochemischer Natur; setzt man z. B. die entsprechende Menge eines Elektrolyten einer kolloiden Lösung zu, so koaguliert diese; wird eine kolloide Lösung in ein elektrisches Feld gebracht, das von zwei Platten erzeugt wird, die in die Lösung eintauchen und an denen eine Spannung angelegt ist, so wandern alle kolloiden

Teilchen im gleichen Sinne entweder zur positiv oder zur negativ geladenen Platte, usw.

So könnte man viele weitere Beispiele anführen, welche die Vielfalt der Gesichtspunkte und der Beziehungen rein elektrochemischer Natur beleuchten.

Aus den erwähnten Beispielen läßt sich leicht entnehmen, daß die elektrochemischen Reaktionen, mit Ausnahme der kolloiden Erscheinungen, in zwei große Gruppen eingeteilt werden können: erzwungene Reaktionen, die äußere elektrische Arbeit verbrauchen (Elektrolyse und Reaktionen in Gasen), und Spontanreaktionen, die in einem äußeren Stromkreis nutzbare elektrische Arbeit erzeugen. Beide Reaktionsarten werden in der Technik angewandt.

Darüber hinaus gibt es spezielle Zweige der Elektrochemie, die — abgesehen davon, daß sie allzu spezialisiert sind, um in einer Abhandlung wie der vorliegenden mit aufgenommen zu werden — durchaus noch nicht geklärt sind. Dazu gehören z. B. die Forschungsarbeiten von Klemenc über die Elektrolyse in der Glimmentladung, wobei eine der Elektroden aus der Zwischenphase Lösung-Gas besteht, oder die Untersuchungen von de Beco über Elektrolyse mittels Funken usw. Fragen dieser Art werden nicht behandelt.

2. Thermodynamische Hinweise

Bei allen elektrochemischen Umsetzungen wie übrigens bei allen chemischen Vorgängen findet entsprechend den Gesetzen der Thermodynamik eine Umwandlung innerer Energie des Systems in Arbeit, eventuell auch in Wärme, und umgekehrt statt. Es empfiehlt sich, gleich zu Beginn das Kriterium festzulegen, das für die Wahl des Vorzeichens dieser Größen maßgebend sein soll (positiv oder negativ, je nachdem ob Energie von der Umgebung an das System abgegeben wird, oder umgekehrt), da in der chemischen und chemisch-physikalischen Literatur keine einheitliche Auffassung über diesen Punkt besteht. Und zwar soll bezüglich des Systems das sogenannte *egoistische* Kriterium gelten: Energie und Arbeit, die *vom System an die Umgebung* abgegeben werden, erhalten das *negative Vorzeichen*, wenn sie dagegen *von der Umgebung auf das System* übergehen, das *positive Vorzeichen*.

Für die thermodynamischen Funktionen werden die von Lewis und Randall[1] eingeführten Symbole benützt, mit Ausnahme des Symbols für das chemische Potential, für das die Mehrzahl der Autoren den Buchstaben μ verwendet.

Innere Energie. Für die Zwecke der Thermodynamik lassen sich die verschiedenen Formen des Energieübergangs von einem Körper zum anderen und im besondern von einem thermodynamischen System zur Umgebung und umgekehrt auf zwei zurückführen: Wärme und Arbeit. Wenn ein System von einem Anfangs- in einen Endzustand übergeht, bleibt sein Energiegehalt gewöhnlich nicht konstant. Es wird also als *innere Energie* des Systems (E) die *Summe aller Energieformen definiert, über die das System verfügt*. Die Funktion E ist eine Zustandsfunktion des Systems, das heißt, sie hängt ausschließlich ab von den Veränderlichen, die den augenblicklichen thermodynamischen Zustand des Systems bestimmen, und nicht von dessen vorangegangenen Veränderungen. Ihr Absolutwert ist nicht bekannt. Dagegen sind durch Messung oder Rechnung ihre Änderungen bekannt, die ausschließlich vom Anfangs- und Endzustand des

---

[1] Lewis, G. N. and M. Randall: Thermodynamics and the Free Energy of Chemical Substances. New York: Mc Graw-Hill, 1923. Deutsche Ausgabe von Redlich, O. Wien: Julius Springer, 1927.

Systems abhängen, während sie von der Art und Weise, wie das System vom Anfangs- in den Endzustand übergeht, unabhängig sind. Diese Eigenschaft wird durch die Beziehung

$$\Delta E = E_E - E_A \,^1 \tag{1}$$

ausgedrückt.

Im Sinne des ersten Hauptsatzes der Thermodynamik, der die Äquivalenz aller Formen von Energie und Arbeit untereinander und die Unmöglichkeit, Energie neu zu schaffen oder zu vernichten, feststellt[2], läßt sich die Beziehung (1) auch durch die Formel

$$\Delta E = \Sigma (a + Q) \tag{2}$$

ausdrücken, in der die algebraischen Vorzeichen der Arbeit (a) und der Wärme (Q) der angenommenen Konvention gemäß gewählt werden. Für einen infinitesimalen Prozeß erhält man:

$$dE = \delta a + \delta Q \,^3. \tag{3}$$

Im besonderen ist die Änderung der inneren Energie für eine chemische Reaktion, die bei konstantem Volumen abläuft, gleich der Wärmetönung dieser Reaktion bei konstantem Volumen.

Entropie. Aus dem Carnotschen Kreisprozeß[4], auf den der Kürze halber nicht eingegangen wird, ergibt sich, daß der Wirkungsgrad einer beliebigen idealen[5] Wärmekraftmaschine, die zwischen den absoluten Temperaturen T_2 und T_1 (der Wärmebehälter mit der höheren bzw. mit der tieferen Temperatur) arbeitet, das ist das Verhältnis zwischen der tatsächlich in Arbeit umgewandelten und der aus der Wärmequelle entnommenen Wärmemenge, durch die Beziehung

$$\left(\frac{Q_2 + Q_1}{Q_2}\right)_{rev} = \frac{T_2 - T_1}{T_2} \tag{4}$$

gegeben ist. Dabei ist die in Arbeit umgesetzte Wärme gleich der algebraischen Summe der Wärmemengen Q_2 und Q_1, die dem Wärmebehälter mit der höheren Temperatur T_2 entnommen, bzw. an den Wärmebehälter mit der tieferen Temperatur T_1 abgegeben wurden.

Daraus folgt:

$$\left(\frac{Q_2}{T_2}\right)_{rev} = \left(-\frac{Q_1}{T_1}\right)_{rev}.$$

Für einen reversiblen (s. unten) Kreisprozeß gilt also:

$$\Sigma \left(\frac{Q}{T}\right)_{rev} = 0. \tag{5}$$

Für jeden reversiblen Kreisprozeß ist die Summe $\Sigma (Q/T) = 0$. Da man die Temperaturen T_1 und T_2 und auch die Anfangswärmemenge Q_2, in anderen Worten die Extremstellen des Kreisprozesses, in denen die Umkehrung der

---

[1] Dies bedeutet, daß dE ein exaktes Differential der Funktion E ist.

[2] Dabei ist natürlich der Grenzfall der Umwandlung von Materie in Energie entsprechend der Einsteinschen Relation nicht berücksichtigt, da dieser Fall für die gewöhnlichen chemisch-physikalischen Vorgänge ohne Interesse ist.

[3] Das Zeichen d bezeichnet ein exaktes Differential, während das Zeichen δ bedeuten soll, daß der entsprechende Ausdruck im allgemeinen kein exaktes Differential ist.

[4] Es wird erinnert, daß definitionsgemäß ein Kreisprozeß jede Reihe von Umwandlungen ist, die zu einem mit dem Anfangszustand identischen Endzustand führt.

[5] Das heißt, daß sie ohne Verluste (Reibung, Nichtumkehrbarkeit des Vorganges usw.) arbeitet.

Arbeit stattfindet, nach Belieben wählen kann und da die beiden während des Kreisprozesses durchlaufenen Weghälften, vom Anfangs- zum Umkehrpunkt und von dort wieder zurück zum Anfangsstadium, untereinander verschieden sind, so folgt daraus, daß das Verhältnis Q/T unabhängig ist von dem Weg, auf dem die Umwandlung vor sich geht (wenn sie nur reversibel ist) und daß dieses Verhältnis der Änderung einer bestimmten Zustandsfunktion (S) des Systems gleichgesetzt werden kann. Aus Gl. (5) ergibt sich weiter, daß für eine nichtzyklische Umwandlung, das heißt für eine Umwandlung, die von einem bestimmten Anfangs- zu einem bestimmten Endzustand führt, der Ausdruck $(Q/T)_{rev}$ ungleich o ist[1]:

$$\left(\frac{Q}{T}\right)_{rev} = \varDelta S \neq \mathrm{o}. \tag{6}$$

Das oben Gesagte gilt für eine beliebige, auch nicht isotherme Umwandlung eines Systems, wenn sie nur reversibel ist, das heißt so beschaffen, daß man sie genau in der umgekehrten Richtung ablaufen lassen kann, um zum Anfangszustand des Systems zurückzukehren. Dabei dürfen am Ende keine Änderungen in der chemisch-physikalischen Umgebung des Systems bestehen bleiben.

Wenn man solche Idealumwandlungen in der Praxis verwirklichen könnte, würden sie äußerst langsam vor sich gehen und eine Reihe von Gleichgewichtszuständen durchlaufen, die für unmittelbar aufeinander folgende Zustände nur infinitesimale Unterschiede der an der Umwandlung beteiligten Variablen aufweisen würden. In diesem Falle ist es erlaubt, die Totalumsetzung in eine bestimmte Anzahl von Teilprozessen zu zerlegen, die so begrenzt sind, daß die Temperatur zwischen Anfang und Ende jeder einzelnen Teilumwandlung als konstant betrachtet werden kann. Wenn die isothermen Teilumwandlungen unendlich klein sind, werden die bei jeder Umsetzung zu- bzw. abgeführten Wärmemengen δQ und die Totaländerung der Funktion S wird durch das Integral

$$\int_{A}^{E} \frac{\delta Q}{T} = \varDelta S$$

gegeben.

Da die Funktion S eine Zustandsfunktion ist, muß sie ein exaktes Differential haben, so daß geschrieben werden kann:

$$\int_{A}^{E} \frac{\delta Q}{T} = \int_{A}^{E} dS = S_E - S_A = \varDelta S.$$

Die Funktion S wurde von Clausius *Entropie* genannt. Sie wird in Kalorien/Grad, bezogen auf die Masseneinheit (Gramm, häufiger Mol), gemessen.

Entsprechend der angenommenen Konvention über die Vorzeichen ergibt sich, daß die Gesamtänderung der Entropie bei einer reversiblen Umwandlung $(\varDelta S_{System} + \varDelta S_{Umgebung})$ immer gleich Null ist, da die Entropieänderungen des Systems und der Umgebung gleich groß sind, aber entgegengesetztes Vorzeichen haben.

Für einen irreversiblen Kreisprozeß, dessen Nutzeffekt kleiner als für einen reversiblen sein muß, wird dagegen Gl. (4):

---

[1] Mit Ausnahme der adiabatischen Umwandlungen, für die $Q = \mathrm{o}$ ist.

$$\left(\frac{Q_2 + Q_1}{Q_2}\right)_{irrev} < \frac{T_2 - T_1}{T_2},$$

das heißt

$$\Sigma \left(\frac{Q}{T}\right)_{irrev} < 0. \tag{7}$$

Die Beziehung (7) gilt, wenn auch nur ein einziger der einzelnen Prozesse, aus denen sich der Kreisprozeß zusammensetzt, irreversibel ist. Wenn man der Einfachheit halber einen nichtisothermen Kreisprozeß mit nur zwei Umwandlungen ($I \rightarrow II$ und $II \rightarrow I$), von denen bloß $I \rightarrow II$ irreversibel sein soll, zwischen den Extremstellen I und II betrachtet, so erhält man

$$\int_I^{II} \left(\frac{\delta Q}{T}\right)_{irrev} + \int_{II}^{I} \left(\frac{\delta Q}{T}\right)_{rev} < 0. \tag{8}$$

Definitionsgemäß gilt aber für die reversible Umwandlung $II \rightarrow I$ die Beziehung (6):

$$\Delta S_{II \rightarrow I} = S_I - S_{II} = \int_{II}^{I} \left(\frac{\delta Q}{T}\right)_{rev}. \tag{9}$$

Durch Kombination von Gl. (8) und Gl. (9) erhält man:

$$\int_I^{II} \left(\frac{\delta Q}{T}\right)_{irrev} + S_I - S_{II} < 0,$$

das heißt

$$\int_I^{II} \left(\frac{\delta Q}{T}\right)_{irrev} < S_{II} - S_I.$$

Die Entropieänderung des Systems ist also größer als der Ausdruck $\int_I^{II} (\delta Q/T)_{irrev}$, der seinerseits die Entropieänderung der Umgebung bedeutet, wenn auch die Wärmemenge irreversibel zu- bzw. abgeführt wurde. Die Gesamtänderung der Entropie in einem irreversiblen Kreisprozeß ist daher immer positiv:

$$(S_{II} - S_I) - \int_I^{II} \left(\frac{\delta Q}{T}\right)_{irrev} > 0.$$

Nach Clausius können die beiden Hauptsätze der Thermodynamik in folgender Weise formuliert werden:

1. Die Gesamtenergiemenge in der Natur ist konstant.
2. Die Gesamtentropie in der Natur nimmt zu.

In anderen Worten: die Entropie zeigt die Richtung an, in der die Spontanprozesse in der Natur, die alle irreversibel sind, verlaufen.

Aus dem Vorhergehenden ergibt sich, daß im Sonderfall der reversiblen isothermen Prozesse die zu- bzw. abgeführte Wärmemenge durch die Formel

$$Q = T \Delta S \tag{10}$$

ausgedrückt werden kann, die für eine unendlich kleine Umwandlung übergeht in

$$\delta Q = T\, dS. \tag{11}$$

Wärmeinhalt. Bei vielen Prozessen, die bei konstantem Druck ablaufen,
ist es zweckmäßiger, sich einer anderen Zustandsfunktion zu bedienen, die sowohl
die innere Energie als auch die während der Umwandlung auftretende äußere
Volumarbeit berücksichtigt. Diese Funktion, die *Wärmeinhalt* (manchmal auch
Enthalpie) genannt wird, wird durch die Beziehung

$$H = E + p\,v \tag{12}$$

definiert. (p = Druck, v = Volumen.)

Da innere Energie, Druck und Volumen Zustandsfunktionen sind, so folgt
daraus, daß auch der Wärmeinhalt eine Zustandsfunktion darstellt, die unabhängig von dem Weg ist, auf dem der jeweilige Zustand erreicht wird. Ihr Differential dH ist deshalb ein exaktes Differential. Ihre physikalische Bedeutung
ist einfach: die Änderung ΔH stellt *die Summe der Änderungen der inneren
Energie eines Systems und der Volumarbeit dar, die während einer Umwandlung
von der Umgebung zugeführt, bzw. an sie abgegeben wurde.*

$$\Delta H = H_E - H_A = \Delta E + \Delta (p\,v). \tag{13}$$

Bei konstantem Druck wird Gl. (13)

$$\Delta H = \Delta E_p + p\,\Delta v$$

und für eine infinitesimale Umwandlung

$$dH = dE_p + p\,dv. \tag{13 a}$$

Wenn auch diese Funktion fast ausschließlich für Prozesse benützt wird,
die bei konstantem Druck ablaufen, so geht aus Gl. (13) hervor, daß es eine
Änderung des Wärmeinhaltes auch für Prozesse geben muß, die bei konstantem
Volumen ablaufen, und daß sie durch die Beziehung

$$\Delta H = \Delta E_v + v\,dp$$

gegeben ist. Diese Beziehung wird jedoch sehr selten benützt.

Wie bei der inneren Energie ist der Absolutwert des Wärmeinhaltes nicht
bekannt. Bekannt sind dagegen durch Messung oder Rechnung seine Veränderungen.

Im besonderen ist die Änderung des Wärmeinhaltes für eine bei konstantem
Druck ablaufende chemische Reaktion gleich ihrer Wärmetönung bei konstantem Druck.

Maximale Arbeit und freie Energie. Die beiden Funktionen *maximale
Arbeit* (A) und *freie Energie* (F) werden durch folgende Beziehungen definiert:

$$A = E - T S, \tag{14}$$
$$F = E - T S + p\,v, \tag{15}$$
$$= H - T S, \tag{15 a}$$
$$= A + p\,v. \tag{15 b}$$

Da diese beiden neuen Funktionen Beziehungen zwischen Zustandsfunktionen darstellen, sind sie selbst Zustandsfunktionen und ihre Differentiale
sind daher exakte Differentiale. Die Änderung der Funktion der maximalen
Arbeit ist für eine infinitesimale Umwandlung gegeben durch

$$dA = dE - T\,dS - S\,dT. \tag{16}$$

Unter Berücksichtigung von Gl. (3) und Gl. (11) erhält man für einen
isothermen Prozeß ($dT = 0$):

$$dA = \delta a_{rev} = da. \tag{17}$$

Das heißt: in einem isothermen und reversiblen Prozeß stellt *die Änderung der Funktion „Maximale Arbeit" die Gesamtarbeit dar, die während der Umwandlung zu- bzw. abgeführt wird.* Für eine nichtinfinitesimale Umwandlung gilt:

$$\Delta A = A_E - A_A = a_{rev}.$$

Der Wert ΔA ist unabhängig von dem Weg, auf dem die Umwandlung vor sich geht, da die Funktion A eine Zustandsfunktion ist. Für den besonderen Fall einer irreversiblen Umsetzung ist Gl. (17) nicht mehr gültig und durch

$$dA > \delta a \qquad (18)$$

zu ersetzen.

Die äußere Arbeit δa_{rev} ergibt sich ihrerseits aus der Summe der mechanischen Ausdehnungs- oder Verdichtungsarbeit (Volumarbeit $da_{vol} = -p\,dv$ [1]) und aus allen anderen sonst verwertbaren Arbeitsformen (δa_{nutz}, z. B. elektrischer Arbeit, Lösungsarbeit usw.):

$$\delta a_{rev} = \delta a_{nutz} - p\,dv. \qquad (19)$$

Unter Berücksichtigung von Gl. (17) gilt also:

$$\delta a_{nutz} = dA + p\,dv. \qquad (20)$$

Gl. (20) drückt aber die Änderung der Funktion der freien Energie in einem isobaren Prozeß ($dp = 0$) aus. Tatsächlich folgt aus Gl. (15 b):

$$dF = dA + p\,dv. \qquad (21)$$

Andererseits ist

$$dF = dE - T\,dS - S\,dT + p\,dv + v\,dp$$

und für einen isobaren Prozeß ($dp = 0$) ergibt sich unter Heranziehung von Gl. (16) neuerdings Gl. (21).

Aus der Gegenüberstellung von Gl. (20) und Gl. (21) wird klar, daß die Änderung der Funktion F in einem isobaren Prozeß *der während der Umwandlung umgesetzten Nutzarbeit gleich ist.* Die Änderung der freien Energie kann auch als Funktion des Wärmeinhaltes ausgedrückt werden. Aus Gl. (15 a) folgt nämlich:

$$dF = dH - T\,dS - S\,dT. \qquad (22)$$

Zieht man Gl. (16) von Gl. (22) ab, so erhält man unter Berücksichtigung von Gl. (14):

$$dF - dA = p\,dv,$$

eine Beziehung, die mit Gl. (21) übereinstimmt.

Auf Grund des oben Gesagten und der Tatsache, daß die beiden Funktionen A und F Zustandsfunktionen sind, können ihre Änderungen für endliche Umwandlungen unmittelbar berechnet werden. Es erübrigt sich daher, darauf einzugehen.

Durch Differentiation der Funktion der freien Energie in der Form der Gl. (15) und unter Berücksichtigung von Gl. (3), (11) und (19) erhält man:

$$dF = -S\,dT + v\,dp + \delta a_{nutz}. \qquad (23)$$

In einem einfachen System, das keine Änderungen seiner Zusammensetzung erfährt, ist die einzig mögliche Form von Arbeit die mechanische Verdichtungs- oder Ausdehnungsarbeit. In diesem Fall ist $\delta a_{nutz} = 0$. Daher wird Gl. (23):

$$dF = -S\,dT + v\,dp$$

---

[1] Bei Ausdehnung gegen den äußeren Druck p wächst das Volumen, dv ist daher positiv. Da aber Arbeit vom System an die Umgebung abgegeben wird, ist gemäß der Konvention über die Vorzeichen $da_{vol} = -p\,dv$ zu setzen.

und bei konstantem Druck $(dp = 0)$

$$dF = -S\,dT,$$

woraus folgt:

$$\left(\frac{\partial F}{\partial T}\right)_p = -S. \tag{24}$$

Bei konstanter Temperatur $(dT = 0)$ gilt dagegen:

$$dF = v\,dp,$$

woraus folgt:

$$\left(\frac{\partial F}{\partial p}\right)_T = v. \tag{25}$$

Chemisches Potential. Die thermodynamischen Gleichungen gelten in der gegebenen Form streng für geschlossene Systeme, das heißt für solche, deren Zusammensetzung keinen Veränderungen unterliegt. Sie können jedoch unter Umständen auch auf offene Systeme angewandt werden, deren Zusammensetzung veränderlich ist. Ein spezielles Beispiel hiefür ist ein System, in dem eine chemische Reaktion stattfindet, da ein solches System ganz allgemein einem offenen gleichgesetzt werden kann. Tatsächlich kann man in diesem Fall vom gleichen Anfangs- zum gleichen Endzustand sowohl durch eine chemische Reaktion als auch durch Wegnahme der reagierenden Substanzen und Hinzufügung der Reaktionsprodukte gelangen.

Da die betrachteten Funktionen alle extensiv, das heißt von der Stoffmenge abhängig sind, muß auch diese neue Veränderliche, die durch die Mol-Anzahl m ausgedrückt wird, berücksichtigt werden, will man offene Systeme allgemein mit Hilfe der erwähnten Funktionen behandeln.

Für die verschiedenen Funktionen ist daher zu schreiben:

$$\begin{aligned}
E &= f_1\,(S, v, m_1, m_2, \cdots m_i),\\
S &= f_2\,(E, v, m_1, m_2, \cdots m_i),\\
H &= f_3\,(S, p, m_1, m_2, \cdots m_i),\\
A &= f_4\,(T, v, m_1, m_2, \cdots m_i),\\
F &= f_5\,(T, p, m_1, m_2, \cdots m_i),
\end{aligned} \tag{26}$$

wobei die zweckmäßigsten unabhängigen Veränderlichen gewählt wurden.

Am häufigsten wird die Funktion der freien Energie benützt. Die folgenden Betrachtungen beschränken sich daher auf sie.

Bei einer reversibel durchgeführten chemischen Reaktion kann die Änderung der freien Energie für eine infinitesimale Umwandlung in folgender Form geschrieben werden:

$$dF = \left(\frac{\partial F}{\partial T}\right)_{p,\,m_1,\,m_2\ldots m_i} dT + \left(\frac{\partial F}{\partial p}\right)_{T,\,m_1,\,m_2\ldots m_i} dp + \left(\frac{\partial F}{\partial m_1}\right)_{T,\,p,\,m_2\ldots m_i} dm_1 +$$

$$+ \left(\frac{\partial F}{\partial m_2}\right)_{T,\,p,\,m_1\ldots m_i} dm_2 \cdots + \left(\frac{\partial F}{\partial m_i}\right)_{T,\,p,\,m_1\ldots m_{i-1}} dm_i. \tag{27}$$

Unter Berücksichtigung von Gl. (24) und (25) folgt aus Gl. (27):

$$dF = -S\,dT + v\,dp +$$

$$+ \left(\frac{\partial F}{\partial m_1}\right)_{T,\,p,\,m_2\ldots m_i} dm_1 + \left(\frac{\partial F}{\partial m_2}\right)_{T,\,p,\,m_1\ldots m_i} dm_2 \cdots + \left(\frac{\partial F}{\partial m_i}\right)_{T,\,p,\,m_1,\,m_2\ldots m_{i-1}} dm_i. \tag{28}$$

Durch Kombination der Gl. (23) und (28) erhält man für eine Umsetzung bei konstantem Druck und konstanter Temperatur:

$$dF = \delta a_{nutz} = \left(\frac{\partial F}{\partial m_1}\right)_{T,\,p,\,m_2\ldots m_i} dm_1 + \left(\frac{\partial F}{\partial m_2}\right)_{T,\,p,\,m_1\ldots m_i} dm_2 \cdots +$$

$$+ \left(\frac{\partial F}{\partial m_i}\right)_{T,\,p,\,m_1,\,m_2\ldots m_{i-1}} dm_i = \Sigma \left(\frac{\partial F}{\partial m_i}\right)_{T,\,p} dm_i. \tag{29}$$

Die Koeffizienten $\left(\dfrac{\partial F}{\partial m_1}\right)_{T,\,p,\,m_2\ldots m_i}$, $\left(\dfrac{\partial F}{\partial m_2}\right)_{T,\,p,\,m_1\ldots m_i}$ usw. heißen *chemische Potentiale* der Komponenten 1, 2 usw. und werden durch das Symbol μ gekennzeichnet.

In Worten: das chemische Potential einer Komponente i stellt die Änderung der freien Energie, das heißt der Nutzarbeit des Systems dar, wenn ein Mol dieser Komponente in einem reversiblen Prozeß bei konstantem Druck und konstanter Temperatur entsteht oder verschwindet.

Einen analogen Ausdruck erhält man, wenn man von der Funktion der maximalen Arbeit ausgeht:

$$\mu_i = \left(\frac{\partial A}{\partial m_i}\right)_{T,\,v}.$$

Dieser wird gewöhnlich für die bei konstanter Temperatur und konstantem Volumen ablaufenden Vorgänge benützt.

Will man erfahren, wie sich die freie Energie mit der Zusammensetzung eines Systems, das nur die Komponente 1 enthält, bei konstanter Temperatur ändert, so erhält man durch Differentiation der Funktion F in der durch Gl. (15 a) gegebenen Form:

$$\mu_1 = \frac{\partial F}{\partial m_1} = \frac{\partial H}{\partial m_1} - T \frac{\partial S}{\partial m_1} = h_1 - T s_1, \tag{30}$$

wobei mit h_1 und s_1 der molare Wärmeinhalt und die molare Entropie bezeichnet werden.

Bei einem homogenen, aus mehreren Komponenten bestehenden System muß ferner die Konzentration berücksichtigt werden. Im Falle einer gasförmigen Mischung ist die Abhängigkeit von der Konzentration leicht zu finden. Fügt man einem System, das aus m_1 Mol der Komponente 1 und m_2 Mol der Komponente 2 besteht, ein Mol der Komponente 1 bei konstanter Temperatur hinzu, so beträgt die Änderung der freien Energie definitionsgemäß:

$$\frac{\partial F}{\partial m_1} = \mu_1. \tag{31}$$

Das chemische Potential der Komponente 1 allein beim Anfangsdruck p sei μ_{1A}; um 1 Mol isotherm und reversibel in das aus m_1 Mol der Komponente 1 und m_2 Mol der Komponente 2 bestehende System zu überführen, ist es notwendig, die Komponente 1 zunächst isotherm und reversibel vom Anfangsdruck p auf den Partialdruck p_1 zu bringen und dann, z. B. durch eine halbdurchlässige Membran, in das System einzuführen. Die umgesetzte Arbeit ist durch den bekannten Ausdruck gegeben:

$$a = R\,T \ln\left(\frac{p_1}{p}\right). \tag{32}$$

Da die Gesamt- und Teildrucke einer Mischung von idealen Gasen der Gesamt- und Teilzahl der vorhandenen Mole direkt proportional sind, folgt aus Gl. (32):

$$a = R T \ln\left(\frac{m_1}{m}\right) = R T \ln \gamma_1, \tag{33}$$

worin m die Gesamtzahl der Mole und γ_1 den Molenbruch oder die thermodynamische Konzentration $(m_1/\Sigma\, m_i)$ bezeichnet.

Addiert man den durch Gl. (33) ausgedrückten Betrag der Arbeit zum Anfangswert μ_{1A}, so erhält man:

$$\mu_1 = \mu_{1A} + R T \ln \gamma_1. \tag{34}$$

Daraus ergibt sich für $\gamma = 1$ (System besteht nur aus der Komponente 1) unter Berücksichtigung von Gl. (30):

$$\mu_1 = \mu_{1A} = h_1 - T\, s_1. \tag{35}$$

Gl. (34) wird daher schließlich:

$$\mu_1 = h_1 - T\, s_1 + R T \ln \gamma_1. \tag{36}$$

Für eine ideale Lösung ist der Gedankengang analog, mit dem einzigen Unterschied, daß an Stelle des Gasdruckes der osmotische Druck zu setzen ist. Wenn die in Frage stehenden Systeme nicht ideale sind, was im allgemeinen der Fall ist, dann wird nach Lewis die Konzentration durch eine andere Größe ersetzt, die als *Aktivität* bezeichnet wird (s. Kap. III, 11). Sie ist mit der Konzentration durch die Beziehung

$$a = f_a \gamma,$$

in der f_a der Aktivitätskoeffizient ist, verbunden.

Aus Gl. (36) wird dann:

$$\mu_i = h_i - T\, s_i + R T \ln a_i, \tag{37}$$

$$\mu_i = \overline{\mu}_i + R T \ln a. \tag{37 a}$$

Bei Änderung der Maßeinheiten für die Konzentration (Molenbruch, Mol/kg Lösungsmittel, Mol/l Lösungsmittel usw.) ändert sich natürlich auch der Zahlenwert des chemischen Standardpotentials (siehe unten), dessen sinngemäße Bedeutung jedoch erhalten bleibt.

Für die gewöhnlich vorkommenden Berechnungen ist es zweckmäßig, sich eines Bezugszustandes zu bedienen, für den Temperatur, Druck und Konzentration festgelegt sind und der als Ausgangspunkt zur Berechnung der chemischen Potentiale in einem beliebigen anderen Zustand benützt werden kann. Das chemische Potential erhält in diesem Fall die Bezeichnung *chemisches Standardpotential* (μ_0). Die entsprechenden Bedingungen für reine Stoffe sind: stabiler Aggregatzustand bei der Temperatur 298,16° K (25° C), 1 Atm. Druck, 25° C Temperatur. Bei Mischphasen und besonders bei Lösungen muß auch die Konzentration berücksichtigt werden, die streng genommen als Molenbruch ausgedrückt werden müßte, gewöhnlich aber als Aktivität/kg (Molalität) oder Aktivität/l (Molarität) Lösungsmittel[1] und in Näherungsrechnungen einfach

---

[1] Die Aktivität hat in diesem Fall einen von der obigen Definition abweichenden Zahlenwert insofern, als die thermodynamische Aktivität der Gln. (37) und (37 a), abgesehen vom Aktivitätskoeffizienten, wesentlich mit dem Molenbruch übereinstimmt und daher nur für reine Stoffe gleich 1 ist, während sie bei Lösungen nur dann gleich 1 ist, wenn sie 1 Mol/kg oder 1 Mol/l Lösungsmittel entspricht.

als Mol/kg oder Mol/l Lösungsmittel[1] ausgedrückt wird. Die beiden letztgenannten Ausdrucksweisen für die Konzentration unterscheiden sich in dem am häufigsten vorkommenden Fall des Lösungsmittels Wasser umso weniger voneinander, je stärker verdünnt die Lösungen sind.

Gl. (37 a) nimmt daher die allgemeine Form an:

$$\mu = \mu_0 + R\,T\ln a, \tag{37 b}$$
$$\mu = \mu_0' + R\,T\ln c. \tag{37 c}$$

Die Molal-Aktivität oder Molar-Aktivität kann aber auch als Funktion der Konzentration c gemäß der Beziehung

$$a = f_a\,c$$

ausgedrückt werden, in der natürlich der Zahlenwert des Aktivitätskoeffizienten von dem oben definierten verschieden ist. Gl. (37 b) kann folglich die Form

$$\mu = \mu_0 + R\,T\ln (f_a\,c) \tag{37 d}$$

annehmen.

Das oben Gesagte gilt natürlich auch für mehrphasige Systeme, wobei für jede einzelne Phase eine analoge Beziehung herauskommt.

Die übrigen besprochenen Größen hängen in analoger Weise von der Konzentration ab; diese Fragen werden jedoch nicht im einzelnen erörtert. Insofern wird auf die allgemeinen Abhandlungen der Thermodynamik verwiesen.

Die Gibbs-Helmholtzsche Gleichung. Der allgemeine Verlauf der thermodynamischen Funktionen maximale Arbeit und freie Energie in Abhängigkeit von der Temperatur wird von der Gibbs-Helmholtzschen Gleichung beschrieben, die man für den speziellen Fall einer chemischen Reaktion bei konstantem Druck erhält. Die Veränderlichen $m_1, m_2, \cdots m_i$ sind dann keine unabhängigen Veränderlichen mehr, da die Molzahlen der reagierenden Substanzen und der Reaktionsprodukte untereinander durch die Koeffizienten der Reaktionsgleichung verbunden sind. Beziehen wir uns auf die von der chemischen Reaktionsgleichung angegebene Stoffmenge (= 1 Formelumsatz), so ist auch die Stoffmenge festgelegt und wir dürfen die Definition (15 a) zum Ausgangspunkt nehmen. Wenn $dp = 0$ und die Reaktion auf eine endliche Menge (= 1 Formelumsatz) bezogen wird, erhält man bei konstantem T:

---

[1] In der folgenden Tabelle sind die Umformungsformeln verschiedener Konzentrationseinheiten für aus zwei Komponenten bestehende Mischphasen zusammengestellt.

Einheit	γ_2	m_2	c_2
$\gamma_2 =$	γ_2	$\dfrac{M_1\,m_2}{1000 + M_1\,m_2}$	$\dfrac{M_1\,c_2}{1000\,d - c_2\,(M_2 - M_1)}$
$m_2 =$	$\dfrac{1000\,\gamma_2}{M_1\,(1 + \gamma_2)}$	m_2	$\dfrac{1000\,c_2}{1000\,d - c_2\,M_2}$
$c_2 =$	$\dfrac{1000\,\gamma_2\,d}{M_1 + \gamma_2\,(M_2 - M_1)}$	$\dfrac{1000\,m_2\,d}{1000 + m_2\,M_2}$	c_2

Die Indizes 1 und 2 beziehen sich auf die Komponenten 1 (Lösungsmittel) und 2 (gelöster Stoff), γ = Molenbruch, m = Molalität, c = Molarität, M = Molekulargewicht, d = Dichte der Lösung.

$$\varDelta F = \varDelta H - T \varDelta S \,^{1}$$

und daraus:

$$\frac{\varDelta F - \varDelta H}{T} = - \varDelta S. \tag{38}$$

Läßt man bei konstantem Druck die Reaktion einmal bei der konstanten Temperatur T und ein anderes Mal bei der konstanten Temperatur $T + dT$ ablaufen, dann kann die Änderung der freien Energie für den Übergang vom Anfangszustand (I) mit der Temperatur T in den gleichen Anfangszustand mit der Temperatur $T + dT$ mittels Gl. (24) ausgedrückt werden:

$$\frac{\partial F_I}{\partial T} = - S_I. \tag{39}$$

In analoger Weise ergibt sich als Differenz der freien Energie für die Endzustände (II) bei den Temperaturen T und $T + dT$:

$$\frac{\partial F_{II}}{\partial T} = - S_{II}. \tag{40}$$

Durch Subtraktion der Gl. (39) von (40) erhält man:

$$\frac{\partial(F_{II} - F_I)}{\partial T} = \frac{\partial(\varDelta F)}{\partial T} = - \varDelta S$$

und durch Einsetzen dieses Wertes in Gl. (38):

$$\frac{\varDelta F - \varDelta H}{T} = \frac{\partial(\varDelta F)}{\partial T}. \tag{41}$$

Auch das ist eine Form der Gibbs-Helmholtzschen Gleichung.

---

^{1} Auf Grund der folgenden Überlegung kann man sich leicht überzeugen, daß es erlaubt ist, diese Beziehung, die in strenger Form für ein geschlossenes System ohne Veränderung der Zusammensetzung gewonnen wurde, auch auf den betrachteten Fall anzuwenden. Dabei ist nur die Einschränkung zu machen, daß die Reaktion durch die angegebene Stoffmenge begrenzt wird.

Durch Differentiation der Gl. (12) ergibt sich:

$$dH = dE + p\,dv + v\,dp.$$

Ersetzt man dE durch den Wert der Beziehung (3) und berücksichtigt man weiters die Gln. (11) und (19), so ergeben sich folgende Transformationen:

$$dE = dH - p\,dv - v\,dp = \delta a + \delta Q = \delta a + T\,dS = \delta a_{nutz} - p\,dv + T\,dS$$

$$dS = \frac{dH - v\,dp - \delta a_{nutz}}{T}.$$

Für konstanten Druck ($dp = 0$) und, da gemäß Gl. (20) und (21) $\delta a_{nutz} = dF$, folgt:

$$dS = \frac{dH - dF}{T}.$$

und daraus für eine endliche Transformation bei konstanter Temperatur:

$$\varDelta S = \frac{\varDelta H - \varDelta F}{T}.$$

Damit ist die Übereinstimmung mit der Beziehung (38) gegeben.

3. Elektrische Einheiten

Vor Beginn des systematischen Studiums der elektrochemischen Erscheinungen empfiehlt es sich, Begriffe und Dimensionen einiger elektrischer Maßeinheiten, die in der Elektrochemie häufig benützt werden, ins Gedächtnis zurückzurufen. Genau genommen sind es die folgenden: Einheit der Elektrizitätsmenge; Einheit der Potentialdifferenz; Einheit der Stromstärke; Einheit des elektrischen Widerstandes; Einheit der Energie.

Es werden *absolute* und *praktische* Einheiten unterschieden. Die ersteren sind entweder konventionell definiert (primäre Einheiten) oder aus diesen auf Grund physikalischer Gesetze gewonnen (abgeleitete Einheiten). Sie sind jedoch für den allgemeinen Gebrauch ungeeignet, da sie im Verhältnis zu den Größen, die in der Praxis vorkommen, entweder zu groß oder zu klein sind. An ihre Stelle treten die sogenannten *praktischen* Einheiten. Die praktischen Einheiten, die wegen ihrer besseren Anpassung an die Praxis so benannt sind, sind Vielfache oder Teiler der absoluten Einheiten. Es ist daher notwendig, sich immer auf die absoluten Einheiten zu beziehen und aus ihnen die praktischen abzuleiten.

Einheit der Elektrizitätsmenge. Im absoluten CGS_{es}-System[1] wird die Einheit der Elektrizitätsmenge mit Hilfe des Coulombschen Gesetzes definiert, wonach zwischen zwei elektrischen Ladungen desselben Vorzeichens q_1 und q_2, die als punktförmig oder nahezu punktförmig vorausgesetzt werden und sich im leeren Raum im Abstand r voneinander befinden, eine Abstoßungskraft besteht, die sich aus der Beziehung

$$f = \frac{q_1\, q_2}{r^2}$$

ergibt.

Infolgedessen gilt eine elektrische Ladung als Einheitsladung, wenn sie in 1 cm Abstand von einer gleich großen Ladung desselben Vorzeichens auf diese eine Abstoßungskraft von 1 Dyn ausübt. Diese Elektrizitätsmenge ist äußerst klein, wenn sie mit den Mengen verglichen wird, die in den normalen Anwendungen der Elektrochemie vorkommen: die Elektrizitätsmenge, die in jeder Sekunde den Querschnitt des Glühfadens einer Lampe von einigen Kerzenstärken durchströmt, beträgt größenordnungsmäßig Milliarden von CGS_{es} Einheiten. Als praktische Einheit wird das Coulomb (C) verwendet: $1\,C =$ $= 2{,}997_7 \cdot 10^9\ CGS_{es}$-$E$ [2]. Eine häufig gebrauchte Einheit ist auch die Ampèrestunde (Ah), die 3600 C gleichzusetzen ist.

Einheit der Potentialdifferenz. Das Auftreten einer Anziehungs- oder Abstoßungskraft zwischen zwei elektrischen Ladungen zeigt, daß im ganzen die beiden Ladungen umgebenden Raum ein Kraftfeld vorhanden ist. Als Feldstärke, die von der elektrischen Ladung q in einem beliebigen Punkt $\varkappa$ mit dem Abstand r cm von der felderzeugenden Ladung hervorgerufen wird, wird die Kraft definiert, die auf die elektrische Einheitsladung im Punkte $\varkappa$ wirkt. Nach dem Coulombschen Gesetz ist sie

$$f = \pm \frac{q}{r^2}\ ^3.$$

---

[1] Elektrostatisches Zentimeter-Gramm-Sekunden-System.

[2] Der Wert $2{,}997 \cong 3$ leitet sich aus theoretischen Betrachtungen über das elektrostatische und elektromagnetische Maßsystem (s. weiter unten) her, auf die hier nicht näher eingegangen werden kann.

[3] Es besteht die Konvention, eine Kraft mit dem negativen Vorzeichen zu versehen, wenn eine Anziehung ausgeübt wird; im entgegengesetzten Fall kommt das positive Vorzeichen zur Anwendung.

Befindet sich an Stelle der Einheitsladung eine elektrische Ladung von beliebiger Größe im Punkte $\varkappa$, dann ist die darauf wirkende Kraft durch das Produkt Feldstärke mal elektrischer Ladung gegeben. Bei der Verschiebung der Einheitsladung wird Arbeit gewonnen oder verbraucht, je nachdem die Verschiebung von den Feldkräften bewirkt wird oder gegen sie erfolgt. Für eine infinitesimale Verschiebung dr beträgt die durch das Produkt Kraft mal Verschiebungsweg gegebene Arbeit:

$$da = \pm f \cdot dr = \pm \frac{q}{r^2} dr$$

(das Vorzeichen ist negativ oder positiv, je nachdem die Arbeit von den Feldkräften oder gegen sie geleistet wird). Für die Verlagerung der Einheitsladung vom Punkte $\varkappa$ ins Unendliche ergibt sich also die Arbeit:

$$\int da = a = \pm \int\limits_{\varkappa}^{\infty} \frac{q}{r^2} dr = \pm \left(-\frac{q}{r}\right) = \mp \psi.$$

Die Funktion

$$\psi = \frac{q}{r}$$

erhält die Bezeichnung *Potential* des Feldes im Punkte $\varkappa$. Sie ist positiv, wenn während der Verschiebung der positiven Einheitsladung Arbeit von den Feldkräften geleistet wird, und negativ, wenn Arbeit gegen die Feldkräfte aufgewendet werden muß.

Für eine beliebige elektrische Ladung q_1 beträgt die Arbeit, die während ihrer Verlagerung vom Punkte $\varkappa$ ins Unendliche verbraucht oder gewonnen wird, wobei das Feldpotential im Ausgangspunkt ψ sei[1]:

$$a = \pm \psi q_1.$$

In anderen Worten: die Arbeit ergibt sich, abgesehen vom Vorzeichen, aus dem Produkt Potential mal Ladung, was die Messung des Potentials eines beliebigen Feldpunktes $\varkappa$ auf Grund der Arbeit gestattet, die bei der Verlagerung einer beliebigen elektrischen Ladung q_1 vom Punkte $\varkappa$ ins Unendliche verbraucht oder gewonnen wurde:

$$\psi = \frac{a}{q_1}.$$

Als Nullpunkt der Potentialskala wurde das Potential der Erdoberfläche gewählt.

Die Potentialdifferenz (Spannung) zwischen zwei Punkten A und B des Feldes im CGS_{es}-System, $\psi_A - \psi_B$, ist also der Arbeit gleichzusetzen, die beim Transport der Einheitsladung von einem Punkt zum anderen gewonnen oder verbraucht wird; ihre Einheit ist durch die Arbeit 1 Erg bestimmt. Die praktische Einheit der Spannung, Volt (V) genannt, ist durch die Potentialdifferenz gegeben, die zwischen zwei Punkten des elektrischen Feldes herrscht, wenn für den Transport der Ladung 1 C von einem Punkt zum anderen die Arbeit 1 Joule (J) von oder gegen die Feldkräfte geleistet wird. Führt man die entsprechenden absoluten Einheiten ($1\ C = 2{,}997_7 \cdot 10^9\ CGS_{es}\ E.$; $1\ J = 10^7\ Erg$) ein, so erhält man: $1\ V = \dfrac{10^7}{2{,}997_7 \cdot 10^9} = \dfrac{1}{2{,}997_7 \cdot 10^2}\ CGS_{es}\ E.$, das heißt, die Einheit der absoluten Spannung $= 299{,}7_7\ V$.

---

[1] Diese Betrachtungen gelten für den leeren Raum. In einem beliebigen Medium mit der Dielektrizitätskonstante ε (s. Kap. II, 8) hängt das Potential ψ von der Dielektrizitätskonstante entsprechend der Beziehung $\psi = 1/\varepsilon \cdot a/q_1$ ab.

Stromstärke. Als Stromstärke I wird die Elektrizitätsmenge definiert, die in der Zeiteinheit den zur Stromrichtung normal liegenden Querschnitt eines Leiters durchfließt. Die Einheit der Stromstärke ist im absoluten elektrostatischen System gegeben, wenn der Leiterquerschnitt je Sekunde von der Einheit der Elektrizitätsmenge durchflossen wird. Da diese Einheit zu klein ist, wird sie in der Praxis durch die praktische Einheit Ampère (A) ersetzt, die man erhält, wenn durch den Leiterquerschnitt je Sekunde 1 C strömt. Daher gilt: $1\,\mathrm{A} = 2{,}997_7 \cdot 10^9\,\mathrm{CGS}_{es}\,E.$

Widerstand. Für einen Leiter seien die folgenden Bedingungen gegeben:

a) zwischen den beiden Enden A und B bestehen keine Ableitungen oder Verzweigungen;

b) im Innern des Leiters wirken keine elektromotorischen Kräfte (s. drittes Kapitel). Legt man an die Endstellen des Leiters eine beliebige, aber konstante Spannung an, dann wird im Leiter ein Strom fließen, der durch das Ohmsche Gesetz bestimmt ist:

$$\frac{\psi_A - \psi_B}{I} = \text{konst.} = R.$$

Die Konstante R wird als elektrischer Widerstand bezeichnet, dessen Einheitswert gegeben ist, wenn $\psi_A - \psi_B = 1$ und $I = 1$ gesetzt werden. Die absolute Einheit ist für die Praxis zu hoch. Die praktische ergibt sich aus: $\psi_A - \psi_B = 1\,\mathrm{V}$ und $I = 1\,\mathrm{A}$. Dann ist $R = 1\,\mathrm{Ohm}\ (\Omega)$. Ersetzt man Volt und Ampère durch die entsprechenden absoluten Einheiten, so erhält man:

$$1\,\Omega = \frac{1}{2{,}997_7 \cdot 10^2} \cdot \frac{1}{2{,}997_7 \cdot 10^9} = \frac{1}{2{,}997_7{}^2 \cdot 10^{11}}\,\mathrm{CGS}_{es}\,E.$$

Energie. Die elektrische Energie ist durch das Produkt Spannung mal Elektrizitätsmenge gegeben. Die praktische Einheit, 1 Voltcoulomb, ist gleich dem Produkt $1\,\mathrm{V} \cdot 1\,\mathrm{C} = 1\,\mathrm{Joule}\ (\mathrm{J})$. In absoluten Einheiten: $\dfrac{1}{299{,}7_7} \cdot 2{,}997_7 \cdot 10^9 = 10^7\,\mathrm{Erg} = 1\,\mathrm{J}$. Da $1\,\mathrm{C} = 1\,\mathrm{A} \cdot 1\,\mathrm{sec}$, gilt auch: $1\,\mathrm{J} = 1\,\mathrm{V} \cdot 1\,\mathrm{A} \cdot 1\,\mathrm{sec} = 1\,\mathrm{W} \cdot 1\,\mathrm{sec} = 1\,\mathrm{Wattsekunde}$ (W = Watt = praktische Einheit der elektrischen Leistung = $1\,\mathrm{V} \cdot 1\,\mathrm{A}$). Andere häufig benützte Einheiten sind die Wattstunde (Wh) = 3600 Wattsekunden und die Kilowattstunde (kWh) = 3 600 000 Wattsekunden.

Neben der Elektrostatik kann auch der Elektromagnetismus als Grundlage zur Ableitung der Maßeinheiten herangezogen werden. Auf diese Weise erhält man das System der CGS_{em}-Einheiten[1], in dem jene Stromstärke als Einheit betrachtet wird, die beim Durchlaufen eines Kreisbogens von 1 cm Radius eine Kraft von $2\,\pi$ Dyn auf einen im Zentrum des Kreisbogens gelegenen magnetischen Einheitspol ausübt. Aus dieser Definition, aus der Definition des magnetischen Einheitspols und aus den Gesetzen der Elektrodynamik und des Elektromagnetismus gehen alle übrigen elektrischen Größen hervor.

Die Dimension ein und derselben Größe im elektrostatischen und elektromagnetischen System ist nicht gleich. Dies hat dazu geführt, daß die meisten elektrischen Größen immer mehr im elektromagnetischen System ausgedrückt werden, da Messungen mit elektromagnetischen Mitteln viel leichter auszuführen sind.

---

[1] Elektromagnetisches Zentimeter-Gramm-Sekunden-System.

Jedes System, ob elektrostatisch, elektromagnetisch oder praktisch, hat seine Vor- und Nachteile. Viele Nachteile beseitigt das System von Giorgi, das 1935 von der Internationalen Elektrotechnischen Kommission eingeführt wurde. In diesem System sind die Primäreinheiten: das Meter (M), das Kilogramm (K), die Sekunde (S) und das absolute Ohm (Ω), welches die Eigenschaft einer Primäreinheit annimmt und dem Widerstand einer Quecksilbersäule mit dem konstanten Querschnitt 1 mm² und der Länge 106,246 $\pm$ 0,002 cm bei der Temperatur des schmelzenden Eises gleichgesetzt wird (s. unten). Dieses System heißt auch nach seinen Anfangsbuchstaben MKSΩ-System. Aus dem absoluten Ohm erhält man das absolute Ampère, wenn man weiß, daß die in Joule ausgedrückte, in einem Widerstand entwickelte Wärmemenge dem Quadrat der Stromstärke I in Ampère, dem Widerstand R in Ohm und der Zeit t in Sekunden proportional ist:

$$Q = I^2 R t.$$

Wenn $Q = 1$ J, $R = 1\ \Omega$ und $t = 1$ sec, ergibt sich $I = 1$ A. Aus den elektrostatischen, elektrodynamischen und elektromagnetischen Gesetzen erhält man die Einheiten der übrigen Größen. Viele Einheiten des Systems von Giorgi (MKSΩ) stimmen mit den praktischen Einheiten überein.

Für einige dieser Maßeinheiten, wie das Meter, das Gramm usw., kann man Normaleinheiten festlegen. Der Widerstand von 1 Ω, so wie er im elektrostatischen System definiert wurde, ist z. B. gleich dem Widerstand einer Quecksilbersäule mit dem konstanten Querschnitt 1 mm² und der Länge 106,246 $\pm$ $\pm$ 0,002 cm bei der Temperatur des schmelzenden Eises. Die oben definierte Stromstärke von 1 A scheidet an der Kathode eines Normal-Silbernitratvoltameters (s. Kap. V, 7) je Sekunde 0,001 118 06 $\pm$ 0,000 000 05 g Silber ab.

In einer 1908 in London abgehaltenen Konferenz kam man daher überein, als gesetzliche Grundeinheiten die konventionell definierten einzuführen, wobei man gleichzeitig die oben angegebenen Zahlen leicht abrundete und ihnen zur Unterscheidung die Bezeichnung *internationale Einheiten* verlieh. Und zwar ist 1 internationales Ω der Widerstand einer Quecksilbersäule mit dem konstanten Querschnitt 1 mm², der Länge 106,300 cm und der Masse 14,4521 g bei der Temperatur des schmelzenden Eises; 1 internationales A ist die Stromstärke, die an der Kathode eines Normal-Silbernitratvoltameters je Sekunde 0,001 118 000 g Silber abscheidet. 1910 wurde in einer in Washington stattgefundenen Konferenz auch der Normalwert der Spannung definiert, der sich aus der elektromotorischen Kraft des internationalen Westonelementes (s. Kap. III, 2) ergibt und bei 20⁰ C mit 1,018 30 internationalen Volt konventionell festgelegt wurde. Unter Zuhilfenahme der Beziehungen, die die verschiedenen Maßeinheiten untereinander verbinden, lassen sich die übrigen internationalen Einheiten leicht ableiten.

Zwischen den internationalen Einheiten, den absoluten Einheiten des elektrostatischen und elektromagnetischen CGS-Systems und den praktischen Giorgi-(MKSΩ)Einheiten besteht keine vollkommene Identität, und zwar sowohl wegen der Dimensionsunterschiede zwischen dem CGS_{es} und dem CGS_{em}-System als auch wegen der Abrundung der Zahlenwerte der internationalen Einheiten, die bei der konventionellen Festlegung der Normalgrößen erfolgte.

Tab. 1 enthält die Einheiten der für die Elektrochemie in Frage kommenden Größen, ausgedrückt in den verschiedenen Systemen nach den Angaben des Bureau of Standards der Vereinigten Staaten von Amerika.

Tabelle 1. *Elektrische Maßeinheiten*[1]

Größe	System				
	International	Absolut	MKSΩ	CGS_{es}	CGS_{em}
Elektrische Ladung	1 C	0,999 835	0,999 90	$0,999\,90 \cdot 2,997_7 \cdot 10^9$	$0,999\,90 \cdot 10$
Potentialdifferenz	1 V	1,000 330	1,0004	$\dfrac{1,0004}{2,997_7 \cdot 10^2}$	$1,0004 \cdot 10^{-8}$
Stromstärke	1 A	0,999 835	0,999 90	$0,999\,90 \cdot 2,997_7 \cdot 10^9$	$0,999\,90 \cdot 10$
Widerstand	1 Ω	1,000 495	1,000 51	$\dfrac{1}{2,997_7{}^2 \cdot 10^{11}}$	$1,000\,51 \cdot 10^{-9}$
Energie	1 J	1,000 165	1,0003	10^7	10^7

[1] Zum gründlicheren Verständnis der mit den Maßeinheiten zusammenhängenden Begriffe wird das Studium eines beliebigen guten Lehrbuches der Experimentalphysik empfohlen.

Zweites Kapitel

Die Elektrolyte und die elektrische Leitfähigkeit

1. Elektrolyse und Elektrolyte

Taucht man zwei Platten eines geeigneten Metalles, z. B. Platin, in die Lösung eines Alkalichlorids und verbindet man sie mit den Polen einer Elektrizitätsquelle, deren Spannung genügend groß ist, so beobachtet man den Durchgang von Strom durch die Lösung und gleichzeitig eine ganze Reihe chemischer Reaktionen, die vom Durchgang des elektrischen Stromes ausgelöst werden. Dieser Versuch kann mit dem gleichen Ergebnis mit allen jenen Stoffen wiederholt werden, die in der Chemie als Salze, Säuren oder Basen klassifiziert werden: so beobachtet man z. B. beim Durchgang des Stromes durch eine Salzsäurelösung, daß sich am positiven Pol Chlorgas und am negativen Wasserstoffgas entwickelt. Bei Wiederholung des Versuches mit Kupfersulfatlösung und Kupferplatten bemerkt man, daß sich am negativen Pol metallisches Kupfer abscheidet, am positiven Pol dagegen Kupfer in Lösung geht.

In diesen beiden Fällen kann man unmittelbar auch das Gebiet erkennen, in dem die vom Stromdurchgang ausgelöste chemische Reaktion stattfindet; es läßt sich feststellen, daß sie ausschließlich auf die Berührungsfläche Lösung-Metall beschränkt ist. Solche Reaktionen werden als *Primärreaktionen* bezeichnet, weil sie direkt vom Stromdurchgang ausgelöst werden. In komplizierteren Fällen, wenn es sich z. B. um die Lösung eines Alkalichlorids handelt, kann man innerhalb der Lösung weitere chemische Reaktionen beobachten, die vom Stromdurchgang indirekt hervorgerufen werden. Tatsächlich kommen sie auch ohne Stromdurchgang zustande, wenn nur die bei der Primärreaktion gebildeten Stoffe in Berührung kommen. Solche Reaktionen heißen *Sekundär-*

reaktionen. Primärreaktionen finden zwischen den ursprünglich gelösten Teilchen und den vom äußeren Stromkreis aufgenommenen oder abgegebenen elektrischen Ladungen statt. Sekundärreaktionen haben als Ausgangsprodukte Stoffe, die bei der Primärreaktion gebildet wurden und die entweder untereinander oder mit den ursprünglich vorhandenen Teilchen oder mit den Metallplatten oder mit dem Lösungsmittel oder mit den elektrischen Ladungen des äußeren Stromkreises[1] usw. reagieren.

Es wurde bereits bemerkt, daß unter der Einwirkung einer Spannung, die zwischen zwei in eine Salzsäurelösung getauchten Platten wirksam ist, die Bestandteile der Säuremoleküle teils zur Kathode und teils zur Anode wandern, wo sie sich in Form von elementaren Wasserstoff- und Chlormolekülen in gasförmigem Zustand abscheiden.

Es soll hervorgehoben werden:

1. daß das gesamte Chlor zum positiven Pol wandert, wo es sich nach der Reaktion im Elementarzustand entwickelt; daß der gesamte Wasserstoff zum negativen Pol wandert, wo eine analoge Reaktion mit Entwicklung von elementarem Wasserstoff abläuft;

2. daß der Stromdurchgang gleichzeitig mit dem Anlegen der Spannung stattfindet, das heißt, daß kein auch noch so kleines Zeitintervall zwischen dem Anlegen der Spannung und dem Durchgang des Stromes besteht.

Diese beiden Tatsachen zeigen, daß in der Salzsäurelösung weder HCl-Moleküle noch H- und Cl-Atome erkennbar sind, sondern einzig und allein Atome mit positiver bzw. negativer Ladung, das heißt H^+- und Cl^--Ionen. Aus der ersten Beobachtung kann geschlossen werden, daß die Teilchen elektrisch geladen sind, da sonst das von der angelegten Spannung aufgebaute elektrische Feld sie nicht zum Wandern gegen den einen oder den andern Pol bringen könnte; und zwar sind alle Wasserstoffteilchen positiv geladen, während alle Chlorteilchen negativ geladen sind. Das Fehlen einer noch so kleinen Verzögerung des Stromdurchganges gegenüber der angelegten Spannung, wie es in der zweiten Beobachtung festgestellt wurde, beweist weiters, daß die Ionen schon vor dem Anlegen der Spannung in der Lösung vorhanden sein müssen.

Daß die Ionen in der Lösung bereits existieren, bevor noch ein Strom fließt, läßt sich weiters sehr bequem aus der Tatsache beweisen, daß unter geeigneten Bedingungen eine beliebig kleine Potentialdifferenz genügt, um in einer Salzlösung Stromdurchgang zu bewirken. Das bedeutet, daß keinerlei Stromarbeit erforderlich ist, um das in Frage stehende Molekül in Ionen aufzuspalten, sondern daß unabhängig vom Stromdurchgang die Ionen bereits vorher gebildet erscheinen.

Sobald die Ionen die Kontaktfläche Lösung-Metallplatte als Ende des äußeren Stromkreises erreichen, reagieren sie mit den elektrischen Ladungen der Elektrode, wobei sie sich entladen und im gegebenen Fall der Salzsäurelösung Wasserstoff- und Chloratome bilden, die sich ihrerseits zu den entsprechenden Gasmolekülen verbinden. Der Stromdurchgang ist also mit Verschiebung von Materie verbunden oder genauer: die elektrischen Ladungen haften an stofflichen Teilchen, die sie, je nach ihrem Vorzeichen, zum einen oder anderen Pol transportieren.

Faraday schlug vor, jene Leiter, in denen der Stromdurchgang mit einer Materiewanderung verbunden ist, *Elektrolyte* zu nennen und die Gesamtheit der Erscheinungen, die den Strom in solchen Leitern und die mitwirkenden

---

[1] In diesem Fall wäre die Reaktion streng genommen eine weitere Primärreaktion.

chemischen Reaktionen betreffen, als *Elektrolyse* zu bezeichnen. Die Ionen werden als stoffliche Träger der Ladung in *Kationen* (positiv geladene Teilchen, die zur negativen Elektrode oder *Kathode* wandern) und in *Anionen* (negativ geladene Teilchen, die zur positiven Elektrode oder *Anode* wandern) eingeteilt.

Die Metallplatten, die als Enden des äußeren elektrischen Stromkreises in die elektrolytische Lösung eintauchen, heißen allgemein *Elektroden*. Sie können natürlich auch andere Formen haben, wie z. B. Drähte, Stäbe, Netze usw. Sie sind immer Leiter erster Klasse.

Abb. 1 erläutert die in der Elektrochemie gebräuchlichen Bezeichnungen und Symbole.

Die Erscheinung der Elektrolyse ist nicht auf wässerige Lösungen bei Zimmertemperatur beschränkt; sie tritt auch bei Verwendung nichtwässeriger Lösungsmittel auf, sofern diese bestimmte Eigenschaften, insbesondere eine hohe Dielektrizitätskonstante, aufweisen (s. Abschn. 8); sie kommt ferner in geschmolzenen und festen Elektrolyten bei ganz verschiedenen Temperaturen vor. Läßt man z. B. in einem Graphitbehälter etwas Bleichlorid schmelzen und taucht in die geschmolzene Masse einen Graphitstab ein, der jedoch weder die Wände noch den Boden berühren darf, und verbindet man den Boden mit dem negativen und den Stab mit dem positiven Pol eines Akkumulators, so beobachtet man Durchgang von Strom bei gleichzeitiger Entwicklung von Chlorgas am Graphitstab und Abscheidung von metallischem Blei an den Wänden des Behälters.

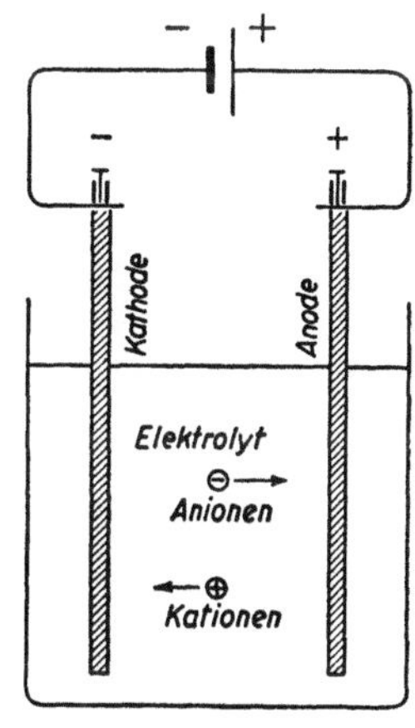

Abb. 1

Der Vorgang der Leitung in Elektrolyten ist also von dem in Metallen grundsätzlich verschieden. In Metallen tritt Elektronenleitung auf, da es die eigentlichen elektrischen Elementarladungen oder Elektronen sind, deren Bewegung den elektrischen Strom ausmacht, ohne daß gleichzeitig Wanderung von Materie nachgewiesen werden könnte[1].

In Elektrolyten dagegen erfolgt die Leitung mittels Ionen, da die elektrischen Ladungen von Ionen transportiert werden, von Materieteilchen also, die unter dem Einfluß einer Potentialdifferenz wandern und damit die Bewegung elektrischer Ladungen, das heißt elektrischen Strom hervorrufen. Gleichzeitig mit dem Stromdurchgang findet daher auch eine Wanderung von Materie statt.

Leiter, die Elektronenleitung aufweisen, heißen auch *Leiter erster Klasse:* dazu gehören alle Metalle, der Kohlenstoff in besonderen Zuständen (Graphit oder Retortenkohle), weiters einige Oxyde und Schwefelverbindungen im festen Zustand. Leiter, deren Stromdurchgang mit gleichzeitiger Materiewanderung verbunden ist, heißen *Leiter zweiter Klasse* oder Elektrolyte. In letzterem Fall ist der Stromdurchfluß immer von chemischen Reaktionen an den Trennungsflächen zwischen den Leitern erster und zweiter Klasse, an denen der Leitungsmechanismus wechselt, begleitet. Die Leiter zweiter Klasse sind immer chemische Verbindungen und nie Elemente[2], da sie Ionen mit entgegenge-

---

[1] Mit Ausnahme einiger Legierungen, die nicht berücksichtigt werden können.

[2] Hier wird die Leitung bei Entladungen in verdünnten Gasen nicht berücksichtigt, die ebenfalls teilweise Ionencharakter aufweisen. Die Gasionen können in diesem Fall auch aus freien elektrischen Ladungen und Elementarmolekeln unabhängig von ihrer chemischen Natur gebildet werden.

setztem Vorzeichen bilden müssen, was bei einem Element offensichtlich nicht möglich ist. Auch unter den festen Körpern sind Leiter zweiter Klasse bekannt, z. B. die Halogenverbindungen des Silbers.

Ionen sind nichts anderes als Atome oder Atomgruppen, die bezüglich ihres elektroneutralen Zustandes eine oder mehrere Elementarladungen im Überschuß haben: der Wasserstoff, die Metalle und jene Atomgruppierungen, die zusammen mit dem Hydroxylion Basen bilden (z. B. NH_4), erzeugen Kationen, die Halogene und jene Atomgruppen, die mit Metallen Salze und mit Wasserstoff Säuren bilden, Anionen.

Jedes Kation wird von einem Atom oder einer Atomgruppe gebildet, die bezüglich des elektroneutralen Zustandes soviele überschüssige positive Elementarladungen oder, was den modernen Anschauungen besser entspricht, soviele fehlende negative Elementarladungen (Elektronen) aufweist, als ihrer Wertigkeit entspricht. Die Anionen werden analog definiert, mit dem Unterschied, daß die entsprechende Überschußladung negativ ist, das heißt aus ebensovielen Elektronen besteht, als der Wertigkeit entspricht. Wenn ein Element oder eine Atomgruppe verschiedene Wertigkeitsstufen besitzt, kommen Ionen mit unterschiedlichen Ladungszahlen zustande (z. B. die Anionen Eisen-II-Cyanid und Eisen-III-Cyanid und die Kationen Kupfer-I und Kupfer-II). Die Ionen werden mit dem gleichen chemischen Symbol bezeichnet wie das Element oder die Atomgruppe selbst. Zur Kennzeichnung der Anzahl der positiven (bzw. negativen) Ladungen im Überschuß wird rechts oben die Zahl der + bzw. — Zeichen gesetzt[1], z. B. Na^+, Ba^{2+}, PO_4^{3-} usw. Das Symbol eines Elementes gibt gleichzeitig das Gewicht eines Grammatoms an und ebenso versteht man unter dem Symbol eines Ions die Gewichtsmenge eines Grammatoms plus zugehöriger elektrischer Ladung.

Auf diese Weise wird stillschweigend angenommen, daß auch die Elektrizität atomistische Struktur besitzt. Dies wurde durch die Erfahrung bestätigt. Es gibt eine ganze Reihe physikalischer Methoden (Kathodenstrahlen, Radioaktivität, Edison-Effekt, photoelektrischer Effekt usw.), welche die Isolierung negativer Elementarladungen (e), genannt *Elektronen*, erlaubt haben. 1932 gelang es Anderson, auch positive Elementarladungen, die sogenannten *Positronen*, zu isolieren. Sie besitzen alle die gleiche elektrische Ladungsmenge und zwar $1{,}591{.}10^{-19}$ C oder $4{,}770{.}10^{-10}$ $CGS_{es}E.$, ihre Ruhmasse beträgt $1/1835$ der Masse des Wasserstoffatoms. Ein elektrisches Äquivalent ist daher durch das Produkt Elementarladung mal Avogadrosche[2] Zahl ($N = 6{,}064{.}10^{23}$) gegeben. Es beträgt 96 470 intern. C. (S. Kap. IV, 1). Diese Elektrizitätsmenge, die als positive oder negative Ladung an ein Grammäquivalent eines beliebigen Ions gebunden ist, wird 1 Faraday (1 F) genannt. Sie wurde auch experimentell bestimmt und ist mit größerer Genauigkeit bekannt als die Werte für e und N. Die Messung mit dem Silbercoulometer ergab 96 494 C, mit dem Jodcoulometer 96 514 C. Der heute allgemein angenommene Wert ist ein Mittel dieser beiden Zahlen und beträgt: 1 F = 96 500 C.

---

[1] An Stelle der + und — Zeichen werden vielfach auch noch Punkte und Striche verwendet, z. B. H·, Cl′.

[2] In manchen Lehrbüchern wird die Avogadrosche Zahl als Loschmidtsche Zahl bezeichnet.

2. Überführungszahl

Die Elektrizitätsmenge, die je Sekunde von einer gelösten Ionenart mitgeführt wird, hängt von der Geschwindigkeit ab, mit der die Ionen unter der Einwirkung des elektrischen Feldes wandern, und von der spezifischen Ladung, die transportiert wird. Beziehen wir uns immer auf ein Äquivalent ($1\,Na^+$, $\frac{1}{2}\,Ba^{2+}$, $\frac{1}{3}\,PO_4^{3-}$), so bleibt die Ladung konstant und ist die gleiche für die beiden Ionen entgegengesetzten Vorzeichens, weil die Lösung elektroneutral ist. Die von jedem der beiden Ionen je Sekunde mitgeführte Elektrizitätsmenge kann also nur dann die gleiche sein, wenn die effektiven Wanderungsgeschwindigkeiten der beiden Ionen übereinstimmen. Auf seinem Weg durch die Lösung hat das unter der Einwirkung einer Potentialdifferenz wandernde Ion Reibungswiderstände zu überwinden.

Für einen materiellen Massenpunkt m, auf den im leeren Raum die Kraft f wirkt, gilt die Beziehung:

$$m\,a = f, \tag{1}$$

in der a die Beschleunigung bedeutet. Wenn sich der Massenpunkt in einer Flüssigkeit bewegt, muß er einen bestimmten Reibungswiderstand überwinden, wodurch Gl. (1) übergeht in:

$$m\,a = f - k\,w, \tag{2}$$

worin $k\,w$ den Reibungswiderstand darstellt, der zur Geschwindigkeit w proportional ist; k ist der Proportionalitätskoeffizient. Der bei der Bewegung einer Kugel durch eine Flüssigkeit auftretende Reibungswiderstand R wird durch das Stokessche Gesetz beschrieben:

$$R = 6\,\pi\,\eta\,r\,w = k\,w. \tag{3}$$

(η = innere Reibung, r = Kugelradius.)

Durch Einsetzen von Gl. (3) in Gl. (2) erhält man:

$$m\,a = f - 6\,\pi\,\eta\,r\,w. \tag{4}$$

Wird die Kraft f konstant gehalten und läßt man die Geschwindigkeit w von Null aus anwachsen, so wird schließlich ein bestimmter Wert w erreicht, für den gilt:

$$6\,\pi\,\eta\,r\,w = f,$$

woraus folgt

$$f - 6\,\pi\,\eta\,r\,w = 0. \tag{5}$$

Wegen Gl. (4) muß auch

$$m\,a = 0$$

sein. Da die Masse nicht verschwinden kann, muß die Beschleunigung Null und damit die Geschwindigkeit w konstant werden. Sie ergibt sich aus Gl. (5) zu:

$$w = \frac{f}{6\,\pi\,\eta\,r}.$$

Unter den gegebenen Voraussetzungen ist die Geschwindigkeit konstant und zur wirkenden Kraft proportional. Dieser Gedankengang kann auf die Bewegung der in erster Annäherung als Kugeln zu betrachtenden Ionen in einer Flüssigkeit angewandt werden.

In diesem Fall ist die wirkende Kraft dem sogenannten Potentialgradienten dV/dx proportional. Tatsächlich ist die Arbeit, die bei der Verschiebung eines Ions mit der Ladung q vom Punkt a zum Punkt b umgesetzt wird, gegeben durch

$$dA = q\,dV = f\,dx; \qquad f = q\,\frac{dV}{dx},$$

wobei dx den Abstand der Punkte und dV ihre Potentialdifferenz bezeichnen.

Als *Wanderungsgeschwindigkeit* wird die konstante Geschwindigkeit eines Ions in $cm \cdot sec^{-1}$ unter der Einwirkung des Potentialgradienten 1 Volt/cm definiert und mit dem Symbol u für die Kationen und v für die Anionen bezeichnet.

Die Beziehung zwischen Wanderungsgeschwindigkeit und Strommenge ergibt sich aus dem folgenden in Abb. 2 dargestellten Schema. Gegeben sei eine elektrolytische Zelle, die mittels der Diaphragmen A und B in drei getrennte Räume geteilt ist. Vor Beginn des Versuches ist die Konzentration in allen drei Abteilungen die gleiche und wird durch die Verteilung O dargestellt. Bei Durchgang einer bestimmten Elektrizitätsmenge findet eine Entladung von Kationen an der Kathode und von Anionen an der Anode statt, und zwar in Mengen,

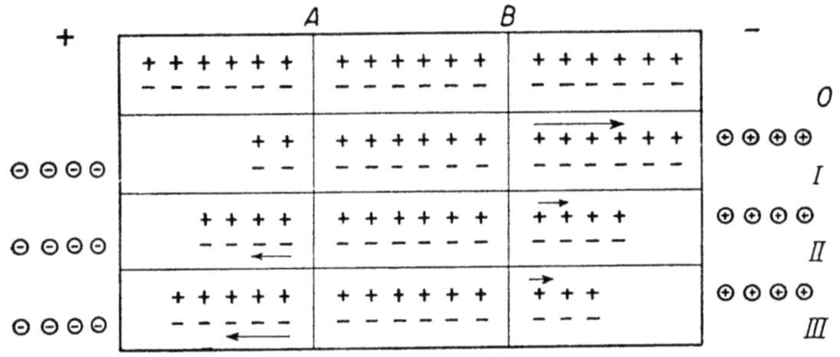

Abb. 2

die untereinander äquivalent sind und der Anzahl der Ladungsäquivalente entsprechen, die durch die Zelle hindurchgegangen sind. Die Elektrizitätsmenge darf natürlich nicht zu groß sein, da im Falle einer totalen Zersetzung des Elektrolyten keine Messung mehr möglich wäre. Eine hinreichende Voraussetzung für die Gültigkeit des Versuches besteht darin, daß die die Zelle durchfließende Elektrizitätsmenge nicht so groß ist, daß sie Konzentrationsänderungen in der Mittelzone hervorruft.

Es werden nunmehr die folgenden drei im Schema mit *I*, *II* und *III* bezeichneten Fälle betrachtet:

I. Der Strom wird ausschließlich durch die Kationen transportiert (Idealfall für Lösungen).

II. Der Strom wird sowohl durch die Kationen als auch durch die Anionen, die beide mit derselben Geschwindigkeit wandern, transportiert.

III. Der Strom wird durch die Kationen und durch die Anionen, die jedoch mit verschiedener Geschwindigkeit wandern, transportiert.

Im Schema der Abb. 2 entspricht jedes + Zeichen einem Äquivalent Kationen und jedes — Zeichen einem Äquivalent Anionen. Die Zeichen in Kreisen stellen die entsprechenden Äquivalente nach der Entladung dar. Die Pfeile bezeichnen mit ihrer Länge die Anzahl der Äquivalente jeder Ionenart, die die durchlässigen Trennungswände in der Zeiteinheit durchqueren.

Um den Gedankengang nicht zu verwirren, wird angenommen, daß die auftretenden elektrochemischen Reaktionen ausschließlich in der Entladung der Ionen bestehen und daß keinerlei Sekundärreaktionen stattfinden.

Beim Elektrolysevorgang mit nachfolgender Entladung der Ionen an den Elektroden verschwindet Elektrolytsubstanz, was durch eine Abnahme der Konzentration feststellbar ist[1].

Im Fall *I* sind nur die Kationen Träger des Stromes und nur sie wandern unter dem Einfluß des elektrischen Feldes. Unter der Voraussetzung, daß zu Beginn in jeder der drei Abteilungen sechs Äquivalente vorhanden sind und daß vier Stromäquivalente fließen, ergibt sich die Entladung von vier Äquivalenten Kationen und ebensovielen Anionen. Während aber die Anionen am Ort geblieben sind, sind die Kationen zur Kathode gewandert und aus dem Anodenraum verschwunden. Die an der Kathode entladenen Kationen wurden durch andere zur Kathode abgewanderte Kationen ersetzt; dagegen wurden an der Anode die entladenen Anionen nicht durch andere ersetzt. Insgesamt weist daher nur die Anodenzone eine Verarmung von Elektrolytsubstanz auf.

Die Gesamtbilanz bezüglich der Konzentrationen, wie sie sich als Folge der Wanderungen und Entladungen ergibt, wird durch Schema *I'* dargestellt.

I'

+	*A*	*B*	—
Anodenzone	*Mittelzone*	*Kathodenzone*	
4 Äquivalente Kationen wandern gegen die Mittelzone ab	4 Äquivalente Kationen kommen von der Anodenzone her		
	4 Äquivalente Kationen wandern gegen die Kathodenzone ab	4 Äquivalente Kationen kommen von der Mittelzone her	
4 Äquivalente Anionen werden entladen		4 Äquivalente Kationen werden entladen	

Anodenverlust:		*Kathodenverlust:*
4 Äquivalente Elektrolyt	Konzentration ungeändert	—

Im Fall *II* sind sowohl die Anionen als auch die Kationen Träger des Stromes, wobei sie mit gleicher Geschwindigkeit in entgegengesetzten Richtungen wandern. Die entladenen Ionen beider Arten werden teilweise durch Nachschub ersetzt. An der Kathode tritt also eine Konzentrationsabnahme wegen der Entladung der Kationen und der gleichzeitigen Abwanderung der Anionen ein, an der Anode wandern die Kationen ab und die Anionen werden gleichzeitig entladen: da gleiche Wanderungsgeschwindigkeiten angenommen wurden, ist die Anzahl der Kationen, die aus der Anodenzone abwandern, gleich der Anzahl der Anionen, die die Kathodenzone verlassen. Die Konzentrationsverluste sind daher im Anoden- und Kathodenraum gleich. Die entsprechende Bilanz ist aus Schema *II'* ersichtlich.

---

[1] In dieser theoretischen Betrachtung werden die Nebenerscheinungen, die an den Elektroden und in ihrer unmittelbaren Umgebung auftreten, wie Diffusion, Konvektionsströmungen, turbulente Vermischung durch Gasentwicklung an den Elektroden usw. natürlich nicht berücksichtigt. Die Schlußfolgerungen beziehen sich auf die mittlere Konzentration der fraglichen Zonen, die von diesen Vorgängen nicht beeinflußt wird.

$$II'$$

+	A	B	—
Anodenzone	*Mittelzone*	*Kathodenzone*	
2 Äquivalente Kationen wandern zur Mittelzone ab	2 Äquivalente Kationen kommen von der Anodenzone her		
	2 Äquivalente Kationen wandern zur Kathodenzone ab	2 Äquivalente Kationen kommen von der Mittelzone her	
2 Äquivalente Anionen kommen von der Mittelzone her	2 Äquivalente Anionen kommen von der Kathodenzone her	2 Äquivalente Anionen wandern zur Mittelzone ab	
4 Äquivalente Anionen werden entladen	2 Äquivalente Anionen wandern zur Anodenzone ab	4 Äquivalente Kationen werden entladen	
Anodenverlust:		*Kathodenverlust:*	
2 Äquivalente Elektrolyt	Konzentration unverändert	2 Äquivalente Elektrolyt	

Im Fall *III* sind beide Ionenarten Träger des Stromes, aber mit verschiedenen Geschwindigkeiten: und zwar sollen die Anionen eine dreifach größere Geschwindigkeit haben als die Kationen. Für jedes zur Kathode wandernde Kation wandern also 3 Anionen zur Anode. Nach Entladung von 4 Stromäquivalenten stellen sich die in Schema *III'* dargestellten Konzentrationen ein: die Konzentrationsabnahme im Kathodenraum ist dreimal größer als im Anodenraum. Die entsprechende Bilanz als Folge der Wanderungen und Entladungen geht aus Schema *III'* hervor.

$$III'$$

+	A	B	
Anodenzone	*Mittelzone*	*Kathodenzone*	
1 Äquivalent Kationen wandert zur Mittelzone ab	1 Äquivalent Kationen kommt von der Anodenzone her		
	1 Äquivalent Kationen wandert zur Kathodenzone ab	1 Äquivalent Kationen kommt von der Mittelzone her	
3 Äquivalente Anionen kommen von der Mittelzone her	3 Äquivalente Anionen kommen von der Kathodenzone her	3 Äquivalente Anionen wandern zur Mittelzone ab	
4 Äquivalente Anionen werden entladen	3 Äquivalente Anionen wandern zur Anodenzone ab	4 Äquivalente Kationen werden entladen	
Anodenverlust:		*Kathodenverlust:*	
1 Äquivalent Elektrolyt	Konzentration unverändert	3 Äquivalente Elektrolyt	

Bezeichnet man mit p_K die Konzentrationsabnahme im Kathodenraum und mit p_A jene im Anodenraum, so ergibt sich für die drei erörterten Fälle:

$$\frac{p_A}{p_K} = \frac{4}{0} \quad \text{bzw.} \quad \frac{2}{2} \quad \text{bzw.} \quad \frac{1}{3} \quad \text{bzw.} \quad \frac{u}{v}.$$

Das bedeutet, daß sich der Anoden- zum Kathodenverlust verhält so wie die Wanderungsgeschwindigkeit des Kations zu der des Anions. Im allgemeinen ist der Verlust der Anodenzone bei Entladung von 1 Äquivalent Ionen nicht gleich 1, sondern $1 - n$ $(n < 1)$, da n Äquivalente Anionen zur Anodenzone abgewandert sind, während sich zur selben Zeit $1 - n$ Äquivalente Kationen zur Kathode verlagert haben. Der Verlust der Kathodenzone beträgt dann n Äquivalente. Setzt man für das Verhältnis p_A/p_K den Ausdruck $(1 - n)/n$, so erhält man:

$$\frac{u}{v} = \frac{1-n}{n} = \frac{1}{n} - 1; \quad \frac{u}{v} + 1 = \frac{1}{n}; \quad \frac{u+v}{v} = \frac{1}{n}.$$

woraus folgt:

$$n = \frac{v}{u+v}.$$

Analog erhält man aus

$$\frac{p_A}{p_K} = \frac{1-n}{n}$$

$$n = \frac{p_K}{p_A + p_K} = \frac{p_K}{p_{total}}.$$

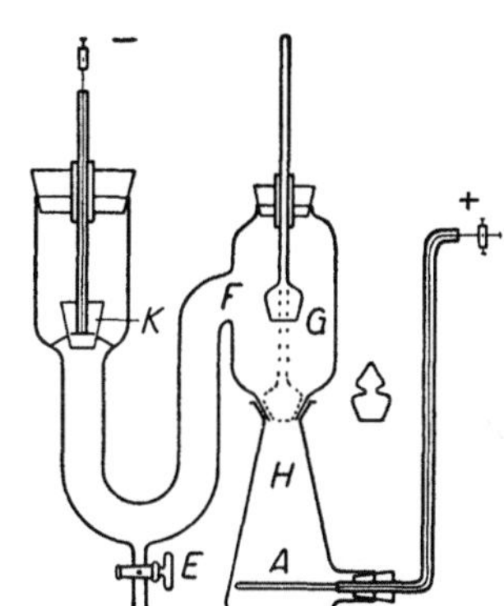

Abb. 3. Jahnscher Apparat

Bei Ladungsgleichheit verhalten sich die von jeder Ionenart in der Zeiteinheit transportierten Elektrizitätsmengen untereinander wie die entsprechenden Wanderungsgeschwindigkeiten, weshalb n_A den vom Anion transportierten Stromanteil bezeichnet, während $1 - n_A = n_K$ den vom Kation mitgeführten Teil darstellt. Dieser ist:

$$n_K = \frac{u}{u+v} = \frac{p_A}{p_{total}}.$$

n_A und n_K heißen *Überführungszahlen* des Anions bzw. des Kations (Hittorf).

Für die Messung der Überführungszahl auf Grund von Konzentrationsänderungen im Anoden- und Kathodenraum ist der in Abb. 3 dargestellte Apparat von Jahn sehr geeignet.

K bezeichnet die aus einer Glaskapsel bestehende Kathode, die etwas Quecksilber und darüber eine Schicht konzentrierter Kupfernitratlösung enthält. Auf diese Weise wird an der Kathode jegliche Gasentwicklung und die damit verbundene Durchmischung der Lösung vermieden, da der elektrolytische Kathodenvorgang ausschließlich auf die Abscheidung von Kupfer beschränkt ist. Der elektrische Anschluß wird durch einen starken Kupferdraht, der mittels eines Glasrohres isoliert ist und in das Quecksilber eintaucht, hergestellt. Die Anode A ist mit einem Gummistöpsel befestigt und besteht aus einem starken Kupfer-, Silber- oder Cadmiumdraht. Auch an der Anode wird Gasentwicklung vermieden, da der elektrolytische Prozeß dort auf die Auflösung von Metall beschränkt ist. Der obere Teil des Apparates, der den U-förmigen seitlichen Ansatz trägt, ist im Unterteil bei H eingeschliffen. Die untere Öffnung wird nach Beendigung der Messung geschlossen, indem der eingeschliffene Glasstöpsel G gesenkt wird. Durch Öffnen des Hahnes E läßt man die Flüssigkeit der Kathodenzone bis zum Anschluß des Seitenteiles F abfließen, während die Flüssigkeit der Mittelzone im Raum zwischen dem Anschluß F und dem in die

Stellung H gebrachten Stöpsel G festgehalten ist. Im unteren Teil des Apparates bleibt die Flüssigkeit der Anodenzone nach Verschluß von G isoliert. Der Apparat wird beim Betrieb mit einer stabilen Stromquelle, gewöhnlich einem Akkumulator, einem Ampèremeter, einem Widerstand zur Regelung der Stromstärke und einem Coulometer (s. Kap. V, 7) zur Bestimmung der Elektrizitätsmenge entsprechend dem in Abb. 4 dargestellten Schema in Serie geschaltet. Darin ist A der Akkumulator, R der Widerstand, T der Apparat zur Messung der Überführungszahl, G das Ampèremeter und C das Coulometer.

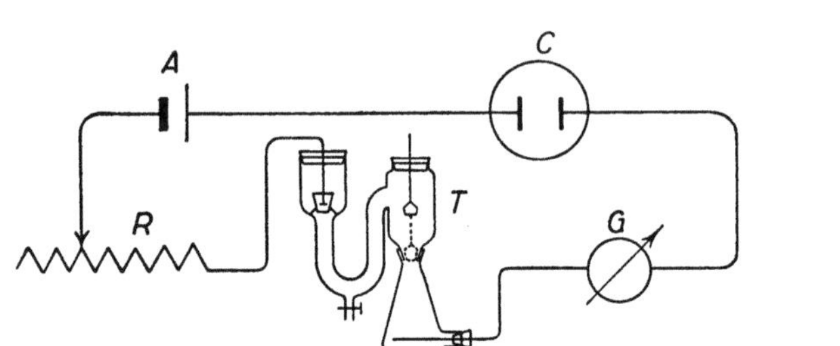

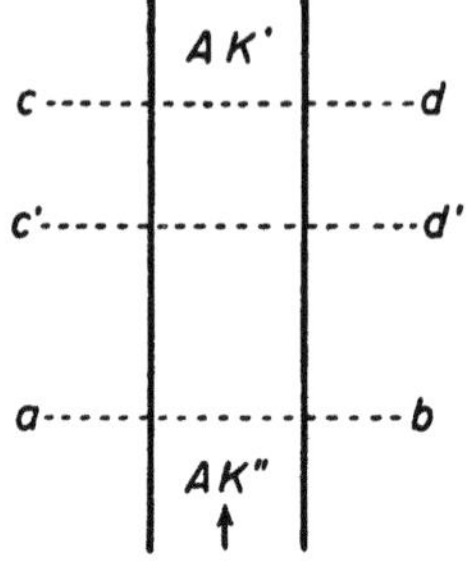

Abb. 4. Schaltschema zur Messung der Überführungszahl   Abb. 5

Eine andere sehr genaue Methode zur Messung der Überführungszahl beruht auf der Bestimmung der Verschiebung der Grenzfläche zwischen zwei elektrolytischen Lösungen bei Stromdurchgang. Diese Methode ist besonders von MacInnes und seinen Mitarbeitern zu hoher Präzision entwickelt worden. Sie gründet sich auf das folgende in Abb. 5 erläuterte Prinzip. Die Abbildung zeigt den Schnitt einer Röhre, in der die Lösungen der Elektrolyte AK' und AK'' mit dem gemeinsamen Anion A sich an der Grenzfläche ab in Kontakt befinden. Durch entsprechende Wahl des Kations K'' im Verhältnis zu K', dessen Überführungszahl bestimmt werden soll, und der Konzentrationen der beiden Elektrolyte erhält man die günstigsten experimentellen Bedingungen. Wenn ein elektrischer Strom die Röhre in der Richtung des Pfeiles durchfließt, wandern die Kationen in derselben Richtung, während sich die Anionen in der umgekehrten Richtung bewegen. Die Grenzfläche wandert in der Richtung des Stromes, da das Kation K' durch das Kation K'' ersetzt wird. In anderen Worten: die Lösung des Elektrolyten AK'' verdrängt die Lösung des Elektrolyten AK'.

Wenn bei Durchgang von 1 F die Grenzfläche aus der Lage ab in die Lage cd übergeht, dann wurde das gesamte Volumen v der zwischen den Schnitten ab und cd befindlichen Lösung AK' (ausgedrückt in cm³) von der Lösung AK'' verdrängt. Ist c die in Äquivalenten je cm³ ausgedrückte Konzentration, dann haben sich offenbar cv Äquivalente Kationen unter der Einwirkung des elektrischen Feldes verlagert. Definitionsgemäß ist aber die Überführungszahl gleich dem Stromanteil, der von jeder Ionenart transportiert wird. Wenn sich daher cv Äquivalente bei Durchgang von 1 F verlagert haben, drückt das Produkt cv gerade die Überführungszahl des Kations K' aus, das heißt:

$$n_{K'} = c\,v. \tag{6}$$

Bei praktischen Messungen wird gewöhnlich eine Elektrizitätsmenge q benützt, die wesentlich kleiner als 1 F ist. Dabei wird die Grenzfläche unter Verdrängung des Volumens v' aus der Lage ab in die näher gelegene Stellung $c'd'$ rücken. Da die verdrängten Volumina den umgesetzten Elektrizitätsmengen direkt proportional sind, gilt:

$$v' : v = q : \boldsymbol{F} \tag{7}$$

und man erhält durch Eliminierung von v aus den Gln. (6) und (7):

$$n_{K'} = \frac{c\, v'\, \boldsymbol{F}}{I\, t},$$

worin die Elektrizitätsmenge q durch das Produkt Stromstärke I mal Zeit t ersetzt ist[1].

In analoger Weise kann bei der Bestimmung der Überführungszahl der Anionen vorgegangen werden, wenn zwei Elektrolyte $A'K$ und $A''K$ mit gemeinsamem Kation benützt werden.

Dabei wurde stillschweigend vorausgesetzt, daß

a) zwischen den beiden in Kontakt befindlichen Lösungen keine Diffusions- und Mischungsvorgänge größeren Ausmaßes auftreten;

b) die Bewegung der wandernden Grenzfläche von der Natur und der Konzentration des nachfolgenden Ions (anders ausgedrückt des *Indikator-Ions*) unabhängig sei;

c) keine Volumänderungen in einem Ausmaß vorkommen, daß sie die Lage der Grenzfläche beeinflussen.

In der Praxis lassen sich diese Voraussetzungen entweder durch entsprechende Vorkehrungen verwirklichen oder es ist doch möglich, die notwendigen Korrekturen genau zu berechnen. Von besonderer Wichtigkeit sind die folgenden Bedingungen:

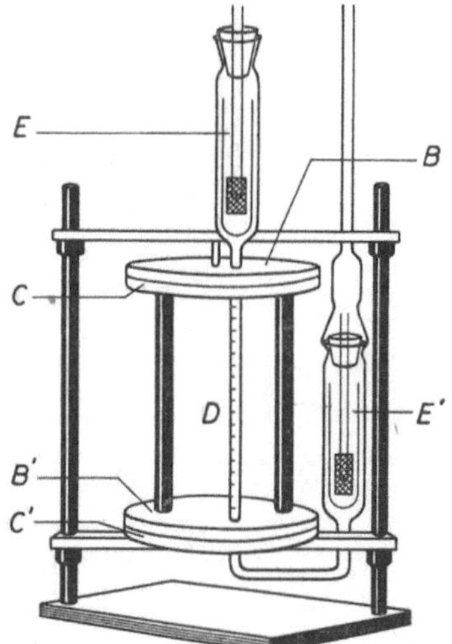

Abb. 6. Apparat nach Mac Innes

a) das Indikator-Ion muß immer dem zu untersuchenden Ion folgen;

b) das Indikator-Ion muß eine kleinere Beweglichkeit haben als das zu untersuchende Ion;

c) die Lösung mit größerer Dichte muß sich unterhalb der Lösung mit kleinerer Dichte befinden;

d) die Konzentration des Indikator-Ions muß so bemessen sein, daß die Beziehung besteht:

$$c : n = c_{Ind} : n_{Ind},$$

(worin c und c_{Ind} die Konzentrationen des zu untersuchenden und des Indikator-Ions, n und n_{Ind} die entsprechenden Überführungszahlen bedeuten), so daß die beiden Ionen dieselbe effektive Wanderungsgeschwindigkeit aufweisen (s. Abschn. 5).

Der zu diesem Zweck von Mac Innes und seinen Mitarbeitern entwickelte Apparat ist in Abb. 6 schematisch wiedergegeben. E und E' sind die beiden Elektrodengefäße, $B\,C$ und $B'\,C'$ sind zwei Paare exakt geschliffener Platten, die um eine gemeinsame Achse zueinander verdrehbar sind, D ist das Meßrohr zur Bestimmung der Grenzflächenverschiebung. Die beiden Plattenpaare haben Öffnungen, die durch entsprechende Einstellung in Übereinstimmung gebracht

---

[1] Dies ist nur bei konstanter Stromstärke gestattet, anderenfalls muß das Produkt $I\,t$ durch das Integral $\int_{0}^{t} I\,dt$ ersetzt werden.

werden können, so daß das Meßrohr D mit den Gefäßen E und E' in Verbindung steht. Will man z. B. eine obere Grenzfläche herstellen, so wird das Gefäß E' und das Meßrohr D so weit gefüllt, daß die Flüssigkeit oberhalb der Platte C gerade austritt. Darauf wird die Platte B verdreht und damit die überschüssige Flüssigkeit oberhalb C abgeschnitten. Nun wird das Rohr E eingeführt und mit der anderen Elektrolytlösung gefüllt. Wird die Platte B in die alte Stellung zurückgebracht, so steht D mit E in Verbindung, wobei aber die beiden Elektrolytlösungen durch eine scharfe Grenzfläche voneinander getrennt sind.

Diese Methode ist rascher und vielleicht auch genauer als die Hittorfsche, erfordert aber eine verfeinerte Technik.

Tab. 2 zeigt, daß bei exaktem Arbeiten beide Methoden dieselben Ergebnisse liefern.

Tabelle 2. *Überführungszahlen der Ionen K^+ und Li^+, gemessen nach Hittorf (H) und Mac Innes (MI)*

Elektrolyt	Methode	Überführungszahl bei der Konzentration		
		0.02	0.05	0.2
KCl	*H*	0,4893	0,4894	0,4898
KCl	*MI*	0,4901	0,4900	0,4898
LiCl	*H*	0,327	0,323	0,319
LiCl	*MI*	0,326	0,321	0,317

Weitere Methoden zur Bestimmung der Überführungszahl gründen sich auf Leitfähigkeitsmessungen (s. Abschn. 5), auf Messungen der elektromotorischen Kräfte besonderer Elementtypen (s. Kap. III, 10) usw.

Wenn die Überführungszahl durch Analyse der Konzentrationsänderungen im Anoden- und Kathodenraum bestimmt wird, muß der Tatsache Rechnung getragen werden, daß die Bewegung der Ionen selbst zu Konzentrationsänderungen Anlaß geben kann. Diese entstehen durch Verschiebung von Lösungsmittel, das durch mehr oder weniger solvatisierte Ionen (s. Abschn. 6) mitgeführt wird, eventuell auch durch elektrokinetische Wirkung (s. Kap. XI). Die so erhaltene Überführungszahl heißt dann *scheinbare Überführungszahl*, während die wahre Überführungszahl durch die Beziehungen der Wanderungsgeschwindigkeiten definiert ist. Die Korrektur, die an der scheinbaren Überführungszahl anzubringen ist, um die wahre zu erhalten, hängt von der Konzentration ab. Für wässerige Lösungen mit Konzentrationen von der Größenordnung $0,1\ n$ wird die Differenz zwischen wahrer und scheinbarer Überführungszahl schwerlich über Einheiten der dritten Dezimalstelle hinausgehen.

Die an der scheinbaren Überführungszahl anzubringende Korrektur kann berechnet werden, indem die Ionensolvatation (s. Abschn. 6) und damit die mitgeführte Menge des Lösungsmittels bestimmt wird.

Die Überführungszahl gibt für jedes Ion das Verhältnis zwischen seiner eigenen und der Summe der Wanderungsgeschwindigkeiten aller in der Lösung enthaltenen Ionenarten an. In geeigneter Weise ergänzt, gilt diese Beziehung auch für Mischungen von Elektrolyten: in diesem Fall muß auch die Äquivalentkonzentration der verschiedenen Elektrolyte berücksichtigt werden, da die Elektrizitätsmenge q_{Ki}, die jedes Kation transportieren kann, proportional seiner Konzentration und seiner Wanderungsgeschwindigkeit ist:

$$q_{Ki} = K\, c_i\, u_i.$$

Da sich die gesamte mitgeführte Elektrizitätsmenge Q aus der Summe aller Einzelmengen q, die durch die Anionen in der einen und durch die Kationen in der entgegengesetzten Richtung transportiert werden, ergibt, erhält man:

$$Q = K\,(c_1\,u_1 + c_2\,u_2 \cdots + c_1\,v_1 + c_2\,v_2 \cdots) = K\,\Sigma\,(c_i\,u_i + c_i\,v_i).$$

Die Überführungszahl jedes einzelnen Ions gibt aber den Anteil an der gesamten transportierten Elektrizitätsmenge an, das heißt:

$$n_{K1} = \frac{q_{K1}}{Q} = \frac{K\,c_1\,u_1}{K\,\Sigma\,(c_i\,u_i + c_i\,v_i)} = \frac{c_1\,u_1}{c_1\,u_1 + c_2\,u_2 \cdots + c_1\,v_1 + c_2\,v_2 \cdots},$$

$$n_{K2} = \frac{q_{K2}}{Q} = \frac{K\,c_2\,u_2}{K\,\Sigma\,(c_i\,u_i + c_i\,v_i)} = \frac{c_2\,u_2}{c_1\,u_1 + c_2\,u_2 \cdots + c_1\,v_1 + c_2\,v_2 \cdots},$$

$$n_{A1} = \frac{q_{A1}}{Q} = \frac{K\,c_1\,v_1}{K\,\Sigma\,(c_i\,u_i + c_i\,v_i)} = \frac{c_1\,v_1}{c_1\,u_1 + c_2\,u_2 \cdots + c_1\,v_1 + c_2\,v_2 \cdots}$$

usw.

Die Überführungszahl gibt ferner für einen binären Elektrolyten unmittelbar an, welches der beiden Ionen rascher ist und um wieviel. Die Überführungszahl kann insofern nicht als charakteristische Größe einer Ionenart angesehen werden, als ihr Wert von allen übrigen Ionenarten abhängt. Sie ist unabhängig von der Stromstärke, mit der die Elektrolyse durchgeführt wird, hängt aber von der Temperatur und der Konzentration des Elektrolyten ab.

Die Temperaturabhängigkeit ist im allgemeinen so beschaffen, daß die Überführungszahl mit zunehmender Temperatur dem Wert 0,5 zustrebt, das heißt, daß bei erhöhter Temperatur die beiden Ionenarten die Neigung haben, etwa zu gleichen Teilen am Stromtransport teilzunehmen.

Eine Abhängigkeit von der Konzentration ist nicht mehr vorhanden, wenn der Elektrolyt stark verdünnt ist, da nur dann die Größen u und v wirklich konstant werden (s. Abschn. 8). Für nicht idealverdünnte Lösungen kann die Abhängigkeit der Überführungszahl von der Konzentration c in hinreichender Annäherung durch die Beziehung

$$n = n_0 - A\,\sqrt{c}$$

ausgedrückt werden, in der n die Überführungszahl bei der fraglichen Konzentration, n_0 die Überführungszahl bei unendlicher Verdünnung und A eine empirische Konstante ist, die sowohl positive als auch negative Werte annehmen kann. Letzteres folgt aus der Bedingung $n_K + n_A = 1$. Wenn nämlich die Konstante A für eine Ionenart in einem gegebenen Elektrolyten positiv ist, muß sie das negative Vorzeichen für die andere Ionenart desselben Elektrolyten annehmen.

In Tab. 3 sind die meisten, bisher gemessenen Überführungszahlen für wässerige Lösungen samt den zugehörigen experimentellen Daten zusammengestellt. Die Überführungszahl einer Ionenart kann auch von der Anwesenheit von Nichtelektrolyten abhängen, wenn diese imstande sind, mit der fraglichen Ionenart komplexe Ionen zu bilden, was zu einer Änderung der Wanderungsgeschwindigkeit führt. Dies gilt z. B. für Schwefelsäure in Gegenwart von Aceton oder Zucker[1].

Die Überführungszahlen der meisten Ionen liegen im allgemeinen nicht weit von 0,5 entfernt, nur die höheren Werte der H^+- und OH^--Ionen bilden hievon eine Ausnahme.

Bisweilen werden abnormale und sogar negative Überführungszahlen gemessen. In solchen Fällen macht sich weiters eine starke Abhängigkeit der

---

[1] Fischer, P. Z. et T. E. Koval: Univ. Etat. Kiev Bull. sci. Rec. chim. N. 4, 137 (1939).

Tabelle 3. *Überführungszahlen von Elektrolyten in wässeriger Lösung*[1]

→ 0 gibt an, daß sich der Wert auf unendliche Verdünnung bezieht.
   n gibt an, daß die Konzentration in Äquivalenten/Liter ausgedrückt ist.
   m gibt an, daß die Konzentration in Mol/Liter ausgedrückt ist.

Stoff	Konzentration	t^0 C	n_A	n_K
HF	0,031 n	25	0,150	—
HCl	→ 0	25	—	0,8210
HBr	0,1 n	25	—	0,792
HJ	0,2—0,06 n	25	0,174	—
HNO_3	→ 0	25	—	0,8303
H_2SO_4	0,02 n	—	0,177	—
CH_3COOH	1—0,1 n	25	0,108	—
PiH [2]	1—0,1 %	—	—	0,910
LiOH	0,20 n	—	0,848	—
LiCl	→ 0	25	—	0,3368
LiJ	0,1 n	—	0,682	—
Li_2SO_4	0,05 m	25	—	0,39
NaOH	0,04 n	25	0,799	—
NaCl	→ 0	25	—	0,3963
NaBr	0,05 n	18	0,619	—
NaJ	0,05 n	18	0,699	—
Na_2SO_4	→ 0	25	—	0,3859
$NaNO_3$	0,1 n	25	0,5903	—
NaN_3	0,3 n	20	0,523	—
Na_2CO_3	0,05 n	23	0,590	—
$NaCH_3COO$	→ 0	25	—	0,5507
KOH	→ 0	25	—	0,274
KCl	→ 0	25	—	0,4847
KBr	→ 0	25	—	0,4837
KJ	0,8 n	20	—	0,4896
$KClO_3$	0,02 n	18	0,466	—
$KClO_4$	0,1 n	18	0,477	—
$KBrO_3$	0,02 n	18	0,433	—
$KMnO_4$	→ 0	23	0,457	—
K_2SO_4	0,018—0,008 n	25	—	0,4829
KNO_3	→ 0	25	—	0,5072
K_2CO_3	0,04 n	22	0,435	—
$K_3[Fe(CN)_6]$	→ 0	25	0,578	—
$K_4[Fe(CN)_6]$	→ 0	25	0,604	—
KCH_3COO	0,02 n	14	0,332	—
RbCl	0,02 n	18	0,503	—
RbBr	0,02 n	18	0,505	—
RbJ	0,02 n	18	0,502	—
CsCl	0,02 n	18	0,496	—
CsBr	0,02 n	18	0,503	—
CsJ	0,02 n	18	0,503	—

[1] Weitere, unter verschiedenen Versuchsbedingungen gewonnene Werte sind enthalten in Critical Tables, Bd. VI, S. 309 u. ff., New York: Mc Graw-Hill, 1929.
[2] Pi bezeichnet das Pikrat-Ion.

Fortsetzung der Tabelle 3.

Stoff	Konzentration	t^0 C	n_A	n_K
NH_4Cl	$\rightarrow$ 0	25	—	0,4909
NH_4Br	0,02 n	18	0,517	—
NH_4J	0,02 n	18	0,511	—
NH_4NO_3	0,1 n	25	0,4870	—
NH_4Pi [2]	0,05—0,03 n	—	0,292	—
$MgCl_2$	0,0032 n	20	0,604	—
$MgBr_2$	0,02 n	18	0,615	—
MgJ_2	0,02 n	18	0,612	—
$MgSO_4$	0,02 n	25	—	0,36
$CaCl_2$	$\rightarrow$ 0	25	—	0,4380
$CaBr_2$	0,02 n	18	0,591	—
CaJ_2	0,02 n	18	0,584	—
$CaSO_4$	0,0045 n	—	0,559	—
$Ca(NO_3)_2$	0,005 n	—	0,550	—
$SrCl_2$	0,01 m	25	—	0,424
$SrBr_2$	0,02 n	18	0,590	—
SrJ_2	0,02 n	18	0,584	—
$BaCl_2$	0,001 n	25	—	0,4444
$BaBr_2$	0,0025 m	18	0,564	—
BaJ_2	0,02 n	18	0,574	—
$Ba(NO_3)_2$	0,06 n	11	0,602	—
$CuCl_2$	0,05 n	23	0,595	—
$CuBr_2$	0,106 m	25	0,555	—
$CuSO_4$	0,053 n	16—19	—	0,375
$AgClO_3$	0,02 n	25	0,505	—
$AgClO_4$	0,02 n	25	0,514	—
Ag_2SO_4	0,05 n	17	0,554	—
$AgNO_3$	0,05 n	25	—	0,4648
$AgCH_3COO$	0,01 n	25	0,376	—
$ZnCl_2$	$\rightarrow$ 0	18—23	0,552	—
$ZnBr_2$	0,01—0,003 n	25	—	0,402
ZnJ_2	$\rightarrow$ 0	25	—	0,410
$ZnSO_4$	0,01—0,003 n	—	0,664	—
$CdCl_2$	0,02 n	25	—	0,486
$CdBr_2$	0,01—0,003 n	18	0,584	—
CdJ_2	0,017—0,007 n	18	0,558	—
$CdSO_4$	0,008 n	18	0,613	—
$Hg_2(NO_3)_2$	0,05 n	20	—	0,480
$TlCl$	0,01 n	22	0,516	—
Tl_2SO_4	0,03 n	25	0,521	—
$TlNO_3$	$\rightarrow$ 0	17	0,482	—
$Pb(NO_3)_2$	0,1—0,03 n	25	0,513	—
$MnCl_2$	0,05 n	18	0,613	—
$CoCl_2$	$\rightarrow$ 0	20	—	0,489
$(UO_2)(NO_3)_2$	0,0024 n	25	0,81	—
$NiSO_4$	0,1 n	40	—	0,366
$LaCl_3$	0,01 n	25	—	0,4625

[2] Pi bezeichnet das Pikrat-Ion.

Überführungszahl von der Konzentration bemerkbar, die nicht mit Hilfe der oben angeführten empirischen Beziehung als Funktion der Quadratwurzel der Konzentration oder mittels einer anderen, ähnlichen Relation ausgedrückt werden kann. Unter solchen Umständen ist die Bildung von anderen Partikeln, wie komplexen und nicht vollständig dissoziierten, mehratomigen Ionen sehr wahrscheinlich. So sind z. B. in einer konzentrierten Lösung von Zinkjodid außer Zn^{2+}-Ionen und J^--Ionen wahrscheinlich auch komplexe ZnJ_3^--Ionen vorhanden, wodurch ein Teil des Zinks zur Anode wandert und so die Ergebnisse der Konzentrationsanalyse verfälscht. Tatsächlich wird die Überführungszahl des Zinks für Konzentrationen über 3,5 m negativ[1].

Eine analoge Bildung von mehr oder weniger dissoziierbaren bzw. dissoziierten Ionen kann in Gemischen von Elektrolyten angetroffen werden. Man beobachtet z. B. in einer Lösung, die Platinchlorid und überschüssige Salzsäure enthält, daß das gesamte Platin zur Anode wandert. Dies bedeutet, daß sich aus den Pt^{4+}-Ionen und den Cl^--Ionen ein komplexes Anion gebildet hat, das praktisch nicht dissoziiert ist. Tatsächlich ist die Verbindung H_2PtCl_6 bekannt, die auf folgende zwei Arten dissoziieren könnte:

$$\text{1.} \qquad H_2PtCl_6 \rightleftarrows 2\,H^+ + Pt^{4+} + 6\,Cl^-$$

$$\text{2.} \qquad H_2PtCl_6 \rightleftarrows 2\,H^+ + (PtCl_6)^{2-}.$$

Meßergebnisse beweisen, daß die zweite Dissoziationsart richtig ist.

In reinen Elektrolytschmelzen sind noch keine genauen Bestimmungen von Überführungszahlen durchgeführt worden, vor allem weil man bei einem *reinen* Elektrolyten nicht von Konzentrationsänderungen im Anoden- und Kathodenraum sprechen kann. Solche Bestimmungen könnten in Lösungen von Elektrolyten in anderen geschmolzenen Elektrolyten ausgeführt werden. Man muß dann allerdings berücksichtigen, daß auch das Lösungsmittel ein Elektrolyt ist, der mehr oder weniger am Leitungsprozeß teilnimmt[2].

Neben dieser theoretischen bestehen beachtliche experimentelle Schwierigkeiten, die viel größer sind als bei den Lösungen. Dies ist besonders auf unregelmäßige Konvektionsströmungen zurückzuführen, die deswegen leicht entstehen, weil bei hohen Temperaturen gearbeitet werden muß und es sehr schwierig, wenn nicht unmöglich ist, eine homogene Temperaturverteilung in der gesamten Elektrolytmasse zu erhalten.

Durch eine Reihe von Relativmessungen konnte ermittelt werden, welche Ionenarten in einigen Elektrolytschmelzen vorhanden sind. Es konnte z. B. beobachtet werden, daß bei der Elektrolyse reinen Bleichlorids das Blei zur Kathode wandert. Es wandert dagegen zur Anode, wenn das Bleichlorid in Kaliumchlorid gelöst ist: ein offensichtlicher Beweis für die Bildung eines komplexen Anions, an dem das Blei beteiligt ist. In anderen Fällen wurde festgestellt, daß in gewissen Elektrolytschmelzen nur eine einzige Ionenart am Elektrizitätstransport teilnimmt. So wandert z. B. in einem geschmolzenen Gemisch von Natriumchlorid und Aluminiumchlorid mit etwa 50%iger molarer Zusammensetzung nur das Na^+-Ion: seine Überführungszahl beträgt also 1,00.

In festen Kristallelektrolyten transportiert im allgemeinen nur eine einzige der vorhandenen Ionenarten den Strom, so daß auch ihre Überführungszahl

---

[1] Stokes, R. H. and B. J. Levien: J. Amer. Chem. Soc. **68**, 1852 (1946).

[2] Eine Zusammenfassung der Literatur über Überführungszahlen geschmolzener Elektrolyte bis 1938 wird gegeben von Baimakov und Samusenko: Trans. Leningrad. Ind. Inst. (1938) 3.

gleich 1 ist: die Leitung ist unipolar. Es sind jedoch auch Kristalle bekannt, die bipolare Leitung aufweisen. In festen Elektrolyten tritt nicht immer nur Ionenleitung auf. Öfter noch wird der Strom sowohl durch Ionen als auch durch Elektronen transportiert. Das heißt, der Leiter verhält sich zum Teil wie ein Leiter erster und zum Teil wie ein Leiter zweiter Klasse. In manchen Fällen von Oxyden, Schwefel- und Stickstoffverbindungen gibt es praktisch überhaupt keine Ionenleitung. In Tab. 4 sind die meisten, bisher gemessenen Überführungszahlen fester Elektrolyte zusammengestellt.

Tabelle 4. *Überführungszahlen fester Elektrolyte*

Stoff	Schmelz-temperatur t^0 C	t^0 C	n_A	n_K
NaF	992	500	—	1,00
NaF	992	625	—	0,861
NaCl [1]	801	400—425	—	1,00
KCl	776	435	—	0,956
KCl	776	600	—	0,884
KBr	730	605	—	0,5
KJ	680	610	—	0,9
CuCl [2]	422	18—366	—	1,00
βCuBr	—	395—445	—	1,00
γCuBr [2]	—	27—390	—	1,00
αCuJ	605	450—500	—	1,00
βCuJ	—	400—440	—	1,00
γCuJ [2]	—	250—400	—	1,00
Cu_2O	—	1000	1,00	—
αCu_2S	1130	220	—	1,00
AgCl	455	200—350	—	1,00
AgBr	434	200—300	—	1,00
αAgJ	552	150—400	—	1,00
βAgJ	—	20	—	1,00
BaF_2	1289	500	1,00	—
$BaCl_2$	962	400—700	1,00	—
$BaBr_2$	847	350—450	1,00	—
PbF_2	824	200	1,00	—
$PbCl_2$	501	90—484	1,00	—
$PbBr_2$	373	250—365	1,00	—
PbJ_2	402	255	—	0,39
PbJ_2	402	290	—	0,67
$PbBr_2$—PbF_2	—	255	$\begin{cases} Br^- & 0,133 \\ F^- & 0,867 \end{cases}$	—
Ag_2HgJ_4	—	60	—	$\begin{cases} Ag^+ & 0,94 \\ Hg^{2+} & 0,06 \end{cases}$

[1] Nach J o s t, W. und H. S c h w e i z e r fällt der Wert von n_K für NaCl zwischen 557^0 und 710^0 C von 1,00 auf 0,12. Z. physik. Chem. **20**, 118 (1933).

[2] Bei Temperaturen, die für CuCl unter 300^0 C, für CuBr unter 360^0 C und für CuJ unter 390^0 C liegen, macht sich auch Elektronenleitfähigkeit bemerkbar, die bei 18^0 C eine totale wird. n_K bleibt für den Stromanteil, der auf die Ionenleitfähigkeit entfällt, immer 1,00.

3. Die Leitfähigkeit der Elektrolyte und ihre Messung

Als *elektrische Leitfähigkeit* eines beliebigen Leiters wird der reziproke Wert seines Widerstandes definiert. Jede Messung der Leitfähigkeit läßt sich daher immer auf eine Widerstandsbestimmung zurückführen. Der elektrische Widerstand R eines beliebigen Leiters ist direkt proportional seiner Länge l und umgekehrt proportional seinem Querschnitt s, wobei s normal zur Stromrichtung zu nehmen ist. Er hängt weiters von einer Stoffkonstanten ϱ ab, die als spezifischer Widerstand bezeichnet wird:

$$R = \varrho\,\frac{l}{s}.$$

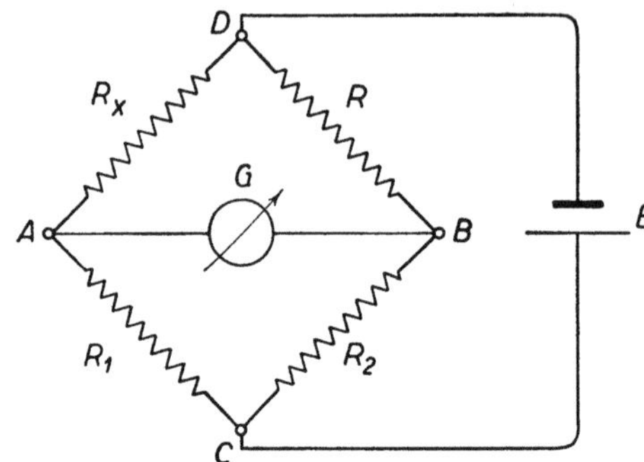

Abb. 7. Wheatstonesche Brückenschaltung

Für $l = 1$ cm und $s = 1$ cm^2 wird $\varrho = R$, das heißt ϱ ist der Widerstand eines Leiters von 1 cm Länge und 1 cm^2 Querschnitt. Sein reziproker Wert heißt Leitfähigkeit:

$$\chi = \frac{1}{\varrho}\cdot\frac{s}{l}.$$

Die Konstante $1/\varrho = \varkappa$ wird *spezifische Leitfähigkeit* genannt und gibt die Leitfähigkeit eines Leiters von 1 cm Länge und 1 cm^2 Querschnitt an. Die Leitfähigkeit eines Leiters ist direkt proportional seinem Querschnitt und umgekehrt proportional seiner Länge. Mißt man den Widerstand in Ω, dann drückt sich die Maßeinheit der Leitfähigkeit in Ω^{-1} [1] aus.

Sie kann mit der Wheatstoneschen Brücke oder auch auf Grund von Spannungsmessungen bestimmt werden.

Die Wheatstonesche Brücke setzt sich aus einem Vergleichswiderstand R (Abb. 7), aus zwei veränderlichen Widerständen R_1 und R_2 und aus dem unbekannten Widerstand R_x zusammen. Bei Anlegen einer Spannung an die Punkte C und D fließt in den beiden aus den Widerständen $R_1 - R_x$ und $R_2 - R$ bestehenden Zweigen Strom. Zwischen A und B liegt ein Nullinstrument G, das anzeigt, wann die Spannung zwischen diesen beiden Punkten verschwindet. In diesem Fall ist die Brücke im Gleichgewicht und R_x kann bestimmt werden. Der Spannungsabfall zwischen C und A beträgt nämlich nach dem Ohmschen Gesetz $R_1 I_1$ und zwischen C und B $R_2 I_2$, wobei I_1 und I_2 die Stromstärken in den Zweigen $R_1 - R_x$ und $R_2 - R$ bedeuten. Wenn die Punkte A und B dasselbe Potential haben, muß gelten:

$$R_1 I_1 = R_2 I_2. \tag{1}$$

In analoger Weise wird der Spannungsabfall zwischen den Punkten A und D und den Punkten B und D durch die Ausdrücke $R_x I_1$ und $R I_2$ gegeben, die untereinander gleich sein müssen, wenn die Punkte A und B dasselbe Potential haben:

$$R_x I_1 = R I_2. \tag{2}$$

Durch Division von Gl. (2) durch Gl. (1) erhält man:

$$\frac{R_x}{R_1} = \frac{R}{R_2}, \quad \text{das heißt:} \quad R_x = R\,\frac{R_1}{R_2}.$$

---

[1] $1\ \Omega^{-1} = 1/\Omega = 1$ reziprokes Ohm. Manchmal wird die Leitfähigkeit in mhos angegeben. (Umkehrung von Ohm mit s am Ende zur Bezeichnung des Plurals.)

Bei Kenntnis des Widerstandes R und des Verhältnisses R_1/R_2 läßt sich der Wert des Widerstandes R_x bequem bestimmen. Dazu ist folgendes zu bemerken: wenn die Messung mit Gleichstrom ausgeführt wird, genügt es, die Widerstände der Brücke abzugleichen. Gleichstrom ist jedoch für die Messung elektrolytischer Widerstände nicht geeignet, da Polarisationserscheinungen an den Elektroden (s. viertes Kapitel) und Elektrolyse eine scheinbare ständige Veränderung des Widerstandes verursachen würden. Um diese Effekte zu vermeiden, muß die Messung mit Wechselstrom von hinreichend hoher und unverzerrter Frequenz durchgeführt werden. In diesem Fall müßte die Brücke auch bezüglich der Kapazitäten und Induktionen abgeglichen werden, um den Strom im Nullinstrument G vollständig zum Verschwinden zu bringen. Da dies normalerweise nicht ohne weiteres erreichbar ist, wird nicht das Verschwinden, sondern eher ein Minimum des Stromes am Nullinstrument beobachtet.

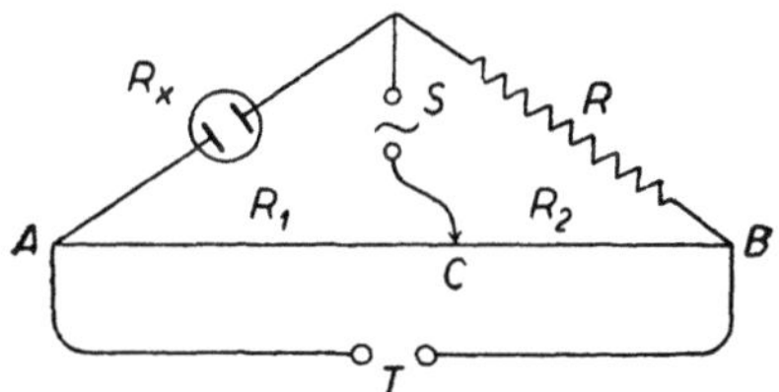

Abb. 8. Brückenschaltung für Wechselstrom nach Kohlrausch

Außerdem sind die Fehler zu eliminieren, die durch die Erwärmung der elektrolytischen Lösungen und durch Sekundäreffekte von Induktion und Kapazität entstehen.

Die für Wechselstrom eingerichtete Wheatstonesche Brücke wird auch als Brücke von Kohlrausch bezeichnet.

Praktisch besteht die Brücke von Kohlrausch zur Messung der elektrolytischen Leitfähigkeit aus einem ausgespannten, gleichmäßig kalibrierten Draht $A B$, auf dem ein beweglicher Kontakt C gleitet, aus einer Kassette mit geeichten Widerständen R, aus der Hörfrequenz-Wechselstromquelle S, aus dem Telephon T als Nullanzeiger und aus der Zelle R_x mit dem Elektrolyten, dessen Leitfähigkeit bestimmt werden soll.

Das Schaltschema geht ohne weiteres aus Abb. 8 hervor. Als Stromquelle kann ein kleines Induktorium benützt werden, heute ist jedoch ein Röhrenoszillator[1] vorzuziehen, da dieser einen Wechselstrom von der gewünschten Frequenz in praktisch unverzerrter Sinusform liefert. Bei großen Widerständen ist es schwierig, die Lage des Minimums genau festzustellen. Es empfiehlt sich dann, zwischen Telephon und Ausgang der Brücke einen Verstärker einzuschalten, der das Minimum schärfer hervortreten läßt[2].

Seit kurzem werden auch Instrumente mit visueller Bestimmung des Minimums benützt, wobei das Telephon entweder durch ein Wechselstromgalvanometer ersetzt ist oder zwischen Galvanometer und Brückenausgang ein Stromgleichrichter eingeschaltet ist. Dieser kann thermischer Art sein (Thermokreuz), aus einem Kristall bestehen (Bleiglanz, Kupferoxydul, Selen) oder auf elektronischer oder mechanischer Grundlage arbeiten, wobei ein kleiner Synchronmotor die Polarität eines Kommutators im Rhythmus des Wechselstromes ändert. Die Durchführung der Messungen mit Instrumenten, die eine direkte Ablesung gestatten, hat verschiedene Vorteile. Man kann dem Verlauf der

---

[1] Ein Beispiel einer sehr einfachen und billigen Oszillatorschaltung wird beschrieben von Marion, A. P.: J. Chem. Education, **24**, 394 (1947).

[2] Eine sehr ausführliche Erörterung der Meßtechnik, der Meßinstrumente und Meßfehler wurde veröffentlicht von Jones und seinen Mitarbeitern: J. Amer. Chem. Soc. **50**, 1049 (1928); **51**, 2407 (1929); **53**, 411, 1207 (1931); ferner von Shedlovsky, T.: J. Amer. Chem. Soc. **52**, 1793, 1806 (1930); **54**, 1411 (1932); **57**, 272, 280 (1935).

Messung in jedem Augenblick bis zum Erreichen des Minimums folgen, bei undeutlichem Minimum außerdem genauere Interpolationen durchführen und schließlich einen Wechselstrom benützen, dessen Frequenz weit unter der für das Telephon erforderlichen Hörfrequenz liegt. So kann z. B. die Frequenz des Straßennetzes benützt werden, wobei die Spannung mittels eines kleinen Transformators auf 2 bis 4 Volt herabgesetzt wird. Man kommt dann ohne eine besondere Wechselstromquelle aus. Für Messungen zu besonderen Zwecken wurde auch der Kathodenstrahl-Oszillograph an Stelle des Telephons eingeführt[1].

Eine andere interessante Methode zur Bestimmung der elektrolytischen Leitfähigkeit gründet sich auf die Messung der Potentialdifferenz, die zwischen zwei Punkten einer Elektrolytlösung herrscht. Die beiden Punkte sind durch Hilfselektroden festgelegt, die an der Zelle befestigt sind. Verwendet wird Gleichstrom. Die Potentialdifferenz wird potentiometrisch gemessen (s. Kap. III, 2) und mit der Spannung verglichen, die an einem von einem gleich starken Strom durchflossenen Normalwiderstand auftritt[2].

Die spezifische Leitfähigkeit von Elektrolyten in Lösung wird in Gefäßen gemessen, die mit Elektroden ausgestattet sind, deren Oberfläche s und gegenseitiger Abstand l bekannt oder messbar sind. Allgemein benützt man jedoch zur Eichung der Zellen Elektrolyte mit genau bekannter spezifischer Leitfähigkeit $\varkappa$. In der Widerstandsgleichung

$$R = \frac{1}{\varkappa} \cdot \frac{l}{s}$$

heißt das Verhältnis l/s die Widerstandskapazität C der Zelle. Es kann ermittelt werden, wenn die spezifische Leitfähigkeit eines gegebenen Elektrolyten bekannt ist und der Widerstand R in der zu untersuchenden Zelle bestimmt wird:

$$C = R \cdot \varkappa,$$

woraus sich die spezifische Leitfähigkeit eines beliebigen anderen Elektrolyten ergibt zu:

$$\varkappa = \frac{C}{R}.$$

In Tab. 5 sind die spezifischen Leitfähigkeiten einiger elektrolytischer Lösungen, die gewöhnlich zur Eichung von Zellen benützt werden, zusammengestellt.

Tabelle 5. *Spezifische Leitfähigkeiten einiger Elektrolyte in wässeriger Lösung zur Eichung von Zellen*

Elektrolyt	Konzentration Gramm/1000 g Lösung[1]	$\varkappa \cdot 10^4$ [2]		Größenordnung der Widerstandskapazität der Zelle
		20^0 C	25^0 C	
KCl 1 n	71,3828	1020,2$_4$	1117,3$_3$	5 — 200
KCl 0,1 n	7,43344	116,67$_6$	128,86$_2$	0,5 — 20
KCl 0,01 n	0,746558	12,757$_2$	14,114$_5$	0,05 — 2
H$_2$SO$_4$ 30%	300	7545	8155	40 — 1500

[1] Beides auf Vakuum reduziert.
[2] Werte unter Berücksichtigung der Eigenleitfähigkeit des Wassers korrigiert.

---

[1] S. z. B. Jones, G., K. J. Musels and W. Juda: J. Amer. Chem. Soc. **62**, 2919 (1940).
[2] Gunning, H. E. and A. R. Gordon: J. Chem. Physics **10**, 126 (1942).

Einige Typen von Zellen sind in Abb. 9 dargestellt. Die Zellen des A-Typs sind für gewöhnliche Reihenmessungen geeignet, während die anderen für Fein- und Präzisionsmessungen bestimmt sind.

Die so bestimmte Leitfähigkeit ist natürlich die Summe der Leitfähigkeiten von Lösungsmittel und gelöstem Stoff. Bei Lösungen mit sehr kleiner Gesamtleitfähigkeit muß die Eigenleitfähigkeit des Lösungsmittels in Rechnung gestellt werden, wenn man die Messung nur auf den gelösten Elektrolyten beziehen will. Für den am häufigsten gegebenen Fall wässeriger Lösungen betragen die Werte der spezifischen Leitfähigkeit $\varkappa$ und der Äquivalentleitfähigkeit λ (s. folgenden Abschn.) von Wasser bei 18^0 C $3{,}84 \cdot 10^{-8}\ \Omega^{-1}$ bzw. $6{,}928 \cdot 10^{-7}\ \Omega^{-1}$.

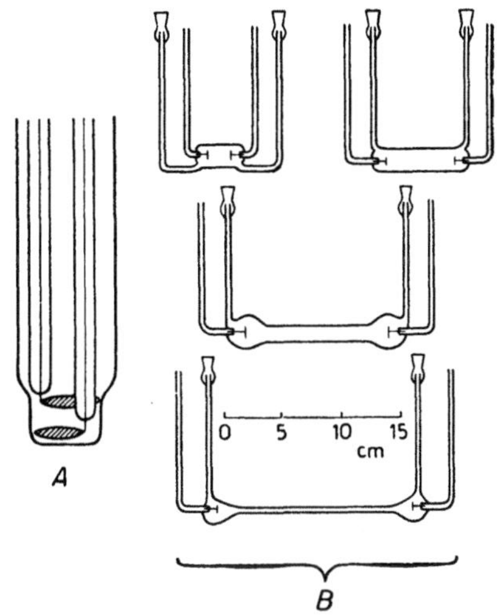

Abb. 9. Zellen für Leitfähigkeitsbestimmungen

4. Äquivalentleitfähigkeit und molare Leitfähigkeit

Will man die Leitfähigkeiten verschiedener elektrolytischer Lösungen untereinander vergleichen, so ist es zweckmäßig, sie auf 1 Äquivalent (oder auch 1 Mol) zu beziehen. Als *Äquivalentleitfähigkeit* λ wird das Verhältnis $\varkappa/c_{\ddot{A}q}$ zwischen der spezifischen Leitfähigkeit und der in Äquivalenten/cm^3 ausgedrückten Konzentration definiert. Analog ist die *molare Leitfähigkeit* μ als Verhältnis $\varkappa/c_{mol}$ zwischen der spezifischen Leitfähigkeit und der in Mol/cm^3 ausgedrückten Konzentration gegeben. In anderen Worten: λ und μ drücken die Leitfähigkeit eines Äquivalents bzw. eines Mols des Stoffes unter den gegebenen experimentellen Bedingungen aus. Der reziproke Wert der Konzentration c ist die Verdünnung φ, die angibt, in wieviel cm^3 1 Äquivalent bzw. 1 Mol des Elektrolyten gelöst ist. Es gilt daher:

$$\lambda = \frac{\varkappa}{c_{\ddot{A}q}} = \varkappa \cdot \varphi_{\ddot{A}q}.$$

Die Äquivalentleitfähigkeit ist viel wichtiger und wird auch häufiger benützt als die molare Leitfähigkeit. Im folgenden wird unter Konzentration oder Verdünnung immer die Äquivalentkonzentration bzw. -verdünnung verstanden.

Die Leitfähigkeit einer elektrolytischen Lösung bei Verwendung eines bestimmten Lösungsmittels hängt außer vom gelösten Elektrolyten noch von verschiedenen physikalischen Faktoren ab (Menge des Elektrolyten, Konzentration, Temperatur, Viskosität usw.).

Die Abhängigkeit von der Konzentration ist komplexer Natur. Trägt man in einem Diagramm die spezifischen Leitfähigkeiten $\varkappa$ als Ordinaten und die zugehörigen Konzentrationen (oder Verdünnungen) als Abszissen auf, so erhält man, von der Konzentration Null ausgehend, den in Abb. 10 dargestellten typischen Verlauf.

Die Leitfähigkeit bei der Konzentration Null ist offensichtlich Null, sie wächst mit der Zunahme der als Konzentration ausgedrückten Elektrolytmenge, geht durch ein Maximum und nimmt dann wieder ab. Bei manchen Elektrolyten ist kein Maximum erkennbar, weil die Sättigungskonzentration bereits vor dem Leitfähigkeitsmaximum erreicht wird. Mathematisch kann dieser Verlauf durch eine Gleichung folgenden Typs ausgedrückt werden:

$$\varkappa = c \cdot f_\lambda \cdot L, \tag{1}$$

worin c die Konzentration, f_λ einen Faktor < 1, und L eine charakteristische Konstante des Stoffes bedeuten. Der Faktor f_λ wird *Leitfähigkeitskoeffizient* genannt und nähert sich dem Wert 1, wenn die Konzentration gegen 0 geht.

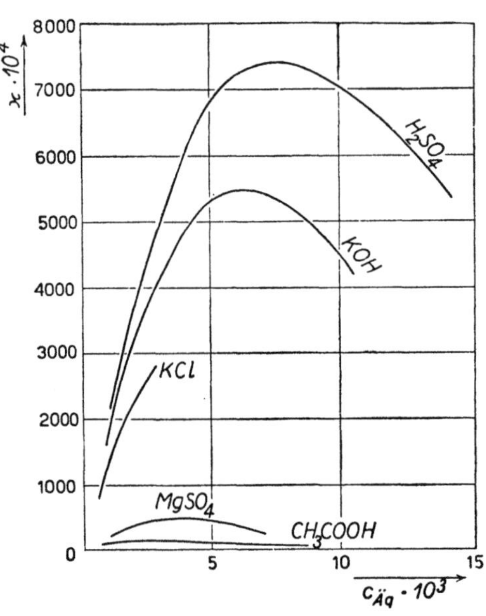

Abb. 10. Spezifische Leitfähigkeit $\varkappa$ als Funktion der Konzentration $c_{\ddot{A}q}$

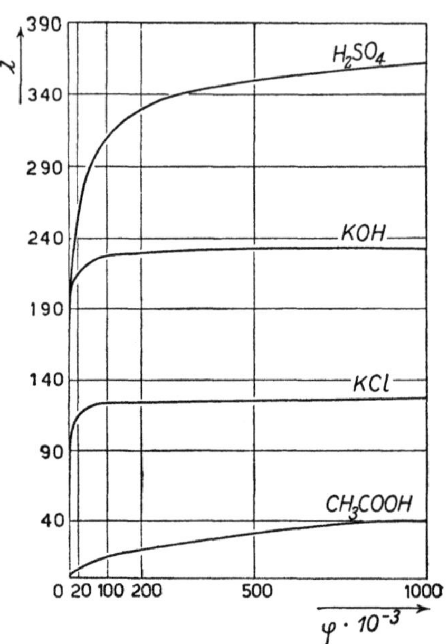

Abb. 11. Äquivalentleitfähigkeit λ als Funktion der Verdünnung φ

Durch Multiplikation beider Seiten der Gl. (1) mit der Verdünnung φ erhält man:

$$\varkappa \cdot \varphi = \lambda = c \cdot \varphi \cdot f_\lambda \cdot L.$$

Da aber φ der reziproke Wert von c ist, ist $c\,\varphi = 1$ und daher

$$\lambda = f_\lambda \cdot L. \tag{2}$$

Bezieht man also die Leitfähigkeit auf ein Äquivalent, dann wächst sie mit zunehmender Verdünnung bis zu einem konstanten Grenzwert an, der offenbar erreicht wird, wenn die Dissoziation vollständig ist. Tatsächlich hängt die Leitfähigkeit eines Elektrolyten bei gegebener Konzentration von der Anzahl der im cm³ vorhandenen Ionen ab, die von der Dissoziation des Elektrolyten herrühren. Diese Ionenzahl hängt ihrerseits vom Dissoziationsgrad α des Elektrolyten ab. Als Dissoziationsgrad wird das Verhältnis zwischen der Anzahl der dissoziierten Mole und der Gesamtzahl der Mole vor der Dissoziation definiert: der Dissoziationsgrad α wächst mit abnehmender Konzentration, wobei er sich dem Wert 1 nähert. Bei unendlicher Verdünnung erscheinen also die Elektrolyte vollständig in ihre Ionen aufgespalten. Die Äquivalentleitfähigkeit muß dann ihren Maximalwert erreichen.

Der Gang der Äquivalentleitfähigkeit als Funktion der Verdünnung ist in Abb. 11 für verschiedene Stoffe dargestellt.

Da die Leitfähigkeit eines bestimmten Stoffes in einem gegebenen Lösungsmittel bei einer bestimmten Temperatur von der Anzahl der vorhandenen Ionen und deren Wanderungsgeschwindigkeit abhängt, die für den Augenblick als konstant betrachtet wird und in der Größe L [1] enthalten ist, da weiters diese Ionenzahl ihrerseits von der Elektrolytmenge und dem Dissoziationsgrad abhängig ist, muß der Faktor f_λ nach Eliminierung des Einflusses der Elektrolytmenge aus der obigen Beziehung eine Funktion des Dissoziationsgrades sein [2]. Aus dem Vergleich der Werte für den Faktor f_λ und den Dissoziationsgrad α in Abhängigkeit von der Konzentration geht hervor, daß beide denselben Gang aufweisen, vorausgesetzt daß es sich um idealverdünnte Lösungen handelt, wie dies z. B. bei hinreichend verdünnten Lösungen schwacher Elektrolyte der Fall ist (s. Abschn. 8). Die Anwendung der thermodynamischen Beziehungen in ihrer Grenzform gestattet dann die Erklärung verschiedener Erscheinungen in elektrolytischen Lösungen, z. B. der Gefrierpunktserniedrigung, mit Hilfe der klassischen Dissoziationstheorie. Für nicht stark konzentrierte Lösungen solcher Elektrolyte sind Dissoziationsgrad und Leitfähigkeitskoeffizient praktisch gleich und bleiben es auch bis zur unendlichen Verdünnung, bei der beide den Wert 1 annehmen. Der konstante Faktor L wird dann:

$$\lambda_0 = L.$$

Die Konstante L ist daher die Äquivalentleitfähigkeit bei unendlicher Verdünnung. Wird mit λ_v die Äquivalentleitfähigkeit bei der Verdünnung φ bezeichnet, so ergibt sich aus Gl. (2):

$$\lambda_v = f_\lambda \cdot \lambda_0. \tag{3}$$

Bei hinreichend verdünnten Lösungen schwacher Elektrolyte kann Gl. (3) auch in der Form

$$\lambda_v = \alpha \cdot \lambda_0$$

geschrieben werden, da dann der Zahlenwert des Leitfähigkeitskoeffizienten praktisch mit dem des Dissoziationsgrades zusammenfällt.

Auf diese Weise gelangt man zu einer einfachen Methode zur Bestimmung des Dissoziationsgrades α eines Elektrolyten auf Grund von Leitfähigkeitsmessungen. Die physikalische Bedeutung des Leitfähigkeitskoeffizienten geht mit größerer Klarheit aus der Untersuchung der starken Elektrolyte hervor (s. Abschn. 8).

Abb. 12 zeigt ein Diagramm, in dem die Äquivalentleitfähigkeit nicht einfach als Funktion der Konzentration, sondern als Funktion der Quadratwurzel der Konzentration aufgetragen ist. Daraus ist ersichtlich, daß die Funktion $\lambda = f(\sqrt{c})$ offenbar linear ist, speziell für jene Elektrolyte, die unter der Bezeichnung starke Elektrolyte zusammengefaßt sind (s. Abschn. 8). Das bedeutet, daß die Gleichung für die Leitfähigkeit in der empirischen Form

$$\lambda_v = a - b\sqrt{c}$$

geschrieben werden kann, in der a und b Konstanten bei konstanter Temperatur sind. Für $c \to 0$ bleibt

$$\lambda_v = \lambda_0 = a,$$

---

[1] Tatsächlich sind die Wanderungsgeschwindigkeiten nicht konstant, sondern hängen von der Konzentration und der Gegenwart anderer Ionen ab, besonders im Fall der sogenannten starken Elektrolyte (s. Abschn. 8).

[2] Der Faktor f_λ ist auch von der Wanderungsgeschwindigkeit abhängig, die jedoch für den Augenblick als konstant vorausgesetzt wurde.

woraus folgt:

$$\lambda_v = \lambda_0 - b \sqrt{c}.$$

Diese Beziehung erlaubt es, aus dem Gang der Äquivalentleitfähigkeit, der als Funktion der Konzentration bestimmt wird, durch Extrapolation den Wert der Äquivalentleitfähigkeit bei unendlicher Verdünnung zu berechnen. Die Beziehung gilt sowohl für wässerige als auch für nichtwässerige Lösungen. Die Konstante b nimmt je nach dem verwendeten Lösungsmittel verschiedene Werte an. Sie hängt hauptsächlich von der Dielektrizitätskonstante und der Viskosität des Lösungsmittels ab.

Diese Beziehung ist von Kohlrausch empirisch gefunden worden; heute kann sie auf Grund der Theorie der starken Elektrolyte (s. Abschn. 8) auch theoretisch begründet und daraus die Konstante berechnet werden. Dabei geht man von den Eigenschaften und dem Verhalten der stark verdünnten Lösungen aus, wie sie von Debye und Hückel beschrieben wurden. Onsager hat einen allgemeinen Ausdruck gefunden, der als Grenzgleichung für starke Lösungen streng gültig ist und in der vereinfachten Form

$$\lambda = \lambda_0 - (a\,\lambda_0 + \beta)\,\sqrt{c} \qquad (4)$$

geschrieben werden kann. Darin nehmen die Konstanten a und β für wässerige Lösungen ein-einwertiger Elektrolyte die in Tab. 6 angegebenen Werte an.

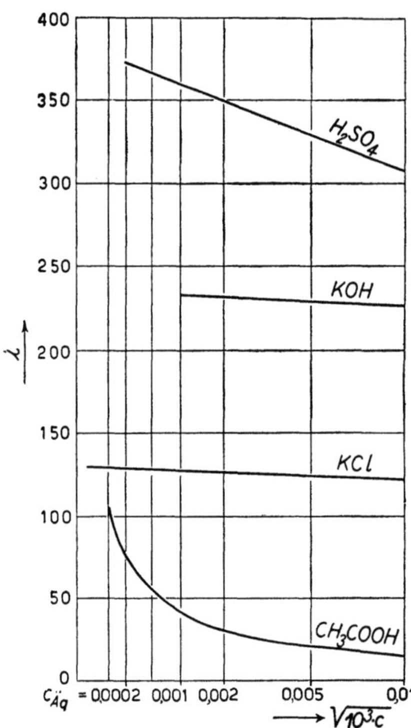

Abb. 12. Äquivalentleitfähigkeit λ als Funktion der Quadratwurzel der Konzentration $c_{Äq}$

Tabelle 6. *Die Konstanten a und β der Gleichung von Onsager*

t^0 C	a	β
18	0,225	50,3
25	0,2273	59,78

Gl. (4) liefert jedoch die experimentellen Daten nur bis zu einer Konzentration von etwa $c = 10^{-3}\,n$, was ihren Wert als Grenzgleichung bestätigt. Wenn für höhere Konzentrationen Gl. (4) in der Form

$$\lambda_0 = \frac{\lambda + \beta\sqrt{c}}{1 - a\sqrt{c}}$$

geschrieben wird, bleibt das so erhaltene λ_0 nicht konstant. Trägt man nach Shedlovsky solche Werte λ_0, die Shedlovsky λ_0' nennt, als Funktion von c in ein Diagramm ein, so erhält man für viele ein-einwertige Elektrolyte Geraden, deren Schnittpunkt mit der Achse der Leitfähigkeiten den wahren Wert der Grenzleitfähigkeit bei unendlicher Verdünnung ergibt. Das heißt, daß die Leitfähigkeitsgleichung folgendermaßen ergänzt wird:

$$\lambda_0 = \lambda_0' - B\,c,$$

wobei $\lambda_0' = \dfrac{\lambda + \beta\sqrt{c}}{1 - a\sqrt{c}}$ und B ein empirischer Faktor ist. Die Gleichung kann in die Form

$$\lambda = \lambda_0 - (a\,\lambda_0 + \beta)\sqrt{c} + B\,c\,(1 - a\sqrt{c})$$

entwickelt werden.

Diese Gleichung gibt die Leitfähigkeitsdaten vieler ein-einwertiger starker Elektrolyte bis zu Konzentrationen von etwa $0,1$ n gut wieder.

Es sind noch weitere empirische Gleichungen aufgestellt worden. Im allgemeinen haben sie eine Form, die durch die exakte mathematische Entwicklung der Onsagerschen Relation mit anderen Korrektionsgliedern, wie $\lg c$, c^2 usw., bestimmt wird[1].

Der genaue Wert der Äquivalentleitfähigkeit eines Elektrolyten bei unendlicher Verdünnung kann auch auf Grund der folgenden Überlegungen berechnet werden. Er zeigt nämlich gewisse Gesetzmäßigkeiten, wenn Elektrolyte mit gemeinsamem Anion oder Kation miteinander verglichen werden. Die Leitfähigkeitswerte einiger binärer Elektrolyte bei unendlicher Verdünnung, bezogen auf 25^0 C, sind in Tab. 7 zusammengestellt.

Tabelle 7. *Werte von λ_0 für einige Elektrolyte in wässeriger Lösung bei 25^0 C*

Anionen \ Kationen	K+	Na+	Li+	Tl+
Cl⁻	149,87	126,46	115,03	151,25
NO₃⁻	144,96	121,55	110,12	146,34
F⁻	128,92	105,51	—	130,3

Wenn man die Differenzen zwischen einzelnen Werten der Äquivalentleitfähigkeit für unendliche Verdünnung von Salzen mit einem gemeinsamen Ion bildet, so erhält man:

KNO₃	144,96	KF	128,92	KCl	149,87
NaNO₃	— 121,55	NaF	— 105,51	NaCl	— 126,46
	23,41		23,41		23,41

LiCl	115,03	TlCl	151,25	NaCl	126,46
LiNO₃	— 110,12	TlNO₃	— 146,34	NaNO₃	— 121,55
	4,91		4,91		4,91

Das heißt, daß die Differenz zwischen den Werten der Äquivalentleitfähigkeit bei unendlicher Verdünnung für die Salze des Kaliums und Natriums mit gemeinsamem Anion konstant ist und daß dasselbe für Chloride und Nitrate mit dem gleichen Kation behauptet werden kann. Zu analogen Ergebnissen gelangt man, wenn man die Differenzen zwischen anderen Paaren von Salzen mit gemeinsamem Anion oder Kation bildet. Das bedeutet, daß der Wert der Äquivalentleitfähigkeit bei unendlicher Verdünnung für einen binären Elektrolyten sich aus der Summe zweier additiver Konstanten ergibt, die für jedes der beiden Ionen charakteristisch sind.

---

[1] Eine zusammenfassende Darstellung mit reichen Literaturangaben über die von Onsager, Shedlovsky u. a. erhaltenen Ergebnisse wurde von Mac Innes, D. A.: J. Franklin Inst. **225**, 661 (1938) veröffentlicht.

Dies kann auch leicht auf Grund der folgenden Überlegung gezeigt werden. Der Strom fließt durch den Elektrolyten, weil er von den Ionen getragen wird, die unter der Einwirkung der angelegten Potentialdifferenz wandern. Berechnet man die gesamte in der Zeiteinheit beförderte Elektrizitätsmenge, so muß man sich darüber klar sein, daß die Kationen positive Ladungen in der einen Richtung und die Anionen negative Ladungen in der entgegengesetzten Richtung transportieren und daß sich infolgedessen ihre Wirkungen summieren.

Angenommen, der Elektrolyt befände sich in einem zylindrischen Gefäß von s cm² Querschnitt zwischen zwei Elektroden mit dem Abstand l cm, an denen die Spannung V liegt: in diesem Raum bewegen sich dann die Ionen mit der effektiven Geschwindigkeit

$$w^+ = u\,\frac{V}{l}\,, \tag{5}$$

$$w^- = v\,\frac{V}{l}\,. \tag{6}$$

Durch den Querschnitt des Zylinders strömen in jeder Sekunde alle Ionen, die in einem kleinen Zylinder mit der Grundfläche s und der Höhe w enthalten sind. Die Anzahl dieser Ionen ist durch die Ionenkonzentration c_i [1], multipliziert mit dem Volumen des erwähnten kleinen Zylinders, gegeben. Für die Kationen beträgt sie: $c_i^+ \cdot s \cdot u \cdot V/l$ und für die Anionen $c_i^- \cdot s \cdot v \cdot V/l$. Haben die Ionen die Wertigkeit z und wird die Konzentration in Mol/cm³ (c_m) ausgedrückt, so ergibt sich die Elektrizitätsmenge, die je Sekunde von jeder der beiden Ionenarten durch den Querschnitt transportiert wird, zu

$$I_{Kat} = F\,c_m^+\,z^+\,s\,u\,\frac{V}{l} \tag{7}$$

bzw.

$$I_{An} = F\,c_m^-\,z^-\,s\,v\,\frac{V}{l}\,.$$

Die Gesamtstromstärke I ist die Summe dieser beiden Größen:

$$I = F\,\frac{V}{l}\cdot s\,(u\,c_m^+\,z^+ + v\,c_m^-\,z^-);$$

durch Kombination mit dem Ohmschen Gesetz $I = V/R$ erhält man:

$$R = \frac{l}{s\,F\,(u\,c_m^+\,z^+ + v\,c_m^-\,z^-)}\,;$$

da aber:

$$R = \frac{l}{s}\cdot \varrho = \frac{l}{s}\cdot\frac{1}{\varkappa}\,,$$

so folgt daraus:

$$\varkappa = F\,(u\,c_m^+\,z^+ + v\,c_m^-\,z^-). \tag{8}$$

Drückt man die Konzentration in Äquivalenten statt in Mol/cm³ aus, berücksichtigt man, daß die äquivalente Ionenkonzentration gleich ist der mit dem Dissoziationsgrad multiplizierten Äquivalentkonzentration des Elektrolyten, daß in hinreichend verdünnten Lösungen der Dissoziationsgrad zahlenmäßig mit dem Leitfähigkeitskoeffizienten übereinstimmt und daß schließlich die in Äquivalenten ausgedrückte Konzentration für Kationen und Anionen die gleiche ist, da die Lösung immer elektroneutral ist, so geht Gl. (8) über in:

$$\varkappa = F\,c_{\ddot{A}q}\,f_\lambda\,(u + v). \tag{9}$$

---

[1] Anzahl der Ionen je cm³.

Bei unendlich kleiner Konzentration ($f_\lambda = 1$) und nach Multiplikation der Gl. (9) mit der Verdünnung φ erhält man:

$$\varkappa \cdot \varphi = \lambda_0 = F\, c_{\ddot{A}q} \cdot \varphi\, (u + v)$$

und daraus:

$$\lambda_0 = F\, u + F\, v = \lambda_{0\,Kat} + \lambda_{0\,An}.$$

In anderen Worten: die Leitfähigkeit eines Elektrolyten bei unendlicher Verdünnung ist durch die Summe zweier additiver Konstanten, einer für das Kation (λ_{0Kat}) und einer für das Anion (λ_{0An}) gegeben, die *Ionenbeweglichkeiten* heißen und voneinander unabhängig sind (Gesetz der unabhängigen Ionenwanderung von Kohlrausch).

In Tab. 8 sind die Ionenbeweglichkeiten vieler anorganischer und organischer Ionen für unendliche Verdünnung in wässeriger Lösung zusammengestellt. Interessanterweise zeigen fast alle Ionen eine Beweglichkeit, die größenordnungsmäßig um 50 herum schwankt, mit Ausnahme der H^+- und OH^--Ionen, die viel größere Werte aufweisen.

Tabelle 8. *Ionenbeweglichkeiten in wässeriger Lösung*[1]

Werte in Klammern etwas unsicher.

Ion	λ_0 18° C	λ_0 25° C	Ion	λ_0 18° C	λ_0 25° C
Kationen					
H^+	315	349,8	$\tfrac{1}{2}\,Zn^{2+}$	45,0	53
Li^+	32,55	38,69	$\tfrac{1}{2}\,Cd^{2+}$	45,1	54
Na^+	42,6	50,11	$\tfrac{1}{2}\,Pb^{2+}$	60,5	65
K^+	63,65	73,52	$\tfrac{1}{2}\,Mn^{2+}$	44,5	50
Rb^+	66,3	77	$\tfrac{1}{2}\,Fe^{2+}$	(44,5)	(53,5)
Cs^+	66,8	77	$\tfrac{1}{2}\,Co^{2+}$	(45)	49
NH_4^+	63,6	73,4	$\tfrac{1}{2}\,Ni^{2+}$	(45)	49
Ag^+	53,25	61,92	$\tfrac{1}{3}\,Al^{3+}$	—	63
Tl^+	64,8	74,7	$\tfrac{1}{3}\,Fe^{3+}$	—	68
$\tfrac{1}{2}\,Be^{2+}$	—	45	$\tfrac{1}{3}\,Cr^{3+}$	—	67
$\tfrac{1}{2}\,Mg^{2+}$	44,6	53,06	$\tfrac{1}{3}\,La^{3+}$	—	69,5
$\tfrac{1}{2}\,Ca^{2+}$	50,4	59,50	$\tfrac{1}{3}\,Co(NH_3)_6^{3+}$	—	102
$\tfrac{1}{2}\,Sr^{2+}$	50,6	59,46	$N(CH_3)_4^+$	—	41,5
$\tfrac{1}{2}\,Ba^{2+}$	54,35	63,64	$NH(CH_3)_3^+$	—	47,2
$\tfrac{1}{2}\,Ra^{2+}$	56,5	(66,8)	$N(C_2H_5)_4^+$	—	32
$\tfrac{1}{2}\,Cu^{2+}$	45,3	54	$N(C_3H_7)_4^+$	—	23
Anionen					
OH^-	174	197,6	ClO_4^-	59,1	68,0
OD^-	—	119	BrO_3^-	49,0	56,0
F^-	47,6	55	JO_3^-	34,8	41,5
Cl^-	66,3	76,34	JO_4^-	49	54,38
Br^-	68,2	78,3	MnO_4^-	53	61
J^-	66,8	76,8	ReO_4^-	46,5	54,68
CN^-	—	82	HCO_3^-	—	44,5
CNO^-	54,8	64,6	$H_2PO_4^-$	28	36
CNS^-	57,4	66	$H_2AsO_4^-$	—	34
NO_2^-	59	(72)	$H_2SbO_4^-$	—	31
NO_3^-	62,6	71,44	HS^-	57	65
ClO_2^-	—	52	HSO_3^-	—	58
ClO_3^-	55,8	65,3	N_3^-	—	69,5

Fortsetzung der Tabelle S. 44.

[1] Die auf 25° C bezogenen Daten sind genauer als die auf 18° C bezogenen.

Fortsetzung der Tabelle 8.

Ion	λ_0 18° C	λ_0 25° C	Ion	λ_0 18° C	λ_0 25° C
			Anionen		
½ CO_3^{2-}	60,5	74	Cyanessigsäureion	—	41,8
½ HPO_4^{2-}	—	57	n-Propionsäureion	—	35,8
½ SO_3^{2-}	—	72	n-Buttersäureion	—	32,6
½ SO_4^{2-}	68,7	80	Benzoesäureion	—	32,3
½ $S_2O_3^{2-}$	—	84,9	o-Chlorbenzoesäure-		
½ $S_2O_4^{2-}$	—	66,5	ion	—	30,5
½ SeO_4^{2-}	65	75,7	Pikrinsäureion	25,14	31
½ CrO_4^{2-}	72	83	Salicylsäureion	—	35
½ MoO_4^{2-}	—	74,5	o-Nitrobenzoesäure-		
½ WO_4^{2-}	(59)	69,4	ion	—	31,7
$^1/_3$ $Fe(CN)_6^{3-}$	—	101	3, 5-Dinitrobenzoe-		
¼ $Fe(CN)_6^{4-}$	—	111	säureion	—	28,7
$(CN)_2N^-$	46,5	54,3	Äthylbenzen-		
$(CN)_3C^-$	38,5	46,4	p-sulfosäureion	—	29,3
$(NO_2)_3C^-$	—	46	n-Butylbenzen-		
			p-sulfosäureion	—	25,6
Ameisensäure-			n-Oktylbenzen-		
ion	48	54,6	p-sulfosäureion	—	23,1
Essigsäureion	35	40,9			
Monochlor-			½ Oxalsäureion	62,4	72,5
essigsäureion	—	39,8	½ Malonsäureion	—	61
Dichloressig-			½ Bernsteinsäureion	—	60
säureion	—	38	½ Weinsäureion	55	64
Trichloressig-			½ o-Phthalsäureion	—	52
säureion	—	35	$^1/_3$ Zitronensäureion	61,2	71,5

5. Berechnung und Messung der Wanderungsgeschwindigkeiten der Kationen und Anionen

Die Beziehung

$$\lambda_0 = F\,(u + v) \tag{1}$$

liefert zusammen mit dem Ausdruck für die Überführungszahl

$$n_K = \frac{u}{u + v} \tag{2}$$

ein System von zwei Gleichungen mit zwei Unbekannten, deren Lösung die Bestimmung der Wanderungsgeschwindigkeiten u und v gestattet. Durch Multiplikation des Zählers und Nenners der rechten Seite der Gl. (2) mit F erhält man:

$$n_K = \frac{F\,u}{F\,(u + v)} \tag{3}$$

und durch Einsetzen des aus Gl. (1) gewonnenen Ausdruckes für $F\,(u + v)$:

$$n_K = \frac{F \cdot u}{\lambda_0},$$

woraus folgt:

$$u = n_K \frac{\lambda_0}{F}$$

und analog:

$$v = n_A \frac{\lambda_0}{F}.$$

Die Beziehung (3) gibt gleichzeitig die Methode an, mit der die Überführungszahl aus Leitfähigkeitsmessungen zu ermitteln ist. Es gilt nämlich:

$$n_K = \frac{F\,u}{F\,(u+v)} = \frac{\lambda_{0\,Kat}}{\lambda_0}$$

und analog:

$$n_A = \frac{F\,v}{F\,(u+v)} = \frac{\lambda_{0\,An}}{\lambda_0}.$$

Außer auf indirekte Weise können die Wanderungsgeschwindigkeiten u und v experimentell durch Beobachtung der Wanderung der Grenzfläche zwischen zwei elektrolytischen Lösungen gemessen werden. Diese befinden sich in einem vertikalen Gefäß, das oben und unten mit Elektroden ausgestattet ist, an denen eine Spannung liegt. Unter günstigen experimentellen Bedingungen ist es möglich, den Versuch so auszuführen, daß die erwähnte Grenzfläche trotz ihrer Verschiebung scharf ausgeprägt und daher leicht erkennbar bleibt.

Gegeben sei ein sehr hoher, vertikaler Zylinder von s cm^2 Querschnitt, der an seinen Enden Elektroden trägt, an die eine Spannung angelegt werden kann. Von einem bestimmten Abstand von den Elektroden an ist das elektrische Feld im ganzen übrigen Zylinderraum als homogen zu betrachten. Im unteren Teil des Zylinders befinde sich ein binärer ein-einwertiger Elektrolyt[1] mit der Konzentration c_1, der als völlig dissoziiert vorausgesetzt wird. Darüber sei ein anderer binärer, ein-einwertiger Elektrolyt mit gleichem Anion (z. B. Kaliumchlorid und Natriumchlorid) mit der Konzentration c_2 so geschichtet, daß sich zwischen den beiden Lösungen eine scharfe Trennungsfläche einstellt. Bei Anlegen einer Spannung an die Elektroden beginnen die Kationen in Richtung der im Oberteil des Zylinders gelegenen Kathode zu wandern. Das Kation des oberen Salzes habe eine größere Wanderungsgeschwindigkeit als das andere. Damit nun die Trennungsfläche zwischen den beiden Lösungen trotz ihrer mit konstanter Geschwindigkeit erfolgenden Wanderung zur Kathode scharf ausgeprägt und gut sichtbar bleibt, genügt es, die Konzentrationen der beiden Salze zweckmäßig zu wählen. Unter dieser Bedingung stellt sich nämlich eine für beide Kationen gleiche effektive Wanderungsgeschwindigkeit ein. (S. Abschn. 2, Mac Innessche Methode zur Bestimmung der Überführungszahlen.)

Damit sich zwei Kationen, die beim Potentialgradienten 1 verschiedene Wanderungsgeschwindigkeiten aufweisen, mit derselben Effektivgeschwindigkeit bewegen, ist es offensichtlich notwendig, daß der Unterschied in der Wanderungsgeschwindigkeit durch Einwirkung verschiedener Kräfte gerade ausgeglichen wird. In anderen Worten: sie müssen verschiedenen Feldstärken ausgesetzt sein. Diese Bedingung kann aber durch entsprechende Wahl der Konzen-

---

[1] Der Gedankengang kann für jeden beliebigen Elektrolyten verallgemeinert werden; das für die Rechnung ausgewählte Beispiel gestattet, das Wesentliche der Erscheinung klarer und einfacher vor Augen zu führen.

trationen leicht verwirklicht werden. Dabei stellen sich in beiden Schichten verschiedene Leitfähigkeiten ein. Da die Stromstärke in jedem Punkt konstant ist, muß also der Spannungsabfall, der nach dem Ohmschen Gesetz umgekehrt proportional der Leitfähigkeit ist, in jeder der beiden elektrolytischen Schichten verschiedene Werte annehmen.

Das für das Zustandekommen einer gleichen Effektivgeschwindigkeit der beiden Kationen erforderliche Verhältnis der beiden Konzentrationen kann auf Grund der folgenden Überlegung ermittelt werden: n_{K1} sei die Überführungszahl des Kations des unteren Elektrolyten und n_{K2} die des oberen. Aus der Beziehung (7) des vorhergehenden Abschnitts und aus der Definition der Überführungszahl erhält man unter Berücksichtigung der Gln. (5) und (6) desselben Abschnittes:

$$n_{K1}\, I = s\, F\, c_1\, w_1\, z_1 \tag{4}$$

und

$$n_{K2}\, I = s\, F\, c_2\, w_2\, z_2, \tag{5}$$

worin c_1 und c_2 die Konzentrationen der beiden Elektrolyte, w_1 und w_2 die effektiven Wanderungsgeschwindigkeiten der Kationen, z_1 und z_2 die entsprechenden Wertigkeiten sind. Unter der Annahme $z_1 = z_2 = 1$ ergibt sich:

$$I = \frac{F\, c_1\, w_1\, s}{n_{K1}} = \frac{F\, c_2\, w_2\, s}{n_{K2}}.$$

Wählt man die Konzentrationen so, daß $c_1/n_{K1} = c_2/n_{K2}$, dann wird $w_1 = w_2 = w$, das heißt, die Effektivgeschwindigkeiten der beiden Kationen werden gleich. Bei Kenntnis der spezifischen Leitfähigkeiten gewinnt man durch Messung der Stromstärke und der effektiven Wanderungsgeschwindigkeit unmittelbar die Werte von u_1 und u_2. Es gilt nämlich:

$$w = u\, \frac{V}{l}.$$

In der Grenzschicht mit der sehr kleinen Dicke dl ist der Ausdruck V/l durch dV/dl zu ersetzen. Nach dem Ohmschen Gesetz ist

$$dV = I\, dR, \qquad dR = \frac{1}{\varkappa} \cdot \frac{dl}{s}$$

und daher:

$$dV = I\, \frac{dl}{\varkappa\, s},$$

woraus folgt:

$$w = u \cdot I\, \frac{1}{\varkappa\, s},$$

das heißt[1]:

$$u = \frac{\varkappa \cdot w \cdot s}{I}.$$

---

[1] Weitere Einzelheiten über Apparate und Technik dieser Messungen s. Jellinek, K.: Lehrbuch der physikalischen Chemie, Bd. III, S. 472 u. ff. Stuttgart: F. Enke, 1930.

In Tab. 9 sind für eine Reihe von Ionen die von verschiedenen Autoren berechneten und gemessenen Wanderungsgeschwindigkeiten zusammengestellt.

Tabelle 9. *Wanderungsgeschwindigkeiten einiger Kationen und Anionen bei 18° C in wässeriger Lösung*

Kationen	u cm · sec^{-1}		Anionen	v cm · sec^{-1}	
	gemessen	berechnet		gemessen	berechnet
H^+	0,00315 [1]	0,00319 [1]	OH^-	0,00167 [1]	0,00164 [1]
	0,0026 [2]		Cl^-	0,000624 [1]	0,000630 [1]
Na^+	0,000367 [1]	0,000367 [1]		0,00024 [2]	
K^+	0,000606 [1]	0,000613 [1]	Br^-	0,000642 [1]	0,000641 [1]
Cu^{2+}	0,00029 [3]	0,00047 [3]		0,00024 [2]	
Ag^+	0,00049 [3]		J^-	0,000632 [1]	0,000645 [1]
Ca^{2+}	0,000419 [1]	0,000425 [1]	ClO_3^-	0,000474 [1]	0,000476 [1]
	0,00035 [3]		BrO_3^-	0,000460 [1]	0,000468 [1]
Sr^{2+}	0,000424 [1]	0,000431 [1]	NO_3^-	0,000581 [1]	0,000594 [1]
	0,00015 [2]		SO_4^{2-}	0,000593 [1]	0,000595 [1]
Ba^{2+}	0,000464 [1]	0,000466 [1]		0,00045 [3]	
	0,00012 [2]		$Cr_2O_7^{2-}$	0,00047 [3]	0,00047
	0,00039 [3]				
Fe^{2+}	0,00048				
Fe^{3+}	0,00046				

[1] Denison, R. B. und B. O. Stehle: Z. physik. Chem. **57**, 110 (1907).
[2] Lodge, O.: Brit. Assoc. Rep. **1886**, 389.
[3] Wetham, W. C. D.: Phil. Trans. A **184**, 337 (1893); **186**, 507 (1895). — Smith, S. W. J.: Proc. Phys. Soc. **28**, 157 (1916).

Die Werte zeigen gewisse Unstimmigkeiten, die in erster Linie den bedeutenden experimentellen Schwierigkeiten zuzuschreiben sind, geben aber immerhin die Größenordnung der Wanderungsgeschwindigkeiten bei 18° C wieder.

Nach Kohlrausch müßten die Werte der Wanderungsgeschwindigkeiten u und v für jede Ionenart charakteristisch und von der Konzentration und der Gegenwart anderer Ionenarten unabhängig sein. Dies erweist sich tatsächlich als richtig, aber nur bis zu einem gewissen Grad. In Wirklichkeit ist die Wanderungsgeschwindigkeit eines Ions nicht einmal konstant, wenn sich das Ion entgegengesetzten Vorzeichens, mit dem zusammen es den Ausgangselektrolyten bildet, ändert. Dies geht aus Tab. 10 hervor.

Tabelle 10. *Wanderungsgeschwindigkeiten des Ions K^+ in Lösungen verschiedener Salze für c = 0,1 n*

Salz	$t = 18°\,C$	$t = 25°\,C$
KCl	0,000563	0,000654
KBr	562	656
KJ	564	652
$KClO_3$	549	631
$KBrO_3$	551	636
KNO_3	536	621
K_2SO_4	510	540

In erster Annäherung kann die Wanderungsgeschwindigkeit des Ions K^+ als konstant betrachtet werden. Bei genauerer Messung ergeben sich aber die in Tab. 10 aufscheinenden Unterschiede, die in der Theorie der starken Elektrolyte ihre Erklärung finden (s. Abschn. 8).

6. Abhängigkeit der Leitfähigkeit von den Versuchsbedingungen (Temperatur, Viskosität, Druck, elektrisches Feld, Frequenz)

Eine Erhöhung der Temperatur bedingt immer eine Zunahme der Beweglichkeit. Die Äquivalentleitfähigkeit bei unendlicher Verdünnung zeigt den gleichen Gang: ein Kennzeichen der Leiter zweiter Klasse. Dies ist der Fall, weil die innere Reibung mit zunehmender Temperatur abnimmt und daher die Ionen bei ihrer Bewegung unter dem Einfluß des elektrischen Feldes einen geringeren mechanischen Widerstand antreffen.

Die Äquivalentleitfähigkeit von Elektrolyten mit endlicher Konzentration zeigt dagegen nicht denselben Gang. Sie hängt vom Leitfähigkeitskoeffizienten und der Solvatation ab, von Größen also, die ihrerseits Funktionen der Temperatur sind, deren Verlauf speziell für konzentrierte Lösungen ein Maximum der Äquivalentleitfähigkeit bei erhöhter Temperatur bedingt. Wenn die Konzentration gegen Null geht, verschiebt sich das Maximum gegen immer höhere Temperaturen, bis es schließlich ganz verschwindet. Tab. 11 zeigt für einige Elektrolyte das Auftreten eines Maximums der Äquivalentleitfähigkeit in Abhängigkeit von der Temperatur. Die Maximumwerte sind im Druck hervorgehoben.

Tabelle 11. λ_0 bei verschiedenen Temperaturen

Elektrolyt	Konzentration	18° C	50° C	75° C	100° C	128° C	156° C	218° C	281° C	306° C
KCl	0,08 n	113,5	—	—	341,5	—	498	638	**723**	720
AgNO$_3$	0,08 n	96,5	—	—	294	—	432	552	**614**	604
Ba(NO$_3$)$_2$	0,08 n	81,6	—	—	257,5	—	372	**449**	430	—
MgSO$_4$	0,08 n	52	—	—	**186**	—	133	—	75,2	—
H$_2$SO$_4$	0,002 n	353,9	501,3	560,8	**571,0**	551	536	563 [1]		637

[1] Der wahrscheinliche Gang der Äquivalentleitfähigkeit gegen ein zweites Maximum im Falle der Schwefelsäure steht mit ihrer in zwei Stufen erfolgenden Dissoziation in Zusammenhang.

Die Äquivalentleitfähigkeit bei unendlicher Verdünnung hängt daher im wesentlichen von der inneren Reibung des Lösungsmittels ab. Dies gilt besonders für Temperaturen, die von der Zimmertemperatur nicht zu stark verschieden sind, was durch zwei Versuchsreihen bestätigt wird. Die erste von Kohlrausch eingeführte und später von Walden und seinen Mitarbeitern verbesserte Reihe zeigt, wie der Wert der Äquivalentleitfähigkeit für unendliche Verdünnung bei einzelnen Ionen mit zunehmender Temperatur umgekehrt proportional zur inneren Reibung des Lösungsmittels variiert. Das Produkt $\lambda_0 \eta$ bleibt daher bei Temperaturänderungen konstant (Walden). Tab. 12 zeigt die Konstanz des Wertes $\lambda_0 \eta$ in wässeriger Lösung bei verschiedenen Temperaturen.

Tabelle 12. *Konstanz des Produktes $\lambda_0\,\eta$ bei verschiedenen Temperaturen in wässeriger Lösung*

t^0 C		o	18	25	50	100	Mittel
η H$_2$O		0,01792	0,01056	0,00894	0,0055	0,00284	
Li$^+$	λ	19,1	32,5	38,7	—	120	0,344
	$\lambda\eta$	0,342	0,343	0,346	—	0,341	
N(C$_2$H$_5$)$_4$$^+$	λ	16,2	28,1	33,3	53,4	103	0,295
	$\lambda\eta$	0,290	0,296	0,298	0,294	0,293	
½ Ba^{2+}	λ	33	54,4	63,7	104	200	0,574
	$\lambda\eta$	0,591	0,574	0,569	0,572	0,568	
OH$^-$	λ	105	174	200	—	(446)	1,84
	$\lambda\eta$	1,88	1,84	1,79	—	(1,27)	
½ SO$_4$$^{2-}$	λ	41	68,6	(79,8)	132	256	0,720
	$\lambda\eta$	0,73	0,724	(0,714)	0,726	0,727	
CH$_3$COO$^-$	λ	20,4	35,0	40,87	66	129	0,367
	$\lambda\eta$	0,367	0,369	0,365	0,363	0,366	

Dieselbe Regel gilt auch für nichtwässerige Lösungen, wie aus Tab. 13 hervorgeht, die die Leitfähigkeitsdaten verschiedener in Benzonitril gelöster Salze enthält. Auch für andere Lösungsmittel können analoge Tabellen zusammengestellt werden, die die Konstanz des Produktes $\lambda_0\,\eta$ zeigen.

Tabelle 13. *Konstanz des Produktes $\lambda_0\,\eta$ bei verschiedenen Temperaturen in Benzonitril*

Elektrolyt \ t^0 C	o	10	20	25	30	40	50	60	70	Mittel
KJ	0,62	0,63	0,63	—	0,64	0,64	0,63	0,62	0,60	0,626
NaJ	0,59	0,59	0,59	—	0,59	0,59	0,59	0,57	0,55	0,584
LiJ	0,57	0,57	0,57	—	0,57	0,57	0,57	0,55	—	0,567
LiBr	0,45	0,45	0,45	—	0,44	0,44	0,44	0,43	0,43	0,441
AgNO$_3$	0,64	0,65	0,65	—	0,65	0,65	0,64	0,62	—	0,643
N(C$_2$H$_5$)$_4$J	0,65	—	—	0,66	—	—	0,66	—	0,63	0,650

Die zweite Versuchsreihe, die von Walden und seinen Mitarbeitern zum ersten Male ausgeführt und später verbessert wurde, betrifft den Einfluß der inneren Reibung verschiedener Lösungsmittel auf das Produkt $\lambda_0\,\eta$ bei konstanter Temperatur. Walden hatte beobachtet, daß im Falle des Tetraäthylammoniumjodids N(C$_2$H$_5$)$_4$J das Produkt Leitfähigkeit für unendliche Verdünnung in einem bestimmten Lösungsmittel mal innerer Reibung des Lösungsmittels bei konstanter Temperatur in etwa 30 verschiedenen Lösungsmitteln konstant war. Das heißt in anderen Worten: bei konstanter Temperatur ist die Leitfähigkeit für unendliche Verdünnung umgekehrt proportional zur inneren Reibung des Lösungsmittels, was dem Stokesschen Gesetz entspricht. Diese Beziehung wird durch Tab. 14 erläutert, die einige der neuesten Daten enthält[1].

---

[1] Näheres über die Leitfähigkeit nichtwässeriger Lösungen s. besonders Walden, P.: Elektrochemie nichtwässeriger Lösungen. Leipzig: J. A. Barth, 1924. Eine Zusammenfassung neuerer Ergebnisse s. Mac Innes, D. A.: Principles of Electrochemistry. New York: Reinhold, 1939.

Tabelle 14. *Konstanz des Produktes $\lambda_0\,\eta$ für einige Salze in verschiedenen Lösungsmitteln bei konstanter Temperatur*

Elektrolyt Lösungsmittel	N $(CH_3)_4$ Pi [1]	N $(C_2H_5)_4$ Pi	N $(nC_3H_7)_4$ Pi	N $(C_5H_{11})_4$ Pi	N $(C_2H_5)_4$ J	N $(C_2H_5)_4$ Cl	K J
Wasser (18—25⁰ C)	0,686	0,563	0,486	—	0,981	0,911	1,354
Methylalkohol	0,627	0,563	—	—	0,630	0,683	0,626
Äthylalkohol	0,585	0,564	—	—	0,586	0,636	0,559
Phenol (50⁰ C)	0,590	0,562	0,487	0,409	0,631	0,661	0,539
Aceton	0,591	0,563	0,500	0,465	0,662	0,662	0,586
Methyläthylketon	0,579	0,561	0,503	0,465	0,620	0,636	0,580
Acetonitril	0,586	0,563	0,501	0,449	0,643	0,655	0,642
Äthylcyanessig- säureester	—	—	—	—	0,646	—	0,628
Benzonitril	—	—	—	—	0,659	—	0,646
o-Toluolnitril	—	—	—	—	0,650	—	0,645
Äthylenchlorid	0,587	0,563	0,489	0,424	0,604	0,639	—
Dichloräthylen	—	—	0,491	0,414	—	—	—
Tetrachlormethan	—	—	0,488	0,407	—	—	—
Nitromethan	0,604	0,572	0,515	0,447	0,685	0,698	0,751
Nitrobenzol	—	0,578	—	—	0,673	0,671	—
Pyridin	0,666	0,635	0,652	0,498	0,760	0,756	—

[1] Pi = Pikrat.

Die beiden Versuchsreihen lassen den Schluß zu, daß die Bewegung der Ionen innerhalb des Lösungsmittels so erfolgt, als ob die Widerstandskraft nicht der Reibung zwischen den Ionen selbst und den Teilchen des Lösungsmittels, sondern eher der Reibung zwischen Teilchen des Lösungsmittels untereinander zuzuschreiben wäre.

Dies kann so erklärt werden, daß sich an das fragliche Ion eine oder mehrere Schichten von Lösungsmittelmolekülen anlagern, die es vollkommen einhüllen und die von bestimmten Kräften elektrostatischer Natur am Ion festgehalten werden. Die Erscheinung wird *Solvatation* im allgemeinen und *Hydratation* im besonderen Fall wässeriger Lösungen genannt. Sie ist auch eine Funktion der Konzentration und der Temperatur, was teilweise erklärt, daß nichtidealverdünnte Lösungen, bei denen der Solvatationszustand in Abhängigkeit von der Temperatur veränderlich sein kann, einen nicht monoton wachsenden Verlauf der Äquivalentleitfähigkeit mit Bildung eines Maximums aufweisen. Tatsächlich bewirkt eine Zunahme sowohl der Temperatur als auch der Konzentration eine Verringerung der Solvatation, was eine Abnahme des Dissoziationsgrades, das heißt der in der Lösung vorhandenen Ionenzahl und damit der Äquivalentleitfähigkeit zur Folge haben kann. Die Abnahme des Dissoziationsgrades, der mehr oder weniger im Wert des Leitfähigkeitskoeffizienten f_λ zum Ausdruck kommt, kann so groß sein, daß die Abnahme der inneren Reibung des Lösungsmittels bei bloßem Temperaturanstieg überkompensiert wird, weshalb sich schließlich ein Maximum einstellt. Dazu kommt noch der Umstand, daß auch die Dielektrizitätskonstante des Lösungsmittels und damit sein Ionisierungsvermögen (s. Abschn. 8) Funktionen sowohl der Konzentration als auch der Temperatur sind, was zur Bildung des Leitfähigkeitsmaximums beiträgt[1]. Darüber hinaus würde nach Hevesy die Tatsache, daß die Beweglichkeiten der

---

[1] S. Tesei, U.: Gazz. chim. It. **71**, 351 (1941).

anorganischen Ionen mit Ausnahme der H^+- und OH^--Ionen trotz verschiedener Größe und Ladung einen größenordnungsmäßig um 50 schwankenden Wert aufweisen, das Bestehen einer stärkeren Hydratation für die klein dimensionierten und einer schwächeren für die größeren Ionen bestätigen. Auch diese Erscheinung ist durch die Art der Kräfte, die die Solvatation bewirken, zu erklären. Die Lösungsmittel für Elektrolyte sind gewöhnlich Stoffe mit hoher Dielektrizitätskonstante, deren Moleküle ein starkes Dipolmoment haben. Es ist klar, daß die Solvatation durch die elektrostatische Anziehung zwischen der zentralen Ladung des Ions und der entgegengesetzten Ladung des Dipols des Lösungsmittelmoleküls zustandekommt. Nach modernen Anschauungen wird die Ladung des Ions als gleichmäßig über seine Oberfläche verteilt betrachtet. Zur Berechnung der Anziehungs- und Abstoßungskräfte wird jedoch angenommen, daß sie im Mittelpunkt des Ions gelegen sei. Bei gleicher Ladung wird der Abstand zwischen Mittelpunkt und Oberfläche des Ions umso größer sein, je größer dessen Dimensionen sind (Grenze der größtmöglichen Annäherung eines Lösungsmittelmoleküls). Die Anziehungskraft (Ion — ungleichnamige Dipolladung) und die Abstoßungskraft (Ion — gleichnamige Dipolladung) nehmen beide in erster Annäherung umgekehrt proportional zum Quadrat der Entfernung ab, wobei die erstere dem absoluten Wert nach immer größer bleibt als die letztere, da sich der Dipol von selbst so orientiert, daß dem Ion die ungleichnamige Ladung zugekehrt ist. Die Differenz zwischen diesen beiden Kräften, das ist die resultierende Anziehungskraft, verringert sich daher und geht gegen Null, sobald die räumliche Ausdehnung des Ions zunimmt. Eine Abnahmetendenz in gleichem Sinne ergibt sich daher auch für die Solvatation.

Die Solvatation der Ionen kann experimentell oder mittels thermodynamischer Berechnungen auf verschiedene Art bestimmt werden. Nach Nernst wird ein indifferenter Stoff dem Elektrolyten zugesetzt und durch Messung seiner Konzentrationsänderung im Anoden- und Kathodenraum nach Durchgang des Stromes das Ausmaß der Lösungsmittelverschiebung bestimmt; oder es wird nach Remy der Anoden- vom Kathodenraum mittels eines Diaphragmas getrennt und die Wassermenge gemessen, die durch das Diaphragma transportiert wird; oder es wird die Ionenbeweglichkeit gemessen, wobei die effektiven Radien der Ionen, die sich im Lösungsmittel bewegen, auf Grund des Stokesschen Gesetzes berechnet und mit den Ionenradien verglichen werden, die sich aus Messungen an Kristallen mittels Röntgenstrahlen usw. ergeben. Die Meßresultate der Solvatationszahl, das ist der Zahl der Lösungsmittelmoleküle, die an jedem einzelnen Ion haften, gehen aber noch ziemlich auseinander.

Der Begriff der Solvatation erlaubt es, viele Abweichungen von der Waldenschen Regel $\lambda_0 \eta = $ konst. richtig zu deuten.

Diese Beziehung gilt nicht exakt; Abweichungen treten besonders bei in Wasser gelösten Ionen mit kleinen Radien auf. Die Regel von Walden darf nur innerhalb bestimmter Grenzen, speziell für die groß dimensionierten Ionen, als gültig angesehen werden. Das normale Verhalten groß dimensionierter Ionen entspricht dem Stokesschen Gesetz (s. Abschn. 2), das die Bewegung von Kugeln innerhalb einer Flüssigkeit beschreibt. Je mehr sich jedoch die Dimensionen des bewegten Körpers der Atomgröße nähern und sich damit von der makroskopischen Größenordnung entfernen, umso wahrscheinlicher wird es, daß die Dimensionen eines Ions beim Übergang von einem Lösungsmittel zum anderen nicht konstant bleiben. Damit ist aber die fundamentale Voraussetzung für die Gültigkeit des Stokesschen Gesetzes nicht mehr gegeben. Tatsächlich sind es gerade die kleiner dimensionierten Ionen, die größere Abweichungen aufweisen. Ihre Tendenz zur Solvatation, die auch von der Natur des Lösungsmittels abhängt, ist bekannt. Die Dimensionen dieser Ionen können sich beim Übergang von einem Lösungsmittel zum anderen tatsächlich ändern. Je größer aber die räumliche Ausdehnung der Ionen und je kleiner ihre Tendenz zur Solvatation wird, umso konstanter bleiben ihre Dimensionen und umso stärker nähert sich der Wert des Produktes $\lambda_0 \eta$ einer konstanten Zahl[1].

Darüber hinaus ist hervorzuheben, daß die bedeutendsten Abweichungen von der Waldenschen Regel beobachtet werden, wenn das Lösungsmittel Wasser ist. Dies kann auf eine Inhomogenität des Lösungsmittels zurückgeführt werden in dem Sinne, daß Polymere unterschiedlicher Größe auftreten, deren Existenz durch röntgenographische Untersuchungen und durch das Absorptionsspektrum des Wassers unter verschiedenen Versuchsbedingungen tatsächlich nachgewiesen wurde. Man muß daher zwischen einer *Makroviskosität* und einer *Mikroviskosität* unterscheiden. Erstere wirkt sich im Sinne des Stokesschen Gesetzes auf die Bewegung von Kugeln aus, die im Verhältnis zu den genannten Polymeren groß sind; letztere ist innerhalb gewisser Grenzen von Punkt zu Punkt des Lösungsmittels veränderlich und für die relativ kleineren Kugeln maßgebend. Es ist ohne weiteres verständlich, daß sich die kleinen Ionen unter den großen Aggregaten von Wassermolekülen freier bewegen können, da sie nicht der Makroviskosität unterworfen sind. Dies erklärt auch die beobachteten Abweichungen von der Waldenschen Regel und das abnormale Verhalten einiger wässeriger Lösungen bezüglich der Temperatur.

In manchen Fällen kann die Waldensche Regel $\lambda_0 \eta = \text{konst.}$ durch einen Ausdruck von der Form

$$\lambda_0 \eta^s = \text{konst.},$$

in dem $s < 1$ ist, ersetzt werden[2].

Die Leitfähigkeit hängt weiters vom Druck, von der Stärke des elektrischen Feldes und von der Frequenz ab. Der Einfluß dieser Größen tritt allerdings erst in Erscheinung, wenn sie sehr hohe Werte annehmen. Näheres darüber ist aus den Spezialabhandlungen zu entnehmen[3].

Qualitativ kann nur angedeutet werden, daß bei Drucken in der Größenordnung von 100 Atm. die spezifische Leitfähigkeit zunimmt. Ursachen hiefür sind eine Zunahme der Konzentration infolge Kompression der Lösung, eine Zunahme des Dissoziationsgrades (für die schwachen Elektrolyte), eine Veränderung des Leitfähigkeitskoeffizienten durch die Änderung der interionischen Kräfte (s. Abschn. 8) und eine Veränderung der Äquivalentleitfähigkeit für unendliche Verdünnung, die zur inneren Reibung des Lösungsmittels umgekehrt proportional ist, solange das Gesetz von Stokes seine Gültigkeit behält.

Wenn die Feldstärke, die bei den normalen Leitfähigkeitsmessungen die Größenordnung 1 Volt/cm hat, Werte von der Größenordnung 10^5 Volt/cm erreicht, nimmt die Leitfähigkeit unter sonst gleichen Bedingungen zu. (Wien-Effekt); ebenso nimmt die Leitfähigkeit zu, wenn die Wechselstromfrequenz, die normalerweise um 10^3 sec^{-1} liegt, Werte von der Größenordnung 10^6 sec^{-1} oder darüber erreicht (Debye-Falkenhagen-Effekt). Zur Erklärung dieser beiden Effekte s. Abschn. 8.

---

[1] S. Darmois, E.: J. chim. phys. **43**, 1 (1946).

[2] Owen, B. B. and G. W. Waters: J. Amer. Chem. Soc. **60**, 2377 (1938).

[3] Eucken-Wolf: Hand- und Jahrbuch der chemischen Physik, Bd. VI. Leipzig: Akademische Verlagsgesellschaft, 1933. — Wien-Harms: Handbuch der Experimentalphysik, Bd. XII/1. Leipzig: Akademische Verlagsgesellschaft, 1932. — Falkenhagen, H.: Elektrolyte. Leipzig: S. Hirzel, 1932. — Harned, H. S. and B. B. Owen: The Physical Chemistry of Electrolytic Solutions. New York: Reinhold, 1943.

7. Leitfähigkeit von Elektrolytschmelzen

Die Leitfähigkeit geschmolzener Elektrolyte wird ebenso wie die der Lösungen gemessen. Auch hier werden die spezifische Leitfähigkeit $\varkappa$, die Äquivalentleitfähigkeit λ und die molare Leitfähigkeit μ unterschieden. Die spezifische Leitfähigkeit einer Elektrolytschmelze wird genau so definiert wie die einer Lösung. Sie ändert sich mit der Temperatur nach der Gleichung:

$$\varkappa = a + b \cdot 10^{-2} \, (t - t_1).$$

In Tab. 15 sind die spezifischen Leitfähigkeiten einiger Schmelzen von Halogenverbindungen zusammen mit den Schmelztemperaturen und den Molvolumina für die Schmelztemperatur zusammengestellt.

Die molare Leitfähigkeit (Äquivalentleitfähigkeit) ist gleich $\varkappa/c_{Mol}$ $(\varkappa/c_{\ddot{A}q})$; darin bedeutet c_{Mol} die Anzahl der Mole $(c_{\ddot{A}q}$ die Anzahl der Äquivalente), die in 1 cm^3 enthalten sind. Zum gleichen Ergebnis gelangt man durch Multiplikation der spezifischen Leitfähigkeit mit dem Molvolumen (bzw. mit dem Äquivalentvolumen), das heißt mit dem in cm^3 ausgedrückten Volumen, das von 1 Mol (1 Äquivalent) des Elektrolyten ausgefüllt wird:

$$\mu = \varkappa \, v_{Mol}; \qquad \lambda = \varkappa \cdot v_{\ddot{A}q}.$$

Es ist interessant, die Leitfähigkeiten der Chlorverbindungen der Elemente in den Hauptgruppen des periodischen Systems bei einer Temperatur knapp über dem Schmelzpunkt miteinander zu vergleichen. Die entsprechenden Daten sind in Tab. 16 aufgeführt.

Tabelle 15. *Spezifische Leitfähigkeit einiger Schmelzen von Halogenverbindungen*
$$\varkappa = a + b \cdot 10^{-2} \, (t - t_1)$$

Elektrolyt	a	b	t_1 ⁰ C	Schmelz-punkt ⁰C	Molvolumen
LiF	20,3	100,0	905	870	—
LiCl	7,59	1,0	780	613	28,3
NaF	3,15	8,3	1000	992	—
NaCl	3,66	2,2	850	801	37,7
KF	4,14	4,5	860	856	—
KCl	2,19	2,1	800	776	48,8
KBr	1,66	2,0	760	730	—
KJ	1,35	2,3	710	680	—
RbCl	1,49	2,1	733	715	53,7
CsCl	1,14	2,0	660	646	59,9
Cu_2Cl_2	3,27	2,45	430	422	26,9
Cu_2J_2	1,82	1,78	605	605	—
AgCl	4,44	1,84	600	457,5	29,6
AgBr	3,39	1,70	600	434	—
AgJ	2,17	0,61	600	552	—
$BeCl_2$	0,0032	26	451	440	52,7
$MgCl_2$	1,05	1,7	729	708	56,6
$CaCl_2$	1,99	3,5	795	772	60
$SrCl_2$	1,98	2,9	900	873	58,7
$BaCl_2$	1,71	3,0	— [1]	962	66,3
$ZnCl_2$	0,051	1,5	460	313	53,8
$CdCl_2$	1,93	2,0	576	568	54,8
$CdBr_2$	1,06	2,0	571	567	—

Fortsetzung der Tabelle S. 54.

[1] Druckfehler im Original.

Fortsetzung der Tabelle 15.

Elektrolyt	a	b	t_1^0 C	Schmelz-punkt °C	Molvolumen
CdJ_2	0,19	2,1	389	388	—
Hg_2Cl_2	1,0	1,8	529	525	58,1
$HgCl_2$	0,00052	0,0005	294	276	—
$AlCl_3$	$0,56 \cdot 10^{-6}$	—	—	190 [1]	101
$ScCl_3$	0,56	2,8	959	939	91
YCl_3	0,40	2,0	714	680	77,5
$LaCl_3$	1,14	3,3	868	860	77,8
$InCl_3$	0,42	9,0	594	586	103
$TlCl$	1,17	3,5	450	430	—
$ThCl_4$	0,67	1,8	814	765	—
$SnCl_2$	0,89	5,7	263	246	—
$PbCl_2$	1,48	4,6	508	501	—
$BiCl_3$	0,44	1,4	266	230	—
$MoCl_5$	$1,8 \cdot 10^{-6}$	—	—	194	—
WCl_6	$1,9 \cdot 10^{-6}$	—	—	275	—
WCl_5	0,67	2,3	250	248	—
UCl_4	0,34	2,8	570	—	—
$TeCl_4$	0,12	1,1	236	224	—

[1] Bei 2,5 Atm.

Tabelle 16. *Äquivalentleitfähigkeit einiger Schmelzen von Chlorverbindungen bei Schmelztemperatur*

HCl $\sim 10^{-6}$					
LiCl 166	$BeCl_2$ 0,086	BCl_3 0	CCl_4 0		
NaCl 133,5	$MgCl_2$ 28,8	$AlCl_3$ $15 \cdot 10^{-6}$	$SiCl_4$ 0	PCl_5 0	
KCl 103,5	$CaCl_2$ 51,9	$ScCl_3$ 15	$TiCl_4$ 0	VCl_5 0	
RbCl 78,2	$SrCl_2$ 55,7	YCl_3 9,5	$ZrCl_4$ —	$NbCl_5$ $\varkappa = 2 \cdot 10^{-7}$	$MoCl_5$ $\varkappa = 1,8 \cdot 10^{-6}$
CsCl 66,7	$BaCl_2$ 64,6	$LaCl_3$ 29,0	$HfCl_4$ —	$TaCl_5$ $\varkappa = 3 \cdot 10^{-7}$	WCl_6 $\varkappa = 2 \cdot 10^{-6}$
			$ThCl_4$ 16		UCl_4 $\varkappa = 0,34$

Die Zahlen geben die Äquivalentleitfähigkeit an; bei einigen Verbindungen, deren Äquivalentvolumen noch nicht bekannt ist, ist statt dessen die spezifische Leitfähigkeit angeführt. Man sieht ohne weiteres, daß die Chlorverbindungen in zwei große Gruppen eingeteilt werden können: in gute Leiter und in Isolatoren, die durch eine stufenförmige Linie getrennt erscheinen. Im allgemeinen nimmt in den einzelnen horizontalen Reihen der Wert der Äquivalentleitfähigkeit mit zunehmender Wertigkeit des Kations ab. Diese Erscheinung geht parallel mit der Änderung der Leitfähigkeit, die die Chlorverbindungen von Metallen mit verschiedener Wertigkeit zeigen: das Chlorid mit der größeren Leitfähigkeit ist immer das mit der kleineren Wertigkeit, wie aus Tab. 17 ersichtlich ist.

Tabelle 17. *Äquivalentleitfähigkeit einiger Schmelzen von Chlorverbindungen mit veränderlicher Wertigkeit*

Salz	λ	Salz	λ
Hg_2Cl_2	40	TlCl	16,5
$HgCl_2$	$2,5 \cdot 10^{-3}$	$TlCl_3$	$< 2,5 \cdot 10^{-3}$
InCl	130	$SnCl_2$	21,9
$InCl_2$	29	$SnCl_4$	0
$InCl_3$	17	$PbCl_2$	40,7
		$PbCl_4$	$< 2 \cdot 10^{-5}$

Interessanterweise sind die gut leitenden Chlorverbindungen schwer flüchtig und haben hohe Schmelzpunkte, während die nichtleitenden schon bei tiefer Temperatur flüchtig sind und einen niedrigen Schmelzpunkt besitzen. Einige sind schon bei Zimmertemperatur flüssig. Dieses Zusammentreffen hängt nach Biltz davon ab, daß die ersteren ein Ionenkristallgitter haben, während die anderen vorwiegend aus nichtdissoziierten Molekülen aufgebaut sind. In einem Ionenkristallgitter sind die den Kristallaufbau bestimmenden Kräfte Anziehungskräfte elektrostatischer Natur zwischen einem Ion und allen benachbarten Ionen entgegengesetzten Vorzeichens. Es ist daher schwierig, das Kräftegleichgewicht in einem solchen Gitter zu zerstören, das heißt in anderen Worten, es zum Schmelzen oder Sublimieren zu bringen. Dagegen ist es sehr wahrscheinlich, daß der Elektrolyt in geschmolzenem Zustand wenigstens zum größten Teil dissoziiert bleibt, wenn man bedenkt, daß die Ionen im Kristallgitter bereits vorgegeben sind. In diesem Fall muß die Leitfähigkeit natürlich groß sein.

Bei Stoffen, die ein molekulares Kristallgitter besitzen oder bei Zimmertemperatur flüssig sind, sind dagegen die den Kristallkörper zusammenhaltenden Kräfte bedeutend schwächer als jene, die an einem Ionengitter auftreten. Es genügt daher eine relativ kleine Energiezufuhr, um sie zu überwinden und den Kristallaufbau zu zerstören. Beim Übergang in den flüssigen Zustand bleiben die Moleküle zunächst vorwiegend undissoziiert, so wie sie es im Kristall vorher waren. Infolgedessen ist die Leitfähigkeit gering.

Es gibt aber auch Chlorverbindungen, deren Leitfähigkeit in der Mitte zwischen guten Leitern und Nichtleitern liegt. Das bedeutet aber, daß es auch im geschmolzenen Zustand starke, mittlere und schwache Elektrolyte gibt (s. Abschn. 8).

8. Molekularer Zustand der Elektrolyte

Die Erscheinung der elektrischen Leitfähigkeit der Elektrolyte kann durch die Annahme erklärt werden, daß sie mehr oder weniger in ihre Ionen dissoziiert sind. Arrhenius hat als erster diese Hypothese zur Erklärung der beobachteten Tatsachen aufgestellt. Sie wurde mit allen Folgerungen, die aus ihr abgeleitet werden können, experimentell bestätigt, besonders für jene Elektrolyte, die niedrige Leitfähigkeitswerte aufweisen. Es hat sich aber gezeigt, daß sie auf eine bestimmte Gruppe von Elektrolyten mit sehr hohen Leitfähigkeitswerten nicht anwendbar ist. Für diese mußte eine neue Theorie entwickelt werden, die den beobachteten experimentellen Tatsachen Rechnung trägt.

Nach Arrhenius zerfällt ein gelöster Elektrolyt in seine Ionen, wobei ein richtiges chemisches Dissoziationsgleichgewicht entsteht:

$$CH_3COOH \rightleftarrows CH_3COO^- + H^+,$$

das sich mit zunehmender Verdünnung nach rechts verlagert. Der Dissoziationsgrad a kann mittels Leitfähigkeitsmessungen bestimmt werden:

$$a = \frac{\lambda_v}{\lambda_0}$$

(s. Abschn. 4) und da

$$\lambda_0 = F\,(u + v),$$

ergibt sich:

$$a = \frac{\lambda}{F\,(u + v)}.$$

Diese Beziehung gilt, solange die Voraussetzung der Konstanz der Wanderungsgeschwindigkeiten und ihrer Unabhängigkeit von der Konzentration und der Anwesenheit anderer Ionen in der Lösung tatsächlich besteht. Bei Bestimmung des Dissoziationsgrades für verschiedene Elektrolyte und verschiedene Konzentrationen ergeben sich alle möglichen Größen zwischen 1 und sehr niedrigen Werten von der Größenordnung 10^{-2} bis 10^{-3}. Es gibt natürlich noch kleinere Werte, aber diese sind mittels Leitfähigkeitsmessungen schwierig bestimmbar und für die folgenden Betrachtungen von geringem Interesse.

Als *starke Elektrolyte* werden jene bezeichnet, die einen hohen Dissoziationsgrad haben, der in jedem Fall, auch bei starker Konzentration, größer als $0{,}5$ ist, während die sogenannten *schwachen Elektrolyte* sich durch einen sehr niedrigen Dissoziationsgrad auch bei starker Verdünnung auszeichnen.

Der Dissoziationsgrad hängt nach den Gesetzen des chemischen Gleichgewichtes von der Temperatur ab, je nachdem der Dissoziationsprozeß endotherm oder exotherm verläuft. Er hängt weiters von der Lösung und der Art des Lösungsmittels, und zwar von dessen Dielektrizitätskonstante ε ab. Als Dielektrizitätskonstante eines Mediums kann das Verhältnis der Kraft f_0, mit der sich zwei ungleichnamige Ladungen im Vakuum elektrostatisch anziehen, zur Kraft f, mit der sich dieselben Ladungen im gleichen Abstand innerhalb des fraglichen Mediums anziehen, definiert werden.

$$\varepsilon = \frac{f_0}{f}. \tag{1}$$

Die Dielektrizitätskonstante für das Vakuum ist daher definitionsgemäß 1, für alle übrigen Stoffe immer größer als 1. Die dissoziierende Kraft des Mediums, von der der Dissoziationsgrad abhängt, und damit das Dissoziationsgleichgewicht sind eine Funktion der Dielektrizitätskonstante. Dies wird klar, wenn man die Arbeit L berechnet, die zur Dissoziation der Ionen eines binären Elektrolyten[1] mit den Ladungen $e_1{}^+$ und $e_2{}^-$ im Abstand a notwendig ist. Diese Arbeit ist gegeben durch die elektrostatische Anziehungskraft der Ionen mal dem Weg, den das eine oder beide Ionen bei der Verlagerung aus dem im Molekül oder im Kristall festgelegten Abstand ins Unendliche zurücklegen.

$$L = \int_a^\infty f \cdot da \tag{2}$$

Nach Einsetzen des aus Gl. (1) gewonnenen Wertes für f und unter Berücksichtigung des Coulombschen Gesetzes $f_0 = \dfrac{e_1{}^+ e_2{}^-}{a^2}$ erhält man:

---

[1] Für jeden anderen Elektrolyttyp ist die Rechnung analog.

$$L = \frac{1}{\varepsilon}\, e_1{}^+ e_2{}^- \int\limits_a^\infty \frac{1}{a^2}\, da = -\frac{1}{\varepsilon}\, \frac{e_1{}^+ e_2{}^-}{a}.$$

Der Gesamtausdruck ist positiv, da das Produkt $e_1{}^+ \cdot e_2{}^-$ negativ ist.

Bei hoher Dielektrizitätskonstante entspricht der Gl. (1) eine kleine elektrostatische Bindekraft f. Wenn aber die Kraft abnimmt, muß auch die Arbeit kleiner werden, die zur Dissoziation des Moleküls in Ionen notwendig ist, und damit, unter sonst gleichen Bedingungen, der Dissoziationsgrad größer. Tatsächlich ist ein gewisser Parallelismus zwischen Dissoziationsgrad und Dielektrizitätskonstante feststellbar (Nernst-Thomsonsche Regel), der jedoch wegen der Vernachlässigung vieler Einflüsse, wie der Abschirmwirkungen, Dipolmomente usw., nicht streng gelten kann. Über diese Wirkungen ist noch nichts Genaueres bekannt.

Tab. 18 zeigt den Parallelismus zwischen Dielektrizitätskonstante und dissoziierender Kraft[1], ausgedrückt in Form der prozentualen scheinbaren Dissoziation, die immer für denselben Elektrolyten $N(C_2H_5)_4J$ bei der Temperatur 25^0 C und der Konzentration 0,01 n gemessen wurde.

Tabelle 18. *Dielektrizitätskonstante und dissoziierende Kraft einiger Lösungsmittel*

Lösungsmittel	ε	Scheinbare Dissoziation in Prozenten
Wasser	81,7	91
Formamid	84,0	93
Bernsteinsäuredinitril	$\sim$ 59	90
Citraconsäureanhydrid	39,5	82
Nitromethan	$\sim$ 39	78
Furfuraldehyd	$\sim$ 38	$\sim$ 78
Acetonitril	$\sim$ 36	74
Äthylenglykol	34,5	78
Nitrobenzol	$\sim$ 35,4	71
Methylalkohol	$\sim$ 35	73
Benzonitril	26	61
Epichlorhydrin	26	60
Äthylalkohol	$\sim$ 25	54
Aceton	$\sim$ 21,3	50
Essigsäureanhydrid	17,9	58
Benzaldehyd	$\sim$ 15,2	51
Acetylbromid	16,2	47
Acetylchlorid	15,5	46

Hält man sich vor Augen, daß die Leitfähigkeit sowohl eine Funktion der Anzahl der vorhandenen Ionen (beeinflußt durch den Dissoziationsgrad) als auch ihrer Wanderungsgeschwindigkeit (beeinflußt durch die interionischen Kräfte, s. unten) ist, so kann man leicht für das verschiedene Verhalten der schwachen und starken Elektrolyte eine Erklärung finden. Erstere haben einen kleinen Dissoziationsgrad und eine geringe Ionenzahl, der gegenseitige Ionenabstand ist groß und die interionischen Kräfte sind daher von nur geringer Bedeutung, während der Einfluß des Dissoziationsgrades vorherrschend ist. Das Verhalten solcher Elektrolyte kann deshalb als Funktion dieser Veränderlichen

---

[1] S. a. Gemant, A.: J. Chem. Physics **10**, 723 (1942).

beschrieben werden (Theorie von Arrhenius). Bei den starken Elektrolyten ist dagegen die Dissoziation praktisch vollkommen, die Ionenzahl ist groß, der gegenseitige Abstand der Ionen klein und der Einfluß der interionischen Kräfte ausschlaggebend im Vergleich zum Dissoziationsgrad, der sich nur wenig verändert. Das Verhalten dieser Elektrolyte kann daher als Funktion der interionischen Kräfte beschrieben werden (Theorie der starken Elektrolyte von Debye und Hückel).

a) Schwache Elektrolyte. Auf eine Lösung, in der Ionen und nichtdissoziierte Moleküle im Gleichgewicht stehen, muß auch das Massenwirkungsgesetz anwendbar sein.

So ergibt sich z. B. für Essigsäure:

$$CH_3COOH \rightleftarrows CH_3COO^- + H^+.$$

Die Konzentrationen der H^+- und CH_3COO^--Ionen sind gleich und hängen vom Dissoziationsgrad ab. Sie können durch $a \cdot c$ ausgedrückt werden, wenn c die ursprüngliche Konzentration der Essigsäure bedeutet. Die Konzentration der undissoziiert gebliebenen Moleküle ergibt sich daher zu $(1 - a)\, c$. Bei Anwendung des Massenwirkungsgesetzes erhält man:

$$K = \frac{a^2\, c^2}{(1 - a)\, c} = \frac{a^2\, c}{(1 - a)}.$$

Nach Einsetzen des Wertes λ_v/λ_0 für den Dissoziationsgrad a ergibt sich:

$$K = \frac{\dfrac{\lambda_v^2}{\lambda_0^2} \cdot c}{1 - \dfrac{\lambda_v}{\lambda_0}} = \frac{\dfrac{\lambda_v^2}{\lambda_0^2} \cdot c}{\dfrac{\lambda_0 - \lambda_v}{\lambda_0}} = \frac{\lambda_v^2 \cdot c}{\lambda_0\,(\lambda_0 - \lambda_v)}.$$

Für einen in p Ionen zerfallenden Elektrolyten ist die Schlußfolgerung völlig analog. Dabei gelangt man zu der Beziehung

$$K = \frac{\lambda_v^p \cdot c^{(p-1)}}{\lambda_0^{(p-1)}\,(\lambda_0 - \lambda_v)}.$$

Dies ist das **Ostwaldsche Verdünnungsgesetz**. Es gilt für Elektrolyte mit niedriger Äquivalentleitfähigkeit auch bei starken Verdünnungen. Solche Elektrolyte mit kleinem Dissoziationsgrad, wie z. B. Essigsäure, werden schwache Elektrolyte genannt.

Für diese Gruppe von Elektrolyten bleibt der auf Grund von Leitfähigkeitsmessungen berechnete Wert der Gleichgewichtskonstante, in diesem Fall Dissoziationskonstante genannt, innerhalb eines weiten Konzentrationsbereiches, in dem die Messungen mit der notwendigen Genauigkeit ausgeführt werden können, tatsächlich unverändert. Tab. 19 läßt die Unveränderlichkeit der Dissoziationskonstante K klar hervortreten, besonders wenn man auch die Viskositätsänderungen mit wachsender Konzentration berücksichtigt.

Die Arrheniussche Theorie und das aus ihr folgende Ostwaldsche Verdünnungsgesetz können als Grenzfälle für unendlich schwache Elektrolyte betrachtet werden, für die die Annahme erlaubt ist, daß die Wanderungsgeschwindigkeiten wirklich konstant und von der Konzentration unabhängig sind (notwendige Bedingung für die Ermittlung des Dissoziationsgrades aus Leitfähigkeitsmessungen). Auch müssen die Aktivitäten (s. Kap. III, 11) durch die aus dem Dissoziationsgrad gewonnenen Ionenkonzentrationen ersetzt werden können und von der Anwesenheit anderer Elektrolyte unabhängig sein. Keine dieser Bedingungen ist gegeben, wenn die effektiven Ionenkonzentrationen endliche Werte annehmen. Aus diesem Grunde kann die Arrheniussche Theorie nur als erste Näherung in der Beschreibung des Verhaltens der elektrolytischen Lösungen betrachtet werden, die umso exakter wird, je schwächer die Elektrolyte sind.

Tabelle 19. $\quad K = \dfrac{\lambda_v{}^2 \cdot c}{\lambda_0\,(\lambda_0 - \lambda_v)}\quad$ für CH_3COOH

Konzentration	λ_v	$100 \cdot \dfrac{\lambda_v}{\lambda_0}$	$K \cdot 10^5$	$\dfrac{\eta_v}{\eta_{H_2O}}$	$100\,\dfrac{\lambda_v}{\lambda_0}\dfrac{\eta_v}{\eta_{H_2O}}$	$K \cdot 10^5$ korr.
0 [1]	392	100	—	1,000	100	—
$4,94 \cdot 10^{-4}$	68,22	17,4	1,81	1,000	17,4	1,81
$9,88 \cdot 10^{-4}$	49,50	12,6	1,80	1,000	12,6	1,80
$1,98 \cdot 10^{-3}$	35,67	9,10	1,80	1,000	9,10	1,80
$3,95 \cdot 10^{-3}$	25,60	6,53	1,80	1,000	6,53	1,80
$7,91 \cdot 10^{-3}$	18,30	4,67	1,81	1,001	4,67	1,81
$1,58 \cdot 10^{-2}$	13,03	3,32	1,81	1,002	3,33	1,81
$3,16 \cdot 10^{-2}$	9,260	2,36	1,79	1,004	2,37	1,80
$6,32 \cdot 10^{-2}$	6,561	1,67	1,79	1,008	1,68	1,82
$1,265 \cdot 10^{-1}$	4,61	1,18	1,78	1,015	1,20	1,84
$2,529 \cdot 10^{-1}$	3,221	0,822	1,72	1,031	0,849	1,84
$5,06 \cdot 10^{-1}$	2,211	0,564	1,62	1,060	0,598	1,82
1,011	1,443	0,368	1,37	1,113	0,410	1,71

[1] Konzentration geht gegen Null.

Die Dissoziationskonstanten einer großen Anzahl schwacher Säuren und Basen sind auf Grund von Leitfähigkeitsmessungen bestimmt worden. Die so bestimmten Dissoziationskonstanten entsprechen den Gleichgewichtskonstanten, die sich aus den auf idealverdünnte Lösungen angewandten Gesetzen der klassischen Theorie der Gleichgewichte ergeben. Die Unstimmigkeit zwischen berechneten und gemessenen Werten ist umso größer, je mehr sich das Verhalten der betrachteten Lösung von dem einer idealverdünnten Lösung entfernt. Es ist weiters möglich, mittels Leitfähigkeitsmessungen die stufenweise Dissoziation ternärer Elektrolyte zu verfolgen, besonders wenn es sich um schwache Elektrolyte handelt, wie z. B. die Weinsäure, die in zwei Stufen dissoziiert:

$$C_4H_6O_6 \rightleftarrows C_4H_5O_6^- + H^+, \tag{1}$$
$$C_4H_5O_6^- \rightleftarrows C_4H_4O_6^{2-} + H^+. \tag{2}$$

Auch die Dissoziationskonstanten der beiden Gleichgewichte können somit berechnet werden. Die Ergebnisse solcher Untersuchungen, die eher die Theorie der Gleichgewichte als die Elektrochemie betreffen, werden in den Lehrbüchern der physikalischen Chemie, auf die der Leser hingewiesen sei, ausführlich erörtert.

Nur der Fall des Wassers soll in Anbetracht seiner besonderen Bedeutung als Lösungsmittel in der Elektrochemie hier kurz besprochen werden.

Auch das Wasser ist ein schwacher Elektrolyt, der nach dem Schema

$$H_2O \rightleftarrows H^+ + OH^-$$

dissoziiert.

Die spezifische Leitfähigkeit von reinstem Wasser ergibt sich auf Grund von Präzisionsmessungen zu $\varkappa = 3{,}84 \cdot 10^{-8}$ bei 18^0 C. Da in 1 cm^3 bei 18^0 C 0,05543 Mol H_2O enthalten sind, beträgt die Äquivalentleitfähigkeit des Wassers:

$$\lambda = \frac{\varkappa}{c} = \frac{3{,}84 \cdot 10^{-8}}{5{,}543 \cdot 10^{-2}} = 6{,}928 \cdot 10^{-7}.$$

Wäre das Wasser vollständig dissoziiert, so wäre seine Äquivalentleitfähigkeit:

$$\lambda_0 = \lambda_{0H} + \lambda_{0OH} = 489.$$

Das Verhältnis der beiden Leitfähigkeiten ergibt den Dissoziationsgrad:

$$\frac{\lambda_v}{\lambda_0} = \frac{6{,}928 \cdot 10^{-7}}{489} = 1{,}417 \cdot 10^{-9} = a.$$

Die Konzentration der H^+-Ionen je Liter beträgt daher $55{,}43 \cdot 1{,}417 \cdot 10^{-9} =$ $= 0{,}785 \cdot 10^{-7}$ Mol/l bei 18^0 C. Bei 25^0 C ist sie $1{,}049 \cdot 10^{-7}$ Mol/l.

b) Starke Elektrolyte. Bei den starken Elektrolyten bleibt dagegen der Wert der auf obige Weise berechneten Dissoziationskonstante bei einer Änderung der Konzentration nicht unveränderlich, wie aus Tab. 20 hervorgeht, welche die entsprechenden Daten für Kaliumchlorid enthält.

Tabelle 20. $K = \dfrac{a^2 c \cdot 1000}{1 - a}$ für KCl

$c \times 1000$	$a = \dfrac{\lambda_v}{\lambda_0}$	K
0,001	0,980	0,048
0,01	0,943	0,156
0,1	0,864	0,549

Dieses Verhalten ist verständlich, da die Lösung eines solchen Elektrolyten auch nicht entfernt als eine idealverdünnte betrachtet werden kann. Daher wird auch der aus Leitfähigkeitsmessungen berechnete Dissoziationsgrad mit dem aus anderen Methoden, z. B. aus der Gefrierpunktserniedrigung errechneten, besonders für nichtbinäre Elektrolyte kaum übereinstimmen. Dies zeigt Tab. 21, aus der die Werte des Dissoziationsgrades für Lanthannitrat, die einmal aus der Gefrierpunktserniedrigung $\varDelta T$ und das andere Mal aus der Leitfähigkeit λ berechnet wurden, ersichtlich sind.

Tabelle 21. *Abhängigkeit des Dissoziationsgrades von der Konzentration für* $La(NO_3)_3$

$c \times 1000$	a berechnet aus $\varDelta T$	a berechnet aus λ
0,001	0,946	0,920
0,01	0,865	0,788
0,1	0,715	0,635

Weiters werden Veränderungen des Löslichkeitsproduktes von schwer löslichen Elektrolyten auch in Gegenwart von Elektrolyten ohne gemeinsames Ion beobachtet. Dies hat zur quantitativen Untersuchung des Einflusses verschiedener anderer Faktoren geführt, die von der Arrheniusschen Theorie nicht erfaßt werden. Ihre Ergebnisse sind unter dem Namen der Theorie der starken Elektrolyte oder der totalen Dissoziation (Theorie von Debye und Hückel) zusammengefaßt. Eine ins einzelne gehende quantitative Behandlung dieser Theorie geht über den Rahmen des Buches hinaus. Es sollen jedoch die Voraussetzungen und Hypothesen kurz angegeben werden, die den hauptsächlich von Debye und Hückel, von Onsager und von Bonino durchgeführten Berechnungen zugrundeliegen.

Es gibt verschiedene experimentelle Tatsachen, die es sehr wahrscheinlich machen, daß der nach der klassischen Arrheniusschen Auffassung bestimmte Dissoziationsgrad in Lösungen starker Elektrolyte, ob er nun durch Leitfähigkeits- oder Gefrierpunktsmessungen ermittelt wird, überhaupt nicht mit dem wahren Dissoziationsgrad übereinstimmt, auch wenn beide Methoden praktisch dieselben Werte liefern. Man muß vielmehr einen Dissoziationsgrad sehr nahe 1 annehmen, das heißt eine praktisch totale Dissoziation. Dafür sprechen die folgenden Argumente:

a) Vor allem ist zu beachten, daß die starken Elektrolyte als Kristalle praktisch ausnahmslos Ionengitter aufweisen, das heißt Gitter, in denen nicht die einzelnen Moleküle, sondern nur Ionen erkennbar sind. Die aus Abb. 13 ersichtliche Verteilung zeigt, wie jedes Ion von Ionen entgegengesetzten Vorzeichens umgeben ist. Die Kräfte, die den Kristallaufbau zusammenhalten, sind Coulombsche elektrostatische Kräfte. Zwischen jedem Ion und seinen

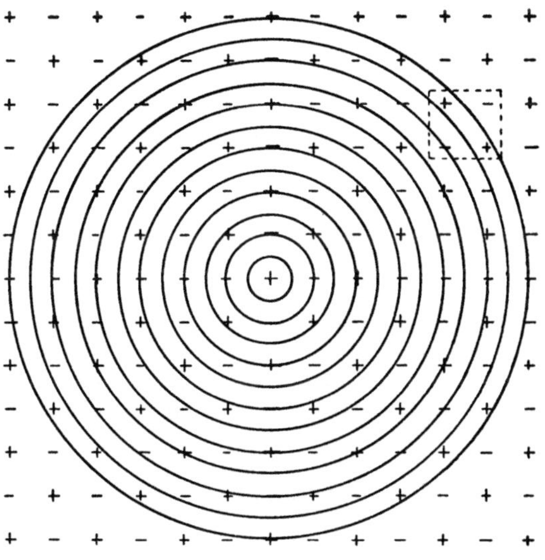

Abb. 13. Ionenverteilung im Kristallgitter

Nachbarn befindet sich nichts als der leere Raum, das heißt ein Medium mit der Dielektrizitätskonstante $\varepsilon = 1$. Geht der Kristall in Lösung, dann tritt an die Stelle des Vakuums das Lösungsmittel, das heißt ein Medium mit der Dielektrizitätskonstante $\varepsilon > 1$. Damit werden aber die Anziehungskräfte zwischen den ungleich geladenen Ionen geschwächt. Es ist leicht einzusehen, daß die im Gitter vorgegebenen Ionen beim Übergang vom Kristall zur Lösung mit sehr großer Wahrscheinlichkeit auch in der Lösung frei erhalten bleiben, ohne zur Bildung von undissoziierten Molekülen Anlaß zu geben.

b) Lichtabsorptionsmessungen in elektrolytischen Lösungen lassen ferner den Schluß zu, daß die wahre Dissoziation in Lösungen starker Elektrolyte von der Konzentration praktisch unabhängig und viel höher ist, als die Bestimmung auf Grund von Leitfähigkeits- oder Gefrierpunktsmessungen ergibt.

Für Lösungen starker Elektrolyte gilt das Gesetz von Lambert-Beer, und zwar nicht nur im Bereich kleiner, sondern oft auch für sehr bedeutende Konzentrationen. Das Lambert-Beersche Gesetz kann in der Form

$$\log \frac{I_0}{I} = \varepsilon \cdot c \cdot d$$

geschrieben werden. Darin sind I_0 die Intensität des einfallenden Lichtes; I die Intensität des durchgehenden Lichtes; ε der molekulare Extinktionskoeffizient des absorbierenden Stoffes, das ist eine für jede Wellenlänge des einfallenden

Lichtes charakteristische Konstante; c die Konzentration; d die Dicke der Schicht. Das Gesetz bringt die Konstanz des Extinktionswertes ($\log I_0/I$) zum Ausdruck, wenn der Wert des Produktes $c\,d$ und damit die Gesamtzahl der absorbierenden Teilchen, die vom Strahlenbündel getroffen werden, unverändert bleiben: sofern das Produkt $c\,d$ konstant bleibt, sind die Einzelwerte der Konzentration und Schichtdicke ohne Bedeutung.

In der Lösung eines starken Elektrolyten sind Ionen vorhanden, die von der Dissoziation des Elektrolyten herrühren. Wenn man die Konzentration variiert, das Produkt $c\,d$ aber konstant hält, sind keinerlei Änderungen des Spektrums feststellbar, oft bis zu sehr hohen Konzentrationen. Das bedeutet, daß die Gesamtzahl der absorbierenden Teilchen unverändert geblieben ist. Wenn nun sowohl die Ionen als auch die undissoziierten Moleküle des Elektrolyten an der Lichtabsorption beteiligt sind, muß sowohl die Ionenzahl als auch die Zahl der undissoziierten Moleküle gleich geblieben sein. In anderen Worten: der Dissoziationsgrad ist konstant und von der Konzentration unabhängig geblieben.

Da das Lambert-Beersche Gesetz speziell für den Grenzfall unendlich verdünnter Lösungen gilt, bei denen sich der Dissoziationsgrad dem Wert 1 nähert, kann daraus der Schluß gezogen werden, daß die starken Elektrolyte in Lösung praktisch total dissoziiert sein müssen, und zwar bis zu jener Konzentration, für die das Lambert-Beersche Gesetz noch gültig ist.

Diese Erklärung wird durch die Erfahrung bestätigt, daß in Lösungen schwacher Elektrolyte kleine Konzentrationsänderungen starke Veränderungen des Absorptionsspektrums auch im Falle sehr niedriger Konzentrationen hervorrufen.

Der *wahre* Dissoziationsgrad eines Elektrolyten kann unter bestimmten experimentellen Bedingungen aus Messungen der Absorptionsspektren bestimmt werden.

c) Ein drittes, sehr maßgebendes Argument ergibt sich aus Untersuchungen mittels Raman-Spektren. Mit dieser Methode wurden in einigen besonderen Fällen undissoziierte Moleküle in schwachen Elektrolyten festgestellt (z. B. in Salpetersäure und Schwefelsäure in reinem Zustand oder mit wenig Wasser vermischt), während in den normalen Lösungen der sogenannten starken Elektrolyte keine undissoziierten Moleküle identifiziert werden konnten.

Aus diesen Voraussetzungen ist die Theorie der starken Elektrolyte entstanden, nach der diese immer vollständig dissoziiert sind: ihre Leitfähigkeit, der osmotische Druck, ihre Gefrierpunktserniedrigung müßten also von der Konzentration unabhängig sein. Um die tatsächlich vorhandene Abhängigkeit dieser Größen von der Konzentration zu erklären, sind den Berechnungen die folgenden Überlegungen zugrunde gelegt worden. Die in der Lösung vorhandenen ungleich geladenen Ionen ziehen sich gegenseitig durch elektrostatische Wirkung an, so daß sie sich nicht im Zustand der vollkommenen Unordnung und des Fehlens jeder gegenseitigen Beeinflussung befinden, wie dies für unendlich verdünnte ideale Lösungen charakteristisch ist. Man kann annehmen, daß sich jedes Ion im Zentrum einer durchschnittlich kugelsymmetrischen Atmosphäre oder Wolke von ungleich geladenen Ionen befindet (s. Abb. 13), deren Durchmesser von der Wertigkeit der Ionen, von der Verdünnung, von der Temperatur und von der Dielektrizitätskonstante des Lösungsmittels abhängt. Bei Anlegen einer elektrischen Spannung wandert das Ion gegen die Elektrode mit umgekehrtem Vorzeichen, während sich die Ionenwolke in der entgegengesetzten Richtung bewegt. Infolgedessen wird sich die Ionenwolke an der Vorderseite des Ions immer neu bilden und an der Rückseite auflösen. Der Neubildungsprozeß braucht jedoch eine gewisse Zeit (*Relaxationszeit*), so daß die Ionenwolke im Endeffekt asymmetrisch wird. Sie hat an der Vorderseite des zentralen Ions eine geringere und an seiner Rückseite eine größere Dichte, wodurch eine Bremswirkung entsteht. Die Hypothese von der Konstanz der Wanderungsgeschwindigkeiten u und v und deren Unabhängigkeit von der Konzentration und der Gegenwart anderer Ionen stimmt also nicht.

Darüber hinaus übt die Ionenwolke noch eine weitere Bremswirkung aus. Unter dem Einfluß des elektrischen Feldes wandert sie in der umgekehrten Richtung wie das zentrale Ion und zieht dabei das an den Ionen der Wolke haftende Lösungsmittel mit. Auf diese Weise stellt es sich der Bewegung des zentralen Ions entgegen und hält es zurück: dies ist der elektrophoretische Effekt. Wenn auch dieser Effekt im Hinblick auf die Verlagerung von Lösungsmittel von einem Punkt zum anderen im ganzen genommen gleich Null ist, so übt er doch auf jedes einzelne Ion eine Bremswirkung aus.

Eine weitere Bremswirkung ist der Arbeit zuzuschreiben, die zur Orientierung (durch Drehung) der dipolaren Moleküle der nicht mitgeschleppten Schicht des Lösungsmittels verbraucht wird, während das Ion durch das Lösungsmittel wandert. Diese Arbeit ist zur Überwindung der inneren Reibung des Mediums erforderlich. Die Orientierungsarbeit der nicht mitgeschleppten dipolaren Moleküle ist eine Funktion der Ladung des wandernden Ions und seiner räumlichen Ausdehnung. Dies erklärt das Fehlen einer Proportionalität zwischen Ladung und Wanderungsgeschwindigkeit, z. B. im Falle von Fe^{2+}- und Fe^{3+}- Ionen, und das Fehlen der inversen Proportionalität zwischen Wanderungsgeschwindigkeit und räumlicher Ausdehnung, z. B. bei den Alkaliionen (s. Abschn. 5).

Aus diesen Gründen nimmt die Äquivalentleitfähigkeit der starken Elektrolyte trotz der totalen Dissoziation mit zunehmender Konzentration ab und ist weiters von der Konzentration *aller* vorhandenen Ionen abhängig, auch wenn diese von anderen Elektrolyten herkommen. Die eben beschriebenen Kräfte elektrostatischer Natur lassen auch die einwandfreie Erklärung der Abweichungen vom Verhalten einer idealverdünnten Lösung im Hinblick auf den osmotischen Druck und andere damit verbundene Größen zu (Dampfdruck, Gefrierpunktserniedrigung usw.).

Die Theorie und die daraus gewonnenen Beziehungen sind jedoch nur für sehr stark verdünnte Lösungen gültig. Bei zunehmender Konzentration werden bedeutende Abweichungen beobachtet.

Um sich über die Gründe dieser Abweichungen klar zu werden, empfiehlt es sich vor allem, die den Rechnungen von Debye und Hückel zugrundegelegten Voraussetzungen zu rekapitulieren. Vorausgesetzt waren:

1. vollständige Dissoziation des Elektrolyten in seine Ionen;

2. punktförmige Ionen, die nicht durch Polarisation deformierbar sind und ein kugelsymmetrisches Feld haben;

3. ausschließlich Coulombsche Kräfte (Kräfte, die Dipolmomenten zuzuschreiben sind, intermolekulare Kräfte usw. werden daher nicht berücksichtigt);

4. eine von der Konzentration unabhängige Dielektrizitätskonstante der Lösung, die jener des Lösungsmittels gleichgesetzt wird;

5. schließlich die Zulässigkeit, bei der Durchführung der Rechnungen einige mathematische Vereinfachungen einzuführen.

In dem Maße, wie die Konzentration zunimmt, verlieren diese Voraussetzungen mehr oder weniger ihre Gültigkeit. Im einzelnen ist zu berücksichtigen,

1. daß die Ionen nicht punktförmig sind, sondern endliche Dimensionen haben und daß sich der Einfluß der räumlichen Ausdehnung der Ionen umso stärker bemerkbar macht, je geringer der Abstand zwischen ihnen wird, das heißt, je mehr die Konzentration zunimmt;

2. daß die Ionen durch Polarisation deformierbar sind, wie aus Messungen des Brechungsindex hervorgeht;

3. daß es nicht richtig ist, ausschließlich elektrostatische Kräfte Coulombscher Art in Rechnung zu stellen, sondern daß auch andere zwischen den Ionen wirkende Kräfte berücksichtigt werden müssen, deren Einfluß bei kleinen Abständen rasch zunimmt;

4. daß bei hohen Konzentrationen die Dielektrizitätskonstante der Lösung nicht mehr mit der des Lösungsmittels übereinstimmt und daß sie darüber hinaus von der Konzentration abhängig ist;

5. daß sich mit zunehmender Konzentration der Durchmesser der Ionenwolke ändert und daß auch der Solvatationszustand der Ionen variieren kann;

6. daß mit zunehmender Konzentration die Anzahl der durch Solvatation an jedem einzelnen Ion haftenden Moleküle des Lösungsmittels prozentuell immer größer wird, so daß die *wahre* Konzentration vergrößert erscheint;

7. daß manche mathematische Vereinfachungen der Rechnung nicht mehr erlaubt sind;

8. schließlich, daß keine vollständige Dissoziation des Elektrolyten in seine Ionen mehr vorausgesetzt werden kann.

Auch in diesem Fall erweisen sich die optischen Messungen als große Hilfe; tatsächlich genügen die vollständige Dissoziation und das Vorhandensein bloß elektrostatischer Kräfte Coulombscher Art nicht, um das optische Verhalten der Lösungen starker Elektrolyte zu erklären. Messungen von Absorptionsspektren in Lösungen starker Elektrolyte mit einer Konzentration, für die das Lambert-Beersche Gesetz nicht mehr gilt, lassen eine Vereinigung von Ionen in Form von „assoziierten Ionenpaaren" oder Schwärmen wahrscheinlich erscheinen. (Erstere unterscheiden sich von undissoziierten Molekülen insofern, als bei den assoziierten Ionenpaaren die Ionen solvatisiert sind und sich in einem Abstand voneinander befinden, bei dem Abstoßungskräfte gerade wirksam zu werden beginnen, während in den undissoziierten Molekülen die Ionen nicht solvatisiert sind und im allgemeinen nicht so weit auseinander liegen.) In manchen Fällen muß geradezu die Bildung von teilweise dissoziierten Molekülen (z. B. $Co^{2+} + Cl^- = CoCl^+$), deren Existenz experimentell auch aus den abnormalen Überführungszahlen (s. Abschn. 2) erwiesen ist, angenommen werden. Es dürften sich auch undissoziierte Moleküle im chemischen Gleichgewicht mit ihren Ionen bilden.

In nichtwässerigen Lösungsmitteln ist es schwierig, zwischen assoziierten Ionen und undissoziierten Molekülen zu unterscheiden; in jedem Fall besteht jedoch der Unterschied zwischen starken und schwachen Elektrolyten, der auch von spezifischen Wechselwirkungen zwischen Lösungsmittel und gelöstem Stoff abhängig ist.

Auch heute existiert noch keine einheitliche Theorie, die imstande wäre, das Verhalten der starken Elektrolyte im ganzen Existenzgebiet der Lösungen befriedigend zu erklären.

Ein bemerkenswerter Fortschritt ist indessen von Bonino und seinen Mitarbeitern erzielt worden, welche die Überlegungen und Berechnungen von

Debye und Hückel vertieft und in gewissem Sinne vervollständigt haben[1]. Näheres darüber siehe die Originalarbeiten.

Für die starken Elektrolyte zeigt das Verhältnis $\lambda_v/\lambda_0 = f_\lambda$ (Leitfähigkeitskoeffizient) einen Gang, der nur qualitativ dem des Dissoziationsgrades α ähnelt, insofern als sein Wert, der immer kleiner als 1 ist, ebenfalls gegen 1 geht, wenn die Konzentration auf Null absinkt.

Während bei den schwachen Elektrolyten das Verhältnis λ_v/λ_0 praktisch den Dissoziationsgrad α zum Ausdruck bringt, bedeutet es im Falle der starken Elektrolyte das Verhältnis zwischen den Summen der Wanderungsgeschwindigkeiten der Kationen und Anionen bei der gegebenen Konzentration einerseits und bei unendlicher Verdünnung andererseits. Es ist daher ein Maß für den Einfluß der interionischen Kräfte auf die Wanderungsgeschwindigkeiten und damit auf die Leitfähigkeit.

Die oben beschriebene Theorie gestattet eine einwandfreie Erklärung des Wien- und des Debye-Falkenhagen-Effektes (s. Abschn. 6). Wenn das angelegte elektrische Feld so stark ist, daß die Effektivgeschwindigkeit der Ionen Werte von der Größenordnung Dezimeter oder Meter je Sekunde annimmt, ist jedes Ion gezwungen, den Bereich einer Ionenwolke (von der Größenordnung 10^{-8} cm) während der Relaxationszeit (von der Größenordnung 10^{-9} sec) zu wiederholten Malen zu durchqueren. Das wandernde Ion ist daher praktisch seiner Ionenwolke beraubt und auch nicht den Bremswirkungen ausgesetzt, die sich aus dem Vorhandensein der Wolke ergeben. Die Leitfähigkeit muß also in diesem Fall zunehmen. Bei den schwachen Elektrolyten, für die die Wirkung der interionischen Kräfte klein ist, bewirkt statt dessen die erhöhte elektrische Feldstärke eine Zunahme der Dissoziation und damit eine Vermehrung der Ionenzahl in der Volumeinheit, was ebenfalls eine Erhöhung der Leitfähigkeit bewirkt.

In analoger Weise wird die auf die Bildung einer Asymmetrie der Ionenwolke zurückzuführende Bremswirkung vermindert oder aufgehoben, wenn die Frequenz einen so großen Wert annimmt, daß die Periodendauer kleiner als die Relaxationszeit wird: auch in diesem Fall muß sich eine Zunahme der Leitfähigkeit einstellen.

c) Elektrolytschmelzen. Nach Lorenz sollen auch die Elektrolytschmelzen vollständig dissoziiert sein. Hiefür lassen sich folgende Gründe anführen:

a) Vor allem weisen die gutleitenden Elektrolytschmelzen im festen Zustand Ionenkristallgitter auf, in denen die Ionen nicht zu selbständigen Molekülen vereinigt sind. Dies wurde bereits in Abschn. 7 angedeutet. Bei Temperaturerhöhung nimmt der thermische Energiegehalt des Kristalles zu und die kinetische Energie der einzelnen Teilchen wird bei einer bestimmten, dem Schmelzpunkt entsprechenden Temperatur so groß, daß die elektrostatischen Kräfte, die den Kristallaufbau zusammenhalten, überwunden werden und der Kristall zu schmelzen beginnt. Es gibt keinen Grund für die Annahme, daß sich die Ionen bei Schmelztemperatur zu undissoziierten Molekülen verbinden. Verschieden davon ist der Fall der Schmelzen schwacher Elektrolyte, die in festem Zustand entweder Schichtgitter oder geradezu Molekülgitter aufweisen. Für diese Klasse von Stoffen ist anzunehmen, daß im Augenblick des Schmelzens die geschmolzene Phase noch aus undissoziierten Molekülen besteht, die sich mit ihren Ionen im Gleichgewicht befinden.

---

[1] Bonino, G. B. und Mitarbeiter: Mem. R. Accad. Italia **4**, 415, 445, 465 (1933); Gazz. Chim. It. **78**, 63 (1948); Rend. Accad. Naz. Lincei VIII, **3**, 442, 520 (1948).

b) Wird eine kleine Menge eines starken Elektrolyten in der Schmelze eines anderen starken Elektrolyten aufgelöst, so bleiben die Gesetze der idealverdünnten Lösungen bis zu verhältnismäßig hohen Konzentrationen gültig, wobei eine praktisch vollständige Dissoziation angenommen wird. Bei den schwachen Elektrolyten kann aus analogen Versuchen nicht auf die Größe des Dissoziationsgrades geschlossen werden, da die Dissoziation eventuell durch Bildung komplexer Ionen infolge Vereinigung mit Ionen des Lösungsmittels teilweise ausgeglichen wird. So wird z. B. in einer Bleichlorid-Kaliumchloridschmelze die Bildung von komplexen Anionen beobachtet, die Blei enthalten, das zur Anode wandert, und es ist sehr schwierig, die Gleichgewichtslage zwischen einfachen Ionen, komplexen Ionen und eventuell undissoziierten Molekülen zu bestimmen.

c) Auch aus Viskositäts- und Leitfähigkeitsmessungen kann gefolgert werden, daß die Dissoziation in einigen Fällen eine fast totale ist. Es wurde schon gesagt (s. Abschn. 2), daß nach dem Stokesschen Gesetz auf eine Kugel, die sich mit konstanter Geschwindigkeit in einer Flüssigkeit bewegt, eine der Reibung gleichzusetzende Kraft wirken muß:

$$f = 6 \pi \eta \, r \, w.$$

(η = innere Reibung, r = Kugelradius, w = Geschwindigkeit.)

Wenn die Kugel durch ein Kation in einem bestimmten Medium dargestellt wird und f die darauf wirkende Kraft bedeutet, die in jedem Medium gleich ist, sobald der Potentialgradient 1 V/cm beträgt, so erhält man, wenn der Radius, die Wanderungsgeschwindigkeit und die innere Reibung in wässeriger Lösung mit r', u', η' und in der Schmelze mit r'', u'', η'' bezeichnet werden,

$$f = 6 \pi \eta' \, r' \, u' = 6 \pi \eta'' \, r'' \, u'',$$

das heißt:

$$\frac{u'}{u''} = \frac{\eta'' \, r''}{\eta' \, r'}$$

und, wenn in erster Näherung angenommen wird, daß der Ionenradius in der wässerigen Lösung und in der geschmolzenen Masse der gleiche ist:

$$\frac{u'}{u''} = \frac{\eta''}{\eta'} \, .$$

Analog gilt für die Anionen:

$$\frac{v'}{v''} = \frac{\eta''}{\eta'} \, .$$

Daraus folgt:

$$u' = u'' \frac{\eta''}{\eta'} \quad \text{und} \quad v' = v'' \frac{\eta''}{\eta'} \, .$$

Da andererseits $\lambda_0 = F \, (u + v)$, ergibt sich:

$$\frac{\lambda_0'}{\lambda_0''} = \frac{u' + v'}{u'' + v''} = \frac{\eta''}{\eta'} \cdot \frac{u'' + v''}{u'' + v''} = \frac{\eta''}{\eta'} \, .$$

Das ist aber die Regel von Walden.

In anderen Worten: es wäre so möglich, aus der Äquivalentleitfähigkeit bei unendlicher Verdünnung in wässeriger Lösung die Äquivalentleitfähigkeit in geschmolzenem Zustand unter der Annahme vollständiger Dissoziation mittels der Beziehung

$$\lambda_0'' = \lambda_0' \cdot \frac{\eta'}{\eta''}$$

zu berechnen.

Tatsächlich stimmt der bei verschiedenen Temperaturen gemessene Wert der Äquivalentleitfähigkeit für Natriumchlorid und Natriumnitrat fast genau mit dem berechneten überein, was auf eine sehr weitgehende Dissoziation dieser beiden Salze hinweist.

Tabelle 22. *Gegenüberstellung der gemessenen und berechneten Äquivalentleitfähigkeiten einiger Elektrolytschmelzen*

Stoff	t^0 C	$\lambda_{gemessen}$	$\dfrac{\eta'}{\eta''}$	$\lambda_{berechnet}$
NaCl	850	39,10	0,361	39,31
NaCl	896	50,30	0,471	51,19
NaCl	924	59,43	0,577	62,71
NaNO$_3$	308	106,28	0,879	92,48
NaNO$_3$	368	110,63	1,044	109,83
NaNO$_3$	418	112,83	1,087	114,35

Dagegen können folgende Einwände erhoben werden. Zunächst ist es nicht erlaubt anzunehmen, daß der Durchmesser eines in wässeriger Lösung solvatisierten Ions mit dem in der geschmolzenen Masse, wo eine Solvatation natürlich nicht möglich ist, übereinstimmt; zweitens müßte man bei Annahme der Gültigkeit des Stokesschen Gesetzes die Konstanz des Produktes $\lambda_0\,\eta$ auch in geschmolzenem Zustand feststellen, was aber bei vielen anorganischen Elektrolyten nicht der Fall ist. Die Veränderlichkeit des Produktes $\lambda_0\,\eta$ in Abhängigkeit von der Temperatur wird teilweise den interionischen Kräften elektrostatischer Natur und teilweise einer unvollständigen Dissoziation zugeschrieben. Es ist heute allerdings noch nicht möglich, die beiden Effekte quantitativ zu trennen.

Zum eingehenderen Studium der im zweiten Kapitel behandelten Themen werden folgende Abhandlungen empfohlen:

Davies, C. V.: Conductivity of Solutions. New York: J. Wiley, 1933.
Droßbach, P.: Elektrochemie geschmolzener Salze. Berlin: Julius Springer, 1938.
Eucken-Wolf: Hand- und Jahrbuch der chemischen Physik, Bd. 6. Leipzig: Akademische Verlagsgesellschaft, 1933.
Falkenhagen, H.: Elektrolyte. Leipzig: S. Hirzel, 1932.
Foerster, F.: Elektrochemie wässeriger Lösungen. Leipzig: J. A. Barth, 1934.
Geiger-Scheel: Handbuch der Physik, Bde. XIII und XVI. Berlin: Julius Springer, 1928.
Hague, B.: Alternating Current Bridge Methods. London: I. Pitman, 1930.
Hückel, E.: Ergebnisse der exakten Wissenschaften 3, 199 (1924).
Jellinek, K.: Lehrbuch der physikalischen Chemie, Bd. III. Stuttgart: F. Enke, 1930.
Kohlrausch, F.: Praktische Physik, 17. Aufl. Leipzig-Berlin: Teubner, 1935.
Kortüm, G.: Das optische Verhalten gelöster Elektrolyte. Stuttgart: F. Enke, 1936.
Kraus, C. A.: The Properties of Electrically Conducting Systems. American Chemical Society Monograph Nr. 7, Chemical Catalog Company. New York 1922.
Mac Innes, D. A. and G. Longsworth: Transference Numbers by the Method of Moving Boundaries, Chem. Rev. 11, 171 (1932).
Ostwald-Drucker: Handbuch der allgemeinen Chemie, Bd. IV. Leipzig: Akademische Verlagsgesellschaft, 1924.
Ostwald-Luther: Hand- und Hilfsbuch zur Ausführung physiko-chemischer Messungen, 5. Aufl. Leipzig: Akademische Verlagsgesellschaft, 1931.
Reilly Rae, J.: Physico-chemical Methods, 4. Aufl. New York: Van Nostrand, 1944.
Walden, P.: Elektrochemie nichtwässeriger Lösungen. Leipzig: J. A. Barth, 1924.
Wien-Harms: Handbuch der Experimentalphysik, Bd. XII, Teil 1. Leipzig: Akademische Verlagsgesellschaft, 1932.

Drittes Kapitel

Elektromotorische Kräfte

1. Galvanische Elemente

Viele chemische Prozesse können zur Erzeugung äußerer elektrischer Arbeit dienen, wenn sie in geeigneter Form durchgeführt werden. Ein charakteristisches Beispiel hiefür ist das Daniell-Element. Es setzt sich aus einer Kupferelektrode, die in eine Kupfersulfatlösung und aus einer Zinkelektrode, die in eine Zinksulfatlösung eintaucht, zusammen. Werden die beiden Lösungen in Berührung gebracht, wobei allerdings ihre Vermischung z. B. durch ein poröses Diaphragma verhindert werden muß, und werden die beiden Metallelektroden durch einen äußeren Stromkreis verbunden, in dem ein Meßinstrument eingeschaltet ist, so zeigt dieses Durchgang von Strom an. Zwischen den beiden Elektroden ist also eine Potentialdifferenz entstanden, die einen elektrischen Strom entstehen läßt, wenn der Stromkreis geschlossen wird. Gleichzeitig mit dem Stromdurchgang im äußeren Kreis treten verschiedene chemische Umsetzungen im System auf: Gewichtszunahme der Kupferelektrode, Verdünnung der Kupfersulfatlösung, Auflösung der Zinkelektrode und Konzentrationszunahme der Zinksulfatlösung. In anderen Worten: es hat die Reaktion

$$CuSO_4 + Zn = Cu + ZnSO_4$$

stattgefunden, die als Ionengleichung

$$Cu^{2+} + Zn = Cu + Zn^{2+}$$

geschrieben werden kann.

Es gibt noch weitere Vorgänge, die die Gewinnung äußerer elektrischer Arbeit aus physikochemischen Umsetzungen des Systems gestatten: z. B. der Übergang eines Ions aus einer konzentrierteren in eine verdünntere Lösung, die Änderung der Ladung eines Ions usw.

Im allgemeinen wird als *galvanisches Element* jene Kombination von Elektrolyten definiert, die die Gewinnung äußerer elektrischer Arbeit aus einer chemischen oder physikochemischen Umsetzung des Systems zuläßt. Jede Hälfte eines galvanischen Elementes heißt auch gewöhnlich Halbelement oder kurz Elektrode. Galvanische Elemente können reversibel oder irreversibel sein (s. Kap. I, 2).

Folgende elektrochemische Vorgänge gestatten die Erzeugung elektrischer Arbeit auf Kosten der Energie des Systems (und in einigen Fällen der Umgebung):

a) Bildung von Ionen aus Atomen oder ungeladenen Molekülen und umgekehrt:

$$Cu \rightleftharpoons Cu^+ + e \,^1$$
$$2\,Cl^- \rightleftharpoons Cl_2 + 2\,e;$$

b) Änderung der Ladung eines Ions:

$$Fe^{2+} \rightleftharpoons Fe^{3+} + e;$$

c) Bildung neuer Ionen durch Übergang neutraler Moleküle, die sich aus dem Zerfall komplexer Ionen gebildet haben, in den Ionenzustand und umgekehrt:

---

[1] e ist das Symbol der negativen elektrischen Elementarladung, das heißt des Elektrons.

$$2\ MnO_4^- \rightleftarrows 2\ Mn^{2+} + 3\ O^{2-} + 5/2\ O_2,$$

$$\frac{5}{2}\ O_2 + 10\ e \rightleftarrows 5\ O^{2-};$$

d) Konzentrationsänderungen ohne oder mit gleichzeitig ablaufenden chemischen Reaktionen an den *einzelnen* Elektroden, wobei jedoch die Zusammensetzung des Systems im ganzen unverändert bleibt. In solchen Fällen verlaufen die chemischen Reaktionen bei Umsetzung äquivalenter Mengen an den beiden Elektroden im entgegengesetzten Sinn;

e) Elektrokinetische Erscheinungen (s. Kap. XI, 8).

Damit aber die bei der Reaktion auftretende Änderung der freien Energie in äußere elektrische Arbeit umgewandelt werden kann, muß die für alle Vorgänge von a) bis d) wesentliche Bedingung gegeben sein, daß sich die reagierenden Stoffe nicht miteinander vermischen, sondern nur so in Berührung gebracht werden, daß ohne Vermischung ein elektrischer und materieller Kontakt zustandekommt, z. B. ein direkter Kontakt zwischen den Lösungen im Innern einer Röhre von kleinem Querschnitt, Kontakt durch ein poröses Diaphragma, Kontakt mittels einer indifferenten Elektrolytlösung usw.

2. Energie eines galvanischen Elementes und Messung der EMK

Die so erhaltene Energie wird als Produkt der Elektrizitätsmenge und der Potentialdifferenz definiert, die zwischen den Elektroden auftritt und bei den galvanischen Elementen als *elektromotorische Kraft* (EMK) bezeichnet wird. Die Messung der Elektrizitätsmenge ist leicht möglich, wenn man bedenkt, daß jedes Grammäquivalent eines Stoffes im Ionenzustand an 96 500 C (1 F) gebunden ist und es daher genügt, die umgesetzte Stoffmenge zu bestimmen, um unmittelbar die Elektrizitätsmenge zu erhalten, die an der Umwandlung beteiligt war.

Die EMK eines galvanischen Elementes kann experimentell bestimmt werden, sie kann aber auch auf Grund thermodynamischer Überlegungen berechnet werden. Meist wird zur Messung der EMK die von Poggendorf entwickelte und später vervollkommnete Kompensationsmethode benützt, bei der die zu bestimmende EMK E_x des Elementes mit einer bekannten EMK E_n verglichen wird.

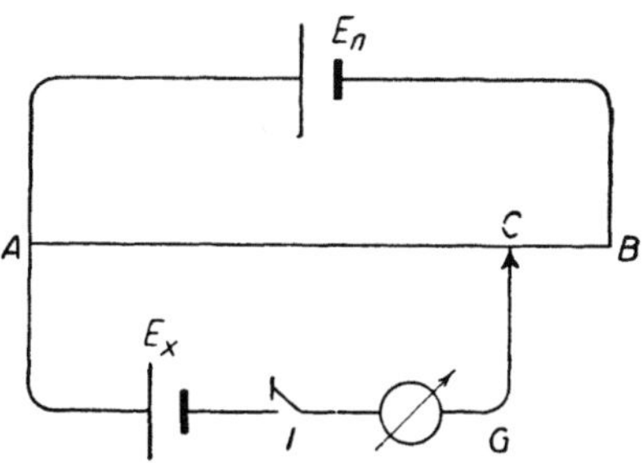

Abb. 14. Schaltschema für die Kompensationsmethode

Die Grundlage der Methode geht aus Abb. 14 hervor. An die Enden eines homogenen, kalibrierten Drahtes AB wird eine bekannte Spannung E_n angelegt, die zumindest für die Zeit der Messung konstant und größer als die zu messende EMK sein soll, z. B. die EMK eines Normalelementes oder noch besser eines Akkumulators, der vorher mittels eines Normalelementes geeicht wurde. Die Verbindung zwischen den Enden des kalibrierten Drahtes und dem Vergleichselement muß einen im Verhältnis zu AB vernachlässigbaren Widerstand haben. Ebenso muß der innere Widerstand des Vergleichselementes vernachlässigt werden können. Nur dann kann verläßlich angenommen werden, daß zwischen den Punkten A und B ein Spannungsabfall herrscht, der mit der bekannten EMK des Normalelementes oder Akkumulators übereinstimmt. Da der Draht homogen und gleichmäßig kalibriert ist, ergibt sich ein gleichförmiger Spannungsabfall entlang AB, der in jedem beliebigen Punkt C zu dessen Abstand von einem Ende des Drahtes, das heißt zu AC bzw. CB proportional ist.

Ein Pol des Elementes E_x, dessen EMK bestimmt werden soll, liegt gemeinsam mit dem gleichnamigen Pol des Elementes mit der bekannten EMK E_n an A, während der andere Pol über einen Unterbrecher I und ein Nullinstrument G, das ein Kapillarelek-

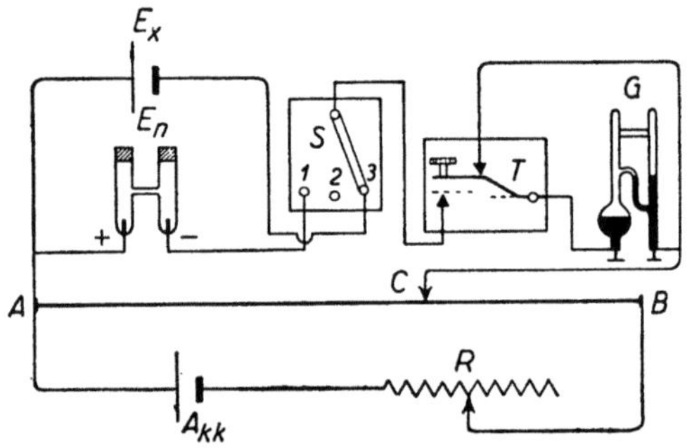

Abb. 15. Schaltschema für EMK-Messungen

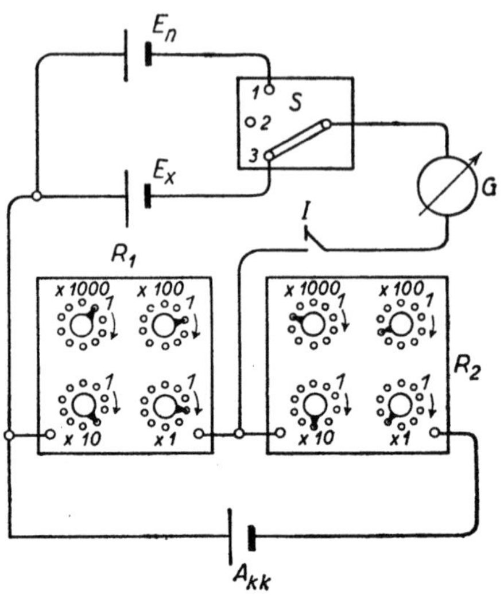

Abb. 16. Meßanordnung für genauere EMK-Bestimmungen

trometer oder auch ein genügend empfindliches Galvanometer sein kann, mit dem beweglichen Kontakt verbunden ist. Bei Verschiebung dieses Kontaktes findet sich ein Punkt, bei dem im Kreis $A E_x G C$ kein Strom fließt. Das bedeutet, daß der Spannungsabfall zwischen den Punkten A und C, der auf den vom Element E_n gelieferten Strom zurückzuführen ist, vollkommen gleich und entgegengesetzt der EMK des Elementes E_x ist. Da der Spannungsabfall der Länge des Drahtes proportional ist, kann geschrieben werden:

$$E_x = E_n \frac{AC}{AB}.$$

Abb. 15 zeigt eine für die EMK-Messung typische Schaltung. Dabei wird ein vorher mit einem Normalelement geeichter Akkumulator Akk als Erzeuger der bekannten EMK und ein Kapillarelektrometer G als Nullinstrument benützt. Dieser Schaltungstyp gestattet auch die Bestimmung von EMK, die größer als die der Normalelemente sind, wobei ein Akkumulator mit entsprechend höherer Spannung verwendet wird. Die Messung wird in folgender Weise durchgeführt: der Schalter S wird in die Stellung 1 gebracht und damit das Normalelement dem Akkumulator Akk entgegengeschaltet. Darauf wird der Schieberkontakt C so lange verstellt, bis der Quecksilbermeniskus des Kapillarelektrometers vollständig unbeweglich bleibt, wenn der Stromkreis des Normalelementes durch die Taste T geschlossen wird. Unter dieser Bedingung beträgt die EMK E_{Akk} des Akkumulators:

$$E_{Akk} = E_n \frac{AB}{AC}.$$

Darauf wird der Schalter in die Stellung 3 gebracht, wodurch das Normal-element aus- und das zu untersuchende Element eingeschaltet wird, und der Schieberkontakt auf eine neue Gleichgewichtsstellung C' eingestellt. Die unbekannte EMK E_x ist dann:

$$E_x = E_{Akk} \frac{A\,C'}{A\,B} = E_n \frac{A\,B}{A\,C} \frac{A\,C'}{A\,B} = E_n \frac{A\,C'}{A\,C}.$$

Der Widerstand R hat den Zweck, falls notwendig, die Spannung des Akkumulators auf einen für die Messung geeigneteren Wert zu vermindern.

Für genauere Messungen mittels dieser Methode wird der Draht durch einen oder zwei präzis geeichte Widerstandskästen mit einem Gesamtwiderstand von 1000 oder besser 10 000 Ω ersetzt. Die Kästen sind so unterteilt, daß genaue Widerstandswerte bis zu 1 Ω eingestellt werden können. Die Schaltung ist aus Abb. 16 ersichtlich. Die beiden Widerstandskästen liegen in Serie mit dem Akkumulator Akk. Zu Beginn der Messung ist der ganze Widerstand R_2 ein- und der ganze Widerstand R_1 ausgeschaltet. Mittels des Schalters S, Stellung 1, wird der Stromkreis über das Normalelement geschlossen. Darauf wird stufenweise der Widerstand R_1 eingeschaltet und R_2 im gleichen Maß vermindert, so daß der Gesamtwiderstand des Akkumulatorstromkreises den konstanten Wert von 1000 Ω oder 10 000 Ω beibehält.

Haben die Widerstandskästen je 10 000 Ω, dann ist bei Erreichen des Gleichgewichtszustandes die EMK des Akkumulators gegeben durch:

$$E_{Akk} = E_n \frac{10\,000}{a},$$

worin a den am Widerstandskasten R_1 eingestellten Wert bedeutet. Nach Umlegen des Schalters S auf 3 wird der Vorgang wiederholt und dabei ein neuer Wert b des Widerstandes R_1 für die unbekannte EMK E_x gefunden. Diese ist dann gegeben durch:

$$E_x = E_{Akk} \frac{b}{10\,000} = E_n \frac{10\,000}{a} \cdot \frac{b}{10\,000} = E_n \frac{b}{a}.$$

Solche Meßanordnungen, ob sie nun einen kalibrierten Draht oder Widerstandskästen benützen, heißen Potentiometer.

Zur Erzeugung der bekannten EMK werden sogenannte Normalelemente verwendet, deren EMK und Temperaturabhängigkeit genau bekannt sind. Gewöhnlich werden solche Elemente allerdings nicht der zu messenden EMK entgegengeschaltet, da sie bei Stromabgabe starke Polarisationserscheinungen (s. zehntes Kapitel) aufweisen und dabei ihre EMK ändern.

Häufiger wird mit ihrer Hilfe ein Akkumulator geeicht, der dann zur Erzeugung der bekannten EMK dient. Die am meisten benützten Normalelemente sind:

1. Internationales Weston-Element.

— Cd Amalgam mit 12,5% Cd	$CdSO_4 \cdot \frac{8}{3} H_2O$ fest	$CdSO_4$ gesättigte Lösung	Hg_2SO_4 fest	Hg +

$$E = 1{,}01830 - 4{,}075 \cdot 10^{-5}\,(t-20) - 9{,}444 \cdot 10^{-7}\,(t-20)^2 + 9{,}8 \cdot 10^{-9}\,(t-20)^3\ \text{V}.$$

2. Weston-Standardelement.

— Cd Amalgam mit 12,5% Cd	$CdSO_4$ gesättigte Lösung bei 4^0 C	Hg_2SO_4 fest	Hg +

Die EMK dieses Elementes ist zwischen 10^0 C und 30^0 C praktisch konstant, sie beträgt 1,0187 V.

3. Clark-Standardelement.

— Zn Amalgam mit 10% Zn	$ZnSO_4 \cdot 7\,H_2O$ fest	$ZnSO_4$ gesättigte Lösung	Hg_2SO_4 fest	Hg +

$$E = 1{,}4325 - 1{,}119 \cdot 10^{-3}\,(t - 15) - 7 \cdot 10^{-6}\,(t - 15)^2\ \text{V}.$$

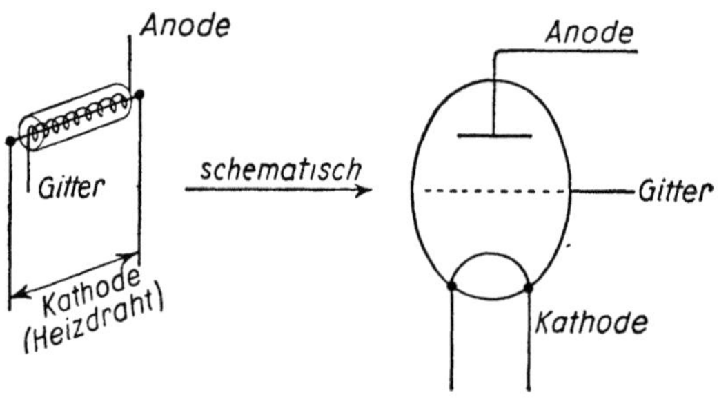

Abb. 17. Schematischer Aufbau einer Dreielektrodenröhre

Das Röhrenvoltmeter gestattet die Messung der EMK ohne Stromabgabe des zu untersuchenden Elementes. Die Messung erfolgt dabei mit Hilfe einer Elektronenröhre zu drei Elektroden (Triode) ohne Verwendung von kalibrierten Drähten oder Widerständen. Diese Methode kann nur schematisch und kurz im Prinzip angedeutet werden, da es hier nicht möglich ist, auf Einzelheiten der Meßtechnik mittels Elektronenröhren einzugehen. Diesbezüglich wird auf die Fachliteratur verwiesen.

Eine Dreielektrodenröhre (s. Abb. 17) enthält eine *Kathode* (gewöhnlich ein Metalldraht, der von einer Schicht eines Erdalkalimetalloxyds umkleidet ist), um die herum eine zweite Elektrode, *Gitter* genannt, meist in Form einer Spirale angeordnet ist; Kathode und Gitter befinden sich ihrerseits im Innern eines kleinen Metallzylinders, der die dritte Elektrode darstellt und als *Anode* bezeichnet wird. Die gesamte Anordnung ist in einer hochevakuierten Glasröhre eingeschlossen.

Eine solche Dreielektrodenröhre arbeitet in folgender Weise. Wird die Kathode mittels der Heizbatterie HB (s. Abb. 18) auf eine genügend hohe Temperatur gebracht, so emittiert sie Elektronen; sorgt man mittels der Anodenbatterie AB dafür, daß an der Anode eine positive Spannung liegt, dann werden die Elektronen von der Anode angezogen und fließen im Kreis: Anode—Anodenbatterie—Galvanometer—Kathode. Das Galvanometer zeigt dann die Stärke des sogenannten Anodenstromes an. Denkt man sich die Punkte I und II der Schaltung kurzgeschlossen (strichlierte Linie), dann kann mittels der Gitterbatterie GB und des Regelwiderstandes R ein veränderliches, relativ zur Kathode negatives oder positives Potential an das Gitter gelegt werden. Durch die Aufladung des Gitters werden die von der Kathode emittierten Elektronen in ihrer Bewegung zur Anode gebremst oder beschleunigt und die Anodenstromstärke stellt sich je nach der Größe des Gitterpotentials auf einen bestimmten Wert ein.

Trägt man die auf die Kathode bezogenen Gitterpotentiale als Abszissen und die zugehörigen Anodenstromstärken als Ordinaten in ein Diagramm ein, so erhält man Kurven von der Art der Abb. 19, die von der spezifischen Konstruktion der Röhre, von der Anodenspannung und der Kathodentemperatur, das heißt indirekt von der Spannung der Heizbatterie abhängen. Eine solche Kurve wird *Röhrencharakteristik* oder *Kennlinie* genannt. Darauf läßt sich immer ein geradliniger Abschnitt $A\,B$ abgrenzen, der direkte Proportionalität zwischen der Änderung des Gitterpotentials und der Änderung der Anodenstromstärke zeigt.

Dieser Abschnitt des Diagramms kann die Grundlage für EMK-Messungen abgeben. Man braucht nur die zu messende EMK an die Punkte I und II anschließen und die zugehörige Anodenstromstärke bestimmen. Die gesuchte EMK ist dann aus der Röhrencharakteristik leicht zu entnehmen. Letztere wird von Zeit zu Zeit durch Messung bekannter EMK-Werte kontrolliert.

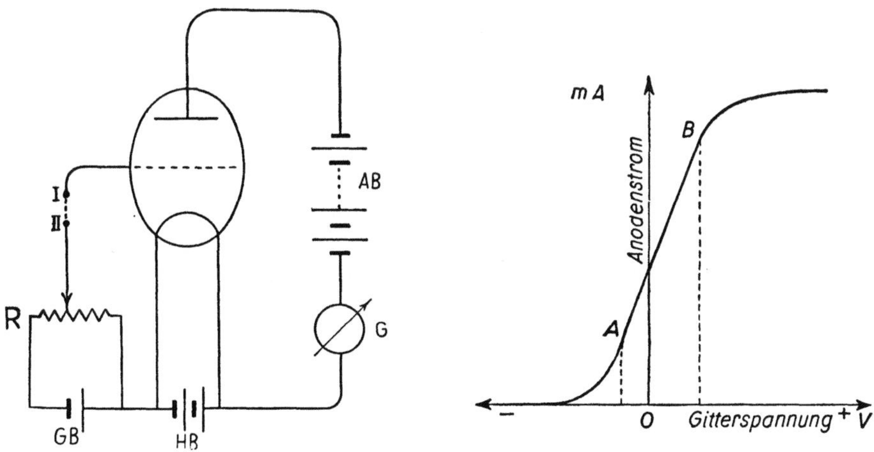

Abb. 18. Prinzipschaltung eines Röhrenvoltmeters   Abb. 19

In den letzten Jahren sind die Röhrenvoltmeter sehr vervollkommnet worden und unterscheiden sich in ihrem Aufbau bereits sehr stark von den ersten primitiven Ausführungen. Es gibt eine beträchtliche Anzahl von Schaltungen, auch Brückenschaltungen, die Messungen von großer Präzision erlauben. Näheres darüber ist aus der Fachliteratur zu entnehmen.

Messungen von höchster Präzision bis zu $0{,}5^0/_{00}$ (nur bei Spannungen über $0{,}5$ V) werden auf elektrostatischer Grundlage mittels Elektrometern ausgeführt, die nicht nur den Vorteil großer Genauigkeit haben, sondern auch keinen Strom verbrauchen und daher die wahre EMK angeben. Mit diesen Instrumenten ist es möglich, unter günstigen Voraussetzungen Spannungen bis zu 10^{-5} V zu messen, natürlich mit einer im gleichen Maße abnehmenden Genauigkeit.

Serienmessungen, bei denen auf große Genauigkeit kein Wert gelegt wird, werden dagegen mit Voltmetern ausgeführt. Es sind dies Instrumente für direkte Ablesung mit einer gewöhnlich in Volt geeichten Skala, die auf der magnetischen Kraftwirkung des elektrischen Stromes beruhen. Damit sie funktionieren, müssen sie von einem elektrischen Strom durchflossen werden und haben daher den Nachteil, nicht die wahre EMK, sondern die Klemmenspannung anzuzeigen.

Der Unterschied zwischen der EMK E und der Klemmenspannung V ist bei offenem Stromkreis Null und wird nach Schließen des Stromkreises, wenn also das Element Strom abgibt, umso größer, je kleiner der äußere Widerstand ist. Gemäß dem Ohmschen Gesetz gilt für einen geschlossenen Stromkreis die Beziehung

$$I = \frac{E}{R_i + R_a} = \frac{V}{R_a}$$

$(I = $ Stromstärke, $R_i = $ innerer Widerstand, $R_a = $ äußerer Widerstand).
Daraus folgt:

$$V = E \frac{R_a}{R_i + R_a}.$$

Die Klemmenspannung nähert sich also umso mehr der EMK des Elementes, je kleiner der innere Widerstand des Elementes R_i im Verhältnis zum äußeren Widerstand des Stromkreises R_a wird.

Stromverbrauchende Meßgeräte haben außerdem den Nachteil, daß die Messung durch Polarisationseffekte gefälscht werden kann (s. zehntes Kapitel).

3. Abhängigkeit der EMK eines galvanischen Elementes von Temperatur, Konzentration und Druck

Ein galvanisches Element gestattet die Verwertung der Änderung der freien Energie eines Systems, die bei einer chemischen oder physikochemischen Umsetzung auftritt, in Form von äußerer elektrischer Arbeit. Unter Umständen wird nicht nur innere Energie des Systems in äußere elektrische Arbeit umgewandelt, sondern auch eine bestimmte Menge thermischer Energie der Umgebung. Die EMK eines Elementes muß also auf thermodynamischem Wege berechnet werden können, sofern der Vorgang reversibel abläuft.

Tatsächlich ist es möglich, die EMK eines Elementes vollständig zu berechnen, wenn man sich auf die Methoden der Thermodynamik stützt, die allerdings streng vorgegebene Bedingungen für den Ablauf der in Frage stehenden Umsetzungen voraussetzen. Es sei angenommen, daß die Reaktionen bei konstantem Druck stattfinden, was für die meisten praktischen Fälle zutrifft. Die thermodynamische Relation, die die Wärmetönung bei konstantem Druck (Änderung des Wärmeinhaltes ΔH) mit der zu gewinnenden äußeren elektrischen Arbeit (Änderung der freien Energie ΔF) verbindet, ist die Gibbs-Helmholtzsche Gleichung:

$$\Delta F = \Delta H + T \frac{\partial (\Delta F)}{\partial T}. \tag{1}$$

Da die äußere elektrische Arbeit $- n\,E\,F$ ($n = $ Anzahl der Elektrizitätsäquivalente, die an der Umsetzung teilnehmen) gleich ist der Änderung der freien Energie bei konstantem Druck für reversible Prozesse, folgt aus Gl. (1) durch Multiplikation der elektrischen Arbeit mit dem Umwandlungsfaktor für thermische Einheiten 0,239:

$$- 0{,}239\, n\, E\, F = \Delta H - T \frac{\partial (0{,}239\, n\, E\, F)}{\partial T} \tag{2}$$

und

$$E = - \frac{\Delta H}{0{,}239\, n\, F} + T \frac{\partial E}{\partial T}.$$

Der Term $\dfrac{\partial(0{,}239\ n\ \boldsymbol{E}\ \boldsymbol{F})}{\partial T}$ der Gl. (2) ist die Ableitung der Änderung der freien Energie bezüglich der Temperatur bei konstantem Druck und daher ein Maß der Entropieänderung ΔS [s. Kap. I, 2, Gl. (41)]. Es gilt also:

$$T\frac{\partial(0{,}239\,n\,\boldsymbol{E}\,\boldsymbol{F})}{\partial T} = -\,T\,\Delta S = -\,Q.$$

Dieser Term stellt also eine Wärmemenge dar, und zwar jene Wärmemenge, die an der Umwandlung effektiv beteiligt ist.

Tab. 23 zeigt deutlich die Übereinstimmung der experimentell gefundenen und der mittels der Gibbs-Helmholtzschen Gleichung aus der EMK und dem Temperaturkoeffizienten $\Delta E/\Delta T$ berechneten Werte. Dabei kann mit hinreichender Annäherung $\Delta E/\Delta T$ für $\partial E/\partial T$ gesetzt werden.

Tabelle 23. *Gegenüberstellung der gemessenen und berechneten Werte ΔH*

Element	t^0 C	E	$\dfrac{\Delta E}{\Delta T}\cdot 10^{-4}$	ΔH berechnet	ΔH gemessen	ΔF
+ Cu/Cu-Acetat aq// Pb-Acetat aq/Pb —	0	0,470	+ 3,85	— 16,830	— 17,532	— 21680
+ Ag/AgCl+ZnCl$_2$+100 H$_2$O/Zn —	0	1,015	— 4,02	— 51,880	— 52,046	— 46820
+ Hg/Hg$_2$Cl$_2$ + 0,01 n KCl// 0,01 n KOH + Hg$_2$O/Hg —	18,5	0,1636	+ 8,37	+ 3,710	+ 3,280	— 3770
+ Cu/CuSO$_4$ aq gesättigt// ZnSO$_4$ aq gesättigt/Zn —	15	1,0934	— 4,29	— 56,140	— 55,189	— 50440
+ Hg/Hg$_2$Cl$_2$/HCl/AgCl/Ag —	25	0,0455	+ 3,38	+ 1,270	+ 1,900	— 1050

Das Zeichen // zeigt an, daß das Diffusionspotential eliminiert wurde (s. Abschn. 9).

Von besonderem Interesse sind das dritte und das fünfte Element, für die die Anwendung der Gibbs-Helmholtzschen Gleichung exakte Werte der Änderung der freien Energie und des Wärmeinhaltes ergibt, obgleich letztere positiv ist (endotherme Reaktion).

Die Abhängigkeit der EMK von der Konzentration kann in einfacher Weise aus den chemischen Potentialen ermittelt werden. Bei konstanter Temperatur [s. Kap. I, 2, Gl. (29)] gilt für einen Formelumsatz:

$$\Delta F = \Sigma \nu_i \mu_i, \tag{3}$$

worin die ν_i die stöchiometrischen Reaktionskoeffizienten aller beteiligten Stoffe sind, die mit positivem Vorzeichen eingeführt werden, wenn die entsprechende Stoffart ein Produkt der Reaktion ist, und mit negativem, wenn sie einen Ausgangsstoff darstellt.

Berücksichtigt man die Abhängigkeit der chemischen Potentiale von der in Molalität ausgedrückten Konzentration, so wird aus Gl. (3):

$$\Delta F = \Sigma\,(\mu_{0i} + R\,T \ln a_i). \tag{4}$$

Für eine allgemeine Reaktion

$$p\,\mathrm{A} + q\,\mathrm{B} \rightleftarrows r\,\mathrm{C} + s\,\mathrm{D}$$

wird Gl. (4):

$$\Delta F = - p\,(\mu_{0A} + R\,T \ln a_A) - q\,(\mu_{0B} + R\,T \ln a_B) + r\,(\mu_{0C} + R\,T \ln a_C) +$$
$$+ s\,(\mu_{0D} + R\,T \ln a_D)$$
$$= r\,\mu_{0C} + s\,\mu_{0D} - p\,\mu_{0A} - q\,\mu_{0B} + R\,T \ln \frac{a_C{}^r \cdot a_D{}^s}{a_A{}^p \cdot a_B{}^q} . \tag{5}$$

Die ersten vier Terme der rechten Seite der Gl. (5) sind Konstanten, da sie chemische Standardpotentiale darstellen und können in eine einzige Konstante zusammengefaßt werden. Betrachtet man die Reaktion im Gleichgewichtszustand ($\Delta F = 0$), so geht Gl. (5) über in:

$$\Delta F = 0 = \Sigma \nu_i \mu_{0i} + R\,T \ln \frac{a_C{}^r \cdot a_D{}^s}{a_A{}^p \cdot a_B{}^q} . \tag{6}$$

Darin beziehen sich die Aktivitäten nunmehr auf den Gleichgewichtszustand, so daß Gl. (6) in der Form

$$R\,T \ln \frac{a_C{}^r \cdot a_D{}^s}{a_A{}^p \cdot a_B{}^q} = R\,T \ln K = - \Sigma \nu_i \mu_{0i}$$

geschrieben werden kann, worin K die Gleichgewichtskonstante der Reaktion bedeutet.

Allgemein kann also Gl. (5) in der Form

$$\Delta F = - R\,T \ln K + R\,T \ln \frac{a_C{}^r \cdot a_D{}^s}{a_A{}^p \cdot a_B{}^q} \tag{7}$$

geschrieben werden.

Nach Einführung der elektrischen Einheiten in Gl. (7) erhält man:

$$- 0{,}239\,n\,\mathbf{E}\,\mathbf{F} = - R\,T \ln K + R\,T \ln \frac{a_C{}^r \cdot a_D{}^s}{a_A{}^p \cdot a_B{}^q}$$

und daraus:

$$\mathbf{E} = \frac{R\,T}{0{,}239\,n\,\mathbf{F}} \ln K - \frac{R\,T}{0{,}239\,n\,\mathbf{F}} \ln \frac{a_C{}^r \cdot a_D{}^s}{a_A{}^p \cdot a_B{}^q} ,$$
$$= \mathbf{E}_0 - \frac{R\,T}{0{,}239\,n\,\mathbf{F}} \ln \frac{a_C{}^r \cdot a_D{}^s}{a_A{}^p \cdot a_B{}^q} .$$

Nach Einsetzen der Zahlenwerte für R und $\mathbf{F}$ und Einführung der Briggschen Logarithmen an Stelle der natürlichen nimmt für 25^0 C ($298{,}16^0$ K) der Faktor $\dfrac{R\,T}{0{,}239\,n\,\mathbf{F}} \ln \ldots$ den Wert $\dfrac{0{,}05914}{n} \lg \ldots$ an.

Im folgenden wird für alle Umsetzungen die Temperatur 25^0 C angenommen. Um die EMK bestimmter Vorgänge für andere Temperaturen zu ermitteln, genügt es, die Darlegungen über die Temperaturabhängigkeit der EMK im ersten Teil dieses Abschnittes der Rechnung zugrundezulegen.

Für ein Chlorknallgaselement, bei dem eine Wasserstoff- und eine Chlorelektrode in eine Salzsäurelösung eintauchen und das nach dem Schema

$$\mathrm{Pt - H_2/HCl/Pt - Cl_2}$$

aufgebaut ist, lautet z. B. die chemische Reaktion:

$$\mathrm{H_2 + Cl_2 \rightleftarrows 2\,HCl},$$

weshalb die Änderung der freien Energie[1] durch die Gleichung

$$\Delta F = - \mu_{H_2} - \mu_{Cl_2} + 2\,\mu_{H^+} + 2\,\mu_{Cl^-}$$

gegeben ist.

---

[1] Die Salzsäure wird als vollständig in ihre Ionen dissoziiert angenommen.

Betrachtet man die beiden Gase bei 25^0 C und 1 Atm., das heißt in ihrem Normalzustand, so erhält man:

$$\Delta F = -\mu_{OH_2} - \mu_{OCl_2} + 2\,(\mu_{OH^+} + R\,T \ln a_{H^+} + \mu_{OCl^-} + R\,T \ln a_{Cl^-}).$$

Nach Zusammenfassung der Konstanten und Umwandlung in elektrische Einheiten ergibt sich für $n = 2$:

$$-\frac{\Delta F}{0{,}239 \cdot 2 \cdot F} = E = \frac{2\,(\mu_{OH^+} + \mu_{OCl^-}) - \mu_{OH_2} - \mu_{OCl_2}}{0{,}239 \cdot 2 \cdot F} - \frac{2\,R\,T}{0{,}239 \cdot 2 \cdot F} \ln (a_{H^+} \cdot a_{Cl^-}),$$

woraus folgt:

$$E = E_0 - 0{,}05914 \lg (a_{H^+} \cdot a_{Cl^-}).$$

Für $a_{H^+} = a_{Cl^-} = 1$ wird das zweite Glied der rechten Seite Null und es bleibt:

$$E = E_0.$$

Der konstante Wert E_0 wird als *Normalpotential* des Elementes bezeichnet. Für das Daniell-Element lautet die Reaktion:

$$Zn + Cu^{2+} \rightleftarrows Zn^{2+} + Cu.$$

Da sich das metallische Kupfer und Zink im Standardzustand befinden, ergibt sich die EMK analog zu:

$$E = E_0 - \frac{0{,}05914}{2} \lg \frac{a_{Zn^{2+}}}{a_{Cu^{2+}}}.$$

Die Abhängigkeit der EMK vom Druck kann aus dem folgenden einfachen Gedankengang, dem das Prinzip von der Gleichheit der gemischten zweiten Ableitungen zugrundeliegt, ermittelt werden. Danach ist die gemischte zweite Ableitung einer Funktion zweier unabhängiger Veränderlicher unabhängig von der Reihenfolge der Differentiation, sofern die Funktion im betrachteten Intervall differenzierbar ist. Das heißt für $f\,(x, y)$ gilt:

$$\frac{\partial}{\partial x}\left(\frac{\partial f}{\partial y}\right) = \frac{\partial}{\partial y}\left(\frac{\partial f}{\partial x}\right).$$

Das trifft aber für die Funktion der freien Energie bei konstanter Temperatur zu, für die sich ergibt:

$$\frac{\partial}{\partial p}\left(\frac{\partial F}{\partial m_i}\right) = \frac{\partial}{\partial m_i}\left(\frac{\partial F}{\partial p}\right). \tag{8}$$

Die Beziehung (8) gilt für jede der Komponenten des Systems und daher auch für die algebraische Summe der einzelnen Ausdrücke.

$$\Sigma\, \nu_i \frac{\partial}{\partial p}\left(\frac{\partial F}{\partial m_i}\right) = \Sigma\, \nu_i \frac{\partial}{\partial m_i}\left(\frac{\partial F}{\partial p}\right). \tag{9}$$

Die Faktoren $\partial F/\partial m_i$ sind die chemischen Potentiale (s. Kap. I, 2) der einzelnen Komponenten des Systems. Sie geben an, wie sich die freie Energie bei einer Veränderung der Zusammensetzung ändert und sind damit ein Ausdruck für die Nutzarbeit. Ihre Summe entspricht daher der Gesamtnutzarbeit der auftretenden Reaktionen, die in diesem Falle elektrische Arbeit ist $(= -0{,}239\,n\,E\,F)$. Berücksichtigt man weiters, daß $\partial F/\partial p = v$ [s. Kap. I, 2, Gl. (25)] und $\partial/m_i\,(\partial F/\partial p) = \partial v/\partial m_i$, dann ergibt die Summierung dieser Ausdrücke die Änderung Δv des Volumens als Folge der Reaktion, so daß Gl. (9) übergeht in:

$$\frac{\partial\,(-0{,}239\,n\,E\,F)}{\partial p} = -0{,}239\,n\,F\frac{\partial E}{\partial p} = \Delta v.$$

Daraus folgt:

$$\left(\frac{\partial E}{\partial p}\right)_{T,m_i} = \frac{-\Delta v}{0{,}239\, n\, F}\,; \qquad dE = -\frac{1}{0{,}239\, n\, F}\,\Delta v\cdot dp\,.$$

Durch Integration zwischen den Grenzen p_1 und p_2 erhält man:

$$E_{p_2} = E_{p_1} - \frac{1}{0{,}239\, n\, F}\int_{p_1}^{p_2} \Delta v\, dp.$$

Daraus ist leicht zu ersehen, daß die EMK für kondensierte Phasen, bei denen die Volumänderung vernachlässigt werden kann, vom Druck praktisch unabhängig ist. Der Druckeinfluß wird jedoch beträchtlich, sobald bei den Reaktionen gasförmige Stoffe entstehen oder verschwinden.

4. Potentiale Elektrode-Lösung: Elektroden erster Art

Die thermodynamische Theorie des elektrischen Elementes ist wie jede andere Theorie der Thermodynamik von einer speziellen Hypothese über den Mechanismus des Vorganges unabhängig. Die verschiedensten Hypothesen können zum gleichen Ergebnis führen. Es bleibt jedoch fraglich, ob es nützlich ist, auf schwer beweisbare Hypothesen zurückzugreifen, um zu einem Ergebnis zu gelangen, das ebenso in einfacher Weise auf thermodynamischem Wege erreicht werden kann. Aus diesem Grunde wird die Nernstsche Theorie der elektrolytischen Lösungstension aus dem Jahre 1889 nicht behandelt, obwohl sie für die gesamte neuere Entwicklung der Elektrochemie fruchtbar gewesen ist. Die der Rechnung zugrundeliegende Hypothese ist aber nicht nur von der Erfahrung widerlegt worden, sondern hat in einigen Fällen zu geradezu absurden Resultaten geführt. Trotz der zahlreichen Versuche, ihr eine Form und Interpretation zu geben, die physikalisch und chemisch annehmbar sind und gleichzeitig abwegige Schlußfolgerungen vermeiden, muß diese Theorie heute als überholt betrachtet werden, da die gleichen Ergebnisse ohne irgendwelche Arbeitshypothesen gewonnen werden können.

Die Berechnung der EMK der einzelnen Elektroden wird daher ausschließlich auf thermodynamischem Wege durchgeführt.

Es wurde gezeigt, daß ein galvanisches Element die mit der Umsetzung innerhalb des Elementes verbundene Änderung der freien Energie in äußere elektrische Nutzarbeit umzuwandeln gestattet. Eine solche Umsetzung, die im allgemeinen eine chemische Reaktion ist, wird vom galvanischen Element in Teilvorgänge zerlegt, die sich an den einzelnen Elektroden abspielen. An jeder Elektrode tritt eine bestimmte EMK, das heißt eine Potentialdifferenz Elektrode-Lösung in Erscheinung. Die totale EMK des Elementes ergibt sich aus der Differenz der EMK der einzelnen Elektroden. Es ist deshalb von Vorteil, die EMK der einzelnen Elementhälften zu kennen. Eine solche EMK wird im folgenden kurz als *Elektrodenpotential* bezeichnet. Um den Gedankengang zu präzisieren, wird als EMK einer Elektrode die Potentialdifferenz Elektrode-Lösung folgendermaßen definiert: sie ist positiv, wenn die Elektrode gegen die Lösung positiv geladen ist (im umgekehrten Fall negativ), und wird mit dem Symbol ε bezeichnet. Daher ist:

$$\varepsilon = \psi_{Elektrode} - \psi_{L\ddot{o}sung}.$$

Zwischen zwei verschiedenen in Kontakt stehenden Phasen stellt sich immer eine Potentialdifferenz ein, auch wenn keine chemischen oder physikochemischen

Umsetzungen im gewöhnlichen Sinn auftreten. So wird z. B. bei Berührung zweier Metalle eine Potentialdifferenz beobachtet, die als Volta-Potential bezeichnet wird. Das Volta-Potential ist eine Folge der ungleichen Energiebeträge, die für den Austritt der Elektronen aus den einzelnen Metalloberflächen aufgewendet werden müssen. Wenn die Austrittsarbeit eines Elektrons für das eine Metall größer ist als für das andere, so bedeutet dies, daß die Elektronen im ersten Metall stärker festgehalten werden als im zweiten. Bringt man die beiden Metalle in Kontakt, dann geht eine gewisse Anzahl von Elektronen, die im Innern des Metalles als frei beweglich betrachtet werden können, vom zweiten auf das erste Metall über, da sie an das zweite weniger stark gebunden sind. Auf diese Weise wird das Gleichgewicht der elektrischen Ladungen gestört und eine Potentialdifferenz tritt in Erscheinung. Dieser Vorgang kann in gewissem Sinne ebenfalls als ein physikochemischer Vorgang aufgefaßt werden, der dem Übergang von Lösungsmittel aus einer Lösung mit geringerem osmotischen Druck in eine andere mit höherem osmotischen Druck durch eine halbdurchlässige Membran analog ist. Ein solcher Übergang verursacht einen hydrostatischen Druckunterschied zwischen den beiden Lösungen, die durch die halbdurchlässige Membran hindurch in Kontakt stehen. Von diesem Gesichtspunkt aus kann auch der Volta-Effekt als ein physikochemischer Vorgang betrachtet werden. In anderen Fällen besteht wieder der physikochemische Vorgang im Übergang von Ionen von der einen Phase zur anderen. Auch dann wird das Gleichgewicht der elektrischen Ladungen gestört, was die Bildung einer Potentialdifferenz zur Folge hat.

Man kann also feststellen, daß jede Potentialdifferenz mit einem chemischen oder physikochemischen Prozeß verbunden ist und daß es daher möglich sein muß, sie auf Grund dieses Vorganges irgendwie zu berechnen. Wenn auch der Volta-Effekt die Klemmenspannung eines galvanischen Elementes manchmal wesentlich beeinflußt, kann er bei der Berechnung nach der Gibbs-Helmholtzschen Gleichung vernachlässigt werden, da sein Beitrag zur EMK des Elementes in der Summe aller Reaktionswärmen, die der Änderung des Wärmeinhaltes ΔH [1] entsprechen, mit enthalten ist. Dies geht übrigens auch aus der Übereinstimmung der gemessenen und gerechneten Werte der EMK hervor, wobei sich die Rechnung auf rein energetische Betrachtungen stützt, die auf den im Element ablaufenden chemischen oder physikochemischen Vorgang in der gewohnten Weise bezogen sind [2].

Die Elektroden erster Art bestehen aus einem Metall, das in die Lösung eines seiner Salze eintaucht, und sind bezüglich des Kations reversibel: z. B. Zink in Zinksulfatlösung, Silber in Silbernitratlösung usw. Die Reaktion an diesen Elektroden ist im allgemeinen:

$$\text{Me} \rightleftarrows \text{Me}^{z+} + z \cdot e.$$

Es geht also das Metallion aus dem Elektrolyt auf das Metall über oder umgekehrt, wobei die Metalle als Ionengitter betrachtet werden, in denen die Valenzelektronen mehr oder weniger frei beweglich sind.

Die thermodynamische Berechnung der EMK einer solchen Elektrode erfordert ein näheres Eingehen auf das oben angegebene System. Es muß die

---

[1] S. Scarpa, O.: Atti Accad. Lincei Rend. [8] **1**, 35 (1946).

[2] Eine eingehendere Behandlung der Beziehungen zwischen Volta-Potential und EMK findet sich bei Scarpa, O.: Atti Accad. Lincei Rend. [6] **29**, 441 (1939); [7] **1**, 127, 204, 443, 537 (1940); [8] **2**, 1062 (1941). — Chalmers, J. A.: Phil. Mag. **33**, 399, 416, 496, 506, 594, 599, 608 (1942).

Potentialdifferenz aus der elektrischen Arbeit bestimmt werden, die mit dem Durchgang eines Grammions durch die Grenzfläche Elektrode-Lösung verbunden ist. Bei konstanter Temperatur und konstantem Druck ist die Gesamtänderung der freien Energie beim reversiblen Übergang eines Grammions aus der Elektrode in die Lösung der äußeren elektrischen Arbeit gleichzusetzen:

$$\Delta F = -0{,}239\, n\, \boldsymbol{F}\, \varepsilon.$$

Da Druck und Temperatur konstant sind, ist die Änderung der freien Energie bloß eine Funktion der Molanzahl m_i in jeder Phase und gleich der algebraischen Summe der chemischen Potentiale (s. Kap. I, 2 und Kap. III, 3):

$$-0{,}239\, n\, \boldsymbol{F}\, \varepsilon = \Sigma\, \mu_i\, m_i. \tag{1}$$

Zur Festlegung der Richtung der Reaktion sei angenommen, daß sie im Sinne des Überganges des Metallions aus der Lösung in das Kristallgitter des Elektrodenmetalles abläuft. In diesem Falle lädt sich die Elektrode gegen die Lösung positiv auf. Wenn die Reaktion bei 25^0 C und 1 Atm. stattfindet, befindet sich die Metallelektrode in ihrem Standardzustand. Ihr chemisches Potential ist dann $\mu_{0\,El}$ und das des gelösten Ions $\mu_{0\,L\ddot{o}s} + R\,T \ln a$ ($\mu_{0\,L\ddot{o}s}$ bezeichnet das chemische Standardpotential des Metallions in Lösung und a seine Aktivität, ebenfalls in der Lösung). Wird die Reaktion auf 1 Grammion bezogen (in diesem Falle ist die Anzahl der elektrischen Äquivalente n gleich der Wertigkeit z des Ions), so erhält man:

$$-0{,}239\, \varepsilon\, z\, \boldsymbol{F} = \mu_{0\,El} - (\mu_{0\,L\ddot{o}s} + R\,T \ln a);$$

$$\varepsilon = -\frac{\mu_{0\,El} - \mu_{0\,L\ddot{o}s}}{0{,}239\, z\cdot \boldsymbol{F}} + \frac{R\,T}{0{,}239\, z\cdot \boldsymbol{F}} \ln a = \frac{\mu_{0\,L\ddot{o}s} - \mu_{0\,El}}{0{,}239\, z\cdot \boldsymbol{F}} + \frac{R\,T}{0{,}239\, z\cdot \boldsymbol{F}} \ln a,$$

$$\varepsilon = \varepsilon_0{}' + \frac{0{,}05914}{z} \lg a. \tag{2}$$

Das thermodynamische Vorzeichen der EMK ist in erster Linie vom Wert der chemischen Standardpotentiale des Metalles und der Lösung abhängig: wenn $\mu_{0\,El} \ll \mu_{0\,L\ddot{o}s}$, ist der Term $\varepsilon_0{}'$ positiv und ε im ganzen positiv, was dem elektrischen Vorzeichen gemäß der oben festgelegten Konvention entspricht. Wenn dagegen $\mu_{0\,El} \gg \mu_{0\,L\ddot{o}s}$, wenn also die Spontanreaktion in der Bildung eines Metallions in der Lösung besteht, dann wird der Anfangszustand des vorhergehenden Falles zum Endzustand und die Metallelektrode nimmt infolgedessen eine negative Ladung an. Die EMK ist dann $-\varepsilon$. Gl. (2) wird in diesem Falle in der Form

$$-0{,}239\, z\, \boldsymbol{F}\, (-\varepsilon) = +0{,}239\, z\, \boldsymbol{F}\, \varepsilon = \mu_{0\,L\ddot{o}s} + R\,T \ln a - \mu_{0\,El};$$

$$\varepsilon = \frac{\mu_{0\,L\ddot{o}s} - \mu_{0\,El}}{0{,}239\, z\cdot \boldsymbol{F}} + \frac{R\,T}{0{,}239\, z\, \boldsymbol{F}} \ln a = \varepsilon_0{}' + \frac{0{,}05914}{z} \lg a \tag{3}$$

geschrieben.

Man sieht, daß die Gln. (2) und (3) identisch sind und daher in jedem Fall das Potential der in bezug auf das Kation reversiblen Elektroden nach Größe und Vorzeichen richtig angeben. Dazu ist allerdings zu bemerken, daß die Übereinstimmung des thermodynamischen mit dem elektrischen Vorzeichen eine rein zufällige ist, sei es weil beide von einer Konvention abhängen, sei es weil sie überhaupt nichts miteinander gemeinsam haben.

Die angenommene Konvention über die elektrischen Vorzeichen ist die sogenannte *europäische* Konvention. In vielen Abhandlungen, besonders in solchen amerikanischer Herkunft, findet sich eine abweichende Auffassung, wobei die Elektrode dann das negative Vorzeichen erhält, wenn die Elektrolytlösung gegen die Elektrode negativ aufgeladen ist.

Für $a = 1$ erhält man $\varepsilon = \varepsilon_0'$. Der Wert der EMK ε_0' wird als *absolutes Normalpotential* bezeichnet und entspricht dem Potential eines Halbelementes, in dem die elektrochemisch aktiven Ionen in der Lösung die Aktivität 1 haben.

Für $\mu_{0\,El} \cong \mu_{0\,L\ddot{o}s}$, das heißt für $\varepsilon_0' \cong 0$ wird das Vorzeichen der EMK der Elektrode in erster Linie durch den Ausdruck $0{,}05914 \lg a$ bestimmt. Es kann positiv oder negativ sein.

Die Potentialdifferenz, die sich auf diese Weise zwischen Elektrode und Elektrolytlösung als Folge der verschiedenen chemischen Potentiale einstellt, tritt in Form einer elektrischen Doppelschicht in Erscheinung. Im Falle einer in eine Zinksulfatlösung eintauchenden Zinkelektrode läuft z. B. die Spontanreaktion wegen $\mu_{0\,Zn} \gg \mu_{0\,Zn^{2+}}$ in dem Sinne ab, daß sich in der Lösung Zinkionen bilden, weshalb sich die Elektrode negativ auflädt. Die Menge der Zinkionen, die bei offenem Stromkreis tatsächlich in Lösung gehen, ist jedoch äußerst klein, von der Größenordnung 10^{-9} g Zink je cm² Elektrodenoberfläche. Eine Diffusion der Ionen innerhalb der Lösung ist nicht möglich, gerade weil sie von der auf der Elektrode verbliebenen negativen Ladung, die sich aus den zurückgelassenen Valenzelektronen zusammensetzt, elektrostatisch angezogen werden. Auf diese Weise bildet sich eine elektrische Doppelschicht, wie sie in Abb. 20 schematisch dargestellt ist.

Aus den Beispielen läßt sich schließen, daß das thermodynamische mit dem elektrischen Vorzeichen übereinstimmt, wenn die Elektrodenreaktion im Sinne einer Reduktion betrachtet werden kann (s. Abschn. 7). Dabei wird der oxydierte Zustand als Anfangs- und der reduzierte als Endzustand angenommen. Wenn die Reaktion in diesem Sinne spontan abläuft, ist die Potentialdifferenz Elektrode-Lösung, das heißt die EMK des Halbelementes, positiv. Wenn dagegen die Elektrodenreaktion im Sinne einer Oxydation spontan vor sich geht, wird die Änderung der freien Energie für die gleiche, als Reduktion betrachtete Reaktion positiv und die Potentialdifferenz Elektrode-Lösung daher negativ. Auch dann stimmt das Vorzeichen mit dem tatsächlich beobachteten und nach der europäischen Konvention festgelegten elektrischen Vorzeichen überein.

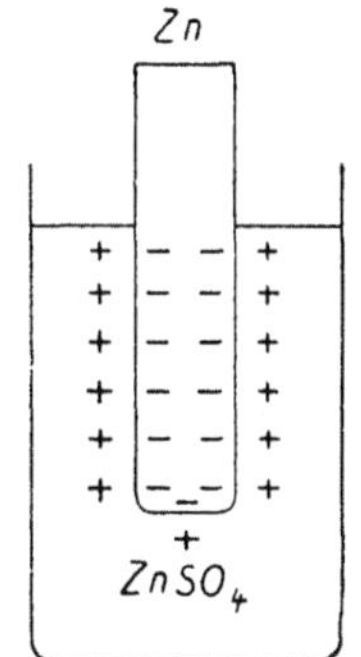

Abb. 20. Elektrische Doppelschicht

5. Potentiale Elektrode-Lösung: Elektroden zweiter und dritter Art

Die Elektroden zweiter Art sind gleichfalls Metallelektroden. Das Metall ist aber von einer Schicht eines seiner schwerlöslichen Salze überzogen und taucht in eine Elektrolytlösung ein, die mit dem schwerlöslichen Salz das Anion gemeinsam hat.

Bei den Elektroden erster Art besteht der Übergang von Elektrizität von der Elektrode in die Lösung und umgekehrt ausschließlich aus der Entladung oder der Bildung des Kations, während es bei den Elektroden zweiter Art denkbar ist, daß das Anion des schwerlöslichen Salzes den Übergang der Elektrizität vermittelt. Ein Beispiel für eine Elektrode zweiter Art ist eine von festem Quecksilber-I-chlorid (Kalomel) eingehüllte Quecksilberelektrode, die in eine Lösung von Kaliumchlorid eintaucht. Dabei besteht der Mechanismus des Stromüberganges von der Elektrode in die Lösung aus der Reaktion der Cl⁻-Ionen der Lösung mit dem metallischen Quecksilber der Elektrode, wodurch festes Kalomel entsteht. Umgekehrt lädt sich die Elektrode positiv auf, wenn sich das Kalomel unter Abscheidung metallischen Quecksilbers zersetzt, während Cl^--Ionen in Lösung gehen. In diesem Falle ist der Strom von der Lösung zur Elektrode gerichtet.

In anderen Worten: der Vorgang verläuft ganz so wie bei den Elektroden erster Art, nur mit dem Unterschied, daß das elektrochemisch aktive Ion das Cl^--Ion ist. Man kann auch sagen, daß sich die Elektrode zweiter Art so verhält, als ob sie aus einem Anion in Lösung und dessen elementarer Form in Berührung mit der Lösung bestünde, und daß sie in bezug auf das Anion reversibel ist. Im geschilderten Fall benimmt sich die Kalomelelektrode wie eine richtige Chlorelektrode (die es ebenfalls gibt, s. Abschn. 6). Sie ist bloß bequemer zu handhaben.

Die allgemeine elektrochemische Reaktion einer beliebigen Elektrode zweiter Art kann durch das folgende Schema beschrieben werden:

$$Me + m\,A^{z-} \rightleftarrows Me\,A_m + m\,z\,e,$$

worin Me das Metall mit der Wertigkeit $m\,z$, A das Anion mit der Wertigkeit z und m die Anzahl der Anionen bedeuten, die zusammen mit dem Metallion (das auch aus mehreren Atomen bestehen kann, z. B. Hg_2^{2+}) die schwerlösliche Verbindung $Me\,A_m$ bilden.

Die EMK einer solchen Elektrode kann berechnet werden, indem man von der allgemeinen Beziehung der Elektroden erster Art (s. Abschn. 4) ausgeht und berücksichtigt, daß die effektive Aktivität a_{Kat} der Kationen des schwerlöslichen Salzes mit der effektiven Aktivität a_{An} der Anionen durch das Löslichkeitsprodukt (L) verbunden ist:

$$a_{Kat} \cdot a_{An}{}^m = L,$$

woraus folgt:

$$a_{Kat} = \frac{L}{a_{An}{}^m}$$

und

$$\varepsilon = \varepsilon_0{}' + \frac{0{,}05914}{m\,z}\,\lg\frac{L}{a_{An}{}^m}\,.$$

Durch Zusammenfassung von L und ε_0' zur Konstanten ε_0'' erhält man:

$$\varepsilon = \varepsilon_0{}'' + \frac{0{,}05914}{m\,z}\,\lg\frac{1}{a_{An}{}^m}\,,$$

worin a_{An} nunmehr die Aktivität des Anions A^{z-} darstellt. Die elektrochemische Reaktion der bereits beschriebenen Kalomelelektrode lautet z. B.:

$$2\,Hg + 2\,Cl^- \rightleftarrows Hg_2Cl_2 + 2\,e,$$

mit $m = 2$ und $z = 1$.

Es gilt also:

$$\varepsilon = \varepsilon_0{}'' + \frac{0{,}05914}{2}\,\lg\frac{1}{a^2{}_{Cl^-}}\,.$$

Die elektrochemische Reaktion der Silberchloridelektrode ist:

$$Ag + Cl^- \rightleftarrows AgCl + e,$$

mit $m = 1$ und $z = 1$.

Es ist daher:

$$\varepsilon = \varepsilon_0{}'' + 0{,}05914\,\lg\frac{1}{a_{Cl^-}}\,.$$

Die Elektroden dritter Art sind von geringerer Bedeutung. Sie sind hauptsächlich entwickelt worden, um Elektroden zur Verfügung zu haben, die in bezug auf jene Metalle reversibel sind, die zwar das Wasser zersetzen, aber doch schwerlösliche Salze bilden können. In Anbetracht ihrer geringeren theoretischen und praktischen Bedeutung werden sie hier nur kurz an Hand eines Beispieles erörtert, ohne auf die allgemeine Theorie näher einzugehen; will man z. B. eine reversible Elektrode für Calcium konstruieren, so kann man sich der folgenden Zusammenstellung bedienen:

$$\text{Zn} \mid (\text{ZnC}_2\text{O}_4); \qquad \text{Ca}(\text{C}_2\text{O}_4); \qquad \text{Ca}^{2+}. \tag{1}$$

Sie besteht aus dem Elektrodenmetall (Zn), einem schwerlöslichen Salz mit dem Kation des Grundmetalles (Bodenkörper I), einem schwerlöslichen Salz mit dem Anion des Bodenkörpers I und dem gewünschten Kation (Bodenkörper II), und dem Kation, bezüglich dessen die Elektrode reversibel sein soll. Die EMK der Elektrode (1) kann aus der allgemeinen Beziehung für Elektroden erster Art ermittelt werden. Bezogen auf Zn in einer Lösung von Zn^{2+}-Ionen lautet sie:

$$\varepsilon = \varepsilon_0 + \frac{RT}{2F} \ln a_{\text{Zn}^{2+}}. \tag{2}$$

Berücksichtigt man die beiden Relationen, die sich aus den Löslichkeitsprodukten der beiden Bodenkörper ergeben, nämlich

$$a_{\text{Zn}^{2+}} \cdot a_{\text{C}_2\text{O}_4^{2-}} = L_1 , \tag{3}$$

$$a_{\text{Ca}^{2+}} \cdot a_{\text{C}_2\text{O}_4^{2-}} = L_2 \tag{4}$$

und weiters, daß die Aktivität der $\text{C}_2\text{O}_4^{2-}$-Ionen in den gesättigten Lösungen der beiden Bodenkörper für beide Relationen die gleiche ist, so erhält man:

$$\frac{a_{\text{Zn}^{2+}}}{a_{\text{Ca}^{2+}}} = \frac{L_1}{L_2},$$

$$a_{\text{Zn}^{2+}} = \frac{L_1}{L_2}\, a_{\text{Ca}^{2+}}. \tag{5}$$

Nach Einsetzen des aus Gl. (5) gewonnenen Wertes in Gl. (2) bekommt man schließlich:

$$\varepsilon = \varepsilon_0 + \frac{RT}{2F} \ln \left(\frac{L_1}{L_2} a_{\text{Ca}^{2+}} \right) = \varepsilon_{01} + \frac{RT}{2F} \ln a_{\text{Ca}^{2+}}. \tag{6}$$

Das ε_{01} der Gl. (6) ergibt sich aus der Zusammenfassung der konstanten Größen ε_0 und $\dfrac{RT}{2F} \ln \left(\dfrac{L_1}{L_2} \right)$.

Elektroden solcher Art unterliegen einer Reihe von Einschränkungen, die im wesentlichen abhängen von:

    a) den relativen Werten der Löslichkeitsprodukte der beiden Bodenkörper,

    b) der Möglichkeit von Sekundärreaktionen der beiden Bodenkörper untereinander,

    c) dem Elektrodenmetall und der gegebenen Lösung, und schließlich

    d) der Möglichkeit der Bildung von Doppelsalzen oder isomorphen Kristallen aus den beiden Bodenkörpern.

Das Verhalten solcher Elektroden und die Beschränkungen ihrer Anwendung sind von M. Le Blanc und O. Harnapp[1] eingehend untersucht worden.

---

[1] Le Blanc, M. und O. Harnapp: Z. physik. Chem. A **166**, 321 (1933).

6. Potentiale Elektrode-Lösung: Gaselektroden, Amalgamelektroden

Nicht nur Metalle können zu elektrochemisch aktiven Prozessen von der Art, wie sie bei den Elektroden erster Art geschildert wurden, Anlaß geben, sondern auch andere, in gasförmigem oder flüssigem Zustand befindliche Stoffe, sofern eine unangreifbare Unterlage gegeben ist, welche die Einstellung eines Gleichgewichtes zwischen den elementaren Molekülen und den zugehörigen Ionen ermöglicht. In vielen Fällen besteht diese Unterlage aus einer Elektrode aus platiniertem Platin, die gleichzeitig mit der Lösung und mit dem gasförmigen oder flüssigen Element in Kontakt steht.

Im Platinschwarz, aus dem sich der Überzug einer Elektrode aus sogenanntem platinierten Platin zusammensetzt, sind Wasserstoff, Chlor usw. löslich und können von dieser Unterlage aus als Ionen in Lösung gehen. Beispiele hiefür sind

$$Pt - H \rightleftarrows H^+ + e,$$
$$Pt - Cl + e \rightleftarrows Cl^-,$$

wobei mit dem Symbol $Pt - H$ der im Platin gelöste Wasserstoff angezeigt wird und mit dem Symbol $Pt - Cl$ in analoger Weise das im Platin gelöste Chlor.

In Wirklichkeit existiert nicht ein einzelnes Gleichgewicht, sondern mehrere, die mit den verschiedenen Zwischenstufen der Reaktion Elementarmolekül $\rightleftarrows$ Ion verknüpft sind. So bestehen z. B. im Falle des Wasserstoffes gleichzeitig die folgenden Gleichgewichte:

$$H_2 \text{ Gas} \rightleftarrows Pt - H_2, \tag{1}$$
$$Pt - H_2 \rightleftarrows Pt - 2 H, \tag{2}$$
$$Pt - 2 H \rightleftarrows 2 H^+ + 2 e. \tag{3}$$

Die Reaktion (1) stellt das Gleichgewicht zwischen dem gasförmigen molekularen Wasserstoff und dem im Platin gelösten molekularen Wasserstoff dar, worauf das Henrysche Gesetz anwendbar ist, (2) bringt das Gleichgewicht zwischen molekularem und atomarem Wasserstoff, die beide im Platin gelöst sind, zum Ausdruck und (3) gibt schließlich den elektrochemischen Vorgang an, der das Potential eigentlich bestimmt. Auf den Vorgang (2) ist das Massenwirkungsgesetz anwendbar.

Dies bedeutet, daß sich der Wasserstoff, das Chlor und andere Gase verhalten, als ob sie Metalle wären. Bei den Elektroden dieses Typs bleibt die physikalische Funktion der eigentlichen, als Leitung zur Lösung dienenden Metallelektrode von der elektrochemischen völlig getrennt. Letztere wird von einem anderen Stoff ausgeübt, der zum Teil im Elektrodenmetall gelöst ist und zum anderen Teil mit der Elektrode in Kontakt steht. Die EMK solcher Elektroden ist definiert, wenn die folgenden Bedingungen erfüllt sind:

a) Das Gleichgewicht (1) gehorcht dem Henryschen Gesetz.

b) Das Gleichgewicht (2) gehorcht dem Massenwirkungsgesetz.

c) Das Elektrodenmetall gibt keine Ionen an den Elektrolyten (oder umgekehrt) ab, das heißt, es ist gegen den Elektrolyten indifferent.

Das Potential auch dieser Elektroden kann aus der allgemeinen Beziehung (3) des Abschn. 4 gewonnen werden.

Betrachtet man die Elektrodenreaktion der Wasserstoffelektrode gemäß der Konvention des vorhergehenden Abschnittes als eine Reduktion, dann befindet sich der Wasserstoff zu Beginn im Ionenzustand und am Ende im gasförmigen Zustand entsprechend dem Schema

$$2 H^+ + 2 e \rightleftarrows H_2,$$

woraus folgt:

$$-0{,}239 \cdot 2 \cdot F \cdot \varepsilon = (\mu_{0\,H_2} + R\,T \ln a_{H_2}) - 2\,(\mu_{0\,H^+} + R\,T \ln a_{H^+});$$

$$\varepsilon = \frac{2\,\mu_{0\,H^+} - \mu_{0\,H_2}}{0{,}239 \cdot 2 \cdot F} + \frac{R\,T}{0{,}239 \cdot 2 \cdot F} \ln \frac{(a_{H^+})^2}{a_{H_2}}. \tag{1}$$

In Gl. (1) werden die beiden Aktivitäten natürlich in derselben Einheit ausgedrückt. Die Aktivität des gasförmigen Wasserstoffes kann aber, abgesehen von einer Konstanten, als Funktion des Gasdruckes p ausgedrückt werden. Baut man diese Konstante im ersten Term der rechten Seite der Gl. (1) ein, dann geht diese für die Temperatur von 25^0 C über in

$$\varepsilon = \varepsilon_0' + \frac{0{,}05914}{2} \lg \frac{(a_{H^+})^2}{p_{H_2}} = \varepsilon_0' + 0{,}05914 \lg \frac{a_{H^+}}{\sqrt{p_{H_2}}}. \tag{2}$$

Für 1 Atm. Druck des gasförmigen Wasserstoffes vereinfacht sich Gl. (2) zu

$$\varepsilon = \varepsilon_0' + 0{,}05914 \lg a_{H^+}.$$

In analoger Weise ist für eine Chlorelektrode der Anfangszustand das Chlorgas. Die entsprechende Elektrodenreaktion lautet:

$$Cl_2 + 2\,e \rightleftarrows 2\,Cl^-.$$

Gl. (1) kann also in der Form

$$\varepsilon = \frac{\mu_{0\,Cl_2} - 2\,\mu_{0\,Cl^-}}{0{,}239 \cdot 2 \cdot F} + \frac{R\,T}{0{,}239 \cdot 2 \cdot F} \ln \frac{a_{Cl_2}}{(a_{Cl^-})^2} \tag{3}$$

geschrieben werden. Diese geht nach analogen Transformationen bei der Temperatur von 25^0 C und dem Druck von 1 Atm. über in

$$\varepsilon = \varepsilon_0' - 0{,}05914 \lg a_{Cl^-}.$$

Gl. (3) läßt klar erkennen, daß sich eine Kalomel- oder eine Silberchloridelektrode, abgesehen vom konstanten Wert des Normalpotentials ε_0', wie eine richtige Chlorelektrode verhält.

Unter den Elektroden, bei denen die Elektrodenkonzentration berücksichtigt werden muß, sind auch jene zu erwähnen, die nicht aus einem reinen Metall, sondern aus der Lösung eines Metalles in einem anderen, das heißt aus einer Legierung bestehen. Unter diesen sind in erster Linie die Amalgamelektroden von Bedeutung. In solchen Fällen gelangt man durch Wiederholung der Rechnung für die Wasserstoffelektrode zu einer analogen Beziehung, vorausgesetzt daß die Elektrodenlegierung aus einer einzigen Phase besteht.

$$\varepsilon_{Amalgam} = \varepsilon_{0\;Amalgam}' + \frac{R\,T}{z\,F} \ln \frac{a_{Me^{z+}}}{a_{Me}}.$$

Darin bezeichnet a_{Me} die Aktivität des elektrochemisch aktiven Metalles in der festen Phase der Elektrode.

7. Potentiale Elektrode-Lösung: Redoxelektroden

Unter den elektrochemischen Vorgängen, die imstande sind, die mit der Umsetzung verbundene Änderung der freien Energie in äußere elektrische Arbeit umzuwandeln, wurden auch jene erwähnt (s. Abschn. 1), bei denen die chemische Reaktion aus der Änderung der Ladung eines Ions besteht, z. B.:

$$Fe^{2+} \rightleftarrows Fe^{3+} + e.$$

Dazu kommt die Bildung neuer Ionen durch Übergang neutraler Moleküle, die ihrerseits durch Umsetzung mehratomiger Ionen entstanden sind, in den Ionenzustand oder umgekehrt, z. B.:

$$2\,MnO_4^- + 16\,H^+ + 10\,e \rightleftarrows 2\,Mn^{2+} + 8\,H_2O.$$

Diese Reaktion kann schematisch in die beiden Teilreaktionen

$$2\,MnO_4^- + 6\,H^+ \rightleftarrows 2\,Mn^{2+} + 3\,H_2O + 5\,O$$

und

$$5\,O + 10\,H^+ + 10\,e \rightleftarrows 5\,H_2O$$

aufgespalten werden.

Das erste Beispiel entspricht einem Oxydationsprozeß, bei dem ein Ferroion in den Zustand eines Ferriions übergeht; das zweite dagegen ist ein Reduktionsprozeß: das siebenwertige Mangan des Permanganations wird zum zweiwertigen Manganion reduziert. In beiden Beispielen und in allen anderen, die in beliebiger Zahl zitiert werden könnten, zeigt die chemische Gleichung ein Entstehen oder Verschwinden von Elektronen, was darauf hindeutet, daß auch Oxydationen und Reduktionen, in geeigneter Weise ausgeführt, zum Entstehen äußerer elektrischer Arbeit Anlaß geben können.

Vor dem Eingehen auf die Potentialberechnung der Redoxelektroden empfiehlt es sich jedoch, den Begriff der Oxydation exakt festzulegen. Als Oxydationen werden die folgenden als gleichwertig zu betrachtenden Vorgänge definiert:

a) Aufnahme von Sauerstoff oder Halogenen;

b) Abgabe von Wasserstoff;

c) Abgabe von Elektronen, das heißt Zunahme der positiven oder Abnahme der negativen Wertigkeit.

Die umgekehrten Vorgänge werden als Reduktionen betrachtet. Am Beispiel des Permanganates ist eine Reduktion des Permanganations infolge der Aufnahme von Elektronen und der chemischen Umwandlung des Ions erkennbar.

In der Tat lassen sich alle elektrochemischen Vorgänge, die auf chemischen Reaktionen beruhen, auf eine Oxydation oder Reduktion zurückführen: wenn sich aus einer Silbernitratlösung metallisches Silber abscheidet, sagt man, daß sich das Silber *reduziert* und tatsächlich besteht diese Reaktion darin, daß das Silberion durch Aufnahme von Elektronen in den elementaren Zustand übergeht. Dabei handelt es sich um jene Reaktion, die den Elektroden erster Art zugrundeliegt.

Die Elektroden, deren Potential jetzt berechnet werden soll, unterscheiden sich von jenen erster und zweiter Art und von den Gaselektroden dadurch, daß sowohl die reduzierte als auch die oxydierte Form des Systems vor, während und nach dem chemischen Vorgang in der Lösung vorhanden sind und bleiben.

Wenn in eine Lösung, die gleichzeitig Ionen der oxydierten und reduzierten Form enthält, eine unangreifbare, indifferente Elektrode eintaucht, dann nimmt sie ein wohl definiertes Potential an, das von den Ionenaktivitäten der an der elektrochemischen Reaktion beteiligten Stoffe abhängt. Metalle mit besonders guter Eignung als indifferente Elektroden für Redoxvorgänge sind Platin, Palladium, Iridium, Osmium, Ruthenium, Rhodium und Gold. Jedes dieser Metalle ergibt ein definiertes und konstantes Potential, wobei allerdings die Auswahl immer unter Berücksichtigung der Zusammensetzung des Systems erfolgen muß. In manchen Fällen können auch Molybdän, Wolfram, Nickel, Silber und Quecksilber benützt werden. Diese Metalle geben nicht immer konstante Potentiale, weil sie je nach der Zusammensetzung des Elektrolyten unter Umständen angegriffen werden und in Lösung gehen, wodurch sie am elektrochemischen Vorgang teilnehmen und das Potential in Abhängigkeit von ihrer Ionenaktivität mitbestimmen. Mit anderen Worten: sie verhalten sich unter Umständen teilweise wie Elektroden erster und zweiter Art.

Auch bei dem Typ von Halbelementen, die in die Gruppe der Redoxelemente fallen, liegt der Sitz der EMK nach Bancroft in der Grenzfläche Elektrode-Lösung. Da die Reaktion im Endeffekt immer den Übergang von elektrischen Ladungen mit sich bringt, dient hier die Elektrode nach dem Verlust jedweder chemischer Funktion nur mehr als metallischer Leiter, der Elektronen abgibt oder aufnimmt.

Der Mechanismus der auf der Grenzfläche Elektrode-Elektrolyt sich abspielenden elektrochemischen Reaktion kann in folgender Weise gedeutet werden. Die bei einer Oxydation abgegebenen Elektronen werden aus den reagierenden Substanzen über eine unangreifbare Elektrode auf einen äußeren Stromkreis überführt, während die für eine Reduktion notwendigen Elektronen vom äußeren Stromkreis an das System abgegeben werden.

Andererseits sind in einer wässerigen Lösung immer H^+-Ionen vorhanden, die ebenfalls am Redoxvorgang teilnehmen. Nernst und Lessing haben gezeigt, daß ein Palladiumblättchen, das nur auf einer Seite mit einem Reduktionsmittel in wässeriger Lösung in Kontakt steht, nach einer gewissen Zeit auch auf der anderen Seite eine Wasserstoffladung zeigt. Das würde bedeuten, daß eine Redoxelektrode in gewisser Hinsicht als eine Gaselektrode betrachtet werden kann, bei der die Reduktion oder Oxydation der H^+- bzw. OH^--Ionen des Wassers der maßgebende Vorgang ist. Der als Beispiel zuerst zitierte Vorgang der Oxydation von Ferro- zu Ferriionen könnte dann in der Form geschrieben werden:

$$2\,Fe^{2+} + 2\,H^+ \rightleftarrows 2\,Fe^{3+} + H_2$$

oder auch:

$$4\,Fe^{3+} + 4\,OH^- \rightleftarrows 4\,Fe^{2+} + O_2 + 2\,H_2O.$$

Natürlich kann eine Redoxelektrode nicht als Gaselektrode gedeutet werden, wenn die Oxydations-Reduktionsreaktionen in einer Umgebung stattfinden, die keinerlei H^+- oder OH^--Ionen aufweist.

Nach modernster Auffassung wird der Mechanismus der Ausbildung einer EMK unter Berücksichtigung der verschiedenen experimentellen Beobachtungstatsachen folgendermaßen erklärt. Das System trachtet im reduzierten Zustand Elektronen abzugeben, der Akzeptor ist ein beliebiger reduzierbarer Stoff, entweder der oxydierte Zustand des Systems oder das H^+-Ion oder die Oberfläche der Elektrode selbst; das System neigt dagegen im oxydierten Zustand dazu Elektronen aufzunehmen, der Donator ist der reduzierte Zustand des Systems oder die OH^--Ionen oder Wasserstoffatome, die sich eventuell auf der Oberfläche der Elektrode befinden, oder die Metalloberfläche der Elektrode selbst. So kommt es zur Bildung eines charakteristischen Gleichgewichtes, das dadurch definiert ist, daß

a) die Elektrodenoberfläche mit einer bestimmten Elektronen- oder Protonenmenge geladen erscheint, oder aber ein bestimmtes Defizit an Elektronen gegenüber dem elektroneutralen Zustand aufweist;

b) die Elektrodenoberfläche eventuell auch mit einer bestimmten Menge locker haftender Wasserstoffatome geladen ist (labile Hydride, Adsorptionsverbindungen usw.), die keine Tendenz zeigen, mit merklicher Geschwindigkeit zur Bildung von Wasserstoffmolekülen zu reagieren. Da ein Wasserstoffatom aus einem Elektron und einem Proton gebildet wird, kann man auch sagen, daß die mit dem Redoxsystem in Kontakt stehende Elektrodenoberfläche sich mit einer Oberflächenschicht von Elektronen und Protonen auflädt: der Überschuß der einen oder der anderen bestimmt das Vorzeichen und die Dichte der Ladung und die Potentialdifferenz Elektrode-Lösung, das heißt die EMK der Elektrode.

Aus dem vorher Gesagten läßt sich das elektrische Vorzeichen der in ein oxydierendes oder reduzierendes System eingetauchten indifferenten Elektrode leicht ermitteln: das Vorzeichen ist positiv, wenn das System die Tendenz zeigt, Elektronen aufzunehmen, das heißt, wenn es oxydierend wirkt und die spontane Elektrodenreaktion daher eine Reduktion ist (s. Abschn. 4); im umgekehrten Fall ist das Vorzeichen negativ.

Natürlich gilt auch für diese Elektroden die allgemeine Regel, daß nur dann die bei der Umsetzung auftretende Änderung der freien Energie in äußere elektrische Arbeit umgewandelt werden kann, wenn der Vorgang reversibel ist und wenn das oxydierende System bei Aufrechterhaltung des materiellen und elektrischen Kontaktes vom reduzierenden getrennt ist, so daß sich der Übergang der Elektronen von einem System zum anderen über einen äußeren metallischen Leiter vollzieht und nicht auf direktem Wege von der reduzierenden zur oxydierenden Substanz. Durch Vermischung des reduzierenden mit dem oxydierenden System würde man gewissermassen einen chemischen Kurzschluß erzeugen: in diesem Fall würde die Änderung der freien Energie in Wärme umgewandelt werden.

Bei Berechnung des Potentials muß an die im Abschn. 4 angenommene Konvention erinnert werden. Danach ist es zweckmäßig, alle Reaktionen so zu betrachten, als ob sie immer im Sinne einer Reduktion des oxydierten Systems vor sich gingen, z. B.

$$Fe^{3+} + e \rightleftarrows Fe^{2+},$$

und dies auch im Falle von Reaktionen, die im Sinne einer Oxydation spontan ablaufen, wie etwa bei den Chromo- und Stannosalzen, die gerade wegen ihrer Oxydationstendenz starke Reduktionsmittel sind. Daher wird auch in diesem Fall die Reaktion gemäß der Konvention in der Form

$$Sn^{4+} + 2e \rightleftarrows Sn^{2+}$$

geschrieben.

Oxydation oder Reduktion eines Systems kann nur dann stattfinden, wenn gleichzeitig ein anderes System durch Reduktion oder Oxydation auf Kosten des ersteren umgewandelt wird. Ein Redoxhalbelement, wie übrigens auch jedes andere Halbelement, kann daher nur funktionieren, wenn es mit einem zweiten zu einem vollständigen Element verbunden ist.

Bei der Bestimmung des Potentials einer Redoxelektrode erweist es sich als notwendig, zunächst den chemischen Vorgang genau zu identifizieren, da ein bestimmtes Ausgangssystem zu verschiedenen Endprodukten führen kann und damit zu Potentialen, die für die betreffende Umsetzung charakteristisch sind. So kann z. B. ein Permanganation einfach zu einem Manganation reduziert werden oder zu Mangandioxyd oder schließlich zum zweiwertigen Manganion. Es ist klar, daß die mit diesen drei Umsetzungen verbundene Änderung der freien Energie nicht gleich ist und daß infolgedessen auch das entsprechende Elektrodenpotential verschieden sein muß.

Es empfiehlt sich, zur Berechnung des Potentials der Redoxelektroden nicht ein Halbelement für sich allein, sondern gleich ein ganzes Element während des Betriebes zu betrachten. Analog den Konzentrationselementen (s. Abschn. 10) soll es aus zwei qualitativ gleichen Halbelementen gebildet sein, von denen jedoch eines sicher das absolute Potential Null hat: die EMK des Elementes ist dann durch das Potential der anderen Elektrode gegeben. Ein einfacher praktischer Fall dient am besten zur Erläuterung der Berechnung. Als Beispiel sei die Reduktion des Ferri- zum Ferroion gewählt:

$$Fe^{3+} + e \rightleftarrows Fe^{2+}. \tag{1}$$

Da es sich um eine reversible Reaktion handelt, gehorcht sie dem Massenwirkungsgesetz, das streng in der Form

$$\frac{a_3\, a_e}{a_2} = K' \tag{2}$$

geschrieben werden kann. Darin bedeuten: $a_2 =$ Aktivität der Ferroionen, $a_3 =$ Aktivität der Ferriionen, $a_e =$ Aktivität der Elektronen, die als ein unabhängiger chemischer Stoff betrachtet werden.

Mischt man eine bestimmte Menge einer Lösung, die Ferroionen in bekannter Konzentration enthält, mit einer definierten Menge einer Lösung von Ferriionen ebenfalls bekannter Konzentration, dann dauert die Reaktion (1) in dem einen oder dem anderen Sinne bis zur Einstellung des Gleichgewichtes an. Entsprechend dem oben Gesagten nimmt dann eine in die Endlösung eintauchende indifferente Elektrode ein wohl definiertes Potential an. Variiert man in geeigneter Weise die Anfangskonzentrationen oder die anfangs vorgegebenen Volumina, so kann man zu einem solchen Verhältnis zwischen den Endaktivitäten a_{02} und a_{03} gelangen, daß die Reaktion (1) weder in der einen noch in der anderen Richtung vor sich geht: eine in eine solche Lösung eingetauchte indifferente Elektrode nimmt dann gegen die Lösung das absolute Potential Null an. Dieses Mischungsverhältnis entspricht der Definition des chemischen Gleichgewichtes im gewöhnlichen Sinn, wobei die Elektronenaktivität außer acht gelassen wird, so daß Gl. (2) die Form

$$\frac{a_{03}}{a_{02}} = K \tag{3}$$

annimmt.

Es ist also ein Element mit folgender Zusammensetzung zu konstruieren:

$$Pt \left| \begin{matrix} Fe_0{}^{2+} \\ Fe_0{}^{3+} \end{matrix} \right| \left| \begin{matrix} Fe^{2+} \\ Fe^{3+} \end{matrix} \right| Pt.$$

Dabei mögen a_{02} die Aktivität der Ferroionen und a_{03} die der Ferriionen bei Gleichgewicht im Sinne der soeben gegebenen Definition bezeichnen, das heißt im Halbelement mit dem Potential Null; a_2 und a_3 sind die Aktivitäten der Ferro- und Ferriionen bei Konzentrationen, die sich von den Gleichgewichtswerten beliebig unterscheiden und auch deren Verhältnis von dem des Gleichgewichtszustandes verschieden ist.

Vor Durchführung der Rechnung muß noch die Richtung der Spontanreaktion festgelegt werden, und zwar soll gelten: $a_3/a_2 > a_{03}/a_{02}$. Die chemische Reaktion trachtet die Verhältnisse zwischen den Konzentrationen auszugleichen, indem eine gewisse Anzahl von Ferriionen in dem Halbelement mit dem größeren Aktivitätsverhältnis zu Ferroionen reduziert wird, wobei der Elektrode Elektronen entzogen werden. Diese lädt sich infolgedessen positiv auf.

Damit diese Reaktion in einem der beiden Halbelemente stattfinde, ist es notwendig, daß im anderen die umgekehrte Reaktion vor sich geht, die die erforderlichen Elektronen zur Verfügung stellt. Läßt man die Reaktion so lange vor sich gehen, bis in dem nicht im Gleichgewicht befindlichen Halbelement 1 Mol Ferriionen zu Ferroionen reduziert sind, dann müssen im anderen Halbelement, das im Gleichgewicht ist, 1 Mol Ferroionen zu Ferriionen oxydiert sein. Insgesamt verschwinden also in dem im Gleichgewicht befindlichen Halbelement 1 Mol Ferroionen und erscheinen 1 Mol Ferriionen, während sich im anderen der umgekehrte Vorgang abspielt. Unter der vereinfachenden Annahme, daß das Auftreten oder Verschwinden von 1 Mol die Konzentrationen nicht in merklicher Weise ändert, ist es erlaubt, den Vorgang so zu betrachten, als ob 1 Mol Ferriionen reversibel und isotherm von der Lösung mit der Aktivität a_3 in die Lösung mit der Aktivität a_{03} gebracht würde, während gleichzeitig 1 Mol Ferroionen aus der Lösung mit der Aktivität a_{02} in die Lösung mit der Aktivität a_2 überginge.

Das im Gleichgewicht befindliche Halbelement weist eine Elektrodenreaktion auf, bei der die Änderung der freien Energie gerade deswegen Null ist, weil die an der Reaktion beteiligten Stoffe im Gleichgewicht sind. Die Gesamtänderung der freien Energie, die als äußere elektrische Arbeit verwertbar ist, ist daher ausschließlich aus der Elektrodenreaktion in dem nicht im Gleichgewicht befindlichen Halbelement zu entnehmen. Man kann daher setzen:

$$\Delta F = -0{,}239\,F\,\varepsilon = \mu_{0\,Fe^{2+}} + R\,T\ln a_2 - (\mu_{0\,Fe^{3+}} + R\,T\ln a_3),$$

$$= \mu_{0\,Fe^{2+}} - \mu_{0\,Fe^{3+}} + R\,T\ln\frac{a_2}{a_3}.$$

Da aber

$$\mu_{0\,Fe^{2+}} - \mu_{0\,Fe^{3+}} = -R\,T\ln K,$$

erhält man endgültig:

$$\varepsilon = \frac{R\,T}{0{,}239\,F}\ln K + \frac{R\,T}{0{,}239\,F}\ln\frac{a_3}{a_2}.$$

Diese Gleichung geht für 25^0 C über in

$$\varepsilon = \varepsilon_0{}' + 0{,}05914\lg\frac{a_3}{a_2}.$$

Analoge Beziehungen können auch für kompliziertere Reaktionen aufgestellt werden. Für eine allgemeine chemische Reaktion, die in der Form

$$r \cdot Ox + n \cdot e \rightleftarrows s \cdot Red$$

geschrieben werden kann, worin Red das System im reduzierten Zustand, Ox das System im oxydierten Zustand und r und s die Koeffizienten der chemischen Gleichung bedeuten, erhält man:

$$\varepsilon = \varepsilon_0{}' + \frac{0{,}05914}{n}\lg\frac{(a_{Ox})^r}{(a_{Red})^s}.$$

Zum Beispiel lautet die chemische Reaktion im Falle der Permanganatelektrode in saurer Lösung:

$$MnO_4^- + 8\,H^+ + 5\,e \rightleftarrows Mn^{2+} + 4\,H_2O.$$

Das Potential der Elektrode ergibt sich dann für 25^0 C aus der Beziehung

$$\varepsilon = \varepsilon_0{}' + \frac{0{,}05914}{5}\lg\frac{(a_{MnO_4^-})\,(a_{H^+})^8}{a_{Mn^{2+}}},$$

in der die Aktivität des Wassers als konstant betrachtet wird und in der Konstante $\varepsilon_0{}'$ eingeschlossen erscheint.

Setzt man das Verhältnis $[Ox]^r/[Red]^s > K$, so nimmt die Elektrode entsprechend einem Oxydationsvorgang ein positives Potential an, wenn dagegen

$[Ox]^r/[Red]^s < K$ angenommen wird, tritt Reduktion auf und die Elektrode erhält ein negatives Potential. Durch das Redoxpotential wird daher das tatsächliche Oxydations- oder Reduktionsvermögen eines Stoffes definiert[1].

Aus dem Vorhergehenden geht klar hervor, daß in einer Lösung weder *reine* Oxydationsmittel, noch *reine* Reduktionsmittel vorhanden sein können, da sonst das Potential einer unangreifbaren Elektrode $+ \infty$ oder $- \infty$ wäre und der Stoff daher das Lösungsmittel selbst oxydieren oder reduzieren würde. Selbst wenn die Menge der reagierenden Stoffe äußerst klein und analytisch nicht nachweisbar ist, genügt sie, um das Potential von $\pm \infty$ in den Potentialbereich des reversiblen Redoxsystems zu bringen. Dieses Potential hängt nicht von den einzelnen Aktivitäten ab, sondern vom Verhältnis der Aktivitäten der Stoffe, die den oxydierten und reduzierten Zustand des Systems darstellen, und ist nur dann definiert, wenn die beiden Systeme ein absolut festliegendes Aktivitätenverhältnis aufweisen.

Die Konvention, alle Reaktionen zum Zweck der Vorzeichenbestimmung der EMK als Reduktionsreaktionen zu betrachten, das heißt, den oxydierten Zustand des Systems als Anfangs- und den reduzierten Zustand als Endzustand anzusehen, ist im Einklang mit den Beziehungen, die für die Elektroden erster und zweiter Art und speziell für die Anionenelektroden abgeleitet wurden (s. Abschn. 4).

---

[1] In manchen Arbeiten findet sich die von Clark eingeführte Bezeichnung r_H zur zahlenmäßigen Angabe des Oxydations- oder Reduktionsvermögens eines Systems unter bestimmten Bedingungen. Heute wird jedoch die Bezeichnung r_H immer weniger verwendet, da sie mehr Verwirrung als Vereinfachung mit sich gebracht hat. Da aber das r_H in der Literatur immerhin mit einer gewissen Häufigkeit vorkommt, ist es doch zweckmäßig, auf seine Bedeutung hinzuweisen, die sich aus den folgenden Betrachtungen ergibt. Eine in ein Oxydations-Reduktionssystem eingetauchte unangreifbare Elektrode nimmt, wie oben ausgeführt, ein vollständig definiertes Potential an. Es ist nun immer möglich, eine Wasserstoffelektrode in einer Lösung zu konstruieren, die dasselbe p_H wie die Redoxlösung und auch dasselbe Potential hat. Natürlich wird bei dieser speziellen Wasserstoffelektrode der Druck des Wasserstoffgases nicht 1 Atm. betragen, sondern sich aus der allgemeinen Beziehung ergeben, die das Potential einer Wasserstoffelektrode als Funktion der Aktivität der H^+-Ionen und des Druckes des molekularen Wasserstoffes P_{H_2} angibt, wenn man diese Größe als unbekannt und die EMK als bekannt betrachtet.

$$\varepsilon = - \frac{R\,T}{0{,}239 \cdot 2 \cdot F} \ln \frac{P_{H_2}}{[a_{H^+}]^2}.$$

Daraus wird bei Zimmertemperatur:

$$\varepsilon = -0{,}029 \lg P_{H_2} - 0{,}058\, p_H.$$

Nach Clark wird der mit dem umgekehrten Vorzeichen versehene Logarithmus des Druckes des Wasserstoffgases in Analogie zu p_H mit dem Symbol r_H bezeichnet. Damit geht die obige Beziehung über in:

$$\varepsilon = 0{,}029\, r_H - 0{,}058\, p_H,$$

$$r_H = \frac{\varepsilon + 0{,}058\, p_H}{0{,}029} = \frac{\varepsilon}{0{,}029} + 2\, p_H.$$

Wird der Wert von p_H konstant gehalten, dann ist r_H eine lineare Funktion des Redoxpotentials und kann daher als Maßstab für das Oxydations- oder Reduktionsvermögen eines Systems herangezogen werden. Es muß allerdings darauf hingewiesen werden, daß der Wert r_H eines bestimmten Systems nur dann eine Bedeutung hat, wenn das p_H dieses Systems festgelegt ist und daß er bei gewissen Typen von Elektroden, wie z. B. der Elektrode Fe^{2+}/Fe^{3+}, für das Oxydations- oder Reduktionsvermögen überhaupt nicht maßgebend ist. [Vgl. Milazzo, G.: Ann. chim. appl. **38**, 714 (1948).]

8. Absolute und relative Potentiale

Es wäre möglich, die Potentiale der bisher beschriebenen Halbelemente zu berechnen, wenn die Absolutwerte der Entropie und des Wärmeinhaltes bei der Versuchstemperatur bekannt wären. Solche Potentiale heißen absolute Potentiale, da sie die an der Grenzfläche Elektrode-Lösung tatsächlich auftretenden Potentialdifferenzen angeben. Ohne Kenntnis der genannten Größen ist aber die Berechnung der absoluten Potentiale nicht möglich.

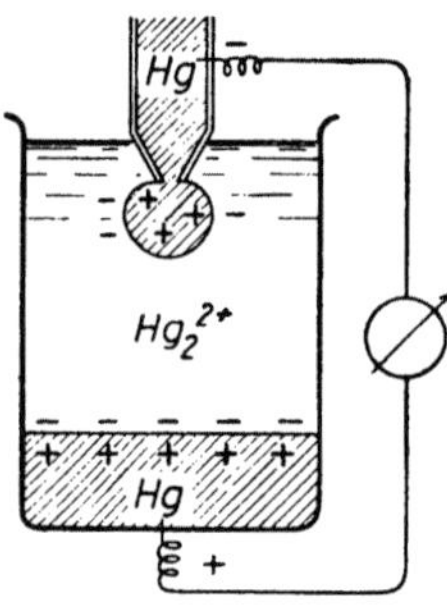

Abb. 21. Quecksilber-Tropfelektrode

Sie könnten gemessen werden, wenn man die fragliche Elektrode mit einem Halbelement, dessen absolutes Potential gleich Null oder genau bekannt ist, verbände und dann dessen EMK bestimmte.

Es wurde der Versuch gemacht, eine solche Elektrode mit der EMK Null, bei der also das chemische Potential der elektrochemisch aktiven Ionen gleich ist dem chemischen Potential des Elektrodenmetalles, herzustellen. Dies wurde mittels einer Anordnung erreicht, die als Quecksilber-Tropfelektrode bezeichnet wird. Ihr Prinzip ist in Abb. 21 dargestellt[1]. Aus einem Trichter mit sehr kleiner Öffnung, der in die oberste Schicht einer Lösung von Quecksilberionen eintaucht, tropft Quecksilber. Auf dem Boden des die Lösung enthaltenden Gefäßes ruht eine Quecksilberschicht von großer Oberfläche. Die beiden Elektroden, die des tropfenden und die des ruhenden Quecksilbers, sind äußerlich durch eine Meßanordnung verbunden, die die Existenz einer Potentialdifferenz während des Tropfens anzeigt. Quecksilber nimmt bei Berührung mit einer Quecksilberionen enthaltenden Lösung spontan ein positives Potential an, selbst dann, wenn die Lösung stark verdünnt ist, wie z. B. im Falle der gesättigten Lösung eines seiner schwerlöslichen Salze. Der Grund hiefür ist, daß das chemische Potential der Ionen in einer solchen Lösung größer als das des Metalles ist. Die Doppelschicht bildet sich daher durch Entladung der Quecksilberionen.

Zu Beginn des Prozesses, wenn das Quecksilber noch ruht, ist die Oberfläche des aus der Trichterspitze austretenden Tropfens positiv geladen. Läßt man das Quecksilber in die Lösung hineintropfen, dann vergrößert sich die Oberfläche des Tropfens, noch bevor er sich von der Trichterspitze löst. Der gegenseitige Abstand der positiven Ladungen vergrößert sich, wodurch das Oberflächengleichgewicht der elektrischen Doppelschicht gestört wird. Um es wieder herzustellen, scheiden sich andere Quecksilberionen aus der Lösung ab. Jeder Quecksilbertropfen, der aus dem Trichter austritt, entlädt weitere Quecksilberionen auf der sich stets erneuernden Oberfläche und transportiert die aufgenommenen positiven Ladungen zu dem am Boden ruhenden Quecksilber.

Dieser Vorgang entspricht einer Konzentrations- und damit Aktivitätsverringerung der Quecksilberionen im oberen Teil der Lösung, was von Palmaer nachgewiesen wurde. Unter günstigen Bedingungen, die besonders die Tropfgeschwindigkeit im Verhältnis zur Tropfengröße und zur Diffusionsgeschwindigkeit des Elektrolyten in der Lösung betreffen, setzt er sich so lange fort, bis die die Trichterspitze berührende Lösungsschicht an Quecksilberionen so verarmt und deren Aktivität so stark vermindert ist, daß das chemische Potential der gelösten Ionen dem des Metalles gleich wird. In diesem Fall muß das Potential

---

[1] Diese Quecksilber-Tropfelektrode ist nicht zu verwechseln mit der in der Polarographie benützten Quecksilber-Tropfelektrode (s. Kap. V, 8).

der Quecksilber-Tropfelektrode Null werden und die gemessene Gesamt-EMK dem absoluten Potential der unteren Elektrode entsprechen.

Der stationäre Zustand, bei dem die Potentialdifferenz zwischen Tropfelektrode und Lösung verschwindet, wird unter sonst gleichen Bedingungen umso rascher erreicht, je kleiner die Anfangskonzentration der Quecksilberionen ist. Es wird daher ein schwerlösliches Salz benützt, z. B. Quecksilberchlorid, dessen Konzentration noch weiter herabgesetzt wird, indem es nicht in reinem Wasser, sondern in der Lösung eines Elektrolyten mit gemeinsamem Anion, z. B. Kaliumchlorid, aufgelöst wird. Das resultierende Element

$$+ \; Hg_{ruhend} \; | \; Hg_2Cl_2 + KCl \; 1 \; n \; | \; Hg_{tropfend} \; -$$

gibt eine EMK von 0,56 V, die der EMK der Normalkalomelelektrode

$$Hg/Hg_2Cl_2 + K\,Cl\;1\,n$$

entspricht, deren absolutes Potential also $+ \, 0{,}56$ V beträgt. Will man das absolute Potential einer beliebigen anderen Elektrode bestimmen, dann braucht man sie nur mit einer Normalkalomelelektrode zu verbinden, die EMK des resultierenden Elementes zu messen und dann das gesuchte Potential zu errechnen.

Der Wert $+ \, 0{,}56$ V als absolutes Potential der Kalomelelektrode ist durch andere Untersuchungen[1] bestätigt worden. Die einzelnen Verfahren ergaben als absolutes Potential der Normalkalomelelektrode die folgenden Werte, ausgedrückt in V: Elektrokapillarkurve des Quecksilbers 0,572[2], Vertikalabweichung von Quecksilbertröpfchen, die in einer von einem elektrischen Strom durchsetzten Lösung fallen, $+ \, 0{,}53$[3], Methode von Andauer $+ \, 0{,}57$[4].

Es gibt jedoch andere Untersuchungen, die nicht zu demselben absoluten Potential der Kalomelelektrode geführt haben: Bewegung kolloider Teilchen in einem elektrischen Feld $- \, 0{,}18$[5], Messung mittels eines Spezialquadrantenelektrometers, das in die Elektrolytlösung eintaucht, $- \, 0{,}10 \sim - \, 0{,}20$[6], mittels der Schabmethode $- \, 0{,}19$[7].

Der zwischen diesen beiden Gruppen von Untersuchungsergebnissen bestehende Widerspruch ist wahrscheinlich dem Umstand zuzuschreiben, daß die Messung fast immer auf den Augenblick bezogen wird, in dem die Potentialdifferenz zwischen dem Metall und der Lösung, gegen die sich das Metall bewegt, verschwindet. Wenn die Oberfläche, entlang welcher die Relativbewegung der beiden Phasen stattfindet, *sicher* ihre wahre Trennungsfläche wäre, dann wäre der gemessene Wert die gesuchte wahre thermodynamische Potentialdifferenz. Da aber an der Metalloberfläche wahrscheinlich Adsorptions- und Adhäsionserscheinungen auftreten, vollzieht sich die eigentliche Relativbewegung zwischen der Masse der Lösung und dem an der Metalloberfläche haftenden Flüssigkeitsfilm. Der durch die Nullmethode gemessene Wert ist also nicht die wahre thermodynamische Potentialdifferenz, sondern die Potentialdifferenz zwischen zwei Lösungsschichten, die sich gegeneinander bewegen. Eine solche Potentialdifferenz heißt *elektrokinetisches Potential* (s. Kap. XI, 4) und ist nicht notwendigerweise der thermodynamischen Potentialdifferenz gleich. Im Gegenteil, gewöhnlich hat sie einen anderen Wert und ist überdies dem Einfluß kapillar-

---

[1] Diese und die folgenden Untersuchungen können nicht im einzelnen erörtert werden. Es wird deshalb auf die Originalliteratur verwiesen.

[2] Jellinek, K.: Lehrbuch der physikalischen Chemie. Bd. V, S. 38. Stuttgart: F. Enke, 1935.

[3] Christiansen: Ann. Physik **12**, 1072 (1903).

[4] Andauer, M.: Z. physik. Chem. **125**, 135 (1927).

[5] Billitzer, J.: Z. Elektrochem. 8, 638 (1902); Drud. Ann. **11**, 902 (1903).

[6] Garrison, A.: J. Amer. Chem. Soc. **45**, 37 (1923).

[7] Bennewitz, K. und J. Schulz: Z. physik. Chem. **124**, 115 (1926).

aktiver Stoffe, welche die thermodynamische Potentialdifferenz an sich nicht ändern, stark unterworfen.

Die Frage des absoluten Potentials einer Elektrode muß noch als ungelöst betrachtet werden und dies umso mehr, als die Genauigkeit der verschiedenen Messungen in den beiden Versuchsgruppen nicht sehr groß ist, so daß bedeutende Unterschiede zwischen den Ergebnissen der einzelnen Methoden selbst in ein und derselben Gruppe vorkommen.

Man zieht es daher vor, gemäß einem Vorschlag von Nernst alle EMK-Werte auf das Potential einer beliebigen, konventionell festgelegten Bezugselektrode zu beziehen. Als solche wurde die Normalwasserstoffelektrode gewählt. Sie besteht aus einer dünnen Platte von platiniertem Platin, die in eine Lösung von H^+-Ionen mit der Aktivität 1 Grammion je kg Wasser eintaucht und von molekularem Wasserstoffgas von 1 Atm. Druck umspült wird[1]. Ihre EMK wurde durch Konvention für jede beliebige Temperatur gleich Null gesetzt. Die auf eine solche Elektrode bezogenen Potentiale heißen *Relativpotentiale, bezogen auf Wasserstoff*, und sollten mit dem Symbol ε_H bezeichnet werden. Es ist jedoch üblich, das auf die Wasserstoffelektrode bezogene Potential ε zu nennen. Die auf die Normalwasserstoffelektrode bezogenen Potentiale heißen auch kurz *Normalpotentiale* und erhalten das Symbol ε_0.

Die Normalwasserstoffelektrode ist jedoch in der Handhabung ein wenig unbequem. In der Praxis benützt man daher öfter andere Bezugselektroden, deren Potentiale mit hinreichender Genauigkeit bekannt sind. In Tab. 24 sind die EMK einer Reihe der am häufigsten benützten Bezugselektroden, bezogen auf die Normalwasserstoffelektrode mit dem Relativwert Null, zusammengestellt.

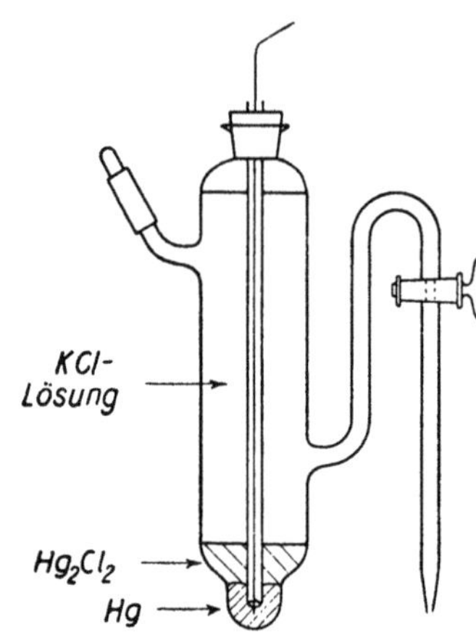

Abb. 22. Kalomelelektrode

Tabelle 24. *EMK von Bezugselektroden bei 25° C*

Elektrode	EMK V [1]	$d\varepsilon/dT$ V
Hg/Hg_2Cl_2 — KCl gesättigt	+ 0,2446	
Hg/Hg_2Cl_2 — KCl 1 n	+ 0,2810	— 2,8 · 10^{-4}
Hg/Hg_2Cl_2 — KCl 0,1 n	+ 0,3338	— 7,0 · 10^{-5}
Hg/HgO — KOH 0,1 n	+ 0,162	
$Ag/AgCl$ — HCl $a_{Cl^-} = 1$	+ 0,2222	
$Ag/AgCl$ — KCl 0,1 n	+ 0,2881	
$Pt — H_{2-1}$Atm./H_2SO_4 $a_{H^+} = 1$	0,00000	
$Pt — H_{2-1}$Atm./ NaOH 0,1 n	— 0,7624	

[1] Das positive Vorzeichen bedeutet, daß die Elektrode den positiven Pol des aus der Wasserstoffelektrode und ihr selbst zusammengesetzten Elementes bildet.

Die gebräuchlichste Elektrode ist die Kalomelelektrode. Eine bequeme Form dieser Elektrode ist in Abb. 22 wiedergegeben.

[1] Der Druck des Wasserstoffgases wird genau auf 760 mm Quecksilbersäule bezogen und unter Berücksichtigung des Wasserdampfdruckes und des hydrostatischen Druckes der Flüssigkeitssäule, die sich über der Austrittsöffnung für den Wasserstoff befindet, korrigiert.

9. Diffusionspotentiale zwischen elektrolytischen Lösungen

Auch die Grenzfläche zwischen zwei elektrolytischen Lösungen kann der Sitz einer EMK sein, und zwar nicht nur wenn es sich um verschiedene, sondern auch wenn es sich um qualitativ gleichartige Elektrolyte handelt, die sich nur in der Konzentration unterscheiden. Diese Potentiale sind nicht groß, oft aber auch doch nicht so klein, um im Hinblick auf die EMK der bisher untersuchten Elektroden vernachlässigt werden zu können. Aus diesem Grunde ist es bei der Messung der EMK mittels eines Elementes, das sich aus der zu untersuchenden Elektrode und einer Bezugselektrode zusammensetzt, notwendig, daß die Diffusions-EMK oder Kontakt-EMK, wie sie auch genannt wird, durch irgend einen Kunstgriff eliminiert wird oder doch genau bekannt und berechenbar bleibt.

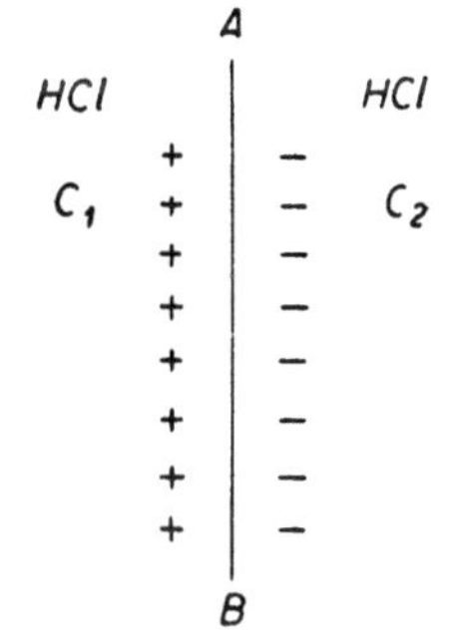

Um das der Berechnung solcher EMK zugrundeliegende Prinzip zu zeigen, werden zwei an einer idealen Grenzfläche $A - B$ in Kontakt stehende Salzsäurelösungen (s. Abb. 23) mit den Konzentrationen c_1 und c_2 ($c_1 < c_2$) betrachtet. Der Elektrolyt trachtet aus der Lösung mit der Konzentration c_2 und dem größeren chemischen Potential in die Lösung mit der Konzentration c_1 und dem kleineren chemischen Potential zu diffundieren. Unter der Einwirkung des osmotischen Druckes diffundiert aber jede der beiden Ionenarten unabhängig von der anderen mit der ihr eigenen Diffusionsgeschwindigkeit, die der betreffenden Wanderungsgeschwindigkeit und der Differenz zwischen den osmotischen Drucken proportional ist. Im Falle der Salzsäure diffundieren die H$^+$-Ionen rascher als die Cl$^-$-Ionen. In der verdünnteren Lösung tritt daher ein Überschuß jener H$^+$-Ionen auf, die von der entsprechenden Menge Cl$^-$-Ionen nicht kompensiert werden. Da die H$^+$-Ionen positiv geladen sind, lädt sich die verdünntere Lösung gegenüber der konzentrierteren positiv auf, so daß an den beiden Seiten der Grenzfläche $A - B$ verschiedene Potentiale auftreten. Auf diese Weise kommt es unmittelbar zur Ausbildung einer elektrischen Doppelschicht, deren Potentialdifferenz sich einer weiteren Diffusion von H$^+$-Ionen entgegenstellt, während sie die Diffusion der Cl$^-$-Ionen solange unterstützt, bis die Diffusionsgeschwindigkeiten gleich werden.

Diese Diffusion ist irreversibel und findet immer statt, wenn sich eine elektrolytische Lösung mit einer anderen, qualitativ oder auch nur quantitativ verschiedenen Lösung in Kontakt befindet, z. B. wenn die beiden Lösungen den Elektrolyten zweier Halbelemente bei offenem Stromkreis bilden: die beiden Ionenarten wandern in diesem Falle in der gleichen Richtung. Äußere elektrische Arbeit kann dadurch nicht erzeugt werden, da — wie die Betrachtung des oben angeführten Beispiels zeigt — die für den Durchgang des H$^+$-Ions durch die Doppelschicht erforderliche elektrische Arbeit genau gleich ist der Arbeit, die beim gleichsinnigen Durchgang des Cl$^-$-Ions durch dieselbe Doppelschicht geleistet wird. Wird der äußere Stromkreis geschlossen und läßt man das Element spontan arbeiten, dann ändern sich die Bedingungen in dem Sinne, daß der Vorgang reversibel wird und die Ionen in der entgegengesetzten Richtung wandern.

Läßt man die Elektrizitätsmenge $1\ F$ hindurchtreten, so teilt sie sich auf die beiden Ionenarten auf, wobei der von den Anionen Cl$^-$ transportierte Anteil n_A und der von den Kationen H$^+$ mitgeführte Anteil $n_K = 1 - n_A$ beträgt.

Abb. 23

Da der Vorgang reversibel ist, ist die mit der Umsetzung verbundene Änderung der freien Energie gleich der elektrisch berechneten äußeren Arbeit. Letztere ist $-\varepsilon F$ (ε = EMK der elektrischen Doppelschicht an der Berührungsfläche zwischen den beiden elektrolytischen Lösungen).

Die Änderung der freien Energie ist für jede der beiden Ionenarten durch die Differenz ihrer chemischen Potentiale in den beiden Lösungen, multipliziert mit der Anzahl der sich effektiv verlagernden Ionen, gegeben. Es gilt daher für das Anion:

$$\Delta F = n_A \left[(\mu_{0\,An} + R\,T \ln a_{An,\,Ende}) - (\mu_{0\,An} + R\,T \ln a_{An,\,Anfang})\right] =$$
$$= -n_A\,R\,T \ln \frac{a_{An,\,Anfang}}{a_{An,\,Ende}} \tag{1}$$

und für das Kation:

$$\Delta F = -(1 - n_A)\,R\,T \ln \frac{a_{Kat,\,Anfang}}{a_{Kat,\,Ende}}. \tag{2}$$

Durch Gleichsetzen der elektrischen Arbeit mit der Gesamtänderung der freien Energie, die der Summe von Gl. (1) und Gl. (2) entspricht, erhält man:

$$-0{,}239\,\varepsilon\,F = -(1 - n_A)\,R\,T \ln \frac{a_{Kat,\,Anfang}}{a_{Kat,\,Ende}} - n_A\,R\,T \ln \frac{a_{An,\,Anfang}}{a_{An,\,Ende}},$$

$$\varepsilon = (1 - n_A)\frac{R\,T}{0{,}239\,F} \ln \frac{a_{Kat,\,Anfang}}{a_{Kat,\,Ende}} + \frac{n_A\,R\,T}{0{,}239\,F} \ln \frac{a_{An,\,Anfang}}{a_{An,\,Ende}},$$

$$= (1 - n_A)\frac{R\,T}{0{,}239\,F} \ln \frac{a_{Kat,\,Anfang}}{a_{Kat,\,Ende}} - \frac{n_A\,R\,T}{0{,}239\,F} \ln \frac{a_{An,\,Ende}}{a_{An,\,Anfang}}.$$

In Anbetracht des Umstandes, daß die beiden Ionenarten in entgegengesetzter Richtung wandern, ist die Endkonzentration und daher auch die Endaktivität der einen offenbar gleich der Anfangskonzentration der anderen. Es gilt daher:

$$\varepsilon = (1 - n_A)\frac{R\,T}{0{,}239\,F} \ln \frac{a_{Kat,\,Anfang}}{a_{Kat,\,Ende}} - \frac{n_A\,R\,T}{0{,}239\,F} \ln \frac{a_{Kat,\,Anfang}}{a_{Kat,\,Ende}},$$

$$= (1 - 2\,n_A)\frac{R\,T}{0{,}239\,F} \ln \frac{a_{Kat,\,Anfang}}{a_{Kat,\,Ende}},$$

$$= \frac{u - v}{u + v}\frac{R\,T}{0{,}239\,F} \ln \frac{a_{Kat,\,Anfang}}{a_{Kat,\,Ende}},$$

$$= 0{,}05914\,\frac{u - v}{u + v}\,\lg \frac{a_{Kat,\,Anfang}}{a_{Kat,\,Ende}}.$$

Diese Rechnung gilt für den Fall, daß die beiden Lösungen den gleichen binären, ein-einwertigen Elektrolyten in verschiedener Konzentration enthalten. Das aus der Rechnung ermittelte Vorzeichen der Potentialdifferenz bezieht sich nicht auf eine besondere Anordnung der Lösungen, da der Sinn der Potentialdifferenz zwischen den beiden Elektrolyten ausschließlich von der Differenz der Wanderungsgeschwindigkeiten u und v des Anions bzw. Kations abhängt, wobei es klar ist, daß die Diffusion immer in der Richtung von der konzentrierteren zur verdünnteren Lösung vor sich geht. Und zwar nimmt die verdünntere Lösung gegenüber der konzentrierteren für $u > v$ ein positives und für $u < v$ ein negatives Potential an. Die Diffusionspotentialdifferenz ε wird zur Potentialdifferenz der beiden Halbelemente eines galvanischen Elementes, das heißt zu dessen EMK, algebraisch addiert. Mit anderen Worten: ε wird hinzugezählt, wenn es mit dem positiven und abgezogen, wenn es mit dem negativen Vorzeichen versehen ist. Ein negatives Vorzeichen von ε bedeutet, daß die Diffusions-EMK der EMK des Elementes entgegenwirkt.

Wenn der Elektrolyt nicht ein-einwertig ist, sondern z-wertige Ionen bildet, nimmt der Ausdruck für die Berührungs-EMK die Form

$$\varepsilon = \frac{R\,T}{0{,}239\,F}\,\frac{u/z^+ - v/z^-}{u+v}\,\ln\frac{a_{Anfang}}{a_{Ende}}$$

an.

Für den allgemeinen Fall eines beliebigen Elektrolyten von beliebiger Konzentration wird der Ausdruck äußerst kompliziert. Henderson[1] hat folgende allgemeine Form angegeben:

$$\varepsilon = \frac{R\,T}{0{,}239\,F}\,\frac{(U_1 - V_1) - (U_2 - V_2)}{(U_1' + V_1') - (U_2' + V_2')}\,\ln\frac{U_1' + V_1'}{U_2' + V_2'}.$$

Darin sind: $U_1 = u_1 c_1^+ + u_2 c_2^+ + u_3 c_3^+ + \ldots =$ Summe der Produkte Wanderungsgeschwindigkeiten $u_1, u_2, u_3 \ldots$ der Kationen 1, 2, 3 $\ldots$ mal zugehörige Ionenkonzentrationen $c_1^+, c_2^+, c_3^+ \ldots$; $V_1 = v_1 c_1^- + v_2 c_2^- + v_3 c_3^- + \ldots =$ Summe der Produkte Wanderungsgeschwindigkeiten $v_1, v_2, v_3 \ldots$ der Anionen 1, 2, 3 $\ldots$ mal zugehörige Ionenkonzentrationen $c_1^-, c_2^-, c_3^- \ldots$; $U_1' = u_1 c_1^+ z_1^+ + u_2 c_2^+ z_2^+ + u_3 c_3^+ z_3^+ + \ldots =$ Summe der Produkte Wanderungsgeschwindigkeiten $u_1, u_2, u_3 \ldots$ der Kationen 1, 2, 3 $\ldots$ mal zugehörige Ionenkonzentrationen $c_1^+, c_2^+, c_3^+ \ldots$ mal zugehörige Wertigkeiten $z_1^+, z_2^+, z_3^+ \ldots$; $V_1' = v_1 c_1^- z_1^- + v_2 c_2^- z_2^- + v_3 c_3^- z_3^- + \ldots =$ Summe der Produkte Wanderungsgeschwindigkeiten $v_1, v_2, v_3 \ldots$ der Anionen 1, 2, 3 $\ldots$ mal zugehörige Ionenkonzentrationen $c_1^-, c_2^-, c_3^- \ldots$ mal zugehörige Wertigkeiten $z_1, z_2, z_3 \ldots$. Vorstehende Ausdrücke beziehen sich auf die erste, U_2, V_2, U_2', V_2' in analoger Weise auf die zweite Lösung.

Wenn sich zwei Lösungen berühren, die Ionen verschiedener Wanderungsgeschwindigkeit enthalten, bildet sich an der Berührungsfläche immer eine Potentialdifferenz aus. In Tab. 25 sind die Diffusionspotentialdifferenzen zwischen jenen Elektrolyten, die in den galvanischen Elementen gewöhnlich in Kontakt stehen, zusammengestellt. Aus den betreffenden Polaritäten ist unmittelbar ersichtlich, ob sie zu der EMK des Elementes hinzugezählt oder von ihr abgezogen werden müssen. Die Konzentrationen sind in Äquivalenten je Liter ausgedrückt.

Da die allgemeine Berechnung der Diffusions-EMK für beliebige Elektrolyte von beliebiger Konzentration nicht einfach und ihre experimentelle Bestimmung schwierig ist, zieht man es vor, sie durch geeignete experimentelle Maßnahmen zu eliminieren. Eine dieser Maßnahmen besteht in der Verbindung der beiden Lösungen durch eine Zwischenlösung, die eine stark konzentrierte (eventuell gesättigte) Lösung eines binären, ein-einwertigen Elektrolyten mit möglichst gleicher Wanderungsgeschwindigkeit für das Kation und Anion sein kann. Die Diffusion findet dann von der konzentrierteren zur verdünnteren Lösung statt und, da $u \cong v$, wird $u - v \cong 0$ und damit $\varepsilon \cong 0$. Kaliumchlorid, Natriumnitrat und Ammoniumnitrat haben sich für diesen Zweck bisher am geeignetsten erwiesen.

---

[1] Henderson, P.: Z. physik. Chem. **59**, 118 (1907); **63**, 325 (1908).

Tabelle 25. *Diffusions-Potentialdifferenzen in mV bei 25° C*

Elektrolyte	mV	Elektrolyte	mV
+ KCl 3,5 / HCl 1 —	16,6	— KCl 0,1 / NaOH 0,1 +	18,9
+ KCl 3,5 / HCl 0,1 —	3,1	— KCl 0,1 / KOH 1 +	34,2
+ KCl 3,5 / HCl 0,01 —	1,4	— KCl 0,1 / KOH 0,1 +	15,4
+ KCl 3,5 / H_2SO_4 1 —	14	— KCl 0,1 / LiCl 0,1 +	8,9
+ KCl 3,5 / H_2SO_4 0,1 —	4	— KCl 0,1 / NaCl 1 +	11,2
— KCl 3,5 / NaOH 1 +	10,5	— KCl 0,1 / NaCl 0,1 +	6,4
— KCl 3,5 / NaOH 0,1 +	2,1	+ KCl 0,1 / KCl 0,01 —	0,4
— KCl 3,5 / KOH 1 +	8,6	+ KCl 0,1 / $(NH_4)Cl$ 0,1 —	2,2
— KCl 3,5 / KOH 0,1 +	1,7	+ KCl 1,0 / KJO_3 0,1 —	8,0
— KCl 3,5 / NaCl 1 +	1,9	+ KCl 0,05 / HCl 0,1 —	53
— KCl 3,5 / NaCl 0,1 +	0,2	+ KCl 0,01 / HCl 0,01 —	25,7
+ KCl 3,5 / KCl 1 —	0,2	— KCl 0,01 / LiCl 0,01 +	8,2
+ KCl 3,5 / KCl 0,1 —	0,6	— KCl 0,01 / NaCl 0,01 +	5,7
+ KCl 3,5 / KCl 0,01 —	1,0	— KCl 0,01 / CsCl 0,01 +	0,3
+ KCl 1,0 / HCl 1 —	27,4	— KCl 0,01 / $(NH_4)Cl$ 0,01 +	1,5
+ KCl 1,0 / HCl 0,1 —	9,7	— HCl 0,1 / LiCl 0,1 +	34,9
+ KCl 1,0 / HCl 0,01 —	2,8	— HCl 0,1 / LiCl 0,05 +	58
+ KCl 1,0 / H_2SO_4 1 —	25	— HCl 0,1 / LiCl 0,01 +	91
+ KCl 1,0 / H_2SO_4 0,1 —	8	— HCl 0,1 / NaCl 0,1 +	33,1
— KCl 1,0 / NaOH 1 +	18,8	— HCl 0,1 / $(NH_4)Cl$ 0,1 +	28,4
— KCl 1,0 / NaOH 0,1 +	5,4	— HCl 0,01 / LiCl 0,01 +	33,8
— KCl 1,0 / KOH 1 +	15,3	— HCl 0,01 / NaCl 0,01 +	31,2
— KCl 1,0 / KOH 0,1 +	4,5	— HCl 0,01 / $(NH_4)Cl$ 0,01 +	27,0
— KCl 1,0 / NaCl 1 +	3,8	+ LiCl 0,1 / NaCl 0,1 —	2,6
— KCl 1,0 / NaCl 0,1 +	0,7	+ LiCl 0,1 / $(NH_4)Cl$ 0,1 —	6,9
+ KCl 1,0 / KCl 0,1 —	0,4	+ LiCl 0,01 / NaCl 0,01 —	2,6
+ KCl 1,0 / KCl 0,01 —	0,8	+ LiCl 0,01 / CsCl 0,01 —	7,8
+ KCl 0,1 / HCl 1 —	56,2	+ LiCl 0,01 / $(NH_4)Cl$ 0,01 —	6,9
+ KCl 0,1 / HCl 0,1 —	26,8	— NaCl 0,2 / NaOH 0,2 +	19
+ KCl 0,1 / HCl 0,01 —	9,3	+ NaCl 0,1 / $(NH_4)Cl$ 0,1 —	4,2
+ KCl 0,1 / H_2SO_4 1 —	53	+ NaCl 0,01 / CsCl 0,01 —	5,4
+ KCl 0,1 / H_2SO_4 0,1 —	25	+ NaCl 0,01 / $(NH_4)Cl$ 0,01 —	4,3
— KCl 0,1 / NaOH 1 +	45	— CsCl 0,01 / $(NH_4)Cl$ 0,01 +	0,95

10. Konzentrationselemente

Der im vorstehenden Abschnitt beschriebene Vorgang gestattet es, den Energiebetrag, der beim Übergang eines Ions aus einer Anfangsaktivität a_2 in eine Endaktivität a_1, das heißt bei einer Änderung der Ionenkonzentration gewonnen werden kann, in äußere elektrische Arbeit umzuwandeln. Der Vorgang wird in den sogenannten Konzentrationselementen praktisch ausgewertet. Diese setzen sich aus qualitativ gleichen Halbelementen zusammen, die mit Elektroden erster oder zweiter Art oder auch mit Gaselektroden ausgestattet sind und sich untereinander nur in der Konzentration des Elektrolyten unterscheiden. Als Beispiel sei das Element

$$- \quad Pt - H_2 \left| \begin{array}{c} \overset{1}{} \\ HCl \\ a_1 \end{array} \right| \begin{array}{c} \overset{2}{} \\ HCl \\ a_2 \end{array} \left| \begin{array}{c} \overset{3}{} \\ Pt - H_2 \end{array} \right. \quad + $$

angeführt. Es besteht aus zwei Wasserstoffelektroden; der Druck des Wasserstoffgases ist für beide Elektroden gleich, die Konzentrationen der Salzsäure sind dagegen verschieden, mit $a_1 < a_2$. Der Vorgang läuft spontan in dem Sinne ab, daß sich die konzentriertere Lösung zu verdünnen sucht. Wenn in zweckmäßiger Weise vorgegangen wird, ist es möglich, die osmotische Energie in äußere elektrische Arbeit umzusetzen. Bei Durchgang von 1 F finden folgende Vorgänge spontan statt:

a) An der Grenzfläche 1, zwischen Elektrode und Lösung, geht 1 Grammäquivalent Wasserstoff aus dem elementaren in den Ionenzustand über.

b) An der Berührungsfläche 2, zwischen den beiden elektrolytischen Lösungen, spielt sich der im vorhergehenden Abschnitt untersuchte Vorgang ab.

c) An der Grenzfläche 3, zwischen Lösung und Elektrode, entlädt sich 1 Grammion Wasserstoff.

Im Innern des Elementes ist der positive, von den H^+-Ionen dargestellte Strom von der verdünnten zur konzentrierten Lösung gerichtet, da sich nur so die beiden Konzentrationen ausgleichen können. Tatsächlich bildet sich beim Stromdurchgang im linken Halbelement 1 Grammäquivalent H^+-Ionen, während gleichzeitig $n_K = (1 - n_A)$ Äquivalente durch die Berührungsfläche 2 zum rechten Halbelement wandern. Aus diesem Grunde bleiben im linken Halbelement n_A Äquivalente H^+-Ionen im Überschuß. Im rechten Halbelement entlädt sich 1 Grammäquivalent H^+-Ionen, während gleichzeitig $(1 - n_A)$ Äquivalente vom linken Halbelement zufließen, so daß sich ein Defizit von n_A Äquivalenten H^+-Ionen ergibt. In der gleichen Zeit sind n_A Äquivalente Cl^--Ionen vom rechten zum linken Halbelement gewandert. Das ist im ganzen gesehen, als ob n_A Äquivalente Salzsäure vom Halbelement mit der größeren Konzentration in das mit der kleineren Konzentration übergegangen wären.

Die Änderung der freien Energie beträgt für jede der beiden Ionenarten $- n_A R T \ln a_2/a_1$ und zusammengenommen $- 2 n_A R T \ln a_2/a_1$. Durch Gleichsetzen mit der elektrischen Arbeit $- 0{,}239 \, E \, F$ erhält man

$$- 0{,}239 \, E \, F = - 2 \, n_A \, R \, T \ln \frac{a_2}{a_1},$$

$$E_{Kat} = 2 \, n_A \, \frac{R \, T}{0{,}239 \, F} \ln \frac{a_2}{a_1} = 0{,}05914 \cdot 2 \, n_A \lg \frac{a_2}{a_1}.$$

Das E_{Kat} der letzten Gleichung sagt aus, daß das Element in bezug auf das Kation reversibel ist. Man gelangt zum gleichen Ergebnis, wenn die algebraische Summe der verschiedenen an den Flächen 1, 2 und 3 vorhandenen Potentialdifferenzen gebildet wird und zur Errechnung der Diffusions-EMK die im vorangegangenen Abschnitt gewonnene Beziehung herangezogen wird. Die Vorgänge 1 und 3 ergeben zusammen, daß die H^+-Ionenaktivität in der verdünnteren Lösung um 1 Grammion zugenommen hat, während sie in der konzentrierteren Lösung um denselben Betrag gefallen ist. Es ist also, als ob 1 Grammion isotherm und reversibel aus der Lösung mit der Aktivität a_2 in die Lösung mit der Aktivität a_1 übergegangen wäre. Durch Gleichsetzen der Änderung der freien Energie mit der elektrischen Arbeit erhält man für 25° C

$$- 0{,}239 \, \varepsilon_1 \, F = - R \, T \ln \frac{a_2}{a_1},$$

$$\varepsilon_1 = \frac{R \, T}{0{,}239 \, F} \ln \frac{a_2}{a_1} = 0{,}05914 \lg \frac{a_2}{a_1},$$

worin ε_1 die algebraische Summe der an den Grenzflächen 1 und 3 vorhandenen EMK bezeichnet. Auf Grund des vorhergehenden Abschnittes ergibt sich das Potential an der Berührungsfläche 2 zu

$$\varepsilon_2 = \frac{u-v}{u+v}\frac{R\,T}{0{,}239\,\boldsymbol{F}}\ln\frac{a_1}{a_2} = \frac{R\,T}{0{,}239\,\boldsymbol{F}}\frac{v-u}{u+v}\ln\frac{a_2}{a_1},$$

wobei in Rechnung gestellt ist, daß das Kation tatsächlich von der Anfangs-lösung mit der kleineren Aktivität a_1 zur Endlösung mit der größeren Aktivität a_2 wandert.

Die Gesamt-EMK des Elementes ist schließlich die algebraische Summe von ε_1 und ε_2:

$$\boldsymbol{E}_{Kat} = \varepsilon_1 + \varepsilon_2 = 0{,}05914\lg\frac{a_2}{a_1} + 0{,}05914\frac{v-u}{v+u}\lg\frac{a_2}{a_1}$$

$$= 0{,}05914\left(1 + \frac{v-u}{v+u}\right)\lg\frac{a_2}{a_1},$$

$$= 0{,}05914\,\frac{2\,v}{v+u}\lg\frac{a_2}{a_1},$$

$$= 0{,}05914\cdot 2\,n_A\lg\frac{a_2}{a_1}.$$

Das ist die EMK des in bezug auf das Kation reversiblen Konzentrations-elementes. Wenn das Element statt dessen bezüglich des Anions reversibel ist, kommt man durch analoge Überlegungen zu der folgenden Gleichung für die EMK:

$$\boldsymbol{E}_{An} = -\,0{,}05914\cdot 2\,n_K\lg\frac{a_2}{a_1}.$$

Für den allgemeinen Fall eines Elektrolyten mit z-wertigen Ionen nehmen die Gleichungen die Form an:

$$\boldsymbol{E}_{Kat} = \left(\frac{1}{z^+} + \frac{1}{z^-}\right)\frac{R\,T}{0{,}239\,\boldsymbol{F}}\,n_A\ln\frac{a_2}{a_1},$$

$$\boldsymbol{E}_{An} = -\left(\frac{1}{z^+} + \frac{1}{z^-}\right)\frac{R\,T}{0{,}239\,\boldsymbol{F}}\,n_K\ln\frac{a_2}{a_1}.$$

Dies ist leicht einzusehen, da bei Durchgang von $1\,\boldsymbol{F}$ die wandernden Kationen durch den Bruch n_K/z^+ und die Anionen durch n_A/z^- gegeben sind.

Die letzten beiden Beziehungen gestatten eine einfache Bestimmung der Überführungszahlen auf Grund von EMK-Messungen an Konzentrations-elementen, die einmal bezüglich des Kations und das andere Mal bezüglich des Anions reversible Vorgänge liefern, wobei jedoch der Elektrolyt konstant gehalten werden muß. Tatsächlich ist leicht ersichtlich, daß

$$n_A = \frac{\boldsymbol{E}_{Kat}}{\boldsymbol{E}_{Kat} - \boldsymbol{E}_{An}} \qquad \text{bzw.} \qquad n_K = \frac{\boldsymbol{E}_{An}}{\boldsymbol{E}_{An} - \boldsymbol{E}_{Kat}},$$

vorausgesetzt daß der Wert der Überführungszahlen zwischen den Konzentrationen c_1 und c_2 nicht veränderlich ist.

Sobald es sich aber um Konzentrationselemente mit nicht-binären Elektro-lyten und mit mehrwertigen Ionen handelt, wird die Berechnung der Diffu-sions-EMK erheblich komplizierter und unbestimmter. Es empfiehlt sich dann, diese EMK zu eliminieren, z. B. mit Hilfe einer Zwischenlösung. Für die EMK des Konzentrationselementes bleibt dann der Ausdruck

$$\boldsymbol{E} = \frac{R\,T}{0{,}239\,z\,\boldsymbol{F}}\ln\frac{a_2}{a_1}$$

übrig.

Bei den Konzentrationselementen befindet sich der positive Pol in der konzentrierteren Lösung, wenn das Kation für den elektrochemischen Prozeß aktiv ist, und in der verdünnteren, wenn das Anion für den Prozeß aktiv ist. Dies ist zu beachten, wenn z. B. an Stelle zweier Wasserstoffelektroden in Salzsäure zwei Chlorelektroden ebenfalls in Salzsäure betrachtet werden.

Es ist zu bemerken, daß Elemente des beschriebenen Typs nicht chemische Energie in äußere elektrische Arbeit umwandeln, da die isotherme und reversible Verminderung des osmotischen Druckes einer idealverdünnten Lösung der isothermen und reversiblen Ausdehnung eines idealen Gases analog ist und die innere Energie keine Veränderung erfährt.

Die beschriebenen Elemente heißen *Konzentrationselemente mit Überführung*, wenn das Diffusionspotential nicht eliminiert ist.

Es gibt noch eine andere Art von Konzentrationselementen, die als *Konzentrationselemente ohne Überführung* bezeichnet werden. Diese bestehen in Wirklichkeit aus zwei gleichen Elementen, die denselben Elektrolyten in verschiedener Konzentration enthalten und gegeneinander geschaltet sind. Zum Beispiel besteht das Element

$$+ \text{Ag} \left| \begin{array}{cc} \text{AgCl} - \text{HCl} \\ \text{fest} \quad c_1 \end{array} \right|_1 \left| \text{Pt} - \text{H}_2 - \text{Pt} - \text{H}_2 \right|_2 \quad _3 \left| \begin{array}{cc} \text{HCl} - \text{AgCl} \\ c_2 \quad \text{fest} \end{array} \right| \text{Ag} - _4 \quad ,$$

insgesamt aus den beiden Elementen

$$\overset{\text{I}}{+ \text{Ag} \left| \begin{array}{cc} \text{AgCl} - \text{HCl} \\ \text{fest} \quad c_1 \end{array} \right| \text{Pt} - \text{H}_2 -} \quad \text{und} \quad \overset{\text{II}}{- \text{Pt} - \text{H}_2 \left| \begin{array}{cc} \text{HCl} - \text{AgCl} \\ c_2 \quad \text{fest} \end{array} \right| \text{Ag} +} \quad ,$$

die denselben Elektrolyten Salzsäure mit den Konzentrationen c_1 und c_2 ($c_1 < c_2$) haben. Von den beiden Elementen hat I eine größere EMK als II. Infolgedessen bewirkt der elektrochemische Spontanvorgang in I, daß die gleiche chemische Reaktion in II in der umgekehrten Richtung abläuft. Das heißt, das Element II arbeitet als Elektrolysezelle. Bei Durchgang von 1 *F* zersetzt sich an der Silberelektrode des Elementes I 1 Mol Silberchlorid unter Abscheidung von 1 Äquivalent metallischen Silbers auf der Elektrode und gleichzeitiger Freisetzung von 1 Äquivalent Cl⁻-Ionen in der Lösung; an der Wasserstoffelektrode geht 1 Äquivalent Wasserstoff in Form von Ionen in Lösung, so daß im Element I die Elektrolytkonzentration um 1 Äquivalent zunimmt. Im Element II ist der Vorgang umgekehrt: an der Wasserstoffelektrode wird 1 Äquivalent H⁺-Ionen entladen, während sich an der Silberelektrode 1 Mol Chlorid bildet, da 1 Äquivalent Silber in den Ionenzustand übergegangen ist und sofort mit dem Äquivalent der nach der Entladung der H⁺-Ionen frei gebliebenen Cl⁻-Ionen reagiert. Auf diese Weise verschwindet im Element II 1 Äquivalent Elektrolyt. Der Gesamtvorgang ergibt sich aus der Summe der Reaktionen in den beiden Elementen und besteht im isothermen und reversiblen Übergang von 1 Mol Elektrolyt aus der Anfangslösung mit der Aktivität a_2 in die Endlösung mit der Aktivität a_1. Da der Vorgang isotherm und reversibel abläuft, ist es erlaubt, die damit verbundene Änderung der freien Energie der äußeren elektrischen Arbeit gleichzusetzen. Setzt man den Elektrolyten in erster Annäherung als vollständig dissoziiert voraus, so ist die Änderung der freien Energie für jede der beiden Ionenarten $- R\,T \ln a_2/a_1$ und ihre Summe ist gleich der elektrischen Arbeit

$$-0{,}239\,\boldsymbol{E}\,\boldsymbol{F} = -2\,R\,T\ln\frac{a_2}{a_1},$$

$$\boldsymbol{E} = 2\,\frac{R\,T}{0{,}239\,\boldsymbol{F}}\ln\frac{a_2}{a_1}.$$

Zum gleichen Ergebnis gelangt man durch die Berechnung der Gesamt-EMK als Differenz der EMK der Elemente I und II, deren EMK sich ihrerseits aus dem Unterschied zwischen den Potentialen des positiven und negativen Poles in jedem einzelnen Element ergeben. Bezeichnet man die Potentiale jedes der vier Halbelemente mit ε_1, ε_2, ε_3 und ε_4 und zieht man in Betracht, daß

a) die Silberelektrode in jedem der beiden Elemente immer positiv in bezug auf die Wasserstoffelektrode desselben Elementes ist;

b) die EMK des Elementes I größer als die des Elementes II ist, so erhält man:

$$\boldsymbol{E} = \boldsymbol{E}_1 - \boldsymbol{E}_2 = (\varepsilon_1 - \varepsilon_2) - (\varepsilon_4 - \varepsilon_3).$$

Die Potentiale der einzelnen Halbelemente sind ihrerseits

$$\varepsilon_1 = \varepsilon_0 + \frac{R\,T}{0{,}239\,\boldsymbol{F}}\ln\frac{1}{a_1},$$

$$\varepsilon_2 = \frac{R\,T}{0{,}239\,\boldsymbol{F}}\ln a_1,$$

$$\varepsilon_3 = \frac{R\,T}{0{,}239\,\boldsymbol{F}}\ln a_2,$$

$$\varepsilon_4 = \varepsilon_0 + \frac{R\,T}{0{,}239\,\boldsymbol{F}}\ln\frac{1}{a_2},$$

woraus folgt:

$$\boldsymbol{E} = \varepsilon_0 + \frac{R\,T}{0{,}239\,\boldsymbol{F}}\ln\frac{1}{a_1} - \frac{R\,T}{0{,}239\,\boldsymbol{F}}\ln a_1 - \varepsilon_0 - \frac{R\,T}{0{,}239\,\boldsymbol{F}}\ln\frac{1}{a_2} + \frac{R\,T}{0{,}239\,\boldsymbol{F}}\ln a_2 =$$

$$= 2\,\frac{R\,T}{0{,}239\,\boldsymbol{F}}\ln\frac{a_2}{a_1}.$$

Die EMK eines beliebigen Konzentrationselementes ohne Überführung mit beliebigen Elektrolyten ist durch die allgemeine Beziehung

$$\boldsymbol{E} = \frac{p}{q}\,\frac{R\,T}{0{,}239\,z\,\boldsymbol{F}}\ln\frac{a_2}{a_1}$$

gegeben, die auf Grund analoger Überlegungen leicht gewonnen werden kann. Darin ist p die Gesamtzahl der aus der Dissoziation eines Moleküls Elektrolyt hervorgegangenen Ionen, q die entsprechende Zahl der Ionen (Anionen oder Kationen), bezüglich deren die Endelektroden reversibel sind, und z die Zahl der beteiligten elektrischen Ladungen, die der Wertigkeit dieser Ionen entspricht.

Die Konzentrationselemente werden besonders zur Messung der Aktivitäten der Elektrolyte benützt (s. folgenden Abschn.).

Schließlich gibt es noch eine Gattung von Konzentrationselementen, deren elektrodenaktiver Stoff aus dem gleichen Metall besteht und deren Elektroden in dieselbe Lösung von Ionen dieses Metalles eintauchen, wobei aber die Elektroden verschiedene Aktivitäten aufweisen. Dies ist z. B. bei zwei Amalgamelektroden verschiedener Konzentration der Fall (s. Abschn. 6).

In einem Element, in dem ein Metallamalgam (Me—Am) mit zwei verschiedenen Konzentrationen $(c_2 > c_1)$ in eine Lösung seiner z-wertigen Ionen

(Me^{z+}) eintaucht, läuft der Spontanvorgang bei geschlossenem Stromkreis folgendermaßen ab. Die Elektrode mit der größeren Konzentration hat ein höheres chemisches Potential als die andere und gibt daher Metall in Ionenform an die Lösung ab; an der anderen Elektrode entlädt sich dagegen die gleiche Ionenmenge und geht als gelöstes Metall in das Amalgam über. Das heißt, das Metall geht vom Amalgam mit der höheren Konzentration c_2 auf das Amalgam mit der niedrigeren Konzentration c_1 über, während die Konzentration des Elektrolyten unverändert bleibt. Beim Übergang eines Grammatoms Metall von der Konzentration c_2 auf die Konzentration c_1 beträgt die Änderung der freien Energie $- R\,T \ln a_2/a_1$, die in Form der äußeren elektrischen Arbeit $- 0{,}239\,\boldsymbol{E}\,\boldsymbol{F}\,z$ wieder aufscheint ($z =$ Wertigkeit des Metallions des Elektrolyten). Durch Gleichsetzen beider Ausdrücke erhält man:

$$\boldsymbol{E} = \frac{R\,T}{0{,}239\,z\,\boldsymbol{F}} \ln \frac{a_2}{a_1},$$

eine Beziehung, die dem Ausdruck für die EMK eines Konzentrationselementes ohne Überführung oder eines gewöhnlichen Konzentrationselementes bei Eliminierung des Diffusionspotentials vollkommen analog ist.

Diese Beziehung hat sich für stark verdünnte Amalgame, auf die die Gesetze idealverdünnter Lösungen anwendbar sind, als absolut gültig erwiesen.

Mit zunehmender Konzentration wird die Übereinstimmung der berechneten und gemessenen EMK-Werte schlechter, was verschiedenen Gründen zuzuschreiben ist. Dazu gehören:

a) die begrenzte Gültigkeit der Gesetze der idealverdünnten Lösungen für konzentrierte Amalgame;

b) das Auftreten bedeutender thermischer Effekte im verdünnten und im konzentrierten Amalgam, die nicht wechselseitig eliminiert werden können;

c) Änderungen im Zustand des gelösten Metalles (Assoziationen der Ionen des gelösten Metalles zu mehratomigen Molekülen, Entstehen von Verbindungen aus den Atomen des gelösten Metalles mit dem Quecksilber usw.);

d) schließlich das Aufscheinen neuer metallischer Phasen in der Elektrode mit stark veränderter Zusammensetzung jenseits einer bestimmten, der Sättigung entsprechenden Konzentrationsgrenze. Dabei ist es klar, daß die oben gegebene Beziehung nur gültig sein kann, wenn die Elektrode aus einer einzigen Phase besteht, da nur dann das Gleichgewicht zwischen Elektrode und Lösung auf der Grundlage der thermodynamischen Gesamtaktivität definierbar ist.

Die Beziehung für die EMK eines Konzentrationselementes mit Amalgamelektroden ist nicht nur auf solche Elektroden anwendbar, sondern auch auf alle anderen, die aus der Lösung eines Metalles in einem zweiten bestehen, vorausgesetzt daß die Lösung einphasig ist. Die EMK dieser Elemente hängt nicht vom speziellen Typ des verwendeten Elektrolyten ab. Das heißt, es ist gleichgültig, ob sich der Elektrolyt in einem wässerigen oder nichtwässerigen Lösungsmittel oder gar in einer Elektrolytschmelze befindet (s. Abschn. 13).

11. Ionenaktivitäten

In allen physikochemischen und damit auch in den elektrochemischen Berechnungen, die am Ende des vorigen und zu Beginn dieses Jahrhunderts ausgeführt wurden, kam immer wieder die Ionenkonzentration vor, die stillschweigend aus der Gesamtkonzentration und dem Dissoziationsgrad ermittelt wurde. Die an den elektrochemischen Vorgängen der elektrischen Elemente beteiligten Stoffe gehören aber allgemein der Gruppe der sogenannten starken

Elektrolyte an, für die eine vollständige Dissoziation angenommen wird und auf die die klassische Theorie des Dissoziationsgleichgewichtes von Arrhenius nicht anwendbar ist. Die Berechnung der aktiven Ionenkonzentration aus der Gesamtkonzentration des Elektrolyten mit Hilfe des Dissoziationsgrades, der z. B. aus Messungen der Gefrierpunktserniedrigung oder der Leitfähigkeit bestimmt wird, ist daher nicht genau und dies um so weniger, als im Falle der starken Elektrolyte der *wahre* Dissoziationsgrad aus solchen Messungen gar nicht berechnet werden kann (s. Kap. II, 8). Selbst wenn eine genaue Bestimmung des wahren Dissoziationsgrades und die Ermittlung der tatsächlichen Ionenkonzentration möglich wäre, würde dies für die Berechnung der Potentiale, die in Wirklichkeit noch von anderen, nicht im Dissoziationsgrad aufscheinenden Parametern abhängen, nicht hinreichen.

Schon bei Erörterung des molekularen Zustandes der starken Elektrolyte (s. Kap. II, 8) wurde darauf hingewiesen, daß diese trotz der Annahme einer totalen Dissoziation nur zum Teil als aktiv betrachtet werden können, was der Wirkung der interionischen Kräfte elektrostatischer Natur zuzuschreiben sei, und daß das Verhältnis λ_v/λ_0 eher die Änderung der Wanderungsgeschwindigkeiten als den Dissoziationsgrad anzeigt. Aus diesem Grunde führte Lewis 1908 den Begriff der *Aktivität* ein. Die Aktivität tritt an die Stelle der tatsächlichen Konzentration und stellt jene aktive Masse dar, die z. B. dem Massenwirkungsgesetz für die Gleichgewichte der starken Elektrolyte gehorcht, die Abweichungen vom Verhalten bezüglich der Gefrierpunktserniedrigung und des osmotischen Druckes idealer Lösungen erklärt usw. Der Wert der Aktivität ist von dem der Konzentration verschieden: der Unterschied ist aber umso geringer, je verdünnter die Lösung ist, so daß die bisher gewonnenen Beziehungen mit der Theorie dann nicht mehr im Einklang stehen, wenn die Konzentration solche Werte annimmt, daß die Lösung nicht als idealverdünnt betrachtet werden kann. Nur im Falle der idealverdünnten Lösungen stimmen Aktivität und Konzentration zahlenmäßig überein und die gewonnenen Beziehungen führen zum gleichen Ergebnis, gleichgültig ob die Konzentration oder die Aktivität in die Rechnung eingeführt wird.

Wird mit a die Aktivität und mit c die Gesamtkonzentration bezeichnet, dann sind diese beiden Größen durch die Beziehung

$$a = f_a\, c$$

verbunden. f_a heißt der *stöchiometrische Aktivitätskoeffizient*[1], der allgemein kleiner als 1 ist und den Wert 1 nur im Falle idealverdünnter Lösungen erreicht. Er ist jedoch nicht mit dem Dissoziationsgrad identisch und weist nur qualitativ den gleichen Gang in Abhängigkeit von der Konzentration (mit Ausnahme der stark konzentrierten Lösungen) auf. Dissoziationsgrad und Aktivitätskoeffizient haben ja insofern verschiedene Herkunft, als der erstere seinen Grund im Dissoziationsgleichgewicht zwischen Molekülen und Ionen hat, während der letztere bei aller Berücksichtigung einer eventuellen teilweisen Dissoziation auf die interionischen Kräfte elektrostatischer Natur[2] zwischen bereits dissoziierten Ionen zurückzuführen ist und schließlich auch alle anderen eventuellen Ab-

---

[1] Manche Autoren bezeichnen den stöchiometrischen Aktivitätskoeffizienten mit dem Symbol γ.

[2] Der Begriff der Aktivität ist nicht nur auf Elektrolyte beschränkt, sondern auch auf neutrale Moleküle anwendbar. In diesem Fall ist er auf die verschiedenen Arten intermolekularer Kräfte zurückzuführen. Bei den Elektrolyten haben diese Kräfte im Vergleich zu den interionischen Kräften elektrostatischer Natur eine fast vernachlässigbare Größenordnung.

weichungen vom idealen thermodynamischen Verhalten erfaßt. Der Dissoziationsgrad ist daher von der Gegenwart anderer Ionenarten in der Lösung unabhängig, während der Aktivitätskoeffizient nicht nur eine Funktion der eigenen Konzentration, sondern der Konzentrationen *aller* vorhandenen Ionen und deren Ladung ohne Rücksicht auf ihre chemische Natur ist.

Der sogenannte *rationale Aktivitätskoeffizient* stellt eine zweite Möglichkeit dar, die Aktivität in Abhängigkeit von der Konzentration auszudrücken. Dabei wird nicht auf die Gesamtkonzentration des Elektrolyten, sondern auf die tatsächliche Ionenkonzentration Bezug genommen. Während also der stöchiometrische Aktivitätskoeffizient alle Gründe für die Abweichung vom idealen Verhalten und im besonderen auch eine eventuell unvollständige Dissoziation oder die allfällige Bildung von assoziierten Ionenpaaren (s. Kap. II, 8) berücksichtigt, erfaßt der rationale Aktivitätskoeffizient nur die auf die tatsächliche Ionenkonzentration bezogenen Gründe für eine Abweichung vom Idealverhalten.

Ursprünglich wurde der Aktivitätskoeffizient von Lewis als ein rein empirischer Faktor eingeführt, damit die Beziehungen der klassischen Thermodynamik (Massenwirkungsgesetz usw.) ihre Gültigkeit und ihre formale Ausdrucksweise behielten. Heute ist es auf Grund neuerer Untersuchungen auf dem Gebiet der starken Elektrolyte in manchen Fällen (verdünnte Lösungen im Gültigkeitsbereich der Debye-Hückelschen Theorie) möglich, die Aktivitäten, und zwar die rationalen Aktivitätskoeffizienten, auf rein theoretischer Grundlage zu berechnen. Es muß daher dieser Größe eine reale physikalische Bedeutung zukommen, was mit folgenden Überlegungen klargemacht werden kann. Für eine Ionenart in Lösung gilt im Falle ihres Idealverhaltens die allgemeine Beziehung

$$\mu_1 = \mu_0 + R\,T \ln c, \tag{1}$$

worin c die tatsächliche Ionenkonzentration bedeutet.

Wenn ihr Verhalten nicht ideal ist, wird Gl. (1) in der Form

$$\mu_2 = \mu_0 + R\,T \ln (f \cdot c),$$
$$\mu_2 = \mu_0 + R\,T \ln c + R\,T \ln f \tag{2}$$

geschrieben, worin f den rationalen Aktivitätskoeffizienten darstellt.

Durch Subtraktion der Gl. (1) von (2) erhält man:

$$\mu_2 - \mu_1 = R\,T \ln f. \tag{3}$$

Gl. (3) gibt die Differenz zwischen den chemischen Potentialen einer Ionenart in einer wirklichen und in einer idealverdünnten Lösung an. Diese Differenz entspricht einer Änderung der freien Energie und kann der Änderung der elektrischen Energie des Ions gleichgesetzt werden, die auf die Gegenwart einer das Ion umgebenden Wolke entgegengesetzt geladener Ionen zurückzuführen ist. Die Debye-Hückelsche Theorie ermöglicht die Berechnung dieser von der sogenannten *Ionenstärke* der Lösung abhängenden Energie. Die Ionenstärke wird durch die Beziehung

$$J = \frac{1}{2} \Sigma c_i z_i^2$$

definiert, worin c_i die tatsächliche Konzentration jeder einzelnen Ionenart und z_i die zugehörige Wertigkeit bedeuten. Sie ist für das in der Lösung vorhandene elektrische Feld maßgebend, dessen Einwirkung die einzelnen Ionen unterworfen sind.

Eine genauere Rechnung ergibt, daß

$$-\lg f_i = \frac{A'}{(\varepsilon\,T)^{3/2}} \cdot z_i \sqrt{J}, \tag{4}$$

worin ε die Dielektrizitätskonstante des Lösungsmittels und A' ein unveränderlicher, aus universellen Konstanten zusammengesetzter Term sind.

Für ein bestimmtes Lösungsmittel und eine bestimmte Temperatur sind Dielektrizitätskonstante und Temperatur festgelegt und konstant, so daß Gl. (4) übergeht in

$$-\lg f_i = A\,z_i\,\sqrt{J}.$$

Für Wasser von 25^0 C kann der konstante Wert A in hinreichender Annäherung mit 0,51 angenommen werden.

In allen physikochemischen Berechnungen ist also an Stelle der Konzentration die Aktivität zu verwenden, besonders auch bei der Berechnung der Potentiale. Es soll hier nicht näher auf Begriffe und Meßmethoden eingegangen werden, die in den Abhandlungen der physikalischen Chemie eine ausführliche Erläuterung finden. Es erscheint aber zweckmäßig, auf das Prinzipielle einiger Methoden hinzuweisen, die es erlauben, die stöchiometrischen Aktivitätskoeffizienten, die im Gegensatz zu den rationalen von vorneherein nicht berechenbar sind, experimentell zu bestimmen, um so die für die EMK maßgebenden Aktivitäten zu erhalten.

Vor allem ist festzuhalten, daß jede einzelne Ionenart ihre besondere Aktivität hat und daher auch ihren speziellen Aktivitätskoeffizienten, der sich aus der Beziehung

$$f_a = \frac{a}{c}$$

ergibt.

Man benützt jedoch häufig den sogenannten *mittleren Aktivitätskoeffizienten* als geometrisches Mittel der einzelnen Koeffizienten:

$$f_{a\pm} = \sqrt[p+q]{f_{a+}^p \cdot f_{a-}^q}\,.$$

Darin ist $f_{a\pm}$ der mittlere Koeffizient, p die Anzahl der Kationen und q die Anzahl der Anionen, die aus der Dissoziation eines Elektrolytmoleküls hervorgegangen sind.

Eine erste Methode gründet sich auf die Bestimmung der Löslichkeit von schwerlöslichen Salzen. Gemäß der klassischen Theorie nimmt das auf ein schwerlösliches Salz, z. B. Silberchlorid, angewandte Massenwirkungsgesetz die Form

$$c_{\mathrm{Ag}^+} \cdot c_{\mathrm{Cl}^-} = L$$

an, die sich aber nicht als absolut gültig erwiesen hat. Die Beziehung trifft erst zu, wenn die Konzentrationen durch die Aktivitäten

$$a_{\mathrm{Ag}^+} \cdot a_{\mathrm{Cl}^-} = L$$

ersetzt werden.

Da die Aktivität durch das Produkt $f_a \cdot c$ gegeben ist, geht obige Beziehung über in

$$f_{a\,\mathrm{Ag}^+} \cdot c_{\mathrm{Ag}^+} \cdot f_{a\,\mathrm{Cl}^-} \cdot c_{\mathrm{Cl}^-} = L.$$

Ist die Löslichkeit des schwerlöslichen Salzes sehr gering, so folgt daraus eine stark verdünnte Lösung, für die $f_a = 1$ gesetzt werden kann. Bei Zusatz eines anderen Elektrolyten zur Lösung gilt die Beziehung

$$f'_{a\,Ag^+} \cdot c'_{Ag^+} \cdot f'_{a\,Cl^-} \cdot c'_{Cl^-} = L,$$

in der f_a' und c' die Aktivitätskoeffizienten und Konzentrationen in der neuen Lösung sind. Durch experimentelle Bestimmung der Löslichkeit in reinem Lösungsmittel ($f_a = 1$) und in einer Lösung, die andere Ionen von bekannter Konzentration und Wertigkeit enthält, ist es nun möglich, den Wert der mittleren Aktivitätskoeffizienten für verschiedene Gesamtionenkonzentrationen zu berechnen.

Eine andere Methode zur Berechnung des Aktivitätskoeffizienten für jede einzelne Ionenart gründet sich auf EMK-Messungen mittels Konzentrationselementen. Die EMK eines Konzentrationselementes ohne Überführung oder eventuell bei eliminiertem Diffusionspotential ist durch die Beziehung

$$E = \frac{R\,T}{0{,}239\,z \cdot F} \ln \frac{a_1}{a_2}$$

gegeben, in der die Aktivitäten des elektrochemisch aktiven Ions a_1 und a_2 durch die Produkte der Konzentrationen mal den zugehörigen Aktivitätskoeffizienten ersetzt werden können:

$$E = \frac{R\,T}{0{,}239\,z \cdot F} \ln \frac{f_{a_1} \cdot c_1}{f_{a_2} \cdot c_2}.$$

Wenn die Lösung II so stark verdünnt wird, daß der betreffende Aktivitätskoeffizient $f_{a_2} = 1$ gesetzt werden kann, und die Gesamt-EMK gemessen wird, ist es leicht, den Wert des Aktivitätskoeffizienten f_{a_1} für die erste Lösung zu ermitteln. Sobald das auf die Aktivität 1 bezogene Normalpotential einer Elektrode bekannt ist, kann auch der Aktivitätskoeffizient des elektrochemisch aktiven Ions leicht berechnet werden. Tatsächlich lautet die allgemeine Beziehung, die das Potential einer in bezug auf das Kation reversiblen Elektrode angibt,

$$\varepsilon = \varepsilon_0 + \frac{R\,T}{0{,}239\,z \cdot F} \ln f_a\,c.$$

Daraus erhält man unmittelbar:

$$\ln f_a = \frac{0{,}239\,z \cdot F\,(\varepsilon - \varepsilon_0)}{R\,T} - \ln c.$$

Die Aktivitäten können weiters aus Messungen der Gefrierpunktserniedrigung, des osmotischen Druckes, des Dampfdruckes usw. gewonnen werden.

Viele Aktivitätswerte sind bereits gesammelt und in Tabellenform[1] zusammengestellt worden.

---

[1] Lewis, G. N. and M. Randall: Thermodynamics and the Free Energy of Chemical Substances. New York: McGraw Hill, 1923. Deutsche Ausgabe von Redlich, O. Wien: Julius Springer, 1927. — Robinson, R. R. and H. S. Harned: Chem. Rev. 28, 419 (1941). — Harned, H. S. and B. B. Owen: The Physical Chemistry of Electrolytic Solutions, 2. Aufl. New York: Reinhold, 1950.

12. Spannungsreihen

Jeder chemische Vorgang, der sich in einer Lösung abspielt und bei dem die Ladung eines oder mehrerer der vorhandenen Ionen wechselt, kann zur Konstruktion eines galvanischen Elementes mit einer charakteristischen EMK herangezogen werden. Allgemein ist als Ladungsänderung auch der Vorgang der Bildung und Entladung der Ionen zu verstehen, da in diesen Fällen die Ladung vom Wert Null auf den Endwert übergeht oder umgekehrt.

Für jeden Vorgang kann das auf den Wasserstoff bezogene Relativpotential berechnet oder gemessen werden und ist auch das Normalpotential definiert worden. Die Normalpotentiale sind von grundlegender Bedeutung, nicht nur für die Berechnung der EMK einer vorgegebenen Elektrode in Abhängigkeit von der Konzentration, sondern auch für die richtige Deutung des chemischen Verhaltens aller Stoffe, die an der Reaktion eines galvanischen Elementes teilnehmen sowie für die Beurteilung der Möglichkeit oder Unmöglichkeit einer bestimmten Reaktion, für die Berechnung der Affinitäten und der Gleichgewichtskonstanten, für die Korrosion der Metalle und deren Schutz usw.

Ordnet man die relativen Normalpotentiale der Größe nach in einer Reihe, die bei den niedrigsten negativen Werten beginnt und über Null bis zu den höchsten positiven reicht, so erhält man die sogenannte *Spannungsreihe* (Tab. 26, 27 und 28), aus der mannigfache Schlüsse gezogen werden können.

Wenn man ein Element mit zwei verschiedenen Elektroden, das heißt ein sogenanntes chemisches Element, konstruiert, in dem die Elektrolyte die Aktivität 1 haben sollen, dann ist die EMK direkt durch die Differenz der Normalpotentiale gegeben, wenn das Diffusionspotential eliminiert oder zumindest festgelegt ist. Die positive Elektrode des Elementes ist dann jene mit dem höheren positiven Normalpotential. An ihr entladen sich daher die Kationen oder es bilden sich Anionen, während die negative Elektrode das niedrigere Normalpotential aufweist und daher als lösliche Elektrode arbeitet, wenn es sich um ein Metall handelt, das Kationen in die Lösung abgibt; andernfalls entladen sich an ihr die Anionen. Enthält das Element zwei Metallelektroden, dann verdrängt das Metall mit dem negativeren Normalpotential das andere mit dem positiveren Normalpotential aus der Lösung, was auch unmittelbar geschieht, wenn ein Metall in die Lösung des Salzes eines anderen Metalles mit positiverem Potential eintaucht.

Da die Metalle mit den höchsten Potentialen die sogenannten Edelmetalle sind, sagt man auch, daß ein Potential je nach der Stellung, die es in der Spannungsreihe einnimmt, mehr oder weniger *edel* sei. Im besonderen verdrängen alle Metalle mit negativem Normalpotential das H^+-Ion aus einer sauren 1 n-Lösung, setzen es im Elementarzustand frei und gehen selbst in den Ionenzustand über. Die Metalle mit positivem Normalpotential können dagegen diese Reaktion nicht hervorrufen. In anderen Worten: die Metalle mit negativem Normalpotential werden von den Säuren angegriffen, und zwar um so stärker, je negativer ihr Potential ist, während jene mit positivem Normalpotential unangreifbar sind, wenn andere, z. B. oxydierende Wirkungen ausgeschlossen bleiben.

Falls die Konzentrationen oder Aktivitäten nicht den Einheitswert haben, müssen zunächst die betreffenden aktuellen Potentiale mit Hilfe der allgemeinen Beziehungen berechnet werden, um zu bestimmen, wo der positive Pol der Kombination liegt. Dieselben Schlußfolgerungen gelten für die Anionen, bei denen allerdings zu berücksichtigen ist, daß wegen der Umkehrung des elektrochemischen Vorganges und wegen des entgegengesetzten Vorzeichens der Ladung die Anionen mit positiverem Potential jene mit negativerem verdrängen.

Analoge Schlüsse können aus der Spannungsreihe auch für die Redoxelektroden (Tab. 27 und 28) gezogen werden, bei denen ein hohes positives Potential einem starken Oxydationsvermögen entspricht, während ein hohes negatives Potential auf ein starkes Reduktionsvermögen hinweist. Setzt man zwei Redoxsysteme zu einem Element zusammen, dann oxydiert jenes mit dem positiveren Potential das andere mit dem negativeren Potential. Zum Beispiel oxydiert das System Fe^{2+}/Fe^{3+} das System Cu^+/Cu^{2+}, während es seinerseits vom System $Mn^{2+} + 4\,H_2O/MnO_4^- + 8\,H^+$ oxydiert wird.

Je negativer im allgemeinen das Potential ist, um so größer ist die Tendenz des Systems, in der Richtung von links nach rechts zu reagieren, das heißt aus dem reduzierten in den oxydierten Zustand überzugehen, ob es sich nun um die Bildung von Kationen, um die Entladung von Anionen oder um Redoxreaktionen handelt, mit anderen Worten, um so größer ist sein Reduktionsvermögen. In dem Maße, wie sich das Potential gegen die positiveren Werte hin verschiebt, nimmt das Reduktionsvermögen ab und das Oxydationsvermögen zu, um schließlich die stark oxydierenden Systeme zu erreichen. Insbesondere wird das Reduktionsvermögen der Metalle um so kleiner, je weiter sich die Potentiale gegen die positiven Werte hin verschieben.

Tabelle 26 a. *Spannungsreihe der Kationen* $(t = 25^0\ C,\ a = 1)$

Element	ε_0	Fußnote	Element	ε_0	Fußnote	Element	ε_0	Fußnote
Li / Li$^+$	— 3,01	1	Cr / Cr^{2+}	— 0,86	2	Cu / Cu^{2+}	+ 0,34	1
Rb / Rb$^+$	— 2,98	1	Zn / Zn^{2+}	— 0,763	1	Co / Co^{3+}	+ 0,4	3
Cs / Cs$^+$	— 2,92	1	Cr / Cr^{3+}	— 0,71	2	Ru / Ru^{2+}	+ 0,45	2
K / K$^+$	— 2,92	1	Ga / Ga^{3+}	— 0,52	1	Cu / Cu$^+$	+ 0,52	1
Ba / Ba^{2+}	— 2,92	1	Ga / Ga^{2+}	— 0,45	2	Te / Te^{4+}	+ 0,56	1
Sr / Sr^{2+}	— 2,89	1	Fe / Fe^{2+}	— 0,44	1	Po / Po^{3+}	+ 0,56	2
Ca / Ca^{2+}	— 2,84	1	Cd / Cd^{2+}	— 0,402	1	Rh / Rh^{2+}	+ 0,6	2
Na / Na$^+$	— 2,713	1	In / In^{3+}	— 0,34	1	Po / Po^{2+}	+ 0,65	2
La / La^{3+}	— 2,4	1	Tl / Tl$^+$	— 0,335	1	Os / Os^{2+}	+ 0,7	2
Mg / Mg^{2+}	— 2,38	1	Co / Co^{2+}	— 0,27	1	Rh / Rh^{3+}	+ 0,7	2
Y / Y^{3+}	— 2,1	2	In / In$^+$	— 0,25	2	Tl / Tl^{3+}	+ 0,71	2
Th / Th^{4+}	— 2,06	2	Ni / Ni^{2+}	— 0,23	1	2 Hg / Hg$_2^{2+}$	+ 0,798	1
Sc / Sc^{3+}	— 2,0	2	Mo / Mo^{3+}	— 0,2	2	Ag / Ag$^+$	+ 0,799	1
Ti / Ti^{2+}	— 1,75	2	Sn / Sn^{2+}	— 0,140	1	Pb / Pb^{4+}	+ 0,80	3
Be / Be^{2+}	— 1,70	1	Pb / Pb^{2+}	— 0,126	1	Pd / Pd^{2+}	+ 0,83	2
U / U^{3+}	— 1,7	2	Fe / Fe^{3+}	— 0,036	2	Hg / Hg^{2+}	+ 0,854	2
Al / Al^{3+}	— 1,66	1	D$_2$ / 2 D$^+$	— 0,003	1	Ir / Ir^{3+}	+ 1,0	2
V / V^{2+}	— 1,5	2	H$_2$ / 2 H$^+$	0,000		Pt / Pt^{2+}	+ 1,2	2
U / U^{4+}	— 1,4	3	Bi / Bi^{3+}	+ 0,2	3	Au / Au^{3+}	+ 1,42	2
Cb / Cb^{3+}	— 1,1	2	Sb / Sb^{3+}	+ 0,24	3	Ce / Ce^{3+}	+ 1,68	4
Mn / Mn^{2+}	— 1,05	2	As / As^{3+}	+ 0,3	3	Au / Au$^+$	+ 1,7	2

[1] Werte kritisch durchgesehen von Bockris, J. O'M. und J. F. Herringshaw: Discussions of the Faraday Society No. 1, Electrode Processes (1947).

[2] Aus Latimer, W. M.: The Oxidation States of the Elements and their Potential in Aqueous Solutions. New York: Prentice Hall, 1938.

[3] Ältere Daten.

[4] Walters, G. C. and T. de Vries: J. Amer. Chem. Soc. **65**, 119 (1943).

Tabelle 26 b. *Spannungsreihe der Anionen* $(t = 25^0\ C,\ a = 1)$

Abkürzungen: f = fest; fl = flüssig; g = gasförmig; $Lös$ = Lösung

Element	ε_0	Fuß-note	Element	ε_0	Fuß-note
Te^{2-}/Te	— 0,92	2	$2\ Br^-/Br_2\ fl$	+ 1,066	1
$Te_2^{2-}/2\ Te$	— 0,84	2	$2\ Br^-/Br_2\ g$	+ 1,08*	3
Se^{2-}/Se	— 0,78	1	$2\ Br^-/Br_{2\,Lös}$	+ 1,09*	2
S^{2-}/S	— 0,51	1	$ClO_2^-/ClO_2\ g$	+ 1,15	2
$4\ OH^-/O_2 + 2\ H_2O$	— 0,401	2	$2\ Cl^-/Cl_2\ g$	+ 1,358	1
Re^-/Re	— 0,4	2	$2\ Cl^-/Cl_{2\,Lös}$	+ 1,40	3
$2\ J^-/J_2\ f$	+ 0,536	1	OH^-/OH	+ 1,4	2
$2\ J^-/J_{2\,Lös}$	+ 0,62	3	$2\ F^-/F_2\ g$	+ 2,85	2
$2\ CNS^-/(CNS)_2$	+ 0,77	2			

[1] Werte kritisch durchgesehen von Bockris und Herringshaw (wie Tab. 26a).
[2] Aus Latimer (wie Tab. 26a).
[3] Ältere Daten.
* $c = 1$.

Tabelle 27. *Redox-Spannungsreihe (Ladungsänderungen)*

Element	ε_0	Element	ε_0
$[Cr(CN)_6]^{4-}/[Cr(CN)_6]^{3-}$ in KCN-Lösung	— 1,28	$3\ J^-/J_3^-$	+ 0,535
$[Co(CN)_6]^{4-}/[Co(CN)_6]^{3-}$	— 0,83	MnO_4^{2-}/MnO_4^-	+ 0,54
Sm^{2+}/Sm^{3+}	— 0,8	$[W(CN)_8]^{4-}/[W(CN)_8]^{3-}$	+ 0,57
FeO_2^{2-}/FeO_2^- 40% NaOH, 80^0 C	— 0,68	RuO_4^{2-}/RuO_4^- alkal. Lösung	+ 0,6
Ga^{2+}/Ga^{3+}	— 0,65	$[Mo(CN)_8]^{4-}/[Mo(CN)_8]^{3-}$	+ 0,73
$2\ S^{2-}/S_2^{2-}$	— 0,51	Fe^{2+}/Fe^{3+}	+ 0,783
In^{2+}/In^{3+}	— 0,45	$OsCl_6^{3-}/OsCl_6^{2-}$	+ 0,85
Eu^{2+}/Eu^{3+}	— 0,43	Ru^{3+}/Ru^{4+} in HCl 2 n, $c = 1$	+ 0,86
Cr^{2+}/Cr^{3+}	— 0,41	$Hg_2^{2+}/2\ Hg^{2+}$	+ 0,906
WCl_5^{2-}/WCl_5^-	— 0,4	$IrCl_6^{3-}/IrCl_6^{2-}$	+ 1,02
Ti^{2+}/Ti^{3+}	— 0,37	$3\ Br^-/Br_3^-$	+ 1,05
In^+/In^{2+}	— 0,35 (?)	$[Fe^{2+}$-o-Phenantrolin]/ $[Fe^{3+}$-o-Phenantrolin]	+ 1,14
$Mo^{3+}{}_{grün}/Mo^{5+}$	— 0,25	$[Fe^{2+}$-Nitrophenantrolin]/ $[Fe^{3+}$-Nitrophenantrolin]	+ 1,25
V^{2+}/V^{3+}	— 0,255	Tl^+/Tl^{3+}	+ 1,28
$[Mn(CN)_6]^{4-}/[Mn(CN)_6]^{3-}$	— 0,22	Au^+/Au^{3+}	+ 1,29
$[Co(NH_3)_6]^{2+}/[Co(NH_3)_6]^{3+}$	+ 0,1	$Ce^{3+}/Ce^{4+}\ H_2SO_4\ 1\ m$	+ 1,44
$Mo^{3+}{}_{rot}/Mo^{5+}$	+ 0,11	Mn^{2+}/Mn^{3+}	+ 1,51
Sn^{2+}/Sn^{4+}	+ 0,15	Pb^{2+}/Pb^{4+}	+ 1,69
Cu^+/Cu^{2+}	+ 0,159	Co^{2+}/Co^{3+}	+ 1,842
$[Fe(CN)_6]^{4-}/[Fe(CN)_6]^{3-}$	+ 0,36		
U^{4+}/U^{6+}	+ 0,4		
Mo^{5+}/Mo^{6+}	+ 0,53		

Tabelle 28. *Redox-Spannungsreihe (verschiedene Reaktionen)*[1]

Abkürzungen: f = fest; fl = flüssig; g = gasförmig; *Lös* = Lösung; a, β usw. = Kristall-Phasen; *am* = amorph.

Reduzierter Zustand	Oxydierter Zustand	n[2]	ε_0
$Ag\,f + Br^-$	$AgBr\,f$	1	$+\,0{,}071$
$Ag\,f + BrO_3^-$	$AgBrO_3\,f$	1	$+\,0{,}68$
$Ag\,f + CH_3COO^-$	$Ag(CH_3COO)\,f$	1	$+\,0{,}64$
$Ag\,f + Cl^-$	$AgCl\,f$	1	$+\,0{,}222$
$Ag\,f + CN^-$	$AgCN\,f$	1	$-\,0{,}04$
$Ag\,f + 2\,CN^-$	$[Ag(CN)_2]^-$	1	$-\,0{,}29$
$Ag\,f + 3\,CN^-$	$[Ag(CN)_3]^{2-}$	1	$-\,0{,}51$
$Ag\,f + CNO^-$	$AgCNO\,f$	1	$+\,0{,}41$
$Ag\,f + CNS^-$	$AgCNS\,f$	1	$+\,0{,}09$
$2\,Ag\,f + C_2O_4^{2-}$	$Ag_2C_2O_4\,f$	2	$+\,0{,}47$
$2\,Ag\,f + CO_3^{2-}$	$Ag_2CO_3\,f$	2	$+\,0{,}47$
$2\,Ag\,f + CrO_4^{2-}$	$Ag_2CrO_4\,f$	2	$+\,0{,}445$
$4\,Ag\,f + {} + [Fe(CN)_6]^{4-}$	$Ag_4[Fe(CN)_6]\,f$	4	$+\,0{,}194$
$Ag\,f + J^-$	$AgJ\,f$	1	$-\,0{,}152$
$Ag\,f + JO_3^-$	$AgJO_3\,f$	1	$+\,0{,}355$
$2\,Ag\,f + MoO_4^{2-}$	$Ag_2MoO_4\,f$	2	$+\,0{,}49$
$Ag\,f + 2\,NH_{3\,Lös}$	$[Ag(NH_3)_2]^+$	1	$+\,0{,}373$
$Ag\,f + NO_2^-$	$AgNO_2\,f$	1	$+\,0{,}59$
$2\,Ag\,f + 2\,OH^-$	$Ag_2O\,f + H_2O$	2	$+\,0{,}344$
$2\,Ag\,f + {} + OH^- + SH^-$	$Ag_2S\,f + H_2O$	2	$-\,0{,}67$
$2\,Ag\,f + S^{2-}$	$Ag_2S\,f$	2	$-\,0{,}71$
$Ag\,f + 2\,SO_3^{2-}$	$[Ag(SO_3)_2]^{3-}$	1	$+\,0{,}30$
$Ag\,f + 2\,S_2O_3^{2-}$	$[Ag(S_2O_3)_2]^{3-}$	1	$+\,0{,}01$
$2\,Ag\,f + SO_4^{2-}$	$Ag_2SO_4\,f$	2	$+\,0{,}653$
$2\,Ag\,f + H_2S\,g$	$Ag_2S\,f + 2\,H^+$	2	$-\,0{,}036$
$2\,Ag\,f + WO_4^{2-}$	$Ag_2WO_4\,f$	2	$+\,0{,}53$
$Ag_2O\,f + 2\,OH^-$	$2\,AgO\,f + H_2O$	2	$+\,0{,}57$

Reduzierter Zustand	Oxydierter Zustand	n[2]	ε_0
$Al\,f + 6\,F^-$	$[AlF_6]^{3-}$	3	$-\,2{,}13$
$Al\,f + 3\,OH^-$	$Al(OH)_3\,f$	3	$-\,2{,}31$
$Al\,f + 4\,OH^-$	$H_2AlO_3^- + H_2O$	3	$-\,2{,}35$
$As\,f + 2\,H_2O$	$HAsO_{2\,Lös} + 3H^+$	3	$+\,0{,}237$
$As\,f + 3\,H_2O$	$H_3AsO_{3\,Lös} + {} + 3\,H^+$	3	$+\,0{,}24$
$2\,As\,f + 3\,H_2O$	$As_2O_3\,f + 6\,H^+$	6	$+\,0{,}234$
$As\,f + 4\,OH^-$	$AsO_2^- + 2\,H_2O$	3	$-\,0{,}68$
$As\,f + 2\,S^{2-}$	AsS_2^-	3	$-\,0{,}75$
$AsH_3\,g$	$As\,f + 3\,H^+$	3	$-\,0{,}54$
$AsH_3\,g + 3\,OH^-$	$As\,f + 3\,H_2O$	3	$-\,1{,}37$
$HAsO_{2\,Lös} + 2\,H_2O$	$H_3AsO_{4\,Lös} + 2H^+$	2	$+\,0{,}559$
$H_3AsO_{3\,Lös} + H_2O$	$H_3AsO_{4\,Lös} + 2H^+$	2	$+\,0{,}574$
$AsS_2^- + 2\,S^{2-}$	AsS_4^{3-}	2	$-\,0{,}6$
$Au\,f + 2\,Br^-$	$AuBr_2^-$	1	$+\,0{,}96$
$Au\,f + 4\,Br^-$	$Au\,Br_4^-$	3	$+\,0{,}87$
$Au\,f + 2\,Cl^-$	$Au\,Cl_2^-$	1	$+\,1{,}13$
$Au\,f + 4\,Cl^-$	$AuCl_4^-$	3	$+\,1{,}00$
$Au\,f + 2\,CN^-$	$Au(CN)_2^-$	1	$-\,0{,}60$
$Au\,f + 2\,CNS^-$	$Au(CNS)_2^-$	1	$+\,0{,}69$
$2\,Au\,f + 3\,H_2O$	$Au_2O_3\,f + 6\,H^+$	6	$+\,1{,}363$
$Au\,f + J^-$	$AuJ\,f$	1	$+\,0{,}50$
$Au\,f + 4\,OH^-$	$AuO_2^- + 2\,H_2O$	3	$+\,0{,}5$
$AuBr_2^- + 2\,Br^-$	$AuBr_4^-$	2	$+\,0{,}82$
$AuCl_2^- + 2\,Cl^-$	$AuCl_4^-$	2	$+\,0{,}96$
$Au(CNS)_2^- + {} + 2\,CNS^-$	$Au(CNS)_4^-$	2	$+\,0{,}645$

Fortsetzung der Tabelle S. 112.

[1] Die Daten dieser Tabelle sind allgemein beträchlich ungenauer als die der Tab. 26, sei es weil sie zum Teil aus thermischen Daten berechnet sind, die nicht genau genug vorliegen, oder weil in den Originalabhandlungen genaue Angaben über die Versuchsbedingungen und die Meßgenauigkeit oft fehlen. Mit gewissen Ausnahmen können sie daher bloß als Richtwerte betrachtet werden, selbst wenn die Potentialangabe auf Millivolt genau und darüber aus der Originalliteratur übernommen wurde.

Um das Aufsuchen der Redoxpotentiale zu erleichtern, sind in dieser Tabelle die Vorgänge in alphabetischer Reihenfolge nach der Wichtigkeit des elektrochemisch aktiven Elementes und nicht nach dem Potential angeordnet.

Weitere Reaktionen sind angegeben in: Kremann, R. und R. Müller: Elektromotorische Kräfte (Ostwald-Luther, Handbuch der allgemeinen Chemie, Bd. VIII, Teil 1), Tab. 374, 376, 378 und 379. Leipzig: Akademische Verlagsgesellschaft, 1930; weiters in Landolt-Börnstein: Physikalisch-chemische Tabellen, Bd. I und II und Anhänge I, II und III. Berlin: Julius Springer, 1923—1936; in Critical Tables, Bd. VI. New York: Mc Graw Hill, 1929; Latimer, W. M., l. c.; Harned, H. S. et G. Hakerlof: Collection de tables annuelles de constantes et données numériques No. 9, Forces Electromotrices, Potenciels d'Oxydo-Réduction. Paris: Hermann, 1938; Hodgman, C. D: Handbook of Chemistry and Physics, 30. Aufl. Cleveland: Chemical Publishing Co., 1947.

[2] Zahl der an der Reaktion beteiligten elektrischen Ladungen.

Fortsetzung der Tabelle 28.

Reduzierter Zustand	Oxydierter Zustand	n [2]	ε_0
B f + 4 F^-	BF_4^-	3	−1,06
B f + 3 H_2O	$H_3BO_{3\,Lös} + 3H^+$	3	−0,73
B f + 4 OH^-	$H_2BO_3^- + 2\,H_2O$	3	−2,5
Ba f + 2 OH^- + + 8 H_2O	$Ba(OH)_2 \cdot 8\,H_2O\,f$	2	−2,97
Be f + 6 OH^-	$Be_2O_3^{2-} + 3\,H_2O$	4	−2,28
Bi f + Cl^- + H_2O	$BiOCl\,f + 2\,H^+$	3	−0,16
Bi f + 4 Cl^-	$Bi\,Cl_4^-$	3	+0,167
Bi f + H_2O	$BiO\,f + 2\,H^+$	2	+0,29
Bi f + H_2O	$BiO^+ + 2\,H^+$	3	+0,32
Bi f + 3 OH^-	$BiOOH\,f + H_2O$	3	−0,46
2 Bi f + 6 OH^-	$Bi_2O_3\,f + 3\,H_2O$	6	−0,44
Bi^{3+} + 3 H_2O	$HBiO_3 + 5H^+$	2	+1,7 (?)
BiH_3 g	$Bi\,f + 3\,H^+$	3	−0,8
BiO f	BiO^+	1	+0,38
2 BiO^+ + 2 H_2O	$Bi_2O_4\,f + 4\,H^+$	2	+1,59
Bi_2O_3 f + 2 OH^-	$Bi_2O_4\,f + H_2O$	2	+0,56
2 Bi_2O_3 f + 2 OH^-	$Bi_4O_7\,f + H_2O$	2	+0,51
Bi_4O_7 f + 2 OH^-	$2\,Bi_2O_4\,f + H_2O$	2	+0,62
Br^- + Cl^-	$BrCl$	2	+1,20
Br^- + H_2O	$HBrO + H^+$	2	+1,33
Br^- + 3 H_2O	$BrO_3^- + 6\,H^+$	6	+1,42
Br^- + 2 OH^-	$BrO^- + H_2O$	2	+0,76
Br^- + 6 OH^-	$BrO_3^- + 3\,H_2O$	6	+0,61
Br_2 fl + 2 H_2O	$2\,HBrO + 2\,H^+$	2	+1,59
Br_2 fl + 6 H_2O	$2\,BrO_3^- + 12\,H^+$	10	+1,50
Br_2 fl + 4 OH^-	$2\,BrO^- + 2\,H_2O$	2	+0,45
BrO^- + 4 OH^-	$BrO_3^- + 2\,H_2O$	4	+0,54
$HBrO$ + 2 H_2O	$BrO_3^- + 5\,H^+$	4	+1,49
$(CN)_2$ g + 2 H_2O	$2\,HCNO + 2\,H^+$	2	−0,27
CN^- + 2 OH^-	$CNO^- + 2\,H_2O$	2	−0,96
2 HCN	$(CN)_2\,g + 2\,H^+$	2	+0,33
HCN + H_2O	$HCNO + 2\,H^+$	2	0,0
$HCOO^-$ + 3 OH^-	$CO_3^{2-} + 2\,H_2O$	2	−0,95
2 H_2CO_3	$C_2O_6^{2-} + 4\,H^+$	2	+1,7
$HCNS$ + 3 H_2O	$HCN + H_2SO_3 + + 4\,H^+$	4	+0,55
Ca f + 2 OH^-	$Ca(OH)_2\,f$	2	−3,02
2 Cb + 5 H_2O	$Cb_2O_5 + 10\,H^+$	10	−0,62
Cd f + 4 CN^-	$Cd(CN)_4^{2-}$	2	−0,90
Cd f + CO_3^{2-}	$CdCO_3\,f$	2	−0,80
Cd f + 4 $NH_{3\,Lös}$	$[Cd(NH_3)_4]^{2+}$	2	−0,597
Cd f + 2 OH^-	$Cd(OH)_2\,f$	2	−0,815
Cd f + S^{2-}	$CdS\,f$	2	−1,23
$Cd_{Amalg} + SO_4^{2-}$ in $CdSO_4 \cdot 8/3\,H_2O$ gesättigt	$CdSO_4 \cdot 8/3\,H_2O\,f$	2	−0,435
Ce^{3+} + 2 H_2O	$CeO_2 + 4\,H^+$	1	+1,5
Cl^- + H_2O	$HClO + H^+$	2	+1,49
Cl^- + 2 H_2O	$HClO_2 + 3\,H^+$	4	+1,56
Cl^- + 2 H_2O	$ClO_2\,g + 4\,H^+$	5	+1,50
Cl^- + 3 H_2O	$ClO_3^- + 6\,H^+$	6	+1,45
Cl^- + 4 H_2O	$ClO_4^- + 8\,H^+$	8	+1,34
Cl^- + 2 OH^-	$ClO^- + H_2O$	2	+0,94
Cl^- + 4 OH^-	$ClO_2^- + 2\,H_2O$	4	+0,76
Cl^- + 4 OH^-	$ClO_2\,g + 2\,H_2O$	5	+0,76
Cl^- + 6 OH^-	$ClO_3^- + 3\,H_2O$	6	+0,62
Cl^- + 8 OH^-	$ClO_4^- + 4\,H_2O$	8	+0,51
Cl_2 g + 2 H_2O	$2\,HClO + 2\,H^+$	2	+1,63
Cl_2 g + 4 H_2O	$2\,HClO_2 + 6\,H^+$	6	+1,63
Cl_2 g + 4 H_2O	$2\,ClO_2\,g + 8\,H^+$	8	+1,53
Cl_2 g + 6 H_2O	$2\,ClO_3^- + 12\,H^+$	10	+1,47
Cl_2 g + 8 H_2O	$2\,ClO_4^- + 16\,H^+$	14	+1,34
Cl_2 g + 4 OH^-	$2\,ClO^- + 2\,H_2O$	2	+0,52
ClO^- + 2 OH^-	$ClO_2^- + H_2O$	2	+0,59
ClO_2^- + 2 OH^-	$ClO_3^- + H_2O$	2	+0,35
ClO_2 g + 2 OH^-	$ClO_3^- + H_2O$	1	−0,45
ClO_2 g + H_2O	$ClO_3^- + 2\,H^+$	1	+1,21
ClO_3^- + H_2O	$ClO_4^- + 2\,H^+$	2	+1,00
ClO_3^- + 2 OH^-	$ClO_4^- + H_2O$	2	+0,17
$HClO$ + H_2O	$HClO_2 + 2\,H^+$	2	+1,63
$HClO_2$	$ClO_2\,g + H^+$	1	+1,26
$HClO_2$ + H_2O	$ClO_3^- + 3\,H^+$	2	+1,23
Co f + CO_3^{2-}	$CoCO_3\,f$	2	−0,632
Co f + 6 $NH_{3\,Lös}$	$Co(NH_3)_6^{2+}$	2	−0,422
Co f + 2 OH^-	$Co(OH)_2$	2	−0,73
Co f + S^{2-}	$CoS\,f,\ \alpha$	2	−0,93
Co f + S^{2-}	$CoS\,f,\ \beta$	2	−1,07
CoO + 2 OH^-	$CoO_2 + H_2O$	2	+0,9
$Co(OH)_2$ + OH^-	$Co(OH)_3$	1	+0,2
Cr f + 2 Cl^-	$CrCl_2^-$	3	−0,74
Cr f + 3 OH^-	$Cr(OH)_3\,f$	3	−1,3
Cr f + 4 OH^-	$CrO_2^- + 2\,H_2O$	3	−1,2
2 Cr^{3+} + 7 H_2O	$Cr_2O_7^{2-} + 14\,H^+$	6	+1,36
$Cr(OH)_3$ + 5 OH^-	$CrO_4^{2-} + 4\,H_2O$	3	−0,12
Cu f + Br^-	$CuBr\,f$	1	+0,033
Cu f + 2 Br^-	$CuBr_2^-$	1	+0,05
Cu f + Cl^-	$CuCl\,f$	1	+0,128
Cu f + 2 Cl^-	$CuCl_2^-$	1	+0,19
Cu f + 2 CN^-	$Cu(CN)_2^-$	1	−0,4

[2] Zahl der an der Reaktion beteiligten elektrischen Ladungen.

Fortsetzung der Tabelle 28.

Reduzierter Zustand	Oxydierter Zustand	n^2	ε_0
$\mathrm{Cu}\,f + 2\,\mathrm{CNS}^-$	$\mathrm{Cu(CNS)_2}^-$	1	$-0{,}27$
$\mathrm{Cu}\,f + \mathrm{CO_3}^{2-}$	$\mathrm{CuCO_3}\,f$	2	$+0{,}053$
$\mathrm{Cu}\,f + \mathrm{H_2S}\,g$	$\mathrm{CuS}\,f + 2\,\mathrm{H}^+$	2	$-0{,}259$
$\mathrm{Cu}\,f + \mathrm{J}^-$	$\mathrm{CuJ}\,f$	1	$-0{,}187$
$\mathrm{Cu}\,f + 2\,\mathrm{J}^-$	$\mathrm{CuJ_2}^-$	1	$0{,}00$
$\mathrm{Cu}\,f + 2\,\mathrm{NH_3}_{L\ddot{o}s}$	$\mathrm{Cu(NH_3)_2}^+$	1	$-0{,}11$
$\mathrm{Cu}\,f + 4\,\mathrm{NH_3}_{L\ddot{o}s}$	$\mathrm{Cu(NH_3)_4}^{2+}$	2	$-0{,}05$
$\mathrm{Cu}\,f + 2\,\mathrm{OH}^-$	$\mathrm{CuO}\,f + \mathrm{H_2O}$	2	$-0{,}258$
$\mathrm{Cu}\,f + 2\,\mathrm{OH}^-$	$\mathrm{Cu(OH)_2}\,f$	2	$-0{,}224$
$2\,\mathrm{Cu}\,f + 2\,\mathrm{OH}^-$	$\mathrm{Cu_2O}\,f + \mathrm{H_2O}$	2	$-0{,}344$
$\mathrm{Cu}\,f + \mathrm{S}^{2-}$	$\mathrm{CuS}\,f$	2	$-0{,}76$
$2\,\mathrm{Cu}\,f + \mathrm{S}^{2-}$	$\mathrm{Cu_2S}\,f$	2	$-0{,}95$
$\mathrm{CuBr}\,f$	$\mathrm{Cu}^{2+} + \mathrm{Br}^-$	1	$+0{,}657$
$\mathrm{CuCl}\,f$	$\mathrm{Cu}^{2+} + \mathrm{Cl}^-$	1	$+0{,}566$
$\mathrm{Cu(CN)_2}^-$	$\mathrm{Cu}^{2+} + 2\,\mathrm{CN}^-$	1	$+1{,}1$
$\mathrm{CuJ}\,f$	$\mathrm{Cu}^{2+} + \mathrm{J}^-$	1	$+0{,}85$
$\mathrm{CuJ_2}^-$	$\mathrm{Cu}^{2+} + 2\,\mathrm{J}^-$	1	$+0{,}690$
$\mathrm{Cu(NH_3)_2}^+ + 2\,\mathrm{NH_3}_{L\ddot{o}s}$	$\mathrm{Cu(NH_3)_4}^{2+}$	1	$0{,}0$
$\mathrm{Cu_2O}\,f + 2\,\mathrm{OH}^- + \mathrm{H_2O}$	$2\,\mathrm{Cu(OH)_2}\,f$	2	$-0{,}087$
$\mathrm{Cu_2S}\,f + \mathrm{S}^{2-}$	$2\,\mathrm{CuS}\,f$	2	$-0{,}58$
$2\,\mathrm{F}^- + \mathrm{H_2O}$	$\mathrm{F_2O} + 4\,\mathrm{H}^+$	4	$+2{,}1$
$2\,\mathrm{HF}$	$\mathrm{F_2}\,g + 2\,\mathrm{H}^+$	2	$+3{,}03$
$\mathrm{Fe}\,f + 6\,\mathrm{CN}^-$	$[\mathrm{Fe(CN)_6}]^{4-}$	2	$-1{,}5$
$\mathrm{Fe}\,f + \mathrm{CO_3}^{2-}$	$\mathrm{FeCO_3}\,f$	2	$-0{,}755$
$\mathrm{Fe}^{2+} + 6\,\mathrm{F}^-$	$\mathrm{FeF_6}^{3-}$	1	$+0{,}4$
$\mathrm{Fe}^{3+} + 4\,\mathrm{H_2O}$	$\mathrm{FeO_4}^{2-} + 8\,\mathrm{H}^+$	3	$+1{,}7\ (?)$
$\mathrm{Fe}\,f + 2\,\mathrm{OH}^-$	$\mathrm{Fe(OH)_2}\,f$	2	$-0{,}86$
$\mathrm{Fe}\,f + 3\,\mathrm{OH}^-$	$\mathrm{Fe(OH)_3}\,f$	3	$-0{,}56$
$\mathrm{Fe}\,f + \mathrm{S}^{2-}$	$\mathrm{FeS}\,f$	2	$-1{,}00$
$[\mathrm{Fe(C_2O_4)_2}]^{2-} + \mathrm{C_2O_4}^{2-}$	$[\mathrm{Fe(C_2O_4)_3}]^{3-}$	1	$+0{,}02$
$\mathrm{Fe(OH)_2}\,f + \mathrm{OH}^-$	$\mathrm{Fe(OH)_3}\,f$	1	$-0{,}56$
$2\,\mathrm{FeS}\,f + \mathrm{S}^{2-}$	$\mathrm{Fe_2S_3}\,f$	2	$-0{,}7$
$\mathrm{Ga}\,f + 4\,\mathrm{OH}^-$	$\mathrm{H_2GaO_3}^- + \mathrm{H_2O}$	3	$-1{,}22$
$2\,\mathrm{Ga}\,f + \mathrm{H_2O}$	$\mathrm{Ga_2O} + 2\,\mathrm{H}^+$	2	$-0{,}4$
$\mathrm{Ga_2O} + 2\,\mathrm{H_2O}$	$\mathrm{Ga_2O_3} + 4\,\mathrm{H}^+$	4	$-0{,}5$
$\mathrm{Ge}^{2+} + 2\,\mathrm{H_2O}$	$\mathrm{GeO_2} + 4\,\mathrm{H}^+$	2	$-0{,}2$
$\mathrm{Ge}\,f + 2\,\mathrm{H_2O}$	$\mathrm{GeO_2} + 4\,\mathrm{H}^+$	4	$-0{,}3$
$\mathrm{Ge}\,f + 5\,\mathrm{OH}^-$	$\mathrm{HGeO_3}^- + 2\,\mathrm{H_2O}$	4	$-1{,}2$
$\mathrm{HGeO_2}^- + 2\,\mathrm{OH}^-$	$\mathrm{HGeO_3}^- + \mathrm{H_2O}$	2	$-1{,}4$
$\mathrm{H_2}\,g$	$2\,\mathrm{H}^+\ (10^{-7}\,m)$	2	$-0{,}414$
$\mathrm{H_2}\,g + 2\,\mathrm{OH}^-$	$2\,\mathrm{H_2O}$	2	$-0{,}828$
$\mathrm{Hf}\,f + \mathrm{H_2O}$	$\mathrm{HfO}^{2+} + 2\,\mathrm{H}^+$	4	$-1{,}68$
$\mathrm{Hf}\,f + 2\,\mathrm{H_2O}$	$\mathrm{HfO_2}\,f + 4\,\mathrm{H}^+$	4	$-1{,}57$

Reduzierter Zustand	Oxydierter Zustand	n^2	ε_0
$\mathrm{Hf}\,f + 4\,\mathrm{OH}^-$	$\mathrm{HfO(OH)_2}\,f + \mathrm{H_2O}$	4	$-2{,}60$
$\mathrm{Hg}\,fl + 4\,\mathrm{Br}^-$	$\mathrm{HgBr_4}^{2-}$	2	$+0{,}21$
$2\,\mathrm{Hg}\,fl + 2\,\mathrm{Br}^-$	$\mathrm{Hg_2Br_2}\,f$	2	$+0{,}139$
$2\,\mathrm{Hg}\,fl + 2\,\mathrm{CH_3COO}^-$	$\mathrm{Hg_2(CH_3COO)_2}$	2	$+0{,}36$
$\mathrm{Hg}\,fl + 4\,\mathrm{Cl}^-$	$\mathrm{HgCl_4}^{2-}$	2	$+0{,}38$
$2\,\mathrm{Hg}\,fl + 2\,\mathrm{Cl}^-$	$\mathrm{Hg_2Cl_2}\,f$	2	$+0{,}268$
$\mathrm{Hg}\,fl + 4\,\mathrm{CN}^-$	$\mathrm{Hg(CN)_4}^{2-}$	2	$-0{,}37$
$2\,\mathrm{Hg}\,fl + 2\,\mathrm{CN}^-$	$\mathrm{Hg_2(CN)_2}\,f$	2	$-0{,}36$
$2\,\mathrm{Hg}\,fl + \mathrm{CNS}^-$	$\mathrm{Hg_2(CNS)_2}\,f$	2	$+0{,}22$
$2\,\mathrm{Hg}\,fl + \mathrm{CO_3}^{2-}$	$\mathrm{Hg_2CO_3}\,f$	2	$+0{,}32$
$2\,\mathrm{Hg}\,fl + \mathrm{C_2O_4}^{2-}$	$\mathrm{Hg_2C_2O_4}\,f$	2	$+0{,}417$
$2\,\mathrm{Hg}\,fl + \mathrm{CrO_4}^{2-}$	$\mathrm{Hg_2CrO_4}\,f$	2	$+0{,}54$
$\mathrm{Hg}\,fl + 4\,\mathrm{J}^-$	$\mathrm{HgJ_4}^{2-}$	2	$-0{,}04$
$2\,\mathrm{Hg}\,fl + 2\,\mathrm{J}^-$	$\mathrm{Hg_2J_2}\,f$	2	$-0{,}041$
$\mathrm{Hg}\,fl + 2\,\mathrm{JO_3}^-$	$\mathrm{Hg(JO_3)_2}\,f$	2	$+0{,}40$
$2\,\mathrm{Hg}\,fl + 2\,\mathrm{JO_3}^-$	$\mathrm{Hg_2(JO_3)_2}\,f$	2	$+0{,}394$
$\mathrm{Hg}\,fl + 2\,\mathrm{OH}^-$	$\mathrm{HgO}\,f + \mathrm{H_2O}$	2	$+0{,}098$
$2\,\mathrm{Hg}\,fl + 2\,\mathrm{OH}^-$	$\mathrm{Hg_2O}\,f + \mathrm{H_2O}$	2	$+0{,}123$
$\mathrm{Hg}\,fl + \mathrm{OH}^- + \mathrm{SH}^-$	$\mathrm{HgS}\,f + \mathrm{H_2O}$	2	$-0{,}77$
$\mathrm{Hg}\,fl + \mathrm{S}^{2-}$	$\mathrm{HgS}\,f$	2	$-0{,}70$
$2\,\mathrm{Hg}\,fl + \mathrm{S}^{2-}$	$\mathrm{Hg_2S}\,f$	2	$-0{,}53$
$2\,\mathrm{Hg}\,fl + \mathrm{SO_4}^{2-}$	$\mathrm{Hg_2SO_4}\,f$	2	$+0{,}615$
$\mathrm{Hg_2Cl_2}\,f + 2\,\mathrm{Cl}^-$	$2\,\mathrm{HgCl_2}$	2	$+0{,}63$
$\mathrm{J_2}\,f + 2\,\mathrm{Br}^-$	$2\,\mathrm{JBr}_{L\ddot{o}s}$	2	$+1{,}02$
$\mathrm{J_2}\,f + 4\,\mathrm{Br}^-$	$2\,\mathrm{JBr_2}^-$	2	$+0{,}87$
$\mathrm{J_2}\,f + 2\,\mathrm{Cl}^-$	$2\,\mathrm{JCl}_{L\ddot{o}s}$	2	$+1{,}19$
$\mathrm{J_2}\,f + 4\,\mathrm{Cl}^-$	$2\,\mathrm{JCl_2}^-$	2	$+1{,}06$
$\mathrm{J_2}\,f + 6\,\mathrm{Cl}^-$	$2\,\mathrm{JCl_3}\,f$	6	$+1{,}05$
$\mathrm{J}^- + \mathrm{H_2O}$	$\mathrm{HJO} + \mathrm{H}^+$	2	$+0{,}99$
$\mathrm{J}^- + 3\,\mathrm{H_2O}$	$\mathrm{JO_3}^- + 6\,\mathrm{H}^+$	6	$+1{,}085$
$\mathrm{J}^- + 4\,\mathrm{H_2O}$	$\mathrm{JO_4}^- + 8\,\mathrm{H}^+$	8	$+1{,}4$
$\mathrm{J_2}\,f + 2\,\mathrm{H_2O}$	$2\,\mathrm{HJO} + 2\,\mathrm{H}^+$	2	$+1{,}45$
$\mathrm{J_2}\,f + 6\,\mathrm{H_2O}$	$2\,\mathrm{JO_3}^- + 12\,\mathrm{H}^+$	10	$+1{,}195$
$\mathrm{J}^- + 2\,\mathrm{OH}^-$	$\mathrm{JO}^- + \mathrm{H_2O}$	2	$+0{,}49$
$\mathrm{J}^- + 6\,\mathrm{OH}^-$	$\mathrm{JO_3}^- + 3\,\mathrm{H_2O}$	6	$+0{,}26$
$\mathrm{JCl}_{L\ddot{o}s} + 2\,\mathrm{Cl}^-$	$\mathrm{JCl_3}\,f$	2	$+0{,}99$
$\mathrm{JCl_2}^- + 3\,\mathrm{H_2O}$	$\mathrm{JO_3}^- + 6\,\mathrm{H}^+ + 2\,\mathrm{Cl}^-$	4	$+1{,}23$
$\mathrm{JO}^- + 4\,\mathrm{OH}^-$	$\mathrm{JO_3}^- + 2\,\mathrm{H_2O}$	4	$+0{,}56$
$\mathrm{HJO} + 2\,\mathrm{H_2O}$	$\mathrm{JO_3}^- + 5\,\mathrm{H}^+$	4	$+1{,}13$
$\mathrm{In}\,f + \mathrm{Cl}^-$	$\mathrm{InCl}\,f$	1	$-0{,}34$
$2\,\mathrm{In} + 6\,\mathrm{OH}^-$	$\mathrm{In_2O_3}\,f + 3\,\mathrm{H_2O}$	6	$-1{,}18$
$\mathrm{Ir}\,f + 6\,\mathrm{Cl}^-$	$\mathrm{IrCl_6}^{3-}$	3	$+0{,}72$
$\mathrm{Ir}^{3+} + 2\,\mathrm{H_2O}$	$\mathrm{IrO_2}\,f + 4\,\mathrm{H}^+$	1	$+0{,}7$
$2\,\mathrm{Ir}\,f + 6\,\mathrm{OH}^-$	$\mathrm{Ir_2O_3} + 3\,\mathrm{H_2O}$	6	$+0{,}1$
$\mathrm{Ir_2O_3} + 2\,\mathrm{OH}^-$	$2\,\mathrm{IrO_2} + \mathrm{H_2O}$	2	$+0{,}1$

Fortsetzung der Tabelle S. 114.

^{2} Zahl der an der Reaktion beteiligten elektrischen Ladungen.

Fortsetzung der Tabelle 28.

Reduzierter Zustand	Oxydierter Zustand	n^2	ε_0
$La\,f + 3\,OH^-$	$La(OH)_3\,f$	3	$-2,76$
$Mg\,f + 2\,OH^-$	$Mg(OH)_2\,f$	2	$-2,67$
$Mn\,f + CO_3{}^{2-}$	$MnCO_3\,f$	2	$-1,35$
$Mn^{2+} + 2\,H_2O$	$MnO_2 + 4\,H^+$	2	$+1,236$
$Mn^{2+} + 4\,H_2O$	$MnO_4{}^- + 8\,H^+$	5	$+1,52$
$Mn\,f + 2\,OH^-$	$Mn(OH)_2$	2	$-1,47$
$[Mn(CN)_4]^{2-} + {}+ 2\,CN^-$	$[Mn(CN)_6]^{3-}$	1	$-0,7$
$MnO_2\,f + 2\,H_2O$	$MnO_4{}^- + 4\,H^+$	3	$+1,69$
$MnO_2\,f + 4\,OH^-$	$MnO_4{}^{2-} + 2\,H_2O$	2	$+0,71$
$MnO_2\,f + 4\,OH^-$	$MnO_4{}^- + 2\,H_2O$	3	$+0,587$
$Mn(OH)_2\,f + OH^-$	$Mn(OH)_3\,f$	1	$-0,4$
$Mo\,f + 3\,H_2O$	$MoO_3\,f + 6\,H^+$	6	$+0,25$
$Mo\,f + 4\,H_2O$	$H_2MoO_{4\,Lös} + {}+ 6H^+$	6	$0,0$
$Mo\,f + 8\,OH^-$	$MoO_4{}^{2-} + 4\,H_2O$	6	$-0,97$
$MoO^{3+} + 2\,H_2O$	$MoO_3\,f + 4\,H^+$	1	$+0,5$
$2\,NH_{3\,Lös} + H_2$	$2\,NH_4{}^+$	2	$-0,55$
$NH_{3\,Lös} + 9\,OH^-$	$NO_3{}^- + 6\,H_2O$	8	$-0,12$
$2\,NH_4{}^+$	$N_2H_5{}^+ + 3\,H^+$	2	$+1,24$
$3\,NH_4{}^+$	$HN_3 + 11\,H^+$	8	$+0,66$
$NH_4{}^+ + 2\,H_2O$	$HNO_2 + 7\,H^+$	6	$+0,86$
$NH_4{}^+ + 3\,H_2O$	$NO_3{}^- + 10\,H^+$	8	$+0,87$
$N_2H_4 + 2\,OH^-$	$2\,NH_2OH$	2	$+0,74$
$N_2H_4 + 4\,OH^-$	$N_2\,g + 4\,H_2O$	4	$-1,15$
$N_2H_4 + 8\,OH^-$	$2\,NO_2{}^- + 4\,H_2O$	10	$-0,21$
$N_2H_4 + 16\,OH^-$	$2\,NO_3{}^- + 10\,H_2O$	14	$-0,23$
$N_2H_5{}^+$	$N_2\,g + 5\,H^+$	4	$-0,17$
$N_2H_5{}^+ + 2\,H_2O$	$2\,NH_3OH^+ + H^+$	2	$+1,48$
$N_2H_5{}^+ + 4\,H_2O$	$2\,HNO_2 + 11\,H^+$	10	$+0,79$
$N_2H_5{}^+ + 6\,H_2O$	$2\,NO_3{}^- + 17\,H^+$	14	$+0,84$
$NH_2OH + 5\,OH^-$	$NO_2{}^- + 4\,H_2O$	4	$+0,45$
$NH_2OH + 7\,OH^-$	$NO_3{}^- + 5\,H_2O$	6	$-0,30$
$NH_3OH^+ + H_2O$	$HNO_2 + 5\,H^+$	4	$+0,62$
$NH_3OH^+ + 2\,H_2O$	$NO_3{}^- + 8\,H^+$	6	$+0,73$
$NH_4OH + 2\,OH^-$	$NH_2OH + 2\,H_2O$	2	$+0,42$
$2\,NH_4OH + 2\,OH^-$	$N_2H_4 + 4\,H_2O$	2	$+0,1$
$NH_4OH + 9\,OH^-$	$NO_3{}^- + 7\,H_2O$	8	$-0,10$
$NO\,g + H_2O$	$HNO_2 + H^+$	1	$+0,99$
$NO\,g + 2\,H_2O$	$NO_3{}^- + 4\,H^+$	3	$+0,96$
$2\,NO_2{}^-$	$N_2O_4\,g$	2	$+0,88$
$2\,NO_2{}^-$	$NO_3{}^- + NO\,g$	1	$-0,58$
$NO_2{}^- + 2\,OH^-$	$NO_3{}^- + H_2O$	2	$+0,01$
$N_2O_4\,g + 2\,H_2O$	$2\,NO_3{}^- + 4\,H^+$	2	$+0,81$
$2\,HNO_2$	$N_2O_4\,g + 2\,H^+$	2	$+1,07$
$HNO_2 + H_2O$	$NO_3{}^- + 3\,H^+$	2	$+0,94$

Reduzierter Zustand	Oxydierter Zustand	n^2	ε_0
$Ni(CN)_3{}^{2-} + CN^-$	$[Ni(CN)_4]^{2-}$	1	$-0,82$
$Ni\,f + CO_3{}^{2-}$	$NiCO_3\,f$	2	$-0,45$
$Ni\,f + 6\,NH_{3\,Lös}$	$[Ni(NH_3)_6]^{2+}$	2	$-0,48$
$Ni^{2+} + 4\,H_2O$	$NiO_2 \cdot 2\,H_2O\,f + {}+ 4\,H^+$	2	$+1,75$
$Ni^{2+} + 2\,OH^+$	$NiO_2 + 4\,H^+$	2	$+1,75$
$Ni\,f + 2\,OH^+$	$Ni(OH)_2\,f$	2	$-0,66$
$Ni\,f + S^{2-}$	$NiS\,f,\ \alpha$	2	$-0,86$
$Ni\,f + S^{2-}$	$NiS\,f,\ \gamma$	2	$-1,07$
$Ni(OH)_2\,f + 2\,OH^-$	$NiO_2\,f + 2\,H_2O$	2	$+0,49$
$O_2\,g + H_2O$	$O_3\,g + 2\,H^+$	2	$+2,07$
$O_2\,g + 2\,OH^-$	$O_3\,g + H_2O$	2	$+1,24$
$OH^- + HO_2{}^-$	$O_2 + H_2O$	2	$-0,042$
$3\,OH^-$	$HO_2{}^- + H_2O$	2	$+0,87$
$4\,OH^-$	$O_2\,g + 2\,H_2O$	4	$-0,401$
$2\,H_2O$	$O_2\,g + 4\,H^+$	4	$+1,229$
$2\,H_2O$	$O_2\,g + {}+ 4\,H^+\,(10^{-7}m)$	4	$+0,815$
$2\,H_2O$	$H_2O_2 + 2\,H^+$	2	$+1,77$
H_2O_2	$O_2\,g + 2\,H^+$	2	$+0,68$
$Os\,f + 6\,Cl^-$	$OsCl_6{}^{3-}$	3	$+0,6$
$Os^{2+} + 6\,Cl^-$	$OsCl_6{}^{3-}$	1	$+0,3$
$Os\,f + 4\,H_2O$	$OsO_4\,f + 8\,H^+$	8	$+0,85$
$Os\,f + 4\,OH^-$	$OsO_2\,f + 2\,H_2O$	4	$-0,15$
$Os\,f + 9\,OH^-$	$HOsO_5{}^- + 4\,H_2O$	8	$+0,02$
$OsCl_6{}^{2-} + 4\,H_2O$	$OsO_4\,f + 6\,Cl^- + {}+ 8\,H^+$	4	$+1,0$
$OsO_2\,f + 4\,OH^-$	$OsO_4{}^{2-} + 2\,H_2O$	2	$+0,1$
$OsO_2\,f + 5\,OH^-$	$HOsO_5{}^- + 2\,H_2O$	4	$+0,2$
$OsO_4{}^{2-} + OH^-$	$HOsO_5{}^-$	2	$+0,3$
$OsO_2Cl_4{}^{2-} + 2\,H_2O$	$OsO_4 + 4\,H^+ + {}+ 4\,Cl^-$	2	$+1,0\ (?)$
$P\,f + 2\,H_2O$	$H_3PO_2 + H^+$	1	$-0,29$
$P\,f + 3\,H_2O$	$H_3PO_3 + 3\,H^+$	3	$-0,49$
$P\,f + 4\,H_2O$	$H_3PO_4 + 5\,H^+$	5	$-0,3$
$P\,f + 2\,OH^-$	$H_2PO_2{}^-$	1	$-1,82$
$P\,f + 5\,OH^-$	$HPO_3{}^{2-}$	3	$-1,71$
$PH_3\,g$	$P\,f + 3\,H^+$	3	$-0,04$
$PH_3\,g + 3\,OH^-$	$P\,f + 3\,H_2O$	3	$-0,87$
$HPO_3{}^{2-} + 3\,OH^-$	$PO_4{}^{3-} + 2\,H_2O$	2	$-1,05$
$H_2PO_2{}^- + 3\,OH^-$	$HPO_3{}^{2-} + 2\,H_2O$	2	$-1,65$
$H_3PO_2 + H_2O$	$H_3PO_3 + 2\,H^+$	2	$-0,59$
$H_3PO_3 + H_2O$	$H_3PO_4 + 2\,H^+$	2	$-0,20$
$Pb\,f + 2\,Br^-$	$PbBr_2\,f$	2	$-0,275$
$Pb\,f + 2\,Cl^-$	$PbCl_2\,f$	2	$-0,262$
$Pb\,f + CO_3{}^{2-}$	$PbCO_3\,f$	2	$-0,506$
$Pb\,f + HPO_4{}^{2-}$	$PbHPO_4\,f$	2	$-0,251$

[2] Zahl der an der Reaktion beteiligten elektrischen Ladungen.

Fortsetzung der Tabelle 28.

Reduzierter Zustand	Oxydierter Zustand	n[2]	ε_0
$Pb\,f + 2\,J^-$	$PbJ_2\,f$	2	−0,358
$Pb^{2+} + 2\,H_2O$	$PbO_2 + 4\,H^+$	2	+ 1,467
$Pb\,f + H_2S\,g$	$PbS\,f + 2\,H^+$	2	+ 0,07
$Pb\,f + 2\,OH^-$	$PbO\,f\ rot + H_2O$	2	−0,578
$Pb\,f + 2\,OH^-$	$PbO\,f\ gelb + H_2O$	2	−0,575
$Pb\,f + 3\,OH^-$	$HPbO_2^- + H_2O$	2	−0,54
$Pb\,f + 4\,OH^-$	$PbO_2\,f + 2\,H_2O$	4	−0,16
$3\,Pb\,f + 2\,OH^- + 2\,CO_3^{2-}$	$Pb_3(CO_3)_2(OH)_2\,f$	6	−0,59
$Pb\,f + OH^- + SH^-$	$PbS\,f + H_2O$	2	−0,56
$Pb\,f + S^{2-}$	$PbS\,f$	2	−0,98
$Pb\,f + SO_4^{2-}$	$PbSO_4\,f$	2	−0,335
$PbO\,f + 2\,OH^-$	$PbO_2\,f + H_2O$	2	+ 0,27
$3\,PbO\,f + 2\,OH^-$	$Pb_3O_4\,f + H_2O$	2	+ 0,25
$PbSO_4\,f + 2\,H_2O$	$PbO_2\,f + 4\,H^+ + SO_4^{2-}$	2	+ 1,680
$Pd\,f + 4\,Cl^-$	$PdCl_4^{2-}$	2	+ 0,64
$Pd\,f + 2\,OH^-$	$Pd(OH)_2\,f$	2	+ 0,1
$PdBr_4^{2-} + 2\,Br^-$	$PdBr_6^{2-}$ in NaBr $1\,n$	2	+ 0,99
$PdCl_4^{2-} + 2\,Cl^-$	$PdCl_6^{2-}$ in HCl $1\,n$	2	+ 1,29
$PdJ_4^{2-} + 2\,J^-$	PdJ_6^{2-} in KJ $1\,n$	2	+ 0,48
$PdO_2\,f + 2\,OH^-$	$PdO_3\,f + H_2O$	2	+ 1,2
$Pd(OH)_2\,f + 2\,OH^-$	$Pd(OH)_4\,f$	2	5+ 0,8
$Po + 6\,OH^-$	$PoO_3^{2-} + 3\,H_2O$	4	−0,5
$PoO^{2+} + 2\,H_2O$	$PoO_2 + 4\,H^+$	2	+ 0,8
$Pt\,f + 4\,Br^-$	$PtBr_4^{2-}$	2	+ 0,68
$Pt\,f + 4\,Cl^-$	$PtCl_4^{2-}$ in HCl $1\,n$	2	+ 0,76
$Pt\,f + 2\,H_2O$	$Pt(OH)_2\,f + 2\,H^+$	2	+ 0,99
$Pt\,f + H_2S\,g$	$PtS\,f + 2\,H^+$	2	−0,20
$Pt\,f + 2\,OH^-$	$Pt(OH)_2\,f$	2	+ 0,16
$Pt\,f + S^{2-}$	$PtS\,f$	2	−0,83
$PtBr_4^{2-} + 2\,Br^-$	$PtBr_6^{2-}$	2	+ 0,63
$PtCl_4^{2-} + 2\,Cl^-$	$PtCl_6^{2-}$	2	+ 0,72
$[Pt(CN)_4]^{2-} + 2\,Cl^-$	$[PtCl_2(CN)_4]^{2-}$	2	+ 0,89
$Re\,f + 4\,H_2O$	$ReO_4^- + 8\,H^+$	7	+ 0,15
$Re\,f + 8\,OH^-$	$ReO_4^- + 4\,H_2O$	7	−0,81
$Rh^{3+} + H_2O$	$RhO^{2+} + 2\,H^+$	1	+ 1,40
$RhO^{2+} + 3\,H_2O$	$RhO_4^{2-} + 6\,H^+$	2	+ 1,46
$Ru\,f + 3\,Cl^-$	$RuCl_3\,f$	3	+ 0,65
$Ru\,f + 5\,Cl^-$	$RuCl_5^{2-}$	3	+ 0,4
$Ru^{2+} + 5\,Cl^-$	$RuCl_5^{2-}$	1	+ 0,3
$Ru\,f + 5\,Cl^- + H_2O$	$RuCl_5OH^{2-} + H^+$	4	+ 0,6
$Ru\,f + 2\,H_2O$	$RuO_2\,f + 4\,H^+$	4	+ 0,79
$Ru\,f + 4\,OH^-$	$RuO_2\,f + 2\,H_2O$	4	−0,04

Reduzierter Zustand	Oxydierter Zustand	n[2]	ε_0
$RuCl_5^{2-} + H_2O$	$RuCl_5OH^{2-} + H^+$	1	+ 1,3
$RuCl_5OH^{2-} + 3\,H_2O$	$RuO_4\,f + 5\,Cl^- + 7\,H^+$	4	+ 1,5
$2\,S^{2-}$	S_2^{2-}	2	−0,51
$S\,f + 3\,H_2O$	$H_2SO_3 + 4\,H^+$	4	+ 0,45
$S^{2-} + 6\,OH^-$	$SO_3^{2-} + 3\,H_2O$	6	−0,61
$SH^- + OH^-$	$S\,f + H_2O$	2	−0,478
$SO_3^{2-} + 2\,OH^-$	$SO_4^{2-} + H_2O$	2	−0,90
$2\,SO_4^{2-}$	$S_2O_8^{2-}$	2	+ 2,05 (?)
$2\,S_2O_3^{2-}$	$S_4O_6^{2-}$	2	+ 0,17
$S_2O_3^{2-} + 3\,H_2O$	$2\,H_2SO_3 + 2\,H^+$	4	+ 0,40
$S_2O_3^{2-} + 6\,OH^-$	$2\,SO_3^{2-} + 3\,H_2O$	4	−0,58
$S_2O_4^{2-} + 4\,OH^-$	$2\,SO_3^{2-} + 2\,H_2O$	2	−1,4
$S_2O_6^{2-} + 2\,H_2O$	$2\,SO_4^{2-} + 4\,H^+$	2	+ 0,20
$S_3O_6^{2-} + 3\,H_2O$	$3\,H_2SO_3$	2	+ 0,68
$S_4O_6^{2-} + 6\,H_2O$	$4\,H_2SO_3 + 4\,H^+$	6	+ 0,48
$H_2S\,g$	$S\,f + 2\,H^+$	2	+ 0,17
$2\,H_2SO_3$	$S_2O_6^{2-} + 4\,H^+$	2	+ 0,20
$H_2SO_3 + H_2O$	$SO_4^{2-} + 4\,H^+$	2	+ 0,14
$Sb\,f + H_2O$	$SbO^+ + 2\,H^+$	3	+ 0,212
$2\,Sb\,f + 3\,H_2O$	$Sb_2O_3 + 6\,H^+$	6	−0,255 (?)
$Sb\,f + 4\,OH^-$	$SbO_2^- + 2\,H_2O$	3	−0,66
$Sb\,f + 2\,S^{2-}$	SbS_2^-	3	−0,85
$SbH_3\,g$	$Sb\,f + 3\,H^+$	3	−0,51
$2\,SbO^+ + 3\,H_2O$	$Sb_2O_5 + 6\,H^+$	4	+ 0,64
$Sb_2O_3 + 2\,H_2O$	$Sb_2O_5 + 4\,H^+$	4	+ 0,73
$H_3SbO_3 + H_2O$	$H_3SbO_4 + 2\,H^+$	2	+ 0,75
$2\,Se\,f + 2\,Cl^-$	Se_2Cl_2	2	+ 1,06
$Se\,f + 3\,H_2O$	$H_2SeO_3 + 4\,H^+$	4	+ 0,74
$Se\,f + 6\,OH^-$	$SeO_3^{2-} + 3\,H_2O$	4	−0,35
$SeO_3^{2-} + 2\,OH^-$	$SeO_4^{2-} + H_2O$	2	+ 0,03
$H_2Se_{Lös}$	$Se + 2\,H^+$	2	+ 0,36
$H_2SeO_3 + H_2O$	$SeO_4^{2-} + 2\,H^+$	2	+ 1,15
$Sn\,f + 3\,OH^-$	$HSnO_2^- + H_2O$	2	−0,79
$Sn\,f + S^{2-}$	$SnS\,f$	2	−0,97
$HSnO_2^- + 3\,OH^- + H_2O$	$[Sn(OH)_6]^{2-}$	2	−0,96
$Sr + 2\,OH^- + 8\,H_2O$	$Sr(OH)_2 \cdot 8\,H_2O\,f$	2	−2,99
$Te\,f + 6\,Cl^-$	$TeCl_6^{2-}$	4	+ 0,55
$Te\,f + 2\,H_2O$	$TeO_2\,f + 4\,H^+$	4	+ 0,529
$Te\,f + 2\,H_2O$	$TeO(OH)^+ + 3\,H^+$	4	+ 0,559
$Te\,f + 6\,OH^-$	$TeO_3^{2-} + 3\,H_2O$	4	−0,02
$TeO_2\,f + 4\,H_2O$	$H_6TeO_6\,f + 2\,H^+$	2	+ 1,02
$H_2Te_{Lös}$	$Te + 2\,H^+$	2	−0,69
$Th\,f + 4\,OH^-$	$ThO_2\,f + 2\,H_2O$	4	−2,64
$Th\,f + 2\,H_2O$	$ThO_2\,f + 4\,H^+$	4	−1,80

Fortsetzung der Tabelle S. 116.

[2] Zahl der an der Reaktion beteiligten elektrischen Ladungen.

8*

Fortsetzung der Tabelle 28.

Reduzierter Zustand	Oxydierter Zustand	n[2]	ε_0
$Ti^{3+} + H_2O$	$TiO^{2+} + 2\,H^+$	1	$+\,0{,}1$
$Ti\,f + 2\,H_2O$	$TiO_{2am} + 4\,H^+$	4	$-\,0{,}95$
$Ti^{3+} + 2\,SO_4^{2-}$	$Ti(SO_4)_2$	1	$+\,0{,}04$
$Tl\,f + Br^-$	$TlBr\,f$	1	$-\,0{,}658$
$Tl\,f + Cl^-$	$TlCl\,f$	1	$-\,0{,}557$
$Tl\,f + J^-$	$TlJ\,f$	1	$-\,0{,}765$
$Tl\,f + OH^-$	$TlOH\,f$	1	$-\,0{,}344$
$2\,Tl\,f + S^{2-}$	$Tl_2S\,f$	2	$-\,1{,}04$
$2\,Tl\,f + SO_4^{2-}$	$Tl_2SO_4\,f$	2	$-\,0{,}436$
$TlCl\,f$	$Tl^{3+} + Cl^-$	2	$+\,1{,}36$
$U\,f + 2\,H_2O$	$UO_2\,f + 4\,H^+$	4	$-\,1{,}40$
$U\,f + 2\,H_2O$	$UO_2^{2+} + 4\,H^+$	6	$-\,0{,}82$
$UO_2\,f$	UO_2^{2+}	2	$+\,0{,}33$
$U(SO_4)_{2Lös} + 2\,H_2O$	$UO_2^{2+} + {}$ $+\,2SO_4^{2-} + 4H^+$	2	$+\,0{,}36$
$V\,f + H_2O$	$VO^{2+} + 2\,H^+$	4	$+\,0{,}3$
$V^{3+} + H_2O$	$VO^{2+} + 2\,H^+$	1	$+\,0{,}4\ (?)$
$VO^{2+} + H_2O$	$VO_2^+ + 2\,H^+$	1	$+\,0{,}999$
$VO^{2+} + 2\,H_2O$	$HVO_3 + 3\,H^+$	1	$+\,1{,}1$

Reduzierter Zustand	Oxydierter Zustand	n[2]	ε_0
$VO^{2+} + 3\,H_2O$	$VO_4^{3-} + 6\,H^+$	1	$+\,1{,}031$
$VO^{2+} + 3\,H_2O$	$V(OH)_4^+ + 2\,H^+$	1	$+\,1{,}00$
$W\,f + 2\,H_2O$	$WO_2\,f + 4\,H^+$	4	$-\,0{,}05$
$W\,f + 3\,H_2O$	$WO_3\,f + 6\,H^+$	6	$0{,}0\ (?)$
$W\,f + 8\,OH^-$	$WO_4^{2-} + 4\,H_2O$	6	$-\,1{,}1$
$WO^{3+} + 2\,H_2O$	$WO_3\,f + 4\,H^+$	1	$0{,}0\ (?)$
$2\,WO_2\,f + H_2O$	$W_2O_5\,f + 2\,H^+$	2	$0{,}00$
$W_2O_5\,f + H_2O$	$2\,WO_3\,f + 2\,H^+$	2	$+\,0{,}15$
$Zn\,f + 4\,CN^-$	$[Zn(CN)_4]^{2-}$	2	$-\,1{,}26$
$Zn\,f + 4\,NH_{3Lös}$	$[Zn(NH_3)_4]^{2+}$	2	$-\,1{,}03$
$Zn\,f + CO_3^{2-}$	$ZnCO_3\,f$	2	$-\,1{,}07$
$Zn\,f + 2\,OH^-$	$Zn(OH)_2$	2	$-\,1{,}245$
$Zn\,f + 4\,OH^-$	$ZnO_2^{2-} + 2\,H_2O$	2	$-\,1{,}216$
$Zn\,f + S^{2-}$	$ZnS\,f$	2	$-\,1{,}44$
$Zn_{Amalg} + SO_4^{2-}$ in $ZnSO_4 \cdot 7H_2O$ ges.	$ZnSO_4 \cdot 7\,H_2O\,f$	2	$-\,0{,}799$
$Zr\,f + 2\,H_2O$	$ZrO_2\,f + 4\,H^+$	4	$-\,1{,}43$
$Zr\,f + 4\,OH^-$	$H_2ZrO_3 + H_2O$	4	$-\,2{,}32$

[2] Zahl der an der Reaktion beteiligten elektrischen Ladungen.

Wie bereits bei den Redoxpotentialen angedeutet wurde, muß für die Beurteilung der Stabilität eines oxydierenden oder reduzierenden Systems auch das umgebende Medium berücksichtigt werden. Eine Wasserstoffelektrode in neutraler Lösung, das heißt in einer Lösung, die 10^{-7} g Ionen je Liter enthält, hat das Relativpotential $-\,0{,}414$ V. Alle Systeme, die in neutraler Umgebung negativere Potentiale als $-\,0{,}414$ V haben, müssen daher die H^+-Ionen zu elementarem Wasserstoff reduzieren; in anderen Worten: sie sind imstande, das Wasser zu zersetzen. Dies ist tatsächlich bei allen Metallen vom Lithium bis zum Eisen der Fall. Wenn dagegen die Umgebung 1 n-alkalisch ist, beträgt das Potential der Wasserstoffelektrode $-\,0{,}83$ V. Ein Reduktionsmittel in alkalischer 1 n-Lösung bleibt daher bis zu diesem Potential stabil; es kann das Wasser nur dann zersetzen, wenn sein Potential noch negativer ist.

Analoge Überlegungen können für oxydierende Systeme angestellt werden, deren Potentiale auf die Sauerstoffelektrode bezogen werden. Sie zersetzen das Wasser, wenn ihr Potential positiver ist als das der Sauerstoffelektrode in der Lösung einer gleich starken Konzentration von OH^--Ionen. Es ist aber praktisch möglich, manche Oxydations- oder Reduktionssysteme dank der Überspannungen des Wasserstoffes und Sauerstoffes im Zustand einer Metastabilität zu erhalten (s. viertes Kapitel).

In neuerer Zeit sind die sogenannten *formalen Potentiale* in Gebrauch gekommen, die das Analogon der Normalpotentiale darstellen und die auf die Totalkonzentration 1 (1 Mol je Liter) und nicht auf die Aktivität der an der Reaktion teilnehmenden Stoffe bezogen werden. Dabei werden weder der Dissoziationsgrad, der eventuell kleiner als 1 ist, noch die Wirkung der interionischen Kräfte, noch eventuelle Sekundärreaktionen (Assoziationen, Hydrolyse usw.) berücksichtigt. Für viele Probleme der analytischen Chemie sind diese Potentiale zweckmäßiger als die Normalpotentiale. Auch von den formalen Potentialen liegen Tabellensammlungen vor[1].

13. Galvanische Elemente mit nichtwässerigen Lösungsmitteln und Elektrolytschmelzen

Es ist möglich, galvanische Konzentrationselemente, Daniell-Elemente, Redoxelemente usw. auch mit nichtwässerigen Lösungsmitteln zu konstruieren und auf sie die gleichen Gesetze anzuwenden, die bereits bei den Elektroden in wässeriger Lösung erörtert wurden.

Die prinzipielle Schwierigkeit bei der Untersuchung von Elektroden in nichtwässeriger Lösung ist die Bestimmung der Aktivitäten, die manchmal etwas unsicher ist und zu Unstimmigkeiten zwischen Experiment und Theorie Anlaß gibt. Ein zweites Unsicherheitsmoment rührt von der Unbestimmtheit der Solvatationsenergie der Ionen in nichtwässeriger Lösung her und von der Möglichkeit der Bildung nicht definierter komplexer Verbindungen von Ionen mit Molekülen des Lösungsmittels. Trotzdem konnten einige Normalpotentiale für verschiedene nichtwässerige Lösungsmittel bestimmt und damit eine Spannungsreihe aufgestellt werden. In Tab. 29 a und 29 b sind einige dieser Werte zusammen mit dem Normalpotential in wässeriger Lösung zum Vergleich zusammengestellt.

Tabelle 29 a. *Spannungsreihen in nichtwässerigen Lösungsmitteln*

Element	Normalpotential in		
	C_2H_5OH	CH_3OH	H_2O
Li/Li$^+$	$-3{,}04$	$-3{,}095$	$-3{,}01$
Na/Na$^+$	$-2{,}66$	$-2{,}728$	$-2{,}713$
Tl/Tl$^+$	$-0{,}343$	$-0{,}379$	$-0{,}402$
Cd/Cd^{2+}	$-$	$-0{,}258$	$-0{,}395$
H$_2$/2 H$^+$	$0{,}000$	$0{,}000$	$0{,}000$
Cu/Cu^{2+}	$-$	$+0{,}490$	$+0{,}34$
Ag/Ag$^+$	$0{,}749$	$+0{,}764$	$+0{,}799$
2 J$^-$/J$_2$	$+0{,}305$	$+0{,}357$	$+0{,}536$
2 Br$^-$/Br$_2$	$+0{,}777$	$+0{,}837$	$+1{,}08$
2 Cl$^-$/Cl$_2$	$+1{,}048$	$+1{,}116$	$+1{,}358$
Ag/AgBr + Br$^-$ 1 m	$-$	$+0{,}145$	$+0{,}071$
Ag/AgCl + Cl$^-$ 1 m	$-0{,}074$	$-0{,}010$	$+0{,}222$

Die Reihen zeigen im großen und ganzen denselben Verlauf; bemerkenswert sind immerhin die absoluten Unterschiede der EMK und einige Umkehrungen, die wahrscheinlich Differenzen in der Solvatationsenergie und Unsicherheiten in der Aktivitätsbestimmung zuzuschreiben sind.

EMK-Messungen an galvanischen Elementen mit geschmolzenen Elektrolyten haben aus verschiedenen Gründen bisher keine definitiven Ergebnisse gezeitigt, obwohl es auf diesem Gebiete zahlreiche und wertvolle Arbeiten gibt.

[1] S. z. B. Garner, C. S. in E. H. Swift: A System of Chemical Analysis. New York: Prentice Hall, 1939. — Willard, H. H. and G. D. Manalo: Analyt. Chem. **19**, 462 (1947).

Tabelle 29 b. *Spannungsreihen in nichtwässerigen Lösungsmitteln*[1]

Element	Normalpotential in			
	N_2H_4	NH_3	HCOOH	H_2O
Li/Li^+	— 0,19	— 0,31	— 0,03	— 0,09
K/K^+	— 0,01	— 0,05	+ 0,09	— 0,01
Rb/Rb^+	0,00	0,00	0,00	0,00
Cs/Cs^+	—	—	+ 0,01	+ 0,06
Ca/Ca^{2+}	+ 0,10	+ 0,29	+ 0,25	+ 0,16
Na/Na^+	+ 0,18	+ 0,08	+ 0,03	+ 0,22
Zn/Zn^{2+}	+ 1,60	+ 1,40	+ 2,40	+ 2,17
Cd/Cd^+	+ 1,91	+ 1,73	+ 2,70	+ 2,53
$H_2/2\,H^+$	+ 2,01	+ 1,93	+ 3,45	+ 2,93
Cu/Cu^+	+ 2,23	+ 2,34	—	+ 3,45
Cu/Cu^{2+}	—	+ 2,36	+ 3,31	+ 3,28
Pb/Pb^{2+}	+ 2,36	+ 2,25	+ 2,73	+ 2,80
$2\,Hg/Hg_2^{2+}$	—	—	+ 3,63	+ 3,73
Hg/Hg^{2+}	—	+ 2,68	—	+ 3,79
Ag/Ag^+	+ 2,78	+ 2,76	+ 3,62	+ 3,74
$2\,J^-/J_2$	—	+ 3,38	—	+ 3,52
$2\,Br^-/Br_2$	—	+ 3,76	—	+ 4,05
$2\,Cl^-/Cl_2$	—	+ 3,96	—	+ 4,34

[1] Bezogen auf das Rb-Potential. Pleskov, V. A.: Acta Physico-Chim. URSS **13**, 662 (1940); **21**, 41 (1946).

Vor allem ist der molekulare Zustand der Elektrolytschmelzen noch nicht genau bekannt und man weiß daher nicht, ob die klassische Theorie des Dissoziationsgleichgewichtes oder die Theorie der totalen Dissoziation der starken Elektrolyte auf sie anwendbar ist. Zweitens verfügt man noch über keine Bezugselektrode für Elektrolytschmelzen, deren Potential genau bekannt ist und die als Teil eines galvanischen Elementes zur Messung der EMK herangezogen werden könnte. Weiters ist auf Grund experimenteller Untersuchungen festgestellt worden, daß an der Grenzfläche zwischen zwei Elektrolytschmelzen beträchtliche Diffusions-EMK vorhanden sind, die allerdings noch nicht genau bestimmt werden können. Schließlich treten noch große und schwer zu meisternde experimentelle Schwierigkeiten insofern auf, als viele Metallelektroden bei Berührung mit Elektrolytschmelzen zu Bildung von Metallnebeln (s. Kap. IX, 1), das heißt Lösungen oder Dispersionen des Metalles im Elektrolyten Anlaß geben, die gegen die andere Elektrode hin diffundieren und deren Potential verändern.

Einige Ergebnisse können immerhin schon als fester Besitzstand betrachtet werden.

Für Konzentrationselemente mit Elektrolytschmelzen gilt die allgemeine Beziehung für Konzentrationselemente, speziell bei kleinen Konzentrationen eines Elektrolyten in einem anderen, wie aus Tab. 30 hervorgeht.

Dieses Ergebnis würde zugunsten einer vollständigen Dissoziation der in anderen Elektrolytschmelzen gelösten Elektrolyte mit einem für beide Lösungen gleichen Aktivitätskoeffizienten sprechen.

Chemische Elemente mit einheitlichem Elektrolyt vom Typ

$$Ag/AgCl/Cl_2, \text{ aufgebaut auf der Reaktion } Ag + \frac{1}{2} Cl_2 \rightarrow AgCl,$$

$$Pb/PbCl_2/Cl_2, \text{ aufgebaut auf der Reaktion } Pb + Cl_2 \rightarrow PbCl_2$$

Tabelle 30. *EMK von Konzentrationselementen mit Elektrolytschmelzen*

Element	Lösungs-mittel	c_1 [1]	c_2	T^0 K	*E* beob.	*E* berech.
Cu/CuCl c_1/CuCl c_2/Cu	KCl	0,400	0,0548	1097	0,1814	0,1828
Cu/CuCl c_1/CuCl c_2/Cu	KCl	0,605	0,474	1064	0,0225	0,0224
Cu/CuCl c_1/CuCl c_2/Cu	NaCl	0,833	0,265	1116	0,1075	0,1097
Cu/CuCl c_1/CuCl c_2/Cu	NaCl	1,010	0,497	1104	0,0690	0,0674
Ag/AgCl c_1/AgCl c_2/Ag	KCl	0,712	0,203	1089	0,1172	0,1174
Ag/AgCl c_1/AgCl c_2/Ag	KCl	0,712	0,410	1074	0,0490	0,0510

[1] c_1 und c_2 bezeichnen die in Mol je 1000 g Lösungsmittel ausgedrückten Konzentrationen.

gestatten die Messung der EMK derjenigen Elektrode, an der sich das Halogenid bildet. Bei diesen Elementen besteht der negative Pol aus dem geschmolzenen Metall, das mit der Schmelze eines seiner Salze, womöglich eines Halogenids, in Kontakt steht, während der positive Pol durch einen Graphitstab dargestellt wird, der ebenfalls in das geschmolzene Salz eintaucht und von dem gasförmigen Halogen umspült wird.

Durch Messung der EMK vieler Elemente, in denen sich immer dasselbe Halogenid der verschiedenen Metalle bildet, kann man eine Reihe von Relativspannungen der einzelnen Metalle in bezug auf ihre Ionen zusammenstellen. Dabei wird angenommen, daß die Aktivität sowohl des Metallions als auch des Halogenions in der reinen Halogenidschmelze den Wert 1 hat. In diesem Fall bleibt das Potential der Halogenelektrode unverändert, wenn der Druck des gasförmigen Halogens konstant ist. Werden also nach Eliminierung des Potentials der Halogenelektrode[1] die EMK der Elemente vom Typ

$$Me/MeX_n/X_2$$

(worin X das Halogen darstellt) etwa nach abnehmenden Werten geordnet, so erhält man eine Reihe, die dieselbe Folge der Elemente aufweisen müßte, wie sie in der normalen Spannungsreihe gegeben ist. In Tab. 31 sind die Potentialwerte der Metallelektroden von Elementen, in denen sich bei 700^0 C jeweils das entsprechende Chlorid, Bromid oder Jodid bildet, bezogen auf das Potential des Wasserstoffes als Nullpunkt, zusammengestellt.

Aus Tab. 31 ist leicht zu ersehen, daß die Spannungsreihe bei 700^0 C in Elektrolytschmelzen nicht nur nicht der Spannungsreihe bei 25^0 C in wässeriger Lösung entspricht, sondern daß die Reihenfolge auch noch vom speziellen Typ des gewählten Halogenids abhängt. Solange es nicht möglich ist, eine sichere und unabhängige Bezugselektrode wie für die Lösungen herzustellen und solange man keine genaue Bestimmung der Aktivitäten in den verschiedenen Phasen

---

[1] Das Potential der Halogenelektrode wird für die Temperatur von 700^0 C aus dem Gleichgewicht

$$H_2 + X_2 \rightarrow 2\,HX \qquad (X = Halogen)$$

berechnet.

Setzt man in einem Element von der Art $H_2/HX/X_2$ das Potential der Wasserstoffelektrode gleich Null, dann stimmt das mit Hilfe der Reaktionsaffinität berechnete Potential des Elementes mit dem Potential der Halogenelektrode überein.

kennt, bleiben nicht nur die Normalpotentiale der einzelnen Elemente, sondern auch deren Anordnung in den Spannungsreihen unsicher.

Tabelle 31. *Spannungsreihen in Elektrolytschmelzen*

Metall	ε in			in H_2O
	$MeCl_n$	$MeBr_n$	MeJ_n	
Cs/Cs^+	— 2,64	—	—	— 2,92
Rb/Rb^+	— 2,58	—	—	— 2,98
Ba/Ba^{2+}	— 2,58	—	— 2,30	— 2,92
Sr/Sr^{2+}	— 2,50	— 2,41	—	— 2,89
K/K^+	— 2,48	— 2,49	— 2,53	— 2,92
Li/Li^+	— 2,37	— 2,40	— 2,43	— 3,01
Ca/Ca^{2+}	— 2,34	— 2,25	—	— 2,84
Na/Na^+	— 2,31	— 2,34	— 2,30	— 2,713
Mg/Mg^{2+}	— 1,57	—	— 1,49	— 2,38
Mn/Mn^{2+}	— 0,85	— 0,83	— 0,91	— 1,05
Al/Al^{3+}	— 0,85 (?)	— 0,81	—	— 1,66
Tl/Tl^+	— 0,43	— 0,69	— 0,90	— 0,335
Zn/Zn^{2+}	— 0,41	—	—	— 0,763
Cd/Cd^{2+}	— 0,26	— 0,46	— 0,56	— 0,402
Pb/Pb^{2+}	— 0,12	— 0,32	— 0,35	— 0,126
Sn/Sn^{2+}	— 0,11	— 0,26	—	— 0,140
Ni/Ni^{2+}	+ 0,01	—	—	— 0,23
Co/Co^{2+}	+ 0,06	—	— 0,04	— 0,27
Ag/Ag^+	+ 0,20	— 0,09	— 0,37	+ 0,799
Cu/Cu^+	+ 0,30	— 0,06	— 0,29	+ 0,52
Bi/Bi^{3+}	+ 0,6	+ 0,4	+ 0,1	+ 0,2

Selbst wenn diese beiden Fragen gelöst wären, müßte immer noch eine dritte wesentliche Bedingung erfüllt sein, nämlich die Ausschaltung der Berührungspotentiale[1] zwischen den Elektrolytschmelzen. Dabei handelt es sich um Größen, die unbekannt und schwer berechenbar sind, da die Wanderungsgeschwindigkeiten im geschmolzenen Zustand nicht bekannt sind. Diese Potentiale nehmen oft Werte an, die nicht vernachlässigt werden dürfen.

Schließlich muß die Tatsache unterstrichen werden, daß die Stellung der einzelnen Metalle in der Spannungsreihe bei Temperaturänderungen nicht konstant bleibt, wie die folgenden Reihen beweisen, die aus Messungen an Elementen des Typs

I. $Me/MeCl_m$ in geschmolzenem $AlCl_3$, [2]

II. $Me/MeBr_m$ in geschmolzenem $AlBr_3$ [3]

gewonnen wurden.

Tabelle 32. *Spannungsreihen in Elektrolytschmelzen: Relative Reihung der Elemente*

Reihe	t^0 C	Reihung
I	260	Al, Mn, Zn, Cd, Pb, Sn, Ag, Cu, Fe, Hg, Co, Sb, Bi
II	400—600	Al, Mn, Zn, Fe, Cu

[1] Bei Elementen mit zwei verschiedenen Elektrolytschmelzen.

[2] Delimarskii, K.: Chem. Abstr. **1946**, 1737.

[3] Plotnikov, V. A., E. I. Kirichenko and N. S. Fortunatov: Chem. Abstr. **1941**, 3530.

Zum eingehenderen Studium der im dritten Kapitel behandelten Themen werden folgende Abhandlungen empfohlen:

Butler, J. A. V.: Electrocapillarity, Chemistry and Physics of Electrodes. London: Methuen, 1940.
Droßbach, P.: Elektrochemie geschmolzener Salze. Berlin: Julius Springer, 1938.
Falkenhagen, H.: Elektrolyte. Leipzig: S. Hirzel, 1932.
Foerster, F.: Elektrochemie wässeriger Lösungen, 4. Aufl. Leipzig: J. A. Barth, 1923.
Glasstone, S.: Electrochemistry of Solutions, 3. Aufl. Melbourne: Tait Book Co., 1945.
Glasstone, S. and A. Hickling: Electrolytic Oxidations and Reductions. New York: Van Nostrand, 1935.
Harned, H. S. and B. Owen: The Physical Chemistry of Electrolytic Solutions, American Chemical Society Monograph, 2. Aufl. New York: Reinhold, 1950.
Jellinek, K.: Lehrbuch der physikalischen Chemie, Bd. III. Stuttgart: F. Enke, 1930.
Kohlrausch, F.: Praktische Physik, 17. Aufl. Leipzig-Berlin: Teubner, 1935.
Le Blanc, M.: Lehrbuch der Elektrochemie, 11.—12. Aufl. Leipzig: Akademische Verlagsgesellschaft, 1925.
Lewis, G. N. and M. Randall: Thermodynamics and the Free Energy of Chemical Substances. New York: McGraw Hill, 1923.
Michaelis, L.: Oxydations-Reduktionspotentiale. Berlin: Julius Springer, 1933.
Ostwald-Drucker: Handbuch der allgemeinen Chemie, Bd. VIII, Teil 1. Leipzig: Akademische Verlagsgesellschaft, 1930.
Plank, M.: Vorlesungen über Thermodynamik, 9. Aufl. Berlin-Leipzig: W. de Gruyter, 1930.
Schottky, W., H. Ulich und C. Wagner: Thermodynamik. Berlin: Julius Springer, 1929.
Walden, P.: Elektrochemie nichtwässeriger Lösungen. Leipzig: J. A. Barth, 1924.
Wien-Harms: Handbuch der Experimentalphysik, Bd. XII, Teil 2. Leipzig: Akademische Verlagsgesellschaft, 1933.

Viertes Kapitel

Allgemeine Theorie der Elektrolyse in wässeriger Lösung[1]

1. Die Faradayschen Gesetze und die Stromausbeute

Taucht man in die wässerige Lösung eines Salzes, einer Säure oder einer Base zwei Elektroden ein und verbindet diese mit den Klemmen einer Gleichstromquelle von hinreichender EMK, so beobachtet man Durchgang von Elektrizität durch die Lösung und gleichzeitig eine Reihe chemischer Reaktionen an den Grenzflächen Elektrode-Elektrolyt: Gasentwicklung, Zersetzung von Stoffen, Auflösung der Elektrode, Entstehung neuer Stoffe in der Lösung usw. Unter entsprechenden Voraussetzungen bewirkt z. B. der Stromdurchgang in einer Salzsäurelösung die Entwicklung von Chlorgas an der Anode und gleichzeitig von Wasserstoffgas an der Kathode; in einer Kupfersulfatlösung mit einer Kupferanode scheidet sich an der Kathode metallisches Kupfer ab, während die

---

[1] Die Theorie der Elektrolyse in Elektrolytschmelzen wird im neunten Kapitel behandelt. Im vierten und in den folgenden Kapiteln wird der Einfachheit halber für alle Beziehungen, in denen die Aktivität berücksichtigt werden muß, der Aktivitätskoeffizient = 1 angenommen, so daß die Aktivität durch die Konzentration ersetzt werden kann. Es ist klar, daß rigorose Berechnungen einen solchen Ersatz nicht zulassen. Auch der konstante Faktor 0,239 scheint nicht auf, da er im Wert der Konstanten R mit eingeschlossen ist.

Kupferanode in Lösung geht; in einer Ferrosalze enthaltenden Lösung treten an der Anode Ferrisalze auf usw. In anderen Worten: auf Kosten der von außen gelieferten elektrischen Energie kommt eine chemische Umsetzung des Systems zustande. Für den Fall, daß die Zusammensetzung des Systems am Anfang und am Ende verschieden ist, ist also dieser Vorgang nichts anderes als die Umkehrung der Erzeugung äußerer elektrischer Arbeit auf Kosten der mit der chemischen Umsetzung verbundenen Änderung der freien Energie, des Vorganges also, der der Konstruktion der galvanischen Elemente zugrundeliegt (s. drittes Kapitel).

Die Reaktionen, die an den Oberflächen der Elektroden zwischen den in der Lösung vorhandenen Teilchen und den elektrischen Ladungen der Elektrode vor sich gehen, heißen Primärreaktionen (s. Kap. II, 1). Sie können unter Umständen von Sekundärreaktionen begleitet sein.

Für die chemischen Primärreaktionen sind die beiden, 1834 von Faraday entdeckten Grundgesetze der Elektrolyse maßgebend. Das erste sagt aus, daß die Gewichtsmenge S des infolge des Stromdurchganges an einer Elektrode ausgeschiedenen Stoffes proportional ist der Elektrizitätsmenge, die insgesamt den Elektrolyten durchflossen hat. Man kann also schreiben:

$$S = k\,I\,t$$

($I =$ Stromstärke, $t =$ Zeit)
oder genauer, wenn die Stromstärke veränderlich ist,

$$S = k \int_0^t I\,dt.$$

Das zweite Faradaysche Gesetz besagt, daß die Gewichtsmengen verschiedener, von derselben Elektrizitätsmenge abgeschiedener Stoffe sich untereinander verhalten wie die entsprechenden chemischen Äquivalente.

Die beiden Faradayschen Gesetze beruhen auf experimenteller Grundlage.

Das erste kann man sich zum Beispiel an Hand der Elektrolyse zweier Silbernitratlösungen klar machen, die von dem gleichen konstanten Strom durchflossen werden, wobei jedoch die eine Lösung doppelt so lange unter der Stromeinwirkung steht als die andere. Die Elektrizitätsmengen, die die beiden Zellen durchfließen, verhalten sich dann wie 2 : 1. Wiegt man das an der Kathode abgeschiedene Silber, so stellt sich heraus, daß sein Gewicht in der doppelt so lange betriebenen Zelle genau doppelt so groß ist als in der anderen. Dasselbe Ergebnis wird beobachtet, wenn die beiden Zellen zwar gleich lange eingeschaltet sind, die Stromstärke in der einen aber doppelt so groß ist als in der anderen.

Das zweite Faradaysche Gesetz kann etwa durch folgenden Versuch erläutert werden. Drei Elektrolysezellen werden in Serie geschaltet, so daß die Stromstärke und damit die Elektrizitätsmenge, die jeweils eine Zelle durchfließt, für alle drei Zellen genau die gleiche ist. Die erste Zelle möge eine Salzsäurelösung, die zweite eine Silbernitratlösung und die dritte eine Kupfersulfatlösung enthalten. Nun wird die Elektrolyse solange fortgesetzt, bis sich in der ersten Zelle 1 Grammäquivalent Wasserstoffgas angesammelt hat. Wiegt man das an den Kathoden der anderen beiden Zellen abgeschiedene Silber bzw. Kupfer, so findet man genau 107,88 g = 1 Grammäquivalent Silber und 63,57/2 g = 1 Grammäquivalent Kupfer. Wird auch das an den Anoden entwickelte Chlor- bzw. Sauerstoffgas gesammelt, so findet man 8 g Sauerstoff und 35,46 g Chlor, also immer 1 Grammäquivalent des betreffenden Stoffes. Daraus geht hervor, daß die für die Abscheidung eines Grammäquivalentes notwendige Elektrizitätsmenge immer die gleiche ist. Sie wurde zu 96 494 C bestimmt; wenn also 96 494 C 1 Grammäquivalent Silber abscheiden, dann scheidet 1 C 107,88 : 96,494 = 0,001 118 g Silber ab; da 1 Ampère eine Stromstärke von 1 C/sec bedeutet, scheidet es 0,001 118 g Silber je Sekunde an der Kathode einer Elektrolysezelle ab, die Silbernitrat enthält.

In der Elektrochemie wird das Gewicht von 0,001 118 g das *elektrochemische Äquivalent* des Silbers genannt. Allgemein wird als elektrochemisches Äquivalent eines beliebigen Elementes jene Gewichtsmenge definiert, die durch 1 C auf elektrochemischem Wege abgeschieden werden kann; für eine bestimmte elektrochemische Reaktion wird das elektrochemische Äquivalent im allgemeinen durch die Stoffmenge definiert, die von 1 C umgesetzt wird. In Tab. 33 sind die elektrochemischen Äquivalente (g/C) der wichtigsten Elemente zusammen mit ihren Reziprokwerten (Anzahl der C, die zur Abscheidung von 1 g des Elementes notwendig sind) und den auf die Einheit A h = 3600 C bezogenen Vielfachen zusammengestellt.

Analoge Tabellen können für jeden beliebigen Vorgang berechnet werden.

Die Elektrizitätsmenge 96 494 ∼ 96 500 C, die zur Abscheidung von 1 Äquivalent eines Stoffes notwendig ist, heißt 1 Faraday (1 *F*).

Selbstverständlich ist bei der Anwendung der Faradayschen Gesetze auf die Wertigkeiten und die Art der Reaktionen zu achten. Es ist z. B. klar, daß das elektrochemische Äquivalent eines Metalles mit verschiedenen Wertigkeitsstufen je nach der besonderen Wertigkeit, die es gerade in der der Elektrolyse unterworfenen Lösung hat, für die Abscheidungsreaktion verschiedene Größen annimmt und daß damit auch die von 1 *F* ausgeschiedene Menge variiert.

Die beiden Faradayschen Gesetze haben sich immer als streng gültig erwiesen, auch dann, wenn offensichtlich keine Übereinstimmung zwischen Theorie und Experiment besteht. Allfällige Unstimmigkeiten finden immer ihre Erklärung in den besonderen Versuchsbedingungen und in der Art des Versuchsablaufes, so daß die Gültigkeit der Faradayschen Gesetze niemals bezweifelt zu werden braucht. Es muß natürlich dem Umstand Rechnung getragen werden, daß vielfach nebenherlaufende Primärvorgänge und eventuelle weitere, durch Sekundärreaktionen bedingte Systemumsetzungen gleichzeitig stattfinden. Elektrolysiert man z. B. eine mit Schwefelsäure angesäuerte Zinksulfatlösung, so scheidet sich an der Kathode nicht 1 Äquivalent Zink für jedes *F* ab, das die Zelle durchfließt. Dies kommt daher, daß gleichzeitig mit der Entladung der Zn^{2+}-Ionen auch H^+-Ionen entladen werden. An der Kathode laufen also zwei Primärreaktionen zu gleicher Zeit ab. Bildet man aber die Summe der an der Kathode abgeschiedenen Zink- und Wasserstoffäquivalente, so erkennt man, daß sie der Zahl der *F*, die die Zelle durchflossen haben, genau gleich ist. In analoger Weise müßte man bei der Elektrolyse des Natriumchlorids an der Anode 1 Äquivalent Chlor für jedes die Zelle durchfliessende *F* erhalten, was jedoch im Experiment selten vorkommt. In diesem Fall gibt es zwar nur einen einzigen Anodenvorgang, der aber von Sekundärreaktionen begleitet ist, wie der teilweisen Auflösung des entwickelten Chlors, der Reaktion des Chlors mit den vom Kathodenraum herkommenden OH^--Ionen, die unterchlorige Säuremoleküle und ClO^--Ionen ergibt, usw. Alle diese Reaktionen verbrauchen einen Teil des bei der primären Entladungsreaktion abgeschiedenen Chlors, so daß das Faradaysche Gesetz scheinbar nicht stimmt. Eliminiert man jedoch die Sekundärreaktionen, dann kann die absolute Gültigkeit der Faradayschen Gesetze immer festgestellt werden.

Wegen dieser und anderer Begleiterscheinungen erhält man an der Elektrode nur selten die Stoffmenge, die nach dem Faradayschen Gesetz der

Elektrizitätsmenge entspricht, welche die Zelle durchflossen hat. Das Verhältnis zwischen der tatsächlich aus der Elektrolyse gewonnenen und der theoretischen Stoffmenge wird als *Stromausbeute* (R_{Strom}) definiert.

Die Faradayschen Gesetze gelten nicht nur für wässerige Lösungen, sondern für jedes beliebige Lösungsmittel und auch für Elektrolytschmelzen. Bei letzteren stößt jedoch eine exakte Bestätigung auf große experimentelle Schwierigkeiten, was auf die besondere elektrochemische Natur dieser Systeme und auf die allgemein hohen Schmelztemperaturen der Salze zurückzuführen ist, bei denen Sekundärreaktionen von bedeutendem Ausmaß auftreten (s. neuntes Kapitel).

Tabelle 33. *Elektrochemische Äquivalente*

Element	Wertig-keit	$\dfrac{g}{C} \cdot 10^3$	$\dfrac{C}{g} \cdot 10^{-3}$	$\dfrac{g}{A\,h}$	$\dfrac{A\,h}{g}$
Ag	1	1,11793	0,89451	4,02454	0,24848
Al	3	0,09316	10,73415	0,33538	2,98171
As	3	0,25876	3,86464	0,93152	1,07351
As	5	0,15254	6,44106	0,55891	1,78918
Au	1	2,04352	0,48935	7,35668	0,13593
Au	3	0,68117	1,46805	2,45223	0,40779
Ba	2	0,71171	1,40507	2,56216	0,39030
Be	2	0,04674	21,39688	0,16825	5,94358
Bi	3	0,72193	1,38517	2,59896	0,38477
Bi	5	0,43316	2,30861	1,55938	0,64128
Br	1	0,82815	1,20752	2,98132	0,33542
Ca	2	0,20767	4,81537	0,74761	1,33760
Cd	2	0,58244	1,71693	2,09677	0,47692
Ce	3	0,48404	2,06594	1,74255	0,57387
Cl	1	0,36743	2,72161	1,32275	0,75600
Co	2	0,30539	3,27452	1,09931	0,90966
Cr	3	0,17965	5,56624	0,64676	1,54618
Cr	6	0,08983	10,13247	0,32338	3,09235
Cs	1	1,37731	0,72606	4,95830	0,20168
Cu	1	0,65876	1,51801	2,37152	0,42167
Cu	2	0,32938	3,03602	1,18576	0,84334
Fe	2	0,28938	3,45568	1,04176	0,95991
Fe	3	0,19291	5,18353	0,69451	1,43987
H	1	0,010446	95,73321	0,037605	26,59256
Hg	1	2,07886	0,48103	7,48390	0,13362
Hg	2	1,03943	0,96207	3,74195	0,26724
J	1	1,31523	0,76032	4,73484	0,21120
Ir	4	0,50026	1,99896	1,80095	0,55546
K	1	0,40514	2,46828	1,45850	0,68563
Li	1	0,07192	13,90490	0,25890	3,86247
Mg	2	0,12601	7,93586	0,45364	2,20440
Mn	2	0,28461	3,51363	1,02458	0,97601
Mn	4	0,14230	7,02727	0,51229	1,95202
Mo	6	0,16580	6,03125	0,59689	1,67535
N	3	0,048387	20,66676	0,17419	5,74077
N	5	0,029032	34,44446	0,10452	9,56795
Na	1	0,23831	4,19620	0,85792	1,16561
Ni	2	0,30409	3,28846	1,09474	0,91346
O	2	0,082902	12,06250	0,29845	3,35069
Os	4	0,49611	2,01567	1,78601	0,55991
P	5	0,06421	15,57456	0,23115	4,32627

Fortsetzung der Tabelle 33.

Element	Wertig-keit	$\dfrac{g}{C} \cdot 10^3$	$\dfrac{C}{g} \cdot 10^{-3}$	$\dfrac{g}{A\,h}$	$\dfrac{A\,h}{g}$
Pb	2	1,07363	0,93142	3,86506	0,25873
Pb	4	0,53681	1,86284	1,93253	0,51746
Pd	4	0,27642	3,61762	0,99513	1,00489
Pt	4	0,50578	1,97716	1,82080	0,54921
Rb	1	0,88580	1,12892	3,18889	0,31359
Re	7	0,27581	3,62568	0,99292	1,00713
Rh	4	0,26661	3,75085	0,95978	1,04190
Ru	4	0,26347	3,79548	0,94850	1,05430
S	2	0,16611	6,01996	0,59801	1,67221
S	4	0,08306	12,03993	0,29901	3,34442
S	6	0,05537	18,05989	0,19934	5,01664
Sb	3	0,42059	2,37763	1,51411	0,66045
Sb	5	0,25235	3,96272	0,90847	1,10075
Se	6	0,13637	7,33283	0,49094	2,03690
Sn	2	0,61503	1,62595	2,21409	0,45165
Sn	4	0,30751	3,25190	1,10705	0,90330
Sr	2	0,45404	2,20244	1,63455	0,61179
Te	6	0,22040	4,53726	0,79343	1,26037
Ti	4	0,12409	8,05846	0,44674	2,23846
Tl	3	0,70601	1,41641	2,54164	0,39345
U	6	0,41117	2,43206	1,48023	0,67557
V	5	0,10560	9,47007	0,38015	2,63057
W	6	0,31779	3,14674	1,14404	0,87409
Zn	2	0,33876	2,95197	1,21952	0,81999

2. Polarisation der Elektroden

An der Grenzfläche zwischen zwei leitenden Phasen besteht immer eine
Potentialdifferenz: wenn zwei Metallelektroden in eine Elektrolytlösung eintauchen, ist zwischen ihnen eine EMK feststellbar, vorausgesetzt daß das Gesamtsystem nicht vollkommen symmetrisch ist. So tritt z. B. zwischen zwei in
die gleiche Kupfersulfatlösung eintauchenden Kupferelektroden *keine* Potentialdifferenz auf, während eine Eisen- und eine Graphitelektrode in einer Alkali-
chloridlösung eine Potentialdifferenz aufweisen. Betrachtet man jede Elektrode
für sich allein, dann kann die elektrische Doppelschicht (s. Kap. III, 4), welche
die Potentialdifferenz an der Grenzfläche Elektrode-Elektrolyt erzeugt, mit
einem geladenen Kondensator verglichen werden, dessen Plattenabstand molekulare Größenordnung hat. Bei Anlegen einer äußeren, im Prinzip kleinen
Potentialdifferenz, wird die Elektrode, an der das niedrigere Potential liegt, zur
Kathode, die Kationen wandern zu ihr und das Gleichgewicht der Doppelschicht
erscheint dadurch gestört. Welche Ionenart immer vorher mit der Elektroden-
ladung im Gleichgewicht war, jetzt tritt als Folge dieser Potentialdifferenz ein
Überschuß an Kationen, das heißt positiven Ladungen, in der Umgebung der
Elektrode auf. Auf der Elektrode selbst, die als die andere Platte des Kon-
densators zu betrachten ist, tritt die äquivalente negative Ladungsmenge in
Erscheinung. Das Potential der Kathode wird daher negativer, als es vorher war.
Wenn der Elektrolyt gegen die Elektrode vorher positiv war, erscheint die
Potentialdifferenz an der Grenzfläche Elektrode-Elektrolyt erhöht, im umge-
kehrten Fall erniedrigt. Analoge Überlegungen können für die Anode ange-
stellt werden.

Der erste, nur einen Augenblick dauernde Stromstoß *lädt* daher nur die beiden aus den Doppelschichten Anode-Elektrolyt und Kathode-Elektrolyt gebildeten Kondensatoren auf: das Potential der Anode ist positiver und jenes der Kathode negativer geworden. Es ist jedoch keine Elektrolyse eingetreten, da noch kein Stromübergang von der Elektrode auf den Elektrolyten und umgekehrt stattgefunden hat. Insgesamt wurde nur ein Augenblicksstromstoß ohne irgendwelche chemische Reaktion registriert, der lediglich zur Aufladung der Kondensatoren benutzt wurde. Dieser Strom wird als *nichtfaradischer Strom* bezeichnet. Die Änderung des Elektrodenpotentials als Folge des nichtfaradischen

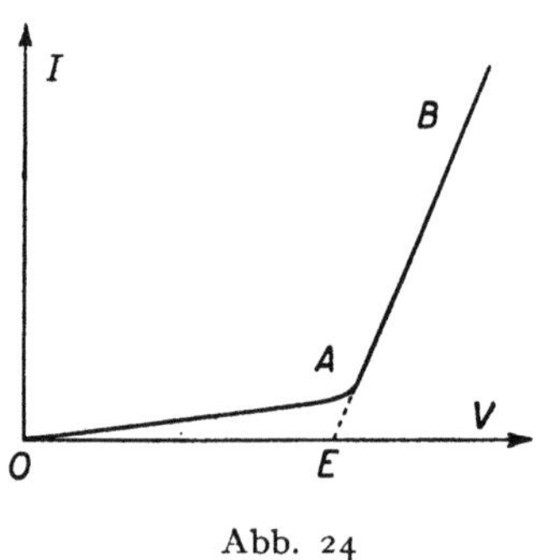

Abb. 24

Stromstoßes heißt *elektrolytische Polarisation.* Allgemein wird jede EMK, die als Folge eines elektrischen Stromdurchganges durch ein galvanisches oder elektrolytisches System entstanden ist und die dem Strom selbst entgegenwirkt (s. u., die ff. Abschnitte und Kap. X) als *Polarisation* bezeichnet.

Die Existenz der Polarisationsspannung kann bequem nachgewiesen werden, indem die von außen angelegte Spannung getrennt und an deren Stelle ein Meßinstrument eingeschaltet wird. Dieses zeigt unmittelbar nach der Entfernung der äußeren Spannung eine Potentialdifferenz, die mehr oder weniger rasch gegen Null oder gegen den Anfangswert vor Anlegen der äußeren Spannung zurückgeht. Bei schrittweiser Erhöhung der äußeren Spannung wachsen die Anoden- und Kathodenpolarisation; ihre Summe bleibt der von außen angelegten Spannung gleich.

Der mit jeder äußeren Spannungserhöhung verbundene nichtfaradische Strom dauert immer nur einen Augenblick an, da nach der Aufladung der Kondensatoren die Summe ihrer Polarisationen der äußeren Spannung die Waage hält und infolgedessen keine Potentialdifferenz zur Überwindung des Ohmschen Widerstandes des Elektrolyten verfügbar bleibt. Um dauernden Stromdurchgang durch den Elektrolyten zu erreichen, muß die von außen angelegte Spannung größer sein als die Summe der Anoden- und Kathodenpolarisation. In diesem Fall geht der Stromdurchgang durch die Grenzflächen Elektrode-Elektrolyt in Form von Entladung der entsprechenden Ionen oder von Bildung neuer Ionen vor sich. Erst dann nimmt die Elektrolyse ihren Anfang. Dieser Dauerstrom ist nun imstande, chemische Umsetzungen hervorzurufen, für die die Faradayschen Gesetze maßgebend sind. Er heißt *faradischer Strom.* Trägt man die angelegten Potentialdifferenzen auf den Abszissen und die Stromstärken auf den Ordinaten eines Diagrammes auf, so erhält man eine Kurve von der Art, wie sie in Abb. 24 dargestellt ist.

In Wirklichkeit müßte der Dauerstrom bis zum Spannungswert *E*, der dem Schnittpunkt zwischen der Abszissenachse und dem durch Extrapolation über den Punkt *A* hinaus verlängerten Kurvenzug *A B* entspricht, Null sein, während erst von diesem Spannungswert an Stromdurchgang durch den Elektrolyten stattfinden dürfte. Es wird im folgenden (Abschn. 3) gezeigt, warum die Stromstärke zwischen den Punkten *O* und *A* von Null verschieden ist.

Die elektrolytische Polarisation kann nicht unbegrenzt anwachsen; tatsächlich ist die obere Grenze erreicht, wenn das Elektrodenpotential mit dem Gleichgewichtspotential des entsprechenden galvanischen Halbelementes übereinstimmt.

Zur Klärung dieses Punktes empfiehlt sich die nähere Betrachtung eines Beispiels. Angenommen, es tauche eine Kupferelektrode in eine Kupfersulfatlösung ein, in der die Cu^{2+}-Ionen molare Aktivität haben. Es stellt sich dann unabhängig vom Stromdurchgang zwischen Elektrode und Elektrolyt eine Potentialdifferenz von $+ 0,34$ V ein. Bei diesem Potential hält sich die Tendenz der Kupferelektrode, in Ionenform in Lösung zu gehen, und die Tendenz der Cu^{2+}-Ionen, sich an der Elektrode zu entladen, das Gleichgewicht. Wenn die Kupferelektrode als Kathode polarisiert wird, das heißt wenn das Elektrodenpotential gegenüber der Lösung unter $+ 0,34$ V gebracht wird, bedeutet dies eine Störung im Gleichgewicht der elektrischen Doppelschicht. Um es wiederherzustellen, entladen sich Cu^{2+}-Ionen an der Elektrode in Form metallischen Kupfers und es setzt Abscheidung von Kupfer an der Kathode ein. Das Gleichgewicht der elektrischen Doppelschicht in der 1 m-Lösung von Cu^{2+}-Ionen wird also bei $+ 0,34$ V aufgehoben. Über dieses Potential kann die kathodenmäßige Polarisation der Elektrode nicht hinausgehen. Wenn die Elektrode nicht aus Kupfer, sondern aus einem edleren Metall bestanden hätte, hätte sie als Kathode bis $+ 0,34$ V, das ist das Abscheidungspotential des Kupfers, polarisiert werden können. Hält man das Elektrodenpotential konstant unter $+ 0,34$ V, so findet Elektrolyse statt. Dieselbe Überlegung kann mit Umkehrung der Vorzeichen für die anodenmäßige Polarisation angestellt werden. In diesem Fall besteht die Wirkung des Stromdurchganges in der Auflösung der Metallelektrode, wenn diese aus Kupfer ist oder sich aus einem Metall zusammensetzt, das zwar edler als Kupfer sein kann, aber dabei doch ein kleineres Potential als jenes Halbelement aufweist, das sich bei Entladung der in der Lösung vorhandenen Anionen bilden würde. In letzterem Fall würde der Anodenvorgang eben aus der Entladung der Anionen bestehen (Fall der sogenannten unangreifbaren Elektroden).

Die Elektrolyse erfordert immer zwei Elektroden, eine Kathode und eine Anode; an der Kathode erfolgt die Entladung der Kationen, an der Anode die Entladung der Anionen oder die Bildung von Kationen. Sowohl an der Kathode als auch an der Anode bildet sich ein galvanisches Halbelement, das der Umkehrung des Elektrolysevorganges entspricht. Die Summe der Anoden- und Kathodenpolarisation ist der EMK des galvanischen Elementes gleich, das sich als Folge der elektrolytischen Reaktion gebildet hat und seinerseits dem faradischen Strom entgegenwirkt. Unterwirft man z. B. Wasser, das durch Zusatz einer beliebigen Sauerstoff-Säure, Base oder eines Salzes leitend gemacht wurde, der Elektrolyse zwischen zwei Elektroden aus platiniertem Platin, so entsteht an der Kathode eine Wasserstoffelektrode und an der Anode eine Sauerstoffelektrode mit den für beide charakteristischen EMK. Die EMK dieses Elementes muß also überwunden werden, bevor die Elektrolyse stattfinden kann. Sie wird daher auch *gegenelektromotorische Kraft* (GEMK) genannt.

Die der EMK der beiden neugebildeten galvanischen Halbelemente entsprechende Anoden- und Kathodenpolarisation stellen die äußerste Grenze für die Polarisation der Elektroden dar. Der Überschuß an äußerer Spannung dient bloß zur Überwindung des Ohmschen Widerstandes des Elektrolyten. Wenn die beiden Elektroden gleich zusammengesetzt sind und in denselben Elektrolyten eintauchen und wenn der Anodenprozeß genau umgekehrt wie der Kathodenprozeß verläuft, das System also symmetrisch ist, dann sind die Anoden- und Kathodenpolarisation offensichtlich der Größe nach gleich und nur dem Vorzeichen nach verschieden. In diesem Fall erreicht man Durchgang von faradischem Strom durch Anlegen einer beliebig kleinen Spannung. Wenn dagegen die beiden

Elektroden verschieden sind oder es infolge der Elektrolyse werden, wie z. B. bei der Elektrolyse des Wassers zwischen zwei Elektroden aus platiniertem Platin, muß immer eine gewisse Anfangspolarisation überwunden werden, um die Elektrolyse in Gang zu setzen. Die angelegte Gesamtspannung zerfällt dann in drei Teile: die Anodenpolarisation E_A, die Kathodenpolarisation E_K und den Ohmschen Spannungsabfall $R\,I$. Es gilt also die Beziehung

$$V = E_A + E_K + R\,I. \tag{1}$$

Damit Durchgang von faradischem Strom und somit Elektrolyse eintritt, ist es nicht immer notwendig, daß die betreffende Elektrode im Sinne der gegebenen Definition polarisiert wird, das heißt, daß sie das beim Eintauchen in die Elektrolytlösung spontan angenommene Potential ändert. Das angeführte Beispiel der Kupferabscheidung zeigt vielmehr deutlich, daß die Elektrode von selbst jenes Gleichgewichtspotential annimmt, *unter dem* Abscheidung und *über dem* Auflösung stattfindet. Eine solche Elektrode wird als *nichtpolarisierbare Elektrode* definiert. Führt man z. B. die Elektrolyse eines Kupfersalzes zwischen zwei Kupferelektroden durch, dann gehören beide Elektroden zum nichtpolarisierbaren Typ; besteht die Kathode aus Kupfer und die Anode aus Platin, so erfordert nur letztere eine gewisse Polarisation; bestehen beide Elektroden aus Platin, dann müssen alle beide polarisiert werden, solange sich nicht an der Kathode eine Kupferschicht gebildet hat, die diese vollständig einhüllt, so daß sie bereits als Kupferkathode in Lösung eines Kupfersalzes wirkt und damit als nichtpolarisierbare Elektrode anzusprechen ist. In anderen Worten: die elektrolytische Polarisation kann entweder Null sein, nur kathodisch, nur anodisch oder schließlich anodisch und kathodisch zugleich auftreten.

Die genaue Berechnung der Stromstärke, die sich bei Anlegen der Spannung V an die Elektrolysezelle einstellt, ist nur auf Grund der Beziehung (1) möglich. Sie beträgt

$$I = \frac{V - (E_A + E_K)}{R}.$$

Bei Anwendung des Ohmschen Gesetzes muß also die elektrolytische Polarisation in Rechnung gestellt werden, um zum genauen Wert der Stromstärke I zu kommen, wenn R der innere Widerstand der Elektrolysezelle und V die angelegte äußere Spannung sind. Allgemein müssen alle Polarisationsmöglichkeiten berücksichtigt werden (s. folgenden Abschn.), so auch jene, die auf die besondere Natur der Elektroden oder elektrolytischen Vorgänge zurückzuführen sind (z. B. Passivität, verzögerte Reaktionen usw.) oder die als Folge der Elektrolyse selbst auftreten (z. B. Konzentrationspolarisation usw.).

3. Zersetzungsspannung

Die Summe der Anoden- und Kathodenpolarisation, die zur Einleitung der Elektrolyse eines bestimmten Elektrolyten erforderlich ist und der Gesamtpolarisation entspricht, wird als *Zersetzungsspannung* E_Z des Elektrolyten bezeichnet, da erst von dieser Spannung ab faradischer Strom und damit Elektrolyse auftritt. Läßt man die Stärke des die Zelle durchfliessenden Stromes I gegen Null gehen, so bleibt schließlich

$$V = E_A + E_K = E_Z.$$

Daß das Gesagte tatsächlich der Wirklichkeit entspricht, kann durch Messung der Zersetzungsspannung mittels der in Abb. 25 schematisch dargestellten Schaltung gezeigt werden. An den Enden $B - C$ eines homogenen, kalibrierten

Drahtes liegt die EMK eines Akkumulators A. Die Elektrolysezelle D ist auf der einen Seite mit dem Drahtende B und auf der anderen mit dem beweglichen Kontakt E über ein Galvanometer G verbunden. Zwischen den Punkten B und E ist überdies ein Voltmeter V mit hohem inneren Widerstand eingeschaltet. Bei Verschiebung des Gleitkontaktes E gegen C nimmt die an den Elektroden der Zelle angelegte Spannung allmählich zu. Solange sie kleiner als die Zersetzungsspannung bleibt, zeigt das Galvanometer keinen nennenswerten Stromdurchgang an. Bei Erreichen der Zersetzungsspannung setzt jedoch der faradische Strom ein und das Galvanometer gibt plötzlich einen Ausschlag. Die vom Voltmeter in diesem Augenblick angezeigte Spannung ist die Zersetzungsspannung E_z. Sie entspricht also dem Wert der äußeren Spannung im Punkt E der Abb. 24. In Tab. 34 sind die Zersetzungsspannungen einiger gebräuchlicher Elektrolyte zwischen Elektroden aus blankem Platin zusammengestellt.

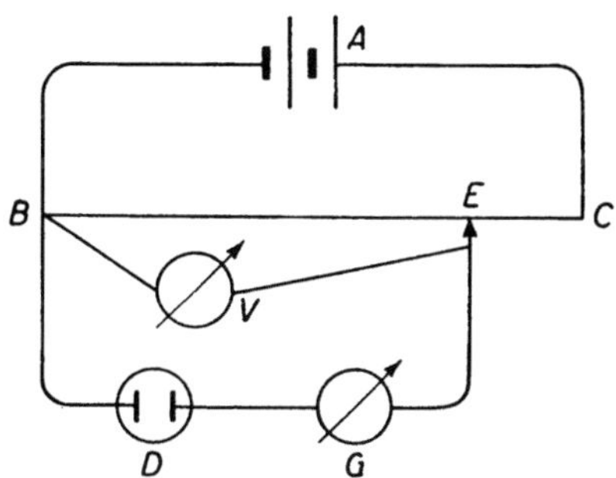

Abb. 25. Schaltschema zur Messung der Zersetzungsspannung.

Tabelle 34. *Zersetzungsspannungen*

Elektrolyt	c Mol/Liter	E_z	Elektrolyt	c Mol/Liter	E_z
CH_3COOH	—	1,57	NH_4Cl [1]	—	1,76
$CH_2(COOH)_2$	0,5	1,69	NH_4Br [1]	—	1,46
$CH_2ClCOOH$	1,0	1,72	$AgNO_3$	0,1	0,84
CCl_3COOH	1,0	1,51	Ag_2SO_4	—	0,80
$(COOH)_2$	0,5	0,95	$CuSO_4$	0,5	1,49
HNO_3	1,0	1,69	$CdBr_2$	0,5	1,53
H_3PO_4	0,33	1,70	$CdCl_2$	0,5	1,88
H_2SO_4	0,5	1,67	$CdSO_4$	0,5	2,03
$HClO_4$	1,0	1,65	$Cd(NO_3)_2$	0,5	1,98
HCl	0,17	1,41	$ZnBr_2$	0,5	1,80
HBr	0,1	1,07	$ZnCl_2$	1,0	2,28
HJ	1,0	0,52	$ZnSO_4$	0,5	2,35
$NaOH$	1,0	1,69	$HgBr_2$	0,01 g/100 g Lös.	1,56
$NaNO_3$ [1]	—	2,15	$Pb(NO_3)_2$	0,5	1,52
KOH	1,0	1,69	$CoCl_2$	0,5	1,78
KJ [1]	—	1,16	$CoSO_4$	0,5	1,92
KBr [1]	—	1,74	$NiCl_2$	0,5	1,85
NH_4OH	1,0	1,74	$NiSO_4$	0,5	2,09
NH_4NO_3 [1]	—	2,04			

[1] Versuchsbedingungen in den betreffenden Originalarbeiten nicht angegeben.

Es ist weiters möglich, die Polarisation jeder einzelnen Elektrode zu messen, indem man sie mit einer beliebigen Elektrode bekannten Potentials zu einem galvanischen Element verbindet (s. Abb. 26) und dann dessen EMK bestimmt. Die Verbindung wird dabei mittels einer Zwischenlösung hergestellt und besteht aus einem Syphon mit Kapillaröffnung, der die verbindende Elektrolytlösung enthält und der gegen die Elektrode gepreßt wird, deren Polarisations-EMK man messen will (Luggins-Kapillare). Auf Grund einer ähnlichen Messung hat Le Blanc experimentell nachgewiesen, daß z. B. eine Elektrode in molarer Kupfersulfatlösung auf etwas weniger als $+ 0{,}34$ V polarisiert werden muß, um Abscheidung metallischen Kupfers zu erhalten. $+ 0{,}34$ V beträgt aber das Gleichgewichtspotential einer Kupferelektrode, die in eine molare Lösung von Cu^{2+}-Ionen eintaucht. Das bedeutet, daß diese elektrochemische Reaktion vollkommen reversibel ist, da die Energie, die aus dem galvanischen Halbelement Cu/Cu^{2+} gewonnen werden kann, genau gleich ist der Energie, die aufgewendet werden muß, um dieselbe Reaktion während der Elektrolyse in der umgekehrten Richtung ablaufen zu lassen.

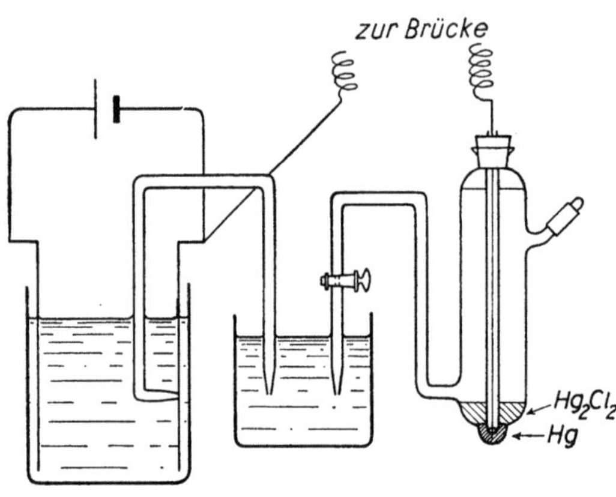

Abb. 26. Anordnung zur Messung eines Elektrodenpotentials

Ein anderes typisches Beispiel, das die Umkehrbarkeit solcher Reaktionen gut illustriert, liefern die Zersetzungsspannungen der Halogenwasserstoffsäuren. Sie betragen 1,41 V für die Chlorwasserstoffsäure, 1,07 V für die Bromwasserstoffsäure und 0,52 V für die Jodwasserstoffsäure bei den in Tab. 34 angegebenen Konzentrationen. Für dieselben Stoffe und Konzentrationen errechnen sich aus der Summe der Anoden- und Kathodenpolarisationen, die den Potentialen der betreffenden Wasserstoff-, Chlor-, Brom- und Jodelektroden gleichgesetzt werden, Zersetzungsspannungen von 1,418 V, 1,14 V und 0,54 V. Innerhalb der Meßgenauigkeit stimmen diese Werte mit den experimentellen Beobachtungen gut überein.

Der reversible Ablauf der Reaktion bleibt nur dann erhalten, wenn die Stromdichte, das ist das Verhältnis zwischen Stromstärke und Oberfläche der Elektrode, so klein ist, daß während der Elektrolyse keine empfindlichen Änderungen der Ionenkonzentration in der Nachbarschaft der Elektrode hervorgerufen werden. Dies kommt allerdings selten vor, da meist höhere Spannungen als die theoretischen angewendet werden müssen.

Es gibt noch weitere Versuchsanordnungen zur Messung des Potentials der einzelnen Elektroden während der Elektrolyse. Jede von ihnen bietet besondere Vor- und Nachteile. Näheres darüber ist aus der Fachliteratur zu entnehmen.

Die totale Zersetzungsspannung ist gleich der Summe der maximalen Anoden- und Kathodenpolarisation, die als *Entladungspotentiale* des Anions bzw. des Kations bezeichnet werden. Darunter dürfte keine Elektrolyse und daher auch kein Stromdurchgang stattfinden. In Wirklichkeit wird aber beobachtet, daß auch bei Anlegen einer Spannung, die niedriger als die Zersetzungsspannung ist, dauernd ein gewisser, wenn auch sehr schwacher Strom fließt, der *Reststrom* genannt wird. Er entspricht dem fast horizontalen Kurvenabschnitt OA im Diagramm der Abb. 24. Der Reststrom ist leicht zu erklären, wenn man sich an den Vergleich der Elektrode bei der Elektrolyse mit einem elementaren Kondensator erinnert und bedenkt, daß es in Wirklichkeit gar keinen Kondensator gibt, der imstande wäre, seine Ladung unbegrenzt zu behalten. Jeder nichtideale Kondensator verliert mehr oder weniger rasch seine Ladung, wodurch die Potentialdifferenz zwischen den beiden Platten abnimmt. Ein analoger Vorgang tritt an dem von der elektrischen Doppelschicht einer Elektrode gebildeten Kondensator auf. Es ist z. B. leicht verständlich, daß die thermische Bewegung des Elektrolyten die durch den nichtfaradischen Strom vor der Elektrode angesammelten Ionen immer wieder zu zerstreuen sucht. Das sind aber gerade die Ionen, welche die Ladung einer der beiden Kondensatorplatten darstellen. Um die Potentialdifferenz zwischen den beiden Platten konstant zu halten, muß die zerstreute Ladung ständig ersetzt werden, was zur Bildung des schwachen Stromes führt, der im Kurvenabschnitt OA der Abb. 24 als Reststrom definiert wird.

Eine andere zum Teil chemische Deutung des Reststromes ist die folgende. Wenn an eine Zelle eine niedrigere Potentialdifferenz als die Zersetzungsspannung angelegt wird, erfolgt in einem ersten Augenblick eine äußerst schwache Elektrolyse. Sobald jedoch die aus der elektrolytischen Zersetzung resultierenden Stoffe eine der angelegten Spannung gleichkommende gegenelektromotorische Kraft erzeugen, hört der Stromdurchgang auf. Nun ist die GEMK der ausgeschiedenen Stoffe, Metalle oder Gase, eine Funktion der Konzentration bzw. des Druckes dieser Stoffe. Für ein Gas wurde dies im dritten Kapitel, Abschn. 6, klargestellt; für ein reines Metall, das an einer chemisch andersartigen Elektrode abgeschieden wird, ist diese Abhängigkeit weniger augenscheinlich. Es hat sich aber gezeigt, daß das in Form eines ganz dünnen Films abgeschiedene Metall ein anderes chemisches Potential hat als im massiven Zustand. Als Folge der ersten Abscheidung bei einem unter dem Entladungspotential liegenden Potentialwert bildet sich auf der Elektrode ein äußerst feiner Metallfilm oder eine Gasladung unter 1 Atm. Druck und die Elektrode nimmt die entsprechende GEMK an. Bei geringer Erhöhung der angelegten Spannung erfolgt neuerlich Stoffabscheidung, immer in sehr kleinen Mengen, solange bis die neue Konzentration eine neue GEMK bestimmt, die der angelegten Spannung das Gleichgewicht hält. Der Vorgang setzt sich fort, bis der abgeschiedene Stoff den Zustand eines massiven Körpers angenommen hat, welcher der maximalen Konzentration oder, bei den Elektroden mit Gasentladung, dem Drucke einer Atmosphäre entspricht. Die GEMK hat dann ihren größten Wert erreicht, der sich aus dem Gleichgewicht des betreffenden Elementes ergibt und als *Entladungs-* oder *Abscheidungspotential* bezeichnet wird. Bei weiterer Spannungserhöhung setzt die reguläre Elektrolyse ein. Der Reststrom ist darauf zurückzuführen, daß die in der beschriebenen Weise abgeschiedenen Stoffe langsam diffundieren, sei es als Lösung in eigentlichem Sinne oder weil sie dazu neigen, wieder in Ionenform überzugehen oder als feste Lösung in die Elektrode zu diffundieren. Die Diffusion setzt die Konzentration und damit auch die GEMK herab. Es findet also eine ununterbrochene Elektrolyse statt, die den abgeschiedenen Stoffen ständig jene Konzentration mitzuteilen sucht, die der von außen angelegten Spannung das Gleichgewicht hält. Schließlich muß noch die Möglichkeit einer Entladung von H^+-Ionen mit nachfolgender Diffusion im Innern des Elektrodenmetalles bei einem Druck weit unter 1 Atm. als Ursache des Reststromes in Betracht gezogen werden.

4. Allgemeines über die Stromdichte-Potentialkurven

Es erscheint zweckmäßig, die eingehende Prüfung der elektrolytischen Vorgänge und der auf der Grenzfläche Elektrode-Elektrolyt während der Elektrolyse auftretenden Erscheinungen mit der Untersuchung eines reversiblen Vorganges zu beginnen, der weder von elektrochemischen, noch von sonstigen chemischen Sekundärreaktionen begleitet ist. Ein solcher Vorgang ist z. B. die Elektrolyse einer angesäuerten Quecksilbernitratlösung zwischen Quecksilberelektroden.

Das Gesamtsystem ist anfangs vollkommen symmetrisch und bleibt es auch theoretisch während der Elektrolyse, da der Kathodenvorgang, die Abscheidung metallischen Quecksilbers, nichts anderes als die Umkehrung des Anodenvorganges, das ist die Auflösung des metallischen Quecksilbers der Elektrode, ist. Die Gesamtpolarisation ist also Null und die Klemmenspannung kann zur Gänze zur Überwindung des Ohmschen Widerstandes der Zelle benützt werden. Praktisch verliert jedoch das System mehr oder weniger seine Symmetrie, wenn die Elektrolyse mit endlicher, nicht gegen Null gehender Stromstärke fortschreitet. Trotz aller möglichen Vorkehrungen, die Konzentration der Quecksilberionen in jedem Volumelement homogen und konstant zu halten, treten immer, besonders in den Berührungsschichten der Elektroden, Konzentrationsänderungen auf. Ein erster Effekt kann aus folgender Überlegung geschlossen werden. Unter der Annahme, daß die Elektrolyse mit einer endlichen, nicht gegen Null gehenden Stromstärke in einem unbewegten Elektrolyten stattfindet und die Stromausbeuten für die Anode und Kathode beide gleich 1 sind, scheidet sich an der Kathode für jedes F, das die Zelle passiert, 1 Grammatom Quecksilber ab, während dieselbe Menge an der Anode in Lösung geht. Innerhalb der Lösung wird der Strom teilweise von den Quecksilberionen getragen, die von der Anode zur Kathode, und teilweise von den NO_3^--Ionen, die in der umgekehrten Richtung wandern, und zwar in Mengen, die den betreffenden Überführungszahlen entsprechen. Wird für den Augenblick angenommen, daß es keine Diffusionserscheinungen gibt, so folgt daraus, daß nicht das gesamte an der Kathode abgeschiedene Quecksilber durch neue von der Anodenzone herkommende Quecksilberionen ersetzt wird. Im Endeffekt bedeutet dies eine Abnahme der Konzentration. An der Anode entfernen sich nicht alle neugebildeten Quecksilberionen ebenso rasch, als sie sich bilden, so daß dort eine Zunahme der Konzentration zustande kommt. In der Praxis ist der Konzentrationsunterschied zwischen der Anoden- und Kathodenzone geringer, da die Diffusionserscheinungen nicht ausgeschaltet werden können. Sobald er einen bestimmten Wert erreicht hat, der von den Versuchsbedingungen, der Temperatur, der Konzentration und der Flüssigkeitsbewegung abhängt, steigt er nicht weiter an. Dies deshalb, weil die Anionen nicht mehr am Stromtransport teilnehmen, da sie von den elektrischen Feldkräften zur Anode getrieben werden, während sie wegen des Unterschiedes im osmotischen Druck zur Kathode hin wandern würden. Sobald der Konzentrationsunterschied zwischen Anolyt und Katholyt so groß geworden ist, daß sich die auf die Anionen wirkenden Kräfte die Waage halten, nehmen diese am Stromtransport nicht mehr teil und alle an der Anode gebildeten Kationen wandern dann zur Kathode, wobei der Konzentrationsunterschied einen für die experimentellen Bedingungen charakteristischen stationären Wert annimmt. Die Konzentrationsänderung in den Elektrodenzonen ist direkt proportional der Stromstärke I und umgekehrt proportional der Oberfläche s der Elektrode. Das heißt, sie ist proportional dem Verhältnis

$$\frac{I}{s} = D,$$

das *Stromdichte* genannt wird. Aus diesem Grund werden die an den Elektroden ablaufenden Reaktionen in Abhängigkeit von der Stromdichte D und nicht von der Stromstärke I untersucht. Die Elektrolyse ruft also in dem betrachteten System eine Konzentrationszunahme an der Anode und eine Konzentrationsabnahme an der Kathode hervor, die beide von der Stromdichte abhängen, wobei jedoch die Gesamtkonzentration unverändert bleibt.

Das Potential jeder einzelnen Elektrode hängt von der Konzentration des Elektrolyten ab, in den sie eintaucht; es ist der Polarisation der Elektrode gleich, wenn die Elektrodenreaktion reversibel ist. Infolge der durch die Elektrolyse hervorgerufenen Konzentrationsänderungen wird also das Kathodenpotential negativer und das Anodenpotential positiver. Nun steht nicht mehr die gesamte Klemmenspannung zur Überwindung des Ohmschen Widerstandes zur Verfügung, da ein Teil von ihr von dem Konzentrationselement absorbiert wird, das sich als Folge der Elektrolyse gebildet hat. Um die Elektrolyse mit derselben Stromdichte fortsetzen zu können, muß daher eine höhere als die Anfangsspannung angelegt werden. Bei einem unsymmetrischen System ist allgemein die für die Elektrolyse notwendige Spannung wegen der Konzentrationsänderungen an den Elektroden nach einer gewissen Zeit größer, als die Theorie voraussehen läßt. Dieser Effekt kann allerdings durch Rühren des Elektrolyten beseitigt werden.

Ein zweiter, viel wichtigerer Effekt, der immer (auch in stark durcheinanderbewegten Elektrolyten) auftritt, kommt dadurch zustande, daß der vorherrschende Faktor die Diffusion ist, der gegenüber die Wanderung der Ionen vernachlässigt werden kann. Dies ist speziell in Gegenwart anderer indifferenter Elektrolyte (die nicht an den Elektrodenreaktionen teilnehmen) der Fall. Für eine einzelne Elektrode, z. B. die Kathode, beträgt die bei der Stromdichte D entladene Ionenmenge D/F Äquivalente je sec und cm². Diese Menge wird im wesentlichen durch Diffusion an die Kathode herangebracht, und zwar durch eine Schicht von der Dicke l hindurch, die je nach der Flüssigkeitsbewegung veränderlich ist und in der die Konzentration vom Wert c (in der eigentlichen Lösung) auf den Wert c' (in der Berührungsschicht der Kathode) übergeht. Wenn der Diffusionskoeffizient d [1] ist, kann gesetzt werden:

$$\frac{D}{F} = \frac{d}{86\,400} \frac{(c - c')}{l}. \tag{1}$$

Da d und l konstant sind, geht Gl. (1) über in

$$D = k\,(c - c'), \tag{2}$$

$$c' = c - \frac{D}{k}.$$

Das Kathodenpotential hängt in Wirklichkeit von der Ionenkonzentration in der an der Kathode unmittelbar anliegenden Lösungsschicht ab. Es gilt also:

$$\varepsilon_1 = \varepsilon_0 + \frac{0{,}059}{z} \lg c' = \varepsilon_0 + \frac{0{,}059}{z} \lg \left(c - \frac{D}{k} \right). \tag{3}$$

---

[1] Es wird daran erinnert, daß der Diffusionskoeffizient durch die Menge des gelösten Stoffes gegeben ist, die unter dem Einfluß des Konzentrationsgradienten 1. (1 Einheit/cm) im Laufe eines Tages (86 400 sec) durch die Flächeneinheit (1 cm²) wandert.

Das Gleichgewichtspotential ergibt sich dagegen aus der Beziehung

$$\varepsilon = \varepsilon_0 + \frac{0{,}059}{z}\lg c, \tag{4}$$

so daß auch in diesem Fall ein Unterschied zwischen den Potentialen der Kathode vor und während der Elektrolyse zustande kommt.

Allgemein wird die Differenz zwischen dem von der Elektrode während der Elektrolyse angenommenen Potential und dem reversiblen Gleichgewichtspotential bei Abwesenheit von Strom als *Überspannung* bezeichnet. Im oben beschriebenen Fall heißt die entsprechende Überspannung *Konzentrationspolarisation*.

Durch Abziehen der Gl. (4) von (3) erhält man:

$$\varepsilon_1 - \varepsilon = \eta = \frac{0{,}059}{z}\lg\frac{c - D/k}{c} = \frac{0{,}059}{z}\lg\left(1 - \frac{D}{k\,c}\right). \tag{5}$$

Aus Gl. (5) läßt sich der Wert der Konzentrationspolarisation leicht berechnen. Er bewegt sich in der Größenordnung von Hundertsteln Volt.

Unter der Annahme, daß die primäre Kathoden- und Anodenreaktion

$$Hg_2^{2+} + 2\,e \rightarrow 2\,Hg \quad \text{und} \quad 2\,Hg \rightarrow Hg_2^{2+} + 2\,e$$

Abb. 27

Augenblicksvorgänge sind, die das Gleichgewicht nicht durch eine begrenzte Geschwindigkeit des Ablaufes stören, hängt die Konzentrationspolarisation bei gegebener Anfangskonzentration offenbar ausschließlich von der Stromdichte und von der Geschwindigkeit ab, mit der die von der Elektrolyse verursachten Konzentrationsunterschiede durch Ionenwanderung und Diffusion ausgeglichen werden können. Einerseits wirkt eine Erhöhung der Stromdichte im Sinne einer Vergrößerung der Konzentrationsunterschiede, anderseits werden diese durch Ionenwanderung und Diffusion verkleinert, wenn auch nicht in demselben Maße, selbst wenn die Diffusion durch kräftiges Rühren des Elektrolyten gefördert wird. Infolgedessen entspricht einer Erhöhung der Stromdichte immer eine Erhöhung der Konzentrationspolarisation. Abb. 27 zeigt schematisch den Gang der Polarisation **E** einer Elektrode während des Ablaufes einer reversiblen elektrolytischen Reaktion in Abhängigkeit von der Stromdichte **D**. Im Diagramm stellt ε das Gleichgewichtspotential in Abwesenheit von Elektrolyse dar.

Die Form der betreffenden Kurve hängt weiters von der Gesamtkonzentration, von der Temperatur und von der Elektrolytbewegung ab, alles Faktoren, welche die Diffusion beeinflussen.

Die Stromstärke kann bei Verwendung einer bestimmten Zelle im Falle einer reversiblen Reaktion jedoch nur durch Vergrößerung der Klemmenspannung erhöht werden. Diese dient teilweise zur Überwindung der Polarisations-EMK und teilweise zur Überwindung des inneren Widerstandes der Elektrolysezelle. Bei Erhöhung der Klemmenspannung steigt die Stromstärke und damit auch die Stromdichte an. Bei den Leitern zweiter Klasse ist die Stromleitung mit einem Materietransport verbunden. Betrachtet man etwa den Kathodenvorgang, so werden die von der Anode zur Kathode wandernden Ladungen von den Kationen transportiert. Definitionsgemäß bedeutet Stromdichte die Anzahl der Einheitsladungen, die je cm^2 und sec durch die Grenzfläche Elektrode-Elektrolyt hindurchtreten. Sie ist der Ionenzahl proportional, die je sec und cm^2 bei der Elektrode ankommen und sich an ihr entladen, multipliziert mit der betreffenden Wertigkeit. Diese Ionen bewegen sich unter der Einwirkung von zwei Kräften: dem elektrischen Feld und dem Unterschied des osmotischen Druckes, der die durch die Elektrolyse verursachten Konzentrationsunterschiede durch Diffusion auszugleichen sucht. Eine Erhöhung der Kathodenpolarisation bedingt eine Vergrößerung der elektrischen Feldstärke, eine Erhöhung der effektiven Wanderungsgeschwindigkeit der Kationen und infolgedessen eine größere Anzahl von Ionen, die je Sekunde die Kathode erreichen und dort entladen werden, das heißt im Endeffekt eine höhere Stromdichte. Eine Vergrößerung der Anzahl der je Sekunde entladenen Ionen bewirkt aber auch eine Erhöhung des Konzentrationsunterschiedes zwischen dem unmittelbaren Nachbarschaftsbereich der Elektrode und dem Rest der Lösung und deshalb auch eine Verstärkung der

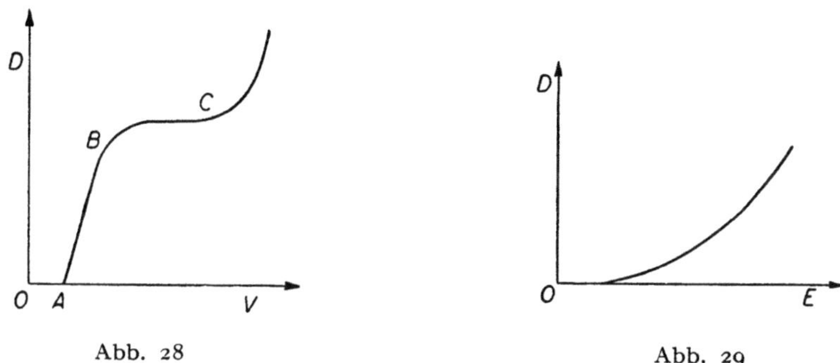

Abb. 28
Abb. 29

Diffusion. Dieser Vorgang kann aber nicht unbegrenzt weitergehen. Aus Gl. (2) ist leicht zu ersehen, daß die Stromdichte für $c' = 0$ einen Grenzwert erreicht: das ist dann der Fall, wenn alle Ionen, die unter dem Einfluß des elektrischen Feldes (der fast vernachlässigt werden kann) und unter der Einwirkung der Diffusion die Elektrode erreichen, dort sofort entladen werden. Bei konstanter Temperatur ist es nicht möglich, über diese Grenze hinaus die Anzahl der je Sekunde an der Elektrode eintreffenden Ionen zu vermehren; das heißt, es wird ein Grenzwert der Stromdichte, der sogenannte *Grenzstrom* erreicht, der konstant bleibt, auch wenn die Klemmenspannung erhöht wird. Der Vorgang ist teilweise irreversibel geworden, die überschüssige Energie verwandelt sich daher in Wärme. Der Verlauf der Erscheinung geht aus dem Diagramm der Abb. 28 hervor, in dem auf den Abszissen die Klemmenspannung V und auf den Ordinaten die Stromdichte D aufgetragen sind. Darin entspricht der Abschnitt AB der Konzentrationspolarisation und der Abschnitt BC dem Grenzstrom.

Bei weiterer Erhöhung der Klemmenspannung bleibt die Stromdichte konstant. Erst vom Punkt C an setzt ein neuer Kurvenabschnitt ein, der dem ersten vollkommen analog ist. Das ist dem Umstand zuzuschreiben, daß in der wässerigen Lösung eines Kations immer auch H^+-Ionen vorhanden sind, die von der Dissoziation des Wassers herrühren. Wenn das Entladungspotential des H^+-Ions unter den aktuellen Versuchsbedingungen beträchtlich unedler ist als jenes des Kations, dann entspricht der Kurvenzug ABC der Entladung des Kations und erst im Punkt C setzt die Entladung des H^+-Ions ein. Ist dagegen das Potential des H^+-Ions edler, dann wird es zuerst entladen und die Entladung des anderen Kations erfolgt erst nach dem Teil der Kurve, der dem Grenzstrom (BC) entspricht. Wenn in der Lösung verschiedene Ionen gleichen Vorzeichens vorhanden sind, erhält man für jedes Ion eine analoge Stufe. Das heißt, die Kurve weist ebensoviele Stufen auf, als Ionen gegeben sind, wobei jede Stufe einem für das betreffende Ion charakteristischen Potential entspricht, vorausgesetzt natürlich, daß die einzelnen Entladungspotentiale weit genug auseinander liegen. Ist dies nicht der Fall, dann können sich mehrere Ionen trotz Verschiedenheit der Entladungspotentiale gleichzeitig entladen (s. Abschn. 11).

Der Verlauf der beschriebenen Vorgänge und damit auch die Form der Stromdichte—Elektrodenpotentialkurve sind normal, wenn die elektrochemische Reaktion reversibel ist und daher nur eine Konzentrationspolarisation durch die Elektrolyse zustande kommen kann; die Kurvenform hängt auch von den aktuellen Versuchsbedingungen ab, wie Temperatur, Konzentration, allenfalls Anwesenheit anderer Elektrolyte. Wenn letzteres der Fall ist, tritt der dem Grenzstrom entsprechende horizontale Kurvenabschnitt schärfer hervor.

Es gibt jedoch viele Reaktionen, die eine höhere Überspannung als die der bloßen Konzentrationspolarisation aufweisen. In diesen Fällen wird die betreffende Polarisation als *chemische Polarisation* bezeichnet. Die entsprechende *D-E*-Kurve verläuft dann ein wenig anders, wie aus Abb. 29 hervorgeht. Vor allem setzt der Stromdurchgang nicht beim Gleichgewichtspotential, sondern bei einem höheren Potentialwert ein und weiters steigt die Kurve weniger steil an als im Falle der bloßen Konzentrationspolarisation. Im allgemeinen kann die chemische Polarisation durch die begrenzte Geschwindigkeit der elektrolytischen Primärreaktion oder durch irgendeinen Sekundärvorgang erklärt werden, von dem seinerseits die Geschwindigkeit der Primärreaktion abhängt (s. ff. Abschn.).

5. Kathodenvorgänge: Entladung des H^+-Ions

Einer der wichtigsten Kathodenvorgänge ist die Entladung des H^+-Ions. Ihr Potential entspricht effektiv dem Gleichgewichtspotential nur an einer Elektrode aus platiniertem Platin, schwankt aber außerordentlich stark wegen des Auftretens von mehr oder minder beträchtlichen Überspannungen an Elektroden aus anderem Material und hängt weiters von den besonderen Versuchsbedingungen ab und von verschiedenen Faktoren, die nicht alle bequem reproduziert oder kontrolliert werden können. Im besonderen weist die Überspannung des Wasserstoffes folgende Gesetzmäßigkeiten auf.

a) Sie nimmt mit der Erhöhung der Temperatur ab.

b) An vielen Elektrodenmaterialien ändert sie sich innerhalb bestimmter Grenzen der Stromdichte D gemäß der Beziehung

$$\eta = a - b \log D,$$

worin a eine spezielle Elektrodenkonstante ist und b eine für viele Elektroden zutreffende Konstante allgemeiner Art darstellt.

c) Sie ändert sich mit der chemischen Natur der Elektrode: in 1 n-Salzsäure wächst sie bei der Stromdichte $D = 10^{-2}$ A/cm^2 und Zimmertemperatur etwa in der Reihenfolge: $Pt_{plat.}$, Rh, Au, W, Pt_{blank}, Ni, Mo, Fe, Ag, Al, Be, Nb, Ta, Cu, $C_{Graphit}$, Bi, Pb, Sn, In, Tl, Hg, Cd. Diese Reihenfolge kann je nach dem Reinheitsgrad des Materials und den experimentellen Bedingungen gewisse Verschiebungen erfahren.

d) Sie hängt außerdem ab von der Oberflächenbeschaffenheit (rauh, blank, schwammig) der Elektrode, vom Druck des Wasserstoffes, vom p_H der Lösung[1], in manchen Fällen von der Dauer der Elektrolyse, vom Zusatz kapillaraktiver Stoffe, von den vorausgegangenen Veränderungen der Elektrode[2], von der An-

---

[1] Nur in wenigen Fällen bei sehr hoher Konzentration der H^+-Ionen und hoher Stromdichte.

[2] Speziell von den elektrochemischen Behandlungen, denen die Elektrode vorher unterworfen war.

wesenheit fremder Elektrolyte, vom Vorhandensein von Substanzspuren, die als Katalysatorgifte oder Aktivatoren wirken können, von der eventuellen Anwesenheit kolloider Substanzen und schließlich in einigen Fällen auch von der Natur des Lösungsmittels.

Tab. 35 enthält einige neuere, von Hickling und Salt und von Bockris[1] gefundene Ergebnisse in 1 n-Salzsäure bei Zimmertemperatur. Sie zeigt den Einfluß des Kathodenmaterials, der Oberflächenbeschaffenheit der Kathode und der Stromdichte auf die Überspannung.

Die Ursachen der Überspannung gehen zum Teil auf Besonderheiten des Wasserstoffes zurück, zum Teil sind sie insofern allgemeiner Natur, als sie auch bei anderen elektrochemischen Vorgängen zur Entstehung einer Überspannung beitragen. Die Erscheinung ist daher gerade am Wasserstoff besonders eingehend untersucht worden[2] und es empfiehlt sich, an diesem Beispiel die möglichen Ursachen der Überspannungen klarzustellen, welche die chemische Polarisation bestimmen.

Tabelle 35. *Überspannungen des Wasserstoffes*

Material		Überspannungen in V bei D (in A/cm^2)			
		10^{-3}	10^{-2}	10^{-1}	1
Ag	massiv	0,44	0,66	0,76	—
Al	massiv	0,58	0,71	0,74	0,78
Au	galvanisch niedergeschlagen	0,17	0,25	0,32	0,42
Be		0,63	0,73	—	—
Bi	massiv	0,69	0,83	0,91	1,01
C	Faden	0,95	1,13	1,18	1,17
C	Graphit	0,47	0,76	0,99	1,03
C	Bogenlampenkohle	0,27	0,34	0,41	0,41
Cd	massiv	0,99	1,20	1,25	1,23
Cr	massiv	—	—	0,67	0,77
Cu	massiv	0,60	0,75	0,82	0,84
Cu	galvanisch niedergeschlagen	0,50	0,62	0,74	0,80
Fe	massiv	0,40	0,53	0,64	0,77
Hg	flüssig	1,04	1,15	1,21	1,24
In		0,80	1,05	1,19	—
Mo		0,30	0,44	0,57	—
Nb		0,65	0,74	0,82	—
Ni	massiv	0,33	0,42	0,51	0,59
Pb	massiv	0,67	0,97	1,12	1,08
Pb	galvanisch niedergeschlagen	0,91	1,24	1,26	1,22
Pt	massiv	0,09	0,39	0,50	0,44
Pt	galvanisch niedergeschlagen	0,25	0,35	0,40	0,40
Pt	platiniert	0,01	0,03	0,05	0,07
Rh	massiv	0,08	0,22	0,33	0,34
Sn	massiv	0,85	0,98	0,99	0,98
Ta		0,41	0,75	0,90	—
Tl		1,05	1,13	1,15	—
W	massiv	0,27	0,35	0,47	0,54

[1] Hickling, A. and F. W. Salt: Trans. Faraday Soc. **36**, 1226 (1940). — Bockris, J. O'M.: Trans. Faraday Soc. **43**, 417 (1947).

[2] Eine sehr gute, kritische Übersicht mit zahlreichen Literaturangaben über den gegenwärtigen Wissensstand auf dem Gebiet des Überspannungsproblems des Wasserstoffes erschien vor kurzem von Bockris, J. O'M.: Chem. Rev. **43**, 525 (1948).

Der Temperatureinfluß zeigt, daß die Überspannung der *Verzögerung* irgend-eines der Vorgänge zuzuschreiben ist, die in ihrer Gesamtheit durch die Reaktion

$$2\,H^+ + 2\,e \to H_2$$

beschrieben werden.

Folgende Teilvorgänge können eine Verzögerung bewirken: Dehydratation der Ionen, Entladung der Ionen, Reaktion der Atome zur Bildung von Molekülen, Austreibung des Wasserstoffes aus der Elektrode, Diffusion des Wasserstoffes in die Elektrode. Jeder einzelne dieser Vorgänge ist zum Ausgangspunkt einer besonderen Theorie der Überspannung des Wasserstoffes gemacht worden. Keine der bis heute aufgestellten Theorien ist aber imstande gewesen, alle experi-mentellen Beobachtungstatsachen befriedigend zu erklären. Von einer vollstän-digen Lösung dieses Problems kann daher noch nicht gesprochen werden.

Unter den zahlreichen Theorien verdienen die folgenden eine besondere Er-wähnung, da sie das Verhalten der Überspannung umfassender als die anderen erklären:

a) Theorie der verzögerten Molekülbildung. Diese Theorie wurde ursprüng-lich von Tafel vorgeschlagen und in letzter Zeit mit beträchtlichen Änderungen und Zusätzen von vielen anderen Autoren wieder aufgenommen. Danach be-steht der Vorgang, der mit seiner begrenzten Geschwindigkeit den Gang der Bruttoreaktion

$$2\,H^+ + 2\,e \to H_2$$

regelt, aus der Reaktion zur Bildung der Wasserstoffmoleküle aus den Atomen

$$2\,H \to H_2, \tag{1}$$

wodurch sich an der Elektrode mehr atomarer Wasserstoff ansammeln würde, als dem Gleichgewicht zwischen Wasserstoffmolekülen und -atomen entspricht.

Die Konzentrationszunahme des atomaren Wasserstoffes muß dement-sprechend das Elektrodenpotential gegen negativere Werte hin verschieben und damit eine Überspannung hervorrufen. Der logarithmische Gang der Über-spannung in Abhängigkeit von der Stromdichte kann leicht aus der Beziehung ermittelt werden, die das Potential einer Wasserstoffelektrode bei Atmosphären-druck ergibt. Tatsächlich hängt das Potential von der Konzentration des atomaren Wasserstoffes an der Elektrode ab. Es gilt deshalb während der Elek-trolyse bei endlicher, nicht gegen Null gehender Stromdichte, das heißt also bei Überschuß an atomarem Wasserstoff, die Beziehung

$$\varepsilon_1 = -\frac{R\,T}{F}\ln\frac{k\,[H]}{[H^+]}, \tag{2}$$

während das reversible Potential derselben Elektrode bei Atmosphärendruck durch die Gleichung

$$\varepsilon_2 = -\frac{R\,T}{F}\ln\frac{1}{[H^+]} \tag{3}$$

gegeben ist.

Die Überspannung η ergibt sich aus der Differenz zwischen dem effektiven Potential, bei dem die Entladung der H^+-Ionen vor sich geht, und dem theore-tischen des reversiblen Gleichgewichts.

$$\eta = \varepsilon_1 - \varepsilon_2 = -\frac{R\,T}{F}\ln\frac{k\,[H]}{[H^+]} - \left(-\frac{R\,T}{F}\ln\frac{1}{[H^+]}\right) = -\frac{R\,T}{F}\ln(k\,[H]). \tag{4}$$

Die Stromstärke wird der Theorie gemäß von der Geschwindigkeit der Reaktion (1) reguliert, die dem Quadrat der Konzentration des atomaren Wasserstoffes und der Gesamtoberfläche der Elektrode proportional ist. Auf die Einheit der Elektrodenoberfläche bezogen, tritt an die Stelle der Stromstärke die Stromdichte, die daher durch die Gleichung

$$D = -\frac{d[H]}{dt} = k_1 [H]^2 \qquad (5)$$

ausgedrückt werden kann. Daraus ergibt sich weiter:

$$\ln D = \ln k_1 + 2 \ln [H],$$

$$\ln [H] = \frac{1}{2} \ln D - \frac{1}{2} \ln k_1. \qquad (6)$$

Nach Einsetzen des aus Gl. (6) gewonnenen Wertes für $\ln [H]$ in Gl. (4) erhält man:

$$\eta = -\frac{RT}{F} \ln k - \frac{RT}{2F} \ln D + \frac{RT}{2F} \ln k_1,$$

$$-\eta = -\frac{RT}{F} \ln \frac{\sqrt{k_1}}{k} + \frac{RT}{2F} \ln D. \qquad (7)$$

Der erste Term der rechten Seite der Gl. (7) ist bei konstanter Temperatur selbst konstant, so daß dann Gl. (7) übergeht in

$$\eta = \text{konst.} - \frac{RT}{2F} \ln D = a - b \log D, \qquad (8)$$

worin a eine charakteristische Konstante des Elektrodenmaterials ist, während b für alle Stoffe den konstanten Wert

$$b = \frac{2,3\,RT}{2F}, \qquad (9)$$

das ist 0,029 für Zimmertemperatur, annehmen müßte.

Diese Theorie, die die Reaktion (1) als verzögerten Vorgang betrachtet, findet eine starke Stütze in den Beobachtungen von Bonhoeffer über die katalytische Wirkung verschiedener Metalle in gasförmiger Phase auf die Reaktion (1). Offensichtlich entspricht der stärkeren Katalysatorwirkung eines Materials bei der Beschleunigung der Reaktion (1) eine niedrigere Konzentration des atomaren Wasserstoffes [H], der sich bei einer gegebenen Stromdichte ansammelt und mit dem molekularen Wasserstoff in dynamischem Gleichgewicht steht. Wegen Gl. (4) ergibt sich damit auch eine niedrigere Überspannung des Wasserstoffes. Nach Bonhoeffer nimmt die genannte katalytische Aktivität in der Reihenfolge Pt, Pd, W, Fe, Cr, Ag, Cu, Pb, Hg ab. Dieselben Metalle zeigen ein ganz ähnliches Bild, wenn sie nach wachsenden Werten der Überspannung angeordnet werden.

Darüber hinaus ist zu bemerken, daß ein Katalysator, der eine bestimmte Reaktion beschleunigt, dies auch bei der umgekehrten Reaktion, in diesem Fall also bei der Reaktion $H_2 \rightarrow 2H$, tut. Tatsächlich sind Platin, Palladium und andere Metalle, an denen der Wasserstoff eine niedrige Überspannung aufweist, hervorragende Hydrierungskatalysatoren.

Immerhin können gegen diese Theorie einige Einwände erhoben werden. Vor allem ist es nicht statthaft, die Gleichgewichtsbeziehungen reversibler Vorgänge (Gleichung des Elektrodenpotentials, Gleichung der Freundlichschen Isotherme usw.) auf Reaktionen anzuwenden, die kein Gleichgewicht zeigen und ausgesprochen irreversibel sind. Zweitens stimmt der für Zimmertemperatur berechnete Wert der Konstante $b = 0,029$ mit dem experimentell ermittelten von etwa $0,129$ nicht überein. Diese Schwierigkeit könnte umgangen werden, wenn man berücksichtigt, daß die Wasserstoffatome teilweise in der Elektrodenmasse enthalten und teilweise an deren Oberfläche adsorbiert sind und daß nur die letzteren an der Reaktion (1) effektiv teilnehmen. Wenn die Konzentration dieser letzteren $[H]_0$ als Funktion der totalen Konzentration $[H]$ mittels der Freundlichschen Isotherme in der Form

$$[H]_0 = k_2 \, [H]^{\frac{1}{n}}$$

ausgedrückt werden kann, dann geht nach Einsetzen des Wertes $[H]_0$ für $[H]$ in Gl. (5) die Beziehung (9) über in

$$b = \frac{2,3 \, n \, R \, T}{2 \, F}.$$

Da n gewöhnlich größer als 1 ist, würde sich in diesem Falle der berechnete Wert der Konstante b dem experimentell bestimmten nähern. Ein letzter Einwand stützt sich schließlich auf die Versuchsergebnisse von Bowden und Rideal[1]; danach zeigt die Überspannung als Funktion der Zeit in dem ganz kurzen Intervall, das zwischen dem Schließen des Stromkreises und dem Erreichen ihres stationären Wertes verstreicht, bei konstanter Stromdichte einen linearen Verlauf (s. Abb. 30). Infolgedessen müßte sie eine lineare Funktion der Konzentration des atomaren Wasserstoffes sein, der während dieser Zeit abgeschieden wird und sich ansammelt, was aber der Beziehung (4) widerspricht.

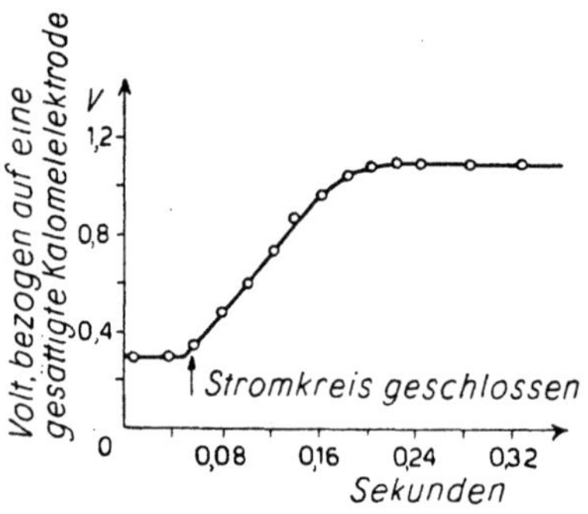

Abb. 30. Überspannung des Wasserstoffes als Funktion der Elektrolysedauer

Ein bedeutender Fortschritt wurde von jenen Theorien erzielt, die die Vereinigung der Wasserstoffatome als verzögerte Reaktion annehmen, gleichzeitig aber die Möglichkeit einer Bedeckung der Kathodenoberfläche mit adsorbiertem atomaren Wasserstoff in Betracht ziehen, wodurch die primäre Entladungsreaktion

$$H^+ + e \rightarrow H$$

von der unter Umständen überwiegenden Reaktion

$$Me \, H + H \rightarrow Me + H_2$$

überlagert würde. Dies würde eine Modifikation der Reaktionsbedingungen bedeuten und im besonderen die Abhängigkeit der Überspannung von der Zeit erklären[2].

b) Theorie der verzögerten Entladung. Diese Theorie wurde ursprünglich von Smits vorgeschlagen, von Volmer und Erdey-Gruz quantitativ entwickelt und später von zahlreichen anderen Autoren mit vielen Abänderungen wieder aufgenommen.

Danach besteht die verzögerte Reaktion, die das Auftreten der Überspannung verursacht, in der Entladungsreaktion des Ions H^+:

---

[1] Bowden, F. P. and E. K. Rideal: Proceed. Royal Soc. A **120**, 59, 80 (1928); **125**, 1446 (1929).

[2] S. insbesondere Hickling, A. and F. W. Salt: Trans. Faraday Soc. **38**, 474 (1942).

$$H^+ + e \rightarrow H, \tag{10}$$

wobei sich die an der Elektrode eintreffenden Ionen nicht sofort entladen, sondern sich zunächst in der elektrischen Doppelschicht ansammeln. Erst wenn die Potentialdifferenz Elektrolyt-Elektrode einen bestimmten Wert erreicht hat, der größer als das reversible Gleichgewichtspotential ist, setzt die Entladung ein.

Betrachtet man die elektrische Doppelschicht als einen Elementarkondensator (s. Abschn. 2) mit der Kapazität C [1], dann ändert sich bei allmählicher Vergrößerung der von den H^+-Ionen dargestellten Ladung die Potentialdifferenz zwischen den Platten, das ist die Potentialdifferenz Elektrolyt-Elektrode, nach der Relation

$$\Delta V = \frac{\Delta q}{C}. \tag{11}$$

Ersetzt man ΔV durch die Änderung der Überspannung $\Delta \eta$ und Δq durch die Änderung der mit F multiplizierten Konzentration der H^+-Ionen in der Doppelschicht (Konzentration in Mol ausgedrückt), so geht Gl. (11) über in

$$\Delta \eta = \frac{1}{C} F \Delta [H^+]. \tag{12}$$

Die Beziehung (12) gibt ein genaues Abbild des linearen Ganges der Überspannung, wie er von Bowden und Rideal für das erste Zeitintervall bis zum Erreichen des stationären Zustandes beobachtet wurde. Da die Stromdichte konstant ist, ist auch die Zahl der elektrischen Ladungen und damit der H^+-Ionen konstant, die je Zeiteinheit die als Elementarkondensator betrachtete Doppelschicht erreichen. Da keine Entladung der H^+-Ionen stattfindet, nimmt ihre Konzentration in der Doppelschicht linear zu. Damit ist aber wegen Gl. (12) eine lineare Zunahme der Überspannung verbunden, und zwar so lange, bis der stationäre Zustand erreicht ist, bei dem die Zahl der je Zeiteinheit entladenen Ionen der Ionenzahl gleichkommt, die im gleichen Zeitraum an der Doppelschicht eintrifft.

Die von Volmer und Erdey Gruz ursprünglich gegebene mathematische Entwicklung führte zu einer schwerwiegenden Unstimmigkeit. Es ergab sich nämlich daraus eine Abhängigkeit der Überspannung vom p_H der Lösung. In Wirklichkeit liegt eine derartige Abhängigkeit nicht allgemein, sondern nur unter bestimmten Voraussetzungen vor und ist auch dann nicht von Bedeutung. Nach Frumkin kann diese Schwierigkeit umgangen werden, wenn man berücksichtigt, daß die Konzentration der H^+-Ionen in der Lösung selbst nicht der H^+-Ionenkonzentration in der Doppelschicht der Elektrode gleich ist und daß letztere in Anwendung der Sternschen Doppelschichttheorie als Funktion der Konzentration in der Lösung durch die Beziehung

$$[H^+]_{DSch} = [H^+] e^{-\frac{\psi F}{R T}} \tag{13}$$

ausgedrückt werden kann. Darin bedeuten $[H^+]_{DSch}$ die Konzentration der H^+-Ionen in der Doppelschicht, $[H^+]$ die Konzentration der H^+-Ionen innerhalb der Lösung, ψ das Potential im Abstand von 1 Ionenradius von der Elektrode. Dieses Potential kann durch die Beziehung

$$\psi = \psi_0 + \frac{R T}{F} \ln [H^+] \tag{14}$$

zum Ausdruck gebracht werden.

---

[1] Die Kapazität C eines Kondensators ist durch das Verhältnis zwischen der elektrischen Ladung q und der Potentialdifferenz V gegeben.
$$C = q/V.$$

Die Beziehung (13) gilt für schwach konzentrierte Lösungen, in denen die Kathodenoberfläche noch bei weitem nicht gesättigt ist.

Für die Entladung eines Mols H^+-Ionen ist eine bestimmte Aktivierungsenergie[1] erforderlich, deren Wert W ist, wenn die Potentialdifferenz Elektrolyt-Elektrode verschwindet. Wenn dagegen zwischen Elektrode und Elektrolyt eine bestimmte Potentialdifferenz $-V$ herrscht, wobei die Elektrode gegen den Elektrolyten negativ geladen sei, wird die Entladung des H^+-Ions dadurch erleichtert, daß das zwischen den Kondensatorplatten bestehende Feld das Ion gewissermaßen gegen die Elektrode drückt. Mit anderen Worten: die Aktivierungsenergie erscheint um einen gewissen Betrag verringert, der mit einem Faktor a der Energie $-V\,F$ proportional ist. Die Reaktionsgeschwindigkeit, gegeben durch die Anzahl der je Zeiteinheit verschwindenden Mole $-dn/dt$, ist natürlich der Zahl der aktivierten Mole proportional. Da es sich bei den zur Entladung kommenden Ionen um jene handelt, die sich im kleinstmöglichen Abstand von der Elektrode ($=1$ Ionenradius) befinden, ist die aus der Beziehung (13) resultierende H^+-Ionenkonzentration in Betracht zu ziehen. Die Reaktionsgeschwindigkeit ergibt sich dann aus der Gleichung

$$-\frac{dn}{dt} = k_2' \, [H^+]_{DSch} \cdot e^{-\frac{W-a\,(-V)\,F}{RT}} = k_2 \, [H^+]_{DSch} \cdot e^{-\frac{a\,V\,F}{RT}}. \qquad (15)$$

Wenn der umgekehrte Vorgang, das ist die Bildung von H^+-Ionen, die Aktivierungsenergie W' erfordert, ist die Geschwindigkeit der umgekehrten Reaktion durch eine analoge Gleichung gegeben:

$$\frac{dn'}{dt} = k_3' \, [H] \cdot e^{-\frac{W' + \beta\,(-V)\,F}{RT}} = k_3 \, [H] \, e^{+\frac{\beta\,V\,F}{RT}}. \qquad (16)$$

Darin bedeuten dn'/dt die Anzahl der Mole von H^+-Ionen, die sich je Zeiteinheit bilden, W' die entsprechende Aktivierungsenergie, wenn die Potentialdifferenz Elektrode-Elektrolyt verschwindet, und β den Proportionalitätskoeffizienten. In diesem Fall hemmt das Vorhandensein der Potentialdifferenz Elektrode-Elektrolyt die Bildung neuer H^+-Ionen, da die Elektrode gegen den Elektrolyten negativ aufgeladen ist. Dies entspricht aber einer Erhöhung der Aktivierungsenergie um einen bestimmten Betrag, der mit dem Faktor β der Energie $-V\,F$ proportional ist.

Der für die Entladung der H^+-Ionen maßgebende effektive Potentialsprung kommt aber nicht der gesamten Potentialdifferenz Elektrode-Elektrolyt gleich, sondern nur dem Teil $V-\psi$, so daß Gl. (15) und (16) übergehen in

$$-\frac{dn}{dt} = k_2 \, [H^+]_{DSch} \cdot e^{-\frac{a\,(V-\psi)\,F}{RT}} \qquad (17)$$

---

[1] Die Aktivierungsenergie kann als jene Energie definiert werden, die auf ein System übergehen muß, damit dieses die passiven Widerstände überwindet und zu reagieren beginnt. In einem System, das sich im thermischen Gleichgewicht befindet, wird die Konzentration der reaktionsfähigen aktivierten Moleküle c_a als Funktion der Gesamtkonzentration c und der Aktivierungsenergie W durch die Beziehung

$$c_a = c \cdot e^{-\frac{W}{RT}}$$

ausgedrückt.

[2] Bei konstanter Temperatur ist die Aktivierungsenergie konstant und kann daher in die Konstante k_2' einbezogen werden, die auf diese Weise k_2 wird.

bzw.

$$\frac{dn'}{dt} = k_3 \, [\text{H}] \cdot e^{\frac{\beta \, (V - \psi) \, F}{R \, T}}. \qquad (18)$$

Aus Gl. (17) ergibt sich der für die Entladung der H^+-Ionen maßgebende Strom, aus Gl. (18) dagegen jener Strom, der die Bildung neuer H^+-Ionen bewirkt. Die effektive Kathodenstromstärke ist durch die Differenz der beiden Ausdrücke gegeben. Beim Entladungsvorgang wird Gl. (18) gegenüber Gl. (17) vernachlässigbar, so daß geschrieben werden kann:

$$I = -\frac{dn}{dt} = k_2 \, [\text{H}^+]_{DSch} \cdot e^{-\frac{a \, (V - \psi) \, F}{R \, T}}.$$

Bei Übergang von der Stromstärke zur Stromdichte erhält man:

$$D = \frac{k_2 \, [\text{H}^+]_{DSch} \cdot e^{-\frac{a \, (V - \psi) \, F}{R \, T}}}{s}. \qquad (19)$$

Unter Berücksichtigung der Gln. (13) und (14), der Beziehung für das reversible Potential ε der Wasserstoffelektrode bei 1 Atm. Druck und schließlich des Potentials V der arbeitenden Elektrode (gegeben durch die algebraische Summe des reversiblen Potentials ε und der Überspannung η) erfährt Gl. (19) die folgenden Umformungen:

$$\ln D = \ln k_2 + \ln [\text{H}^+]_{DSch} - \frac{a \, (V - \psi) \, F}{R \, T} - \ln s,$$

$$= \ln k_2 + \ln [\text{H}^+] - \frac{\psi F}{R T} - \frac{a V F}{R T} + \frac{a \psi F}{R T} - \ln s,$$

$$= \ln k_2 + \ln [\text{H}^+] - \frac{\psi_0 F}{R T} - \ln [\text{H}^+] - \frac{a \varepsilon F}{R T} - \frac{a \eta F}{R T} +$$

$$+ \frac{a \psi_0 F}{R T} + a \ln [\text{H}^+] - \ln s,$$

$$= \ln k_2 + (a - 1) \frac{\psi_0 F}{R T} - a \ln [\text{H}^+] - \frac{a \eta F}{R T} + a \ln [\text{H}^+] - \ln s,$$

$$\frac{a \eta F}{R T} = \ln k_2 + (a - 1) \frac{\psi_0 F}{R T} - \ln s - \ln D,$$

$$\eta = \frac{R \, T \ln k_2}{a \, F} + \left(1 - \frac{1}{a}\right) \psi_0 - \frac{R \, T}{a \, F} \ln s - \frac{R \, T}{a \, F} \ln D, \qquad (20)$$

$$\eta = \text{konst.} - b \log D.$$

Nimmt man für a den Wert 0,5 an, dann wird der Koeffizient b der Gl. (20)

$$b = \frac{2{,}3 \cdot R \, T}{0{,}5 \cdot F}. \qquad (21)$$

Der aus Gl. (21) für eine Quecksilberkathode in Abhängigkeit von der Temperatur berechnete Gang des Koeffizienten b erscheint durch eine Reihe von Versuchsergebnissen an einer Quecksilberkathode bestätigt, die in Tab. 36 zusammengestellt sind.

Tabelle 36. *Temperaturabhängigkeit des Koeffizienten b*

T °K	b beobachtet	b berechnet
273	0,108	0,107
309	0,123	0,122
345	0,141	0,136

Die schwerwiegendsten Schwächen dieser Theorie sind etwa die folgenden:

Ist die Entladung wirklich ein langsamer Vorgang, dann ist vor allem nicht erklärbar, warum er nur für das H^+-Ion so ausschlaggebend ist, während logischerweise analoge Überspannungswerte auch für die Entladungen der meisten anderen Ionen erwartet werden müßten, was aber durch die Erfahrung nicht bestätigt wird.

Weiters hängt die Überspannung des Wasserstoffes wesentlich vom Material und von der Oberflächenbeschaffenheit der Elektrode ab. Dies wird durch die Theorie der langsamen Entladung in keiner Weise erklärt.

Ferner ist der Wert 0,5 des Koeffizienten a rein empirisch und nicht konstant. Auch dafür liefert die Theorie keine Erklärung; sie berücksichtigt auch nicht die Zeitabhängigkeit der Überspannung, den Einfluß von Kathodengiften und von anderen Faktoren geringerer Bedeutung.

Schließlich ist der Koeffizient b, der auf Grund der Theorie einen für alle Kathodenmaterialien gleichen und konstanten Wert annehmen müßte, in Wirklichkeit stark veränderlich, wie aus Tab. 37 hervorgeht, in der die verläßlichsten Werte aus der Literatur zusammengestellt sind[1].

Tabelle 37. *Werte des Koeffizienten b für verschiedene Metalle*

Material	b	Material	b	Material	b
Ag	0,12	Fe	0,12	Pt blank	0,19—0,3
Al	0,12	Hg	0,12—0,15	Pt plat.	0,02—0,08
Au	0,08—0,12	In	0,25	Rh	0,14
Be	0,11	Mo	0,13	Sr	0,2
Bi	0,10	Nb	0,11	Ta	0,34
C	0,84	Ni	0,11	Tl	0,08
Cd	0,25	Pb	0,23—0,3	Zr	0,09
Cu	0,12—0,16				

Wahrscheinlich ist die Erscheinung der Überspannung des Wasserstoffes viel komplexerer Natur, als man denkt, und es genügt nicht, eine einzige Ursache als ausschlaggebend anzunehmen. Es kann z. B. auch manchmal vorkommen, daß die Überspannung der Bildung von Zwischenprodukten zuzuschreiben ist, die mit ihrer begrenzten Reaktionsgeschwindigkeit das Potential entscheidend beeinflussen. An einer Arsenmetallelektrode, die in 1 n-Kaliumhydroxydlösung als Kathode arbeitet, setzt die Wasserstoffentwicklung bei — 1,016 V ein und die folgende Elektrolyse liefert eine Mischung von Wasserstoff und Arsenwasserstoff. Dasselbe Potential zeigt eine Arsenmetallelektrode in 1 n-Natriumhydroxydlösung, die von gasförmigem Arsenwasserstoff durchspült wird, der sich dabei spontan in Arsen und Wasserstoff zersetzt. Man muß daher annehmen, daß die Primärreaktion der Entladung des H^+-Ions in diesem Fall von der Verbindungs-

---

[1] S. Bockris, J. O'M.: Trans. Faraday Soc. **43**, 417 (1947).

reaktion des atomaren Wasserstoffs mit Arsen zu Arsenwasserstoff begleitet ist. Die Stromdichte-Potentialkurve zeigt den Durchgang eines nicht vernachlässigbaren Reststromes schon bei einem bedeutend kleineren Potential als — 0,81 V, das ist das Gleichgewichtspotential des Wasserstoffes in alkalischer Normallösung. Es ist also zunächst eine depolarisierende Wirkung (s. Abschn. 11) erkennbar. Erhöht man jedoch die Stromdichte, so wird dieses Potential überschritten und erreicht — 1,016 V, was sich daraus erklärt, daß die Wasserstoffentwicklung unter Bildung von Arsenwasserstoff als Zwischensubstanz und dessen darauffolgendem Zerfall erfolgt. Keiner der beiden Vorgänge ist eine Augenblicksreaktion.

6. Kathodenvorgänge: Abscheidung von Metallen

Die Kenntnis der Überspannung des Wasserstoffes und anderer Kationen unter den verschiedenen Bedingungen der technischen Elektrolyse ist von großer Bedeutung, da sie die Feststellung erlaubt, ob eine elektrochemische Reaktion in wässeriger Umgebung möglich ist oder nicht. Dies gilt besonders für jene Reaktionen, die bei einem reversiblen Gleichgewichtspotential ablaufen müßten, das unedler als das des Wasserstoffes in Lösungen gleicher Acidität ist. In der wässerigen Lösung eines metallischen Kations ist immer ein gewisses Quantum H^+-Ionen vorhanden. Das effektive Entladungspotential V_{Kat} des Kations ist durch die Beziehung

$$V_{Kat} = \varepsilon_0 - \eta_{Kat} + \frac{R\,T}{z\,F} \ln c_{Kat}$$

gegeben, in der die verschiedenen Symbole die gewohnte Bedeutung haben und η_{Kat} die eventuelle Überspannung für das betrachtete Kation ist, die alle Arten von Überspannungen (Konzentrationspolarisation und chemische Polarisation) umfaßt. Das effektive Entladungspotential des H^+-Ions V_{H^+} ist durch die analoge Beziehung

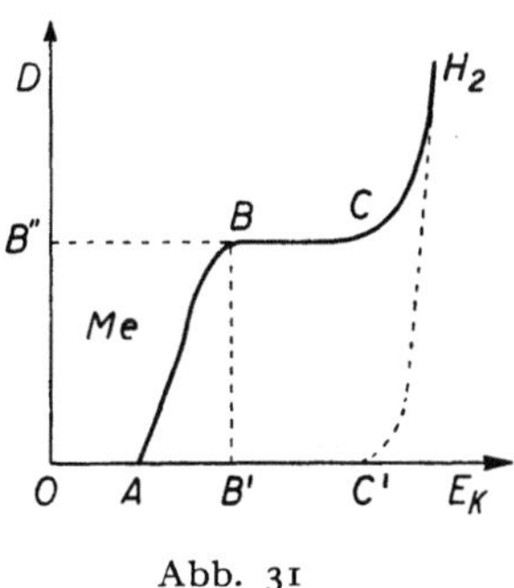

Abb. 31

$$V_{H^+} = -\eta_{H^+} + \frac{R\,T}{F} \ln [H^+]$$

gegeben.

Bei der Prüfung der möglichen Reaktionen empfiehlt es sich, verschiedene Fälle zu unterscheiden:

1. Das Abscheidungspotential des Kations V_{Kat} ist bei gleicher Acidität edler als das Gleichgewichtspotential des Wasserstoffes. Die entsprechende D-E_K-Kurve verläuft dann normal. In Abb. 31 ist der Reaktionsablauf für die Metall- und Wasserstoffabscheidung mit Hilfe der beiden Stromdichte-Kathodenpotentialkurven dargestellt. Geht man vom Wert Null aus und polarisiert man die Elektrode als Kathode, so setzt nach Erreichen des Wertes A, der der Summe aus dem reversiblen Gleichgewichtspotential und der eventuellen Überspannung entspricht, Abscheidung von Metall mit der Stromausbeute 1 ein. Bei allmählicher Zunahme der Stromdichte steigt auch die Kathodenpolarisation entsprechend dem Kurvenzug $A\,B$ an. Bei der der Polarisation B' zugeordneten Stromdichte B'' wird der Grenzstrom erreicht. Dieser bleibt konstant, bis die Polarisation den Wert C' annimmt, der dem effektiven Entladungspotential des

H$^+$-Ions gleich ist. Vom Punkt C an beginnt also der analoge Kurvenabschnitt für die Entladung des H$^+$-Ions. Die von C' ausgehende gestrichelte Kurve stellt den Gang des Entladungsprozesses in Abwesenheit irgendeines anderen edleren Kations für das H$^+$-Ion allein dar. Bis zum Potential C' bleibt die Stromausbeute für die Entladung des metallischen Kations gleich 1, jenseits dieses Punktes bleibt die für die Entladung des metallischen Kations aufgewandte Elektrizitätsmenge konstant, die für die Entladung des Wasserstoffions erforderliche wächst dagegen mit der weiteren Zunahme der Polarisation an. Die Stromausbeute für das Kation, die anfangs gleich 1 war, nimmt jenseits des horizontalen Astes der Kurve allmählich ab.

2. Das Abscheidungspotential des Kations V_{Kat} ist viel unedler als das der effektiven Abscheidung des Wasserstoffes V_{H^+}. Man erhält dann eine vollkommen analoge Kurve zu der in Abb. 31 dargestellten, in der sich jedoch der erste Abschnitt $A\,B\,C$ auf die Entladung des Wasserstoffes bezieht. Erst nach Erreichen des Grenzstromes für dieses Ion setzt die Entladung des metallischen Kations ein. Ob man dann tatsächlich Metallabscheidung auf der Kathode erhält oder nicht, hängt von den chemischen Eigenschaften des Metalles selbst ab. Im allgemeinen zersetzen solche Metalle, die alle unedler als der Wasserstoff sind, das Wasser

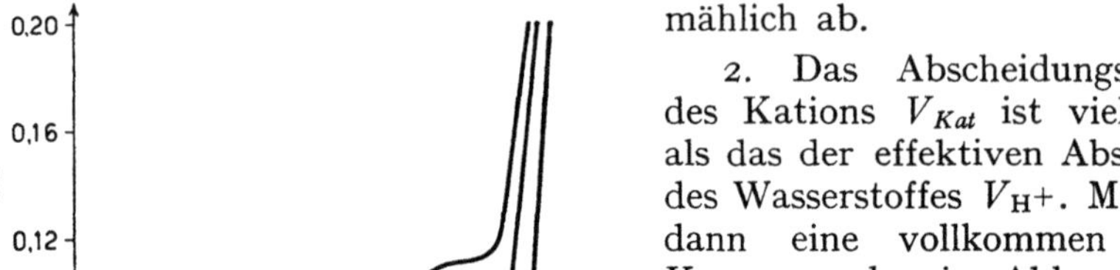

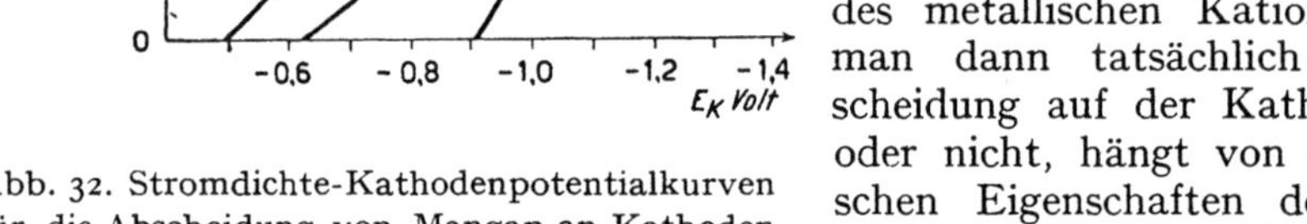

Abb. 32. Stromdichte-Kathodenpotentialkurven für die Abscheidung von Mangan an Kathoden aus Kupfer (*I*), Platin (*II*) und Mangan (*III*)

spontan, wobei sie Wasserstoffgas freimachen und das entsprechende Hydroxyd bilden. Nur wenn die Entladungsgeschwindigkeit des Metallions größer als die Reaktionsgeschwindigkeit des Metalles mit Wasser ist, kann eine gewisse Metallmenge auf der Kathode abgeschieden werden.

Zu diesem zweiten Fall ist noch zu bemerken, daß die Überspannung des Wasserstoffes von der chemischen Natur des Elektrodenmetalles abhängt. Die gleichzeitig mit der Entladung des H$^+$-Ions stattfindende Abscheidung des Metalles beginnt nach dem Einsetzen des elektrolytisch wirksamen Stromes um so eher, je höher die Überspannung des Wasserstoffes an der ursprünglichen Elektrode ist. Ist jedoch einmal die erste Metallschicht durch Entladung der in der Lösung vorhandenen Kationen abgeschieden, setzt sich die Reaktion mit der für das abgeschiedene Metall charakteristischen Überspannung fort, da dieses bereits als Elektrode wirkt. Diese Beobachtung wird in Abb. 32 klargemacht, in der die Kurven $D - E_K$ für die Abscheidung von Mangan aus einer konzentrierten Lösung von schwach saurem Manganchlorid an Kathoden aus Kupfer (Kurve *I*), aus Platin (Kurve *II*) und aus Mangan (Kurve *III*) dargestellt sind. Der erste Abschnitt der Kurven weist für die drei Kathoden beträchtliche Unterschiede auf, während nach der Bedeckung der Kupfer- und Platinelektroden mit Mangan als Folge der Elektrolyse alle drei Kurven in einer einzigen zusammenlaufen, da von diesem Punkte an das als Kathode wirkende Metall nicht mehr das ursprüngliche, sondern eben Mangan ist.

3. Der dritte Fall betrifft jene Kationen, deren effektive Entladungspotentiale demjenigen des H^+-Ions nahekommen. Von Müller wurde beobachtet, daß das effektive Entladungspotential des H^+-Ions an Metallen, die nicht wesentlich unedler als der Wasserstoff sind, in unmittelbarer Nähe des Entladungspotentials des metallischen Kations der Lösung liegt. Diese Erscheinung beherrscht die Entladungsvorgänge jener Metalle, die eine Zwischenlage zwischen dem Wasserstoff und den beträchtlich unedleren Metallen einnehmen. Dazu gehören etwa die Metalle der Spannungsreihe zwischen dem Wasserstoff und dem zweiwertigen Mangan (mit Normalpotentialen von 0,000 V bis —1,1 V). Ist das effektive Entladungspotential des H^+-Ions edler als das des Kations, dann nimmt die Elektrolyse den in Abb. 33 dargestellten Verlauf. Die Entladung des metallischen Kations setzt schon bei der relativ niedrigen, der Polarisation A entsprechenden Stromstärke A' ein und schreitet gleichzeitig mit der Entladung des H^+-Ions fort. Der folgende Gang der Elektrolyse hängt nur von der Neigung der beiden Kurven ab, durch welche die Einzelvorgänge beschrieben werden.

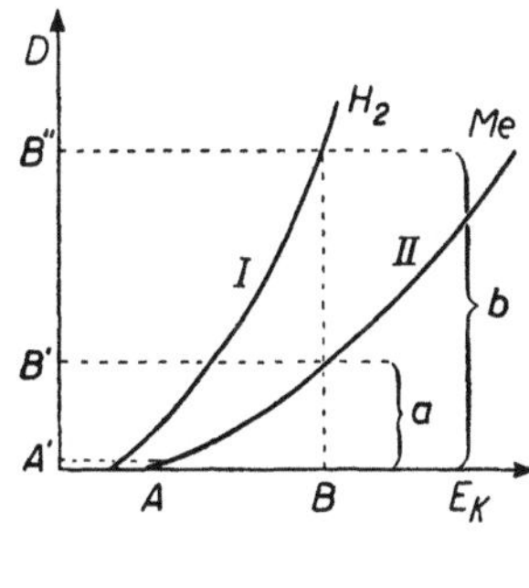

Abb. 33

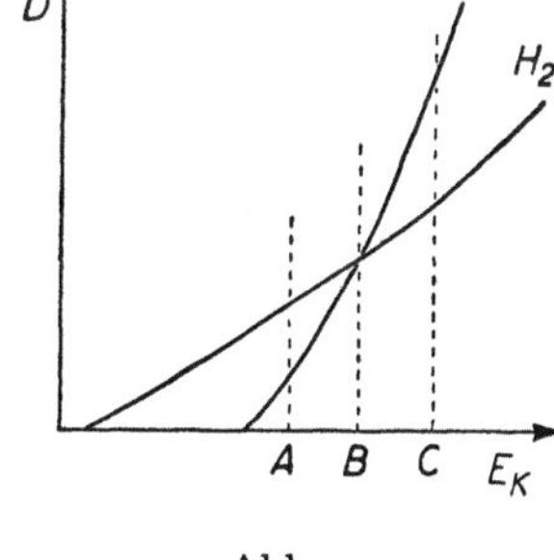

Abb. 34

Der Strom wird zum Teil für die Entladung des Wasserstoffes und zum anderen Teil für die Entladung des Metalles aufgewandt. Wenn die Kathode auf das Potential B polarisiert ist, stellt sich an der Elektrode eine Stromdichte B' wegen der Entladung des metallischen Kations und eine Stromdichte B'' wegen der Entladung des Wasserstoffes ein. Die beiden Stromstärken verhalten sich wie die Ordinaten a und b, so daß sich die auf das metallische Kation bezogene Stromausbeute zu

$$R_{Strom} = \frac{a}{a + b}$$

ergibt.

Wenn dagegen das effektive Entladungspotential des Metallions edler als das des H^+-Ions ist, bleibt der Gang der Reaktion im wesentlichen derselbe, wie er in Abb. 33 dargestellt ist, mit dem Unterschied, daß sich die Kurve I auf die Entladung des metallischen Kations und die Kurve II auf das H^+-Ion bezieht. In diesem Fall ist die auf das Kation bezogene Stromausbeute durch das Verhältnis

$$R_{Strom} = \frac{b}{a + b}$$

gegeben.

Ein Spezialfall liegt vor, wenn die Kurve des Entladungsvorganges mit dem edleren Anfangspotential eine geringere Neigung hat, das heißt, wenn dieser

Vorgang mit einer höheren chemischen Polarisation abläuft, als dies bei der anderen Reaktion der Fall ist. Ein typisches Beispiel hiefür ist die Elektrolyse von Zink aus einer neutralen wässerigen Lösung eines seiner einfachen Salze. Die beiden Kurven sind in Abb. 34 schematisch dargestellt. Bei der einer niedrigen Stromdichte entsprechenden Kathodenpolarisation A entwickelt sich vorwiegend Wasserstoff, beim Potential B, im Schnittpunkt der Kurven, beträgt die Stromausbeute für den Wasserstoff und das Zink je 0,5 und bei der Polarisation C scheidet sich überwiegend Zink ab. Bei weiterer Erhöhung der Stromdichte nähert sich die Ausbeute für das Zink immer mehr dem Werte 1, obwohl es ein weitaus negativeres Gleichgewichtspotential ($\sim - 0{,}76$ V) als der Wasserstoff in neutraler Lösung ($- 0{,}415$ V) hat. Was über die gleichzeitige Entladung von metallischen Kationen und H^+-Ionen gesagt wurde, gilt ebenso auch für die Fälle, in denen mehrere Ionenarten vorhanden sind. Die erste Reaktion ist immer jene, die die kleinste Kathodenpolarisation erfordert. Aus dem Verlauf der Stromdichte-Potentialkurve kann beurteilt werden, ob sich unter gewissen Voraussetzungen nur ein einziges Metall aus der Lösung abscheidet oder ob sich statt dessen gleichzeitig zwei oder mehr verschiedene Kationen entladen, was außer von den Gleichgewichtspotentialen unter den gegebenen Bedingungen auch von einer allfälligen chemischen Polarisation jedes einzelnen Kations und von eventuellen Depolarisationswirkungen infolge der gleichzeitigen Entladung mehrerer Kationen abhängt (s. Abschn. 11).

7. Kathodenvorgänge: Überspannungen der Metalle

Die geschilderten Fälle beschreiben zwar die mit der Entladung der metallischen Kationen verbundenen Überspannungen, geben aber keinerlei Erklärungen für diese Überspannungen, die im Falle der Metalle Chrom, Nickel, Eisen und Kobalt besonders hoch sind. Sie dürften auf eine verzögerte Reaktion zurückzuführen sein, die einen Teil der gesamten Entladungsreaktion bildet, auf Grund deren der Übergang vom Kation zum Metallatom des Kristallgitters erfolgt. Auch bei der Entladung der metallischen Kationen kann die Gesamtreaktion in verschiedene Phasen unterteilt werden: Dehydratation der Ionen, deren Entladung, Einordnung der neutralen Atome im Kristallgitter des Metalles.

Die Verzögerung in der Phase der Dehydratation wird von Le Blanc als der für die Überspannung maßgebende Faktor betrachtet. Nach Le Blanc besteht in der Lösung ein Gleichgewicht zwischen hydratisierten und nichthydratisierten Ionen, das z. B. für Kupfer in der Form

$$Cu^{2+} \cdot x\,H_2O \rightleftharpoons Cu^{2+} + x\,H_2O$$

ausgedrückt werden kann.

Das Elektrodenpotential hängt von der Konzentration der nichthydratisierten Ionen ab, die im Ruhezustand der Konzentration der hydratisierten Ionen proportional ist. An der Entladungsreaktion können nur die nichthydratisierten Ionen teilnehmen, so daß mit deren allmählicher Konzentrationsabnahme im Elektrodenfilm andere hydratisierte Ionen ihre Hydratation verlieren müssen, um das Gleichgewicht wiederherzustellen. Während aber die Entladungsreaktion praktisch mit Augenblicksgeschwindigkeit abläuft, braucht die Dehydratation eine gewisse Zeit. Bei zunehmender Stromdichte wird daher das Gleichgewicht zwischen nichthydratisierten und hydratisierten Ionen immer mehr in dem Sinne gestört, daß die Konzentration der ersteren bedeutend kleiner wird, als dem Gleichgewicht mit den hydratisierten Ionen entspricht. Da das Elektrodenpotential von der Konzentration der nichthydratisierten

Ionen abhängt, muß es mit ihrer Abnahme negativer werden, wodurch die Überspannung in Erscheinung tritt.

Stärkeres Durcheinanderrühren der Flüssigkeit erleichtert die Diffusion der hydratisierten Ionen aus dem Innern der Lösung gegen die Elektrode hin, ist aber ohne Einfluß auf die Geschwindigkeit der Dehydratation. Infolgedessen bleibt auch die Überspannung vom Bewegungszustand der Flüssigkeit unabhängig. Temperaturerhöhung vergrößert dagegen die Geschwindigkeit der Dehydratation und bewirkt damit eine Verringerung der Überspannung. Nach Le Blanc wäre daher auch die chemische Polarisation insofern eine Art Konzentrationspolarisation, als das Elektrodenpotential in jedem Fall der aktuellen Konzentration jener Ionen entspricht, die in der Berührungsschicht der Elektrode das Potential bestimmen.

Eine zweite Erklärung der Überspannung der Metalle nimmt eine Verzögerung des Entladungsvorganges der Kationen an. Es ist denkbar, daß in Analogie zu dem in Abschnitt 5 über die Überspannung des Wasserstoffes Gesagten auch für die Entladung der metallischen Kationen eine gewisse Aktivierungsenergie erforderlich ist, die die Überspannung bestimmt. Diese Erklärung wird durch den Umstand gestützt, daß die Metalle mit hohen Überspannungen und daher hohen Werten der Aktivierungsenergie kompakte Kristallabscheidungen von sehr feinem Korn ergeben (Fe, Ni usw.), während die anderen dazu neigen, sich in einzelnen großen Kristallen abzusetzen, die nach bevorzugten Richtungen angewachsen sind (Ag, Zn usw.). (S. Kap. VII, 2.) Darüber hinaus besteht ein gewisser Parallelismus zwischen der chemischen Polarisation bei der Entladung und der chemischen Polarisation bei der Anodenauflösung.

Schließlich soll noch die von Volmer kürzlich gegebene Deutung erwähnt werden, derzufolge auf der Grenzfläche Metall-Elektrolyt eine Schicht von unregelmäßig angeordneten Atomen, die sogenannte Embryonalschicht, vorhanden ist, die sich auf der einen Seite mit dem Kristallgitter und auf der anderen mit der Lösung im Gleichgewicht befindet. Die Geschwindigkeit der Einordnung der Atome der Embryonalschicht in das Kristallgitter wäre begrenzt und kleiner als die Entladungsgeschwindigkeit der Kationen. Eine Vergrößerung der Stromdichte würde eine Erhöhung der Konzentration in der Embryonalschicht nach sich ziehen, da die Einordnung der Atome in das Gitter langsamer als die Entladung der Kationen vor sich ginge. Infolgedessen würde die Aktivität des Metalles im Vergleich zu jener der Kationen größer werden. Das Metall würde bezüglich der Lösung unedler werden und damit ein negativeres Potential, als dem reversiblen Gleichgewicht entspräche, das heißt aber eine Überspannung aufweisen.

Diese Deutung erklärt z. B. gut das Verhalten des flüssigen Quecksilbers: in diesem Fall kann von einem verzögerten Einordnungsprozeß in ein Kristallgitter keine Rede sein und es weist auch keine Entladungsüberspannungen auf.

Eine besondere Art von Überspannung ergibt sich bei der kathodischen Abscheidung von Metallen aus Lösungen komplexer Salze, insbesondere aus Metallcyanverbindungen. Dabei muß man sich vor allem darüber klar sein, daß die Konzentration der metallischen Kationen in einer Lösung, in der das Metall Bestandteil eines komplexen Anions ist, äußerst niedrig ist und daß infolgedessen das reversible Gleichgewichtspotential gegen weitaus negativere Werte hin verschoben sein muß. Berücksichtigt man, daß die Abscheidung an der Kathode durch die Entladung des Kations erfolgt, so ergibt sich daraus notwendigerweise, daß das komplexe Anion unter Freigabe des metallischen Kations vorher zerfällt; so müßten sich z. B. bei der kathodischen Abscheidung des Silbers aus einer Lösung von Natriumsilbercyanid $Na[Ag(CN)_2]$ zwei Gleichgewichte einstellen:

$$Na[Ag(CN)_2] \rightleftharpoons Na^+ + [Ag(CN)_2]^- \tag{1}$$

und

$$[Ag(CN)_2]^- \rightleftharpoons Ag^+ + 2\,CN^-, \tag{2}$$

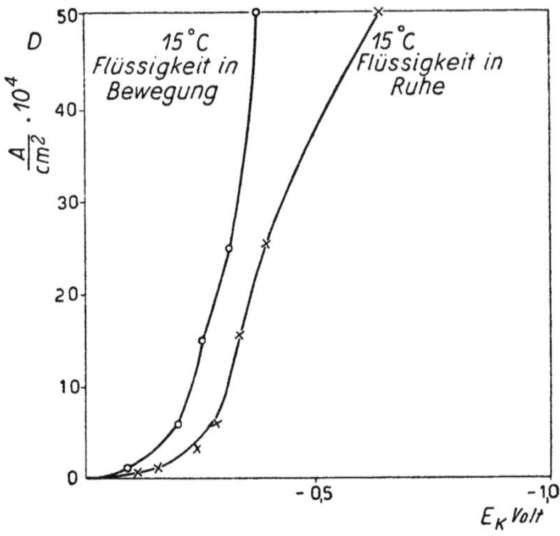

Abb. 35. Stromdichte-Kathodenpotentialkurven der Silberabscheidung aus komplexen Ionen bei ruhender und bewegter Flüssigkeit

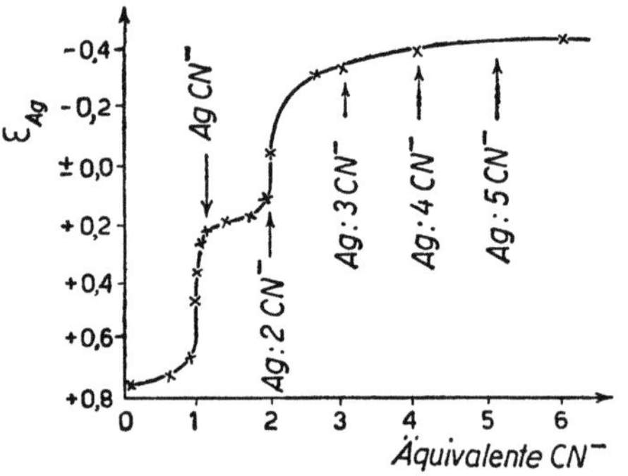

Abb. 36. Überspannung der Silberabscheidung aus komplexen Ionen in Abhängigkeit von der CN^--Ionenkonzentration

bevor die Entladung stattfinden kann. Nach Le Blanc verläuft die Reaktion (2) im Hinblick auf die Entladungsreaktion langsam, so daß sich daraus eine weitere starke Verarmung an Ag^+-Ionen mit einer weiteren Verschiebung des Potentials gegen noch negativere Werte hin ergibt. In anderen Worten: die Überspannung wäre der äußerst niedrigen Konzentration der Ag^+-Ionen zuzuschreiben, die das Potential bestimmen. Diese Deutung steht jedoch mit Versuchsergebnissen von Glasstone nicht in Einklang, denen zufolge kräftiges Rühren eine Abnahme der Überspannung bewirkt. Dies bedeutet, daß die Dissoziationsgeschwindigkeit genügend groß ist. Der Kurvenverlauf des D-E_K-Diagrammes ist einer reinen Konzentrationspolarisation sehr ähnlich, wie aus Abb. 35 ersichtlich ist. Die in unbewegter Flüssigkeit experimentell beobachtete Überspannung ist nach Glasstone einem leichten Überschuß an CN^--Ionen zuzuschreiben, der aus der Entladung des Ag^+-Ions resultiert und gegen den das Potential einer Silberelektrode sehr empfindlich ist, wie Abb. 36 zeigt.

Bei einer Reihe von Metallen bewirkt die Änderung des Verhältnisses Metall-freies Cyanid empfindliche Schwankungen der Gleichgewichtspotentiale. Für die unedleren Metalle, z. B. Kupfer, erreicht das Gleichgewichtspotential Werte, bei denen sich gleichzeitig oder auch ausschließlich das H^+-Ion entlädt, was die Deutung der experimentellen Erscheinungen noch weiter erschwert.

Im allgemeinen kann man heute annehmen, daß die kathodische Abscheidung von Metallen, die Bestandteile komplexer Anionen bilden, nicht mit spezifischen Überspannungen verbunden ist, sondern daß auch in diesen Fällen die normalen

Überspannungen der einzelnen Metalle wirksam werden. Diese müssen jedoch auf das Gleichgewichtspotential der äußerst niedrigen Konzentration der metallischen Kationen bezogen werden, die auf das Dissoziationsgleichgewicht zurückzuführen ist. Werden über die Konzentrationspolarisation hinausgehende Überspannungen beobachtet, dann sind hiefür im allgemeinen sekundäre Gleichgewichte verantwortlich zu machen, die die aktuelle Konzentration des Kations ändern.

Eine weitere Deutung der kathodischen Abscheidung von Metallen aus komplexen Anionen stützt sich auf die geringe Wahrscheinlichkeit, daß die äußerst niedrige Konzentration der Kationen imstande sein soll, das Elektrodenpotential zu bestimmen. Berechnet man nämlich die Konzentration auf Grund des gemessenen reversiblen Gleichgewichtspotentials, dann ergeben sich tatsächlich nicht selten Konzentrationswerte, die einem einzigen oder zwei Ionen je Liter entsprechen. In diesem Fall müßte das Elektrodenpotential bedeutenden Schwankungen unterworfen sein, die von der veränderlichen statistischen Verteilung der Metallkationen innerhalb des Elektrodenfilms abhingen. Da aber das Potential wohl definiert und konstant ist, muß man annehmen, daß es nicht von den freien metallischen Kationen bestimmt wird und daß der elektrochemische Primärvorgang nicht aus der Entladung dieser Kationen besteht.

Nimmt man dagegen an, daß die primäre Reaktion die Entladung des H^+-Ions ist, dann könnte die Abscheidung des Metalles durch eine Sekundärreaktion zwischen dem komplexen, das Abscheidungsmetall enthaltenden Anion und dem Produkt der primären Kathodenreaktion, also dem atomaren Wasserstoff erfolgen. Tatsächlich sind die löslichen und elektrolysierbaren komplexen Salze im allgemeinen Salze von Alkalimetallen mit einem komplexen Anion, welches das schwere, elektrolytisch abzuscheidende Metall enthält. Ein Beispiel hiefür ist das Natriumsilbercyanid. Das Alkaliion entlädt sich in wässeriger Lösung nicht an der Kathode, da sein Entladungspotential viel negativer als das des H^+-Ions ist; es müßte sich also dieses letztere in der Primärreaktion entladen. Der atomare Wasserstoff würde dann mit dem komplexen Anion reagieren und das darin enthaltene Metall freisetzen. Zum Beispiel:

$$[Ag(CN)_2]^- + H \rightarrow CN^- + HCN + Ag.$$

Nach dieser Reaktion würde die Entladung des H^+-Ions depolarisiert (s. Abschn. 11) und daher weiter erleichtert werden. Wenn sich aber ein H^+-Ion aus einer neutralen wässerigen Lösung entlädt, bleibt ein überzähliges OH^--Ion in Lösung, wodurch eine zweite Sekundärreaktion hervorgerufen wird. Für das oben angeführte Beispiel lautet diese Sekundärreaktion:

$$OH^- + HCN \rightarrow H_2O + CN^-.$$

An der Anode geht indessen die Auflösung des Anodenmetalles vor sich (wenn nicht mit unlöslichen Anoden gearbeitet wird, an denen sich die an der Kathode im Überschuß gebliebenen OH^--Ionen entladen würden). Die aus den beiden Sekundärreaktionen stammenden CN^--Ionen reagieren nun mit dem an der Anode entstandenen metallischen Kation, um das komplexe Anion wiederherzustellen. Zum Beispiel:

$$Ag \rightarrow Ag^+ + e; \qquad Ag^+ + 2\,CN^- \rightarrow [Ag(CN)_2]^-.$$

Diese Deutung wird durch die Beobachtung gestützt, daß sich bei der Elektrolyse eines komplexen Salzes gleichzeitig mit der kathodischen Metallabscheidung oft auch Wasserstoff entwickelt.

8. Anodenvorgänge: Entladung der Anionen

Die Entladungsprodukte der Kathodenvorgänge sind gewöhnlich stabile Stoffe, Metalle oder Wasserstoff. Die entsprechenden elektrochemischen Reaktionen sind einfacher Natur. Die Anodenvorgänge sind dagegen im allgemeinen komplizierter. Zu den wenigen Ausnahmen gehören die Halogenionen Cl^-, Br^-, J^- und das OH^--Ion. Die Entladung der übrigen Anionen vollzieht sich gewöhnlich auf eine besondere Weise, die von den speziellen Versuchsbedingungen abhängt, und ist oft unvollkommen. Dies ist dem Umstand zuzuschreiben, daß das Entladungspotential des OH^--Ions in wässeriger Lösung eines der niedrigsten überhaupt ist und daß sich daher das OH^--Ion zuerst entlädt, wenn die Elektrode als Anode polarisiert wird. Nur die Br^- und J^--Ionen haben unter bestimmten Bedingungen Entladungspotentiale, die einwandfrei unter dem des OH^--Ions liegen.

Der Entladungsvorgang des OH^--Ions ist kein einfacher Vorgang, wie die Entladung des H^+-Ions. Die Bruttoreaktion lautet:

$$2\,OH^- \rightarrow H_2O + \frac{1}{2}O_2 + 2\,e. \tag{1}$$

Für diese Reaktion, die die elektrochemische Grundlage der Sauerstoffelektrode abgeben müßte, wurde nie ein definiertes und konstantes Potential gemessen, auch nicht an Elektroden aus platiniertem Platin. Betrachtet man ein aus einer Sauerstoff- und einer Wasserstoffelektrode gebildetes Element, dann besteht die chemische Reaktion, die zur Entstehung der EMK Anlaß gibt, aus der Bildung von H^+- und OH^--Ionen, die sich unmittelbar darauf zu undissoziiertem Wasser verbinden. Aus der Gleichgewichtsreaktion

$$2\,H_2 + O_2 \rightarrow 2\,H_2O \tag{2}$$

haben Nernst und Wartemberg auf thermodynamischem Wege die EMK dieses Elementes zu 1,237 V bei Zimmertemperatur berechnet. Daraus errechnet sich das Normalpotential der Sauerstoffelektrode für die Aktivität 1 der OH^--Ionen zu $+ 0{,}401$ V. Das Potential einer Sauerstoffelektrode ist also bei 25^0 C durch die Beziehung

$$\varepsilon = 0{,}401 + \frac{0{,}059\,14}{2}\,\lg\frac{\sqrt{p_{O_2}}}{[OH^-]^2} \tag{3}$$

gegeben, die unter Berücksichtigung von $[H^+] \cdot [OH^-] = 10^{-14}$ übergeht in

$$\varepsilon = 1{,}229 + 0{,}029\,57\,\lg\left(\sqrt{p_{O_2}} \cdot [H^+]^2\right). \tag{4}$$

Gl. (4) gibt das Potential einer Sauerstoffelektrode in Abhängigkeit vom p_H der Lösung. Dieses errechnete Potential wird als das reversible Gleichgewichtspotential des OH^--Ions angenommen: die Differenz gegen das Entladungspotential des OH^--Ions stellt die Überspannung des Sauerstoffes dar.

Bei der Entladung der OH^--Ionen werden bedeutende Überspannungen beobachtet, die jedoch nicht so ausgeprägte Regelmäßigkeiten aufweisen, wie dies bei der Entladung der H^+-Ionen der Fall ist. In Tab. 38 sind einige neuere Meßergebnisse von Hickling und Hill[1] zusammengestellt. Daraus ist zu ersehen, daß die Überspannung von der aktuellen Stromdichte so stark abhängig ist, daß die Anodenstoffe nicht nach zu- oder abnehmenden Überspannungen geordnet werden können. Grob gesehen haben Co, Fe und Cu niedrige Überspannungen, während Pt und Au hohe Überspannungen aufweisen.

---

[1] Hickling, A. and S. Hill: Discussions of the Faraday Society No. 1. Electrode Processes, S. 236 (1947).

Tabelle 38. *Überspannung des Sauerstoffes*

Material		Überspannung in V bei D (in A/cm²)					
		10^{-5}	10^{-4}	10^{-3}	10^{-2}	10^{-1}	1
Ag	galv. niedergeschlagen	0,41	0,45	0,60	0,71	0,94	1,06
Au	galv. niedergeschlagen	0,73	0,93	0,96	1,05	1,53	1,63
C	Graphit	0,31	0,37	0,50	0,96	1,12	2,20
Cd	pulv. niedergeschlagen	—	0,67	0,80	0,96	1,21	1,21
Co	pulv. niedergeschlagen	0,27	0,32	0,39	0,46	0,54	0,61
Cr	pulv. niedergeschlagen	0,32	0,49	0,58	0,66	0,73	0,77
Fe	pulv. niedergeschlagen	0,35	0,37	0,41	0,48	0,56	0,63
Ni	pulv. niedergeschlagen	0,32	0,45	0,60	0,75	0,91	1,04
Pb	pulv. niedergeschlagen	—	—	0,80	0,97	1,02	1,04
Pb	massiv	0,39	0,48	0,89	1,01	1,12	1,28
Pt	massiv	0,52	0,80	1,11	1,32	1,50	1,55
Pt	platiniert	0,21	0,32	0,46	0,66	0,89	1,14

Wie beim H^+-Ion hängt die Entladungsüberspannung des OH^--Ions in beträchtlichem Ausmaß vom Elektrodenmaterial ab. Der Einfluß der Stromdichte kann innerhalb bestimmter Grenzen für einige Stoffe durch eine Beziehung von der Art

$$\eta = a + b \lg D$$

ausgedrückt werden.

Bei gewissen Stoffen, wie z. B. bei Au, Pd und C werden jedoch sprunghafte Änderungen in der Größenordnung von Zehntel Volt beobachtet, die manchmal zur Veränderung der Oberflächenbeschaffenheit des Anodenmaterials, das ja allgemein stark und für das bloße Auge sichtbar angegriffen wird, in Beziehung gebracht werden können.

Eine Temperaturerhöhung bewirkt auch in diesem Fall eine Änderung der Überspannung. Was den Druck und die Zusammensetzung des Elektrolyten anlangt, gibt es noch nicht soviele experimentelle Daten, um daraus den Einfluß auf den Gang der Überspannung ableiten zu können.

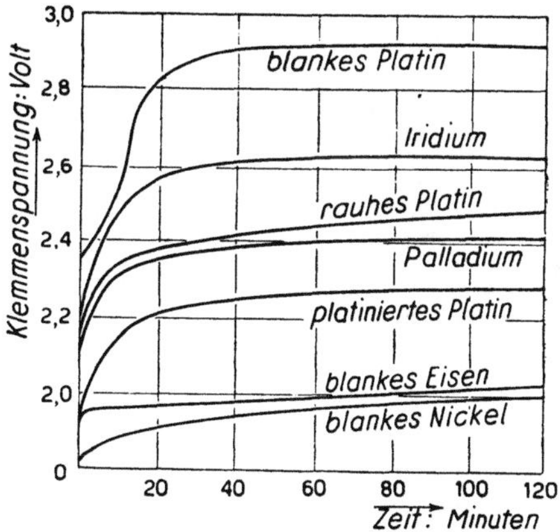

Abb. 37. Überspannung des Sauerstoffes als Funktion der Elektrolysedauer

Ein besonderes Charakteristikum der Überspannung des Sauerstoffes ist deren Abhängigkeit von der Zeitdauer der Elektrolyse, wie aus Abb. 37 hervorgeht. Man entnimmt daraus, wie die Überspannung für einige Metalle (Ni, Fe, platiniertes Pt usw.) dauernd, wenn auch sehr langsam, wächst und sich nach einer gewissen Zeit einem schwer bestimmbaren Grenzwert nähert. Für andere Stoffe, wie z. B. Cu, Ag und Pb (letzteres bei niedriger Stromstärke), weist sie dagegen starke Sprünge ebenfalls in der Größenordnung von Zehntel Volt auf. Blei zeigt bei höheren Stromdichten sogar eine leichte Abnahme der Überspannung. Dieses Verhalten könnte mit der Bildung von mehr oder minder stabilen, reinen oder gemischten Oxyden erklärt werden, die bei Zersetzung

Sauerstoffgas entwickeln und das Potential der Elektrode bestimmen. Tatsächlich wurde beobachtet, daß eine mit dem Oxyd PtO_3 bedeckte und in 2 n-Schwefelsäure eintauchende Platinelektrode das Potential 1,5 V annimmt, das in der Nähe jenes Wertes liegt, bei dem im Fall niedriger Stromdichte die Sauerstoffentwicklung einsetzt, wenn dieselbe Elektrode als Anode arbeitet. Dies könnte den Gedanken erwecken, daß das Oxyd PtO_3 in Wirklichkeit das Potential bestimmt.

Die Überspannung des Sauerstoffes an einer Elektrode aus platiniertem Platin und auch an Elektroden aus anderem, mehr oder minder leicht oxydierbarem Material könnte also mit der Bildung solcher Oxyde erklärt werden. Tatsächlich ist die Existenz mehr oder weniger stabiler, höheren Oxydationsstufen entsprechender Oxyde, z. B. PtO_3, NiO_2, CoO_2, Cu_2O_3, CuO_3, FeO_3 usw., wahrscheinlich. Sobald sich an der Elektrode diese instabilen Oxyde nicht in reinem Zustand, sondern mit anderen Oxyden des Elektrodenelementes vermischt, bilden, ist das Potential nicht mehr definiert, da es unter Umständen vom Mischungsverhältnis der betreffenden Oxyde abhängt.

Im übrigen muß man sich darüber klar sein, daß zwar die primäre Entladungsreaktion des OH^--Ions zweifellos

$$OH^- \rightarrow OH + e$$

lautet, daß aber trotzdem das so gebildete OH-Radikal zwei verschiedene Sekundärreaktionen hervorrufen kann. Es kann nämlich entweder Wasser und Sauerstoff:

$$2\,OH \rightarrow H_2O + O; \qquad 2\,O \rightarrow O_2$$

oder auch Wasserstoffperoxyd:

$$2\,OH \rightarrow H_2O_2$$

bilden, was die Deutung der beobachteten Erscheinungen noch schwieriger gestaltet. Auch heute noch sind die Ursachen für die Überspannung des Sauerstoffes nicht eindeutig festgestellt.

Die Überspannungen bei der Entladung der Halogenionen sind sehr schwer erfaßbar. Vor allem ist zu bemerken, daß in Lösungen von Halogenverbindungen oft schon bei einem weit unter dem reversiblen Gleichgewichtswert liegenden Elektrodenpotential Durchgang eines ziemlich starken Reststromes auftritt. Dies ist der Wasserlöslichkeit der Halogene im Elementarzustand zuzuschreiben, die in Gegenwart von Halogenionen noch weiter verstärkt wird, speziell bei Brom und Jod. Die D-E_A-Kurve zeigt daher einen etwas abnormalen Verlauf.

Andererseits kann von einer Konstanz der Oberflächenbeschaffenheit der Elektrode mit fortschreitender Elektrolyse kaum die Rede sein. Nach einer gewissen Zeit ist trotz unveränderter Stromdichte ein plötzlicher Anstieg der Elektrodenpolarisation festzustellen. Dieser neue Zustand wird umso leichter erreicht, je positiver das Gleichgewichtspotential, je größer die Stromdichte und je kleiner die Konzentration des Halogenions und des H^+-Ions sind. Alle diese Bedingungen wirken im Sinne einer Erleichterung der Entladung der OH^--Ionen, wobei die Bildung von Oxyden an der Elektrodenoberfläche möglich ist. Man muß also zwischen der auch noch so kleinen Überspannung der Halogene bei niedriger Stromdichte und Elektrodenpolarisation und der Ursache des plötzlichen Anstieges des Elektrodenpotentials, die fast sicher mit der Entladung von OH^--Ionen verbunden ist, unterscheiden.

Die Überspannung zeigt als Funktion der Stromdichte einen Kurvenverlauf, der in manchen Fällen zwar nicht streng, aber doch angenähert logarithmisch ist. Eine voll befriedigende Deutung der Erscheinungen bei der Entladung der Halogene ist noch nicht möglich.

9. Anodenvorgänge: Verhalten der Metalle als Anode

Betrachtet man das Verhalten der als Anode eingesetzten Metalle, so empfiehlt es sich auch dabei, verschiedene Fälle zu unterscheiden.

1 a. In wässeriger Lösung bildet das Metall Ionen einer einzigen Wertigkeitsstufe (Ag^+, Cd^{2+} usw.) und hat ein Gleichgewichtspotential, das negativer als das effektive Entladungspotential der anwesenden Anionen ist. Wenn es als Anode polarisiert wird, geht es daher mit der Stromausbeute 1 in Lösung. Der Verlauf der $D\text{-}E_A$-Kurve ist dem für die kathodische Abscheidung beobachteten vollkommen analog. Man beobachtet eine Konzentrationspolarisation, die sich daraus erklärt, daß nicht alle bei der Auflösung der Metallanode entstandenen Ionen imstande sind, ebenso rasch von der Anode zur Kathode zu wandern bzw. zu diffundieren, als sie sich bilden. Die Anodenkonzentration nimmt zu und das Elektrodenpotential wird daher allmählich positiver.

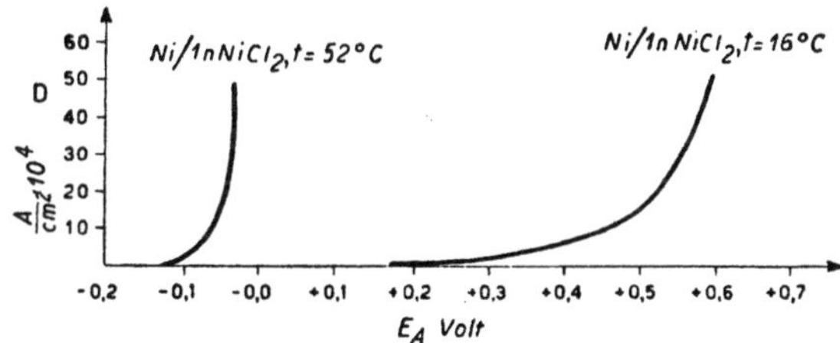

Abb. 38. Stromdichte-Anodenpotentialkurven für die Nickelauflösung

Auch bei der anodischen Auflösung der Metalle tritt ein Grenzstrom auf. Sowie das Metall in Lösung geht, wandert gleichzeitig eine gewisse Anzahl von Anionen unter dem Einfluß des elektrischen Feldes und des osmotischen Druckunterschiedes zur Anode, um auf diese Weise die Konzentrationszunahme der Kationen zu kompensieren. Sobald das Löslichkeitsprodukt des Elektrolyten erreicht ist, beginnt dieser zu kristallisieren. Infolgedessen wird eine gewisse Menge von Anionen der Lösung entzogen: wenn nun die Zahl der durch Kristallisation der Lösung entzogenen Anionen in der Anodenzone der Anzahl der Anionen gleich ist, welche die Anodenzone durch Wanderung tatsächlich erreichen, setzt jener Abschnitt des Grenzstromes ein, nach dem ein anderer Anodenvorgang beginnt.

Metalle, die nur eine niedrige Überspannung für ihre Abscheidung erfordern, gehen im allgemeinen mit einer ebenso kleinen Anodenüberspannung in Lösung. Metalle mit starker chemischer Polarisation während der Abscheidung zeigen mit einem gewissen Parallelismus dieselbe Erscheinung gewöhnlich auch bei der anodischen Auflösung, wodurch die $D\text{-}E_A$-Kurve weniger steil wird. Abb. 38 gibt z. B. den Kurvenverlauf für Nickel wieder. Daraus ist auch der allgemeine Einfluß der Temperatur auf die Überspannung zu ersehen.

1 b. Das Gleichgewichtspotential ist wie im Falle 1 a definiert, das Elektrodenmetall bildet jedoch Ionen verschiedener Wertigkeit (Cu^+, Cu^{2+}, Fe^{2+}, Fe^{3+} usw.). Es geht in seiner Gesamtheit mit der Stromausbeute 1 in Lösung. Die Metallmengen, die in Form von Ionen verschiedener Wertigkeit in die Lösung übergehen, werden jedoch durch die betreffenden Gleichgewichtspotentiale bezüglich des Metalles und durch das Redoxpotential bestimmt.

Zur Klärung dieses Falles empfiehlt es sich, ein Beispiel zu betrachten. Wenn ein System aus einem Metall besteht, das zwei- und dreiwertige Ionen (Fe^{2+}, Fe^{3+}) in eine Ionenlösung beider Oxydationsstufen abgibt, dann sind die folgenden drei Vorgänge

$$Me \rightarrow Me^{2+} + 2\,e, \tag{1}$$
$$Me \rightarrow Me^{3+} + 3\,e, \tag{2}$$
$$Me^{2+} \rightarrow Me^{3+} + e \tag{3}$$

möglich, deren aktuelle Potentiale mit ε_1, ε_2 und ε_3 bezeichnet werden.

Will man 1 Grammatom des Metalles aus der Elementarform in die dreiwertige Form reversibel überführen, dann bleibt die hiezu erforderliche Arbeit dieselbe, ob nun die Transformation auf direktem Wege gemäß Reaktion (2) oder stufenweise entsprechend den Reaktionen (1) und (3) erfolgt. Es muß also gelten:

$$3\,\varepsilon_2\,F = 2\,\varepsilon_1\,F + \varepsilon_3\,F,$$

woraus folgt:

$$\varepsilon_2 = \frac{2\,\varepsilon_1 + \varepsilon_3}{3}.$$

Das Potential ε_2 der Reaktion (2) liegt immer zwischen den Potentialen ε_1 und ε_3 der Reaktionen (1) und (3). Welches dieser beiden Potentiale das edlere ist, hängt von den chemischen Eigenschaften des Metalles und eventuell auch von den Ionenkonzentrationen ab. Allgemein gilt die Luthersche Beziehung

$$\varepsilon_{Me/Me^{z_2+}} = \frac{z_1\,\varepsilon_{Me/Me^{z_1+}} + (z_2 - z_1)\,\varepsilon_{Me^{z_1+}/Me^{z_2+}}}{z_2},$$

die der obigen analog ist und sich aus ihr ergibt, wenn an Stelle der speziellen Zahlen 2 und 3 die allgemeinen Indizes z_1 und z_2 ($z_1 < z_2$) gesetzt werden.

Ein in die Lösung seiner zwei- und dreiwertigen Ionen eingetauchtes Metall ist mit der Lösung nur dann im Gleichgewicht, wenn die Potentialdifferenz Elektrode-Elektrolyt ε den aktuellen EMK der beiden möglichen Elektroden Me/Me^{2+} und Me/Me^{3+} gleich ist. Für 25^0 C muß dann gelten:

$$\varepsilon = \varepsilon_1 = \varepsilon_2 = \varepsilon_{01} + \frac{0{,}059}{2}\,\lg\,[Me^{2+}] = \varepsilon_{02} + \frac{0{,}059}{3}\,\lg\,[Me^{3+}].$$

[ε_{01} und ε_{02} stellen die entsprechenden Normalpotentiale der Reaktionen (1) und (2) dar.] Unter diesen Bedingungen muß also wegen $\varepsilon_1 = \varepsilon_2$ auch $\varepsilon_1 = \varepsilon_2 = \varepsilon_3$ sein.

Im Falle des Eisens erhält man Gleichgewicht bei Zimmertemperatur, wenn die Beziehung

$$-0{,}44 + \frac{0{,}059}{2}\,\lg\,[Fe^{2+}] = -0{,}036 + \frac{0{,}059}{3}\,\lg\,[Fe^{3+}]$$

erfüllt ist. Daraus leitet sich die Gleichgewichtsbedingung

$$\frac{\sqrt{[Fe^{2+}]}}{\sqrt[3]{[Fe^{3+}]}} = \sim 10^{6{,}9}$$

ab.

Bei der anodischen Auflösung des Eisens in einer sowohl Ferro- als auch Ferriionen enthaltenden Lösung bilden sich zuerst diejenigen Ionen, deren Konzentration unter dem Gleichgewichtswert liegt. Danach geht das Eisen weiter in Lösung, wobei gleichzeitig zwei- und dreiwertige Ionen in dem oben angegebenen Verhältnis, das heißt also überwiegend Fe^{2+}-Ionen entstehen.

Analoge Betrachtungen für Kupfer führen zu dem Schluß, daß Gleichgewicht unter der Bedingung

$$\frac{[Cu^{2+}]}{[Cu^+]^2} = \sim 10^{6,1}$$

eintritt. Das bedeutet, daß sich Kupfer als Anode fast zur Gänze in Form von Cu^{2+}-Ionen auflöst.

Man kann weiters aus der gegenseitigen Lage der drei Potentiale — unter Hinweis darauf, was über die Spannungsreihe (s. Kap. III, 12) gesagt wurde — entnehmen, daß eine Metallelektrode, für die $\varepsilon_1 < \varepsilon_2$ ist (z. B. beim Eisen), in Anwesenheit bloß von Ionen der höheren Oxydationsstufe instabil ist und daher unter Bildung von Ionen der niedrigeren Wertigkeitsstufe reagiert. Eisen reagiert z. B. nach der Gleichung

$$2\,Fe^3{}_+ + Fe \rightarrow 3\,Fe^{2+}.$$

Dagegen ist eine Metallelektrode, für die $\varepsilon_1 > \varepsilon_2$ ist (z. B. beim Kupfer), in Gegenwart bloß von Ionen niedrigerer Wertigkeit instabil, weshalb sie unter Bildung von elementarem Metall und Ionen höherer Wertigkeit reagiert. Kupfer reagiert z. B. nach der Gleichung

$$2\,Cu^+ \rightarrow Cu^{2+} + Cu.$$

2. Wenn das Metall ein höheres Gleichgewichtspotential hat, als der Entladung der in der Lösung vorhandenen Anionen entspricht, geht es überhaupt nicht in Lösung. Der elektrochemische Prozeß besteht dann ausschließlich aus der Entladung der Anionen mit der Stromausbeute 1. Die Elektrode wird in diesem Fall als *unangreifbar* oder *indifferent* bezeichnet. Zum Beispiel ist eine Platinelektrode in der Lösung eines Jodids unangreifbar, da zur Auflösung des Platins in Ionenform eine weitaus höhere Anodenpolarisation als für die Entladung der J^--Ionen erforderlich ist.

3. Das Metall hat zwar ein negativeres Gleichgewichtspotential, als der Entladung der in der Lösung vorhandenen Anionen entspricht, weist aber eine so hohe Überspannung auf, daß diese das Entladungspotential eines der anwesenden Anionen erreicht. Es geht dann entweder mit der Stromausbeute 1 in Lösung oder wird nicht angegriffen. Die vorerwähnte Überspannung kann entweder unmittelbar nach Einsetzen des Stromes oder auch nach einer gewissen, von den besonderen Versuchsbedingungen abhängenden Zeit in Erscheinung treten.

10. Anodenvorgänge: Passivität der Metalle

Das in Punkt 3 des vorstehenden Abschnittes angeführte Verhalten von Elektroden ist ein Kennzeichen der teilweisen oder totalen Passivität der Metalle. Der passive Zustand ist aber insofern kein feststehendes Kennzeichen der Elektrode, als viele Metalle unter bestimmten Bedingungen passiv gemacht und nach geeigneter Behandlung wieder in den aktiven Zustand zurückversetzt werden können.

Eine erste Überprüfung der Passivitätserscheinungen führt zur Unterscheidung von mechanischer, chemischer und elektrochemischer Passivität, welch letztere zweckmäßigerweise gesondert behandelt wird, wenn auch die Ursachen der erwähnten drei Erscheinungsformen der Passivität durch eine tiefergehende Überlegung auf einen gemeinsamen Nenner gebracht werden können.

a) Mechanische Passivität. Die mechanische Passivität ist durch die Entstehung eines mehr oder minder porösen, durchlässigen und unlöslichen Films auf der Elektrode gekennzeichnet, der gewöhnlich einen hohen Widerstand aufweist. Dieser Film verkleinert die für den Stromdurchgang in Frage kommende aktive Elektrodenfläche ganz wesentlich, wodurch die effektive Stromdichte und damit die Konzentrationspolarisation stark erhöht wird. Sobald die wirkliche Stromdichte den Wert des Grenzstromes übersteigt, wächst die Polarisation rasch an, während gleichzeitig die Stromstärke abnimmt und das Anodenmetall praktisch nicht mehr in Lösung geht, da auf Grund des erhöhten Potentials andere Anodenvorgänge einsetzen.

Es gibt zwei mögliche Ursachen für die Bildung des Films:

Erstens kommt er dann leicht zustande, wenn das Löslichkeitsprodukt von schwerlöslichen Verbindungen, die durch Reaktion des Kations mit den in der Lösung vorhandenen Anionen entstanden sind, überschritten wird. Da die Konzentration der Kationen in der unmittelbaren Nachbarschaft der Anode größer als in der übrigen Lösung ist, wird das Löslichkeitsprodukt und die Abscheidung solcher schwerlöslichen Verbindungen an der Anode leichter erreicht. Beispielsweise bilden sich bei der anodischen Auflösung des Aluminiums Al^{3+}-Ionen, die mit den OH^--Ionen reagieren und das schwerlösliche Hydroxyd $Al(OH)_3$ bilden, das sich in ziemlich kompakter Form an der Anode absetzt.

Zweitens kann der Film durch Elektrophorese (s. Kap. XI, 4) kolloider Teilchen entstehen, die in der Lösung entweder schon vorher vorhanden waren oder sich eben erst gebildet haben.

Die mechanische Passivität wird zur Konstruktion einfacher Elektrolytgleichrichter für Wechselstrom geringer Leistung ausgenützt. Die für die Passivität wirksame Schicht setzt nämlich dem Strom einen starken Widerstand in der einen und einen weitaus schwächeren in der anderen Richtung entgegen.

b) Chemische Passivität. Die chemische Passivität zeichnet sich dadurch aus, daß sie bei einigen Metallen (z. B. Eisen, Kobalt, Nickel, Chrom usw.) durch Behandlung mit starken Oxydationsmitteln (rauchender Salpetersäure, Chromsäure, Permanganaten usw.) erzeugt werden kann, ohne daß irgendeine Veränderung der Oberflächenbeschaffenheit des behandelten Metalles dabei sichtbar würde.

Zum Beispiel wird eine in rauchende Salpetersäure eingetauchte Elektrode aus aktivem Eisen passiv. Das heißt, sie wird in Säuren unlöslich, ist nicht mehr imstande, edlere Kationen aus deren Lösungen zu verdrängen und geht nicht in Lösung, wenn sie in eine verdünnte Sauerstoff-Säure eingeführt wird, da die einzige sich abspielende Reaktion die Entladung der OH^--Ionen ist. Sie verhält sich also wie eine unangreifbare Elektrode. An ihrer Oberfläche kann allerdings keinerlei Filmbildung beobachtet werden: sie ist blank und augenscheinlich unverändert geblieben, auch wenn sehr empfindliche Untersuchungsmittel zur Anwendung kommen. Eine wenigstens teilweise Passivität kann bei einer Reihe von Metallen (Fe, Co, Ni, Cr, Mo, W, V, Ru) erzeugt werden, indem man sie einfach der Lufteinwirkung aussetzt.

c) Elektrochemische Passivität. Diese letzte Art von Passivität ist im wesentlichen der eben geschilderten analog, mit dem einzigen Unterschied, daß die elektrochemische Passivität mittels Anodenpolarisation statt durch Behandlung mit einem chemischen Oxydationsmittel erzeugt wird. Die Anodenpolarisation entspricht aber der Behandlung mit einem starken Oxydationsmittel. Es erscheint daher gerechtfertigt, die chemische und die elektrochemische Passivität als gleichwertig zu betrachten. Dies um so mehr, als der Unterschied nur in der verschiedenen Art ihres Zustandekommens besteht.

Die Entstehung der Passivität durch Anodenpolarisation kann an Hand des D-E_A-Diagrammes der Abb. 39, die den Gang der Erscheinung schematisch wiedergibt, leicht verfolgt werden. Bei niedriger Stromdichte ist die Anode aktiv; bei Erhöhung der Anodenpolarisation wächst die Stromdichte solange in gewohnter Weise an, bis sie nach Erreichen einer bestimmten Grenze plötzlich auf sehr niedrige Werte abfällt, während die Anodenpolarisation rasch auf immer höhere Werte ansteigt. Nach Überschreiten des Stromdichtemaximums ist das Anodenmetall praktisch unlöslich, das heißt passiv geworden und verhält sich wie eine unlösliche Elektrode.

Bei schrittweiser Verringerung der Anodenpolarisation zeigt das Diagramm einen anderen Verlauf, wie durch die Pfeile angedeutet wird. Es ist interessant zu beobachten, daß der aktive Zustand erst wieder bei Werten der Anodenpolarisation erreicht wird, die weit unter jenen liegen, die dem Stromdichtemaximum im aufsteigenden Ast der Polarisation entsprechen. Das Diagramm zeigt für abnehmende Polarisation das gleiche Bild, wenn die Elektrode vorher auf chemischem statt auf elektrochemischem Weg passiviert wurde.

Der passive Zustand kann leicht durch chemische, elektrochemische oder schließlich auch mechanische Einwirkung zum Verschwinden gebracht werden. Eine passivierte Eisenelektrode z. B. gewinnt ihre Aktivität durch Behandlung mit Ätznatronlösung bei genügend hoher Temperatur oder durch Einführen als Kathode oder auch durch Abschaben der Oberfläche wieder zurück. Die Ursache der Passivität muß also chemischer Natur sein und kann nur die Oberfläche des passivierten Metalles betreffen.

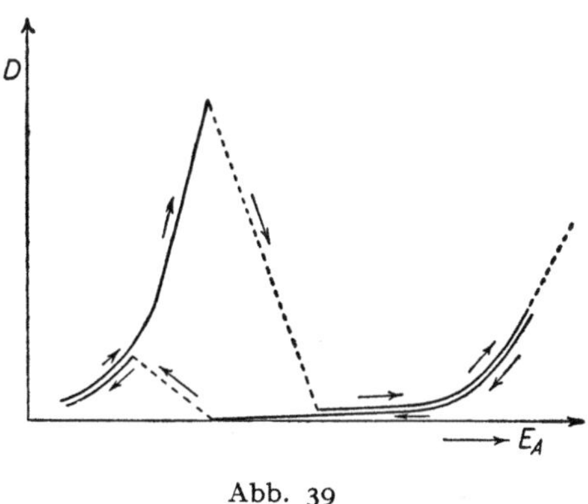

Abb. 39

Das Auftreten der Passivität hängt bei einem bestimmten Metall von verschiedenen Faktoren ab. Eine Erhöhung des p_H der Lösung erleichtert die Passivierung; ähnliche Wirkung haben oxydierende Anionen von Sauerstoff-Säuren (NO_3^-, ClO_4^-, CrO_4^{2-} usw.), während die Halogenionen und reduzierende Stoffe die Passivierung behindern; eine Temperaturerhöhung wirkt dem Auftreten des passiven Zustandes entgegen, eine Temperaturerniedrigung fördert ihn.

Zur Erklärung der Passivität sind zahlreiche Theorien aufgestellt worden.

Es ist vor allem zu bemerken, daß die Passivität immer mit Oxydationseinflüssen zusammenhängt und daß die Oberfläche passivierter Elektroden das polarisierte Licht nicht so reflektiert, wie dies bei aktiven Elektroden der Fall ist. Diese Beobachtung läßt die Existenz eines äußerst dünnen Oxydfilms auf der Elektrodenoberfläche sehr wahrscheinlich erscheinen, was auch durch andere Beobachtungen gestützt wird. Dazu gehört der wichtige Nachweis von sehr dünnen Eisenoxydfilmen auf passiviertem Eisen, wenn die metallische Unterlage in geeigneter Form aufgelöst wird. Weiters kann eine Elektrode aus passivem Eisen in Salpetersäurelösung als Kathode aktiviert werden. Hiezu sind in Form hinreichend kurzer Stromimpulse etwa 10^{-4} C/cm² notwendig, die der für die Reduktion einer monomolekularen Oxydschicht erforderlichen Elektrizitätsmenge gerade entsprechen[1]. Die Passivität des Eisens kann durch Behandlung

---

[1] Beinert, H. und K. F. Bonhoeffer: Z. f. Elektrochem. 47, 441, 536 (1941).

mit konzentriertem Ätznatron bei der gleichen Temperatur zum Verschwinden gebracht werden, bei der das Eisenhydroxyd sich aufzulösen beginnt. Molybdän und Wolfram, die ausgesprochen saure Oxyde ergeben, bleiben in alkalischer Lösung aktiv, während sie in saurer Lösung leicht passiv werden. Schließlich ist daran zu erinnern, daß die Gegenwart von Sauerstoff auf der Oberfläche der Elektrode die Elektronemission aus einem glühenden Wolframdraht erschwert (stark gehemmter thermoionischer Effekt) und daß die photoelektrische Emission aus der Oberfläche eines passivierten Metalles unter der eines aktiven Metalles liegt.

Die Gesamtheit dieser Beobachtungen hat zur sogenannten katalytischen Theorie geführt, wonach der Sauerstoff in Form bestimmter Oxyde oder einfach in Form adsorbierter Oberflächenladung den Ionisierungsvorgang der Metallatome stark verzögert, entweder weil er selbst ein negativer Katalysator ist oder weil er den notwendigen positiven Katalysator ausschaltet. Letzterer könnte Wasserstoff sein, der als mehr oder minder labile Wasserstoffverbindung oder auch als adsorbierte Oberflächenladung auftritt oder schließlich in der Metallmasse gelöst ist. Die Möglichkeit, den aktiven Zustand mit Hilfe von Reduktionsmitteln oder Kathodenpolarisation wiederherzustellen, ist eine weitere Stütze für diese Theorie.

Kürzlich wurde eine neue, besonders von W. J. Müller und dessen Mitarbeitern entwickelte Theorie in Vorschlag gebracht, wonach die primäre oder sekundäre Anodenreaktion in einem bestimmten Augenblick, der außer von der chemischen Beschaffenheit der Reaktion auch von der Stromdichte und der Zeit abhängt, die Sättigung der Anodenflüssigkeit im Elektrodenfilm bewirkt und infolgedessen zur Abscheidung einer unlöslichen Schicht auf der Elektrode selbst führt. An den noch freien Teilen der Elektrode nehmen die wirkliche Stromdichte und damit auch die Polarisation solange zu, bis vollständige Passivität erreicht ist. Tatsächlich wurde beobachtet, daß die Passivität mit sehr niedrigen Stromdichten erhalten werden kann, sofern die Voraussetzung geschaffen wird, daß das Anodenprodukt so weit als möglich an der Diffusion gehindert ist. Dies kann mit Hilfe von Diaphragmen oder mittels Temperaturerniedrigung geschehen. Weiters wurde festgestellt, daß unmittelbar vor dem Übergang in den passiven Zustand ein mehr oder weniger starker Film auf der Elektrode sichtbar wird, der jedoch verschwindet, sobald die Elektrode passiv geworden ist, und eine glänzende Metalloberfläche hinterläßt, obgleich diese mit einer ganz dünnen, schwer nachweisbaren Oxydschicht bedeckt ist.

In dem Maße, wie der unlösliche Film die Elektrodenoberfläche überzieht, wächst die Stromdichte auf Werte an, die unter normalen Bedingungen nicht erreicht werden können und so hoch sind, daß das Gleichgewicht zwischen Ionen und Elektronen im Metallinnern verschoben wird, wodurch die Bildung von höherwertigen Ionen mit bedeutend höheren Potentialen begünstigt wird. Dieses neue Gleichgewicht könnte durch eine Art Elektronenisomerie gedeutet werden, bei der die Verteilung der Elektronen auf den äußeren Bahnen im Atom von derjenigen eines Atoms desselben Elementes im aktiven Zustand verschieden ist.

Die durch die anodische Auflösung der passiven Form gebildete Verbindung hat eine starke Tendenz zur Hydrolyse und damit zur leichteren Bildung der anhaftenden und schwer nachweisbaren kompakten Oxydschicht. Mit der Erhöhung der Stromdichte wächst aber auch die Polarisation an, die in einem bestimmten Punkt das Entladungspotential der OH^--Ionen mit nachfolgender Sauerstoffentwicklung erreicht, was eine Loslösung der vorher abgeschiedenen Stoffschicht bewirkt.

Die abgetrennte Verbindung befindet sich nun in der Lösung, in der ihr Löslichkeitsprodukt noch nicht erreicht ist, und löst sich daher auf. Das Auftreten der Passivität wäre also an eine kritische effektive Stromdichte gebunden, die das Elektronengleichgewicht im Innern des Metalles verschiebt. Die Müllersche Deutung wird noch durch den Umstand gestützt, daß jene Metalle passiv gemacht werden können, die eine veränderliche Wertigkeit haben und den Übergangsgruppen des periodischen Systems abgehören, das heißt jenen Gruppen von Elementen, die in den beiden äußern Atomschalen eine unvollständige Elektronenbesetzung aufweisen und bei denen die Erscheinung der Elektronenisomerie nicht unmöglich ist.

Diese Theorie kann mit den experimentellen Beobachtungen über den Einfluß der Sauerstoff- oder Wasserstoffoberflächenladung und auch mit dem Einfluß der Temperatur und Flüssigkeitsbewegung auf die Passivitätserscheinungen in Einklang gebracht werden.

Sie erklärt jedoch nicht, warum nicht ein Metall unabhängig von der Gegenwart eines Elektrolyten durch eine einfache positive oder negative Ladung passiv bzw. aktiv gemacht werden kann, wenn dadurch die Elektronenkonzentration im Innern des Metalles stark genug verändert wird, um das Gleichgewicht gegen die eine oder die andere Form hin zu verschieben.

Um diesem Einwand zu begegnen, wurde eine etwas abgeänderte Deutung vorgeschlagen. Die Annahme der vorangehenden Bildung einer schwerlöslichen Substanzschicht wird beibehalten. Die Passivität wäre aber nicht einer edleren Form des Anodenmetalles, sondern einfach einem sehr kompakten und wenig porösen Oxydfilm zuzuschreiben. Dieser Film würde sich nicht durch Hydrolyse des höherwertigen Metallsalzes, sondern durch direkte Reaktion des Sauerstoffes bilden, der sich bei der Entladung der OH^--Ionen entwickelt, wenn die effektive Stromdichte einen für die Polarisation ausreichenden Wert erreicht hat. Hätte einmal an einer Stelle der Anode die Bildung des Oxydfilms begonnen, dann würde dieser rasch die gesamte Anodenoberfläche überziehen. Die darunterliegenden Metallionen könnten nicht in Lösung gehen und die Entladung der OH^--Ionen würde mit der Sauerstoffentwicklung unterhalb der in der ersten Phase entstandenen schwerlöslichen Salzschicht an Intensität zunehmen, so daß diese Schicht abgetrennt und in die Lösung zurückbefördert würde, wo sie neuerdings in den gelösten Zustand überginge. Nach dieser Deutung würde es im Prinzip keinen wesentlichen Unterschied mehr zwischen den drei Arten von Passivität (der mechanischen, der chemischen und der elektrochemischen) geben.

Bezüglich weiterer Einzelheiten der Erscheinungen und Theorie der Passivität muß auf die Spezialabhandlungen und die Originalliteratur verwiesen werden.

11. Depolarisation

Das theoretische Potential, bei dem eine elektrochemische Reaktion einsetzt, ist dem Gleichgewichtspotential des betreffenden galvanischen Halbelementes gleich. Geht man in einer Weise vor, daß das Produkt der Primärreaktion eliminiert oder dessen Konzentration herabgesetzt wird, so stellt sich entweder überhaupt kein Gleichgewicht des betreffenden galvanischen Halbelementes ein oder es bleibt bei einem Potentialwert stehen, der einer niedrigeren Polarisation der Elektrode entspricht. Die Elektrolyse kann trotz der kleineren Elektrodenpolarisation weitergehen: die Elektrode ist *depolarisiert*.

Die Erscheinung der Depolarisation kann unter verschiedenen Bedingungen auftreten. Wenn sich z. B. an der Anode Chlorgas entwickeln müßte und man eine geeignete Vorkehrung trifft, die das Chlor unmittelbar nach der Entladung mit einem Stoff reagieren läßt, der imstande ist, es zu binden, kann die Anodenpolarisation den Wert des Gleichgewichtspotentials für die Entwicklung gasförmigen Chlors bei 1 Atm. Druck nicht erreichen. Das elementare Chlor befindet sich an der Anode effektiv unter einem Druck, der dem Dissoziationsgleichgewicht jenes Produktes entspricht, das aus der Reaktion des Chlors mit dem zugesetzten Stoff hervorgegangen ist. Dieser Druck ist offenbar kleiner als 1 Atm., anderenfalls könnte das Produkt nicht stabil sein. Das Entladungspotential ist also negativer, das heißt, die Elektrode ist depolarisiert.

Im allgemeinen werden jene Stoffe als *Depolarisatoren* bezeichnet, die die Polarisation einer Elektrode zum Verschwinden bringen, gleichgültig auf welche Entstehungsursache sie zurückzuführen war (elektrolytische oder chemische Ursachen, Konzentrationspolarisation usw.).

Bei der kathodischen Abscheidung der Metalle sind zwei besondere Depolarisationsarten interessant, die zustande kommen,

a) wenn durch Lösung des Kations im Elektrodenmetall eine Legierung oder auch eine im Überschuß des Elektrodenmetalles lösliche Verbindung entsteht;

b) wenn zwei Kationen, die im metallischen Zustand eine Legierung der Mischkristalltyps bilden können, gleichzeitig entladen werden.

In diesen Fällen können die Stromdichte-Potentialkurven der einzelnen Komponenten zur Erklärung des Elektrolyseganges nicht herangezogen werden.

Im ersten Fall wird die Aktivität des Metalles, dessen Kation sich entlädt, erniedrigt. Das Entladungspotential erscheint daher depolarisiert. Es ist z. B. möglich, aus neutralen, wässerigen 1 n-Lösungen sowohl Na^+ als auch K^+-Ionen an einer Quecksilberkathode zu entladen, obwohl die betreffenden Entladungspotentiale — 2,71 V bzw. — 2,92 V betragen. Natrium und Kalium sind in Quecksilber löslich, mit dem sie Legierungen (Amalgame) bilden, weshalb ihre Entladungspotentiale depolarisiert bleiben. Darüber hinaus gehen sie mit dem Quecksilber zwischenmetallische Verbindungen ein, die im überschüssigen Quecksilber löslich sind. Dieser Vorgang wird jedoch außer von der Amalgambildung noch von der starken Überspannung des Wasserstoffes an Quecksilber ermöglicht. Analoge Beispiele liegen bei der Entladung von Zink auf Palladium, von Antimon auf Kupfer, von Blei auf Platin usw. vor.

Der zweite Fall tritt ein, wenn in der Lösung gleichzeitig zwei Kationen vorhanden sind, deren Metalle eine Legierung bilden. Um die gleichzeitige Entladung der beiden Kationen zusammen mit der Legierungsbildung zu erhalten, ist es offenbar notwendig, daß die betreffenden Entladungspotentiale unter den aktuellen Bedingungen nicht sehr voneinander verschieden sind; es ist aber auch nicht erforderlich, daß sie gleich sind, da die Legierungsbildung im allgemeinen die Entladung der unedleren Komponente depolarisiert und außerdem den Gang ihrer Überspannung modifiziert. Aus dem Verlauf der für die einzelnen Metalle maßgebenden D-E_K-Kurven sind die entsprechenden Entladungsmengen der beiden Kationen nicht vorauszusehen. Sind die Entladungspotentiale der beiden Metalle, deren Legierung entstehen soll, sehr verschieden, dann können sie einander näher gebracht werden, indem man geeignet gewählte komplexe Salze zu Hilfe nimmt, bei denen die Kationen sich nicht im freien Zustand befinden, sondern in einem komplexen Ion mit niedriger Dissoziationskonstante gebunden sind, so daß die Konzentration der beiden

Kationen, mehr aber noch jene des edleren Kations stark herabgesetzt wird. Auf diese Weise ist es z. B. möglich, auf elektrolytischem Wege aus Lösungen komplexer Cyanverbindungen des Zinks und des Kupfers Messing zu erhalten, da das Potential des Kupfers stark erniedrigt wird,. während das des Zinks als Folge der Legierungsbildung um etwa 0,2 V im Verhältnis zu demjenigen Wert depolarisiert bleibt, den es aufweisen würde, wenn es sich allein in der Lösung befände.

Ein spezieller Depolarisationseffekt wird durch Überlagerung eines Wechselstromes über den Elektrolyse-Gleichstrom hervorgerufen. Dieser Effekt zeigt sich auch bei Metallen, die Neigung zum Passivwerden besitzen, in Form einer Hemmung der Anodenpassivität.

12. Elektrodenpotentiale bei Oxydations- und Reduktionsvorgängen

Neben der elektrolytischen Abscheidung und Auflösung von Metallen, die auch als Reduktion bzw. Oxydation aufgefaßt werden können, sind noch verschiedene andere elektrolytische Oxydations- und Reduktionsvorgänge möglich. Dabei sind entweder Stoffe beteiligt, die das Elektrodenmaterial nicht direkt betreffen, wie bei der Reduktion von Chromi- zu Chromosalzen, bei der Oxydation von Manganaten zu Permanganaten, bei der Reduktion von Nitrobenzol zu Anilin usw., oder es handelt sich um Änderungen in der Zusammensetzung des Elektrodenmaterials selbst, die Bildung von Eloxalschichten, die Erzeugung von Bleiweiß usw.

Es erscheint zweckmäßig, die elektrolytischen Oxydations- und Reduktionsvorgänge in zwei Gruppen zu unterteilen. Die erste ist dadurch gekennzeichnet, daß der elektrochemische Vorgang ausschließlich aus der Ladungsänderung eines Ions besteht, während die zweite Gruppe durch die Änderung der chemischen Zusammensetzung der Stoffe charakterisiert ist, die der elektrolytischen Oxydation oder Reduktion unterworfen werden, wobei unter Änderung der Zusammensetzung auch die Polimerisationsprozesse verstanden werden. Im allgemeinen sind die Vorgänge der ersten Gruppe reversibel, während jene der zweiten in der Mehrzahl der Fälle irreversibel sind. Weiters laufen die Vorgänge der zweiten Gruppe gewöhnlich in verschiedenen Stufen ab, die aus einer Primärreaktion mit einer oder mehreren nachfolgenden Sekundärreaktionen bestehen.

Die kathodische Reduktion in wässeriger Umgebung kann vom primären Entladungsvorgang des H^+-Ions

$$H^+ + e \rightarrow H$$

hergeleitet werden und in vielen Fällen ist dieser auch effektiv gegeben. Der atomare Wasserstoff reagiert dann mit dem reduzierbaren Stoff, der auf diese Weise die Konzentration des atomaren Wasserstoffes herabsetzt und als Depolarisator wirkt.

In analoger Weise kann bei der anodischen Oxydation die Entladung des OH^--Ions als Primärreaktion angesehen werden, was auch oft wirklich der Fall ist. An die Primärreaktion

$$2\,OH^- \rightarrow 2\,OH + 2\,e$$

schließt sich eine der beiden möglichen Sekundärreaktionen

$$2\,OH \rightarrow H_2O_2; \quad H_2O_2 \rightarrow O + H_2O$$

oder
$$2\,OH \rightarrow O + H_2O$$

an, mit Bildung von atomarem Sauerstoff oder von Wasserstoffperoxyd, die nachher mit dem oxydierbaren Stoff reagieren. Auch in diesem Fall wirkt der oxydierbare Stoff als Depolarisator.

Bei beiden Reaktionen kann der Depolarisator ein Elektrolyt oder ein Nichtelektrolyt sein.

Auf die Vorgänge der ersten Gruppe sind die über die Auflösung oder Abscheidung der Metalle angestellten Betrachtungen ohne weiteres anwendbar. Sobald der betrachtete Vorgang bei der gegebenen Acidität der Lösung ein positiveres Gleichgewichtspotential als die Entladung des H^+-Ions hat, läuft er, wenn er einen kathodischen Reduktionsvorgang darstellt und vollkommen reversibel ist, mit der Stromausbeute 1 ab. Dasselbe gilt für einen Vorgang mit negativerem Gleichgewichtspotential als dem der Entladung des Anions OH^-, wenn es sich um einen anodischen Oxydationsvorgang handelt. Durch Ausnützung der Überspannungen des Wasserstoffes bzw. des Sauerstoffes an den verschiedenen Elektrodenmaterialien gelingt es jedoch, auch Reaktionen zustandezubringen, die in Anbetracht ihres Gleichgewichtspotentials theoretisch nicht stattfinden dürften.

Der Verlauf der D-E-Kurve zeigt als einzige Besonderheit eine kleinere Neigung, die einer ausgeprägteren Konzentrationspolarisation zuzuschreiben ist, als sie im Falle der kathodischen Abscheidung bzw. der anodischen Auflösung der Metalle eintritt. Dies erklärt sich daraus, daß bei den Reduktionsvorgängen eine Konzentrationszunahme des reduzierten Systems mit einer Konzentrationsabnahme des oxydierten Systems Hand in Hand geht. Man erhält sozusagen zwei Konzentrationsänderungen, die im selben Sinne wirken. In analoger Weise stellt sich bei den Oxydationsvorgängen eine Konzentrationszunahme des oxydierten und eine Konzentrationsabnahme des reduzierten Systems ein. In manchen Fällen beobachtet man eine noch kleinere Kurvenneigung, die auf eine chemische Polarisation zurückgeht. Dasselbe trifft auch für die Oxydationsvorgänge zu.

Bei den Vorgängen der zweiten Gruppe muß immer eine Primärreaktion, gewöhnlich die Entladung von H^+-Ionen bei den Reduktionsvorgängen und von OH^--Ionen bei den Oxydationsvorgängen, angenommen werden, an die sich eine oder mehrere Sekundärreaktionen anschließen. So läuft z. B. die kathodische Reduktion des Chinons zu Hydrochinon trotz ihrer Umkehrbarkeit wahrscheinlich in zwei Stufen ab:

$$\text{I.} \qquad 2\,H^+ + 2\,e \rightleftarrows 2\,H,$$

$$\text{II.} \qquad C_6H_4O_2 + 2\,H \rightleftarrows C_6H_4(OH)_2.$$

In Abwesenheit von Chinon würde das Gleichgewichtspotential von den Konzentrationen des Wasserstoffes im Ionen- und im atomaren Zustand gemäß der gewohnten Beziehung

$$\varepsilon = -\frac{R\,T}{F}\ln\frac{k\,[H]}{[H^+]}$$

bestimmt sein.

Wenn alle Primär- und Sekundärreaktionen reversibel sind und rasch ablaufen, erhält man für diese Vorgänge D-E-Kurven, die ausschließlich eine Konzentrationspolarisation anzeigen. Sobald jedoch eine der Sekundärreaktionen langsam vor sich geht, verzögert sich der ganze Vorgang und es zeigt sich ein weniger steiler, für die chemische Polarisation charakteristischer Verlauf, der im wesentlichen auf die Konzentrationszunahme des atomaren Wasserstoffes und damit auf die Verschiebung des Potentials gegen negativere Werte hin zurückzuführen ist. Analoge Betrachtungen können für die anodischen Oxydationen aufgestellt werden, wobei man sich natürlich auf eine Sauerstoffelektrode beziehen muß.

Auf die elektrochemischen Oxydations- und Reduktionsvorgänge und besonders auf jene der zweiten Gruppe, für die der Gesamtvorgang in Wirklichkeit aus einer Primärreaktion mit einer oder mehreren anschließenden Sekundärreaktionen besteht, können verschiedene Faktoren eine beschleunigende oder verzögernde Wirkung ausüben, was sich in der *D-E*-Kurve widerspiegelt.

Vor allem kann das Elektrodenmaterial in zweifachem Sinne wirken. Rein elektrochemisch kann sich das Elektrodenpotential in Abhängigkeit von der Überspannung des Wasserstoffes oder Sauerstoffes ändern und bestimmte Prozesse möglich oder unmöglich machen, je nachdem ob die gegebene Polarisation größer oder kleiner als die für den elektrolytischen Oxydations- oder Reduktionsvorgang notwendige Polarisation ist. Dies erklärt z. B., warum einige auf rein chemische Art nur schwer durchführbare Oxydationen verhältnismäßig leicht auf elektrochemischem Wege gelingen. An der Anode können nämlich unter geeigneten Bedingungen Potentiale erreicht werden, die wesentlich positiver als jene sind, die den starken Oxydationsmitteln entsprechen. Insbesondere ermöglichen Metalle, bei denen die Sauerstoffentwicklung von einer starken Überspannung begleitet ist, Oxydationsvorgänge, die ein hohes Anodenpotential erfordern. Dasselbe läßt sich von den Kathodenreduktionen schwer reduzierbarer Stoffe, wie Ketone, Oxyme usw., sagen. Allgemein werden daher die Elektroden für die Oxydations- und Reduktionsvorgänge unter jenen Metallen gewählt, die für den Sauerstoff oder für den Wasserstoff eine hohe Überspannung aufweisen und gleichzeitig gegen den Elektrolyten hinreichend chemisch widerstandsfähig sind.

Darüber hinaus kann das Elektrodenmaterial auch katalytisch wirken, was erklärt, warum es keinen strengen Parallelismus zwischen Überspannung und Reduktions- bzw. Oxydationswirkung gibt. Tatsächlich bedeutet eine den Vorgang beschleunigende katalytische Wirkung nichts anderes als die Ausschaltung einer chemischen Polarisation, die auf eine verzögerte Reaktion zurückgeführt werden kann, und daher im Endeffekt eine Herabsetzung der für den betreffenden Vorgang notwendigen Polarisation.

Eine Zunahme der Polarisation wird auch durch Erhöhung der Stromdichte hervorgerufen. Dies kann den elektrolytischen Vorgang sowohl fördern als auch hemmen. Die Zunahme der Stromdichte erleichtert jene Vorgänge, die eine sehr hohe Polarisation erfordern und bei denen gleichzeitig Wasserstoff- oder Sauerstoffentwicklung auftritt. In diesem Fall erhöht sich der für den Oxydations- oder Reduktionsvorgang aufgewandte Stromanteil. Anderseits wird die Stromausbeute kleiner, wenn das für die elektrochemische Reaktion maßgebende Potential niedriger als das für die Wasserstoff- oder Sauerstoffentwicklung notwendige ist. Dabei sind auch eventuelle Überspannungen zu berücksichtigen, da infolge starker Konzentrationsabnahme im Elektrodenfilm das Potential auf den für die Entladung der H^+- bzw. OH^--Ionen hinreichenden Wert anwachsen könnte.

Auch die Temperatur beeinflußt die Oxydationsreaktionen in zwei Richtungen. Einerseits führt Temperaturanstieg zu einer Erniedrigung der Polarisation, da die Überspannung reduziert wird, anderseits bewirkt dieselbe Temperaturerhöhung eine Zunahme der Reaktionsgeschwindigkeit im allgemeinen und dadurch auch eine Abnahme der für den elektrochemischen Oxydations- oder Reduktionsvorgang notwendigen Polarisation. Wenn z. B. eine Reaktion unter gleichzeitiger Sauerstoffentwicklung bei Raumtemperatur wegen des von der Elektrode erreichten hohen Anodenpotentials mit gutem Wirkungsgrad abläuft, würde eine Temperaturzunahme die Ausbeute verkleinern, da infolge der

Erniedrigung der Überspannung des Sauerstoffes ein größerer Stromanteil durch die Sauerstoffentwicklung verloren ginge. Wenn dagegen die Reaktion nicht von Sauerstoffentwicklung begleitet ist, wird ihr Ablauf durch den Temperaturanstieg beschleunigt.

Auch das p_H der Umgebung ist von Bedeutung, sei es als maßgebender Faktor für das Gleichgewichtspotential, sei es weil es die Konstitution des depolarisierenden Stoffes wesentlich mitbestimmt. Unterwirft man z. B. eine schwache Säure anodischer Oxydation, so tritt sie in Form undissoziierter Moleküle auf, wenn die Umgebung sauer und in Form von Anionen, wenn die Umgebung alkalisch ist: je nachdem ob das undissoziierte Molekül oder das dissoziierte Anion der elektrochemischen Einwirkung ausgesetzt wird, können die Endprodukte verschieden sein. Ein (wenn auch manchmal nicht sehr bedeutender) Einfluß wird überdies von der Konzentration des Depolarisators und von der Geschwindigkeit der Depolarisation ausgeübt. Ist letztere niedrig, tritt chemische Polarisation auf und die D-E-Kurve wird weniger steil.

Schließlich kann Zusatz von verschiedenen Substanzen auf die Reaktion Einfluß nehmen, sei es durch Änderung der Alkalinität des Lösungsmittels usw., sei es weil die betreffenden Stoffe als Träger für den Transport des Wasserstoffes oder Sauerstoffes in Betracht kommen. Eine kleine Menge Cersalz wird z. B. anodisch leicht zur Ce^{4+}-Form oxydiert. Das Ce^{4+}-Ion reagiert seinerseits mit dem Depolarisator, den es oxydiert, wobei es sich zum Ce^{3+}-Ion reduziert, das an der Anode rasch von neuem oxydiert wird. In analoger Weise wird ein Titan-IV-Salz an der Kathode leicht reduziert; als Titan-III-Salz reagiert es mit dem Depolarisator, den es reduziert, wobei es sich selbst zum Titan-IV-Salz oxydiert, das an der Kathode neuerlich reduziert wird. Das Ce^{4+}- und das Ti^{3+}-Ion beschleunigen auf diese Weise die Oxydations- bzw. Reduktionsvorgänge. Wie die Cer- und Titansalze wirken noch verschiedene andere Ionen. Natürlich ist die Wirkung solcher Trägersubstanzen in gewisser Hinsicht eine spezifische Eigenschaft des Depolarisators und des Potentialbereiches, innerhalb dessen sie eine solche Funktion ausüben können.

Für den Sonderfall der anodischen Oxydation muß auch die von Glasstone und Hickling[1] formulierte Theorie zitiert werden, wonach die anodische Oxydation auf das Wasserstoffperoxyd zurückzuführen sei, das sich bei einer der beiden Sekundärreaktionen zwischen den aus der Primärentladung der OH^--Ionen entstandenen OH-Radikalen gebildet hat. Viele Einzelheiten einer Reihe anodischer Oxydationen stimmen mit den Voraussagen dieser Theorie überein.

Schließlich ist zu bemerken, daß es heute noch verschiedene Abweichungen gibt, die durch keine der bekannten Theorien erklärt werden können, z. B. die Kolbe-Reaktion (anodische Bildung von Äthan aus Acetationen), die unter bestimmten Bedingungen bei einem Anodenpotential stattfindet, das um 0,4 V positiver ist als das der Sauerstoffentwicklung unter den gleichen Bedingungen in Abwesenheit von Acetationen[2].

---

[1] Glasstone, S. and A. Hickling: Chem. Rev. **25**, 407 (1939); s. auch Klemenc, A.: Z. physik. Chem. A **185**, 1 (1939).

[2] Hickling, A.: Discussions of the Faraday Society No. 1, Electrode Processes, S. 227 (1947).

13. Energieausbeute

Aus dem Vorhergehenden geht klar hervor, daß sich im allgemeinen keine elektrochemische Reaktion mit endlicher, nicht gegen Null gehender Stromdichte durchführen läßt, ohne daß Überspannungen auftreten, die außer dem Ohmschen Widerstand der Elektrolysezelle überwunden werden müssen. Das bedeutet, daß die an die Elektroden anzulegende Spannung größer sein muß als jene, die die Theorie für die elektrochemische Reaktion unter der Voraussetzung der Reversibilität, das heißt einer unendlich kleinen Stromdichte vorschreibt. Dadurch entsteht ein größerer Energieverbrauch, als der Theorie entspricht.

Als *Energieausbeute* (R_{En}) eines Vorganges wird daher das Verhältnis zwischen der theoretisch notwendigen und der unter den gegebenen Elektrolysebedingungen wirklich verbrauchten Energiemenge definiert. Die elektrische Energie ergibt sich aus dem Produkt Elektrizitätsmenge mal Potentialdifferenz. Ist n die Anzahl der für die Umsetzung eines Mols des Stoffes theoretisch erforderlichen F und p die Molzahl der umgesetzten Substanz, so erhält man:

$$R_{En} = \frac{V_{theor}}{V} \cdot \frac{n\,F\,p}{q}, \tag{1}$$

worin V_{theor} die theoretische Spannung für den als reversibel angenommenen Vorgang bedeutet, die der Summe der Anoden- und Kathodenpolarisation im Gleichgewichtszustand gleich ist; V ist die effektive Klemmenspannung der Zelle, $n\,F\,p$ die theoretische und q die tatsächliche Elektrizitätsmenge, die die Zelle durchfließt. Unter Heranziehung der Definition für die Stromausbeute (s. Abschn. 1) geht Gl. (1) über in

$$R_{En} = \frac{V_{theor}}{V} \cdot R_{Strom}.$$

Der wirkliche Energieverbrauch J kann auf Grund folgender Überlegungen berechnet werden. Die effektive Klemmenspannung der Zelle V ist die Summe der Elektrodenpolarisationen P (Zersetzungsspannung + eventuelle Überspannungen) und des Potentialabfalles IR, der zur Überwindung des Ohmschen Widerstandes der Zelle notwendig ist. Das heißt:

$$V = P + I\,R.$$

Die verbrauchte Energie J ergibt sich aus dem Produkt Klemmenspannung V mal Elektrizitätsmenge $I\,t$ (t = Zeit), die die Zelle durchflossen hat, woraus folgt:

$$J = P \cdot I \cdot t + I^2 \cdot R\,t.$$

Wenn R_{Strom} die Stromausbeute und M das in g/Ah ausgedrückte elektrochemische Äquivalent sind, dann beträgt die in der Zeiteinheit ausgeschiedene Gewichtsmenge G des Stoffes

$$G = M\,I\,t\,R_{Strom}.$$

Der auf 1 Gramm des Stoffes bezogene Energieverbrauch J' ist durch die Beziehung

$$J' = \frac{J}{G} = \frac{P\,I\,t + I^2\,R\,t}{M\,I\,t\,R_{Strom}} = \frac{P + I\,R}{M\,R_{Strom}} \tag{2}$$

gegeben. Berücksichtigt man, daß

$$R = \varrho\,\frac{l}{s} \quad \text{und} \quad I = D\,s$$

(ϱ = spezifischer Widerstand, l = gegenseitiger Elektrodenabstand, s = Querschnitt der Zelle, der der ungefähren Elektrodenoberfläche gleichgesetzt wird, D = Stromdichte), dann geht Gl. (2) über in

$$J' = \frac{P + \varrho\, l\, D}{M \cdot R_{Strom}}.$$

Diese Beziehung gestattet die einfache Berechnung des Energieverbrauches jeder elektrolytischen Stoffbereitung.

Zum eingehenderen Studium der im vierten Kapitel behandelten Themen werden die folgenden Abhandlungen empfohlen:

Allmand, A. J. and H. J. T. Ellingham: The Principles of Applied Electrochemistry. London: Arnold, 1924.

Foerster, F.: Elektrochemie wässeriger Lösungen, IV. Aufl. Leipzig: J. A. Barth, 1923.

Geiger-Scheel: Handbuch der Physik, Bd. XIII. Berlin: Julius Springer, 1928.

Glasstone, S. and A. Hickling: Electrolytic Oxidations and Reductions. New York: Van Nostrand, 1935.

Jellinek, K.: Lehrbuch der physikalischen Chemie, Bd. V. Stuttgart: F. Enke, 1937.

Le Blanc, M.: Lehrbuch der Elektrochemie, XI.—XII. Aufl. Leipzig: Akademische Verlagsgesellschaft, 1925.

Müller, R.: Elektrochemie nichtmetallischer Stoffe. Wien: Julius Springer, 1937.

Müller, W. J.: Die Bedeckungstheorie der Passivität der Metalle und ihre experimentelle Begründung. Berlin: Verlag Chemie, 1933.

Ostwald-Drucker: Handbuch der allgemeinen Chemie, Bd. VIII, Teil 2. Leipzig: Akademische Verlagsgesellschaft, 1931.

Wien-Harms: Handbuch der Experimentalphysik, Bd. XII, Teil 2. Leipzig: Akademische Verlagsgesellschaft, 1933.

Fünftes Kapitel

Analytische Anwendungen

1. Konduktometrie

Mittels Leitfähigkeitsmessungen können mannigfache Probleme gelöst werden, wie z. B. die Bestimmung der Basizität mehrbasischer Säuren und des Dissoziationsgrades schwacher Elektrolyte, der Nachweis und die Bestimmung der stufenweisen Dissoziation nichtbinärer Elektrolyte, die Messung der Löslichkeit von Elektrolyten, des Hydrolysegrades, der Reaktionsgeschwindigkeit usw.

Von besonderer Wichtigkeit ist jedoch die konduktometrische Titration, gewöhnlich *konduktometrische Analyse* genannt, bei der Leitfähigkeitsmessungen zur Feststellung des Endpunktes einer analytischen Reaktion dienen.

Eine konduktometrische Analyse ist nur dann möglich, wenn das Ende der analytischen Reaktion mit einer Unstetigkeit im Gang der Leitfähigkeit verbunden ist. Diese Unstetigkeit hat die Funktion des Farbumschlages des Indikators bei der gewöhnlichen Maßanalyse.

Setzt man der zu analysierenden Lösung ein geeignetes Reagens zu, dann verändert sich die Zusammensetzung der ursprünglichen Lösung qualitativ und quantitativ. Diese Änderung spiegelt sich im Gang der Leitfähigkeit insofern wider, als sie einem bestimmten Gesetz folgt, solange in der Lösung noch ein Quantum des zu analysierenden Produktes vorhanden ist. Ist die Reaktion beendet, dann ändert sich bei fortgesetztem Zusatz von Reagens die Leitfähigkeit sprunghaft. Durch Extrapolation der beiden Kurvenäste, die man durch Auftragen der Leitfähigkeiten auf den Ordinaten und der Volumina der Reagenszusätze auf den Abszissen erhält, ergibt sich ein Schnittpunkt, der dem Ende der analytischen Reaktion entspricht. Die fortgesetzten Zusätze von Reagens, das immer ein starker Elektrolyt sein soll, bewirken nach Abschluß der analytischen Reaktion immer eine Zunahme der Leitfähigkeit, so daß der zweite Kurvenast stets ein aufsteigender ist. Für den ersten Kurvenabschnitt, das heißt bis zum Endpunkt der Reaktion, gibt es drei Möglichkeiten: die Leitfähigkeit nimmt entweder ab oder sie bleibt praktisch konstant oder sie steigt an.

Ein Beispiel für den ersten Fall ist die Acidimetrie bzw. die Alkalimetrie, wenn starke Säuren mit starken Basen in Reaktion gebracht werden, da die H^+- und die OH^--Ionen viel größere Ionenbeweglichkeiten haben, als dies bei den anderen Ionen der Fall ist. Bei der Titration einer starken Säure mit einer starken Base, z. B. von Salzsäure mit Ätznatron, geschieht vom Beginn der Reaktion an bis zum Äquivalenzpunkt nichts anderes, als daß das sehr bewegliche H^+-Ion durch das viel weniger bewegliche Na^+-Ion ersetzt wird. Das H^+-Ion bildet nämlich durch Reaktion mit dem Alakalihydroxyd Wasser, das nur ganz wenig dissoziiert ist. Während

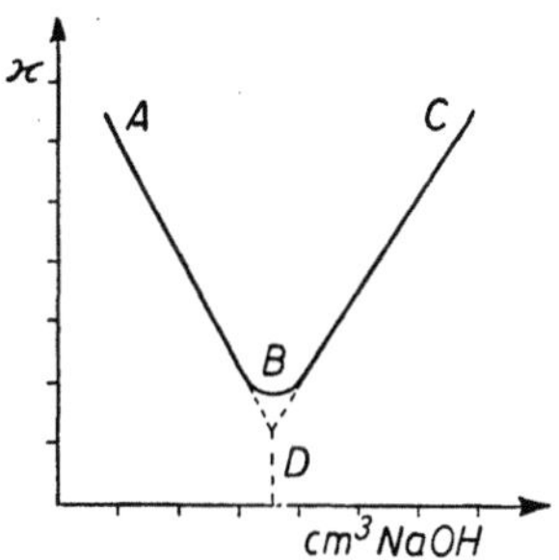

Abb. 40. Titration einer starken Säure mit einer starken Base

am Anfang der Analyse H^+- und Cl^--Ionen in der Lösung vorhanden sind, finden sich darin am Ende der Reaktion Na^+- und Cl^--Ionen. Die Leitfähigkeit nimmt daher bis zu diesem Punkte ab. Bei fortgesetztem Zusatz von Ätznatron findet keine Reaktion mehr statt und die Ionenkonzentration der Lösung nimmt zu. Mehr noch, die Zunahme wird durch Ionen verursacht, von denen eines (OH^-) eine sehr hohe Beweglichkeit aufweist. Von diesem Punkte an steigt die Leitfähigkeit an. Trägt man die Leitfähigkeit als Funktion des zur Lösung hinzugefügten titrierten Ätznatrons (ausgedrückt in cm^3) in ein Diagramm ein, so erhält man eine Kurve, wie sie in Abb. 40 dargestellt ist. Darin entspricht der absteigende Ast AB dem Gang der Leitfähigkeit vom Beginn der Messung bis zur Äquivalenz, während der aufsteigende Ast BC den Leitfähigkeitsverlauf jenseits dieses Punktes darstellt. Durch Extrapolation der beiden Kurvenabschnitte am unteren Ende erhält man einen Schnittpunkt D, dessen Abszisse direkt die Anzahl der cm^3 titrierten Ätznatrons angibt, die zur Neutralisierung der ursprünglich vorhandenen Säure notwendig waren. Für die Titration einer starken Alkalilösung mit einer starken Säure gilt genau der gleiche Gedankengang.

Der zweite Fall tritt normalerweise auf, wenn während der Titration eine Ionenart durch eine andere ersetzt wird, deren Beweglichkeit gegenüber der ersteren keinen großen Unterschied aufweist. Dies geschieht oft dann, wenn die zu analysierende Substanz ein Salz ist, das mittels eines Reagens unter Bildung eines unlöslichen oder schwerlöslichen oder wenig dissoziierten Reaktionsproduktes (z. B. Bildung einer Komplexverbindung) titriert wird. Der Kurvenabschnitt zwischen Reaktionsbeginn und Äquivalenzpunkt ist dann gewöhnlich waagrecht oder nahezu waagrecht, während ein weiterer Reagenszusatz jenseits des Äquivalenzpunktes die Leitfähigkeit rasch ansteigen läßt und so zur Bildung eines aufsteigenden Astes führt, dessen Schnittpunkt mit dem waagrechten Zweig den Endpunkt der Reaktion angibt.

Bei der Titration von Silbernitrat mit Bariumchlorid findet z. B. folgende Reaktion statt:

$$2\,\mathrm{Ag^+} + 2\,\mathrm{NO_3^-} + \mathrm{Ba^{2+}} + 2\,\mathrm{Cl^-} \rightarrow 2\,\mathrm{AgCl} + \mathrm{Ba^{2+}} + 2\,\mathrm{NO_3^-}.$$

Das heißt, daß mit fortschreitender Reaktion festes Silberchlorid ausgeschieden und das in Lösung befindliche $\mathrm{Ag^+}$-Ion durch die äquivalente Menge von $\mathrm{Ba^{2+}}$-Ionen ersetzt wird. Die Beweglichkeiten der $\mathrm{Ag^+}$- und $\mathrm{Ba^{2+}}$-Ionen betragen bei 18⁰ C 53,25 bzw. 54,35, sie sind also fast gleich. Das zugesetzte $\mathrm{Cl^-}$-Ion wird der Lösung direkt entzogen, die Menge der $\mathrm{NO_3^-}$-Ionen bleibt unverändert. Die Leitfähigkeit der Lösung zeigt daher bis zum Endpunkt der Reaktion praktisch keine Änderung, während jenseits dieses Punktes ein weiterer Zusatz von Bariumchlorid die Ionenkonzentration der Lösung erhöht und damit die Leitfähigkeit rasch ansteigen läßt. Das Titrationsdiagramm ist aus Abb. 41 zu ersehen. Hätte man an Stelle des Bariumchlorids Natriumchlorid benützt, dann hätte sich der Kurvenzug $A B$ als leicht abfallend erwiesen, da die Beweglichkeit des $\mathrm{Na^+}$-Ions mit 42,6 etwas kleiner als die des $\mathrm{Ag^+}$-Ions ist. Umgekehrt hätte bei Verwendung von Kaliumchlorid der Kurvenzug $A B$ einen leicht ansteigenden Verlauf angenommen, da die Beweglichkeit des $\mathrm{K^+}$-Ions mit 63,65 etwas größer als jene des $\mathrm{Ag^+}$-Ions ist.

Die Eigenlöslichkeit des Reaktionsproduktes ist ein entscheidender Faktor für diesen Titrationstyp. Er äußert sich in der gekrümmten Verbindungslinie, die durch den Punkt B hindurchgeht (Abb. 41): je größer die Löslichkeit ist, um so länger wird dieser gekrümmte Kurvenabschnitt und um so schwieriger und unbestimmter wird die Extrapolation zum Schnittpunkt D. Um einen ein-einwertigen Elektrolyten in einer Lösung von 0,1 n mittels einer Niederschlagsreaktion konduktometrisch zu titrieren, darf nach Kolthoff die Löslichkeit des schwerlöslichen Reaktionsproduktes $5 \cdot 10^{-3}$ Mol/l nicht überschreiten. Ist die ursprüngliche Lösung 0,01 n, dann reduziert sich dieser Wert auf $5 \cdot 10^{-4}$.

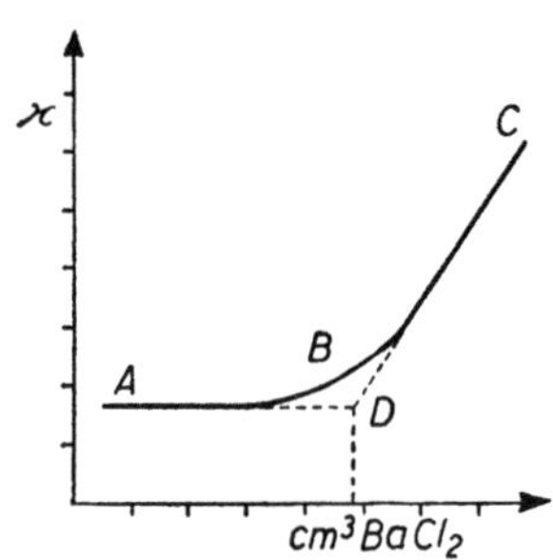

Abb. 41. Titration einer Silbernitratlösung mit Bariumchlorid

Für eine gute konduktometrische Analyse mittels einer Niederschlagsreaktion müssen darüber hinaus noch folgende Bedingungen erfüllt sein:

a) Der Niederschlag muß rasch seine endgültige Zusammensetzung annehmen und darf nicht mit der Lösung reagieren.

b) Er muß mit hinreichender Geschwindigkeit ausgeschieden werden.

c) Er darf aus der Lösung keine nennenswerten Ionenmengen adsorbieren.

Der dritte Fall einer konduktometrischen Analyse mit anfänglich aufsteigendem Ast kommt im allgemeinen dann zustande, wenn eine schwache Base oder Säure, die nur wenig dissoziiert ist und daher eine niedrige Anfangsleitfähigkeit hat, titriert wird. Mit fortschreitender Neutralisation bildet sich das entsprechende Salz, das jedoch stark dissoziiert ist, so daß die durch den Anstieg der Gesamtionenkonzentration verursachte Erhöhung der Leitfähigkeit die Abnahme der durch das Verschwinden der $\mathrm{H^+}$- (oder auch $\mathrm{OH^-}$-)Ionen bedingten Leitfähigkeit überkompensiert. Letztere sind in Anbetracht der geringen Dissoziation der zu titrierenden schwachen Säure oder Base nur in schwacher Konzentration vorhanden. Jenseits des Äquivalenzpunktes ist der Anstieg der Leitfähigkeit jedoch viel steiler, so daß es immerhin noch möglich ist, den Endpunkt der Reaktion zu erkennen, wenn auch mit geringerer Genauigkeit. Natürlich gibt es zwischen den beiden Grenzfällen eine Reihe von Säuren und Basen mittlerer Stärke, die zur Bildung auch eines leicht absteigenden Verlaufes im ersten Kurvenabschnitt führen können, je nach der Stärke der Säure bzw. der Base und der Konzentration.

Abb. 42 zeigt schematisch den Gang der konduktometrischen Analyse einer schwachen Säure (Kurve *I*) und einer Säure mittlerer Stärke (Kurve *II*), die beide mit einer starken Base titriert werden.

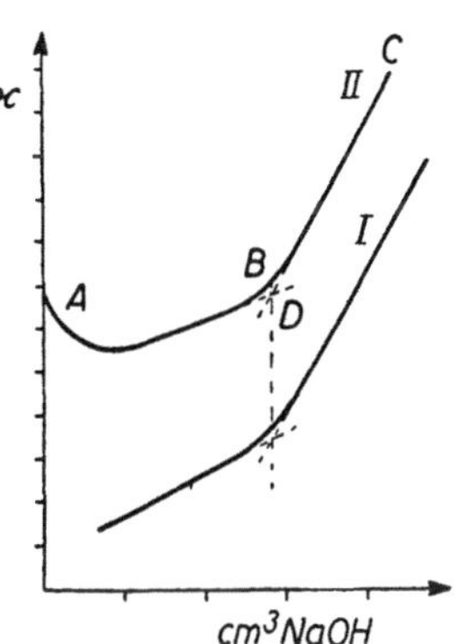

Abb. 42. Titration einer schwachen (*I*) und einer mittelstarken (*II*) Säure mit einer starken Base

Die Analyse des Salzes einer schwachen Säure und einer starken Base (oder umgekehrt) durch Titration mit einer starken Säure (bzw. mit einer starken Base), z. B. von Natriumacetat mit Salzsäure, kann praktisch nur auf konduktometrischem Wege durchgeführt werden. Sie wird *Verdrängungsanalyse* genannt. Durch Zusatz von (vollständig dissoziierter) Salzsäure zu (vollständig dissoziiertem) Natriumacetat bildet sich (vollständig dissoziiertes) Natriumchlorid und (schwach dissoziierte) Essigsäure. Praktisch wird daher während der Titration das CH_3COO^--Ion durch das Cl^--Ion ersetzt (allgemein tritt an die Stelle des Anions der schwachen Säure das Anion der starken Säure, bzw. das Kation der starken Base an die Stelle des Kations der schwachen Base). Die Leitfähigkeit kann in Abhängigkeit von den betreffenden Beweglichkeiten einen leicht ansteigenden oder leicht absteigenden Verlauf annehmen, wobei auch der effektive Dissoziationsgrad der sich bildenden schwachen Säure (oder Base) berücksichtigt werden muß, deren eigene Leitfähigkeit zu der des neugebildeten Salzes hinzuzuzählen ist. Das entsprechende Diagramm ist dem der Abb. 41 ähnlich.

Aus dem Gesagten geht ohne weiteres hervor, daß in verschiedenen Sonderfällen auch Mischungen von Elektrolyten konduktometrisch titriert werden können. Ein typischer Fall ist die Mischung einer starken Säure (Base) mit einer schwachen Säure (Base). Zuerst wird die starke Komponente neutralisiert und erst, wenn dieser Prozeß vollständig abgeschlossen ist, beginnt die Neutralisation der schwachen Komponente. Die Analyse ist um so genauer, je größer der Stärkeunterschied der beiden Komponenten ist. Das entsprechende Diagramm ist in Abb. 43 dargestellt. Es ergibt sich offenbar aus der Kombination der in den Abb. 40 und 42 wiedergebenen Diagramme.

Der Verlauf der Leitfähigkeit-Volumen-Kurve ist in Wirklichkeit nur dann so, wie er beschrieben wurde, wenn das Gesamtvolumen der Reaktion unverändert bleibt. In der Praxis ist diese Bedingung mit hinreichender Genauigkeit erfüllt, wenn das Reagens gegenüber der zu titrierenden Lösung so stark konzentriert ist, daß für 60 ~ 80 cm³ Lösung etwa 3 ~ 5 cm³ Reagens verbraucht werden. In diesem Fall kann die Volumänderung vernachlässigt werden. Um einen allzu hohen prozentualen Fehler bei der Ablesung des Reagensvolumens zu vermeiden, sind womöglich Büretten von 5 ~ 10 cm³ mit einer Teilung in 0,02 cm³ zu benützen. Eine weitere notwendige Bedingung ist die Konstanz der Temperatur zwischen Beginn und Ende der Analyse. In Anbetracht der Schnelligkeit solcher Bestimmungen bleibt die Temperatur ja im allgemeinen genügend konstant, es sei denn, daß die Analysereaktion stark endo- oder exotherm ist, in welchem Fall es genügt, das Gefäß in ein entsprechend dimensioniertes, als Thermostat wirkendes Wasserbad zu tauchen.

Die Titration kann entweder in einer genügend großen Zelle (s. z. B. Abb. 44) oder auch in einem gewöhnlichen Becherglas unter Verwendung von Tauchelektroden (s. z. B. Abb. 45) durchgeführt werden.

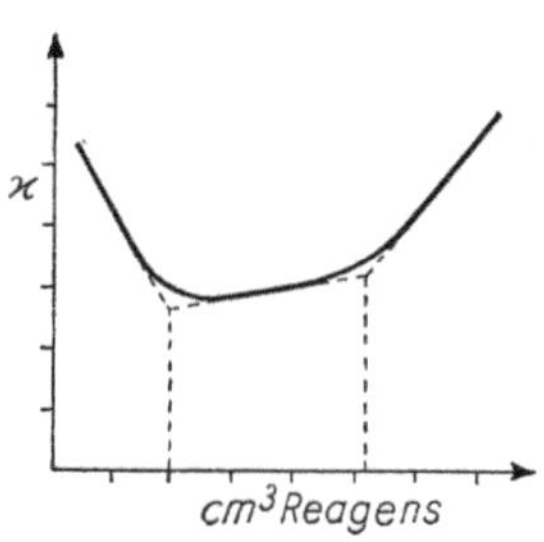

Abb. 43. Titration der Mischung einer starken Säure (Base) und einer schwachen Säure (Base)

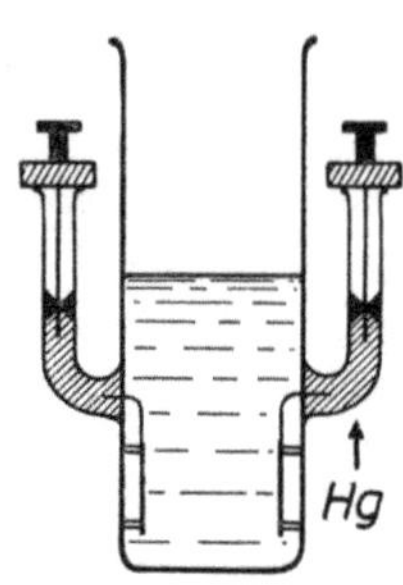

Abb. 44. Zelle für konduktometrische Titrationen

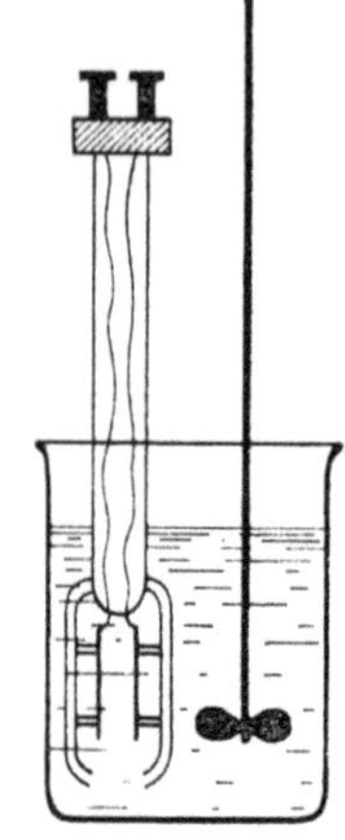

Abb. 45. Becherglas mit Tauchelektroden für konduktometrische Titrationen

Es ist keinesfalls erforderlich, für jeden Punkt die *wahre* Leitfähigkeit der Lösung zu messen, da es genügt, ihre Änderungen zu kennen. Bei Benützung einer akustischen Methode muß das Minimum nach jedem Reagenszusatz gesucht werden, während es bei visueller Ablesung unter Umständen genügt, die auf dem Meßinstrument abgelesenen Zeigerausschläge, die gewöhnlich der Leitfähigkeit proportional sind, in das Diagramm einzutragen.

Die konduktometrische Methode bietet viele Vorteile. Sie kann für stark verdünnte Lösungen (unter Verwendung von Zellen mit kleiner Widerstandskapazität) benützt werden oder für gefärbte und trübe Lösungen oder auch für Lösungen, bei denen die Analysereaktion infolge von Gleichgewichtserscheinungen keinen klaren Endäquivalenzpunkt gibt, sofern man nur über genügend lange Kurvenabschnitte am Anfang und am Ende der Titration verfügt, um durch Extrapolation ihren Schnittpunkt festlegen zu können; sie kann schließlich bei nichtwässerigen Lösungsmitteln usw. herangezogen werden. Dagegen kann sie in Gegenwart von fremden Elektrolyten nicht angewendet werden, außer in besonderen Fällen und bei Einhaltung besonderer Vorsichtsmaßregeln.

Eine andere Methode der konduktometrischen Analyse besteht in der direkten Bestimmung des Elektrolytgehaltes durch Messung der Leitfähigkeit der Lösung. In einigen Fällen liefert diese schnelle Methode hervorragende Resultate (Kontrolle des Waschwassers von Niederschlägen, Kontrolle der Reinheit destillierten Wassers oder schwerlöslicher Produkte, Bestimmung des Salzgehaltes natürlicher Wässer usw.).

Bezüglich weiterer Einzelheiten zur Technik dieser Messungen und der verschiedenen Schaltungen mit und ohne Gleichrichter wird auf die Spezialabhandlungen verwiesen.

2. Potentiometrie: Allgemeines

Auch EMK-Messungen finden im Laboratorium eine vielfache Anwendung: z. B. zur Bestimmung der Aktivitäten oder der Aktivitätskoeffizienten, der Löslichkeit, der Ionenwertigkeit, der Überführungszahlen, der Umwandlungspunkte, der Gleichgewichtskonstanten usw.

Eine besondere Anwendung stellt die *potentiometrische Analyse* dar, die darauf beruht, daß viele Analysereaktionen das Erscheinen oder Verschwinden bestimmter Ionenarten nach sich ziehen, die unter entsprechenden Bedingungen das Potential einer Elektrode auf Grund der im dritten Kapitel dargelegten Beziehungen bestimmen.

Die potentiometrische Analyse kann nach zwei Methoden durchgeführt werden:

a) Es wird direkt die EMK eines Elementes gemessen, das aus einer Bezugselektrode bekannten Potentials und aus einer zweiten, in den Elektrolyten eingetauchten Elektrode gebildet wird, dessen Konzentration[1] bestimmt werden soll. Letztere muß in bezug auf eines der Elektrolytionen reversibel sein. Da das Potential der Bezugselektrode bekannt ist, ist aus der gemessenen EMK das Potential der zweiten Elektrode berechenbar. Die Anwendung der oben angeführten Beziehungen führt zur Bestimmung der unbekannten Konzentration. Diese Methode ist jedoch nur auf Elektroden erster, zweiter und dritter Art oder auf Gaselektroden anwendbar, bei denen die Konzentration einer einzigen Ionenart das Potential bestimmt.

b) Die EMK eines wie oben zusammengesetzten Elementes wird nur als Indikator der Titration benützt, die das Ende der Analysereaktion zwischen dem Elektrolyten unbekannter Konzentration und einem anderen Elektrolyten bekannter Konzentration erkennen läßt. Die der Titration zugrundeliegende Reaktion muß natürlich so beschaffen sein, daß sie die Aktivität der elektrochemisch aktiven Ionen verändert[2].

Die potentiometrische Methode hat gegenüber den Indikatoren im allgemeinen den bedeutenden Vorteil, daß sie den gesamten Verlauf der Analysereaktion vom Anfang bis zum Ende zu verfolgen gestattet, während ein Indikator nur in der Umgebung des Endpunktes verwendbar ist.

3. p_H-Messung

Mit der ersten potentiometrischen Methode erhält man nur die Aktivität des vorhandenen Elektrolyten; darüber hinaus ist es im allgemeinen nicht möglich, mit einer einzigen Operation verschiedene in der Lösung enthaltene Ionenarten analytisch zu bestimmen.

---

[1] In Wirklichkeit wird auf diese Weise die Aktivität bestimmt. Für analytische Bestimmungen in nicht stark konzentrierten Lösungen starker Elektrolyte kann die Aktivität der Konzentration gleichgesetzt werden, ohne daß wesentliche Fehler unterlaufen. Sehr genaue Messungen erfordern natürlich die Berücksichtigung des Aktivitätskoeffizienten, wenn man aus den potentiometrischen Bestimmungen die Konzentrationswerte ermitteln will.

[2] Es ist keinesfalls notwendig, daß die zu analysierende Substanz und das zur Titration benützte Reagens beide Elektrolyte sind. Es genügt vielmehr, daß sich die Aktivität einer einzigen Ionenart infolge der Analysereaktion ändert.

Ein besonders wichtiges Kapitel dieser Art potentiometrischer Analysen ist die Messung des p_H einer Lösung[1]. Das Potential einer Wasserstoffelektrode mit Wasserstoffgas von 1 Atm.[2] Druck beträgt bei 25^0 C

$$\varepsilon = 0{,}059\, a_{H+} = -\,0{,}059\, p_H,$$

woraus folgt:

$$p_H = -\,\frac{\varepsilon}{0{,}059}.$$

Es genügt daher, eine Wasserstoffelektrode in den Elektrolyten, dessen p_H bestimmt werden soll, einzutauchen und ihr Potential zu messen, indem sie mit einer beliebigen anderen Bezugselektrode verbunden und dann die EMK des so gebildeten Elementes bestimmt wird. Das von der Wasserstoffelektrode angenommene Potential und damit das p_H werden auf Grund des Potentials der Bezugselektrode und der zumindest in erster Annäherung ermittelten Diffusionspotentiale berechnet. Außer der Wasserstoffelektrode gibt es noch eine Reihe anderer Elektroden, deren EMK eine eindeutige und oft auch lineare Funktion der Aktivität der H^+-Ionen der Lösung ist, in die sie eintauchen.

In Anbetracht der großen Bedeutung der p_H-Messung erscheint es zweckmäßig, die verschiedenen hiefür in Betracht kommenden Elektroden kurz zu besprechen.

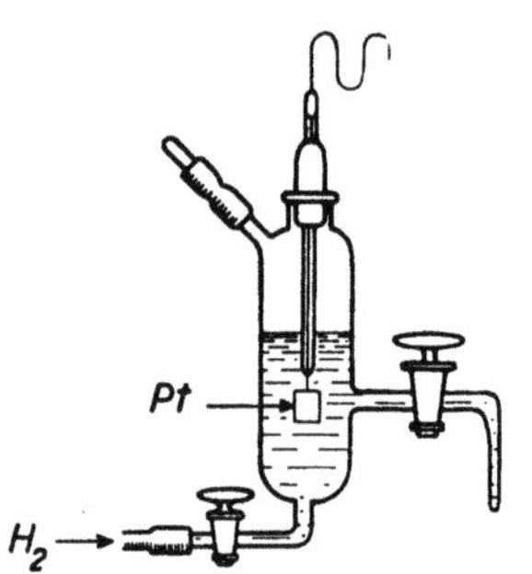

Abb. 46. Wasserstoffelektrode

a) Wasserstoffelektrode. Die Wasserstoffelektrode besteht aus einem Blättchen aus platiniertem Platin, das in die Lösung eintaucht, deren p_H bestimmt werden soll, und das von reinem Wasserstoffgas von 1 Atm. Druck umspült wird. Praktisch ist sie in den verschiedensten Formen konstruiert worden. Eine handliche Art ist in Abb. 46 dargestellt. Die hauptsächlichsten Vorteile der Wasserstoffelektrode bestehen darin, daß sie für jeden beliebigen p_H-Wert brauchbar ist und eine hohe Genauigkeit (Fehler $\pm\,0{,}01\, p_H$) verbürgt. Sie hat aber auch einige Nachteile. Die Platinierung ist gegen die Einwirkung stark oxydierender oder reduzierender Stoffe (KCN, As_2O_3, SO_2, H_2S, O_2, Alkaloide usw.) sehr empfindlich. Man spricht in diesem Fall von einer Vergiftung der Elektrode. Das beste Mittel, um eine vergiftete Elektrode wieder benutzbar zu machen, ist eine neue Platinierung. Im übrigen muß die Platinierung einer häufig

---

[1] Der thermodynamische p_H-Wert ist für Lösungen mittlerer und starker Konzentration oder bei Anwesenheit anderer Elektrolyte nicht bestimmbar, weil a) die einzelnen Aktivitätskoeffizienten nicht einmal empirisch ermittelt werden können und b) die auf die unvollkommene Kenntnis der Diffusionspotentiale zurückzuführenden Fehler groß werden. Der mit der oben angeführten Methode bestimmte p_H-Wert ist zwar konventionell, aber doch weitgehend reproduzierbar und für die normalen chemischen Bestimmungen ziemlich genau. S. Mac Innes, D. A.: Principles of Electrochemistry. New York: Reinhold, 1939. S. 271 u. ff.; Kortüm, G.: Lehrbuch der Elektrochemie. Wiesbaden: Dieterichsche Verlagsbuchhandlung, 1948. S. 267 u. ff.; ebenso Z. Elektrochem. **48**, 145 (1942).

[2] Der Druck von 1 Atm. ist auf trockenen Wasserstoff bezogen. Wenn dieser infolge Durchsprudelns durch die Lösung feucht ist, wird das Potential auf 1 Atm. Druck umgerechnet, wobei für sehr genaue Messungen der Dampfdruck der Lösung, der hydrostatische Druck der über der Austrittsöffnung des Wasserstoffes befindlichen Flüssigkeitssäule und der herrschende Luftdruck in Rechnung zu stellen sind.

benützten Wasserstoffelektrode oft erneuert werden. Weitere Störungen beim Betrieb werden von in der Lösung vorhandenen Salzen, Schaumbildung und von gelösten Gasen hervorgerufen. Außerdem ist immer eine gewisse Zeit notwendig, bis das Gleichgewicht zwischen dem Wasserstoffgas und dem in der Platinierung gelösten Wasserstoff hergestellt ist. Schließlich ist die Handhabung nicht sehr bequem. Wegen dieser Nachteile wurde die Wasserstoffelektrode allmählich durch andere Elektroden verdrängt.

b) Chinhydronelektrode. Die Chinhydronelektrode ist eine Redoxelektrode, die auf der Reaktion

$$\text{Hydrochinon} \rightleftarrows \text{Chinon} + 2\,H^+ + 2\,e \qquad (1)$$

aufgebaut ist.

Das Potential einer in dieses System eingetauchten unangreifbaren Elektrode ist bei 25^0 C durch die Beziehung

$$\varepsilon = \varepsilon_0 + \frac{0,059\,14}{2}\,\lg\,\frac{a_{C_6H_4O_2}\cdot a_{H^+}^2}{a_{C_6H_6O_2}} \qquad (2)$$

gegeben.

Das Chinhydron ist eine Additionsverbindung zwischen Chinon und Hydrochinon mit der Formel $C_6H_4O_2\cdot C_6H_6O_2$ und dissoziiert in gelöstem Zustand, wobei gleiche Molekülmengen von Chinon und Hydrochinon freigemacht werden, und zwar in einem weit größerem Ausmaß, als durch die Reaktion (1) verbraucht oder erzeugt werden können. In einer Lösung, die Chinhydron im Überschuß enthält, haben also die Aktivitäten des von der Dissoziation herrührenden Chinons und Hydrochinons offenbar denselben Wert, so daß sie sich aufheben und die Beziehung (2) übergeht in:

$$\varepsilon = \varepsilon_0 + \frac{0,059\,14}{2}\,\lg\,a_{H^+}^2 = \varepsilon_0 - 0,059\,p\text{H}.$$

In anderen Worten: das Potential einer Chinhydronelektrode ist, abgesehen von einer Konstante, gleich dem Potential einer in die gleiche Lösung eingetauchten Wasserstoffelektrode. Das Normalpotential ε_0 der Chinhydronelektrode beträgt bei 18^0 C $+\,0,6994$ V. Es ändert sich mit der Temperatur nach der Gleichung

$$\varepsilon_0 = 0,7127 - 0,000\,74\,t,$$

die für den Bereich zwischen 0^0 und 37^0 C gültig ist. Die Chinhydronelektrode besteht einfach aus einem Draht aus nichtplatiniertem, blanken Platin, der in die Lösung eintaucht. Der Lösung wird vorher eine Messerspitze festes Chinhydron zugesetzt, in jedem Fall aber soviel, daß ungelöstes Chinhydron übrig bleibt.

Die Chinhydronelektrode hat den großen Vorteil der Einfachheit, sie arbeitet genau wie die Wasserstoffelektrode, nimmt das Gleichgewichtspotential nahezu augenblicklich an und bedarf weder der Platinierung noch des strömenden Wasserstoffgases. Ihre hauptsächlichsten Nachteile sind: der begrenzte Meßbereich (Messungen in Flüssigkeiten mit $p\text{H} > 8$ können mit Chinhydronelektroden nicht ausgeführt werden), die Ungenauigkeit der Resultate in Gegenwart anderer

Elektrolyte und manchmal auch Nichtelektrolyte bei Konzentrationen über 0,1 $\sim$ 0,2 Mol/l[1], ihre Unbrauchbarkeit in Gegenwart starker Oxydations- oder Reduktionsmittel.

c) Glaselektrode. Die Wirkungsweise der Glaselektrode, die übrigens noch nicht in allen Einzelheiten geklärt ist, beruht auf der Tatsache, daß sich die zwischen einer Glasfläche und einer wässerigen Lösung bestehende Spannung in Abhängigkeit vom p_H der Lösung gesetzmäßig ändert. Eine Glaselektrode besteht im wesentlichen aus einer Glasmembran, die so angeordnet ist, daß ihre beiden Seiten mit zwei Lösungen mit verschiedenem p_H in Berührung gebracht werden können. Sie wird bevorzugt aus einem Glas mit niedrigem Schmelzpunkt und hoher elektrischer Leitfähigkeit hergestellt. Eine solche Membran erzeugt einen für sie spezifischen Gleichgewichtszustand (s. Kap. XI, 5) und kann zur Messung des p_H herangezogen werden. Die experimentelle Anordnung für die p_H-Messung bei Verwendung einer Glaselektrode, die gewöhnlich Kugelform hat, ist in Abb. 47 schematisch dargestellt. A ist die Glaselektrode, die in ihrem Innern eine Lösung mit bekanntem p_H enthält. In

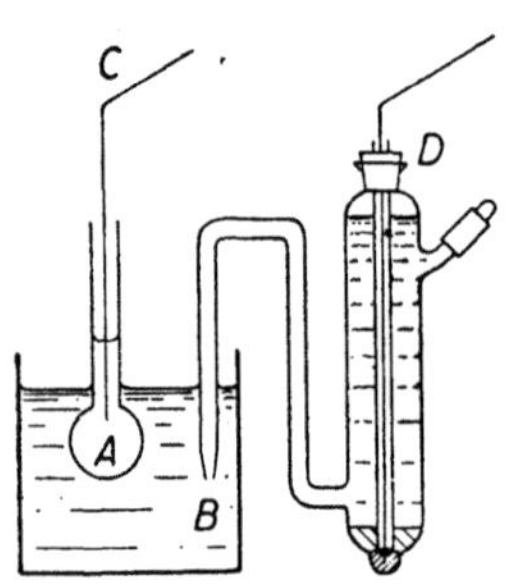

Abb. 47. Glaselektrode

diese taucht eine Elektrode C mit konstantem Potential ein, z. B. das Ende einer Kalomelelektrode in eine Lösung von Cl^--Ionen oder ein mit Silberchlorid bestrichener Silberdraht ebenfalls in eine Lösung von Cl^--Ionen oder auch ein Platindraht in eine festes Chinhydron in fein verteiltem Zustand enthaltende Pufferlösung usw. Die Glaselektrode taucht ihrerseits in die Flüssigkeit ein, deren p_H gemessen werden soll und die sich im Becher B befindet, in den außerdem das Ende einer Bezugselektrode D, z. B. einer Kalomelelektrode, hineinragt. Die Enden der beiden Elektroden sind mit einem Potentiometer verbunden. Wegen des hohen Widerstandes der Glaselektrode, der in der Größenordnung von Megohm liegt, kann die EMK des so gebildeten Elementes nicht mit den gewöhnlichen Potentiometern gemessen werden. Um brauchbare Ergebnisse zu erhalten, muß man entweder Galvanometer mit einer Mindestempfindlichkeit von $10^{-9} \sim 10^{-10}$ A oder einen Gleichstromverstärker benützen. Neuerdings ist die Konstruktion von Glaselektroden gelungen, die mit einem größenordnungsmäßigen Widerstand von 0,3 $\sim$ 0,5 MΩ bei 20° C und von 0,03 $\sim$ 0,05 MΩ bei 40° C die Benützung eines Galvanometers normaler Empfindlichkeit (10^{-7} A) gestatten. Damit ist die Messung des p_H mit einer Genauigkeit bis etwa 0,1 p_H-Einheit möglich.

Das Potential der Glaselektrode ist als Funktion des p_H der Lösung für 25° C durch die Beziehung

$$\varepsilon = \varepsilon_0 + 0,059 \lg a_{H^+}$$

gegeben, worin der Wert ε_0 von der Natur des Glases abhängt und für jede Elektrode mittels einer Messung mit zwei Flüssigkeiten von bekanntem p_H eigens bestimmt werden muß. Die Glaselektrode folgt der gegebenen Beziehung streng im Bereich p_H 1 bis 8 und mit guter Annäherung bis p_H 12 [2].

---

[1] Der Salzfehler der Chinhydronelektrode ist der verschiedenartigen Änderung der Aktivitätskoeffizienten des Chinons und Hydrochinons infolge Anwesenheit der Salze zuzuschreiben, so daß ihr Verhältnis nicht mehr 1 ist. Dieser Fehler wächst mit der Zunahme des p_H, und zwar um so rascher, je höher dessen Wert ist. Für $p_H < 5,5$ ist er jedoch vom Wert des p_H unabhängig. S. Gabbard, J. L.: J. Amer. Chem. Soc. **69**, 533 (1947).

[2] Hamilton, E. H.: J. Res. Nat. Bureau Standards **27**, 27 (1941).

Die Glaselektrode hat folgende Vorteile: ausgedehnter Meßbereich, Schnelligkeit der Einstellung des Gleichgewichtspotentials, Verwendungsmöglichkeit in der Umgebung starker Oxydations- oder Reduktionsmittel und in Gegenwart organischer Substanzen, Wegfallen der Platinierung und der Wasserstoffspülung und schließlich die Möglichkeit von Messungen mit sehr kleinen Flüssigkeitsmengen. Ihre Nachteile sind: Empfindlichkeit der Glasmembran, Ungenauigkeit der Ergebnisse in Gegenwart größerer Mengen von Ionen kleinen Durchmessers, z. B. Li$^+$, Na$^+$, Schwierigkeiten der EMK-Messung infolge des sehr hohen inneren Widerstandes, die größere Meßfehler als bei den anderen Elektroden bedingen. Der bei Verwendung einer Glaselektrode in Frage kommende mittlere Fehler beträgt $\pm$ 0,05 p_H. Er kann aber bis auf $\pm$ 0,02 p_H verkleinert werden, wenn vor und nach der eigentlichen Messung eine Eichung durchgeführt wird.

d) Antimonelektrode. Auch diese Elektrode wird im Laboratorium praktisch benützt; sie wird jedoch häufiger zu potentiometrischen Titrationen als zu p_H-Messungen herangezogen.

Die Antimonelektrode besteht aus einem Stäbchen reinen Antimons, das in die Flüssigkeit eintaucht, deren p_H gemessen werden soll. Die zugrundeliegende Reaktion ist nicht bekannt. Als maßgebende Reaktion wird die folgende angenommen:

$$2\,Sb + 3\,H_2O \rightleftarrows Sb_2O_3 + 6\,H^+ + 6\,e.$$

Ihr Potential ist daher für 25° C durch die Beziehung

$$\varepsilon = \varepsilon_0 + \frac{0{,}059\,14}{6}\,\lg a_{H^+}^6 = \varepsilon_0 - 0{,}059\,p_H$$

gegeben und ist ebenfalls eine lineare Funktion des p_H der Lösung. Für den Vorgang müßte die dünne Schicht von Antimontrioxyd, die sich auf der Oberfläche des metallischen Antimons befindet, genügen. Es wird jedoch gewöhnlich ein wenig festes Antimonoxyd der Lösung zugesetzt. Diese Elektrode erweist sich als brauchbar bei alkalischen oder schwachsauren Lösungen, dagegen nicht bei ausgesprochen sauren Lösungen, in denen das Oxyd löslich ist.

Ihr Meßbereich liegt zwischen p_H 3 und 10. Außerdem wird die Funktion $d\varepsilon/dp_H$ manchmal von der Zusammensetzung der Lösung beeinflußt. Die Elektrode führt zu fehlerhaften Ergebnissen in Gegenwart starker Oxydations- oder Reduktionsmittel und besonders in Anwesenheit von Silber, Kupfer oder Cadmium. Ihr mittlerer Fehler beträgt $\pm$ 0,15 p_H [1].

Neuerdings werden auch Molybdän- oder Wolframdrähte benützt, die vorher nicht chemisch behandelt, sondern einfach mit Glaspapier gereinigt oder in der oxydierenden Bunsenflamme erhitzt werden. Sie weisen eine lineare Abhängigkeit der EMK vom p_H auf. Mit einer Meßgenauigkeit unter $\pm$ 0,1 p_H haben sich solche Elektroden der Antimonelektrode gegenüber häufig als überlegen erwiesen. Sie müssen wie die Glaselektroden [2] geeicht werden.

Tab. 39 faßt die Eigenschaften der wichtigsten für p_H-Messungen verwendeten Elektroden zusammen.

---

[1] Der relativ große Fehler der Antimonelektrode erklärt sich daraus, daß es noch weitere Antimonoxyde Sb_2O_4 und Sb_2O_5 gibt, die Sb^{5+}-Ionen in die Lösung abgeben. Es stellen sich daher zusätzliche Redoxgleichgewichte zwischen dem drei- und fünfwertigen Antimon ein. Diese in der festen Phase langsam sich einspielenden Gleichgewichte verleihen dieser Elektrodenart den Charakter einer Mischelektrode. Daraus erklärt sich die Potentialveränderlichkeit, welche die größten bei der p_H-Messung beobachteten Abweichungen verursacht.

[2] Brintzinger, H. und B. Rost: Z. analyt. Chem. **120**, 161 (1940).

Tabelle 39. *Eigenschaften der für die p_H-Messung verwendeten Elektroden*

Elektrode	p_H Bereich	Nicht verwendbar in Gegenwart von	Fehlerursache	Genauigkeit $\pm\,p_H$				Bemerkungen
				Einzelmessungen		Serienmessungen		
				mit	ohne	mit	ohne	
				Puffer		Puffer		
H_2	0—14	Reduktionsmitteln, Oxydationsmitteln, CO_2, Schwermetallen	Unvollständige Sättigung; O_2 in H_2, Gifte; viskose Lösungen	0,01	0,05	0,05	0,1	Folgt der theoretischen Beziehung, langsame Gleichgewichtseinstellung
Chinhydron	0—8	Alkalien, Reduktionsmitteln, Oxydationsmitteln	Gifte, Salze	0,02	0,1	0,1	0,15	Folgt der theoretischen Beziehung, rasche Gleichgewichtseinstellung
Sb	3—10	starken Säuren und Basen H_2S	Oxydationsmittel, organische Verbindungen Salze	0,05	0,15	0,15	0,25	Folgt der theoretischen Beziehung nicht exakt; Eichung notwendig
Glas	0—12	—	Alkaliionen in Konz. $> 1\,m$	0,02	0,05	0,1	0,1	Folgt der theoretischen Beziehung von p_H 1 bis 8. Folgt nicht der theoretischen Beziehung von p_H 9 bis 13. Eichung notwendig

In Tab. 40 sind einige für die Kontrolle und Eichung von p_H-Messungen bei 25^0 C besonders geeignete Pufferlösungen zusammengestellt[1].

Tabelle 40. *Pufferlösungen für p_H-Messungen*

Zusammensetzung	p_H
HCl 0,018 *m*	1,081
HCl 0,01 *m*; NaCl 0,09 *m*	2,101
Saures Kaliumphthalat 0,05 *m*; KCl 0,02 *m*	3,989
KH_2PO_4 0,02 *m*; Na_2HPO_4 0,02 *m*; NaCl 0,02 *m*	6,863
Saures Kalium-p-Phenolsulfonat 0,02 *m*; Natrium-Kalium-p-Phenolsulfonat 0,02 *m*; NaCl 0,02 *m*	8,795
H_3BO_3 0,02 *m*; $NaBO_2$ 0,02 *m*; NaCl 0,02 *m*	9,155
$Ca(OH)_2$ 0,01727 *m*; NaCl 0,1819 *m*	12,38

4. Potentiometrische Titration

Die zu Beginn des Abschnittes 2 angeführte zweite Methode ermöglicht unter gewissen Voraussetzungen die Bestimmung der Gesamtkonzentration eines Stoffes unabhängig von einer eventuell unvollständigen Dissoziation. Darüber hinaus ist mittels einer einzigen Titration die Bestimmung verschiedener gleichzeitig anwesender Ionenarten möglich.

Die Methode gründet sich auf die Untersuchung des Potentialverlaufes, den eine zweckmäßig gewählte, in die Lösung des zu analysierenden Elektrolyten eingetauchte Elektrode als Funktion des Volumens des titrierten Reagenszusatzes aufweist. Das Potential der Elektrode stellt sich immer auf die Aktivität des oder der elektrochemisch aktiven Ionen ein und ändert sich bei konstanter Temperatur in Abhängigkeit von allen diese Ionen betreffenden Veränderungen gemäß den im dritten Kapitel erörterten Beziehungen. Im Verlauf einer Analysereaktion können die Bedingungen der Umgebung (Ionenstärke, Temperatur, Aktivität des Lösungsmittels usw.) als konstant betrachtet werden und deshalb kann auch der Aktivitätskoeffizient als konstant angesehen werden. Unter solchen Umständen sind also die Potentialänderungen von den Konzentrationsänderungen der elektrochemisch aktiven Ionen wirklich eindeutig bestimmt und können daher quantitativ ermittelt werden. Die Konzentration der Ionen, die mit dem titrierten Analysereagens reagieren oder die aus der Reaktion der ursprünglich vorhandenen Substanz mit dem Reagens hervorgegangen sind, muß eine Funktion des Volumens des zugesetzten Reagens sein. Infolgedessen ist auch das Elektrodenpotential eine Funktion dieses Volumens.

Trägt man die gemessene EMK auf den Ordinaten und die Volumina der Reagenszusätze auf den Abszissen eines Diagrammes auf, so erhält man Kurven der in den Abb. 48 und 49 dargestellten Art. Diese beziehen sich auf die Titration einer Silbernitratlösung mit Salzsäure, bzw. einer Ferrosulfatlösung mit Permanganat. Sie zeigen einen stark ausgeprägten Wendepunkt, der dem Endpunkt der Reaktion entspricht.

Um die Ursache dieses besonderen Kurvenverlaufes klarer aufzuzeigen, betrachte man eine beliebige Reaktion, bei der ein Kation K mit einem Anion A reagiert, um die schwerlösliche Verbindung AK zu erzeugen. Das Kation K

---

[1] Manov, G. G. and S. F. Acree: A. S. T. M. Bull. No. 137, 25 (1945).

sei mittels einer titrierten Lösung des Anions A zu bestimmen. Um den Rechnungsgang festzulegen, werde das Anfangsvolumen des Elektrolyten mit dem Kation K auf 100 cm³ gebracht[1].

Angenommen, die titrierte Lösung des Anions A habe eine zehnfach größere Normalität als die Lösung des Kations K; in diesem Fall ist die Reaktion vollständig, wenn zur Lösung des Kations K genau 10 cm³ titrierter Lösung des Anions A hinzugefügt werden. Der Zusatz der ersten 9 cm³ titrierter Lösung läßt die Menge der in der Lösung vorhandenen Kationen K im Verhältnis von 100 : 10 abnehmen. Wird der Volumzuwachs für den Augenblick vernachlässigt, dann sinkt damit das Potential einer für das Kation K reversiblen Kathode bei Zimmertemperatur um 0,059/z V (z = Wertigkeit des Kations) ab. Der Zusatz von weiteren 0,9 cm³ Lösung des Anions A bedingt eine mengenmäßige Verminderung der noch vorhandenen Kationen K im gleichen Verhältnis 10 : 1

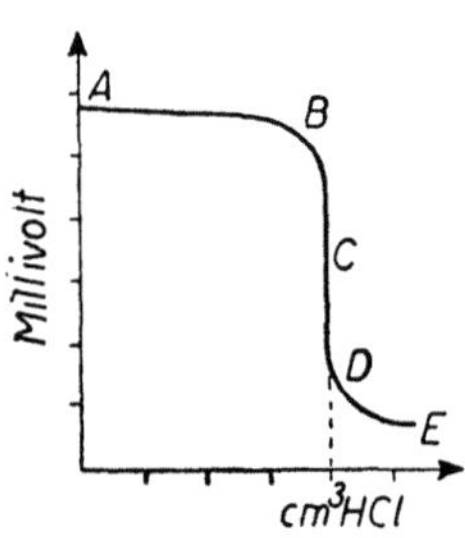

Abb. 48. Potentiometrische Titration einer Silbernitratlösung mit Salzsäure

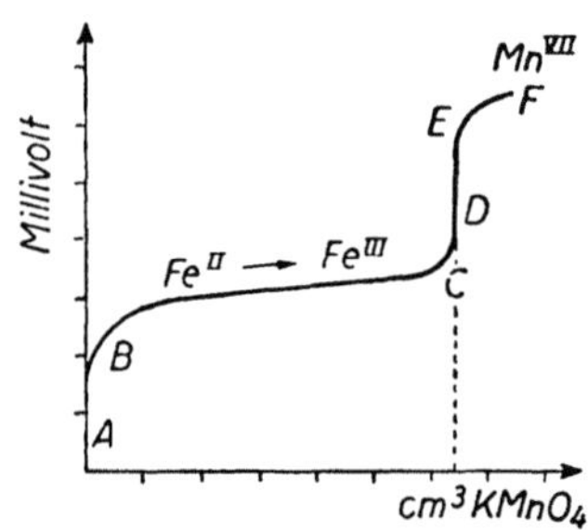

Abb. 49. Potentiometrische Titration einer Ferrosulfatlösung mit Kaliumpermanganat

und die Änderung des Elektrodenpotentials ist daher dieselbe, jedoch für ein viel kleineres Volumen. Durch nochmaligen Zusatz von 0,09 cm³ Lösung des Anions A verkleinert sich die Menge der Kationen K wieder im selben Verhältnis 1 : 0,1 = 10 und die Potentialänderung ist wieder die gleiche. Der darauffolgende Zusatz von 0,01 cm³ bringt die Reaktion zum Abschluß und die Konzentration des Kations K auf ihr Minimum, das der Sättigung der unlöslichen Verbindung AK entspricht. An diesem Punkt ist daher die Potentialänderung am größten. Der entsprechende Kurvenabschnitt ist der Teil *A B C* der Kurve in Abb. 48, in der die Titration eines löslichen Silbersalzes mit Salzsäure dargestellt ist. Bei fortgesetztem Zusatz der das Anion A enthaltenden Lösung sinkt die Konzentration des Kations K noch weiter ab, da sie durch das Löslichkeitsprodukt mit der Konzentration des Anions A verknüpft ist, und zwar nimmt die Kurve die Form *C D E* an, die für den Fall, daß das Kation und das Anion die gleiche Wertigkeit besitzen, vom Anfang bis zum Abschluß der Reaktion zu *A B C* symmetrisch verläuft. Im allgemeinen Fall verschiedener Wertigkeit ist bloß eine symmetrische Analogie erkennbar. Die Säure-Base-Neutralitätstitration zeigt einen Gang, der mit der ε-v-Kurve praktisch identisch ist; in diesem Falle bildet sich auf Grund der Reaktion

$$H^+ + OH^- \rightarrow H_2O$$

an Stelle einer schwerlöslichen eine schwach dissoziierte Verbindung.

---

[1] Der Gedankengang gilt natürlich für jedes beliebige Anfangsvolumen; 100 cm³ wurden bloß zur bequemeren Rechnung bei der Beweisführung gewählt.

Ein zur ε-v-Kurve analoger Verlauf stellt sich auch bei den Reaktionen der Oxydimetrie ein, wie z. B. bei der Titration eines Ferrosalzes mittels eines geeigneten Oxydationsmittels ($K_2Cr_2O_7$, $KMnO_4$ usw.), die in Abb. 49 dargestellt ist. Das Potential einer in die Anfangslösung des Ferrosalzes bei Zimmertemperatur eingetauchten unangreifbaren Elektrode ist durch die Beziehung

$$\varepsilon = \varepsilon_0 + 0{,}059 \lg \frac{a_{Fe^{3+}}}{a_{Fe^{2+}}}$$

gegeben.

Wie weiter oben ausgeführt, kann das Verhältnis zwischen den Aktivitäten durch das Konzentrationsverhältnis $[Fe^{3+}]/[Fe^{2+}]$ ersetzt werden, das in Anbetracht des Umstandes, daß sich das Eisen fast gänzlich in Form von Fe^{2+}-Ionen im Gleichgewicht mit analytisch nicht nachweisbaren Spuren von Fe^{3+}-Ionen befindet, einen *sehr kleinen* Wert hat. Der erste Tropfen Oxydationsmittel bewirkt daher eine starke prozentuelle Änderung im Konzentrationsverhältnis $[Fe^{3+}]/[Fe^{2+}]$ und damit eine bedeutende Änderung des Elektrodenpotentials im Kurvenabschnitt $A\,B$. Bei fortschreitender Titration wird unter Hinzufügung immer des gleichen Volumens Oxydationsmittel die prozentuelle Änderung des Konzentrationsverhältnisses $[Fe^{3+}]/[Fe^{2+}]$ kleiner. Infolgedessen verkleinert sich auch die Potentialänderung im Kurvenabschnitt $B\,C$. Bei Annäherung an das Reaktionsende wird die Konzentration der Ferriionen gegenüber den Ferroionen vorherrschend und dieselbe Menge Oxydationsmittel verursacht immer größere prozentuelle Änderungen des Konzentrationsverhältnisses $[Fe^{3+}]/[Fe^{2+}]$: die Kurve steigt neuerdings steil an. Siehe Abschnitt $C\,D\,E$. Am Ende der Reaktion ist immer eine gewisse, wenn auch noch so kleine Menge von Ferroionen vorhanden, da ja die Oxydation eine Gleichgewichtsreaktion ist. Ein weiterer Zusatz von Oxydationsmittel führt nur mehr zu einer geringen Änderung beider Konzentrationen und damit auch ihres Verhältnisses. Infolgedessen ändert sich auch das Elektrodenpotential sehr wenig. Siehe Kurvenabschnitt $E\,F$. Andere Oxydations- und Reduktionsreaktionen zeigen analoge Kurven.

Wenn die titrierte Lösung in möglichst kleinen, konstanten Teilmengen zugeführt wird und für jeden Zusatz die Potentialänderung bestimmt wird, dann ist in allen Fällen der Endpunkt der Reaktion offenbar dann erreicht, wenn die Potentialänderung ein Maximum wird. In diesem Punkt erreicht der Wert der Ableitung $d\varepsilon/dv$ und damit die Kurvenneigung ein Maximum und die zweite Ableitung wird Null. Es handelt sich daher um einen Wendepunkt der Kurve.

Das Potential der Elektrode im Wendepunkt wird als *Umschlagspotential* ε_v bezeichnet, da es das Reaktionsende der Analyse angibt, was dem Farbumschlag eines Indikators entspricht. Die betreffende Elektrode heißt *Indikatorelektrode*.

Für einfache Reaktionen, z. B.

$$Ag^+ + Cl^- \rightarrow AgCl$$

und für den Fall, daß von anfänglich gleichen Äquivalentkonzentrationen ausgegangen wird, ist die Bedingung $d^2\varepsilon/dv^2$ erfüllt, wenn das der Kationenlösung zugesetzte Elektrolytvolumen, das das Anion enthält, gleich ist dem Volumen der anfänglichen Kationenlösung. Das heißt, die Bedingung wird im Falle der Äquivalenz erfüllt. Sind die Anfangskonzentrationen ungleich und die Reaktionen komplizierter (schwerlösliche Niederschläge der Formel $A_m K_n$ mit $m \neq n$, mehr oder weniger komplexe Redoxreaktionen usw.), dann fällt der Wendepunkt mit dem Äquivalenzpunkt nicht zusammen, was sich daraus erklärt, daß die Kurve in solchen Fällen eine für den Äquivalenzpunkt unsymmetrische Form annimmt. Wenn aber das Löslichkeitsprodukt bei den Niederschlagsreaktionen verhältnismäßig klein oder die Gleichgewichtskonstante bei den Redoxreaktionen ziemlich groß ist, sind die Abweichungen des Wendepunktes vom Äquivalenzpunkt absolut vernachlässigbar. Im Falle acidimetrischer Titrationen stimmt der Wendepunkt mit dem Äquivalenzpunkt nur bei Reaktionen zwischen starken Basen und Säuren überein. Titriert man eine schwache Säure oder Base, so fallen die beiden Punkte nicht zusammen. Ihr Unterschied ist jedoch zu vernachlässigen, wenn die Beziehung

$$c\,K > 10^{-10}$$

erfüllt bleibt, worin c die Anfangskonzentration der zu titrierenden schwachen Säure oder Base und K deren Dissoziationskonstante sind. Im Sonderfall der Säure-Base-Titration ist es klar, daß auch mehrbasische Säuren oder mehrwertige Basen potentiometrisch titriert werden können. Bei einer zweibasischen Säure werden die beiden Potentialsprünge theoretisch sichtbar, wenn das Verhältnis zwischen ihren Dissoziationskonstanten größer als 16 ist. In der Praxis muß es noch bedeutend größer sein, wenn hinreichend genaue Ergebnisse erzielt werden sollen.

Aus dem Gesagten können die Bedingungen entnommen werden, denen eine Analysereaktion genügen muß, damit sie potentiometrisch ausgeführt werden kann. Sie können in den folgenden vier Punkten zusammengefaßt werden:

a) Der zu titrierende und der Titrationsstoff selbst müssen miteinander in einem festliegenden und bekannten stöchiometrischen Verhältnis reagieren.

b) Es muß eine Indikatorelektrode zur Verfügung stehen, deren Potential eindeutig und reversibel von der Konzentration mindestens eines der an der Analysereaktion beteiligten Ionen abhängt.

c) Die Analysereaktion muß möglichst vollständig sein, das heißt, sie muß eine sehr kleine Löslichkeit des Endproduktes bei den Niederschlagsreaktionen oder eine genügend große Gleichgewichtskonstante bei den Redoxreaktionen ergeben; die Bedingungen für die acidimetrischen Reaktionen wurden bereits besprochen.

d) Das Gleichgewicht zwischen den verschiedenen Komponenten, dem zu analysierenden und dem titrierten Stoff, und zwischen diesen und der Indikatorelektrode muß sich genügend rasch einstellen.

5. Potentiometrische Titration: Methoden

Zur Feststellung des Endpunktes einer potentiometrischen Titration gibt es verschiedene rechnerische, graphische und experimentelle Ermittlungsmethoden. Da es im Rahmen dieser knappen Darstellung nicht möglich ist, sämtliche in Betracht kommende Methoden zu beschreiben, werden im folgenden nur einige charakteristische Verfahren kurz erörtert.

a) Berechnungsmethoden. Diese beruhen auf dem Gang der Potentialänderung $\Delta\varepsilon$ als Funktion eines konstanten Reagenszusatzes. Stellt man die Werte des zugesetzten Gesamtvolumens, der Zusätze Δv, der Potentialänderung $\Delta\varepsilon$ und des Verhältnisses $\Delta\varepsilon/\Delta v$ in einer Tabelle (s. Tab. 41) zusammen, so ist es leicht, am Maximum des Verhältnisses $\Delta\varepsilon/\Delta v$ den Endpunkt zu erkennen, der dem für die Titration erforderlichen Volumen entspricht.

Tabelle 41. *Feststellung des Endpunktes einer potentiometrischen Titration aus dem Maximum von $\Delta\varepsilon/\Delta v$*

Ablesung	Gesamtvolumen von zugesetztem Reagens cm³	Δv cm³	$\Delta\varepsilon$ mV	$\Delta\varepsilon/\Delta v$
1	15,5			
2	15,7	0,2	14,6	73
3	15,9	0,2	16,2	81
4	16,0	0,1	10,0	100
5	16,1	0,1	16,8	168
6	16,2	0,1	20,6	206
7	16,3	0,1	14,8	148
8	16,4	0,1	8,2	82

Die in Tab. 41 angeführten Werte einer potentiometrischen Analyse sind auf den Nachbarschaftsbereich des Endpunktes beschränkt.

Aus der Tabelle ist unmittelbar zu ersehen, daß das Maximum von $\Delta\varepsilon/\Delta v$ einem Gesamtreagenszusatz von 16,1 bis 16,2 cm³ entspricht, daß anderseits aber auch das Mittel von 16,15 cm³ bloß als Näherungswert zu betrachten ist. Der genaue Endwert kann jedoch mit Hilfe einer einfachen Rechnung interpoliert werden. Die Methode der Tab. 41 beruht auf der Bedingung, daß die Ableitung $d\varepsilon/dv$ am Endpunkt ein Maximum erreicht. Die Interpolation des Endwertes des Reagensvolumens ist nun mit guter Genauigkeit möglich, wenn man sich auf die zweite oben dargelegte Bedingung stützt, daß die zweite Ableitung $d^2\varepsilon/dv^2$ gleichzeitig Null wird. Hält man dv konstant, dann ist die für das Verschwinden von $d^2\varepsilon/dv^2$ notwendige und hinreichende Bedingung das Nullwerden von $d^2\varepsilon$. Man kann also eine zur Tab. 41 analoge Zusammenstellung machen, die an Stelle der $\Delta\varepsilon/\Delta v$ die Differenzen der Potentialänderungen $\Delta^2\varepsilon$ enthält. Dies ist in Tab. 42 geschehen, die auf denselben Daten wie Tab. 41 beruht.

Tabelle 42. *Interpolation des Endpunktes einer potentiometrischen Analyse*

Ablesung	Gesamtvolumen von zugesetztem Reagens cm³	Δv cm³	$\Delta\varepsilon$ mV	$\Delta^2\varepsilon$
3	15,9			
4	16,0	0,1	10	+ 6,8
5	16,1	0,1	16,8	+ 3,8
6	16,2	0,1	20,6	— 5,8
7	16,3	0,1	14,8	— 6,4
8	16,4	0,1	4,8	

Man sieht, daß der Wert $\Delta^2\varepsilon = 0$ zwischen den Ablesungen 5 und 6 liegt. Der genaue Wert ergibt sich daher aus der Interpolationsrechnung zu

$$v = 16,1 + 0,1 \frac{3,8}{3,8 + 5,8} = 16,14.$$

Er ist genauer als der vorher gefundene.

b) Graphische Methoden. Trägt man in einem Diagramm auf den Abszissen die Volumina des zugesetzten Reagens und auf den Ordinaten die gemessenen Potentiale oder eine zu diesen proportionale Größe auf, so erhält man Kurven, wie sie in den Abb. 48 und 49 dargestellt sind. Fällt man die durch den Wendepunkt der Kurve gehende Vertikale auf die Abszissenachse, dann kann der Wert des gesuchten Reagensvolumens unmittelbar abgelesen werden. Größere Genauigkeit wird durch die Konstruktion eines Diagrammes erreicht, das als Ordinaten die Werte $d\varepsilon/dv$ enthält, während auf den Abszissen wieder die Volumina aufgetragen sind. Das Diagramm hat die in Abb. 50 dargestellte Form. Es wurde auf der Grundlage der Daten der Tab. 41 gezeichnet. Bei Extrapolation treffen sich die beiden, diesseits und jenseits des Äquivalenzpunktes liegenden Kurvenäste in einem Punkt, der das Maximum der Funktion $d\varepsilon/dv$ darstellt. Seine Abszisse zeigt 16,14 cm³ an.

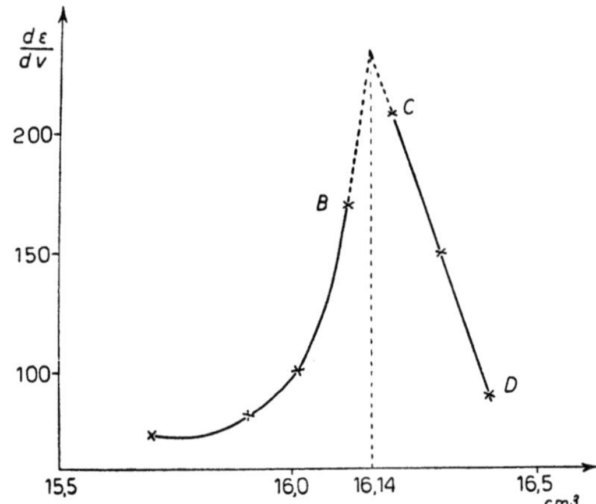

Abb. 50. Graphische Methode zur Feststellung des Endpunktes einer potentiometrischen Titration

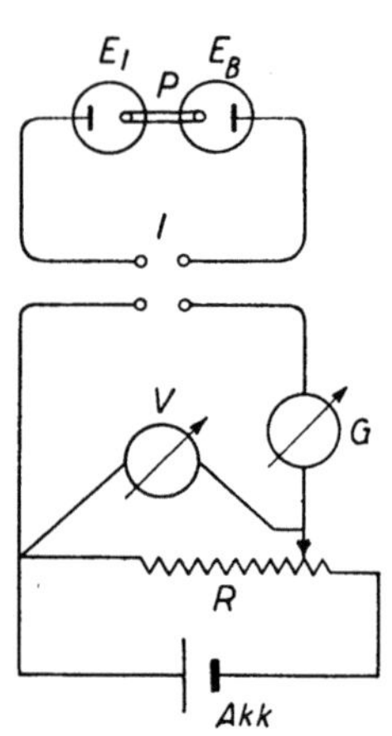

Abb. 51. Schaltschema der Kompensationsmethode

Rascher noch kann der Endpunkt graphisch extrapoliert werden, indem die beiden unmittelbar vor und nach ihm gelegenen Volumwerte als Abszissen und die dazugehörigen $\Delta^2\varepsilon$-Werte als Ordinaten in ein Diagramm eingetragen werden (konstanter Volumzuwachs natürlich vorausgesetzt). Der Schnittpunkt zwischen der durch diese beiden Punkte gezogenen Geraden und der Abszissenachse gibt unmittelbar das gesuchte Endvolumen.

c) Experimentelle Methoden. Die experimentellen Methoden, die zur Feststellung des Endpunktes einer potentiometrischen Titration vorgeschlagen wurden, sind ziemlich zahlreich und auch im Anwendungsprinzip verschieden.

Für die Praxis kommen am ehesten die folgenden in Betracht. Wenn das Umschlagspotential der Indikatorelektrode bekannt ist, genügt es, diese mit einer beliebigen Bezugselektrode, z. B. einer Kalomelelektrode, zu verbinden und solange Reagens zuzusetzen, bis die Indikatorelektrode das Umschlagspotential erreicht hat. Für Serienanalysen reicht als Meßinstrument ein Voltmeter mit hohem inneren Widerstand ($\sim$ 1000 Ω) aus. Bei Präzisionsmessungen muß die EMK des aus Indikator- und Bezugselektrode zusammengesetzten Elementes durch eine Kompensationsmethode bestimmt werden.

Oder man kann auch der berechneten EMK des aus Indikator- und Bezugselektrode gebildeten Elementes die gleiche, mittels eines Widerstandes von einem Akkumulator abgenommene Potentialdifferenz entgegenschalten und solange titrieren, bis das Meßinstrument Gleichheit der beiden Potentialdifferenzen anzeigt. Das entsprechende Schaltschema ist aus Abb. 51 ersichtlich. Darin sind: E_I die Indikatorelektrode, E_B die Bezugselektrode, I ein Schalter zur Umkehrung der Polarität, G ein Kapillarelektrometer oder ein Nadelgalvanometer mit einer Empfindlichkeit von etwa $3 \cdot 10^{-8}$ A, V ein Voltmeter mit einer Empfindlichkeit von etwa $10^{-3} \sim 10^{-4}$ V, R ein gewöhnlicher Schieberwiderstand von etwa $100\,\Omega$ und Akk ein Akkumulator. Die Bezugselektrode wird am besten so gewählt, daß die EMK des resultierenden Elementes — wenn sich die Indikatorelektrode am Ende der Analysereaktion in der Lösung befindet — klein ist (~ 100 mV), um die Schieberstellung des Widerstandes R mit Hilfe des Voltmeters V hinreichend genau festlegen zu können.

Eine dritte Versuchsanordnung besteht in der Bildung eines Elementes aus Indikator- und Bezugselektrode, wobei letztere das gleiche Potential hat, das die Indikatorelektrode beim Abschluß der Reaktion annimmt. Der äußere Stromkreis wird über ein Voltmeter oder Galvanometer der gleichen Empfindlichkeit wie bei der vorhergehenden Methode oder auch über ein Kapillarelektrometer geschlossen. Die Titration hat den Endpunkt erreicht, wenn das Meßinstrument das Verschwinden der Potentialdifferenz anzeigt. In Tab. 43 sind einige Bezugselektroden für die gebräuchlichsten Titrationen nach Lanz[1] zusammengestellt.

Tabelle 43. *Bezugselektroden für einige potentiometrische Titrationen*

Elektrode	ε	Titration
Hg/Hg_2CO_3 in Na_2CO_3 1 n	$+ 0{,}048$	J^- mit $AgNO_3$
$Hg/Hg_2C_2O_4$ in $Na_2C_2O_4$ gesättigte Lösung	$+ 0{,}182$	Br^- mit $AgNO_3$
		SCN^- mit $AgNO_3$
		J^- mit $Hg_2(ClO_4)_2$
		Pb^{2+} mit $K_4[Fe(CN)_6]$ bei 75^0 C
		J_2 mit $Na_2S_2O_3$
$Hg/Hg_2(CH_3COO)_2$ in $NaCH_3COO$ 2 n	$+ 0{,}208$	J_2 mit $Na_2S_2O_3$
$Hg/Hg_2(CH_3COO)_2$ in $NaCH_3COO$ 1 n	$+ 0{,}245$	Cl^- mit $AgNO_3$
		Pb^{2+} mit $K_4[Fe(CN)_6]$ bei 18^0 C
Hg/Hg_2SO_4 in H_2SO_4 1 : 2	$+ 0{,}313$	Zn^{2+} mit $K_4[Fe(CN)_6]$ bei 75^0 C
		Cl^- mit $Hg_2(ClO_4)_2$
		Br^- mit $Hg_2(ClO_4)_2$
		Sn^{2+} mit $K_2Cr_2O_7$
Hg/Hg_2SO_4 in K_2SO_4 gesättigte Lösung	$+ 0{,}36$	
Hg/Hg_2SO_4 in K_2SO_4 1 n	$+ 0{,}365$	Zn^{2+} mit $K_4[Fe(CN)_6]$ bei 75^0 C
Hg/Hg_2SO_4 in Na_2SO_4 gesättigte Lösung	$+ 0{,}358$	
Pt/J_2 in KJ 2 n	$+ 0{,}265$	Cl^- mit $AgNO_3$
Pt/Br_2 in $NaBr$ 0,1 n	$+ 0{,}893$	
Pt/Br_2 in $NaBr$ 1 n	$+ 0{,}846$	Fe^{2+} mit $KMnO_4$
Pt/Br_2 in $NaBr$ gesättigte Lösung (18^0 C)	$+ 0{,}798$	$C_2O_4{}^{2-}$ mit $KMnO_4$
Pt/Br_2 in $NaBr$ gesättigte Lösung (18^0 C)	$+ 0{,}798$	As^{3+} mit $KBrO_3$

Ist das Umschlagspotential unbekannt, dann kann man ein Element aus der Indikatorelektrode und einer zweiten gleichartigen Elektrode konstruieren, die in eine Lösung eintaucht, deren Zusammensetzung mit jener der Indikatorelektrode am Ende der Analysereaktion übereinstimmt. In diesem Fall ist es ohne weiteres klar, daß die Potentialdifferenz zwischen den beiden Elektroden am Ende der Analysereaktion verschwinden muß.

---

[1] Lanz, H.: Die Anwendung der Umschlagselektrode bei der potentiometrischen Maßanalyse. Dissertation, Dresden 1929.

Eine experimentelle Methode, die den Wert von $\Delta \varepsilon / \Delta v$ (für konstanten Volumzuwachs) direkt angibt, ist die *Differentialtitrationsmethode*, deren Versuchsanordnung aus Abb. 52 ersichtlich ist. Dabei taucht die Elektrode 1 in einen Flüssigkeitsraum ein, der mit dem größten Teil der Lösung nur durch eine kleine Öffnung in Verbindung steht. Der Reagenszusatz wirkt sich zunächst nur in der Hauptmasse der Lösung aus; in dem Teil, in dem die Elektrode 1 eingetaucht ist, kommt dagegen keine nennenswerte Reaktion zustande, so daß sich zwischen den Elektroden 1 und 2 eine dem zugesetzten Volumen entsprechende Potentialdifferenz einstellt. Bei Konstanthalten des Volumzuwachses ist die zwischen den beiden Elektroden gemessene Potentialdifferenz dem Verhältnis $\Delta \varepsilon / \Delta v$ proportional. Nach Beendigung der Messung läßt man durch den Dreiwegehahn ein wenig Gas einströmen, um die Lösung in der Umgebung der Elektrode 1 zu erneuern und überall die gleiche Zusammensetzung wiederherzustellen. Trägt man die abgelesenen Volumina und die zwischen den beiden Elektroden gemessenen Potentialdifferenzen in ein Diagramm ein, so erhält man Kurven der Art, wie sie in Abb. 50 dargestellt sind.

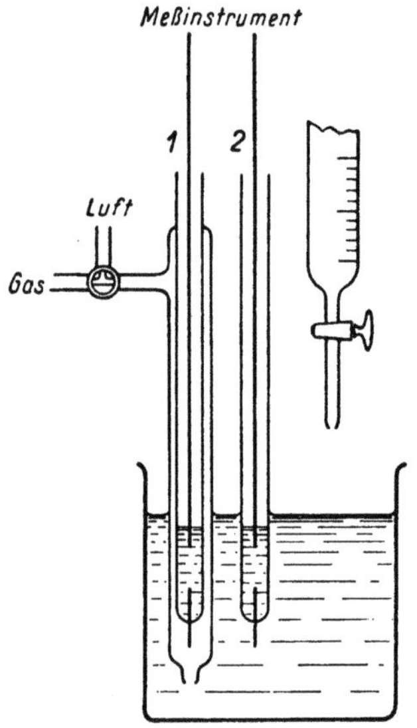

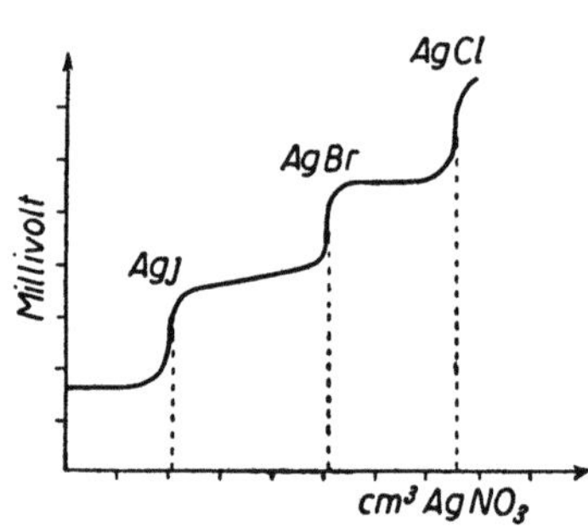

Abb. 52. Meßanordnung der Differentialtitrationsmethode

Abb. 53. Quantitative Bestimmung von J⁻-, Br⁻- und Cl⁻-Ionen

Es gibt noch weitere Methoden zur Bestimmung des Endpunktes einer Analysereaktion. Sie sind jedoch nicht von allgemeinerer Bedeutung und können hier nicht erörtert werden. Diesbezüglich wird auf die Spezialabhandlungen verwiesen.

Potentiometrische Messungen bieten unter entsprechenden Bedingungen auch die Möglichkeit, mit einer einzigen Operation verschiedene, gleichzeitig in einer Lösung vorhandene Ionenarten zu bestimmen. Es ist z. B. möglich, mittels einer in eine Lösung von Jod-, Brom- und Chlorverbindungen eingetauchten Silberelektrode die drei Ionenarten J⁻, Br⁻ und Cl⁻ mit einer einzigen potentiometrischen Silbernitrat-Titration quantitativ zu bestimmen. Dabei stützt man sich auf die verschiedenen Löslichkeitsprodukte des Silberjodids, -bromids und -chlorids. Der Verlauf der ε-v-Kurve ist in Abb. 53 dargestellt. Am Anfang der Reaktion beginnt die am wenigsten lösliche der drei Verbindungen, das Silberjodid, auszufallen und es stellt sich jenes Potential ein, das die in eine Lösung von Ag⁺-Ionen getauchte Silberelektrode annimmt, wenn die Konzentration dem Löslichkeitsprodukt des Silberjodids entspricht. Sind die J⁻-Ionen

-vollständig gefällt, dann steigt die Konzentration der Ag$^+$-Ionen rasch an, bis das Löslichkeitsprodukt des Silberbromids erreicht wird. Man erhält daher einen ersten Potentialsprung bis zu jenem Wert, der dem Potential einer Silberelektrode in einer Lösung von Ag$^+$-Ionen entspricht, deren Konzentration vom Löslichkeitsprodukt des Silberbromids bestimmt wird. Erst dann, wenn alle Br$^-$-Ionen gefällt sind, beginnen die Cl$^-$-Ionen mit den Ag$^+$-Ionen zu reagieren und die Kurve zeigt einen zweiten Potentialsprung bis zu jenem Wert, der der vom Löslichkeitsprodukt des Silberchlorids bestimmten Ag$^+$-Ionenkonzentration zugeordnet ist. Am Ende der dritten Reaktion, das heißt, wenn auch die Cl$^-$-Ionen vollständig niedergeschlagen sind, kommt es zum dritten Potentialsprung. Aus den Volumina der für jeden der drei Potentialsprünge titrierten Silbernitratlösung berechnen sich leicht die Mengen an J$^-$, Br$^-$ und Cl$^-$-Ionen, die ursprünglich in der Lösung vorhanden waren.

In analoger Weise können mit Hilfe eines Oxydationsmittels verschiedene reduzierende Stoffe gleichzeitig titriert werden, indem mittels einer unangreifbaren Elektrode die Redoxpotentiale gemessen werden.

6. Elektrolytische Analyse

Die *elektrolytische Analyse* gestattet die Bestimmung vieler Ionenarten, wenn die Primärreaktion der Elektrolyse in der Entladung des zu bestimmenden Ions besteht und nicht von Sekundärreaktionen begleitet ist[1]. Da jedem Ion ein wohl definiertes und charakteristisches Entladungspotential entspricht (s. Kap. IV, 3), genügt es, der bei der Elektrolyse verwendeten Elektrode eine Polarisation zu geben, die um 0,1 bis 0,2 V höher liegt, als das Entladungspotential (wobei allfällige Überspannungen zu berücksichtigen sind) und sie auf diesem Potential zu halten, um die quantitative Entladung des fraglichen Ions zu erzielen.

Die elektrolytische Analyse findet vorwiegend bei der quantitativen Bestimmung von Metallen Anwendung, die sich in Form von Kationen in wässeriger Lösung befinden, und ist dann möglich, wenn die Elektrolyse zur vollständigen Entladung des Kations unter Bildung eines metallischen Niederschlages auf der vorher abgewogenen Kathode führt. Das abgeschiedene Metall muß gut haften und darf keine Verunreinigungen aus der Lösung einschließen.

Sind in der Lösung mehrere Kationen enthalten, so ist deren Trennung auf elektrolytischem Wege leicht durchführbar. Ihre quantitative Bestimmung ist möglich, wenn sich die Entladungspotentiale der verschiedenen Metalle untereinander so weit unterscheiden, daß die höchste Polarisation, die zur quantitativen Abscheidung des edleren Kations notwendig ist, immer kleiner bleibt als die niedrigste Polarisation, die zur Einleitung der Abscheidung des folgenden unedleren erforderlich ist.

Wenn auch für elektrolytische Bestimmungen vorwiegend Reduktionsvorgänge an der Kathode benützt werden, so kommen doch auch manchmal Oxydationsprozesse an der Anode in Betracht, und zwar dann, wenn sich das fragliche Metall an der Kathode nicht quantitativ in zweckmäßiger Form abscheiden läßt, während es an der Anode zur Bildung kompakter Oxydniederschläge führt. Dies ist z. B. beim Mangan der Fall, das ein so negatives Entladungspotential aufweist, daß seine Abscheidung an der Kathode, die durch die Überspannung

---

[1] In besonderen Fällen ist die elektrolytische Analyse auch dann möglich, wenn die Primärreaktion von einer zweiten Primärreaktion begleitet ist, welch letztere die Hauptreaktion jedoch nicht stören darf, z. B. Entwicklung von Wasserstoff.

des Wasserstoffes an einer Elektrode aus metallischem Mangan ermöglicht wird, immer von Wasserstoffentladung begleitet ist und nicht quantitativ erfolgt. Unter geeigneten Bedingungen ist es dagegen möglich, mittels Oxydation einen gut haftenden und kompakten Niederschlag von Mangandioxyd an der Anode zu erhalten, der leicht waschbar und daher auch leicht wägbar ist.

Schließlich muß noch daran erinnert werden, daß einige Erdalkali- und auch Alkalimetalle auf elektrolytischem Wege quantitativ bestimmbar sind, wenn man als Kathode Quecksilber wählt, an dem die Überspannung des Wasserstoffes einen so hohen Wert annimmt, daß die Entladung solcher Kationen möglich wird.

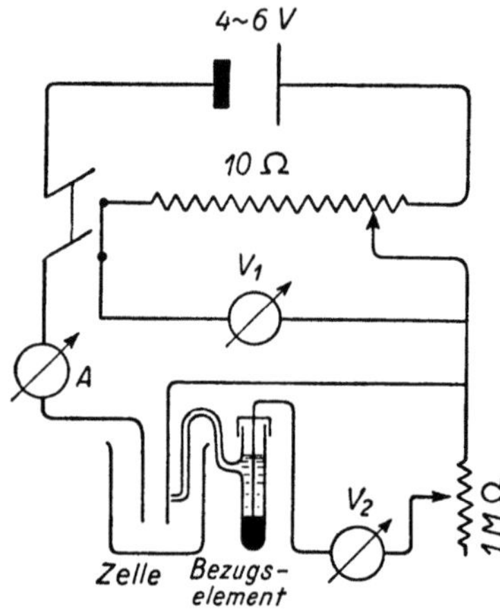

Abb. 54. Schaltschema für elektrolytische Analysen mit Kontrolle des Kathodenpotentials

Die bei der Elektrolyse von außen angelegte Potentialdifferenz zerfällt in der Zelle entsprechend der Beziehung

$$V = E_A + E_K + R\,I$$

in drei Teile (s. Kap. IV, 3), das heißt in die Anodenpolarisation, die Kathodenpolarisation und den Ohmschen Potentialabfall. Alle drei Faktoren sind im Laufe der Elektrolyse mehr oder minder bedeutenden Veränderungen unterworfen. Da aber der für die kathodische Abscheidung (bei den Reduktionen) wesentliche Faktor die Polarisation der Kathode ist, besteht die beste Methode zur Erzielung zuverlässiger Ergebnisse im Arbeiten mit kontrolliertem Kathodenpotential. Besonders im Fall von Trennungen ist die Kontrolle des Kathodenpotentials erforderlich, um zu vermeiden, daß es Werte annimmt, die auch zur Abscheidung anderer Bestandteile des gegebenen Systems führen.

In Abb. 54 [1] ist eine einfache Schaltung dargestellt, die die Kontrolle von Hand aus erlaubt. Kompliziertere Schaltungen für automatische Kontrolle [2] finden sich in der Fachliteratur.

Bezüglich der Stromstärke ist zu berücksichtigen, daß man sie während der Analyse immer beträchtlich unterhalb der Grenzstromdichte halten muß und daß daher die Oberfläche der Elektrode bekannt oder leicht bestimmbar sein muß. Aus dem im vierten Kapitel, Abschn. 4, Gesagten geht hervor, daß kräftiges Rühren eine bedeutend höhere Stromdichte zuläßt und daher die Durchführung von Analysen in viel kürzerer Zeit, das heißt elektrolytische Schnellanalysen gestattet. Um bei den Analysen und speziell bei den Trennungen befriedigende Ergebnisse zu erzielen, ist es in jedem Fall notwendig, sich mit peinlichster Genauigkeit an die optimalen Bedingungen zu halten, die man entweder selbst gefunden hat oder die in der Literatur angegeben sind.

Zwei Abarten der elektrolytischen Analyse sind die innere Elektrolyse und die coulometrische Analyse.

---

[1] Lingane, J. J.: Ind. Eng. Chem. Anal. Ed. 16, 147 (1944).

[2] Lingane, J. J.: Ind. Eng. Chem. Anal. Ed. 17, 332 (1945). — Hickling, A.: Trans. Faraday Soc. 38, 27 (1942). — Caldwell, C. W., R. C. Parker and H. Diehl: Ind. Eng. Chem. Anal. Ed. 16, 532 (1944). — Diehl, H.: Electrochemical Analysis with Graded Cathode Potential Control. Columbus: G. F. Smith, 1948.

Bei der inneren Elektrolyse wird keine Potentialdifferenz von außen angelegt, dagegen verwendet man als Anode ein unedleres Metall als jenes, das aus der Lösung abgeschieden werden soll, so daß eine Art Daniell-Element entsteht, in dem das unedlere Metall das edlere aus der zu analysierenden Lösung verdrängt und auf einer vorher abgewogenen Platinkathode zur Abscheidung bringt. In diesem Fall ist es selbstverständlich notwendig, die beiden Elektroden mittels eines Diaphragmas zu trennen und die Anode in eine indifferente Elektrolytlösung eintauchen zu lassen, um eine direkte Abscheidung auf ihr zu verhindern. Eine Anzahl von inneren Elektrolysen wurde zusammen mit den betreffenden Versuchsbedingungen von Davies und Key[1] in Tabellenform zusammengestellt.

Die coulometrische Analyse beruht statt auf der Wägung des abgeschiedenen Stoffes auf der Bestimmung der Elektrizitätsmenge, die notwendig ist, um die Reaktion zum Abschluß zu bringen (s. folgenden Abschnitt). Die Apparatur für coulometrische Analysen ist mit der für elektrolytische Analysen identisch, der Stromkreis enthält nur zusätzlich ein Coulometer, das mit der Elektrolysezelle in Serie geschaltet ist und die hindurchgetretene Elektrizitätsmenge mißt[2].

Die coulometrische Analyse liefert nur dann zuverlässige Ergebnisse, wenn die elektrochemische Reaktion während der Elektrolyse genau bekannt ist, die Sicherheit besteht, daß die Stromausbeute dieser Reaktion 1 ist und der Endpunkt der Reaktion präzis erfaßt werden kann[3], um in diesem Augenblick den Stromkreis zu unterbrechen. Die coulometrische Analyse gibt unter günstigen Verhältnissen Resultate, deren Genauigkeit mit der elektrolytischen Analyse vergleichbar ist.

7. Voltameter (Coulometer)

Eine spezielle Anwendung der Elektrolyse für Meßzwecke liegt bei den Voltametern, auch Coulometer genannt, vor, mit deren Hilfe unter Ausnützung der strengen Gültigkeit der Faradayschen Gesetze aus der abgeschiedenen Stoffmenge die Elektrizitätsmenge bestimmt wird, die den Stromkreis durchflossen hat. Natürlich muß die Wahl der für ein Voltameter verwendbaren Reaktion auf einen Primärvorgang fallen, der von keinerlei weiteren Primärvorgängen begleitet ist und auch zu keinen Sekundärreaktionen Anlaß gibt, so daß die Stromausbeute mit Sicherheit 1 ist; außerdem muß das Reaktionsprodukt wägbar oder auf eine andere Weise genau bestimmbar sein.

Die genauesten Ergebnisse (Fehlergrenzen unter sehr günstigen Bedingungen ± 0,03%) liefert das in Abb. 55 dargestellte Normalsilbernitratvoltameter. Es besteht aus einem Platintiegel K, der als Kathode dient und eine Lösung von reinem Silbernitrat (20—40 Gewichtsteile Salz auf 100 Gewichtsteile Wasser)

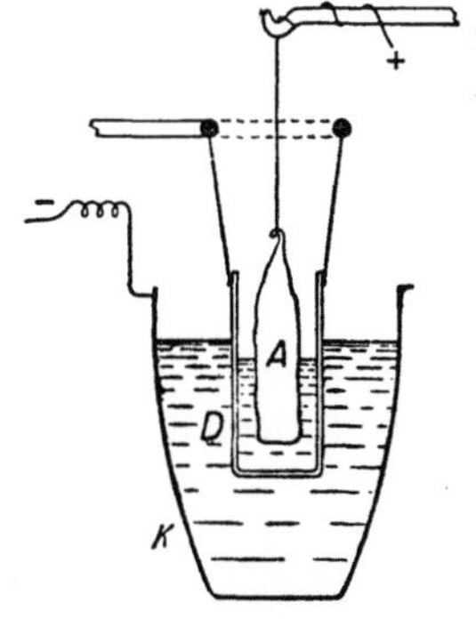

Abb. 55. Normalsilbernitratvoltameter

enthält. Die Anode wird durch ein Stäbchen reinsten Silbers dargestellt und taucht in eine Silbernitratlösung gleicher Konzentration ein, die sich in einem

---

[1] Davies, W. C. and C. Key: Ind. Chemist **21**, 544 (1944).

[2] Lingane, J. J.: J. Amer. Chem. Soc. **67**, 1916 (1945).

[3] Arbeitet man mit kontrolliertem Potential bei einer Polarisation, die um 0,1 bis 0,2 V über dem niedrigsten theoretischen Wert liegt, dann wird das Ende der Reaktion durch Absinken der Stromstärke praktisch auf Null angezeigt.

zylindrischen Gefäß aus porösem Porzellan D befindet, das seinerseits in die Lösung des Platintiegels eingetaucht ist. Das poröse Porzellangefäß wirkt als Diaphragma und soll verhindern, daß Silberteilchen, die sich von der Anode losgelöst haben, auf die Kathode fallen. Die Dichte des Kathodenstromes darf 0,02 A/cm², jene des Anodenstromes 0,2 A/cm² nicht übersteigen. Wenn man den Tiegel vor und nach der Elektrolyse wiegt und weiß, daß 1 C 0,001 118 g Silber abscheidet, ist die Berechnung der Elektrizitätsmenge, die den Stromkreis durchflossen hat, ohne weiteres möglich.

Es gibt noch eine ganze Anzahl weiterer Arten von Voltametern, die sich auf mehr oder weniger bequeme, rasche oder genaue Reaktionen stützen, wie z. B. das Kupfervoltameter, das im Prinzip dem Silbervoltameter gleicht, das Knallgasvoltameter, bei dem die Volumina des Wasserstoffes und Sauerstoffes gemessen werden, die bei der Elektrolyse angesäuerten Wassers entstehen, das Titrationssilbervoltameter, in dem durch volumetrische Titration die an der Anode aufgelöste Silbermenge bestimmt wird, das Titrationsjodvoltameter, das Quecksilbervoltameter, bei dem das Volumen des auf der Kathode niedergeschlagenen Quecksilbers bestimmt wird, und andere mehr.

8. Polarographie

Die Registrierung der I-V-Kurven (vgl. viertes Kapitel) wird ebenfalls zur Lösung verschiedener chemischer Probleme herangezogen. Dazu gehören die Konstitution von Substanzen, Stabilitätsfragen, Fragen der Reaktionskinetik usw. Insbesondere gestattet die auf diesen Kurven beruhende chemische Analyse, die auch als *polarographische Analyse* bezeichnet wird, die gleichzeitige qualitative und quantitative Bestimmung verschiedener in einer Lösung vorhandener Ionenarten, und zwar entweder der Kationen, was den üblicheren Fall darstellt, oder der Anionen. Dagegen ist die gleichzeitige Bestimmung von Anionen und Kationen gewöhnlich nicht möglich (s. unten).

Um das grundlegende Prinzip dieser Analysemethode zu erklären, erscheint es zweckmäßig, die Reduktionsvorgänge an der Kathode einer genaueren Betrachtung zu unterziehen, mit dem gleichzeitigen Hinweis, daß dieselbe Überlegung auch für die Anodenvorgänge gilt.

In einer Elektrolysezelle, die als Anode ruhendes Quecksilber mit großer Oberfläche enthält und als Kathode eine Kapillare, aus der reinstes Quecksilber tropft, bietet das beständige und regelmäßige Tropfen des Quecksilbers in die Elektrolytlösung eine sich ständig erneuernde Oberfläche, die durch keinerlei vorausgegangene Polarisation beeinflußt ist. An ihr ist die Überspannung des Wasserstoffes am größten und nimmt einen solchen Wert an, daß auch die Entladung der Kationen von Alkalimetallen ohne Entwicklung von Wasserstoffgas möglich wird. Darüber hinaus bilden die auf der ständig erneuerten Quecksilberoberfläche entladenen Metalle stark verdünnte Amalgame, in denen sie eine vollständig reversible elektrolytische Aktivität besitzen, so daß die Kathodenpolarisation vollkommen ist; dies ist auch der kleinen Kathodenoberfläche zuzuschreiben.

Die Anode besteht dagegen aus einer großen Quecksilberoberfläche. Die Stromdichte ist daher an ihr so klein, daß ihr Potential als unveränderlich betrachtet werden kann. Jede Änderung der Stromstärke wird also ausschließlich durch die Potentialänderungen der Kathodenvorgänge bestimmt. Die ständige

Erneuerung der Kathodenoberfläche erlaubt eine vollkommene Reproduzierbarkeit der Ergebnisse und eine solche Konstanz der Versuchsbedingungen, daß die Stromstärke nur vom Potential und nicht von der Dauer der Elektrolyse abhängt. Wählt man schließlich zur Messung der Stromstärke ein hinreichend empfindliches Galvanometer, dann bleibt die Menge des zersetzten Elektrolyten so klein, daß sie keine nennenswerte Änderung in seiner Zusammensetzung hervorruft.

In Abb. 56 ist das Prinzip des Polarographen schematisch wiedergegeben. Die Spannung eines Akkumulators *Akk* wird an die Enden CD eines Widerstandes gelegt, von dem mittels eines Schieberkontaktes E die gewünschte Spannung kontinuierlich abgenommen werden kann. Weiters bedeuten A die großflächige Quecksilberanode in Ruhe, K die Kathodenkapillare, aus der das Quecksilber tropft, G das Galvanometer und B ein Quecksilbervorratsgefäß. Der von seinem Erfinder Heyrovský *Polarograph* benannte Apparat gestattet die automatische Registrierung der *I-V*-Kurven. Das Schaltschema des Polarographen ist aus Abb. 57 ersichtlich. Die bekannte Spannung eines Akkumulators *Akk* liegt an den Enden eines homogenen, kalibrierten Drahtes CD, der auf einem drehbaren Zylinder aufgewickelt ist. Das positive Ende des Widerstandes ist mit der Anode A der Elektrolysezelle verbunden; die Kapillarkathode K hat über das Quecksilbervorratsgefäß B, das Galvanometer G und die Empfindlichkeitseinstellung des Galvanometers R mit dem Schleifkontakt E Verbindung. Verwendet wird ein Spiegelgalvanometer: ein von der Lichtquelle L ausgehender Lichtstrahl fällt nach Ablenkung durch den Galvanometerspiegel auf den Spalt F eines Gehäuses S, in dem sich eine Trommel mit aufgespanntem photographischen Papier befindet. Trommel und Zylinder sind untereinander durch ein Räderwerk so verbunden, daß die Trommel eine ganze Umdrehung vollzieht, wenn der Zylinder ebensoviele Umdrehungen ausgeführt hat, als Drahtwindungen vorhanden sind. In anderen Worten: die Trommel hat eine ganze Drehung vollzogen, wenn der Kontakt E von einem zum anderen Ende des aufgewickelten Drahtes gewandert ist. Ein Hilfslämpchen (in der Abbildung nicht eingezeichnet) beleuchtet nach jeder vollen Zylinderumdrehung einen Augenblick lang den Spalt F und zeichnet auf das photographische Papier eine entsprechende Marke. Beträgt z. B. die an die Drahtenden angelegte Spannung 2,0 V und befinden sich auf dem Zylinder 10 Drahtwindungen, dann entspricht jede Umdrehung augenscheinlich einer Verschiebung des Schleifkontaktes um ein Zehntel der Gesamtlänge des Drahtes und jede Registrierung ist von der vorhergehenden um 0,2 V verschieden.

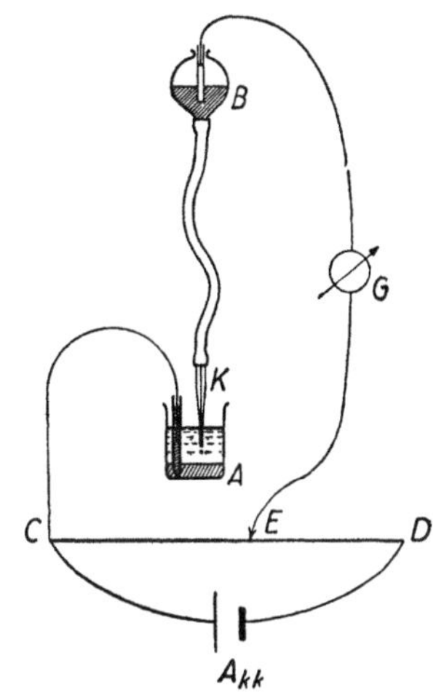

Abb. 56. Prinzip des Polarographen

Werden Zylinder und Trommel durch einen kleinen Motor in Drehung versetzt, so wächst die Kathodenpolarisation an und die Stromstärke, die dem Galvanometerausschlag proportional und für jeden Polarisationswert charakteristisch ist, wird automatisch registriert. Die so erhaltene photographische Kurve wird als *Polarogramm* bezeichnet. Daraus kann ohne weiteres die an die Zelle angelegte Gesamtspannung auf Grund der Lichtmarken abgelesen werden. Kennt man oder mißt man mit einer Hilfsbezugselektrode das Anodenpotential, dann ist das Kathodenpotential durch Differenzbildung unmittelbar zu bestimmen[1]. Die üblichen Zellen sind in Abb. 58 dargestellt.

Die Stärke des die Elektrolysezelle durchfließenden Stromes wird durch das Ohmsche Gesetz bestimmt, wenn man auch die Anoden- und Kathodenpolarisation in Rechnung stellt. Aus der Beziehung (s. Kap. IV, 2)

$$V = E_A + E_K + R\,I$$

erhält man

$$I = \frac{V - (E_A + E_K)}{R}\,.$$

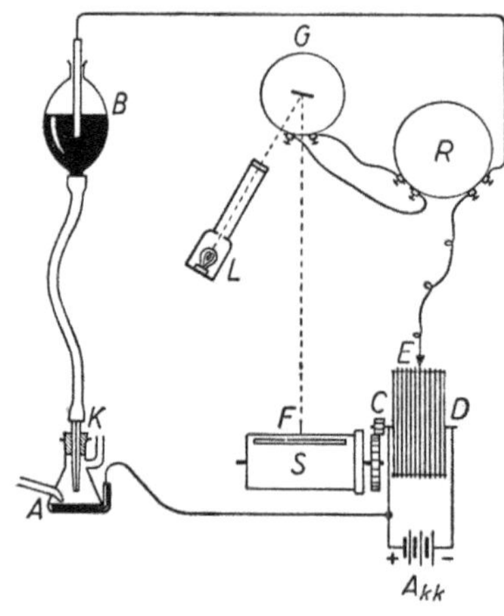

Abb. 57. Schaltschema für polarographische Registrierungen

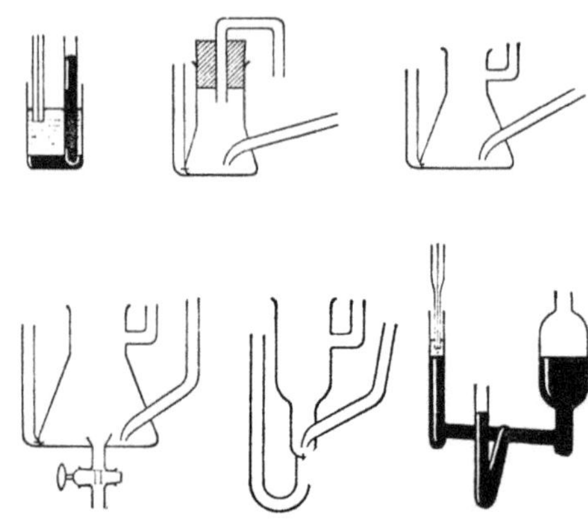

Abb. 58. Zellen für polarographische Untersuchungen

Da das Anodenpotential E_A konstant ist, hat es auf die Stromstärke I keinen Einfluß. Setzt man das Anodenpotential gleich Null, das heißt in anderen Worten, wählt man das Anodenpotential als Bezugspunkt für die Messung des Kathodenpotentials und macht ferner das Produkt $I \cdot R$ vernachlässigbar klein (im allgemeinen ist I von der Größenordnung 10^{-6} A und R immer kleiner als 1000 Ω), dann bleibt

$$E_K = V$$

übrig, so daß die Stromstärke-Potentialkurve praktisch nur vom Kathodenpotential abhängt.

Das Kathodenpotential für eine reversible Amalgamelektrode (s. Kap. III, 6) ergibt sich aus der Beziehung

$$E_K = E_{0K} - \frac{R\,T}{z\,F}\ln\frac{f_a\,[\mathrm{Me}]}{f_a{}'\,[\mathrm{Me}^{z+}]}\,,\tag{1}$$

worin die verschiedenen Symbole die gewohnte Bedeutung haben; f_a und $f_a{}'$ sind die Aktivitätskoeffizienten des Metalles[2] und des Metallions im Amalgam

---

[1] Eine entsprechende Abänderung der Schaltung ermöglicht es, daß sich die auf das Potential der ruhenden Elektrode bezogene Polarität der Tropfelektrode an einem beliebigen, willkürlich vorausbestimmten Punkt des Zylinderdrahtes umkehrt. Mit einer solchen Schaltung wird also die gleichzeitige Analyse von Anionen und Kationen möglich, sofern nur deren Potentiale $E_{1/2}$ (s. u.) im Potentialbereich des Polarogrammes liegen.

[2] Die Konstante k der Gleichung für Amalgamelektroden ist im Aktivitätskoeffizienten f_a mit enthalten.

und in der Lösung, [Me] ist die Konzentration des Metalles im Amalgam. Letztere ist in jedem Quecksilbertröpfchen gemäß dem ersten Faradayschen Gesetz offenbar proportional der Stärke des die Zelle durchfließenden Stromes, vorausgesetzt daß das Zeitintervall zwischen dem Fallen zweier aufeinanderfolgender Tropfen und auch die Masse jedes Quecksilbertropfens konstant sind:

$$[\mathrm{Me}] = k' \cdot I. \tag{2}$$

Die Konstante k' berücksichtigt bereits das elektrochemische Äquivalent, die Diffusionserscheinungen des auf der Quecksilberoberfläche entladenen Metalles gegen das Innere des Tröpfchens hin und auch die übrigen charakteristischen Konstanten des Prozesses.

Durch Einsetzen von Gl. (2) in Gl. (1) erhält man:

$$E_K = E_{0K} - \frac{R\,T}{z\,F} \ln \frac{k'\,I\,f_a}{f_a{'}\,[\mathrm{Me}^{z+}]}\,, \tag{3}$$

$$\ln \frac{k'\,I\,f_a}{f_a{'}\,[\mathrm{Me}^{z+}]} = -\frac{(E_K - E_{0K})\,z\,F}{R\,T}\,,$$

$$\frac{k'\,I\,f_a}{f_a{'}\,[\mathrm{Me}^{z+}]} = e^{-\dfrac{(E_K - E_{0K})\,z\,F}{R\,T}}\,,$$

$$I = \frac{f_a{'}\,[\mathrm{Me}^{z+}]}{k'\,f_a}\,e^{-\dfrac{(E_K - E_{0K})\,z\,F}{R\,T}} \tag{4}$$

Die Kurve hat Exponentialform. Die gleiche Schlußfolgerung kann für Anodenvorgänge in Elektrolysezellen, die mit einer Tropfanode und mit einer aus ruhendem Quecksilber mit großer Oberfläche bestehenden Kathode ausgestattet sind, wiederholt werden.

Die Kurve verläuft jedoch nur solange exponentiell, bis der Wert des Grenzstromes erreicht ist. In diesem Fall strebt die Ionenkonzentration $[\mathrm{Me}^{z+}]$ in der unmittelbaren Nachbarschaft der Kathode gegen Null und die Stromstärke bleibt konstant. Stellt man die Lösung im Überschuß eines indifferenten Elektrolyten her, dessen Ionen an den Entladungsvorgängen der Elektroden nicht teilnehmen, so wird der Strom im Innern der Lösung vorwiegend von den Ionen des indifferenten Elektrolyten getragen, so daß die am elektrochemischen Prozeß beteiligten Ionen für den Elektrizitätstransport ausfallen. Letztere bewegen sich also, als ob sie nur der Diffusion unterlägen, die durch den Konzentrationsunterschied zwischen dem Innern der Lösung und der unmittelbaren Nachbarschaft der Elektrode, an der sie sich entladen, bestimmt wird. An der Grenzfläche Elektrode-Elektrolyt vollzieht sich der Stromübergang ausschließlich in Form von Entladung der Me^{z+}-Kationen, so daß geschrieben werden kann:

$$I = k_1 \left([\mathrm{Me}^{z+}] - [\mathrm{Me}_0{}^{z+}]\right)\,. \tag{5}$$

Darin bedeuten $[\mathrm{Me}^{z+}]$ die Ionenkonzentration in der Masse der Lösung und $[\mathrm{Me}_0{}^{z+}]$ die Konzentration im Elektrodenfilm. Ist $[\mathrm{Me}_0{}^{z+}] = 0$, das heißt,

---

[1] Die Konstante k_1 ist theoretisch von Ilkovic ermittelt worden. [Collection Czechoslov. Chem. Commun. 6, 498 (1934); J. Chim. phys. 35, 129 (1938).] Sie ergibt sich aus der Beziehung

$$I = 0{,}63\,z \cdot F\,[\mathrm{Me}^{z+}]\,d^{1/2}\,m^{2/3}\,t^{1/6}.$$

Darin sind d der Diffusionskoeffizient, m die Masse des je Sekunde durch die Kapillare fließenden Quecksilbers, t die Zeit zwischen dem Fallen zweier aufeinanderfolgender Tröpfchen.

wenn alle Me^{z+}-Kationen unmittelbar nach ihrem Eintreffen in der Berührungsschicht der Elektrode entladen werden, erhält man

$$I_{Max} = k_1\,[Me^{z+}],\qquad(6)$$

was bedeutet, daß der Grenzstrom konstant und vom Kathodenpotential unabhängig wird; er hängt nur von der Konstante k_1 ab. Der Strom I_{Max} wird auch als *Diffusionsstrom* bezeichnet. Die Kurve nimmt dann die aus Abb. 59 ersichtliche Form einer Stufe an, deren Höhe, das ist der Unterschied der Stromstärke zwischen den waagrechten Kurvenabschnitten zu beiden Seiten der Stufe, der Stromstärke I_{Max} proportional ist.

Der Gesamtverlauf der *I-E*-Kurve kann mit Hilfe der folgenden Überlegungen ermittelt werden. Das Potential einer Elektrode hängt effektiv von der Ionenkonzentration in der Berührungsschicht ab. Es ist also:

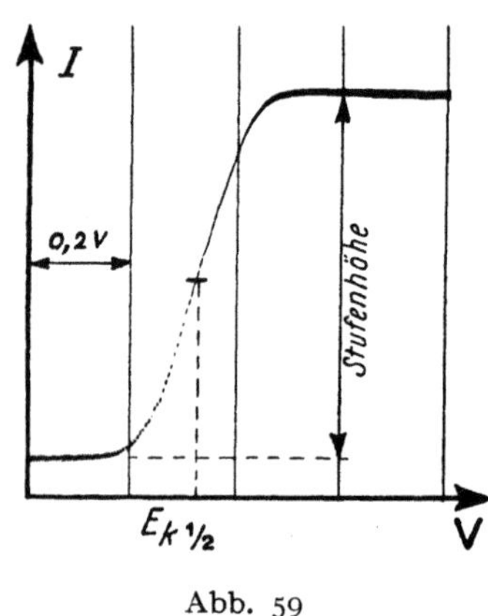

Abb. 59

$$E_K = E_{0K} - \frac{R\,T}{z\,F}\ln\frac{f_a\,[Me]}{f_a'\,[Me_0{}^{z+}]}.\qquad(7)$$

Mit Rücksicht auf die Beziehungen (2), (5) und (6) geht (7) über in

$$E_K = E_{0K} - \frac{R\,T}{z\,F}\ln\left[k'\,\frac{f_a\,I}{f_a'\,[Me_0{}^{z+}]}\right],$$

$$= E_{0K} - \frac{R\,T}{z\,F}\ln\left[k'\,\frac{f_a\,I}{f_a'\,([Me^{z+}] - I/k_1)}\right],$$

$$= E_{0K} - \frac{R\,T}{z\,F}\ln\left[k'\,\frac{f_a\,I}{f_a'\,(I_{Max}/k_1 - I/k_1)}\right],$$

$$= E_{0K} - \frac{R\,T}{z\,F}\ln\left[k'\,k_1\,\frac{f_a\,I}{f_a'\,(I_{Max} - I)}\right].\qquad(8)$$

Die durch Gl. (8) beschriebene Kurve hat Wendepunkte, wenn ihre zweite Ableitung irgendwo Null wird.

Die erste Ableitung lautet:

$$\frac{dE_K}{dI} = \frac{d\left[E_{0K} - \dfrac{R\,T}{z\,F}\left(\ln\left\{k'\,k_1\,\dfrac{f_a}{f_a'}\right\} + \ln I - \ln\{I_{Max} - I\}\right)\right]}{dI}.$$

Für eine bezüglich des indifferenten Elektrolyten konstant zusammengesetzte Lösung bleibt wegen der praktischen Unveränderlichkeit der Ionenstärke auch der Aktivitätskoeffizient f_a' in erster Annäherung konstant und, da auch der Wert des Aktivitätskoeffizienten f_a des Amalgams als konstant betrachtet werden muß, erhält man

$$\frac{dE_K}{dI} = -\frac{R\,T}{z\,F}\left(\frac{1}{I} - \frac{-1}{I_{Max} - I}\right),$$

$$= -\frac{R\,T}{z\,F}\frac{I_{Max} - I + I}{I\cdot I_{Max} - I^2},$$

$$= -\frac{R\,T}{z\,F}\frac{I_{Max}}{I\cdot I_{Max} - I^2}.$$

Die zweite Ableitung ergibt dann:

$$\frac{d^2E_K}{dI^2} = -\frac{R\,T}{z\,F}\frac{I_{Max}\,(I_{Max} - 2\,I)}{(I\cdot I_{Max} - I^2)^2}.\qquad(9)$$

Gl. (9) wird Null, wenn

$$I_{Max} - 2\,I = 0,$$

das heißt für

$$I = \tfrac{1}{2}\,I_{Max}. \tag{10}$$

Aus Gl. (10) folgt also, daß der Wendepunkt der Kurve bei $\tfrac{1}{2}\,I_{Max}$ liegt. Das diesem Punkte entsprechende Potential wird durch das Symbol $E_{K\,\frac{1}{2}}$ ausgedrückt.

Durch Einführung von $\tfrac{1}{2}\,I_{Max}$ für I in Gl. (8) erhält man das Potential $E_{K\,\frac{1}{2}}$:

$$
\begin{aligned}
E_{K\,\frac{1}{2}} &= E_0 - \frac{R\,T}{z\,F}\ln\left[k'\,k_1\,\frac{f_a\,\tfrac{1}{2}\,I_{Max}}{(I_{Max} - \tfrac{1}{2}\,I_{Max})}\right], \\
&= E_0 - \frac{R\,T}{z\,F}\ln\left[k'\,k_1\,\frac{f_a}{f_a'}\right].
\end{aligned}
\tag{11}
$$

9. Qualitative und quantitative Auswertung der Polarogramme

Aus Gl. (11) des vorhergehenden Abschnittes ist ohne weiteres ersichtlich, daß das Kathodenpotential $E_{K\,\frac{1}{2}}$ in halber Höhe der Stufe bei konstanter Temperatur und Zusammensetzung des indifferenten Elektrolyten selbst konstant ist, da es nur eine Funktion von zwei charakteristischen Konstanten des Vorganges und des unveränderlichen Verhältnisses der Aktivitätskoeffizienten ist. Es ist unabhängig von der Konzentration des entladenen Ions, von der Tropfgeschwindigkeit des Quecksilbers, von der Empfindlichkeit der Meßinstrumente, von der Wahl der Koordinaten usw. Sobald in einem Analysepolarogramm bei festgelegter Temperatur und Zusammensetzung des indifferenten Elektrolyten eine Stufe aufscheint, kann aus dem Halbstufenpotential die Gegenwart einer bestimmten Ionenart erkannt werden.

Da jede Ionenart unter bestimmten Bedingungen einen charakteristischen Potentialwert $E_{K\,\frac{1}{2}}$ besitzt, so folgt daraus, daß man für jeden Vorgang eine Stufe mit einem konstanten und den Vorgang selbst kennzeichnenden Potential $E_{K\,\frac{1}{2}}$ erhält. In anderen Worten: die Methode gestattet die qualitative Bestimmung verschiedener gleichzeitig in einer Lösung vorhandener Ionenarten

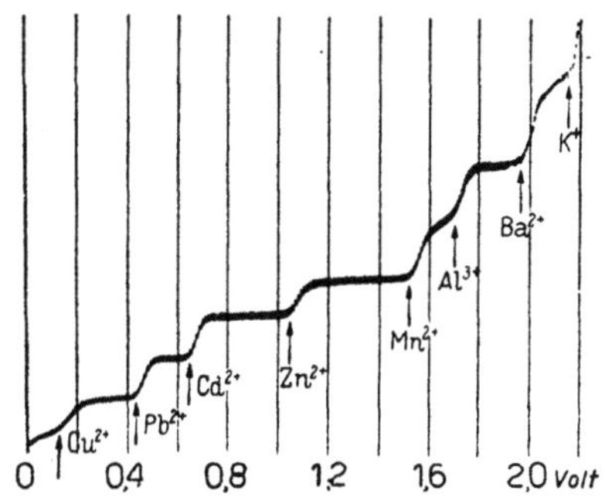

Abb. 60. Polarogramm

mittels einer einzigen Operation. Abb. 60 zeigt das Polarogramm einer Lösung von Cu^{2+}, Pb^{2+}, Cd^{2+}, Zn^{2+}, Mn^{2+}, Al^{3+}, Ba^{2+} und K^+-Ionen. Es ist klar, daß die unzweideutige Feststellung mehrerer Ionenarten in einem Polarogramm um so schwieriger ist, je näher deren charakteristische Potentiale beisammen liegen und daß sie im Grenzfall der Übereinstimmung dieser Potentiale unmöglich wird. Durch Veränderung der Zusammensetzung des indifferenten Elektrolyten kann jedoch die Ionenstärke der Lösung selbst und der Wert des Aktivitätskoeffizienten f_a' so geändert werden, daß sich das Potential $E_{K\,\frac{1}{2}}$ verschiebt. Es ist daher mittels geeigneter chemischer Maßnahmen (Veränderung der Lösung des indifferenten Elektrolyten, Bildung komplexer Verbindungen usw.) möglich, allzu nahe beieinanderliegende Potentiale ausreichend zu trennen.

Wenn die zu analysierende Lösung allzu komplexer Natur ist, kann man unter Umständen vorher Trennungen auf chemischem Wege durchführen.

In Tab. 44 sind einige maßgebende Werte des Kathodenpotentials $E_{K\frac{1}{2}}$ zusammengestellt. Die in Volt ausgedrückten Potentialangaben sind auf die gesättigte Kalomelelektrode und Zimmertemperatur bezogen.

Tabelle 44. *Werte des Kathodenpotentials $E_{K\frac{1}{2}}$ in Volt für die Entladung von Kationen*

Kation	Zusammensetzung des Elektrolyten	$E_{K\frac{1}{2}}$
Ag^+	$K[Ag(CN)_2]$	— 0,3
Al^{3+}	neutral oder sauer	— 1,70 [1]
As^{3+}	HCl 1 n	— 0,3
	NaOH 0,1 n	— 1,8
	Tartrat 0,1 m + HCl 0,01 n	— 1,1
Au^+	alkalisch 1 n	— 1,3 [1]
	KCN 1 n	— 1,5 [1]
Ba^{2+}	neutral oder sauer oder alkalisch 1 n	— 1,94 [1]
Be^{2+}	$BeCl_2$ oder $BeSO_4$	— 1,8
Bi^{3+}	H_2SO_4 0,1 n	— 0,04
	HCl 0,01 n	— 0,09
	HNO_3 1 n	— 0,01
	neutral oder sauer	— 0,03 [1]
	weinsauer oder zitronensauer, 10%	— 0,41 [1]
Ca^{2+}	neutral oder sauer oder alkalisch 1 n	— 2,23 [1]
Cd^{2+}	KCl oder HCl 1 n	— 0,642
	H_2SO_4 1 n	— 0,586
	KCN 1 n	— 1,18
	NH_4OH 1 n + NH_4Cl 1 n	— 0,81
	neutral oder sauer	— 0,63 [1]
	alkalisch 1 n	— 0,80 [1]
	Tartrat 0,5 m, p_H 4—8	— 0,64
Co^{2+}	NH_4OH 1 n + NH_4Cl 1 n	— 1,30
	KCl 1 n	— 1,2
	KCl + Pyridin 0,5 m	— 1,07
	KCNS 1 n	— 1,03
	KCN 1 n	— 1,2 [1]
	neutral oder sauer	— 1,23 [1]
	alkalisch 1 n	— 1,44 [1]
	Tartrat 1 m	— 1,6
Cr^{2+}	Cr^{3+} in KCl 0,1 n	— 1,53
	CrO_4^{2-} in KCl 0,1 n	— 1,7
	neutral oder sauer	— 1,42 [1]
	alkalisch 1 n	— 1,98 [1]
	NH_4OH 1 n + NH_4Cl 1 n, p_H 8—9	— 1,7
Cr^{3+}	CrO_4^{2-} in NH_4OH 1 n + NH_4Cl 1 n, p_H 8—9	— 1,7
Cs^+	neutral oder sauer oder alkalisch 1 n	— 2,09 [1]
Cu^+	NH_4OH 1 n + NH_4Cl 1 n	— 0,50
	KCNS 0,1 n	— 0,39
	weinsauer oder zitronensauer, 10%	— 0,21 [1]
Cu^{2+}	KCl 0,1 n	+ 0,02
	neutral oder sauer	— 0,03 [1]
	alkalisch 1 n	— 0,42
	weinsauer oder zitronensauer, 10%	— 0,21 [1]

[1] Diese Potentiale sind auf die Kalomelelektrode 1 n bezogen.

Fortsetzung der Tabelle 44.

Kation	Zusammensetzung des Elektrolyten	$E_{K\frac{1}{2}}$
Fe^{2+}	KCl oder $BaCl_2$ 0,1 n	— 1,3
	NH_4ClO_4 1 n	— 1,45
	neutral oder sauer	— 1,33 [1]
	alkalisch 1 n	— 1,56 [1]
	NH_4OH 1 n + NH_4Cl 1 n	— 1,52 [1]
In^{3+}	KCl oder HCl 0,1 n	— 0,561
	KCl 1 n	— 0,597
	neutral oder sauer	— 0,63 [1]
	alkalisch 1 n	— 1,13 [1]
K^+	neutral oder sauer oder alkalisch 1 n	— 2,17 [1]
	$N(C_2H_5)_4OH$	— 2,14
Li^+	neutral oder sauer oder alkalisch 1 n	— 2,31 [1]
Mg^{2+}	$N(CH_3)_4Cl$ 0,1 n	— 2,2
	neutral oder sauer	— 1,9 [1]
Mn^{2+}	KCl 1 n	— 1,51
	NH_4OH 1 n + NH_4Cl 1 n	— 1,45
	$KCNS$ 0,2 n	— 1,55
	neutral oder sauer	— 1,55 [1]
	alkalisch 1 n	— 1,74 [1]
	KCN 1,5 n	— 1,33
	weinsauer oder zitronensauer, 10%	— 1,7 [1]
Na^+	neutral oder sauer oder alkalisch 1 n	— 2,15 [1]
	$N(C_2H_5)_4OH$	— 2,12
NH_4^+	neutral oder sauer	— 2,07 [1]
	alkalisch 1 n	— 2,17 [1]
Ni^{2+}	KCl 1 n	— 1,1
	KCl 1 n + Pyridin 0,5 m	— 0,78
	NH_4OH 1 n + NH_4Cl 1 n	— 1,12
	$KCNS$ 1 n	— 0,70
	KCN 1 n	— 1,40
	neutral oder sauer	— 1,09 [1]
Pb^{2+}	KNO_3 oder HNO_3 1 n	— 0,405
	KCl oder HCl 1 n	— 0,435
	neutral oder sauer	— 0,46 [1]
	KCN 1 n	— 0,72
	alkalisch 1 n	— 0,76
	Tartrat 0,5 m, p_H 8	— 0,50
Ra^{2+}	neutral oder sauer oder alkalisch 1 n	— 1,89 [1]
Rb^{2+}	neutral oder sauer oder alkalisch 1 n	— 2,07 [1]
Sb^{3+}	HCl 1 n	— 0,15
	$NaOH$ 1 n	— 1,26
	H_2SO_4 1 n	— 0,32
Sr^{2+}	neutral oder sauer oder alkalisch 1 n	— 2,13 [1]
Sn^{2+}	$HClO_4$ 2 n + $NaCl$ oder HCl 0,5 n	— 0,35
	$NaOH$ 1 n	— 1,55
	H_2SO_4 1 n	— 0,46
Sn^{4+}	HCl 1 n	— 0,47
Tl^+	KCl oder HCl oder $NaCl$ 0,1 n	— 0,460
Zn^{2+}	KCl 1 n	— 1,022
	$NaOH$ 1 n	— 1,50
	NH_4OH 2 n + NH_4Cl 2 n	— 1,43
	NH_4OH 1 n + NH_4Cl 1 n	— 1,38 [1]
	$KCNS$ 0,1 n	— 1,01

[1] Diese Potentiale sind auf die Kalomelelektrode 1 n bezogen.

Tab. 45 enthält einige Redoxpotentiale $E_{K\frac{1}{2}}$ für Zimmertemperatur, ebenfalls auf die gesättigte Kalomelelektrode bezogen.

Tabelle 45. *Werte des Kathodenpotentials $E_{K\frac{1}{2}}$ in Volt für einige Redoxvorgänge*[1]

Vorgang	Zusammensetzung des Elektrolyten	$E_{K\frac{1}{2}}$
$BrO_3^- \rightarrow Br^-$	KCl oder KOH $1\,n$	$-1,85$
	NH_4Cl $0,1\,n$	$-1,72$
	$CaCl_2$ oder $BaCl_2$ oder $SrCl_2$ $0,1\,n$	$-1,52$
	H_2SO_4 $0,1\,n$	$-0,07$
$Co^{3+} \rightarrow Co^{2+}$	KCN $1\,n$	$-1,25$
	NH_4OH $1\,n + NH_4Cl$ $1\,n$	$-0,3$
$Cr^{3+} \rightarrow Cr^{2+}$	sauer	$-0,78$ [2]
	$CaCl_2$ gesättigte Lösung	$-0,55$ [2]
	KCl $0,1\,n$	$-0,88$
$CrO_4^{2-} \rightarrow Cr^{2+}$	KCl $0,1\,n$	$-1,0$
	NaOH $1\,n$	$-0,85$
	ammoniakalisch	$-0,36$ [2]
$Cu^{2+} \rightarrow Cu^+$	NH_4OH $1\,n + NH_4Cl$ $1\,n$	$-0,24$
	KCNS $0,1\,n$	$-0,02$
	Citrat-Puffer, $p_H\,7$	$-0,21$ [2]
	Na_2SO_4 $0,1\,n$	$-0,06$ [2]
$Fe^{3+} \rightarrow Fe^{2+}$	K_2-Oxalat $1\,m$	$-0,24$
	KOH $1\,n$	$-0,9$ [2]
	Citrat-Puffer, $p_H\,7$	$-0,49$ [2]
$JO_3^- \rightarrow J^-$	KCl oder K_2SO_4 oder KOH $0,1\,n$	$-1,25$
	$HClO_4$ $0,1\,n$	$-0,042$
	KCl $0,1\,n +$ Acetat-Puffer, $p_H\,4,9$	$-0,500$
	$CaCl_2$ oder $BaCl_2$ oder $SrCl_2$ $0,05\,m$	$-1,0$
$SeO_3^{2-} \rightarrow Se^{2-}$	sauer	$-0,1$ [2]
$Sn^{4+} \rightarrow Sn^{2+}$	NaOH $1\,n$	$-1,2$
$TeO_3^{2-} \rightarrow Te^{2-}$	sauer	0 [2]
	ammoniakalisch	$-0,65$ [2]
$Ti^{4+} \rightarrow Ti^{3+}$	HCl $0,1\,n$	$-0,81$
	angesäuertes Tartrat	$-0,44$
	sauer	$-0,98$ [2]
	KCNS $0,1\,n$	$-0,49$ [2]
	$CaCl_2$ gesättigte Lösung	$-0,15$
$V^{3+} \rightarrow V^{2+}$	H_2SO_4 $1\,n$	$-0,508$

[1] Eine reichliche Sammlung von Redoxpotentialen findet sich bei Heyrovský, J.: Polarographie, Wien: Springer-Verlag, 1941; Kolthoff, I. M. and J. J. Lingane: Polarography, 2. Aufl. New York: Interscience, 1946.

[2] Diese Potentiale sind auf die Kalomelelektrode $1\,n$ bezogen.

Tab. 45 a enthält die Reduktionspotentiale einiger organischer Verbindungen bei der angegebenen Konzentration (Mol/Liter), Elektrolytzusammensetzung und Temperatur. Die Potentiale sind, wenn nicht anders vermerkt, vermutlich auf die gesättigte Kalomelelektrode bezogen. Die Werte werden bezüglich ihrer Genauigkeit mit Vorbehalt wiedergegeben, weil der größte Teil der Originalliteratur dem Verfasser nicht zugänglich war. Sie entstammen zum Teil einer Sammlung von Bobrowa und Ssokolov[1].

[1] Bobrowa, M. I. und P. N. Ssokolov: Betriebs Lab. (russ.) 15, 36 (1949).

Tabelle 45 a. *Polarographische Potentiale organischer Verbindungen*[1]

Verbindung	Bruttoformel	Mol/l	E_K emp.[2]	$E_{K^{1/2}}$[3]	Elektrolytzusammensetzung
1. Aldehyde					
Formaldehyd	$HCHO$		—1,50*		0,03 n NaOH
		0,1	—1,38		0,1 n NH$_4$Cl
			—1,55		0,01 n NaOH
Acetaldehyd	CH_3CHO	10^{-3}	—1,6		0,1 n NH$_4$Cl
		10^{-3}		—1,87	0,2 n N(CH$_3$)$_4$OH
			—1,75		0,01 n NaOH
Propionaldehyd	C_2H_5CHO	10^{-3}	—1,6		0,1 n NH$_4$Cl
		10^{-3}		—1,92	0,2 n N(CH$_3$)$_4$OH
			—1,75		0,01 n NaOH
n-Butyraldehyd	C_3H_7CHO	10^{-3}		—1,90	0,2 n N(CH$_3$)$_4$OH
Isobutyraldehyd	C_3H_7CHO	10^{-3}		—1,91	0,2 n N(CH$_3$)$_4$OH
n-Valeraldehyd	C_4H_9CHO	10^{-3}		—1,90	0,2 n N(CH$_3$)$_4$OH
Isovaleraldehyd	C_4H_9CHO	1	—1,36		0,1 n NH$_4$Cl
n-Capronaldehyd	$C_5H_{11}CHO$	10^{-3}		—1,98	0,2 n N(CH$_3$)$_4$OH
Önanthol	$C_6H_{13}CHO$	10^{-3}		—1,90	0,2 n N(CH$_3$)$_4$OH
Acrolein	$CH_2 = CHCHO$		—0,85		0,09 n HCl
			—1,4		0,02 n NaCl
				—1,04; —1,44	LiCO$_3$ + LiCl p_H 9—11
Crotonaldehyd	$CH_3CH = CHCHO$	10^{-3}		—1,37;* —1,80 *	0,2 n N(CH$_3$)$_4$OH
				—1,31;* —1,59 *	0,1 n NH$_4$Cl
			—0,9		0,09 n HCl
Citral	$C_9H_{15}CHO$	6 · 10^{-3}		—1,43	1 n NH$_4$Cl in 75% C$_2$H$_5$OH
2. Ketone					
Aceton	CH_3COCH_3	0,016	—2,20		0,025 n N(CH$_3$)$_4$J
		10^{-4}	—1,28*		0,1 n KCl + 0,01 n HCl
Methyläthylketon	$CH_3COC_2H_5$	0,24	—2,25		0,025 n N(CH$_3$)$_4$J
Isobutylidenaceton	$CH_3COCH = $ $= CHCH(CH_3)_2$	10^{-3}		—1,56	0,1 n NH$_4$Cl
				—1,64	0,2 n N(CH$_3$)$_4$OH
Crotylidenaceton	$CH_3COCH = CH —$ $— CH = CHCH_3$	10^{-3}	—1,20		0,1 n NH$_4$Cl

Fortsetzung der Tabelle S. 200.

[1] Weitere Angaben finden sich bei Kolthoff, I. M. and J. J. Lingane: Polarography, 2. Aufl. New York: Interscience, 1946.

[2] Empirische Werte des Reduktionspotentials, wie z. B. Anfang der polarographischen Stufe usw.

[3] Wenn für denselben Stoff und dieselben Versuchsbedingungen mehrere Potentiale angegeben sind, beziehen sie sich auf verschiedene polarographische Stufen.

* Werte auf 1 n Kalomelelektrode bezogen.

Fortsetzung der Tabelle 45 a.

Verbindung	Bruttoformel	Mol/l	E_K emp.[2]	$E_{K^{1/2}}$[3]	Elektrolyt-zusammensetzung
3. *Oxyaldehyde und Oxyketone*					
Glycerinaldehyd	$CH_2OHCHOHCHO$	10^{-3}	—1,30*		0,1 n NH_4Cl
Oxyaceton	$CH_2OHCOCH_3$	10^{-3}	—1,75*		0,1 n NH_4Cl
Methylacetylcarbinol	$CH_3COCHOHCH_3$	10^{-3}	—1,7 *		0,1 n NH_4Cl
		10^{-4}	—1,14*		0,1 n KCl + 0,01 n HCl
4. *Gesättigte Dicarbonylverbindungen*					
Glyoxal	$CHO—CHO$	10^{-3}	—1,50*		0,1 n NH_4Cl
Oxalsäure	$(COOH)_2$	10^{-3}	—1,03*		0,1 n NH_4Cl
Oxalsäureäthylester	$(COOC_2H_5)_2$	10^{-3}	—1,36*		0,1 n NH_4Cl
Diacetyl	$CH_3COCOCH_3$	10^{-3}	—0,70; —1,58		0,1 n NH_4Cl
				—0,88;* —1,63 *	0,1 n NH_4Cl
		10^{-4}	—0,402*		0,1 n KCl + 0,01 HCl
Brenztraubensäure	$CH_3COCOOH$			—1,26(keto)* —1,53(enol)*	p_H 7 p_H 7
Acetylaceton	$CH_3COCH_2COCH_3$	1	—1,37(keto) —1,07(enol)		0,1 n $LiCl$ 0,1 n $LiCl$
		10^{-4}	—1,20*		0,1 n KCl + 0,01 n HCl
Acetessigsäureäthylester	$CH_3COCH_2COOC_2H_5$	1	—1,47 (keto) —1,66(enol)		0,1 n $LiCl$ 0,1 n $LiCl$
5. *Ungesättigte Säuren*					
Fumarsäure	$C_4H_4O_4$			—1,15*	p_H 5
Maleinsäure	$C_4H_4O_4$			—1,05*	p_H 5
Aconitsäure	$C_6H_6O_6$		—0,49*		1 n HCl
Citraconsäure	$C_5H_6O_4$		—0,51*		1 n HCl
Acetylendicarbonsäure	$COOH—C \equiv C—$ $—COOH$		—0,22*		1 n HCl
Sorbinsäure	$COOH\,CH = CH—$ $—CH=CH—CH_3$		—2,01*		Alkalische Lösung
6. *Halogenverbindungen*					
Chloraceton	$CH_2ClCOCH_3$		—1,13* —1,18*		0,1 n NH_4Cl 0,1 n $LiCl$
Bromaceton	$CH_2BrCOCH_3$		—0,30* —0,29*		0,1 n NH_4Cl 0,1 n $LiCl$
Jodaceton	CH_2JCOCH_3		—0,14*		0,1 n NH_4Cl oder $LiCl$
symm.-Dichloraceton	$(CH_2Cl)_2CO$		—0,83* 0,00*		0,1 n NH_4Cl 0,1 n $LiCl$

[2], [3], * s. Fußnoten S. 199.

Fortsetzung der Tabelle 45 a.

Verbindung	Bruttoformel	Mol/l	E_K emp.[2]	$E_{K^{1}/_{2}}$[3]	Elektrolytzusammensetzung
7. Schwefel- bzw. Stickstoffhaltige Verbindungen					
Harnstoff	$CO(NH_2)_2$	10^{-3}	—1,55*		$0,1\ n\ NH_4Cl$
Äthylmercaptan	C_2H_5SH	10^{-3}		—0,02*	$0,025\ n\ H_2SO_4$ in 90% C_2H_5OH
n-Butylmercaptan	C_4H_9SH	$\sim10^{-3}$		—0,02*	$0,025\ n\ H_2SO_4$ in 85% C_2H_5OH
8. Kohlehydrate					
Fructose	$C_6H_{12}O_6$		—1,80		$0,02\ n$ LiCl oder LiOH
Sorbose	$C_6H_{12}O_6$		—1,80		$0,02\ n$ LiCl oder LiOH
9. Peroxyde und Hydroperoxyde					
Methylhydroperoxyd	CH_3OOH		—0,6		$0,01\ n$ HCl
			—0,25		$0,02\ n$ HCl
Äthylhydroperoxyd	C_2H_5OOH		—0,20		$0,02\ n$ HCl·
Diäthylperoxyd	$(C_2H_5O)_2$		—0,5		$0,1\ n$ LiCl oder $0,02\ n$ HCl
		10^{-3}	—1,0		Alkalische Lösung
Diformalperoxydhydrat	$(CH_2OHO)_2$		—0,35		$0,1\ n$ LiCl
Tricycloacetonsuperoxyd	$[(CH_3)_2COO]_3$		—0,6		$0,02\ n$ HCl in C_2H_5OH
10.					
Kohlendioxyd	CO_2			—2,16*	$0,1\ n$ N$(CH_3)_4$Cl
11. Kohlenwasserstoffe					
Styrol	$C_6H_5CH=CH_2$	10^{-3}		—2,343	
Phenylpropylen	$C_6H_5CH=CHCH_3$	$1,1\cdot10^{-3}$		—2,537	
α-Diphenyläthylen	$(C_6H_5)_2C=CH_2$	$0,9\cdot10^{-3}$		—2,258	
Stilben	$C_6H_5CH=CHC_6H_5$	10^{-3}		—2,14	
α,δ-Diphenyl-α,γ-butadien	$C_6H_5CH=CH-$ $-CH=CHC_6H_5$	$0,8\cdot10^{-3}$		—1,981	
Triphenyläthylen	$(C_6H_5)_2C=CHC_6H_5$	$1,1\cdot10^{-3}$		—2,118	
Tetraphenyläthylen	$(C_6H_5)_2C=C(C_6H_5)_2$	$2\cdot10^{-3}$		—2,046	
Diphenylacetylen	$C_6H_5C\equiv CC_6H_5$	$1,6\cdot10^{-3}$		—2,195	
Naphthalin	$C_{10}H_8$	10^{-3}		—2,5	$0,0175\ n$ N(C_4H_9)J in 75% Dioxan + 25% H_2O
1,2-Dihydronaphthalin	$C_{10}H_{10}$	$2\cdot10^{-3}$		—2,57	
Acenaphthen	$C_{12}H_{10}$	10^{-3}		—2,57	
Inden	C_9H_8	10^{-3}	—2,54		
3-Phenylinden	$C_{15}H_{12}$	10^{-3}		—2,32	
Fluoren	$C_{13}H_{10}$	10^{-3}		—2,65	
Diphenyl	$C_{12}H_{10}$	$0,7\cdot10^{-3}$		—2,70	
Phenanthren	$C_{14}H_{10}$	$2,5\cdot10^{-3}$		—2,46; —2,71	
9,10-Dihydrophenanthren	$C_{14}H_{12}$	$0,9\cdot10^{-3}$		—2,62	

[2], [3], * s. Fußnoten S. 199.

Fortsetzung der Tabelle S. 202.

Fortsetzung der Tabelle 45 a.

Verbindung	Bruttoformel	Mol/l	E_K emp.[2]	$E_{K^{1/2}}$[3]	Elektrolytzusammensetzung
Pyren	$C_{16}H_{10}$	$0,7 \cdot 10^{-3}$		—2,67	
Anthracen	$C_{14}H_{10}$	10^{-3}		—1,94	
1,2-Benzanthracen	$C_{18}H_{12}$	$1,6 \cdot 10^{-3}$		—2,03; —2,54	
1,2,5,6-Dibenzanthracen	$C_{22}H_{14}$	$0,8 \cdot 10^{-3}$		—2,07; —2,53	$0,0175\ n\ N(C_4H_9)J$ in 75% Dioxan + 25% H_2O
9,10-Dimethyl-1,2-benzanthracen	$C_{20}H_{16}$	10^{-3}		—2,05; —2,53	
3-Methylcholanthren	$C_{21}H_{16}$	$1,3 \cdot 10^{-3}$		—2,11; —2,51	
3,4-Benzopyren	$C_{20}H_{12}$	10^{-3}		—1,88	
12. *Aldehyde*					
Benzaldehyd	C_6H_5CHO		—1,27*		$0,1\ n\ NH_4Cl\ p_H\ 7$
				—1,34	$0,2\ n\ N(CH_3)_4OH$
Phenylpropionaldehyd	$C_6H_5(CH_2)_2CHO$	1	—1,38*		$0,1\ n\ NH_4Cl$
13. *Ketone*					
Acetophenon	$C_6H_5COCH_3$		—0,96		
			$-0,06\,p_H$;		$0 < p_H < 4$
			—1,56		$p_H > 4$
		10^{-3}		—1,51*	$0,1\ n\ NH_4Cl$
				—1,52	$0,2\ n\ N(CH_3)_4OH$
Äthylphenylketon	$C_6H_5COC_2H_5$			—1,65	LiOH
Propylphenylketon	$C_6H_5COC_3H_7$			—1,64	LiOH
n-Propylphenylketon	$C_6H_5COC_3H_7$			—1,50*	$0,1\ n\ NH_4Cl$
				—1,60	$0,2\ n\ N(CH_3)_4OH$
Isopropylphenylketon	$C_6H_5COC_3H_7$			—1,53*	$0,1\ n\ NH_4Cl$
				—1,61	$0,2\ n\ N(CH_3)_4OH$
Benzophenon	$C_6H_5COC_6H_5$	10^{-4}	—1,01*		$0,1\ n\ KCl + 0,01\ n\ HCl$
				—1,25	$0,1\ n\ NH_4Cl$
				—1,35	$0,2\ n\ N(CH_3)_4OH$
Benzylphenylketon	$C_6H_5CH_2COC_6H_5$			—1,47*	$0,1\ n\ NH_4Cl$
				—1,48	$0,2\ n\ N(CH_3)_4OH$
Benzylacetophenon	$C_6H_5(CH_2)_2COC_6H_5$			—1,54	$0,2\ n\ N(CH_3)_4OH$
14. *Oxyaldehyde und Oxyketone*					
p-Oxybenzaldehyd	C_6H_4OHCHO			—1,45*	$0,1\ n\ NH_4Cl$
				—1,75	$0,2\ n\ N(CH_3)_4OH$
o-Oxybenzaldehyd	C_6H_4OHCHO			—1,38*	$0,1\ n\ NH_4Cl$
				—1,61	$0,2\ n\ N(CH_3)_4OH$
m-Oxybenzaldehyd	C_6H_4OHCHO		—1,21*		$0,1\ n\ NH_4Cl$
Anisaldehyd	$C_6H_4OCH_3CHO$			—1,45*	$0,1\ n\ NH_4Cl$
o-Oxyacetophenon	$C_6H_4OHCOCH_3$			—1,64	$0,2\ n\ N(CH_3)_4OH$

[2], [3], * s. Fußnoten S. 199.

Fortsetzung der Tabelle 45 a.

Verbindung	Bruttoformel	Mol/l	E_K emp.[2]	$E_{K^{1/2}}$ [3]	Elektrolytzusammensetzung
Benzoin	$C_6H_5CHOHCOC_6H_5$			—0,7; —1,4	0,2 $N(CH_3)_4OH$
		10^{-4}	—0,95*		0,1 n KCl + 0,01 n HCl
4,4'-Dioxybenzophenon	$(C_6H_4OH)_2CO$	10^{-3}		—1,47	p_H 7 Kolthoffscher Puffer; 60° C
4,4'-Dioxy-3,3'-dimethylbenzophenon	$(C_6H_3OHCH_3)_2CO$	10^{-3}		—1,48	p_H 7 Kolthoffscher Puffer; 60° C
4,4'-Dioxy-3,3'-dimethoxybenzophenon	$(C_6H_3OHOCH_3)_2CO$	10^{-3}		—1,46	p_H 6 Kolthoffscher Puffer; 60° C
Aurin	$C_{19}H_{14}O_3$	10^{-3}		—0,80; —1,24	
Chrysaurin	$C_{22}H_{20}O_2$	10^{-3}		—0,82; —1,26	p_H 7 Kolthoffscher Puffer in 30% C_2H_5OH, 60° C
Rubrophen	$C_{20}H_{20}O_6$	10^{-3}		—0,82; —1,24	
Eupitton	$C_{25}H_{26}O_9$	10^{-3}		—0,82; —1,26	

15. *Policarbonylverbindungen*

Verbindung	Bruttoformel	Mol/l	E_K emp.[2]	$E_{K^{1/2}}$ [3]	Elektrolytzusammensetzung
Benzochinon	$C_6H_4O_2$	10^{-3}		+0,037*	p_H 7 Phosphatpuffer
Toluchinon	$C_7H_6O_2$	10^{-3}		—0,05	p_H 7 Kolthoffscher Puffer
Methoxybenzochinon	$C_7H_6O_3$	10^{-3}		—0,085	p_H 7 Kolthoffscher Puffer
Dimethoxybenzochinon	$C_8H_8O_4$	10^{-3}		—0,17	p_H 7 Kolthoffscher Puffer
9,10-Anthrachinon	$C_{14}H_8O_2$			—0,6	0,2 n $N(CH_3)_4OH$
9,10-Phenanthrenchinon	$C_{14}H_8O_2$			—0,4	0,2 n $N(CH_3)_4OH$
Benzoylaceton	$C_{10}H_{10}O_2$	10^{-4}	—0,94*		p_H 2
				—1,80	0,2 n $N(CH_3)_4OH$
Benzil	$C_6H_5COCOC_6H_5$	10^{-4}		—0,203	0,1 n KCl + 0,01 n HCl
Benzoylacetophenon	$C_{15}H_{12}O_2$	10^{-4}	—0,817		p_H 2
				—0,65; —1,4	0,2 n $N(CH_3)_4OH$
a-Äthyl-a-benzoylaceton	$C_{12}H_{14}O_2$			—0,52; —1,79	0,2 n $N(CH_3)_4OH$
a-Butyl-a-benzoylaceton	$C_{14}H_{18}O_2$			—1,55; —1,81	0,2 n $N(CH_3)_4OH$
Trimethylbenzoylaceton	$C_{13}H_{16}O_2$			—1,89	0,2 n $N(CH_3)_4OH$
Phthalsäure	$C_6H_4(COOH)_2$			—1,39* (molek.) —1,54* (ion.)	p_H 4,1
Benzoylbenzoesäure	$C_6H_5COC_6H_4COOH$	10^{-3}		—1,11; —1,60	0,1 n $N(C_4H_9)_4J$ + + 50% Dioxan
2-Oxydibenzoylmethan	$OHC_6H_4COCH_2$ — — COC_6H_5			—1,37	0,1 n NH_4Cl
Diphenyltriketon	$C_6H_5(CO)_3C_6H_5$	10^{-4}	—0,25*		0,1 n KCl + 0,01 n HCl
Aurintricarbonsäure	$C_{22}H_{14}O_9$	10^{-3}		—0,81; —1,27	p_H 7 Kolthoffscher Puffer in 30% C_2H_5OH; 60° C

[2], [3], * s. Fußnoten S. 199.

Fortsetzung der Tabelle S. 204.

Fortsetzung der Tabelle 45 a.

Verbindung	Bruttoformel	Mol/l	E_K emp.[2]	$E_{K^1/_2}$[3]	Elektrolyt-zusammensetzung
16. *Carbonylverbindungen mit koniugierten Doppelbindungen*					
Benzalaceton	$CH_3COCH =$	10^{-3}		—1,07*	0,1 n NH_4Cl
	$= CHC_6H_5$	10^{-3}		—1,24; —1,31	0,2 n $N(CH_3)_4OH$
Dibenzalaceton	$C_{17}H_{14}O$	10^{-3}		—1,22	0,2 n $N(CH_3)_4OH$
Cinnamalacetophenon	$C_{17}H_{14}O$	10^{-3}		—0,93; —1,11	0,2 n $N(CH_3)_4OH$
Zimtsäure	$C_6H_5CH=CHCOOH$		—0,96		1 n HCl
		1	—1,46		0,1 n NH_4Cl in 50% C_2H_5OH
17. *Halogenverbindungen*					
Trichlor-di[p-bromphenyl]äthan	$(BrC_6H_4)_2CH$ — CCl_3			—0,82	
Trichlor-di[p-chlorphenyl]äthan	$(ClC_6H_4)_2CH$ — CCl_3			—0,84	
Triphenilchlormethan	$(C_6H_5)_3CCl$			—1,25	
Hexachlorcyklohexan	$C_6H_6Cl_6$			—1,85	
o-Chlorbenzaldehyd	C_6H_4ClCHO			—1,07*	0,1 n NH_4Cl
m-Chlorbenzaldehyd	C_6H_4ClCHO			—1,12*	0,1 n NH_4Cl
p-Chlorbenzaldehyd	C_6H_4ClCHO			—1,18*	0,1 n NH_4Cl
m-Brombenzaldehyd	C_6H_4BrCHO			—1,19*	0,1 n NH_4Cl
p-Brombenzaldehyd	C_6H_4BrCHO			—1,21*	0,1 n NH_4Cl
Brompropiophenon	$CH_2BrCH_2COC_6H_5$			—1,50*	0,1 n NH_4Cl
				—1,60	0,2 n $N(CH_3)_4OH$
p-Bromacetophenon	$C_6H_4BrCOCH_3$			—1,43*	0,1 n NH_4Cl
				—1,52	0,2 n $N(CH_3)_4OH$
p-Chlorbenzophenon	$C_6H_4ClCOC_6H_5$			—1,16	0,1 n NH_4Cl
				—1,28; —1,50	0,2 n $N(CH_3)_4OH$
Jodaurin	$C_{19}H_{13}O_3J$	10^{-3}		—0,81; —1,29	pH 7 Kolthoffscher Puffer in 30% C_2H_5OH
3-p-Brombenzoyl-3-methylacrylsäure (syn)	$CH_3CCOC_6H_4Br$ $\|$ HCCOOH	$1,9 \cdot 10^{-3}$		—0,91;* —1,36;* —1,55;* —1,80 *	0,1 n $N(C_4H_9)_4J$ in 50% Dioxan
		$1,6 \cdot 10^{-3}$		—1,49;* —1,77 *	[0,1 n $N(C_4H_9)_4J$; 0,052 n $N(C_4H_9)_4OH$] in 50% Dioxan
3-p-Brombenzoyl-3-methylacrylsäure (anti)	$CH_3CCOC_6H_4Br$ $\|$ HOOCCH	$1,1 \cdot 10^{-3}$		—0,96;* —1,51;* —1,79;* —2,32 *	0,1 n $N(C_4H_9)J$ in 50% Dioxan
		$1,1 \cdot 10^{-3}$		—1,39;* —1,60;* —1,79 *	[0,1 n $N(C_4H_9)J$; 0,052 n $N(C_4H_9)OH$] in 50% Dioxan

[2], [3], * s. Fußnoten S. 199.

Fortsetzung der Tabelle 45 a.

Verbindung	Bruttoformel	Mol/l	E_K emp. [2]	$E_{K^1/_2}$ [3]	Elektrolyt-zusammensetzung
18. *Stickstoff-, Schwefel- und andere Verbindungen*					
Nitrobenzol	$C_6H_5NO_2$	10^{-4}	—0,42*		
o-Dinitrobenzol	$C_6H_4(NO_2)_2$	10^{-4}	—0,27; —0,53		
m-Dinitrobenzol	$C_6H_4(NO_2)_2$	10^{-4}	—0,31; —0,52		
p-Dinitrobenzol	$C_6H_4(NO_2)_2$	10^{-4}	—0,27; —0,57		
o-Nitrophenol	$C_6H_4OHNO_2$	10^{-3}		—0,73	p_H 7 in 10% C_2H_5OH
m-Nitrophenol	$C_6H_4OHNO_2$	10^{-4}	—0,43 *		
p-Nitrophenol	$C_6H_4OHNO_2$	10^{-4}	—0,54 *		
2,4-Dinitrophenol	$C_6H_3OH(NO_2)_2$	10^{-4}	—0,38;* —0,57 *		
2,5-Dinitrophenol	$C_6H_3OH(NO_2)_2$	10^{-4}	—0,29;* —0,54 *		
2,6-Dinitrophenol	$C_6H_3OH(NO_2)_2$	10^{-4}	—0,36 *		
o-Nitroanilin	$C_6H_4NO_2NH_2$	10^{-4}	—0,55 *		
m-Nitroanilin	$C_6H_4NO_2NH_2$	10^{-4}	—0,43 *		p_H 7
p-Nitroanilin	$C_6H_4NO_2NH_2$	10^{-4}	—0,51 *		
β-Phenylhydroxylamin	C_6H_5NHOH			—0,02	p_H 6,7 Phosphatpuffer
Azoxybenzol	$C_6H_5NO = NC_6H_5$			—0,63*	p_H 6,7 Phosphatpuffer in 20% C_2H_5OH
Hydroxylaminbenzol-sulfonamid	$C_{18}H_{24}O_8N_6S_3$	$3 \cdot 10^{-4}$		—0,62*	0,1 n NaOH
Nitrobenzolsulfonamid	$NO_2C_6H_4SO_2NH_2$			—0,48	p_H 7,9
Phenylarsinsäure	$C_6H_5AsO(OH)_2$	10^{-2}		—1,27*	0,1 n LiCl
19.					
Cyclohexenoxyd	$C_6H_{10}O$		—0,05		0,02 n HCl
20. *Heterocyclische Verbindungen*					
Furfurol	C_4H_3OCHO	10^{-3}		—1,70 *	p_H 7,25 Acetatpuffer
Benzoylfurfuroylmethan	$C_6H_3COCH_2COC_4H_3O$			—1,53; —1,88	
Acetylfurfuroylmethan	$CH_3COCH_2COC_4H_3O$			—1,79	
Furfurylidenaceton	$CH_3COCH =$ $= CHC_4H_3O$	10^{-3}		—1,09	0,2 n N(CH_3)_4OH
γ-Oxo-α-phenyl-γ-fur-furyl-α-propylen	$C_{14}H_{12}O_2$	10^{-3}		—1,26	
Pyridin	C_5H_5N	$1,25 \cdot 10^{-3}$	—1,37 (ion.) —1,45 (molek.)		0,1 n KCl + 0,001 n HCl
γ-Pyron	$C_5H_4O_2$			—1,69 * —1,91	0,1 n NH_4Cl 0,2 n N(CH_3)_4OH

[2], [3], * s. Fußnoten S. 199.

Fortsetzung der Tabelle S. 206.

Fortsetzung der Tabelle 45 a.

Verbindung	Bruttoformel	Mol/l	E_K emp.[2]	$E_{K^1/_2}$ [3]	Elektrolyt-zusammensetzung
Piperonal	$C_8H_6O_3$			—1,38	0,1 n NH_4Cl
				—1,39	0,2 n $N(CH_3)_4OH$
Flavon	$C_{15}H_{10}O_2$			—1,26 *	0,1 n NH_4Cl
				—1,43	0,2 n $N(CH_3)_4OH$
Flavanon	$C_{15}H_{12}O_2$			—1,47 *	0,1 n NH_4Cl
				—1,12	0,2 n $N(CH_3)_4OH$
Phenylacridin	$C_{19}H_{13}N$			—0,61 ;*	
				—0,72 *	0,01 n HCl in 50% C_2H_5OH
				—1,20 *	0,01 n $N(CH_3)_4OH$ in 50% C_2H_5OH
Jodphenylacridin	$C_{19}H_{12}NJ$			—0,59 *	0,1 n HCl in 50% C_2H_5OH
				—1,21 ;*	0,1 n $N(CH_3)_4$ in 50%
				—1,33 *	C_2H_5OH
				—1,32 ;*	0,1 n KOH + 0,5 n
				—1,62 *	CH_3COOK in 50% oder 90% C_2H_5OH

[2], [3], * s. Fußnoten S. 199.

Das bisher Gesagte gilt natürlich nicht nur für die kathodischen Entladungs-vorgänge, sondern für jeden beliebigen Reduktionsvorgang an der Kathode oder Oxydationsvorgang an der Anode, sofern dieser reversibel ist.

In Analogie zu den Darlegungen im vierten Kapitel, Abschn. 11, werden die an der Tropfkathode (oder Anode) einer Polarographzelle reduzierten (oder oxydierten) Stoffe auch als *Depolarisatoren* bezeichnet.

Aus dem Polarogramm läßt sich nicht nur die qualitative, sondern auch die quantitative Zusammensetzung der zu analysierenden Lösung ermitteln. Tatsächlich zeigt Gl. (6), daß in jeder Stufe der Wert der zugehörigen Stromstärke I_{Max} und daher auch die Höhe der Stufe selbst der betreffenden Ionenkonzentration direkt proportional sind[1]. Die quantitative Analyse wird durch Vergleich des Polarogramms der Lösung unbekannter Konzentration mit dem Polarogramm einer Lösung, die dasselbe Ion in bekannter Konzentration enthält, durchgeführt, natürlich unter Bedachtnahme auf die gleichen Bedingungen von Temperatur, Fließgeschwindigkeit[2], Galvanometerempfindlichkeit usw. Für Serienanalysen ein und desselben Stoffes zeichnet man gewöhnlich ein Diagramm, das als Abszissen die Konzentrationen und als Ordinaten die zugehörigen Stufenhöhen enthält. Das Diagramm wird durch Eichung mittels einer Reihe von Lösungen bekannter Konzentration ermittelt. Abb. 61 zeigt ein Beispiel einer solchen Eichkurve, die mit Hilfe verschiedener Lösungen von Cd^{2+}-Ionen konstruiert wurde. Man ersieht daraus, daß die Kurve im großen und ganzen linear verläuft.

Bei Einzelbestimmungen geht man folgendermaßen vor. Nachdem das Polarogramm der ursprünglichen Lösung ermittelt wurde, wird ein bestimmtes

---

[1] In Wirklichkeit ergibt sich der gemessene Wert I_{Max} aus der Summe des Diffusionsstromes und des Reststromes (s. Kap. IV, 2 und 3). Bei einer genauen quantitativen Analyse müßte man also den Reststrom vom scheinbaren Wert I_{Max} in Abzug bringen. Für Lösungen, deren Konzentration 0,001 n übersteigt, wird jedoch der Reststrom im Vergleich zum Gesamtdiffusionsstrom vernachlässigbar klein.

[2] Quecksilbermenge, die je Zeiteinheit austropft.

Volumen der Lösung, und zwar jener Komponente, die bestimmt werden soll, zugesetzt, so daß die Höhe der Stufe größer wird. Bezeichnet man mit a die Höhe der ursprünglichen Stufe, mit b die Höhe der Stufe nach dem Zusatz, mit x die unbekannte Konzentration, mit c die Konzentration der zugesetzten Lösung, mit v das ursprüngliche Volumen und mit v' das zugesetzte Volumen, dann gilt in Anbetracht der Proportionalität zwischen Stufenhöhe und Konzentration und bei Aufrechterhaltung konstanter Analysebedingungen die Beziehung:

$$a : b = x : \left(x\,\frac{v}{v + v'} + c\,\frac{v'}{v + v'} \right). \qquad (1)$$

Durch einfache Umformung von Gl. (1) erhält man schließlich die unbekannte Konzentration x:

$$\frac{a}{b} = \frac{x}{\dfrac{x\,v + c\,v'}{v + v'}} = \frac{x\,(v + v')}{x\,v + c\,v'}$$

$$x = \frac{-a\,c\,v'}{a\,v - b\,v - b\,v'} = \frac{a\,c}{b - (a - b)\,\dfrac{v}{v'}}. \qquad (2)$$

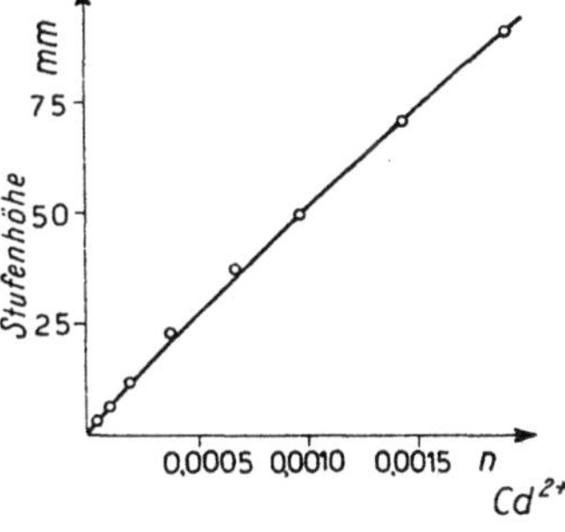

Abb. 61. Eichdiagramm

Die Beziehung (2) gilt, wenn die Voraussetzung der Proportionalität zwischen Stufenhöhe und Konzentration gegeben ist, was bei den niedrigeren Konzentrationen nicht genau zutrifft, wie aus Abb. 61 leicht zu ersehen ist. In solchen Fällen muß eine genaue Bestimmung immer mittels eines Konzentration-Stufenhöhediagramms, analog dem in Abb. 61, ausgeführt werden.

Manchmal zeigen die Polarogramme eine Besonderheit in Form eines Maximums der I-E-Kurve, wodurch die Analyse stark beeinflußt oder geradezu unmöglich gemacht werden kann. Auf den Ursprung dieser Maxima kann hier nicht näher eingegangen werden. Sehr wahrscheinlich sind sie Adsorptionserscheinungen des depolarisierenden Stoffes an der Quecksilberoberfläche zuzuschreiben. Zur Eliminierung solcher Maxima kann man die Wirkung kapillaraktiver Stoffe zu Hilfe nehmen, die zwar die Oberflächenspannung des Quecksilbers herabsetzen, aber zu keinerlei polarographisch feststellbaren elektrochemischen Reaktionen im fraglichen Potentialbereich des Kathoden- oder Anodenvorganges Anlaß geben.

Manchmal hängt die Höhe der Polarogrammstufe außer von der Konzentration des analysierten Ions auch von der Zusammensetzung der Elektrolytlösung ab. Dies ist z. B. beim Cadmium der Fall, das in äquimolekularen Lösungen von Kaliumcyanid, Zinkchlorid und Zinksulfat der Reihe nach abnehmende Stufenhöhen ergibt[1].

Die quantitative polarographische Analyse ist für Konzentrationen zwischen 10^{-6} und 10^{-2} m mit einem Optimum zwischen 10^{-4} und 10^{-3} m anwendbar.

Um verläßliche Ergebnisse zu erhalten, müssen in jedem Fall die folgenden Bedingungen erfüllt sein:

1. Die Konzentration des indifferenten Elektrolyten muß um etwa das fünfzigfache höher sein als die des zu analysierenden Bestandteiles.

2. Es dürfen keine Sekundärreaktionen zwischen den Bestandteilen der ursprünglichen Lösung und den Produkten der Elektrodenreaktion stattfinden.

---

[1] Shaikind, S. P. and A. Y. Kil'ter: J. appl. chem. U.S.S.R. **13**, 455 (1940).

3. Eine geeignete Bezugselektrode.
4. Konstante Temperatur.
5. Konstanter Druck des Quecksilbers.

Unter gewissen Bedingungen können für diese Analysemethode auch Elektroden benützt werden, die nicht aus Quecksilber bestehen. So findet z. B. eine Mikroplatinelektrode im Bereich der positiven Potentiale oberhalb des Wertes, bei dem die Anodenoxydation des Quecksilbers einsetzt, Anwendung. In diesem Fall wird die Methode als *voltametrische Analyse* bezeichnet.

10. Ampèrometrische Titration

Aus dem Prinzip der quantitativen polarographischen Analyse heraus hat sich ein neues Titrationsverfahren entwickelt, bei dem der Endpunkt der Analysereaktion durch das Verschwinden einer Stromstärke angezeigt wird. Man hat daher diese Methode nach der Maßeinheit für die Stromstärke *ampèrometrische Analyse* genannt.

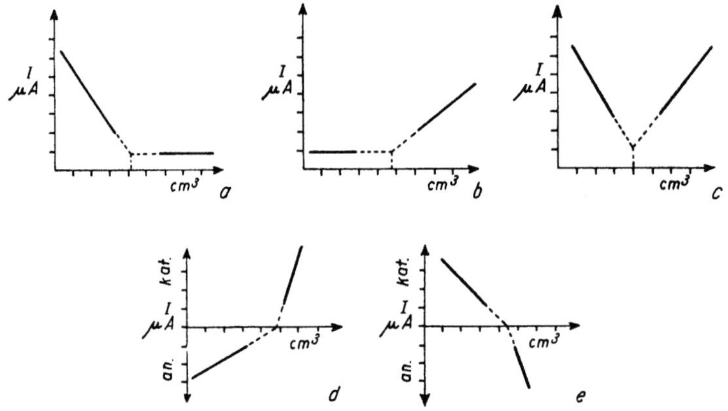

Abb. 62. Ampèrometrische Titrationen

Es soll z. B. ein polarographisch reduzierbares Kation mit gut ausgeprägter Stufe bestimmt werden. Führt man die Elektrolyse in einer Zelle der Art aus, wie sie bei der polarographischen Analyse Verwendung findet, und bei einem Kathodenpotential, das etwas negativer ist als der Punkt, in dem der waagrechte Ast des Diffusionsgrenzstromes beginnt, dann ist die Kathodenstromstärke der Konzentration des zu analysierenden Kations proportional (s. Abschn. 9). Bei Zusatz eines titrierten, polarographisch inaktiven Reagens, das mit dem fraglichen Kation reagiert und dabei ein stöchiometrisch definiertes, polarographisch ebenfalls inaktives Reaktionsprodukt liefert, nimmt die Stromstärke proportional zum Volumen des Reagenszusatzes ab. Sobald die Konzentration des zu analysierenden Kations auf Null abgesunken ist, das heißt am Ende der Analysereaktion, strebt auch die Diffusionsstromstärke gegen Null und es bleibt nur der Reststrom meßbar, der sich auch bei weiteren Reagenszusätzen praktisch nicht mehr ändert. Trägt man in ein Diagramm die Stromstärke als Funktion des zugesetzten Reagensvolumens ein, so erhält man nach Anbringen der wegen der Volumänderung erforderlichen Korrektur zwei Geraden, die leicht bis zu ihrem

Schnittpunkt extrapoliert werden können. Dieser entspricht dem analytischen Äquivalenzvolumen[1] (Abb. 62 *a*).

Bei dieser Methode könnte man theoretisch mit zwei Messungen vor und mit zwei Messungen nach dem Äquivalenzpunkt (letztere möglichst in einiger Entfernung vom Äquivalenzpunkt) auskommen, um die erwähnten beiden Geraden zu konstruieren und bis zu ihrem Schnittpunkt extrapolieren zu können. In der Praxis sind natürlich mehrere Punkte vorzuziehen, um Zufallsfehler zu vermeiden.

Auch polarographisch inaktive Stoffe können mit Hilfe dieses Verfahrens titriert werden, wenn das Reagens polarographisch aktiv ist. In diesem Fall erhält man einen Kurvenverlauf, der etwa dem vorhergehenden entspricht (Abb. 62 *b*). Wenn die zu titrierende Substanz und das Reagens beide polarographisch aktiv sind, ihr Reaktionsprodukt aber inaktiv ist, ergeben sich Kurven in *V*-Form (Abb. 62 *c*) oder mit dem Schnittpunkt auf der Abszissenachse, wenn die beiden Diffusionsströme aus einem Anoden-

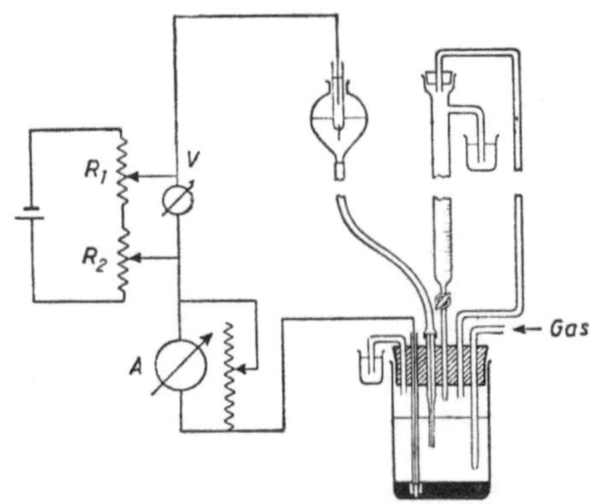

Abb. 63. Meßanordnung für ampèrometrische Analysen

und einem Kathodenstrom bestehen (Abb. 62 *d*, *e*). Schließlich ist noch zu bemerken, daß unter besonderen Bedingungen auch zwei Komponenten gleichzeitig bestimmt werden können.

Wenn die polarographischen Kennkurven der reagierenden Lösungen (der zu analysierenden und der Titrationslösung) unbekannt sind, muß man vorher die betreffenden Polarogramme herstellen, da es notwendig ist, eine größere Potentialdifferenz anzuwenden, als dem Diffusionsstrom I_{Max} entspricht.

Es ist interessant, daß die in Abb. 62 dargestellten Kurven der Form nach den bei der konduktometrischen Analyse erhaltenen sehr ähnlich sind. Es muß jedoch unterstrichen werden, daß die Kurven der beiden Verfahren mit Ausnahme der äußeren Form nichts miteinander gemeinsam haben, da sie auf zwei völlig verschiedenen Prinzipien beruhen.

Die Methode hat dieselbe Genauigkeit wie die normalen volumetrischen Bestimmungen. Sie hat außerdem den Nachteil, daß die Analyse in Gegenwart mehrerer bei Anlegen desselben Potentials polarographisch aktiver Stoffe unmöglich oder zumindest viel ungenauer wird.

Die Methode bietet aber auch viele Vorteile: sie kann für sehr stark verdünnte Lösungen verwendet werden, für Niederschlagsreaktionen, die ein Endprodukt mit relativ hohem Löslichkeitsprodukt liefern, und auch für irreversible Reaktionen. Außerdem ist sie rasch durchführbar, da wenige Punkte genügen, und in der Apparatur einfach, da außer der normalen Laboratoriumsausrüstung bloß ein Galvanometer oder ein genügend empfindliches Mikroampèremeter benötigt werden.

---

[1] Die betreffenden Kurvenabschnitte sind echte Geraden, wenn die Konzentrationsänderung in Rechnung gestellt wird, die infolge der Volumvergrößerung durch den Reagenszusatz auftritt.

Abb. 63 zeigt eine einfache Meßanordnung für ampèrometrische Analysen. Darin kann die Quecksilbertropfelektrode nötigenfalls durch eine Platinmikroelektrode ersetzt werden. Es müssen dann allerdings alle Erscheinungen berücksichtigt werden, die sich als Folge der verschiedenen charakteristischen Eigenschaften der beiden Elektroden ergeben (größere Trägheit der Platinelektrode usw.).

Zum eingehenderen Studium der im fünften Kapitel behandelten Themen werden die folgenden Abhandlungen empfohlen:

Berl-Lunge: Chemisch-technische Untersuchungsmethoden, 8. Aufl., Bd. I. Berlin: Julius Springer, 1931; Ergänzungsband zu Bd. I. Berlin: Julius Springer, 1939.

Böttger, W.: Potentiometrische Maßanalyse aus „Physikalische Methoden der analytischen Chemie", Bd. III. Leipzig: Akademische Verlagsgesellschaft, 1939.

Böttger, W.: Elektroanalyse aus „Physikalische Methoden der analytischen Chemie", Bd. II. Leipzig: Akademische Verlagsgesellschaft, 1936.

Britton, H. T. S.: Conductometric Analysis. London: Chapman and Hall, 1934.

Britton, H. T. S.: Hydrogen Ions, 2. Aufl. London: Chapman and Hall, 1932.

Clark, W. M.: The Determination of Hydrogen Ions, 3. Aufl. Baltimore: Williams and Wilkins, 1928.

Classen, A.: Quantitative Analyse durch Elektrolyse, 7. Aufl. Berlin: Julius Springer, 1927.

Dole, M.: The Glass-Electrode, Applications and Methods. New York: J. Wiley, 1941.

Fischer, A.: Elektroanalytische Schnellmethoden, 2. Aufl. Stuttgart: F. Enke, 1926.

Fuhrmann, F.: Elektrometrische p_H-Messungen mit kleinen Lösungsmengen. Wien: Julius Springer, 1941.

Heyrovský, J.: Polarographie aus „Physikalische Methoden der analytischen Chemie" Bd. II und III. Leipzig: Akademische Verlagsgesellschaft, 1936—1939.

Heyrovský, J.: Polarographie. Wien: Springer-Verlag, 1941.

Hiltner, W.: Ausführung potentiometrischer Analysen. Berlin: Julius Springer, 1935.

Hohn, H.: Chemische Analyse mit dem Polarographen. Berlin: Julius Springer, 1937.

Jander, G. und O. Pfundt: Leitfähigkeitstitrationen und Leitfähigkeitsmessungen, Visuelle und akustische Methoden. Stuttgart: F. Enke, 1934.

Jander, G. und O. Pfundt: Leitfähigkeitstitration aus „Physikalische Methoden der analytischen Chemie", Bd. II und III. Leipzig: Akademische Verlagsgesellschaft, 1936—1939.

Jörgensen, H.: Die Bestimmung von Wasserstoffionenkonzentrationen. Dresden-Leipzig: T. Steinkopff, 1935.

Kolthoff, I. M.: Anal. chim. Acta, **2**, 606 (1941).

Kolthoff, I. M. and N. H. Furman: Potentiometric Titration, 2. Aufl. New York: J. Wiley, 1931.

Kolthoff, I. M. and H. A. Laitinen: p_H and Electrotitration, 2. Aufl. New York: J. Wiley, 1941.

Kolthoff, I. M. and J. J. Lingane: Polarography, 2. Aufl. New York: Interscience, 1946.

Kordatzki, W.: Taschenbuch der praktischen p_H-Messung, 2. Aufl. München: Müller und Steinicke, 1935.

Müller, E.: Elektrometrische Maßanalyse, 6. Aufl. Dresden-Leipzig: T. Steinkopff, 1942.

Riccoboni, L.: Atti R. Ist. Ven. Sci. Lett. Arti **102**, II 797 (1943).

Sand, H. J. S.: Electrochemistry and Electrolytical Analysis, Bd. II und III. London: Blackie Son, 1946.

Sandera, K.: Angewandte Konduktometrie aus „Physikalische Methoden der analytischen Chemie", Bd. II und III. Leipzig: Akademische Verlagsgesellschaft, 1936—1939.

Semerano, G.: Il polarografo, 2. Aufl. Padova: Draghi, 1933.

Slomin, G. W.: Rapid Quantitative Electrolytic Methods of Analysis, 3. Aufl. Chicago: Sargent, 1941.

Stackelberg, M. v.: Z. Elektrochem., **45**, 466 (1939).

Sechstes Kapitel

Allgemeines über elektrochemische Betriebsanlagen

1. Einführende Betrachtungen

Jeder elektrochemische Prozeß hat seine Eigenheiten und besonderen Anforderungen, die sich natürlich in der Technologie der betreffenden Betriebsanlage widerspiegeln. Beim Studium und bei der Einrichtung solcher Anlagen sind daher nicht nur die rein technischen Gesichtspunkte des fraglichen Prozesses, sondern auch die wirtschaftlichen Standortsbedingungen in Rechnung zu stellen. Diese können in der Tat so verschieden sein, daß die Anlage für ein bestimmtes Verfahren an einem Ort unwirtschaftlich und an einem anderen wirtschaftlich ist. Bei entsprechender Umstellung der Anlage kann aber derselbe Prozeß auch unter Standortsbedingungen ausgebeutet werden, die ihn vorher unrentabel gemacht haben.

Selbst wenn man sich auf die technische Seite beschränkt und von wirtschaftlichen und Standortsbedingungen absieht, ist es oft sehr schwierig, die absolute Überlegenheit eines bestimmten Anlagetyps über andere für den gleichen Prozeß entwickelte und gebaute Anlagen zu beurteilen. Es gibt daher eine große Mannigfaltigkeit von Konstruktionen nicht nur für verschiedene Prozesse, sondern sogar für ein und dasselbe Verfahren. Die besonderen Eigenheiten der verschiedenen Anlagen werden gegebenenfalls bei der Behandlung der einzelnen Verfahren erörtert.

Anderseits enthalten alle elektrochemischen Betriebsanlagen eine Reihe gemeinsamer Elemente, deren Funktion trotz aller technischen Entwicklung unverändert geblieben ist und die daher gesondert von einem allgemeinen Gesichtspunkt aus zu untersuchen sind.

Eine für die Elektrolyse in wässeriger Umgebung bestimmte elektrochemische Anlage setzt sich aus folgenden Einzelteilen zusammen: Badbehälter, Elektroden, Kontakte, eventuell Diaphragmen, Hilfseinrichtungen für die Förderung des Elektrolyten, für das Absaugen der bei der Elektrolyse allenfalls entstehenden Gase, für die Heizung des Elektrolyten usw. Der Anlage zur Erzeugung des notwendigen Gleichstroms samt Leitungsnetz, Anschlüssen, Meßgeräten usw. ist die gebührende Beachtung zu schenken. Dieser Teil des Betriebes, der dem rein elektrochemischen an Bedeutung nicht nachsteht, fällt jedoch mehr in den Interessenbereich des Elektroingenieurs. Er kann daher im Rahmen dieser knappen Darstellung nicht erörtert werden.

2. Behälter

Als erster Bestandteil einer Anlage ist der Behälter zu nennen, der den Elektrolyten enthält. Das hiefür in Frage kommende Material hängt außer von dem besonderen Prozeß auch von der Form des Behälters selbst ab. Am häufigsten werden quadratische, rechteckige oder zylindrische Tröge verschiedener Höhe verwendet. Nur in Sonderfällen, das heißt, wenn die Nutzprodukte der Elektrolyse gänzlich oder zum Teil aus Gasen bestehen, kann man eine andere Form wählen (Filterpresse, vertikal angeordneter Trog mit seitlichen Verschlüssen usw.).

Die wesentlichen Anforderungen an das Behältermaterial sind:

Es muß dem Angriff des Elektrolyten und der Elektrolyseprodukte widerstehen.

Ist eine gewisse Korrosion unvermeidlich, dann dürfen die durch die Korrosion entstehenden Stoffe die Elektrolyseprodukte nicht verunreinigen.

Es muß so billig als möglich sein.

Beim Bau der Tröge sind zwei Möglichkeiten zu unterscheiden:

a) Der Trog wird aus einem einzigen Werkstoff hergestellt, der gegen die Elektrolytwirkung und allenfalls auch gegen die Elektrolyseprodukte beständig ist.

b) Der Trog wird aus zwei oder mehreren Werkstoffen hergestellt, von denen im allgemeinen nur einer mit dem Elektrolyten und mit den Elektrolyseprodukten in Berührung kommt.

Die im ersten Fall verwendbaren Werkstoffe sind: Metalle (fast immer Eisen), Keramikstoffe (Porzellan, Sandstein), Glas, natürliche Gesteine (Granit, Schiefer, Basalt usw.), Holz. Eisen hat den Vorteil der leichten Bearbeitbarkeit und Unzerbrechlichkeit. Es kommt jedoch nur für alkalische Elektrolyte in Frage, nicht für saure, es sei denn, daß der Elektrolyt selbst passivierend wirkt. Für saure Elektrolyte verwendet man Keramikstoffe, natürliche Gesteine oder Holz. Erstere haben den Nachteil leichter Zerbrechlichkeit und eignen sich nicht für den Bau von Trögen großen Fassungsvermögens. Die natürlichen Gesteine haben den Nachteil, daß es praktisch unmöglich ist, aus ihnen einen Trog in einem Stück zu machen und daß man daher weitere Kittstoffe zu Hilfe nehmen muß. Das gewöhnlich von harzhältigen Bäumen stammende Holz eignet sich für schwach-saure Bäder. Wegen seiner Unzerbrechlichkeit ist es gut brauchbar, hat aber auch den Nachteil, zusätzliches Material für den Zusammenhalt der verschiedenen Teile des Troges zu erfordern.

Im zweiten Fall wird für den Bau der Tröge ein billiger Werkstoff verwendet, der zwar gegen den Elektrolyten selbst nicht beständig ist, aber mit einem unangreifbaren Stoff überzogen wird. Ersterer kann beliebiger Art sein, sofern er nur eine genügend große mechanische Festigkeit hat. Von größerer Bedeutung ist die Wahl der Auskleidung. Dafür kommen hauptsächlich in Frage: metallisches Blei, Keramik- oder Lackstoffe, Asphalte oder Bitumen. Blei bewährt sich besonders bei Verwendung schwefelsaurer Elektrolyte und bietet außerdem den Vorteil, daß die Auskleidung vollkommen nahtlos hergestellt werden kann. Ein Nachteil besteht immerhin darin, daß es eine sekundäre Stromableitung darstellen kann. Keramikstoffe leisten, speziell in Form von Kacheln oder emaillierten Metallgefäßen, besonders gute Dienste, wenn der Elektrolyt mit Salzsäure angesäuert ist oder wird und bei relativ hohen Temperaturen gearbeitet werden muß. Kacheln sind im Verhältnis zu der auszukleidenden Oberfläche klein und bedürfen daher besonderer, widerstandsfähiger Kitte zur Ausfüllung der Fugen. Asphalt und Bitumen werden seltener verwendet, da sie oft Bestandteile an die Lösung abgeben, die sowohl den Vorgang als auch das Produkt der Elektrolyse ungünstig beeinflussen können.

3. Elektroden und Kontakte

Für diese Betrachtung fallen jene Prozesse aus, bei denen die Elektroden entweder als umzuwandelnder Rohstoff oder als Endprodukt (elektrolytische Reinigungsprozesse, Galvanotechnik usw.) an der elektrochemischen Reaktion teilnehmen. In Frage kommen hier nur Verfahren, bei denen die Elektroden tatsächlich einen unveränderlichen Bestandteil der Anlage bilden, und zwar auch dann, wenn nur einer der beiden Pole als unveränderlich angesehen werden kann.

An das Elektrodenmaterial werden folgende Anforderungen gestellt:

Es muß dem Angriff des Elektrolyten und der Elektrolyseprodukte standhalten.

Ist ein gewisser Angriff unvermeidlich, dann dürfen die daraus entstehenden Stoffe die Produkte der Elektrolyse nicht verunreinigen.

Es muß eine genügend große mechanische Festigkeit haben.

Es muß ein guter Leiter sein.

Es muß eine niedrige Überspannung für den Elektrodenvorgang aufweisen, für den es bestimmt ist.

Es muß möglichst billig sein.

Ohne auf die Einzelheiten jener Prozesse einzugehen, die spezielle Materialien erfordern, können die Elektroden in Metall-, Oxyd- und Kohle- oder Graphitelektroden eingeteilt werden. Von den Metallelektroden kommen Eisen, Nickel, Aluminium, Blei und Platin allgemein zur Anwendung.

Eisen ist nur verwendbar, wenn die Elektrolysereaktion alkalisch ist, und trotzdem geht die Elektrode bis zu einem gewissen Grad in Lösung, besonders bei hoher Temperatur und stark alkalischer Reaktion. In den Fällen, in denen die Eisenelektrode stärker angegriffen wird, wird sie mit Vorteil durch Nickel ersetzt, dessen Kosten natürlich höher sind. Aluminium kommt speziell für einige metallurgische Prozesse zur Anwendung, bei denen es sich als zweckmäßig herausgestellt hat, das aus dem kathodischen Niederschlag bestehende Produkt von der Unterlage, die die eigentliche Elektrode darstellt, zu lösen. Blei ist ein ausgezeichnetes Material, wenn der Elektrolyt mit Schwefelsäure angesäuert ist und keine Nitrate enthält. Ein gewisser Prozentsatz an Chlorverbindungen kann hingenommen werden, wenn er auch einen beträchtlichen Elektrodenverschleiß durch Bildung von Bleidioxyd an der Anode nach sich zieht, wobei Bleichlorid als Zwischensubstanz auftritt. Die obere Grenze der noch erträglichen Cl^--Ionenkonzentration hängt von den Herstellungskosten neuer Bleielektroden bzw. der Reinigung des Elektrolyten von den Chloriden ab. Platin ist zweifellos das widerstandsfähigste Material, speziell wenn es als Anode verwendet wird. Leider setzt der sehr hohe Preis seiner Anwendung enge Grenzen. Es ist auch heute noch das einzige Anodenmaterial für stark oxydierende Elektrolyte, besonders bei der Herstellung von Persalzen und analogen Verbindungen.

Von den Oxyden kommen für die Verwendung als Elektroden, speziell als Anoden, im wesentlichen das Bleidioxyd und der Magnetit in Frage. Die bereits zitierten Bleimetallelektroden sind in Wirklichkeit Elektroden aus Bleidioxyd, da sie sich als Anoden immer mit einer mehr oder minder starken Oxydschicht bedecken. Man kann jedoch kompakte Bleidioxydelektroden in Form von Stäben auf einer Eisen-, Glas- oder Kohleunterlage herstellen; die zu einer Art Kamm vereinigten Stäbe werden als Elektroden für Elektrolyte benützt, die besonders reich an Cl^-- oder NO_3^--Ionen sind. Ihr größter Nachteil ist ihre Zerbrechlichkeit.

Magnetitelektroden leisten gute Dienste bei Elektrolyten, die Chlor in verschiedenen Oxydationsstufen enthalten, ferner bei schwefelhaltigen Elektrolyten, wenn die unvermeidlich in Lösung gehenden kleinen Eisenmengen den Ablauf der Reaktion nicht stören. Auch bei diesem Material besteht der größte Nachteil in seiner Zerbrechlichkeit und darüber hinaus in der Unmöglichkeit, Einzelelektroden großer Dimension herzustellen.

Ein weiteres Anodenmaterial, das hervorragende Eigenschaften in sich vereinigt, ist der Kohlenstoff, sei es in Form von Retortenkohle oder als Graphit. Letzterer wurde eingeführt und hat sich auch durchgesetzt, nachdem man gelernt hatte, ihn künstlich im industriellen Maßstab zu erzeugen.

Graphit hat einen niedrigen elektrischen Widerstand, hinreichende Festigkeit und läßt sich leicht bearbeiten. Gegen Halogenionen erweist er sich als besonders beständig; von oxydierenden Stoffen wird er dagegen leicht angegriffen. Die mittlere Porosität (s. Abschn. 4) des Graphits liegt zwischen 19 und 25%. Man versucht, sie durch Imprägnierung der Elektrode mit den verschiedenartigsten Stoffen, wie Paraffin, Bitumen, Mineralöle, Sikkativöle, Naphthalin, Chlornaphthalin usw., herabzusetzen. Ziemlich gute Resultate hat man mit Naphthalin und Chlornaphthalin erzielt. Das Problem ist aber noch nicht endgültig gelöst.

Neuere Forschungen beschäftigen sich mit der Untersuchung ausgesprochen poröser Elektroden, wobei der Zweck verfolgt wird, die Elektrode gleichzeitig auch als Diaphragma zu benützen[1].

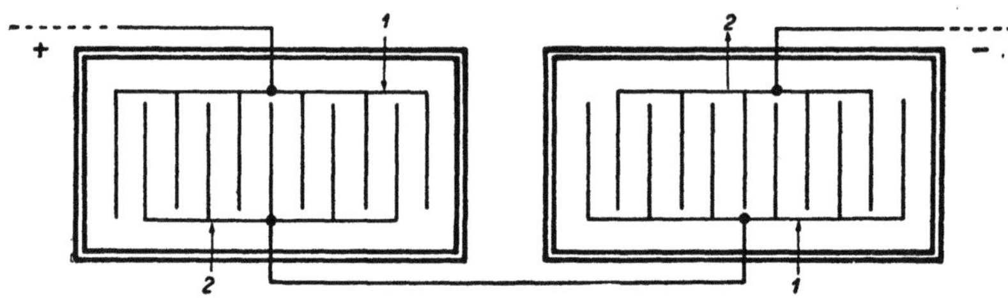

Abb. 64. Monopolare Schaltung: *1* Anoden; *2* Kathoden

Das für die Herstellung der Elektrode verwendete Material beeinflußt in besonderer Weise deren Form, wofür zum Teil mechanische und zum anderen Teil wirtschaftliche Gründe maßgebend sind. Die gebräuchlichsten Formen für Metallelektroden sind perforierte oder kompakte Platten, aus mehr oder minder starken Drähten zusammengesetzte Netze, Drähte, die auf Rahmen geeigneter Form aufgespannt sind, Pinsel usw. Die Verwendung der einen oder anderen Form ist in erster Linie eine Frage der Materialkosten. Die Oxydelektroden, die nicht als Platten ausgeführt werden können, werden oft in Form von einzelnen oder zu Kämmen vereinigten Stäben benützt. Graphit kann wegen seiner leichten Bearbeitbarkeit immer auf die Form gebracht werden, die für den jeweiligen elektrochemischen Prozeß am geeignetsten erscheint.

Die Elektroden können auf zweierlei Art in den Stromkreis eingeschaltet werden: monopolar oder bipolar. Die monopolare Schaltung liegt vor, wenn die Elektrode entweder ausschließlich als Anode oder ausschließlich als Kathode arbeitet. In diesem Fall ist sie mit einem der Pole der Stromquelle verbunden, wie aus Abb. 64 hervorgeht. Da die für die elektrolytischen Prozesse benötigten Spannungen sehr niedrig sind (ihre Größenordnung beträgt wenige Volt), werden im allgemeinen so viele gleiche Zellen in Serie geschaltet, daß die vom Gleichstromnetz gelieferte Gesamtspannung erreicht wird.

Bei der bipolaren Schaltung befinden sich in jeder Zelle mehrere Elektroden, die auf der einen Seite als Anode und auf der anderen als Kathode arbeiten und die, mit Ausnahme der beiden Endelektroden, nicht direkt mit der Stromquelle verbunden sind, wie man aus den Abb. 65 und 66 erkennen kann. Es ist, als ob die Zelle (und in einzelnen Fällen trifft dies tatsächlich zu) in ebenso viele Einheitszellen unterteilt wäre, in denen die Anode der einen mit der Kathode

---

[1] Heise, G. W. und Mitarbeiter: Trans. Electrochem. Soc. **75**, 147 (1939); **77**, 411 (1940); **80**, 121 (1941); **88**, 81 (1945).

der nächsten Zelle kurz geschlossen ist. Sollen mehrere in einen einzigen Trog eintauchende Elektroden bipolar arbeiten, dann ist also darauf zu achten, daß sie womöglich den ganzen Querschnitt des Troges ausfüllen, so daß zwischen den einzelnen auf diese Weise entstandenen Teilzellen keine elektrolytische Verbindung besteht, die zu Stromverlusten führen würde. Da jede Teilzelle die ganze für den elektrolytischen Prozeß benötigte Spannung erfordert, wird die Anzahl der bipolaren Elektroden in einer Zelle so gewählt, daß diese direkt an das Gleichstromnetz geschaltet werden kann. Die Elektrodenzahl je Zelle kann auch ein Teiler dieser Anzahl sein. Es werden dann so viele Tröge in Serie geschaltet, daß die geforderte Gesamtspannung der verfügbaren Netzspannung gleichkommt.

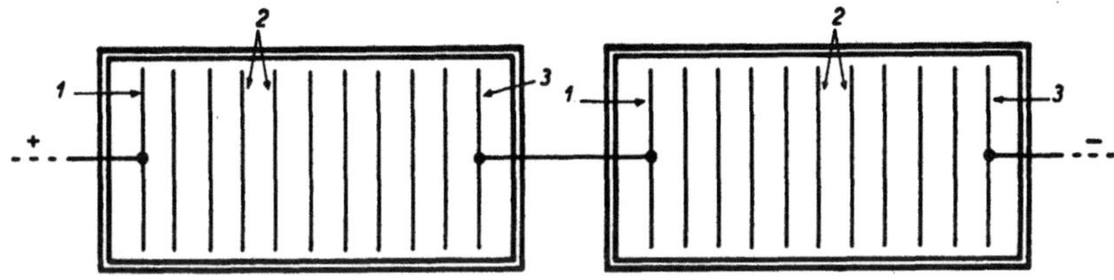

Abb. 65. Bipolare Schaltung: *1* Endanoden; *2* Bipolare Elektroden; *3* Endkathoden

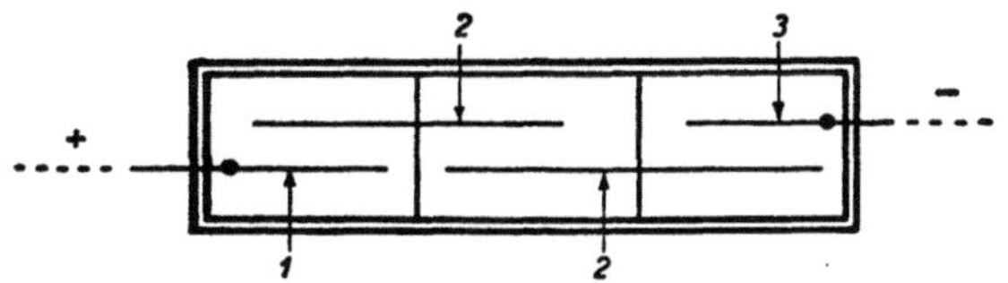

Abb. 66. Bipolare Schaltung: *1* Endanoden; *2* Bipolare Elektroden; *3* Endkathoden

Die Elektroden sind gewöhnlich senkrecht, seltener waagrecht und nur in Sonderfällen in geneigter Stellung montiert.

Ein besonders heikler Punkt jeder Anlage sind die Kontaktstellen zwischen den Elektroden und der Stromzuführung. Der Grund hiefür ist darin zu suchen, daß wegen der niedrigen Spannungen und hohen Stromstärken der Elektrolyse bisweilen schon Widerstände in der Größenordnung von 10^{-3} bis 10^{-2} Ω genügen, um beträchtliche Energieverluste zu verursachen. An einem Widerstand von 0,001 Ω beträgt z. B. der Spannungsabfall bei einer Stromstärke von 1000 A (was für die üblichen Elektrolyseanlagen der Industrie keinen sehr hohen Wert darstellt) 1 V. Bewegt sich die Zellenspannung in der Größenordnung von 3 V, so bedeutet dies schon einen Verlust von 33% der der Zelle zugeführten Energie in Form von Erwärmung des Widerstandes.

Elektrode und Stromzuführung sind nur selten durch einen einzigen Kontakt miteinander verbunden. Häufiger werden mehrere Zwischenkontakte benötigt, wofür Gründe des Betriebes, wie das leichte Auswechseln der Elektrode, oder konstruktive Gründe, wie eine aus verschiedenen Elementen zusammengesetzte Verbindung zwischen Stromnetz und eigentlicher Elektrode, oder auch wirtschaftliche Gründe eine Rolle spielen, wenn die eigentlichen Elektroden aus kostspieligem Material bestehen und daher durch billigeres Leitungsmaterial mit dem Stromnetz verbunden werden müssen.

Im Hinblick auf die Kontakte sind zwei grundlegende Arten von elektrochemischen Prozessen zu unterscheiden: jene, bei denen die Elektroden den

Rohstoff oder das Endprodukt des Prozesses darstellen und daher in regelmäßigen Zeitabständen ersetzt werden müssen, und jene, bei denen die Elektroden einen fixen Bestandteil der Anlage bilden. Für die ersteren braucht man möglichst einfache Kontakte, welche die Abschaltung und den Wechsel der Elektroden in der kürzesten Zeit und mit dem kleinsten Arbeitsaufwand erlauben, wobei gewisse Unvollkommenheiten der elektrischen Verbindung zwischen Elektrode und Netz in Kauf genommen werden. Für die Prozesse der zweiten Art sucht man die besten Kontakte zu erhalten, die überhaupt möglich sind, was natürlich einen höheren Zeit- und Arbeitsaufwand beim Auswechseln der Elektroden nach sich zieht. Ein Elektrodenwechsel ist aber, selbst wenn er in relativ großen Zeitintervallen vorgenommen werden muß, in keinem Fall zu umgehen, da die Elektroden immer einem mehr oder minder großen Verschleiß unterliegen.

4. Diaphragmen

Unter einem Diaphragma versteht man eine Trennungswand, die zwar den Durchgang des elektrischen Stromes zuläßt, gleichzeitig aber verhindert, daß die an der Anode gebildeten Elektrolyseprodukte mit den an der Kathode entstandenen in Berührung kommen. Auf diese Weise soll entweder eine Sekundärreaktion, welche die Stromausbeute herabsetzen, oder eine Verunreinigung der Produkte, die deren Wert vermindern würde, so weit als möglich verhindert werden.

Bei der Elektrolyse im weitesten Sinne können sich die infolge des Stromdurchganges gebildeten Produkte entweder im gasförmigen oder im festen Zustand abscheiden oder sie können auch in der Elektrolytlösung verbleiben.

Manchmal erhält man kleine Mengen fester Stoffe, die nicht das Hauptprodukt der elektrolytischen Reaktion bilden, sondern eher Verunreinigungen, die das reine Endprodukt unter Umständen verderben. Auch dieser Fall ist vom Gesichtspunkt der Technologie der Anlage in dem allgemeineren Problem enthalten zu verhindern, daß ein an einer Elektrode abgeschiedenes festes Produkt mit den Produkten der anderen Elektrode in Berührung kommt.

Sind die abzuscheidenden Stoffe gasförmig oder fest, dann hat das Diaphragma eher die Funktion eines Filters als die eines wahren Diaphragmas. Für gasförmige Stoffe ist es sehr einfach konstruiert. Oft besteht es aus einer metallischen Trennungswand, einer Platte oder einem Netz mit Öffnungen, deren Durchmesser etwas kleiner als der der Gasbläschen ist. Bei Verwendung eines solchen Diaphragmas ist es jedoch notwendig, daß die Spannung zwischen den beiden Elektroden unter der zweifachen Zersetzungsspannung des Elektrolyten liegt, um zu vermeiden, daß das Diaphragma als bipolare Elektrode wirkt. Außer Metallen können auch Gewebe verwendet werden, die vom Elektrolyten nicht angegriffen werden.

Wenn die abzuscheidenden Produkte feste Stoffe sind und aus irgendeinem Grund verhindert werden muß, daß sie an die andere Elektrode gelangen, kann das Diaphragma eine poröse, feste Trennungswand sein. Noch öfter besteht es jedoch aus einem gestrickten oder ziemlich fein gewebten Beutel, der eine der Elektroden umhüllt. Der Beutel ist gewöhnlich aus organischem Gewebematerial hergestellt, das möglichst aschefrei sein soll, das heißt, es soll beim Veraschen keinerlei fremde Rückstände hinterlassen. Solche Gewebe sind allerdings gegen den Angriff des Elektrolyten nicht sehr widerstandsfähig. Will man das Diaphragma nicht allzu oft wechseln, so stehen eine ganze Reihe anderer poröser Werkstoffe zur Verfügung, die sowohl gegen alkalische Elektrolyte (Asbest), als auch gegen saure Elektrolyte (Kieselgur, Kieselerdepulver, Glaspulver, Carborundum usw.) beständig sind.

Die eigentliche Funktion des Diaphragmas kommt dann zur Geltung, wenn die Elektrolyseprodukte in der Elektrolytlösung verbleiben und eventuell selbst Elektrolyte sind. Indem sie gegen die andere Elektrode diffundieren, entziehen sie sich vor allem der Abscheidung, wodurch sie die Stromausbeute herabsetzen und, was noch wichtiger ist, Sekundärreaktionen hervorrufen können, die zu einer weiteren bedeutenden Herabsetzung der Stromausbeute führen und die Elektrolyseprodukte verunreinigen. Im wesentlichen hat daher das Diaphragma die Funktion, die Diffusion soweit als möglich zu verhindern.

Gleichzeitig darf es aber keinen ins Gewicht fallenden Ohmschen Widerstand aufweisen und muß bei vielen Prozessen außerdem noch die Zirkulation der Elektrolytflüssigkeit zulassen. Alle diese Eigenschaften, die die Behinderung der Diffusion, den Ohmschen Widerstand und die Zirkulationsmöglichkeit des Elektrolyten umfassen, hängen von zwei Größen ab: der Porosität und der Permeabilität.

Ein Diaphragma kann als ein Kapillarenbündel betrachtet werden, das sich von der einen zur anderen Oberfläche ausdehnt. Als Porosität p wird das Verhältnis zwischen dem Teilvolumen des Kapillarsystems v und dem Gesamtvolumen des Diaphragmas V definiert.

$$p = \frac{v}{V} = \frac{d \cdot \Sigma s}{d \cdot S},$$

woraus folgt:

$$\Sigma s = p \cdot S. \tag{1}$$

(d ist die Dicke des Diaphragmas, S dessen Oberfläche und Σs die Querschnittsumme aller in die Oberfläche mündenden Kapillaren[1].) Σs stellt die Nutzfläche dar, durch welche die Diffusion, die Zirkulation des Elektrolyten und auch der Stromdurchgang erfolgen kann.

Die Diffusion eines gelösten Stoffes durch einen bestimmten ebenen Querschnitt des Lösungsmittels aus einer Zone höherer Konzentration gegen eine andere niedrigerer Konzentration wird durch den Ausdruck

$$M = \frac{\Delta c \cdot s \cdot t}{d} K_1 \tag{2}$$

beschrieben. Darin ist M die Masse des gelösten Stoffes, die in der Zeit t von der Zone höherer Konzentration in eine andere niedrigerer Konzentration übergeht, wobei Δc der Konzentrationsunterschied zwischen den beiden im Abstand d voneinander entfernten Zonen und s der für die Diffusion in Frage kommende Querschnitt sind. K_1 ist ein für die diffundierende Substanz charakteristischer Proportionalitätskoeffizient, in dem auch die innere Reibung des Lösungsmittels mit berücksichtigt ist.

Für ein Kapillarenbündel ist an Stelle von s einfach Σs zu setzen, das weiter durch die Beziehung (1) ausgedrückt werden kann. Bezieht man sich auf die Zeit- und Flächeneinheit, so wird aus Gl. (2)

$$M = \frac{\Delta c \cdot p}{d} K_1. \tag{3}$$

Um die Menge der diffundierenden Substanz M für ein bestimmtes Diaphragma klein zu halten, muß also der Wert des Verhältnisses p/d klein sein.

---

[1] In erster Annäherung als gleich und konstant betrachtet.

Diese Bedingung steht jedoch im Gegensatz zu der anderen, die eine hohe Leitfähigkeit der Zelle und damit aller ihrer Einzelteile (Kontakte, Elektrolyt, Diaphragma usw.) erfordert. Die Leitfähigkeit χ eines Diaphragmas ist in erster Annäherung durch die Leitfähigkeit des Elektrolyten gegeben, der sich im Innern des Kapillarenbündels befindet, das heißt:

$$\chi = \frac{\varkappa \cdot \varSigma s}{d} \tag{4}$$

worin $\varkappa$ die spezifische Leitfähigkeit des Elektrolyten ist ($\varSigma s$ und d haben dieselbe Bedeutung wie oben). Wird $\varSigma s$ durch den Ausdruck der Beziehung (1) ersetzt und auf die Flächeneinheit des Diaphragmas Bezug genommen, dann wird Gl. (4)

$$\chi = \frac{\varkappa \cdot p}{d} \cdot$$

Gute Leitfähigkeit erfordert daher einen hohen Wert des Verhältnisses p/d. Aus diesem Grunde sind Porosität und Dicke des Diaphragmas so zu wählen, daß die beiden Forderungen aufeinander abgestimmt werden und man ein Diaphragma erhält, das bei noch ausreichender Leitfähigkeit die Diffusion so weit als möglich behindert. Die Wahl eines größeren oder kleineren p/d hängt vorwiegend von wirtschaftlichen Überlegungen ab, die die örtlichen Stromkosten und den Wert der Elektrolyseprodukte betreffen.

Soll das Diaphragma außerdem die Zirkulation des Elektrolyten zulassen, dann muß es flüssigkeitsdurchlässig sein. Die Durchlässigkeit eines Diaphragmas ist durch die Flüssigkeitsmenge definiert, die es unter bestimmten Bedingungen durchfließt. Sie wird durch die Beziehung

$$L = \frac{\varDelta h \cdot S \cdot t}{d \cdot \eta} K \tag{5}$$

ausgedrückt, in der L die das Diaphragma durchsetzende Flüssigkeitsmenge, $\varDelta h$ der hydrostatische Druckunterschied zu beiden Seiten des Diaphragmas, S dessen Oberfläche, t die Zeit, d die Dicke, η der Koeffizient der inneren Reibung der Flüssigkeit und K ein für das Diaphragma charakteristischer Proportionalitätskoeffizient sind. Auf die Einheiten der Zeit, der Oberfläche und der Dicke bezogen, wird Gl. (5):

$$L = \frac{\varDelta h}{\eta} K, \tag{6}$$

worin K als Permeabilitätskoeffizient bezeichnet wird. Ein Diaphragma kann aber auch als ein Bündel von Kapillaren mit dem mittleren Radius r betrachtet werden, in denen der Flüssigkeitsdurchfluß dem Poiseuilleschen Gesetz unterliegt. Die Flüssigkeitsmenge l, die je Zeiteinheit jede einzelne Kapillare durchfließt, beträgt

$$l = \frac{\pi r^4}{8 d} \frac{\varDelta h}{\eta} \cdot \tag{7}$$

Da der Flächeninhalt s eines Kreises mit dem Radius r $r^2 \pi$ ist, kann man unter der Annahme, daß die Querschnitte der einzelnen Kapillaren in erster Annäherung als kreisförmig betrachtet werden können, setzen:

$$s = r^2 \pi$$

$$r^4 = \frac{s^2}{\pi^2} \cdot \tag{8}$$

Durch Einsetzen des Ausdruckes der Gl. (8) in Gl. (7) erhält man:

$$l = \frac{s^2}{8\,\pi\,d}\,\frac{\Delta h}{\eta}\,. \tag{9}$$

Die je Zeiteinheit durch 1 cm² des Diaphragmas hindurchtretende Flüssigkeitsmenge ist die Summe der Flüssigkeitsmengen, die je Zeiteinheit alle auf 1 cm² entfallenden Kapillaren durchfließen, das heißt:

$$L = \underset{1\,\text{cm}^2}{\Sigma}\, l = \underset{1\,\text{cm}^2}{\Sigma}\,\frac{s^2}{8\,\pi\,d}\,\frac{\Delta h}{\eta} = \frac{\Delta h}{\eta}\,\frac{\underset{1\,\text{cm}^2}{\Sigma}\,s^2}{8\,\pi\,d}\,. \tag{10}$$

Durch Zusammenlegen der Gln. (10) und (6) erhält man:

$$K = \frac{\underset{1\,\text{cm}^2}{\Sigma}\,s^2}{8\,\pi\,d}\,.$$

Das heißt, der Permeabilitätskoeffizient des Diaphragmas ist direkt proportional der Summe der Quadrate der auf 1 cm² entfallenden Kapillarenquerschnitte und umgekehrt proportional der Dicke des Diaphragmas. Um den Durchgang der Flüssigkeit zu erleichtern, ist ein hoher Wert des Verhältnisses $\Sigma s^2/d$ erforderlich, eine Forderung, die sich in gewissem Sinne mit der zur Erzielung hoher Leitfähigkeit deckt.

Es muß hervorgehoben werden, daß in die Permeabilitätsbeziehung die Summe der Querschnittsquadrate der einzelnen Kapillaren eingeht, die bei gleicher Porosität wegen Gl. (1) um so kleiner ist, je zahlreicher die Kapillaren sind und je kleiner infolgedessen jeder einzelne Wert von s ist. Während also der Querschnitt s der einzelnen Kapillaren ohne Einfluß auf die Diffusion und die Leitfähigkeit ist, da nur die Summe Σs den Ausschlag gibt, wird die Permeabilität durch die Verminderung der Kapillarenzahl, das heißt aber bei gleichem Σs durch eine Vergrößerung der Einzelwerte ihrer Querschnitte s erhöht, da $(\Sigma s)^2 > \Sigma s^2$ ist.

Die Wahl des Werkstoffes für eigentliche Diaphragmen ist gerade deswegen ein wenig heikel, weil diese so eingesetzt werden, daß die Zusammensetzung des Elektrolyten zu beiden Seiten des Diaphragmas verschieden ist und daher ein Material gewählt werden muß, das gleichzeitig gegen verschiedenartige chemische Angriffe widerstandsfähig ist. Als alkalibeständige Werkstoffe werden hauptsächlich Asbest, entweder allein oder mit Tonerde vermischt, Bariumsulfat, schwach saure Zementstoffe usw. verwendet; für saure Elektrolyte steht eine größere Anzahl von Werkstoffen zur Verfügung: stark saure Tone, Kieselgur, reine Kieselsäure, Glaspulver usw.

Die Wahl des Diaphragmas hängt in mechanischer Hinsicht auch teilweise von der Art des Diaphragmas selbst ab, je nachdem ob es starr in Plattenform, flexibel oder als Paste verwendet wird. Im ersten Fall muß man zement- oder tonartige Materialien heranziehen, im zweiten verwendet man Leinen, Netze und Gewebe verschiedener Art, während im dritten Fall außerdem noch ein Werkstoff bereitgestellt werden muß, der als mechanische Stütze des Diaphragmas dient und vom Elektrolyten selbst nicht angegriffen wird.

5. Hilfsanlagen

Als Hilfsanlagen — die nicht immer vorhanden sein müssen — sind Rührwerke, Anlagen für die Zirkulation, die Erwärmung oder Kühlung des Elektrolyten, Absaugevorrichtungen für Gase, die nicht in die Luft ausströmen sollen oder dürfen, usw. zu erwähnen. Solche Anlagen erfordern Pumpen,

Rohrleitungen, hydraulische Gaszu- und ableitungen, Ventilatoren, Dampf- oder Warmwassergeneratoren, Kühlanlagen, Kontrolleinrichtungen usw. Für die hiefür in Frage kommenden Werkstoffe gilt dasselbe, was bereits über die Materialauswahl für Elektrolysetröge gesagt wurde. Zu den angeführten Werkstoffen kommen noch verschiedene Stahlsorten, im allgemeinen korrosionsbeständige Spezialstähle, die bei der Konstruktion jener Organe Verwendung finden, die mechanisch stark beansprucht werden, wie Pumpen und dergleichen.

Im übrigen fällt dieser Teil der Anlagen mehr in das Gebiet der technischen Physik und der industriellen Einrichtungen als in die Elektrochemie. Von einer weiteren Erörterung kann daher abgesehen werden.

Zum eingehenderen Studium der im sechsten Kapitel behandelten Themen werden die folgenden Werke empfohlen:

Engelhardt, V.: Handbuch der technischen Elektrochemie, Bd. I. Leipzig: Akademische Verlagsgesellschaft, 1931.
Riegel, E. R.: Chemical Machinery. New York: Reinhold, 1944.

Siebentes Kapitel

Elektrometallurgie wässeriger Lösungen[1]

1. Allgemeine Betrachtungen

Die Elektrometallurgie wässeriger Lösungen hat sich speziell in vier technischen Arbeitsrichtungen entwickelt, die nicht alle die gleiche wirtschaftliche Bedeutung haben.

Die elektrolytische Raffination nimmt darunter ihrer Bedeutung nach den ersten Platz ein. Das Ausgangsprodukt hiefür ist ein Metall, das noch einen gewissen Prozentsatz von Verunreinigungen enthält; durch anodische Auflösung und kathodische Abscheidung wird es von den Verunreinigungen befreit, von denen die edleren wegen ihrer Unlöslichkeit in den meist pulverigen Niederschlag, der als *Anodenschlamm* bezeichnet wird, übergehen, während die unedleren in der Lösung des Elektrolytbades verbleiben. Die oberste Grenze des Prozentgehaltes an Verunreinigungen, den das als Anode verwendete Rohmaterial noch aufweisen darf, hängt von dem für das Kathodenmetall geforderten Reinheitsgrad und von der chemischen Natur sowohl des Raffinademetalles als auch der auszuscheidenden Verunreinigungen ab. Raffinationsprozesse ver-

---

[1] Im allgemeinen muß man sich bei allen industriellen Elektrolyseprozessen, besonders aber in der Metallurgie, darüber klar sein, daß die Kosten der elektrochemischen Behandlung allein für die Rentabilität des Verfahrens nicht ausschlaggebend sind und daß vielmehr die Gesamtkosten des vollständigen Produktionsganges in Betracht gezogen werden müssen, der in der Metallurgie vom Mineral oder Rohmetall bis zum handelsüblichen Metall reicht; in zweiter Linie, daß die Elektrolyse nicht immer die heikelste Phase des gesamten Produktionsganges darstellt. Demgegenüber beschäftigen sich die Kapitel VII, VIII und IX vorwiegend mit dem elektrochemischen Teil einiger typischer Industrieverfahren, um die Anwendung der in den vorangegangenen Kapiteln entwickelten theoretischen Prinzipien auf die Lösung elektrochemischer Probleme in der Industrie zu zeigen, wobei die Beschreibung des Produktionsganges durch Hinweise gegebenenfalls ergänzt wird.

langen im allgemeinen ein gut haftendes Produkt an der Kathode, das auch aus mehr oder minder gut ausgebildeten Kristallen bestehen kann. Die Raffinationsvorgänge werden auch als *elektrometallurgische Prozesse mit löslichen Anoden* bezeichnet.

Eine zweite Art von Verfahren, deren Endprodukt mit dem der Raffination vergleichbar ist, ist die Herstellung von Metallen durch Elektrolyse aus einem ihrer löslichen Salze, das auf irgendeinem Wege aus dem Erz oder sonstigen Ausgangsstoffen gewonnen wird. Für diese Prozesse müssen die zu elektrolysierenden Lösungen oft gründlich gereinigt werden und dürfen insbesonders keine Metalle enthalten, die edler als jenes sind, das man gewinnen will. Die Prozesse dieser Gruppe werden auch als *elektrometallurgische Prozesse mit unlöslichen Anoden* bezeichnet.

Eine dritte Gruppe von Verfahren zielt darauf ab, bloß eine dünne Metallschicht auf ein anderes Material aufzubringen, um dessen Oberflächenbeschaffenheit vom ästhetischen oder technischen Gesichtspunkt (längere Haltbarkeit, Korrosionsschutz usw.) zu verbessern. Der kathodische Niederschlag muß in diesem Fall auf der Unterlage besonders gut haften und auf der ganzen Oberfläche ein gleichmäßiges und weitestgehend mikrokristallines Korngefüge aufweisen. Die Elektrolytbäder dieser Prozesse haben je nach dem abzuscheidenden Metall und der gewünschten Oberflächenbeschaffenheit die verschiedensten Zusammensetzungen. Zu dieser Gruppe von Prozessen, die unter dem gemeinsamen Begriff *Galvanotechnik* zusammengefaßt werden, gehört auch die unmittelbare Herstellung bestimmter Gegenstände, wie z. B. nahtloser Rohre, auf elektrolytischem Wege.

Die vierte Gruppe unterscheidet sich von den ersten drei insofern wesentlich, als sie der Herstellung metallischer Pulver von bestimmter und möglichst gleichförmiger Körnung für Sonderzwecke dient. Das Endprodukt muß dabei möglichst locker mit der Kathode verbunden sein, so daß es leicht abgelöst werden kann, wenn es sich schon nicht von selbst am Boden des Troges oder in einem geeigneten Behälter angesammelt hat.

Bei der Raffination und elektrolytischen Herstellung von Metallen ist die Reinheit des Endproduktes einer der ausschlaggebendsten Faktoren für die Beurteilung des Verfahrens. Dieser Faktor muß zusammen mit den Betriebskosten, die auch die Zinsen des angelegten Kapitals und die Amortisation der Anlage umfassen, in Rechnung gestellt werden, besonders wenn der Herstellungs- oder Raffinationsprozeß mit anderen Verfahren im Wettbewerb steht. Analoge Überlegungen gelten auch für die Herstellung von Metallen in Pulverform.

Bei den ersten drei Gruppen von Prozessen müssen daher Strom- und Energieausbeute so hoch als möglich sein. Darüber hinaus ist man bestrebt, die Zellen mit den höchsten Stromdichten zu betreiben, die mit der Eigenart des Verfahrens und den Forderungen an das Endprodukt vereinbar sind. Steigerung der Stromdichte bedeutet eine höhere Produktionskapazität der Anlage. Letztere kann daher in kleineren Dimensionen ausgeführt werden, wodurch das Anfangskapital der Anlage und die Kapitalzinsen für die Produktionsmittel herabgesetzt werden, was im Endeffekt zu einer Verminderung der Produktionskosten führt. Es muß allerdings bedacht werden, daß eine Erhöhung der Stromdichte stets von einer Abnahme der Energieausbeute und manchmal auch von einer Qualitätsverschlechterung des Endproduktes begleitet ist, so daß der richtige Ausgleich zwischen den einzelnen Faktoren in jedem einzelnen Fall erst gefunden werden muß.

In der Galvanotechnik und insbesondere in der Galvanostegie (einfaches Überziehen mit Metallen) tritt der Kostenfaktor im Hinblick auf die Qualität des Endproduktes ein wenig zurück und es werden daher auch niedrigere Strom- und Energieausbeuten in Kauf genommen, wenn dadurch bestimmte Eigenschaften des Produktes gewährleistet sind.

Eine weitere Kostensenkung trachtet man durch Erhöhung der Energieausbeute zu erreichen, indem man den Potentialabfall der Ohmschen Widerstände und Elektrodenpolarisationen, die in der Industriepraxis ebenfalls oft als Ohmsche Widerstände angesprochen werden, auf ein Minimum herabzusetzen sucht. Aus diesem Grunde setzt man den Elektrolytbädern bisweilen indifferente Elektrolyte (das heißt solche, die nicht am Elektrolyseprozeß teilnehmen) zu, um den Ohmschen Widerstand des Elektrolyten und damit den Spannungsabfall IR zu erniedrigen.

Eine Erhöhung der Leitfähigkeit kann auch durch Temperaturzunahme erzielt werden. In diesem Falle ist jedoch infolge Erniedrigung der betreffenden Überspannung eine gleichzeitige Entladung von Wasserstoff und eventuell auch eine Abscheidung anderer im Bad vorhandener Kationen möglich, die das Endprodukt unter Umständen verunreinigen. Dazu ist zu bemerken, daß bei Vorhandensein mehrerer Kationen in der Elektrolytflüssigkeit *theoretisch* alle am Entladungsvorgang teilnehmen, und zwar in Mengenverhältnissen, die von den betreffenden Normalpotentialen (s. Kap. IV, 6), Konzentrationen und Überspannungen bestimmt sind. Da in wässerigen Lösungen immer H^+-Ionen vorhanden sind, ist deren gleichzeitige Entladung unvermeidlich. So berechnet sich z. B. die bei der Elektrolyse von Kupfersulfat in einer sauren $1\,n$-Lösung gleichzeitig abgeschiedene Wasserstoffmenge in der Größenordnung von $10^{-7}\,\%$ des Gewichtes des Kupferniederschlages. Tatsächlich ergibt eine genaue Analyse des unter solchen Bedingungen abgeschiedenen Elektrolytkupfers, daß darin Wasserstoff mit einem Prozentanteil von etwa $10^{-6}\,\%$ enthalten ist, was in Anbetracht der Schwierigkeiten einer solchen Analyse als gute Übereinstimmung mit der Theorie angesehen werden kann. Diese Beobachtung ist sehr wichtig, da der abgeschiedene und in der Metallmasse gelöste Wasserstoff die Struktur und auch andere Eigenschaften des abgeschiedenen Metalles beeinflussen kann. Aus diesem Grunde werden bei Elektrolysen mit unlöslichen Anoden die Elektrolytbäder manchmal durch Zusatz von Puffersubstanzen auf konstantem p_H gehalten, um eine Aciditätsänderung des Bades zu verhindern. Im allgemeinen kann der gelöste Wasserstoff durch Erwärmung entfernt werden.

Prozesse mit löslicher Anode gestatten manchmal eine Herabsetzung der Klemmenspannung der Zelle durch Erniedrigung der Polarisation mittels Zusätzen (z. B. von Cl^--Ionen), welche die Auflösung des Anodenmetalles erleichtern und dessen Passivierung hemmen (s. Kap. IV, 10).

2. Niederschlagsformen der Metalle[1]

In der Elektrometallurgie der wässerigen Lösungen ist man im allgemeinen bestrebt, einen kompakten und an der Kathode fest haftenden Metallniederschlag zu erhalten, wenn man von jenen Fällen absieht, in denen man das Metall in Pulverform herzustellen wünscht.

Die Art des Niederschlages hängt von der Strukturform des Niederschlages selbst ab. Darunter versteht man die Art der Kristallisation (Zahl der Kristallite

---

[1] Eine eingehende Untersuchung des kathodischen Anwachsens der Metalle liegt vor von Finch, G. I., H. Wilman and L. Yang: Discussions of the Faraday Society No. 1, Electrode Processes, S. 144 (1947).

je Flächeneinheit, deren Orientierung und wechselseitige Verbindung) und ihre Beziehung zum Grundmetall.

Die endgültigen Eigenschaften des Niederschlages (Porosität, Rauhheit, Härte, Widerstand gegen verschiedene Beanspruchungen, wie Verschleiß, Torsion usw., Verhalten bei Temperaturänderungen, Reinheit) hängen grundsätzlich von der Strukturform ab, die auch für andere Faktoren, die eher für den Produktionsgang von Bedeutung sind (Stromausbeute, leichtes Sammeln der Produkte usw.), maßgebend ist.

Es ist daher klar, daß man etwas über die Strukturform wissen muß, um die Elektrolyse so durchzuführen, daß die gewünschte Niederschlagsbeschaffenheit erhalten wird.

Trotzdem fällt die Metallabscheidung nicht immer nach Wunsch aus. Jedes Metall zeigt ein besonderes Verhalten, das zum Teil von den charakteristischen Eigenschaften des abzuscheidenden Metalles selbst (Kohäsionskraft, Gitterstruktur, Tendenz zum irreversiblen elektrochemischen Verhalten, Überspannung des Wasserstoffes usw.) und zum Teil von den speziellen Bedingungen der Elektrolyse abhängt.

Letztere können in folgenden Punkten zusammengefaßt werden: Geschwindigkeit der Zufuhr der Metallionen an der Grenzfläche Kathode-Elektrolyt, Beweglichkeit der Ionen auf der Kathodenoberfläche vor der Fixierung im Kristallgitter, Natur des Elektrolyten, Vorhandensein anderer Bestandteile elektrolytischer oder kolloider Natur in der Lösung, Kathodenpolarisation, Kristallform und -orientierung der Unterlage (bei Niederschlägen sehr kleiner Dicke)[1].

Die für die Strukturform maßgebenden spezifischen Eigenschaften des Abscheidungsmetalles können nicht verändert werden und werden daher nicht weiter erörtert. Von Interesse ist dagegen der Einfluß jener Elektrolysebedingungen, die innerhalb gewisser Grenzen veränderlich sind und dadurch die Strukturform beeinflussen können.

Die wichtigsten speziellen Elektrolysebedingungen sind praktisch durch die Stromdichte, durch die Konzentration des Elektrolyten, durch die Flüssigkeitsbewegung und durch die Temperatur festgelegt.

Die elektrolytische Abscheidung eines Metalles tritt ein, wenn die in die Lösung eingetauchte Elektrode kathodisch auf ein Potential polarisiert wird, das ein wenig negativer als das Gleichgewichtspotential unter den gegebenen Bedingungen ist; natürlich muß eine eventuelle Überspannung berücksichtigt werden. Über den Mechanismus der Entladung des Kations und der Metallabscheidung im festen Zustand ist dagegen noch nichts Genaues bekannt. Daraus erklärt sich, warum man über die letzten Ursachen der verschiedenen Niederschlagsformen noch nichts Bestimmtes aussagen kann. Es können daher nur einige grundlegende Beziehungen allgemeiner Art erörtert werden.

Unmittelbar vor der Entladungsreaktion müssen sich die Kationen in der an der Elektrode unmittelbar anliegenden Flüssigkeitsschicht, dem sogenannten Kathodenfilm, befinden. Das Kation ist gewöhnlich hydratisiert. Zwischen dem Anfangszustand des hydratisierten Kations und dem Endzustand des im Kristallgitter eingeordneten Metallatoms muß es daher eine bestimmte Anzahl von Zwischenstadien durchlaufen, in denen verschiedene Reaktionen vor sich gehen: Dehydratation, Entladung, Übergang aus dem Kathodenfilm in das Kristallgitter der Kathode durch die Grenzfläche Elektrode-Elektrolyt usw.

---

[1] Die hier gegebene Untersuchung der Metallstrukturen beschränkt sich auf Abscheidungen von über 0,01 mm Dicke, auf welche die Unterlage nur einen begrenzten Einfluß ausübt.

Wenn das Metall den Endzustand erreicht hat, ist der Kathodenfilm auf der einen Seite an Kationen verarmt, während er sich auf der anderen infolge Zuwanderung weiterer Kationen aus der Lösung mit Kationen angereichert hat. Diese Zuwanderung kann sowohl unter dem Einfluß des Potentialabfalles, als auch unter der Einwirkung der Konzentrationsdifferenz zwischen der eigentlichen Lösung und dem Kathodenfilm vor sich gehen. Der Kathodenfilm hat eine Dicke in der Größenordnung von Zehntel-μ. In diesem überaus kleinen Bereich ist der Potentialgradient sicherlich viel größer als im Bad selbst, weshalb die effektive Geschwindigkeit der Kationen beim Durchqueren des Kathodenfilms ebenfalls viel größer sein muß. Überdies ist die Zusammensetzung des Kathodenfilms aller Wahrscheinlichkeit nach auch nicht in seinem ganzen Bereich konstant und immer im dynamischen Konzentrationsgleichgewicht mit dem Bad selbst.

Alle diese Faktoren beeinflussen die Struktur der Metallabscheidung und die geringe Kenntnis darüber trägt dazu bei, daß zahlreiche Besonderheiten der Elektrolyse noch dunkel erscheinen. Der einzige Punkt, dem heute hohe Wahrscheinlichkeit beigemessen wird, ist die These, daß die Entladung des Kations eines Schwermetalles im gleichen Augenblick stattfindet, in dem sich das Metallion in das Kristallgitter einfügt.

Das abgeschiedene Metall weist mit fortschreitender Entladung der Kationen zwei extreme Strukturformen auf:

1. grobkörnige Struktur, die aus gut entwickelten Einzelkristallen zusammengesetzt ist;

2. äußerst feinkörnige Struktur, die aus vielen kleinen Kristallen besteht.

Der kathodische Abscheidungsvorgang eines Metalles kann in mancher Hinsicht einem Kristallisationsprozeß gleichgesetzt werden. Tatsächlich erfolgt er in zwei Stufen: Bildung der Kristallkeime und deren Wachstum und Entwicklung zu mehr oder minder gut ausgebildeten Kristallen. Diese beiden Phasen des Kristallisationsprozesses laufen unabhängig voneinander ab und es ist die relativ größere oder kleinere Geschwindigkeit des einen Teilprozesses gegenüber dem anderen, die als ausschlaggebender Faktor die Form der kathodischen Metallabscheidung bestimmt[1]. Die für die Niederschlagsform maßgebenden Faktoren nehmen auf die Bildungsgeschwindigkeit der Kristallkeime und deren Wachstum Einfluß. Im allgemeinen wird also eine Abscheidung in mikrokristalliner Form von solchen Bedingungen begünstigt, die die Bildung immer neuer Keime erleichtern, während günstige Wachstums- und Entwicklungsbedingungen für die Kristalle Abscheidungen in großen, mehr oder minder gut ausgebildeten Kristallen ergeben. Die Entwicklung eines Kristallkeimes oder eines bereits gebildeten Kristalles vollzieht sich nicht durch Einbau neuer Atome an beliebigen Punkten der Oberfläche, sondern an bevorzugten Stellen und Flächen des Gitters, den sogenannten aktiven Stellen, in denen die für die kathodische Abscheidung notwendige Aktivierungsenergie kleiner als auf der übrigen Oberfläche ist und die daher eine kleinere Polarisation erfordern. Daraus folgt unmittelbar, daß die für die Neubildung von Kristallkeimen erforderliche Polarisation größer ist als jene, die für das Wachstum der bereits gebildeten Keime gerade ausreicht.

---

[1] Außerdem wäre noch die gegenseitige Orientierung der Kristallite, auch in Beziehung zur kristallographischen und Oberflächenstruktur des Grundmetalles, und die wechselseitige Verbindung der einzelnen Kristallite zu berücksichtigen. Diese beiden Momente sind zwar für die Niederschlagsform grundlegend, können aber nur schwer von außen beeinflußt werden. Sie werden daher nicht weiter erörtert.

Eine Erhöhung der Stromdichte begünstigt die Bildung neuer Keime entweder direkt durch Vermehrung der Zahl der je Oberflächeneinheit entladenen Ionen oder indirekt durch Beeinflussung verschiedener anderer Faktoren, die für die Natur des Niederschlages maßgebend sind. Als Folge der Stromdichteerhöhung nimmt die Konzentration der Kationen im Kathodenfilm immer mehr ab, so daß sich die einzelnen Ionen in größeren Abständen von den aktiven Wachstumszentren der bereits gebildeten Kristalle befinden; der Potentialabfall im Kathodenfilm nimmt zu, der aus diesem Grunde von den aus der eigentlichen Lösung ankommenden Kationen mit größerer Geschwindigkeit durchlaufen wird, und schließlich steigt auch die Kathodenpolarisation an. Alles in allem wird dadurch die Neubildung von Kristallkeimen noch weiter erleichtert, was zu einer feinkörnigeren Abscheidung führt. Bei Überschreiten des Grenzstromwertes erhält man jedoch keine weitere Kornverfeinerung. Die gleichzeitige Wasserstoffentwicklung, die in einem solchen Fall gewöhnlich auftritt, macht den Niederschlag eher porös oder schwammig, mit oft nur geringer Haftintensität an der Kathode, oder verursacht überhaupt Abscheidung in Pulverform.

Die obigen Betrachtungen können in gleicher Weise zur Erklärung des Konzentrationseinflusses herangezogen werden, der gewöhnlich dem der Stromdichte entgegengesetzt ist. Eine Konzentrationserhöhung verkleinert die Dicke des Kathodenfilms, verstärkt darin die Konzentration durch Diffusion und setzt den Wert der Kathodenpolarisation herab. Dadurch wird das Wachstum der bereits existierenden Kristallkeime begünstigt, die sich unter Bildung von mehr oder minder groben Kristallen weiterentwickeln.

Im selben Sinn wirken die Bewegung des Elektrolytbades und die Zunahme der Temperatur, beides Faktoren, die die Diffusion erleichtern und daher der Verarmung des Kathodenfilms entgegenwirken. Die Temperaturzunahme wirkt sich insbesondere auch durch Erniedrigung von allfälligen Überspannungen und durch direkte Beeinflussung sowohl der Bildungsgeschwindigkeit neuer Keime als auch der Wachstumsgeschwindigkeit der Kristalle aus. Die Zunahme der letzteren überwiegt allerdings, da auch die seitliche Beweglichkeit der dehydratisierten Metallionen auf der Kathodenoberfläche erhöht ist, so daß diese die aktiven Stellen leichter erreichen und sich dort entladen können. Schließlich bewirkt die Temperaturzunahme eine Änderung des Dissoziationsgrades bzw. der Aktivität des Elektrolyten, allerdings in einer Weise, die nicht immer von vorneherein feststeht, wobei sich das Gleichgewichtspotential verschiebt und außerdem die Bedingungen für eine eventuelle Bildung von Kolloiden (Metallhydroxyden) und die Wirkung der bereits vorhandenen Kolloide eine Veränderung erfahren.

Auch die Natur des Elektrolyten und die Wertigkeit des Kations üben einen nicht vorhersehbaren und in vielen Fällen noch ungeklärten Einfluß aus. So sind z. B. die Niederschläge von Blei, Silber, Cadmium und Zink aus einer kieselfluorwasserstoffsauren Lösung einwandfrei feinkörniger als jene aus salpetersauren Lösungen; die aus salzsauren Lösungen abgeschiedenen Ferroionen liefern einen grobkörnigeren Niederschlag als jene, die aus schwefelsauren Lösungen niedergeschlagen werden. Das aus Lösungen von Pb^{4+} abgeschiedene Blei ist schwammig, während der Niederschlag aus Lösungen von Pb^{2+}-Ionen aus verhältnismäßig großen und gut ausgebildeten Kristallen besteht.

Der Elektrolyt gewinnt besondere Bedeutung, wenn das abzuscheidende Metall in einem komplexen Anion (Cyanid, Tartrat usw.) enthalten ist.

Der Niederschlag aus komplexen Salzen ist immer mikrokristallin, auch wenn das Metall aus seinen einfachen Salzen vorwiegend in Form gut entwickelter Einzelkristalle ausfällt. Der Mechanismus der kathodischen Abscheidung der Metalle aus komplexen Anionen ist noch nicht völlig geklärt. Nach dem im Kap. IV, 7 Gesagten ist es jedoch wenig wahrscheinlich, daß er in der direkten Entladung der von der Dissoziation des komplexen Anions herrührenden metallischen Kationen besteht und dem Vorgang bei der Elektrolyse der einfachen Salze analog ist. Dies auch deswegen, weil man dann aus gleich stark verdünnten Lösungen einfacher Salze ähnliche Niederschläge erhalten müßte, was aber durch die Erfahrung nicht bestätigt wird. Dieser Beobachtung kann man allerdings entgegenhalten, daß die Leitfähigkeit des Bades in den beiden Fällen nicht die gleiche ist und daß insbesondere im Kathodenfilm die maßgebenden Faktoren Ionenkonzentration, Dicke des Films, Potentialabfall usw. unbekannt sind. Nach einer anderen Erklärung werden bei der mikrokristallinen Abscheidung aus komplexen Salzen, unabhängig vom speziellen Entladungsmechanismus des Metalles, die aktiven Stellen des natürlichen Wachstums der Kristalle zumindest teilweise vom Wasserstoff abgedeckt, der mit Sicherheit ebenfalls am kathodischen Entladungsvorgang teilnimmt, da ja die Konzentration der freien Metallkationen in der Lösung der komplexen Ionen sehr niedrig ist. Auf diese Weise könnte sich das metallische Kation nicht mehr im gleichen Augenblick entladen, in dem es sich in das Kristallgitter einordnet. Entladung und Kristallisation müßten vielmehr in zwei aufeinanderfolgenden Momenten des Elektrolyseprozesses erfolgen. Nimmt man an, daß die aktiven Stellen zumindest teilweise blockiert sind, würde daraus eine fortgesetzte Bildung neuer Kristallkeime, das heißt aber eine mikrokristalline Abscheidung folgen.

Diese zweite Erklärung gründet sich auch auf die Beobachtung des Einflusses, der vom Zusatz verschiedener Fremdsubstanzen auf den elektrolytischen Niederschlag ausgeübt wird. Zweifellos üben viele Fremdsubstanzen, die im allgemeinen organischer Natur sind, hohes Molekulargewicht haben und oft richtige Kolloide darstellen, einen so bedeutenden Einfluß auf die physikalischen und chemischen Eigenschaften des elektrolytischen Niederschlages aus, daß sie auch industriell zur Anwendung kommen. Durch immer weitere Verfeinerung des Korns machen sie den an sich feinen Niederschlag bisweilen geradezu amorph, das heißt, sie behindern das Wachstum der Kristalle, indem sie die fortgesetzte Neubildung von Kristallkeimen begünstigen. Wahrscheinlich besteht der Einflußmechanismus der Kolloide in einer Oberflächenadsorption des Kolloids auf den Metallkristallen[1]. Diese Erklärung stützt sich auf verschiedene experimentelle Tatsachen. Vor allem wirken jene Kolloide im Sinne einer Verfeinerung des Niederschlages am stärksten, die vom Metall wirklich adsorbiert werden und auf diese Weise als Schutzkolloide gegen Koagulation wirken können. Die Oberflächenadsorption hat eine teilweise Bedeckung der Kathodenoberfläche mit einer entsprechenden Zunahme der effektiven Stromdichte an den freien Stellen und infolgedessen eine Erhöhung der Polarisation zur Folge. Die kathodische Polarisationserhöhung schafft ihrerseits günstigere Bedingungen für die fortgesetzte Neubildung von Keimen, für die ein negativeres Kathodenpotential ja gerade gefordert wird. Tatsächlich wurde eine Erhöhung der Kathodenpolarisation als Folge des Zusatzes oder der Bildung kolloider Substanzen im Bade experimentell beobachtet.

Außerdem wurde festgestellt, daß sich im abgeschiedenen Metall gewöhnlich eine gewisse, durchaus nicht vernachlässigbare Menge des zugesetzten Kolloids vorfindet, was eine weitere Bestätigung der obigen Erklärung sein könnte. So hat man z. B. bei der Elektrolyse einer Kupfersulfatlösung, die 25% $CuSO_4 \cdot 5\,H_2O$

---

[1] Müller, F.: Kolloid Z. **100**, 159 (1942).

und 0,5% Gelatine enthielt, bei einem $p_H = 3$ und einer Stromdichte von etwa 10 mA/cm² einen Kupferniederschlag mit einem Gehalt von 2,93% Gelatine erhalten. Solche Fremdsubstanzen, die im kathodisch abgeschiedenen Metall zurückbleiben, verändern gewöhnlich dessen Eigenschaften, indem sie es spröde machen und manchmal innere Spannungen hervorrufen.

Es gibt auch Fälle, in denen keine Spur des dem Bade zugesetzten Kolloides im kathodisch abgeschiedenen Metall nachgewiesen werden kann. Man nimmt dann an, daß das Kolloid als eine Art Diaphragma wirkt, das mehr oder weniger an der Kathode haftet und die Entladung und Entwicklung der Kristalle reguliert.

Zahlreiche weitere Theorien haben sich mit dem Einfluß der kolloiden Substanzen beschäftigt, ohne deren Wirkungsmechanismus endgültig klären zu können; es scheint jedoch die gegebene Deutung heute die wahrscheinlichste zu sein.

Eine andere Form des Zusatzes, deren man sich besonders bei den Galvanostegiebädern manchmal bedient, besteht im Hinzufügen von indifferenten Elektrolyten zur Erhöhung der Leitfähigkeit des Bades. Auch der Zusatz von indifferenten Elektrolyten kann die Struktur des kathodischen Niederschlages beeinflussen. Vor allem wirkt sich ihre Gegenwart auf die Aktivität der metallischen Kationen aus, die sich entladen sollen. Wenn diese Kationen von der Dissoziation eines Elektrolyten mittlerer Stärke herrühren, wie dies bei den Salzen der Schwermetalle zumeist der Fall ist, kann dadurch der Dissoziationsgrad und damit die Ionenkonzentration geändert werden. Außerdem beeinflußt der Zusatz eines stark dissoziierten Elektrolyten auch die Leitfähigkeit des Kathodenfilms und weiters die Dichte des Bades, die sich weniger rasch ändert als bei Abwesenheit des indifferenten Elektrolyten. Wenn schließlich der Elektrolyt mit dem Zusatz ein Ion gemeinsam hat, tritt gewöhnlich auch eine Erhöhung der Polarisation ein. Das heißt, ein indifferenter Elektrolyt übt seine Wirkung auf die Niederschlagsform indirekt aus, indem er einige der Bedingungen ändert, die ihrerseits die Struktur des Niederschlages direkt beeinflussen.

Einige Eigenschaften, wie Härte, Glanz usw., werden bisweilen durch spezifische Wirkungen kleiner Zusätze erzielt. Normalerweise werden starke Mineralsäuren zugesetzt. Außer der allgemeinen Wirkung eines indifferenten Elektrolyten üben diese noch einen besonderen Einfluß aus, der der größeren Wahrscheinlichkeit gleichzeitiger Wasserstoffabscheidung zuzuschreiben ist und im Grenzfall einen unerwünschten porösen oder schwammigen Niederschlag verursachen kann. Man muß daher optimale p_H-Bedingungen einhalten, da auch dieser Faktor für die Strukturform des Niederschlages eine Rolle spielt.

Als letzter Einflußfaktor auf die Struktur ist die Elektrodenpolarisation zu nennen. Nimmt sie zu, so erhält man einen feinkörnigeren Niederschlag, da die Neubildung von Kristallkeimen durch ein höheres Potential gefördert wird. Unter diesem Gesichtspunkt ist es durchaus kein Zufall, daß jene Metalle, die starke Überspannungen aufweisen, insbesondere jene der Eisengruppe, in Form von gut haftenden, kompakten und so feinkörnigen Schichten abgeschieden werden, daß oft nur die Analyse mit Röntgenstrahlen imstande ist, ihre Struktur nachzuweisen. Anderseits entladen sich Kationen mit kleiner Überspannung unter Bildung von gut entwickelten Einzelkristallen. Dazu gehören Pb, Ag, Sn usw. Die Beziehungen zwischen Polarisation und Abscheidungsstruktur gelten jedoch nicht streng. Es gibt eine Reihe von Theorien, die sich unter Berücksichtigung der eventuellen Aktivierungsenergien mit diesen Fragen beschäftigen. Diesbezüglich muß jedoch auf die Spezialabhandlungen der Elektrometallurgie verwiesen werden.

In Tab. 46 sind die allgemeinen Einflüsse der verschiedenen Entladungsbedingungen auf die Strukturform des kathodischen Niederschlages zusammengefaßt.

Tabelle 46. *Einfluß der Elektrolysebedingungen auf die kathodischen Strukturformen*

Elektrolysebedingungen	Makrostruktur — Mikrostruktur
Zunahme der Stromdichte	⟶
„ „ Konzentration	⟵
„ „ Bewegung	⟵
„ „ Temperatur	⟵
„ „ Polarisation	⟶
Zusatz von Kolloiden	⟶
„ „ indifferenten Elektrolyten	⟶

3. Elektrolytische Raffination des Kupfers: Reaktionen

Die Bedeutung des Kupfers ergibt sich vor allem aus seiner Verwendung in
der Elektrotechnik. Für diesen Zweck muß es einen überaus hohen Reinheitsgrad, über 99,5%, aufweisen, der nur schwer durch rein metallurgische Prozesse
auf thermischem Wege erreicht werden kann. Dagegen ist es leicht, auf elektrolytischem Wege Kupfer von 99,90% bis 99,98% Cu zu erhalten.

Es gibt zwei Reihen von Kupfersalzen, in denen es ein- bzw. zweiwertig
auftritt. Bei Anwesenheit metallischen Kupfers stellt sich das Gleichgewicht

$$Cu^{2+} + Cu \rightleftarrows 2\,Cu^+ \tag{1}$$

ein, das bei Zimmertemperatur stark nach links verschoben ist (s. Kap. IV, 9),
während es sich bei Temperaturerhöhung immer weiter nach rechts verlagert.
In jeder Kupfersalzlösung, in die eine Elektrode aus metallischem Kupfer eintaucht, sind auch Cu^+-Ionen anwesend. Es sind daher folgende, nach dem
rechts angeführten Normalpotential angeordnete Anodenvorgänge möglich:

I.	$Cu^+ \rightarrow Cu^{2+} + e$	$+ 0{,}167$ V,
II.	$Cu \rightarrow Cu^{2+} + 2\,e$	$+ 0{,}34$ V,
III.	$Cu \rightarrow Cu^+ + e$	$+ 0{,}52$ V.

Am Beginn der Elektrolyse ist der Vorgang (I) wegen der sehr kleinen Menge
der vorhandenen Cu^+-Ionen nicht möglich und es spielt sich praktisch fast ausschließlich der Vorgang (II) ab. Gleichzeitig nimmt die Konzentration der
Cu^{2+}-Ionen in der unmittelbaren Nachbarschaft der Anode stark zu. Der Anstieg der Cu^{2+}-Ionenkonzentration hat eine zweifache Wirkung: erstens können
sich wegen des Gleichgewichtes (1) durch eine Sekundärreaktion der Cu^{2+}-Ionen
mit dem metallischen Kupfer der Elektrode Cu^+-Ionen bilden, zweitens kann
wegen der Verschiebung des Potentials gegen positivere Werte hin (infolge Konzentrationszunahme der Cu^{2+}-Ionen) auch der Vorgang (III) mit der primären
Bildung von Cu^+-Ionen einsetzen und dies um so mehr, als die anodische Auflösung des Kupfers von einer leichten chemischen Polarisation begleitet ist
(s. Abb. 67), speziell wenn die Lösung Gelatine enthält. In der Praxis bilden
sich bei der Elektrolyse mit nicht gegen Null gehender Stromdichte gleichzeitig
mit den Cu^{2+}-Ionen auch Cu^+-Ionen, und zwar in einer größeren Menge, als dem
Gleichgewicht (1) in der eigentlichen Lösung entspricht (s. Kap. IV, 9). Wenn sich
die Cu^+-Ionen von der Anode entfernen, befinden sie sich daher innerhalb der

Lösung in einer höheren Konzentration als dem Gleichgewicht (1) entspricht, weshalb sie im Sinne der Reaktion (1) von rechts nach links mit Niederschlag von metallischem Kupfer in Pulverform reagieren. Letzteres scheidet sich am Boden ab, bis das Gleichgewicht neuerdings erreicht ist. Auf diese Weise verschwindet ein Teil der an der Anode entstandenen Cu^+-Ionen.

Ein anderer Teil wird in Gegenwart freier Säure vom atmosphärischen Sauerstoff gemäß der Reaktion

$$2\,Cu_2SO_4 + O_2 + 2\,H_2SO_4 \rightarrow 4\,CuSO_4 + 2\,H_2O \tag{2}$$

oxydiert.

Enthält die Lösung keine freie Schwefelsäure, dann reagiert das Cuprosulfat mit Wasser entsprechend der Reaktion

$$Cu_2SO_4 + H_2O \rightarrow H_2SO_4 + Cu_2O \tag{3}$$

mit Abscheidung von festem Kupferoxydul. Die beiden letzten Reaktionen verursachen jedoch eine Erniedrigung der Konzentration der Cu^+-Ionen unter den Gleichgewichtswert, so daß an der Kathode die drei effektiven Redox- und Entladungspotentiale der Cu^+- und Cu^{2+}-Ionen, die bei Gleichgewicht zwischen Cu^+- und Cu^{2+}-Ionen denselben Wert haben, nicht mehr gleich sind. Die elektrochemische Kathodenreaktion wirkt dann im Sinne einer Wiederherstellung des Gleichgewichtes, indem sie einen Teil der Cu^{2+}-Ionen zu Cu^+-Ionen reduziert. Die wichtigste Kathodenreaktion ist jedoch immer die Entladung der Cu^{2+}-Ionen. Sie läuft ebenfalls mit einer leichten chemischen Polarisation ab und wird durch den niedrigen Wert des Konzentrationsverhältnisses $[Cu^+]/[Cu^{2+}]$ begünstigt. Wenn dieses Verhältnis unter den Gleichgewichtswert absinkt, findet die Reaktion $Cu^{2+} \rightarrow Cu^+$ statt, die jedoch bei hoher Stromdichte von der Entladung $Cu^{2+} \rightarrow Cu$ überdeckt wird. In Wirklichkeit ist es nur bei hoher Temperatur, in neutraler Umgebung und mit niedriger Stromdichte möglich,

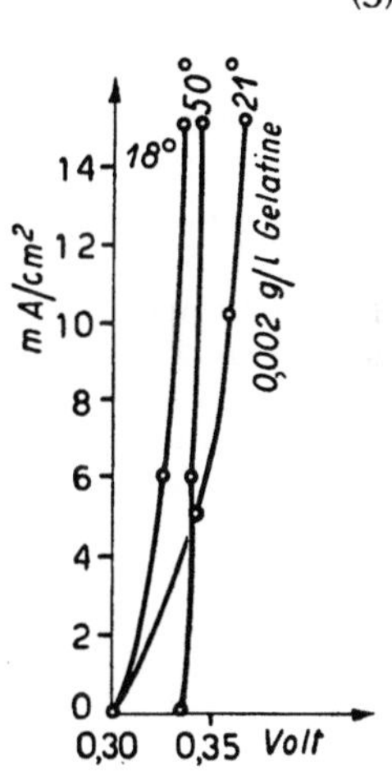

Abb. 67. Chemische Polarisation der anodischen Kupferauflösung

an einer Platinkathode ausschließlich die Reduktion von Cu^{2+}- zu Cu^+-Ionen mit nachfolgender Abscheidung von Kupferoxydul (durch Hydrolyse gemäß Reaktion 3) zu erhalten. Tatsächlich zeigt die D-V-Kurve unter günstigen Bedingungen zwei deutliche Knicke. Der erste ist wahrscheinlich dem Vorgang $Cu^{2+} \rightarrow Cu^+$ zuzuschreiben, obwohl das Normalpotential dieser Reaktion bedeutend negativer als das des Vorganges $Cu^{2+} \rightarrow Cu$ ist. Das ist leicht zu verstehen, wenn man bedenkt, daß die effektiven Potentiale dieser beiden Vorgänge gleich sind, wenn das Gleichgewicht zwischen den Cu^{2+}- und Cu^+-Ionen bestehen bleibt, daß aber das Potential des Vorganges $Cu^{2+} \rightarrow Cu^+$ positiver wird, sobald die Konzentration der Cu^+-Ionen infolge der Reaktionen (2) und (3) unter den Gleichgewichtswert sinkt.

Bei Erhöhung der Stromdichte läuft der Entladungsvorgang der Cu^{2+}-Ionen gleichzeitig mit dem Reduktionsprozeß $Cu^{2+} \rightarrow Cu^+$ ab, und zwar in um so größerem Ausmaß, je höher die Stromdichte ist. Die Stromdichteerhöhung ist natürlich durch den Beginn der gleichzeitigen Entladung von H^+-Ionen begrenzt, die den Katholyten alkalisch machen und die Hydrolyse des Cuprosulfates erleichtern würde; außerdem könnte die gleichzeitige Wasserstoffentladung den Niederschlag porös oder nahezu schwammig machen.

Aus dem Gesagten lassen sich die günstigsten Bedingungen für die technische Elektrolyse, auf Grund deren eine maximale Stromausbeute möglich ist, unmittelbar entnehmen. Sie sind:

1. eine möglichst hohe Kathodenstromdichte, die jedoch nicht so hoch sein darf, daß die gleichzeitige Entladung von H^+-Ionen ermöglicht wird;

2. eine nicht zu hohe Temperatur;

3. eine nicht zu hohe Konzentration des Kupfersulfates;

4. Ansäuerung des Elektrolyten.

Einige dieser Bedingungen stehen allerdings zu anderen Forderungen, die zur Erzielung einer guten Energieausbeute befolgt werden müssen, im Gegensatz. So erhöht niedrige Temperatur die Stromausbeute, verkleinert aber gleichzeitig die Energieausbeute, da der Ohmsche Widerstand des Elektrolyten bei niedriger Temperatur größer ist und die zu überwindenden Elektrodenpolarisationen ebenfalls mit sinkender Temperatur zunehmen. Dasselbe läßt sich von der Konzentration sagen. Eine sehr stark verdünnte Lösung weist einen beträchtlichen Ohmschen Widerstand auf. Übrigens würde eine hohe Kupfersulfatkonzentration eine neuerliche Verringerung der Leitfähigkeit bedingen. Gewöhnlich wird die Leitfähigkeit des Bades durch Ansäuern reguliert, das heißt durch Zusatz eines Elektrolyten, der, ohne selbst am Elektrolysevorgang teilzunehmen, den Widerstand des Bades herabsetzt. Das Ansäuern hat aber auch den Zweck, einen Teil des gemäß Reaktion (1) im Bade abgeschiedenen Kupfers wieder in Lösung zu bringen. Die Auflösung vollzieht sich unter Verbrauch atmosphärischen Sauerstoffes entsprechend der Reaktion

$$Cu + H_2SO_4 + \frac{1}{2} O_2 \rightarrow CuSO_4 + H_2O. \tag{4}$$

4. Elektrolytische Raffination des Kupfers: Anoden und Elektrolyt

Der in den elektrolytischen Kupferraffinerien zur Verarbeitung gelangende Rohstoff ist das Rohkupfer, wie es aus den Konvertern oder Flammöfen gewonnen wird, mit einem Kupfergehalt von 98% bis 99,5%. Als häufigste Verunreinigungen enthält es Silber, Gold, Wismut, Arsen, Antimon, Eisen, Nickel, Selen, Tellur, Sauerstoff, Schwefel, Zink, Kobalt, Platin und außerdem noch Spuren anderer Elemente. Darunter sind einige beträchtlich edler als Kupfer (Ag, Au, Pt). Sie werden anodisch nicht angegriffen und gehen daher ungelöst in den Anodenschlamm über. Ebenso bleiben Selen und Tellur in Form von Ag_2Se und Ag_2Te ungelöst; der gegenüber dem Silber vorhandene Überschuß an Selen und Tellur verbindet sich mit dem Kupfer zu dem ebenfalls unlöslichen CuSe und CuTe. Weiters bleiben ungelöst das Cuprosulfid Cu_2S und zum Teil auch das Kupferoxydul Cu_2O.

Andere Elemente (Fe, Ni, Co, Zn) gehen anodisch in Lösung, werden aber, da sie viel unedler sind, kathodisch nicht abgeschieden. Blei geht in einem schwefelsauren Elektrolyten in unlösliches Sulfat über. Es verbleiben noch Arsen, Antimon und Wismut, die am schwierigsten auszuscheiden sind, gleichzeitig sich aber auch am schädlichsten auswirken. Das Normalpotential dieser drei Elemente ist dem des Kupfers sehr nahe, wie sich aus Tab. 47 ergibt.

Es wäre daher sehr schwer, Antimon, Wismut und Arsen auf rein elektrolytischem Wege vom Kupfer trennen zu wollen. Man kommt immerhin zu einem günstigen Ergebnis, wenn man einen geeigneten Elektrolyten wählt, der es ermöglicht, daß die drei Elemente zum größten Teil in Form schwerlöslicher Verbindungen in den Anodenschlamm übergehen.

Tabelle 47 [1]. *Vergleich der Normalpotentiale von Sb, Bi, As und Cu.*

Element	ε_0
Sb/Sb^{3+}	+ 0,1
Bi/Bi^{3+}	+ 0,2
As/As^{3+}	+ 0,3
Cu/Cu^{2-}	+ 0,34

[1] Diese Werte sind natürlich nur Richtwerte, da die effektiven Aktivitäten der Ionen Sb^{3+}, Bi^{3+}, As^{3+} und Cu^{2+} im elektrolytischen Bad nicht bekannt sind.

Der für diesen Zweck geeignetste Elektrolyt, der aber auch gleichzeitig andere wesentliche Vorteile bietet, ist eine Kupfersulfatlösung mit einem durchschnittlichen Kupfergehalt von 40 g/l und 200 g/l freier Schwefelsäure. In dieser Lösung bilden Antimon und Wismut schwerlösliche Verbindungen, die sich im Anodenschlamm ansammeln. Auch das Arsen geht oft in den Anodenschlamm über, besonders wenn das Antimon in einem bestimmten Mengenverhältnis vorhanden ist. Im übrigen muß noch bemerkt werden, daß eine nicht vernachlässigbare Menge Arsen sich zu Arsensäure oxydiert, die auf elektrolytischem Wege schon deswegen aus der Lösung schwer auszuscheiden ist, weil die Arsensäure mit den im Elektrolyten enthaltenen Schwermetallen Arseniate bildet, die sich zum Teil im Anodenschlamm ansammeln.

Die beiden anderen Verunreinigungen, die sich im Elektrolyten in größeren Mengen vorfinden, sind Nickel und Eisen. Ersteres wirkt sich störend aus, indem es die Leitfähigkeit des Bades beträchtlich herabsetzt. 10 g/l Nickel genügen, um die Leitfähigkeit um 6% zu erniedrigen und damit gleichzeitig die Energieausbeute zu verkleinern. Eisen setzt insbesondere die Stromausbeute herab, da es elektrische Ladungen verbraucht, indem es sich an der Anode vom zwei- zum dreiwertigen Eisen oxydiert und an der Kathode in der umgekehrten Richtung reduziert.

Schwefelsäure hat als indifferenter Elektrolyt noch folgende Vorteile:

1. Sie erhöht die Leitfähigkeit des Bades.
2. Sie ist sehr billig.
3. Sie behindert stark die Hydrolyse des Cuprosulfates.
4. Sie ist nicht flüchtig und kann auch bei hohen Konzentrationen und Temperaturen verwendet werden.
5. Sie greift Blei nicht an, so daß dieses als Werkstoff für Rohrleitungen, Auskleidungen usw. benützt werden kann.

Die Ansäuerung des Elektrolyten mit Schwefelsäure, das heißt mit einem anderen Elektrolyten, der ein Ion mit dem ersteren gemeinsam hat, verursacht ein Ansteigen der Kathodenpolarisation. Diese Erhöhung wird jedoch weitgehend durch eine Abnahme des Zellenwiderstandes und damit des Potentialabfalles IR kompensiert, so daß die Energieausbeute insgesamt verbessert erscheint.

Mit fortschreitender Elektrolyse nimmt die freie Schwefelsäure mengenmäßig ab, da sie in erster Linie von allen unedleren, in der Lösung verbliebenen Metallen gebunden wird, außerdem aber auch von den Cu^+-Ionen, die sich unter dem Einfluß des atmosphärischen Sauerstoffes in Cu^{2+}-Ionen verwandeln. Die Verarmung des Elektrolyten an Schwefelsäure hat unmittelbar eine Erhöhung des Elektrolytwiderstandes zur Folge und kann auch zur Hydrolyse des Cuprosulfates mit Niederschlag von Kupferoxydul führen, wenn die Lösung

nicht mehr sauer genug ist. Um diesen unerwünschten Erscheinungen entgegen-
zuwirken, wird häufig eine unlösliche Anode verwendet, an der der Anodenvorgang in der Entwicklung von Sauerstoff bei gleichzeitiger Regeneration der
freien Schwefelsäure besteht. Anderenfalls muß die Säure direkt zugeführt werden.

Der einzige Nachteil der Schwefelsäure besteht darin, daß in ihr das Kupfer
im wesentlichen als zweiwertiges Ion in Lösung geht, was einen doppelt so hohen
Stromverbrauch bedingt, wie wenn die Elektrolyse in einer Lösung von Cu^+-Ionen
durchgeführt würde. Verschiedene Versuche in dieser Richtung haben jedoch
kein greifbares Ergebnis gezeitigt, so daß man sagen kann, daß sich der schwefelsaure Elektrolyt heute durchwegs durchgesetzt hat.

Die Konzentration der Cu^{2+}-Ionen darf nicht sehr hoch sein, wenn eine hohe
Stromausbeute erzielt werden soll. Zieht man jedoch in Betracht, daß die Elektrolyse praktisch in einem stark sauren Elektrolyten stattfindet, dann darf die
Cu^{2+}-Ionenkonzentration auch nicht unter einen bestimmten Wert fallen, wenn
die gleichzeitige Entladung von H^+-Ionen mit Erniedrigung der Stromausbeute
und Verschlechterung der mechanischen Eigenschaften des abgeschiedenen
Kupfers vermieden werden sollen. Diese Forderung macht sich besonders dann
geltend, wenn die der Raffination unterworfenen Anoden verhältnismäßig reich
an Arsen sind, das zu einem beträchtlichen Teil in Lösung bleibt. Überschüssiges
Arsen im Bad bringt nicht nur die Gefahr einer Verunreinigung des Kupfers
durch elektrolytische Abscheidung und mechanischen Einschluß von Anodenschlamm und Elektrolyt mit sich, sondern hat auch den Nachteil, die Überspannung des Wasserstoffes an der Kupferkathode zu erniedrigen und damit
dessen Entladung zu erleichtern. Die ohne Schaden für den kathodischen Kupferniederschlag tragbare Höchstgrenze des Arsengehaltes im Bad liegt um 17 g/l.
Das Arsen erfordert daher eine ständige Überwachung des Elektrolyten.

Mit fortschreitender Elektrolyse wird der Elektrolyt immer unreiner und
außerdem infolge Reaktion (4) immer konzentrierter an Kupfersulfat. Durch
regelmäßige Ausscheidung eines Teiles des Elektrolyten und Zuführung frischer
Lösung gelingt es, für eine bestimmte Zeit den Gehalt an Verunreinigungen unter
der zulässigen Höchstgrenze zu halten. Von Zeit zu Zeit muß jedoch der Elektrolyt vollständig erneuert werden. Je nach der Menge der sich ansammelnden
Verunreinigungen wird die Zeit festgestellt, nach der ein teilweiser Ersatz oder
eine vollständige Erneuerung des Elektrolyten vorzunehmen ist. Dem Elektrolyten
wird gewöhnlich eine kleine Menge kolloider Substanzen, wie Gelatine, Leim usw.,
zugesetzt, um den kathodischen Niederschlag zu verbessern und Kurzschlüsse
zwischen benachbarten Elektroden infolge unregelmäßigen Anwachsens der
Kathode zu vermeiden.

Schließlich ist noch das Vorhandensein von Cl^--Ionen zu beachten, die im
Elektrolyten in Mengen von etwa 0,2 bis 0,3 g/l auftreten. Die Anwesenheit der
Cl^--Ionen trägt dazu bei, daß einerseits die Anode leichter angegriffen wird und
anderseits Antimon und Wismut unlöslich gemacht werden.

Die Temperatur des Elektrolyten wird um 50^0 bis 55^0 C gehalten, was den
verschiedenen bereits besprochenen Forderungen hinsichtlich Leitfähigkeit,
Hydrolyse und Polarisation am ehesten entgegenkommt.

Der Elektrolyt wird mittels eines Pumpensystems dauernd von einem Trog
zum anderen in Bewegung gehalten, um die Kristallisation von Kupfersulfat
an der Anode zu vermeiden. Die Flüssigkeitsbewegung muß dabei so reguliert
werden, daß der Anodenschlamm nicht aufgerührt wird, da sich dieser auf den
Kathoden ablagern und sie verunreinigen könnte. Das Ausmaß der Bewegung
hängt natürlich auch von der Größe der Tröge ab.

5. Elektrolytische Raffination des Kupfers: Kathoden und Vorgänge

Die Kathoden bestehen aus Elektrolytkupferblechen, für deren Herstellung in besonderen Bädern schon sehr reine Anoden und Elektrolyte das Ausgangsmaterial darstellen. Auf diese Weise wird die Bildung von Anodenschlamm und die Anreicherung des Elektrolyten mit unedleren Verunreinigungen auf ein Minimum herabgedrückt. In diesen Bädern befinden sich die Elektroden außerdem in einem größeren Abstand voneinander. Unter solchen Bedingungen erhält man Bleche von einheitlicher Stärke, die sich für Kathoden besonders gut eignen.

Der Elektrolysegang bei der Raffination hängt von der Art der Elektrodenschaltung ab. Am weitesten verbreitet ist das monopolare System, bei der soviele Tröge in Serie geschaltet werden, daß die Gleichstromnetzspannung direkt an die Endtröge einer Reihe gelegt werden kann. Die Tröge sind gewöhnlich aus Holz oder Zement gebaut und innen mit Blei oder Hartblei plus 6% Antimon oder mit säurebeständigem Asphalt ausgekleidet. Darin werden zunächst die Anoden aufgehängt, und zwar in durchschnittlichen Abständen von 10 cm, von Blechmitte zu Blechmitte gerechnet. Genau in der Mitte zwischen den Anoden werden sodann die als Kathoden wirkenden Elektrolytkupferbleche befestigt. In jedem Trog kommen gewöhnlich auf n Anoden $n + 1$ Kathoden, so daß alle Anoden gleichmäßig auf beiden Seiten angegriffen werden. Die Klemmenspannung beträgt an jedem einzelnen Trog 0,2 bis 0,25 V, die mittlere Stromdichte etwa 200 A/m². Bei Herabsetzung der Stromdichte werden die Edelmetallverluste an der Kathode geringer; auch die Kosten der Elektrolyse nehmen ab, da sowohl die Zellenspannung als auch die Wahrscheinlichkeit einer gleichzeitigen Abscheidung anderer Verunreinigungen oder von Wasserstoff an der Kathode kleiner sind. Die allgemeinen Betriebskosten, von denen in Abschnitt 1 die Rede war, nehmen allerdings zu.

Die Wahl der zweckmäßigsten Stromdichte hängt daher auch von der Zusammensetzung der Anoden und von den örtlichen Strompreisen ab. Die Stromausbeute liegt für diese Form der Elektrodenschaltung über 0,90 und kann sogar 0,98 erreichen. Der Energieverbrauch je Tonne raffinierten Kupfers beläuft sich auf etwa 250 kWh.

Zellen mit bipolaren Elektroden enthalten im allgemeinen eine unlösliche Anode, eine Kathode aus reinem Kupfer und eine bestimmte Anzahl von Rohkupferplatten, die nicht mit der Stromzuführung verbunden sind, sondern als bipolare Elektroden arbeiten: als Kathode auf der der Endanode zugewandten Seite und als Anode auf der entgegengesetzten Seite. Die Umwandlung des Rohkupfers in reines Kupfer geht bei diesen Elektroden so vor sich, als ob praktisch keine Gewichtsveränderung der Elektrode stattfände. Am Ende der Elektrolyse sind die Dimensionen der Platte unverändert. Sie hat gewichtsmäßig nur die ursprünglich vorhandenen Verunreinigungen verloren und setzt sich nunmehr aus Elektrolytkupfer zusammen. Dieser Schaltungstyp bedingt als erste Folge eine Erniedrigung der Stromausbeute, die bedeutend kleiner als 1 wird, da wegen der Unmöglichkeit einer genauen Anpassung der Elektroden an den Trogquerschnitt ein gewisser Teil des Stromes direkt von der unlöslichen Anode zur Endkathode durch den Elektrolyten hindurchgeht, ohne an den einzelnen bipolaren Elektroden Lösungs- und kathodische Abscheidungsarbeit zu leisten. Die Elektroden können nicht in der gleichen Größe wie die Trogquerschnitte hergestellt werden, weil sich am Boden der Tröge der Anodenschlamm ansammelt. Will man vermeiden, daß die Kathoden durch den Anodenschlamm verunreinigt werden, muß man den unteren Elektrodenrand in einer gewissen Höhe über dem

Boden halten. Das hat aber zur Folge, daß der Strom innerhalb dieses Zwischenraumes den Elektrolyten wie einen Parallelwiderstand durchfließt.

Die Stromausbeute beträgt bei dieser Schaltungsart 0,7 bis 0,75. Ein anderer Grund für die Herabsetzung der Stromausbeute besteht in der Schwierigkeit, den Augenblick des Endes des Reinigungsprozesses der Elektrode genau zu erfassen. Wird die Elektrolyse über diesen Zeitpunkt hinaus fortgesetzt, dann geht der Vorgang unter Auflösung reinen Kupfers natürlich weiter und der ganze Strom, der vom Augenblick der Auflösung des letzten Rohkupferteilchens einer bipolaren Elektrode an fließt, geht verloren. Werden dagegen die Elektroden zu früh aus dem Bad herausgenommen, dann müssen die noch nicht in Lösung gegangenen Reste der ursprünglichen Elektroden mechanisch entfernt werden. Um diese Arbeit zu erleichtern, wird die Kathodenseite jeder Platte vor Beginn der Elektrolyse mit einer harzhaltigen Seife bespritzt.

Der gegenseitige Abstand der Elektroden ist mit etwa 33 mm ein wenig kleiner als beim monopolaren System, wodurch eine Herabsetzung der Potentialdifferenz zwischen zwei benachbarten Elektroden auf etwa 0,11 bis 0,13 V ermöglicht wird. Weiters wird dadurch eine Verminderung des Elektrolytvolumens, der Oberfläche der Elektrolysetröge und schließlich aller Anlagen für die Zirkulation, Erwärmung und Wiedergewinnung des Elektrolyten möglich. Stromdichte und Temperatur sind die gleichen wie beim monopolaren System. Der Energieverbrauch je Tonne raffinierten Kupfers ist bedeutend kleiner. Er beträgt im Mittel 160 bis 170 kWh, kann aber bis auf 130 kWh gesenkt werden. Um zu ermöglichen, daß die Elektroden auf der ganzen Oberfläche gleichmäßig angegriffen werden, müssen sie bereits aus genügend reinem, 99,2 bis 99,5 prozentigem Kupfer bestehen, das zu Platten von konstanter Dicke ausgewalzt werden kann. Die Anzahl der Elektroden je Trog und die Anzahl der in Serie geschalteten Tröge selbst wird so gewählt, daß die äußersten Tröge direkt an das interne Gleichstromverteilungsnetz angeschlossen werden können. Bei diesem Verfahren ist ein regelmäßiges und gleichförmiges Wachstum auf der ganzen Oberfläche der kathodischen Kupferschicht wichtig, um Kurzschlüsse zu vermeiden, die in Anbetracht des kleinen Elektrodenabstandes leicht zustande kommen können. An den Trogwänden befestigte Führungsleisten aus Holz dienen dem Zweck, gleiche Elektrodenabstände zu gewährleisten. Außerdem wird in regelmäßigen Zeitintervallen eine bestimmte Menge Gelatine dem Elektrolyten zugesetzt, um einen gleichförmigen Niederschlag zu erhalten.

Die für das bipolare System bestimmten Tröge dürfen nicht mit Blei ausgekleidet sein, da dieses als Nebenschluß mit beträchtlich kleinerem Widerstand wirken würde.

Eine zusammenfassende Gegenüberstellung der Vor- und Nachteile der beiden Verfahren läßt ihre charakteristischen Eigenschaften besser hervortreten.

Zu Gunsten des monopolaren Systems sprechen folgende Punkte:

1. Die Möglichkeit, Kupfer mit größerem Prozentgehalt an Verunreinigungen als Anoden zu verwenden, da wegen der größeren Elektrodenabstände keine mechanische Abscheidung von Verunreinigungen auf der Kathode zu befürchten ist, was einerseits reineres Kathodenkupfer und andererseits geringere Verluste an Edelmetallen bedeutet.

2. Geringere Betriebskosten (Anoden, die in einfachem Guß und in größeren Dimensionen hergestellt werden können, und die Möglichkeit, nichtspezialisiertes Personal für die Arbeit an den Trögen und für die Überwachung des bedeutend einfacheren Verfahrens heranziehen zu können).

3. Es können mit Blei ausgekleidete Tröge verwendet werden.

Demgegenüber stehen folgende Nachteile:

1. Eine größere Ampèrezahl je Trog, was einen höheren Energieverlust in den verschiedenen Widerständen des Stromkreises und einen größeren Kupferaufwand für das Leitungsnetz bedeutet.

2. Es müssen zahlreiche Kathoden hergestellt werden.

3. Viele Kontakte mit den entsprechenden Energieverlusten an den Übergangswiderständen.

4. Der größere Elektrodenabstand hat eine Erhöhung des Ohmschen Widerstandes des Elektrolyten, der Klemmenspannung jeder Zelle, des beanspruchten Raumes, des bewegten Elektrolytvolumens und im Endeffekt der Kosten der Anlage zur Folge.

5. Ein höherer Prozentsatz an anodischen Rückständen, die wieder geschmolzen werden müssen.

6. Eine längere Dauer des Raffinationsganges.

Das bipolare System bietet folgende Vorteile:

1. Bei gleicher Elektrodenzahl nimmt jeder einzelne Trog weniger Ampère auf, der Energieverlust durch Joulesche Wärme und der Kupferaufwand für das Verteilungsnetz sind daher kleiner.

2. Wegfallen der meisten Kontakte.

3. Der kleinere Elektrodenabstand bedingt eine Verminderung des Ohmschen Widerstandes, der angelegten Spannung, des beanspruchten Raumes, des Elektrolytvolumens und im Endeffekt der Anlagekosten.

4. Der Energieverbrauch je Tonne raffinierten Kupfers ist kleiner.

5. Kleiner ist auch der Prozentsatz an anodischen Rückständen, die wieder eingeschmolzen werden müssen.

6. Die Dauer des Raffinationsganges ist kürzer.

Diesen Vorteilen stehen folgende Nachteile gegenüber:

1. Das Verfahren ist weitaus komplizierter, erfordert eine viel sorgfältigere Überwachung und den Einsatz von Fachpersonal.

2. Der Verlust an Edelmetallen ist größer.

3. Die anodischen Rückstände müssen von den Reinkupferplatten mechanisch entfernt werden.

4. Die Beschaffung der Anoden, die durch Auswalzen hergestellt werden müssen, ist kostspieliger.

5. Das zur Verarbeitung gelangende Kupfer muß bereits einen hohen Reinheitsgrad haben.

6. Es muß ein hoher Reinheitsgrad des Elektrolyten aufrechterhalten werden.

7. Die Tröge dürfen nicht mit Blei ausgekleidet sein.

Aus dem Vergleich der beiden Methoden kann der Schluß gezogen werden, daß das monopolare System für jene Anlagen vorzuziehen ist, die Kupfer von ungleichmäßiger Qualität und mit einem beträchtlichen Prozentgehalt an Verunreinigungen verarbeiten müssen, während das bipolare System dort wirtschaftlicher ist, wo große Mengen von bereits ziemlich reinem Kupfer annähernd konstanter Zusammensetzung raffiniert werden.

In Tab. 48 sind einige typische Analyseergebnisse zusammengestellt.
Die elektrischen Daten sind in Tab. 49 zusammengefaßt.

Tabelle 48. *Typische Analyseergebnisse von Produkten der Kupferraffination*

Element	Anodisches Cu	Kathodisches Cu	Schlamm	Wirkung der Raffination in %
Cu	99,4220%	99,9800%	18,80%	96,5
O	0,1540%	—	—	100
S	0,0026%	—	—	100
As	0,0435%	0,0010%	3,90%	97,7
Sb	0,0317%	0,0010%	8,04%	96,8
Pb	0,0042%	—	1,06%	100
Se	0,0176%	0,0003%	4,37%	98,3
Te	0,0122%	0,0002%	2,99%	98,4
Ni	0,0146%	0,0010%	0,05%	93,2
Ag	62,44 oz/ton	0,30 oz/ton	51,008%	99,5
Au	0,265 oz/ton	—	0,2171%	100

Tabelle 49. *Elektrische Daten der Kupferraffination*

	Monopolares System	Bipolares System
Spannung	0,2 — 0,25 V	0,11 — 0,13 V
D	$\sim$ 200 A/m²	$\sim$ 200 A/m²
R_{Strom}	0,90 — 0,98	0,70 — 0,75
Energieverbrauch	$\sim$ 0,25 kWh/kg	0,16 — 0,17 kWh/kg

6. Elektrolytische Raffination des Kupfers: Nebenprodukte

Nebenprodukte der elektrolytischen Kupferraffination sind der erschöpfte Elektrolyt und der Anodenschlamm.

Der unreine Elektrolyt enthält bedeutende Mengen wertvoller Produkte (Kupfer, freie Schwefelsäure, Nickel, Arsen), deren Gewinnung und Verwertung sich lohnt. Hiezu sind verschiedene Verfahren entwickelt worden. Eine der einfachsten Methoden besteht darin, den unreinen Elektrolyten nacheinander in drei Zellen mit unlöslichen Anoden zu elektrolysieren. In der ersten Zelle wird ein beträchtlicher Teil des Kupfers in Form von kathodischem Kupfer in einer Qualität, die dem Raffinadekupfer praktisch gleichkommt, mit einer Stromausbeute von 0,85 abgeschieden. In der zweiten Zelle sinkt die Stromausbeute auf 0,50 und man erhält als Kathodenprodukt einen Kupferniederschlag, der nicht genügend rein ist, um als Elektrolytkupfer zu gelten, aber immer noch gut genug, um den Schmelzöfen für die Herstellung der Anoden zugeführt werden zu können. In der dritten Zelle setzt sich der kathodische Niederschlag zu etwa 50% aus Kupfer und 50% aus Arsen zusammen und wird zur Gewinnung von Arsen verwendet.

Der Elektrolytrückstand wird solange konzentriert, bis alle Verunreinigungen, mit Ausnahme des verbliebenen Arsens und allenfalls vorhandener Natrium- und Kaliumsalze, in Form von Sulfaten ausfallen. Die in der Hauptsache aus Nickelsulfat bestehende Masse der Sulfate wird zur Gewinnung dieses letzteren Metalles verwendet, während die Mutterlaugen in den Kreislauf zurückgeleitet werden, da sie praktisch aus Schwefelsäure bestehen, die allenfalls noch Alkalisulfate enthält.

Der Anodenschlamm stellt gewichtsmäßig etwa 0,8 bis 1,2% des verarbeiteten Kupfers dar und setzt sich zum größten Teil aus Kupfer und Silber zusammen; er enthält weiters das gesamte Gold, das ursprünglich in den Anoden vorhanden war, und die unlöslichen Verunreinigungen. Die Gewinnung der Edelmetalle und der übrigen wertvollen Bestandteile ist sehr schwierig und kompliziert. Das ist auch der Grund, warum für diesen Zweck immer wieder neue Verfahren in Vorschlag gebracht wurden.

Eines der weniger komplizierten Verfahren sieht folgende Arbeitsgänge vor. Durch Siebung werden zunächst die gröberen Kupferteilchen ausgeschieden, dann wird der Schlamm gewaschen und filtriert. Das immer noch 25 bis 40% Feuchtigkeit enthaltende Produkt wird in Flammöfen bei niedriger Temperatur geröstet, um auf diese Weise die oxydierbaren Elemente (Arsen, Selen usw.), die sich zum Teil verflüchtigen und aus den Abgasen wiedergewonnen werden können, so weit als möglich zu oxydieren. Das Röstprodukt wird darauf mit Schwefelsäure ausgelaugt, die fast das gesamte Kupfer und einen Teil einiger anderer Verunreinigungen in gelöstem Zustand mit sich führt. Der Rückstand wird mit alkalischen Fluß- und Oxydationsmitteln geschmolzen. Man erhält zuletzt Schlacken, die noch einmal gewaschen werden, wobei einige Elemente (hauptsächlich Selen und Tellur) und Rohsilber gewonnen werden. Letzteres wird zu Anoden gegossen und elektrolytisch raffiniert oder einer chemischen Behandlung zur Trennung des Silbers vom Gold und den anderen Edelmetallen unterzogen.

7. Elektrolyse von Cuprilösungen mit unlöslichen Anoden

Die Elektrolyse der Cuprilösungen mit unlöslichen Anoden wird normalerweise entweder zur Gewinnung von Kupfer aus Lagerstätten besonderer Zusammensetzung, deren Ausbeutung auf feuchtem Wege wirtschaftlicher als durch thermische Verfahren erscheint, benützt oder zur Wiedergewinnung des Kupfers aus den Abwässern der verschiedenen Industrien bzw. aus den Nebenprodukten der metallurgischen Betriebe. Das Verfahren besteht darin, daß das Kupfer in Lösung gebracht wird, sofern es nicht schon gelöst ist, und daß die Lösung elektrolysiert wird, wobei das Kupfer kathodisch niedergeschlagen wird, worauf der erschöpfte und sauer gewordene Elektrolyt neuerlich zur Auflösung weiteren Kupfers verwendet wird.

Dieses Verfahren hat eine bedeutende Entwicklung durchgemacht und ist von großer Wichtigkeit für die Kupfergewinnung aus erzarmen Lagern und aus den Abbränden kupferhaltiger Pyrite geworden. Im Falle reicher Kupferlager ist der thermische Weg wirtschaftlicher. Dabei erhält man Schwarzkupfer, das dann raffiniert wird. Die für dieses Verfahren in Frage kommenden Minerale können in zwei Gruppen geteilt werden. Zur ersten gehören der Cuprit (Cu_2O), der Malachit [$CuCO_3 \cdot Cu(OH)_2$], der Azurit [$2\,CuCO_3 \cdot Cu(OH)_2$], der Atacamit [$CuCl_2 \cdot 3\,Cu(OH)_2$], der Chrysokoll ($CuSiO_3 \cdot H_2O$), der Chalkantit oder das Kupfervitriol ($CuSO_4 \cdot 5\,H_2O$) und der Brochantit [$CuSO_4 \cdot 3\,Cu(OH)_2$]. Die Abbrände der kupferhaltigen Pyrite enthalten das Kupfer im wesentlichen in Oxydform (CuO) und können den oben genannten Mineralen insofern als verwandt betrachtet werden, als sie direkt mit Schwefelsäure ausgelaugt werden können. Zur zweiten Gruppe gehören der Kupferglanz oder Chalkosin (Cu_2S), der Covellin (CuS), der Kupferkies oder Chalkopyrit ($CuFeS_2$), der Bornit (Cu_5FeS_4—Cu_3FeS_3) und der Burnonit [$(CuPbSbS)_3$]. Die Minerale der ersten Gruppe können direkt mit verdünnter Schwefelsäure ausgelaugt werden, wobei Kupfersulfat gebildet und die betreffenden Säuren (HCl, H_2O—CO_2, H_2SiO_3)

freigesetzt werden. Bei der zweiten Gruppe ist dies erst nach einem Röstprozeß möglich, der das als Sulfid vorhandene Kupfer in ein Oxyd überführt. Enthält jedoch die Lauglösung auch Ferrisulfat, dann gehen einige Minerale der zweiten Gruppe, insbesondere der Kupferglanz als wichtigstes Erz, gemäß der Reaktion (im Falle des Kupferglanzes)

$$Cu_2S + 2\,Fe_2(SO_4)_3 \rightarrow 2\,CuSO_4 + 4\,FeSO_4 + S$$

in Lösung.

In der Praxis kommt ein Kreislaufverfahren zur Anwendung. In seinem Verlauf wird an das Mineral Säure herangebracht, die das Kupfer auslaugt und sich neutralisiert. Das Kupfer wird dann bei der Elektrolyse an der Kathode abgeschieden und die Säure an der Anode regeneriert. Der erschöpfte saure Elektrolyt kehrt in den Kreislauf zurück, um neues Mineral auszulaugen. Der Kreislauf läßt sich durch folgendes Schema darstellen:

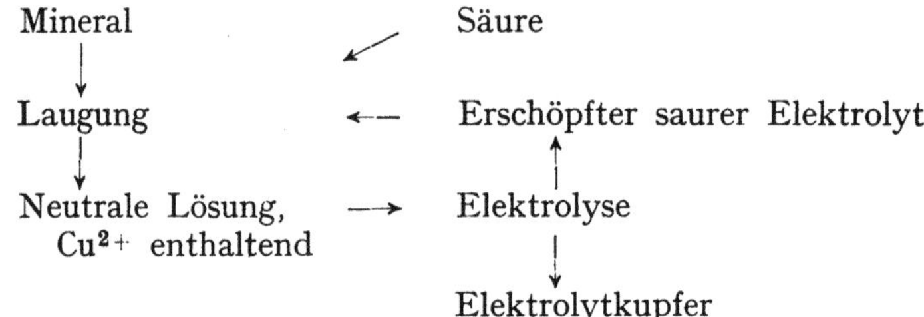

Die Gangart, die die große Masse des aus dem Lager abgebauten und zur Verarbeitung gelangenden Materials darstellt, muß besonders arm an Carbonaten sein, um einen übermäßigen Verbrauch von Schwefelsäure und die Anhäufung von Erdalkalisulfaten zu vermeiden, die den Gang der Elektrolyse stören würden und nur schwer ausgeschieden werden könnten. Da bei jedem Kreisprozeß eine bestimmte Menge Schwefelsäure verloren geht — sei es durch den Angriff der im Erz enthaltenen Verunreinigungen und Carbonate oder in Form von Lösung, die in der Masse des behandelten Materials zurückbleibt —, muß die fehlende Säure jedes Mal ersetzt werden. Um möglichst wenig Verunreinigungen in Lösung zu bringen, darf die Laugungslösung nicht sehr sauer sein: sie soll 80 bis 100 g/l freier Säure enthalten.

Nach der Laugung muß der Elektrolyt in der Regel gereinigt werden, besonders wenn er einen Überschuß an dreiwertigem Eisen, Arsen, Cl^-- oder NO_3^--Ionen enthält. Die Gegenwart der beiden letztgenannten Anionen erschwert die Elektrolyse außerordentlich, da sie die Werkstoffe, die gewöhnlich für einen schwefelsauren Elektrolyten verwendet werden, das sind Blei, Bleilegierungen mit Antimon, Silber usw., stark angreifen.

Die Ausscheidung eines großen Teiles der vorhandenen Cl^--Ionen und die gleichzeitige Reduktion der Fe^{3+}- zu Fe^{2+}-Ionen wird gewöhnlich durch Behandlung des Elektrolyten mit pulverisiertem Zementkupfer erreicht. Das metallische Kupfer reagiert mit den Ferriionen, indem es sie zu Ferroionen reduziert und zum Teil in Form von Cu^+-Ionen in Lösung geht, wobei es die als schwerlösliches Cuprochlorid vorhandenen Cl^--Ionen fällt. Eine hohe Fe^{3+}-Ionenkonzentration ist auf jeden Fall zu vermeiden, da sie die kathodische Stromausbeute entweder durch die Primärreaktion

$$Fe^{3+} + e \rightarrow Fe^{2+}$$

oder durch die Sekundärreaktion mit dem auf der Kathode niedergeschlagenen Kupfer

$$Cu + 2\,Fe^{3+} \rightarrow Cu^{2+} + 2\,Fe^{2+}$$

herabsetzen würde.

Ist die gereinigte Lösung an Cl^-- und NO_3^--Ionen arm, dann können Anoden aus Blei oder dessen Legierungen verwendet werden. Sonst kommen wegen der hohen Widerstandsfähigkeit der Magnetit, der allerdings den Nachteil leichter Zerbrechlichkeit hat und sich nicht für Anoden großer Oberfläche eignet, oder besser noch die Chilex-Legierung in Frage. Letztere setzt sich aus Kupfer (60%), Eisen (8%), Silicium (25%), Blei (2 bis 3%) und einem Rest von Zinn und Mangan zusammen. Diese überwiegend aus den beiden Verbindungen $CuSi_2$ und $FeSi$ bestehende Legierung ist gegen den anodischen Angriff der Cl^--Ionen gut widerstandsfähig.

Die Elektrolyse wird in Holz- oder Zementtrögen ausgeführt, die mit Blei oder Asphalt ausgekleidet sind. Die theoretische Zersetzungsspannung des Kupfersulfats in einer schwach sauren Lösung, so wie sie sich für die Elektrolyse eignet, beträgt etwa 1,49 V; praktisch muß zur Überwindung der Überspannung, der Konzentrationspolarisation und des Elektrolytwiderstandes eine Spannung von 1,8 bis 2,5 V an die Zelle angelegt werden. Zur Voltzahl ist zu bemerken, daß eine gewisse Menge zweiwertigen Eisens im Elektrolyten insofern nützlich ist, als dadurch der Anodenvorgang depolarisiert und die Klemmenspannung herabgesetzt wird. Die Regeneration des Ferrisalzes ist von besonderem Vorteil für jene Verfahren, die die Behandlung schwefelhaltiger Minerale mit einem Gemisch von Schwefelsäure und Ferrisulfat vorsehen. Ist die Regeneration des Ferrisalzes nicht nötig, so wird es entweder mit Zementkupfer (bei der Chlorausscheidung) oder mit Schwefeldioxyd reduziert.

Die Elektrolyse wird mit etwa 5% Kupfergehalt im Elektrolyten begonnen und kann bei einer Stromdichte von etwa 130 A/m² mit einer mittleren Stromausbeute von 0,8 bis 0,9 bis zu einem Mindestgehalt von 1,5% Kupfer fortgesetzt werden; darüber hinaus würde die Stromausbeute allzu stark absinken. Der erschöpfte Elektrolyt enthält noch $\sim$ 1,5% Kupfer, 80 bis 90 g/l freie Säure und allenfalls das regenerierte Ferrisalz. Der Energieverbrauch bewegt sich unter diesen Umständen um 2,0 bis 2,2 kWh/kg Kupfer.

Tab. 50 enthält einige typische Daten zur Zusammensetzung des Elektrolyten.

Tabelle 50. *Typische Zusammensetzung eines Elektrolyten in g/l*

	Cu	H_2SO_4	Cl^-	Fe, Gesamtmenge	Fe^{3+}
Rohelektrolyt	35,39	47,85	0,59	4,60	1,37
Mit Cu gereinigter Elektrolyt	36,19	46,09	0,13	4,60	0,01
Erschöpfter Elektrolyt	14,44	78,54	0,21	4,60	1,13

Die elektrischen Daten sind in Tab. 51 zusammengestellt.

Tabelle 51. *Elektrische Daten der Kupferherstellung*

Spannung	1,8 — 2,5 V
D	$\sim$ 130 A/m²
R_{Strom}	0,80 — 0,90
Energieverbrauch	2,0 — 2,2 kWh/kg

8. Elektrolytische Raffination des Silbers

Die elektrolytische Silberraffination ist sehr einfach, da das Silber unter normalen Bedingungen nur einwertige Ionen in die Lösung abgibt. Anodisch bildet sich auch das Ion Ag_2^+ mit der stöchiometrischen Wertigkeit $\frac{1}{2}$. Es ist jedoch wenig stabil und zersetzt sich sehr leicht gemäß der Reaktion

$$Ag_2^+ \rightarrow Ag^+ + Ag, \tag{1}$$

die in einer so eng benachbarten Zone der Anode erfolgt, daß das dabei entstehende metallische Silber an der Anode selbst haften bleibt. Nur eine ganz geringe Menge von Ag_2^+-Ionen geht auf den Elektrolyten über und kann mit einer stark verdünnten Permanganatlösung nachgewiesen werden. Jedenfalls ist die Ag_2^+-Ionenmenge so klein, daß sie den Gang der Elektrolyse und die Stromausbeute kaum beeinflußt. Aus diesem Grunde ist die Stromausbeute immer sehr nahe 1, wenn auch dieser Wert selbst nicht erreicht werden kann, da wegen der Reaktion (1) immer ein wenig Silber in den Anodenschlamm übergeht. Die optimalen Bedingungen für die Raffination ergeben sich daher eher aus wirtschaftlichen als aus theoretischen Überlegungen.

Das für die Raffination bestimmte Rohmaterial setzt sich vorwiegend aus Silber-Goldlegierungen zusammen, die von der Verarbeitung des Anodenschlammes bei der Raffination verschiedener Metalle (Kupfer, Blei, Wismut usw.) herrühren oder aus den Nebenprodukten bei der Verhüttung fast aller edelmetallhaltiger Erze, bei der Verarbeitung der Silberminerale oder aus dem Abfall von Goldschmiedearbeiten usw. gewonnen werden. Die Zusammensetzung der Anoden geht aus Tab. 52 hervor.

Tabelle 52. *Zusammensetzung der Silberanoden*

Element	Prozent
Ag	95 —98
Au	0,5— 3
Cu, Bi, Pb, Pt, Zn usw.	1,5— 3

Der Prozentgehalt an Silber darf keinesfalls kleiner als 70% sein.

Bei der Raffination ist die gleichzeitige kathodische Abscheidung des Silbers und der Verunreinigungen kaum möglich, da das Normalpotential des Silbers viel edler als das der anderen anwesenden Metalle ist, ausgenommen Gold, das jedoch seinerseits ein viel edleres Potential als Silber hat. Dies gilt um so mehr, als die kathodische Abscheidung des Silbers ohne beachtenswerte chemische Polarisationen vor sich geht. Bei der anodischen Auflösung des zu raffinierenden Silbers bleibt das Gold ungelöst und geht zusammen mit einem Teil des Bleis (in Form von Peroxyd) in den Anodenschlamm über, während das Kupfer, der Rest des Bleis und die übrigen allenfalls vorhandenen Verunreinigungen in Lösung gehen und gelöst bleiben.

Wegen der geringen Löslichkeit des Silbersulfats kommt für die Silberraffination kein schwefelsaurer Elektrolyt in Frage. Unter den löslichen Silbersalzen ist das Nitrat am wirtschaftlichsten. Als Elektrolyt wird daher eine mit Salpetersäure angesäuerte Silbernitratlösung verwendet, der Natrium- oder Kaliumnitrat zugesetzt wird, um die Leitfähigkeit des Bades zu erhöhen und die im Elektrolyten immobilisierte Silbermenge herabzusetzen. Die Zusammensetzung des Elektrolyten ist aus Tab. 53 ersichtlich.

Tabelle 53. *Zusammensetzung des Elektrolyten für die Silberraffination*

Stoff	Konzentration g/l
Ag	15 — 30
$NaNO_3$	100
HNO_3 frei	1 — 2

Die Anwesenheit freier Salpetersäure im Bad stellt vorteilhafterweise auch eine Potentialbarriere dar, die die Abscheidung des Kupfers verhindert. Tatsächlich liegt das kathodische Reduktionspotential der Salpetersäure zwischen den Entladungspotentialen des Silbers und Kupfers, so daß vor der Abscheidung des Kupfers an der Kathode eine Reduktion der freien Säure eintreten müßte. Da das Reduktionspotential der Salpetersäure dem Abscheidungspotential des Silbers ziemlich nahe kommt, wird immer eine gewisse Menge Salpetersäure reduziert. Aus diesem Grund muß die Salpetersäurekonzentration des Elektrolyten niedrig sein, um einerseits nicht unnötig Säure zu verbrauchen und andererseits die Stromausbeute nicht zu erniedrigen. Die verbrauchte Säure muß ständig ersetzt werden.

Unter solchen Umständen kann die Konzentration des anodisch in Lösung gegangenen Kupfers auch hohe Werte erreichen, ohne daß dadurch unerwünschte Wirkungen hervorgerufen würden. Um jedoch seine gleichzeitige Abscheidung zu verhindern, die als Folge unkontrollierbarer Konzentrationsänderungen in der unmittelbaren Berührungsschicht der Kathode allenfalls auftreten könnte, empfiehlt es sich, den Kupfergehalt unter 80 g/l zu halten. Gewöhnlich wird bei Ansteigen des Kupfergehaltes auf 4% ein Teil des Elektrolyten ausgeschieden und durch frischen, kupferfreien Elektrolyt ersetzt.

Aus einer salpetersauren Lösung scheidet sich das Silber nur bei niedriger Stromdichte in gut haftender Form an der Kathode ab, während es bei der sonst üblichen Stromdichte in Form grober Kristalle ausfällt, die gewöhnlich in der Richtung von der Kathode zur Anode weiterwachsen, leicht Metallbrücken bilden und damit Kurzschlüsse in der Zelle hervorrufen können. Infolgedessen kommen hauptsächlich zwei Arten von Kathoden zur Anwendung. Bei der ersten sind senkrechte Kathoden aus reinem Blattsilber oder Stahl zwischen gleichfalls vertikalen Anoden (Moebius-Zellen) angeordnet. Die sich an den Kathoden absetzenden Kristalle werden durch eine hin- und hergehende Holzgabel dauernd abgestreift und fallen auf den Boden der Zelle. Bei der zweiten Art sind die aus Graphit bestehenden Kathoden waagrecht auf dem Boden der Zelle angeordnet, während sich die ebenfalls waagrechten Anoden in einem in der Zelle angebrachten Holzgehäuse befinden (Balbach-Thum-Zellen). Da sich das raffinierte Silber immer in Form von Kristallen ansammelt, die von der Kathode abgetrennt werden und sich am Boden der Zelle ablagern, muß eine Verunreinigung durch den Anodenschlamm verhindert werden. Zu diesem Zweck ist zwischen Anode und Kathode immer ein aus elektrolytbeständigem Gewebe hergestelltes Diaphragma eingeschaltet, das bei den Moebius-Zellen mit senkrechten Elektroden die Anoden in Sackform einhüllt und bei den Balbach-Thum-Zellen mit waagrechten Elektroden einfach am Boden des Holzgehäuses angebracht ist. Trotzdem müssen die kathodischen Silberkristalle immer sorgfältig ausgewaschen werden, um den anhaftenden Elektrolyten und eventuell durch das Gewebe hindurchgetretene Anodenschlammteilchen zu entfernen. Dies um so mehr, als der Anodenschlamm der Silberraffination immer stark goldhaltig ist. Natürlich darf das Waschwasser keine Sulfate enthalten, um das Ausfallen von Bleisulfat zu vermeiden.

Die Zellen bestehen aus eher kleiner dimensionierten Trögen aus Porzellan, glasiertem Majolika oder auch asphaltiertem Zement. Die Elektrolyse wird bei Zimmertemperatur begonnen. Später kann jedoch die Temperatur auf 40 bis 45° C gesteigert werden. Die elektrischen Daten sind für die beiden Hauptzellentypen in Tab. 54 zusammengestellt.

Tabelle 54. *Elektrische Daten der Silberraffination*

	Moebius-Zelle	Balbach-Thum-Zelle
System	monopolar	monopolar
Spannung	2 — 2,5 V	3,2 — 3,8 V
D_{Kat}	bis 500 A/m²	200 A/m²
D_{An}		300 — 400 A/m²
R_{Strom}	~ 0,95	0,88 — 0,90
Energieverbrauch	0,5 — 0,6 kWh/kg	0,9 — 1,1 kWh/kg

Das so erhaltene Silber hat einen Feingehalt von 99,98 bis 99,99%.

Will man Anoden mit unter 70% Silbergehalt raffinieren, so löst man sie vorerst anodisch in einem stark salpetersauren Anolyten auf. Aus dieser Lösung wird das Silber mit Hilfe von Kupfer auszementiert und, da es noch immer zu wenig rein ist, elektrolytisch raffiniert, während aus der verbleibenden Lösung die Salpetersäure wiedergewonnen wird. Die elektrolytische Raffination ist jedoch für Legierungen mit geringem Silbergehalt nicht wirtschaftlich.

Der Anodenschlamm, der das ganze Gold, Platin, Palladium und geringe Prozentsätze anderer Verunreinigungen enthält, wird mit kochender Schwefelsäure behandelt, um das Kupfer und Silber auszuscheiden, und dann in Anoden gegossen, aus denen das Gold gewonnen wird (s. folgenden Abschnitt).

9. Elektrolytische Raffination des Goldes

Die praktische Durchführung der elektrolytischen Goldraffination ist wegen der Neigung des Goldes passiv zu werden, mit verschiedenen Schwierigkeiten verbunden. Bei der anodischen Auflösung kann das Gold in Gegenwart von überschüssigen Cl⁻-Ionen komplexe Anionen bilden, in denen es ein- und dreiwertig auftritt. Hiefür sind die folgenden Reaktionen maßgebend (daneben sind die zugehörigen Normalpotentiale angeführt):

$$AuCl_2^- + 2\,Cl^- \rightarrow AuCl_4^- + 2\,e \qquad + 0,96\ V,$$
$$Au \quad + 4\,Cl^- \rightarrow AuCl_4^- + 3\,e \qquad + 1,001\ V,$$
$$Au \quad + 2\,Cl^- \rightarrow AuCl_2^- + \quad e \qquad + 1,13\ V.$$

Es sind also Auro- und Auriionen gemäß der Gleichung

$$3\,Au^+ \rightleftarrows Au^{3+} + 2\,Au \tag{1}$$

nebeneinander im Gleichgewicht vorhanden.

Das Gleichgewicht hängt von der Temperatur in dem Sinne ab, daß es sich bei Temperaturerhöhung nach links verschiebt.

Gold verhält sich daher in gewissem Sinne ähnlich wie Kupfer und tatsächlich findet sich im Anodenschlamm der Goldraffination eine bestimmte Menge Goldpulver, das von der gleichen Reaktion (1) herrührt, die auch bei der Kupferraffination in Erscheinung tritt. Die in den Anodenschlamm übergehende

Goldmenge hängt auch von der Konzentration der freien Salzsäure, von der Temperatur, der Flüssigkeitsbewegung, der Zusammensetzung der Anode und von der Stromdichte ab.

Gold hat jedoch zum Unterschied von Kupfer eine starke Neigung passiv zu werden. In einer neutralen wässerigen Lösung von Aurichlorid entwickelt sich bei der Elektrolyse zwischen Goldelektroden an der Anode ausschließlich Chlorgas und eventuell auch Sauerstoff. Sind jedoch Cl^--Ionen im Verhältnis zu den Au^{3+}-Kationen im Überschuß vorhanden, dann geht die Goldanode leicht in Lösung, ohne sich zu passivieren, und es kann eine um so höhere Stromdichte erreicht werden, je höher die Temperatur und je größer die Konzentration der Cl^--Ionen sind. Die günstigsten Bedingungen für eine gute Stromausbeute sind daher:

1. hohe Temperatur;
2. hohe Konzentration der überschüssigen Cl^--Ionen.

Zu diesen Bedingungen kommen jene hinzu, die für einen guthaftenden Kathodenniederschlag und einen raschen Ablauf des Vorganges erforderlich sind, das sind:

3. hohe Goldkonzentration;
4. hohe Stromdichte. Die maximale Stromdichte hängt von der Temperatur, der Cl^--Ionenkonzentration und der Zusammensetzung der Anoden ab.

Die Anoden sind Legierungen aus Gold und Silber, die oft auch Kupfer, Blei, Metalle der Platingruppe und verschiedene andere metallische Verunreinigungen enthalten, die hauptsächlich vom Anodenschlamm der elektrolytischen Silberraffination oder von der Verarbeitung von Rückständen und Abfällen der Münzstätten und Goldschmiedewerkstätten herrühren. Die gewöhnliche Raffination ohne Verwendung von Wechselstrom (s. unten) kommt nur für Anoden in Frage, deren Goldgehalt nicht unter 90% liegt. Die durchschnittliche übliche Zusammensetzung ist aus Tab. 55 zu ersehen.

Tabelle 55. *Zusammensetzung der Goldanoden*

Element	Prozent
Au	$\sim$ 94
Ag	$\sim$ 5
Andere Metalle	$\sim$ 1

Die Wahl des Elektrolyten ist in Anbetracht der wenigen Möglichkeiten einfach. Ein schwefelsaurer Elektrolyt ist wegen der geringen Löslichkeit des Goldes nicht verwendbar; das Chlorid $AuCl_3$ gibt in einfacher wässeriger Lösung zur Entstehung eines komplexen Anions Anlaß. Die Anodenreaktion hat in diesem Falle nicht die Auflösung der Anode zur Folge, sondern deren Passivierung unter gleichzeitiger Entwicklung von Chlor- und Sauerstoffgas. Sind dagegen Cl^--Ionen im Überschuß vorhanden, geht die Anode in Lösung und hält ohne Passivierung eine um so höhere Stromdichte aus, je größer der Überschuß an Cl^--Ionen in der Lösung ist. Ein analoges Verhalten zeigt Gold in cyansaurer Lösung mit einem Überschuß von CN^--Ionen. In cyansaurer Lösung erweist sich der kathodische Niederschlag sogar klar überlegen, so daß die cyansaure Lösung normalerweise für die galvanische Vergoldung benützt wird (s. Abschn. 13 und 14). Da jedoch die Entladungspotentiale des Goldes, Silbers und Kupfers in cyansauren Lösungen allzunahe beieinander liegen, wird für die Raffination die salzsaure Lösung verwendet.

Der übliche Elektrolyt enthält 50 bis 100 g/l Gold und 100 bis 130 g/l freie Salzsäure. Um die Passivierungstendenz der Anoden noch weiter herabzusetzen, die Stromdichte zu erhöhen und gleichzeitig den kathodischen Niederschlag zu verbessern, wird die Badtemperatur um 65 bis 70⁰ C gehalten. Diese verhältnismäßig hohe Temperatur hat eine starke Verdunstung des Wassers zur Folge, das dauernd ersetzt werden muß.

In einem solchen Elektrolyten gehen die metallischen Verunreinigungen zum Teil in Lösung, zum Teil sammeln sie sich im Anodenschlamm an. Kupfer, Blei, Platin, Palladium und zum kleinen Teil auch Iridium und Rhodium gehen in Lösung, während sich die anderen Metalle der Platingruppe (Os, Ru und der Rest des Ir und Rh) zusammen mit Silber und Blei im Anodenschlamm anreichern, Silber in Form von Chlorid und Blei in Chlorid- oder Sulfatform, je nachdem ob SO_4^{2-}-Ionen anwesend sind oder nicht.

Es empfiehlt sich nicht, stark kupfer- oder bleihaltige Anoden elektrolytisch zu raffinieren, da ein Überschuß an Kupfer die Konzentration des Goldes im Elektrolyten rasch herabsetzt und infolgedessen zur Bildung eines nichthaftenden kathodischen Goldniederschlages führt, während überschüssiges Blei zur Entstehung dünner Anodenfilme Anlaß gibt, die durch Erhöhung der effektiven Stromdichte die Passivierung fördern. Außerdem verursacht überschüssiges Blei eine runzelige und ungleichförmige Goldabscheidung und bringt die Gefahr von Elektrolyt- oder Bleisalzkristalleinschlüssen mit sich, die das raffinierte Gold nicht nur verunreinigen, sondern es schon bei einem Bleigehalt von nur 0,001% schwer bearbeitbar machen. Ein Silbergehalt der Anode bis 5% bietet keine Schwierigkeiten, 5 bis 10% Silber führen zur Bildung eines schwach haftenden Chloridfilms an der Anode, der mechanisch entfernt werden kann. Bewegt sich der Silbergehalt zwischen 10% und dem Maximalwert von 20%, dann muß man sich mit der Überlagerung von Wechselstrom über den Elektrolysegleichstrom helfen.

Platin und Palladium können sich hingegen im Elektrolyten in bedeutenden Mengen, bis 50 g/l bzw. 15 g/l anreichern, ohne Störungen hervorzurufen. Aus dem erschöpften Elektrolyten werden diese Metalle zusammen mit dem restlichen Gold auf chemischem Wege gewonnen. Auch aus diesem Grunde ist die Raffination von stark kupferhaltigen Legierungen nicht zweckmäßig, da man in einem solchen Fall wegen der Notwendigkeit einer häufigen Erneuerung des Elektrolyten des Vorteils der automatischen und kostenlosen Konzentration des Platins und Palladiums verlustig gehen würde. Am einfachsten wird der Elektrolyt durch anodische Auflösung einer reinen Goldanode in einer Zelle hergestellt, die mit einem Diaphragma ausgestattet ist, um die Diffusion gegen die Kathodenzone mit nachfolgender Goldabscheidung zu vermeiden. Die Zelle enthält anfänglich 25prozentige Salzsäure.

Die Kathoden bestehen aus Feingoldblättchen, als Elektrolysegefäße werden kleine Wannen aus glasiertem Ton oder Majolika verwendet. Die elektrischen Bedingungen sind in Tab. 56 zusammengestellt:

Tabelle 56. *Elektrische Daten der Goldraffination*

System	monopolar
Spannung	0,5 — 3,5 V
D	1000 — 1200 A/m²
R_{Strom}	1 ; oder größer als 1
Energieverbrauch	∼ 0,3 kWh/kg

Eine Stromausbeute > 1 mag merkwürdig erscheinen, es ist jedoch zu bedenken, daß die Stromausbeute bezüglich des dreiwertigen Anions berechnet ist, während in Wirklichkeit wegen der Nachbarschaft der Normalpotentiale der ein- und dreiwertigen Ionen immer eine nicht vernachlässigbare Menge einwertiger Ionen in der Lösung vorhanden ist. Diese nehmen am Raffinationsprozeß mit bloß einem Drittel des Stromverbrauches teil, der für den Transport des Goldes von der Anode zur Kathode über die Zwischenphase gelöster Ionen notwendig ist.

Das so gewonnene kathodische Gold hat einen Gehalt von 99,97 bis 100% Au.

In der beschriebenen Art können nur Anoden raffiniert werden, deren Goldgehalt nicht unter 90% liegt. Für Anoden mit 10 bis 20% Verunreinigungen, die allerdings in der Hauptsache aus Silber bestehen müssen, ist eine elektrolytische Raffination noch möglich, wenn dem elektrolysierenden Gleichstrom ein Wechselstrom niedriger Frequenz mit einer um etwa 10% höheren Stromstärke überlagert wird.

Die Überlagerung des Wechselstromes bietet verschiedene Vorteile. Vor allem wird die Kompaktheit und Haftintensität des aus Silberchlorid bestehenden Anodenfilms herabgesetzt, so daß dieser leicht abgetrennt werden kann. Zweitens tritt durch Depolarisationswirkung eine Erniedrigung der Anodenpolarisation ein, wodurch die Passivierung gehemmt und die Verwendung höherer Stromdichten möglich gemacht wird. Außerdem wird die Bildung von Au^+-Ionen beeinträchtigt, wodurch die Goldverluste im Anodenschlamm vermindert werden; schließlich wird das Bad auch erwärmt.

Enthalten die Anoden weniger als 80% Gold, dann kann man den Goldgehalt durch Behandlung mit Salpetersäure oder mit kochender konzentrierter Schwefelsäure erhöhen.

Mit Rücksicht auf den hohen Wert des Goldes ist es notwendig, Umfang und Art der Bearbeitung so zu wählen, daß der Raffinationsprozeß für jede Goldpartie einschließlich aller Nebenarbeiten nicht länger als 24 Stunden dauert, um nicht allzu lange ein gewaltiges Kapital mit den entsprechenden Zinsenverlusten festzulegen.

Nebenprodukte sind der erschöpfte Elektrolyt, der regelmäßig ersetzt wird, wenn der Prozentsatz an Verunreinigungen in der Lösung zu hoch geworden ist, und der Anodenschlamm. Die betreffenden Zusammensetzungen gehen aus Tab. 57 hervor.

Tabelle 57. *Zusammensetzung des Anodenschlammes und des erschöpften Elektrolyten*

Anodenschlamm		Erschöpfter Elektrolyt	
Au	1—80% [1]	Au	30—60 g/l
AgCl	95—20%	Pt	40—80 g/l
Pt-Metalle, Pb-, Sb-Salze usw.	~5%	Pd	5—20 g/l
		Andere Metalle der Pt-Gruppe, Cu, Pb usw.	kleine Mengen bis Spuren

[1] Je nachdem, ob die Raffination mit Überlagerung von Wechselstrom vorgenommen wird oder nicht.

Wenn der Schlamm genügend Gold enthält, wird er geschmolzen. Nach Erstarrung der Schmelze wird das noch flüssige Silberchlorid vom Schmelzstein entfernt und das darunterliegende Gold noch einmal geschmolzen und zu Anoden gegossen. Überwiegt dagegen das Silberchlorid, so wird der Schlamm zur Reduktion des Silberchlorids mit Zink und Salzsäure behandelt, darauf wieder geschmolzen und der Silberraffination zugeführt.

Aus dem erschöpften Elektrolyten werden das Gold durch Behandlung mit Schwefeldioxyd, das Platin und das Palladium durch Zusatz von Ammonchlorid und darauffolgende Konzentration bis zur Auskristallisierung des Ammoniumplatinchlorids und des Palladiumchlorids gewonnen.

10. Elektrolytische Herstellung von Zink: Theorie

Die Herstellung von Zink auf elektrolytischem Wege mit unlöslichen Anoden hat eine besonders weite Verbreitung gefunden, da einerseits das elektrothermische Verfahren, das wegen des Verbrauches von Brennstoff und feuerbeständigen Materialien immer sehr kostspielig war, beim Zink noch bedeutend größere Schwierigkeiten als bei anderen Metallen mit sich bringt und anderseits der elektrolytische Prozeß die Ausbeutung von Lagern komplexer Zinkminerale erlaubt, deren Verarbeitung auf thermischem Wege sich als besonders schwierig erwiesen hat.

Beim elektrolytischen Verfahren waren zwei Hauptschwierigkeiten zu überwinden:

Erstens muß das Zink aus einer schon zu Beginn schwach sauren Lösung in der gewünschten Form und mit einer industriell wirtschaftlichen Stromausbeute kathodisch abgeschieden werden.

Zweitens muß der Elektrolyt sehr sorgfältig gereinigt werden. Dies hat sich zur Erzielung eines guten, insbesondere von metallischen Verunreinigungen freien kathodischen Niederschlages als notwendig erwiesen.

In großen Zügen besteht das Verfahren aus folgenden Teilvorgängen: Inlösungbringen des im Mineral enthaltenen Zinks als Zinksulfat nach vorangegangener oxydierender Röstung, Reinigung der so erhaltenen Lösung und Elektrolysierung mit unlöslichen Anoden. Während der Elektrolyse wird die Säure anodisch regeneriert und zur Auflösung neuen Zinks in den Kreislauf zurückgeführt. Dieser kann in folgender Weise schematisch dargestellt werden:

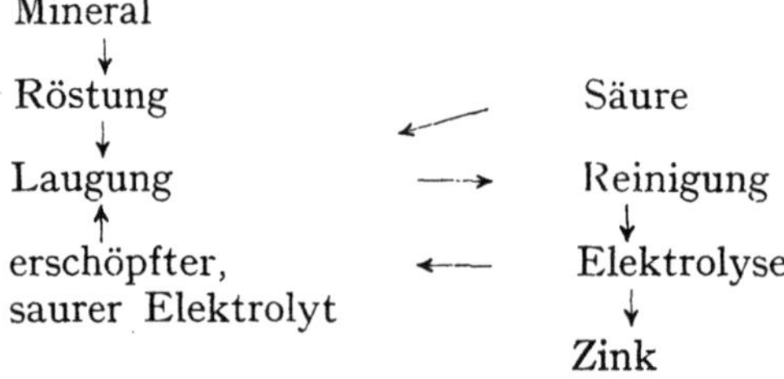

Die wichtigsten Erze für die Zinkgewinnung sind die Zinkblende (ZnS), das Kieselzinkerz ($Zn_2SiO_4 \cdot H_2O$) [1] und der Galmei oder Zinkspat ($ZnCO_3$).

---

[1] Das Kieselzinkerz und der Zinkspat könnten auch durch direkte Behandlung mit Schwefelsäure ausgelaugt werden. Gewöhnlich beschreitet man jedoch diesen Weg nicht, sondern zieht es vor, das Zink dieser Minerale in die Oxydform umzuwandeln, einerseits um zu vermeiden, daß zu viel Kieselsäure in die Lösung übergeht, die dann nur schwer ausgeschieden werden könnte, anderseits weil die Kieselzinkerz- und Zinkspatlager eher arm an Erzen sind und bei der Aufschließung mit Schwefelsäure zu viel Säure verbrauchen würden. Diese Minerale werden daher gewöhnlich mit Kohle und überschüssiger Luft in Drehrohröfen bei ziemlich hoher Temperatur behandelt. Dabei wird das Zink durch die dem Erz beigemischte Kohle reduziert, verdampft und in den Abgasen, denen es zuletzt entzogen wird, neuerlich oxydiert. Auf diese Weise erhält man ein hauptsächlich aus Zinkoxyd zusammengesetztes Produkt, das noch durch andere flüchtige und in Schwefelsäure leicht lösliche Metalloxyde, besonders Cadmiumoxyd, verunreinigt ist.

Sie enthalten als wichtigste Verunreinigungen: Eisen in Sulfidform, das mit der Zinkblende auch feste Lösungen eingehen kann (Marmatit), weiters Blei, Kupfer, Cadmium, Arsen, Mangan und seltener Silber, Gold, Zinn, Kobalt, Nickel, Thallium, Germanium und Spuren anderer Metalle. Schließlich können noch Verunreinigungen vorhanden sein, die von der Gangart herrühren, und zwar in Form von Kieselsäure und mehr oder weniger löslichen Calcium-, Magnesium- oder Aluminiummineralen. Treten die letzteren in größerer Menge auf, das heißt, ist das Mineral nicht reich genug an Metall, dann stellt man zunächst durch Schwimmaufbereitung eine höhere Konzentration her.

Das ursprüngliche oder auch das durch Schwimmaufbereitung angereicherte Mineral muß vor allem durch Röstung in die Oxydform überführt werden.

Bei der Röstung der am häufigsten vorkommenden Schwefelminerale treten folgende Reaktionen auf. Das auf ziemlich hohe Temperatur gebrachte Zinksulfid verbrennt in Gegenwart von Luft unter Bildung von Zinkoxyd und Schwefeldioxyd. Letzteres oxydiert sich durch Katalytwirkung des anwesenden Ferrioxyds zum Teil zu SO_3, das durch Reaktion mit Zinkoxyd Zinksulfat bildet. Die Reaktionsgleichungen sind:

$$2\,ZnS + 3\,O_2 \rightarrow 2\,ZnO + 2\,SO_2,$$
$$2\,SO_2 + O_2 \rightarrow 2\,SO_3,$$
$$ZnO + SO_3 \rightarrow ZnSO_4.$$

Das Mengenverhältnis zwischen Zinkoxyd und Zinksulfat im Endprodukt der Röstung hängt von einer Reihe zum Teil unkontrollierbarer Faktoren ab, wie der Rösttemperatur, der während der Röstung zur Verfügung stehenden Luftmenge, der Anwesenheit von Katalysatoren, die die Bildung von SO_3 erleichtern, deren katalytischer Aktivität usw. Die teilweise Sulfatisierung des Zinkoxyds während der Röstung ist nützlich, da dadurch die ständigen, unvermeidlichen Verluste an Schwefelsäure wenigstens teilweise wettgemacht werden.

Während des Röstprozesses können die vorhandenen Verunreinigungen an Eisen, besonders wenn sie in Mengen über 5% auftreten, zu einer weiteren Reaktion unter Bildung von Zinkferrit ($ZnO \cdot Fe_2O_3$) Anlaß geben. Die Bildungsgeschwindigkeit dieser Verbindung wächst mit der Temperatur und wird von einem engen Kontakt der Zinkoxyd- und Ferrioxydteilchen begünstigt. Da das Ferrit in verdünnter Schwefelsäure schwer und in konzentrierter Säure leicht löslich ist, muß seine Entstehung während der Röstung verhindert oder wenigstens eingedämmt werden, besonders wenn die folgende Auslaugung mit verdünnter Säure vorgenommen wird. In diesem Fall darf die Temperatur von 650° C nicht überschritten werden. Wird die Laugung mit konzentrierter Säure durchgeführt, dann ist eine höhere Rösttemperatur zulässig. In jedem Fall muß die Rösttemperatur mit Rücksicht auf den Prozentgehalt an Eisen im Röstmineral festgelegt werden.

Das Mineral wird fein zermahlen und vor der Röstung getrocknet. Während der Röstung wird das Material dauernd durcheinander gerührt, um die vollständige Oxydation, die im Innern der Körner längere Zeit in Anspruch nimmt, zu erleichtern.

Das Röstprodukt wird mit Schwefelsäure ausgelaugt. Bei dieser Operation gehen außer Zink auch andere als Verunreinigungen im Ausgangsmineral enthaltene Elemente ganz oder teilweise in Lösung, und zwar Eisen, Kupfer, Cadmium, Arsen, Antimon, Kobalt, Nickel, Spuren von Blei und Silber, ein Teil der Kieselsäure und eventuell auch Cl⁻-Ionen, wenn diese im Ausgangsmaterial oder in den Verdünnungs- oder Waschwässern vorhanden waren. Die in Lösung gegangene Menge des Zinks und der Verunreinigungen hängt von der Zusammensetzung des Ausgangsmaterials, von dessen Korngefüge, vom Prozentgehalt an Eisen, von der Temperatur und von der Röstdauer ab, in der Hauptsache aber vom Gehalt an freier Säure in der Lauglösung. Es wird um so mehr Zink ausgelaugt, je höher die Konzentration der freien Säure in der Lauglösung ist; natürlich nimmt dann auch die Menge der in Lösung gehenden Verunreinigungen zu. Es ist nicht möglich, das gesamte im Rohmaterial enthaltene Zink herauszulösen, da einerseits ein gewisser Prozentsatz nicht angegriffen wird, besonders wenn der Eisengehalt relativ hoch ist, und anderseits ein weiterer Teil, der wegen der Anwesenheit von Kieselsäure und Ferrihydroxyd gelatinartigen Charakter hat, im festen Rückstand der Laugung zurückbleibt. Eine gründliche Auswaschung des Laugrückstandes empfiehlt sich nicht, um nicht die Lösung allzu stark zu verdünnen und die am Kreislauf beteiligten Wassermengen allzu sehr zu vermehren. Die Zinkausbeute schwankt daher je nach dem Ausgangsmaterial und der Konzentration der verwendeten Säure zwischen 75 und 90%. In besonders günstigen Fällen kann mit noch höheren Beträgen gerechnet werden.

Die bei dieser Operation löslich gemachten Verunreinigungen müssen noch vor der Elektrolyse ausgeschieden werden. Dies ist eine wesentliche Bedingung für die Erzielung eines kompakten Kathodenniederschlages bei guter Stromausbeute. Die Notwendigkeit einer so gründlichen Reinigung der Elektrolyselösung erklärt sich daraus, daß fast alle Verunreinigungen mit Ausnahme des Mangans elektrochemisch edler als Zink sind und sich daher vor oder gleichzeitig mit dem Zink abscheiden würden. Dabei würden sie galvanische Lokalelemente bilden, die die Wiederauflösung des Zinks durch den sauren Elektrolyten fördern, dadurch die Stromausbeute im Endeffekt erniedrigen und auch die Beständigkeit des Zinks gegen Korrosion herabsetzen würden (s. Abschn. 16). Die zulässigen Höchstkonzentrationen an Verunreinigungen in den Elektrolysebädern betragen größenordnungsmäßig Milligramm je Liter; eine Zusammenstellung darüber ist in Tab. 58 enthalten.

Tabelle 58. *Maximal zulässige Verunreinigungen in der $ZnSO_4$-Lösung*

Element	mg/l
Mn	350
Fe	30
Cd	12
Cu	10
As	1
Sb	1
Co	1
Ni	1
Ge	< 1

Sind in der Lösung gleichzeitig mehrere Verunreinigungen vorhanden, dann müssen die Höchstgrenzen der Tab. 58 als zu hoch betrachtet werden. Tab. 58 zeigt, daß die unschädlichste Verunreinigung das Mangan ist; eine gewisse Manganmenge ist sogar nützlich, um die Anoden mit einem Schutzoxyd zu überziehen. Das übrige Mangan oxydiert sich anodisch zu Permanganat, bleibt in der Lösung und wird im erschöpften Elektrolyten zur Oxydation der Ferro- zu Ferrisalzen verwendet.

Die Reinigung erfolgt in zwei getrennten Arbeitsgängen. Zunächst wird die Lösung mit Zinkoxyd, das heißt mit überschüssigem Röstgut, und nach der

Filtrierung ein zweites Mal mit Zinkpulver behandelt. Sollten Cl^--Ionen vorhanden sein, dann müssen sie durch einen besonderen Reinigungsprozeß ausgeschieden werden, um einen allzu raschen Verschleiß der Anoden zu vermeiden. Durch die Behandlung mit Zinkoxyd, dem allenfalls noch starke Oxydationsmittel (MnO_2, PbO_2, $KMnO_4$ usw.) beigemengt werden, um das gesamte Eisen in den Ferrizustand zu überführen, wird die Lösung leicht alkalisch[1]. Infolgedessen fällt das Eisen als Ferrihydroxyd $Fe(OH)_3$ aus, Arsen und Antimon werden zum Teil in Form basischer Salze, größtenteils jedoch vom Ferrihydroxyd adsorbiert, die Kieselsäure in Form von Kieselsäuregel und ein Teil des Nickels als Hydroxyd gefällt. Ist die Oxydation kräftig genug gewesen, um das Kobalt in den dreiwertigen Zustand zu überführen, wird es zusammen mit dem Eisen in der Hydroxydform $Co(OH)_3$ gefällt. Auch Germanium wird vom Ferrihydroxyd adsorbiert. Diese erste Reinigungsphase erfolgt gleichzeitig mit der Laugung, wobei der erschöpfte Elektrolyt, der die saure Lauglösung darstellt, mit überschüssigem Röstgut behandelt wird. Reicht die im gerösteten Erz vorhandene Eisenmenge zur Adsorption des Arsens, Antimons und Germaniums nicht aus, so wird eine bestimmte Menge eines Ferrosalzes zugesetzt.

Nach Ausscheidung des überschüssigen Röstgutes und der gefällten Verunreinigungen wird die Lösung mit reinstem Zinkpulver behandelt, das durch Zerstäubung geschmolzenen Elektrolytzinks gewonnen wurde. Durch das Zinkpulver werden alle noch vorhandenen Verunreinigungen an edleren Metallen (Cu, Cd, Co, Ni usw.) auszementiert. Diese Metalle, die alle edler als Zink sind, können auch durch Bildung komplexer Salze, wie z. B. Kobalt-α-isonitroso-β-naphtholat, Nickelxanthogenat, Nickeldithiocarbamat usw., ausgeschieden werden. Das allenfalls vorhandene Chlor wird nach verschiedenen Verfahren, im allgemeinen als Silber- oder Mercurochlorid, unlöslich gemacht und entfernt.

Nunmehr folgt die Elektrolyse, die zu Beginn mit einer schwachen und am Ende mit einer stark sauren Lösung zwischen Anoden aus Blei und Kathoden aus Aluminium — die sich allerdings rasch in Zinkkathoden verwandeln — durchgeführt wird. Theoretisch müßte die Elektrolyse einer neutralen Zinksulfatlösung mit kathodischer Abscheidung von Zink unmöglich sein, da in der gleichen Lösung das Entladungspotential des Zinks viel negativer als das des Wasserstoffes ist. Ersteres bewegt sich um $-0{,}75$ V, je nach der effektiven Konzentration der Zn^{2+}-Ionen, letzteres beträgt etwa $-0{,}42$ V. Die Differenz von etwa $0{,}33$ V zu Beginn der Elektrolyse ist bereits ziemlich ungünstig für die Zinkabscheidung und wird es im Verlauf der Elektrolyse immer mehr, da sich ständig freie Schwefelsäure bildet, wodurch die Konzentration der H^+-Ionen ansteigt. Das Entladungspotential der H^+-Ionen verschiebt sich infolgedessen gegen positivere Werte und demgemäß vergrößert sich die Differenz zwischen den Entladungspotentialen der beiden Ionen. Die kathodische Abscheidung des Zinks wird jedoch dadurch ermöglicht, daß der Wasserstoff an einer Zinkkathode eine Überspannung aufweist. Diese hängt von einer Reihe von Faktoren ab, die alle berücksichtigt werden müssen, wenn man die elektrolytische Abscheidung von Zink erhalten will. Eine Temperaturerhöhung erniedrigt im allgemeinen die Überspannung des Wasserstoffes und begünstigt daher die gleichzeitige Entladung von H^+-Ionen, wodurch die Stromausbeute herabgesetzt wird. Eine Zunahme der Stromdichte erhöht dagegen die Überspannung des Wasserstoffes und damit auch die Stromausbeute. Allerdings geht dann relativ mehr Energie in Form von Wärme in den verschiedenen Widerständen des Stromkreises verloren. Sind Spuren von Verunreinigungen, speziell von edleren Metallen als

---

[1] Die Alkalisierung wird nötigenfalls durch einen leichten Zusatz von Kalkstein verstärkt.

Zink, in der Größenordnung von 0,0005 bis 0,01% vorhanden, dann verursachen diese außer den bereits besprochenen Störungen auch noch eine starke Herabsetzung der Wasserstoffüberspannung. In dieser Hinsicht ist das Kupfer ein typischer Fall: bei einer Stromdichte von 1000 A/m² sinkt die Wasserstoffüberspannung an einer Zinkkathode in 1 n-Schwefelsäure infolge Konzentrationszunahme des Kupfers von 0,001% auf 0,01% von 0,97 V auf 0,74 V.

Zur Erzielung eines kompakten kathodischen Zinkniederschlages ist eine hohe Konzentration von Zn^{2+}-Ionen an der Kathode erforderlich. Außerdem muß die Lösung an der Kathode von Anfang an zumindest schwach sauer sein, da das Zink die Tendenz hat, aus neutralen Lösungen in schwammiger Form auszufallen. Die Abscheidung von Zinkschwamm wird dem gleichzeitigen kathodischen Niederschlag von Zinkoxyd, das sich teilweise als Hydrat abscheidet, oder von durch Hydrolyse gebildeten basischen Salzen zugeschrieben, die die Kristallisation des Zinks stören. Reichliche Wasserstoffentwicklung an der Kathode setzt nicht nur die Stromausbeute herunter, sondern macht auch den Kathodenfilm alkalisch, was — wie bereits gesagt — die Bildung von Zinkschwamm erleichtert. Um der aus dem Reinigungsprozeß stammenden neutralen Lösung die notwendige schwache Anfangsacidität zu geben, kann man ihr eine entsprechende Menge des erschöpften Elektrolyten beimengen.

Vorteilhaft wirkt sich auch der Zusatz von bestimmten Kolloiden aus, die zur Kathode wandern, wie Gelatine, Gummi arabicum, Leim, kolloide Kieselsäure usw. Diese Kolloide fördern die Bildung von kompakten Zinkniederschlägen mit glatter Oberfläche, das heißt, sie wirken der Abscheidung des Zinks in runzeliger oder schwammiger Form entgegen. Letzteres käme einer Abscheidung mit großer Oberfläche gleich, was eine Verminderung der effektiven Stromdichte und damit eine Herabsetzung der Wasserstoffüberspannung bedeuten würde. Außerdem erhöht der Zusatz der Kolloide an sich gewöhnlich die Überspannung des Wasserstoffes.

Während der Elektrolyse scheidet sich an der Kathode Zink und eventuell auch eine kleine Menge Wasserstoff ab; an der unlöslichen Anode werden die im Wasser immer vorhandenen OH^--Ionen entladen, womit die Entwicklung von Sauerstoffgas und die Regeneration der freien Schwefelsäure verbunden ist.

Aus dem Gesagten lassen sich die günstigsten Elektrolysebedingungen zur Erzielung der größten Stromausbeute ohne weiteres ableiten. Sie sind:

1. eine möglichst tiefe Temperatur;
2. eine möglichst hohe Stromdichte;
3. größte Reinheit der Elektrolytlösungen;
4. Bewegung des Elektrolyten;
5. Zusatz bestimmter Kolloide.

Die kathodische Stromausbeute ist immer wesentlich kleiner als 1, selbst wenn es gelingt, die Elektrolyse ohne gleichzeitige Wasserstoffentladung an der Kathode als Primärreaktion durchzuführen. Der Hauptgrund hiefür liegt darin, daß das Zink normalerweise von der Schwefelsäure mehr oder weniger angegriffen wird, wobei Zinksulfat und Wasserstoffgas entstehen, besonders wenn an der Kathode die unvermeidliche Abscheidung von Spuren edlerer Metalle als Zink erfolgt, die die Korrosion und Wiederauflösung des Zinks gewaltig erleichtern. Gerade das ist aber bei der praktischen Elektrolyse der Fall. Ein bestimmter Teil des kathodisch bereits abgeschiedenen Zinks geht daher wieder in Lösung. Die Menge des wiedergelösten Zinks hängt außer von der gegebenen Acidität des Bades auch von der Zeit und von der Kathodenoberfläche ab. Aus diesen Gründen wird der Kathodenniederschlag in kurzen Zeitintervallen, die sich nach der Stromdichte richten, von den Aluminiumkathoden abgelöst, sobald er eine Dicke von 2 bis 3 mm erreicht hat. Dadurch wird vermieden, daß das Zink lange in dem sauren Bad bleibt. Die Stromausbeute hängt außerdem von der Stromdichte ab, und zwar sowohl aus Gründen, die bereits im Kap. IV, 6 dargelegt wurden, als auch deswegen, weil die wiedergelöste Zinkmenge praktisch konstant bleibt, auch wenn mehr Zink je Zeit- und Flächeneinheit abgeschieden wird.

Es ist nicht möglich, eine Zinksulfatlösung bis zur quantitativen Abscheidung ihres gesamten Zinkgehaltes zu elektrolysieren, da einerseits die Konzentration der anodisch regenerierten Säure zu sehr zunehmen und dadurch die Entladung der H^+-Ionen als Primärreaktion fördern würde, und anderseits eine gewisse Zn^{2+}-Ionenkonzentration notwendig ist, die ohne Beeinträchtigung der Kompaktheit des kathodischen Niederschlages nicht unterschritten werden darf. Aus dem letzteren Grunde ist auch die Zirkulation des Elektrolyten erforderlich. Dadurch wird sowohl der vierten Bedingung für die Erzielung optimaler Stromausbeute Rechnung getragen als auch die Qualität des kathodischen Niederschlages verbessert. Die Zirkulation des Elektrolyten hält die Zn^{2+}-Ionenkonzentration auf einem angemessenen Wert und versorgt den Kathodenfilm ständig mit neuen Ionen. Darüber hinaus verhindert sie, daß die Lösung durch gleichzeitige Entladung von H^+-Ionen alkalisch wird, was eine schwammige Zinkabscheidung verursachen würde. Außerdem trägt die Zirkulation des Elektrolyten zu einem kontinuierlichen Verlauf des Prozesses bei.

Auch die Energieausbeute ist bedeutend kleiner als 1. Die Zersetzungsspannung des Zinksulfats beträgt 2,35 V. Der theoretische Energieverbrauch müßte sich also auf 1,927 kWh/kg Zink belaufen. Bei der praktisch notwendigen Spannung ist er jedoch bedeutend größer. Die Gründe hiefür liegen in der Überspannung des Sauerstoffes an den Anoden, in der durchaus nicht vernachlässigbaren chemischen Polarisation des Zinks und schließlich auch im elektrischen Widerstand des Elektrolyten selbst. Letzterer ist vom Beginn bis zum Ende der Elektrolyse veränderlich, da sich die Zusammensetzung des Elektrolyten und der Elektrodenabstand ständig ändern. Der gesamte Prozeß muß jedoch mit jener Spannung durchgeführt werden, die am Beginn der Elektrolyse gefordert wird, wenn der Elektrolytwiderstand wegen der geringen Acidität und dem größeren Elektrodenabstand am größten ist.

Von Bedeutung ist schließlich auch das Anodenproblem. Heute verwendet man ausschließlich Platten aus sehr reinem Blei, eventuell mit 1% Silber legiert, auf denen sich mit der Zeit eine Oxydschicht bildet. Die Verwendung von Bleianoden setzt zwei notwendige Bedingungen voraus:

a) Die zu elektrolysierende Lösung darf nicht mehr als 50 bis 70 mg/l Cl^--Ionen enthalten, anderenfalls würde die Anode in kurzer Zeit zerstört werden.

b) Auch das Anodenblei muß den denkbar größten Reinheitsgrad aufweisen, da sonst die Verunreinigungen die Korrosion des kathodisch abgeschiedenen Zinks stark beschleunigen und so die Ausbeute herabsetzen würden.

Die Elektrolysebehälter sind mit Blei ausgekleidete Holztröge oder manchmal auch asphaltierte Zementtröge. Das elektrolytisch gewonnene Zink hat einen Reinheitsgrad von 99,95 bis 99,99%.

11. Elektrolytische Herstellung von Zink: Verfahren

Für die elektrolytische Zinkherstellung sind verschiedene industrielle Verfahren vorgeschlagen und auch angewendet worden, die sich zwar im wesentlichen an dasselbe Schema halten, die im vorangegangenen Abschnitt dargelegten Schwierigkeiten aber nach verschiedenen Prinzipien zu umgehen suchen. Aus dem ältesten, unter dem Namen Anaconda-Prozeß bekannten Verfahren hat sich der heute am meisten benützte Prozeß entwickelt. Dabei wird das Zink dem gerösteten Erz mit einer sauren Lösung relativ schwacher Acidität (100 bis 110 g/l freie Schwefelsäure)[1] entzogen und die Elektrolyse mit niedriger Stromdichte (350 A/m^2) durchgeführt. Wegen der schwachen Acidität des als Lauglösung für das geröstete Erz dienenden erschöpften Elektrolyten ist eine sorgfältige Überwachung während des Röstprozesses notwendig, um zu verhindern, daß sich bei Temperaturanstieg allzu viel Zinkferrit bildet, der von der Säure in der gegebenen Konzentration nicht angegriffen wird. Zur Gewinnung der größtmöglichen Zinkmenge wird die Laugung zweimal nach dem angegebenen Schema durchgeführt, das auch alle anderen Arbeitsgänge enthält.

Während der neutralen Laugung, die hinsichtlich der freien Säure der Lösung mit einem Überschuß an Röstgut durchgeführt wird, findet auch die erste Reinigung zur Ausscheidung des Eisens, Arsens, Antimons, der Kieselsäure usw. statt, während die Behandlung mit Zinkpulver einen Arbeitsgang für sich darstellt.

Die Elektrolyse wird in mehreren Trögen durchgeführt, die der Reihe nach vom Elektrolyten durchflossen werden. Damit wird zweierlei erreicht:

1. Der Elektrolyt tritt frisch in den ersten Trog ein und verläßt erschöpft den letzten, worauf er neuerlich zur Laugung herangezogen wird.

2. Der durchschnittliche Zinkgehalt des Elektrolyten ist in jedem Trog der gleiche.

Die Zirkulationsgeschwindigkeit wird unter Berücksichtigung der von den Elektrolysezellen aufgenommenen Ampèrezahl und der Anfangskonzentration des Zinks so geregelt, daß der Elektrolyt aus der letzten Zelle in völlig erschöpftem Zustand austritt. Die Kühlung wird in den Elektrolysezellen durch fließendes Wasser vorgenommen, das in Kühlschlangen aus Blei zirkuliert, die ihrerseits in den Elektrolyten eintauchen.

In Tab. 59 sind einige für den Anaconda-Prozeß typische Zusammensetzungen zusammengestellt.

Tabelle 59. *Typische Zusammensetzungen des Anaconda-Prozesses*

Zusammensetzung des Minerals			Zusammensetzung des Elektrolyten		
Angereichert		Geröstet	Frisch		Erschöpft
55,6 %	Zn	61,5 %	100—120 g/l	Zn	20—40 g/l
0 %	Zn löslich	97,5 % [1]	5 g/l	H$_2$SO$_4$ frei	100—110 g/l
2,8 %	Pb	3,2 %	500 g/t Zn	Leim	—
0,98%	Cu	0,99%			
3,3 %	FeO	3,2 %			
0.17%	Mn	0,2 %			
29 %	S	1,7 % [2]			
5,9 %	unlöslicher Rückstand	8,4 %			
700 g/t	Ag	743 g/t			
1,15 g/t	Au	1,18 g/t			

[1] Auf die vorhandene Gesamtzinkmenge bezogen.
[2] Als Sulfid < 0,2%.

---

[1] Die moderne Richtung geht dahin, die Acidität der Laugungslösungen zu erhöhen.

Schema zur elektrolytischen Zinkherstellung (Anaconda-Prozeß)

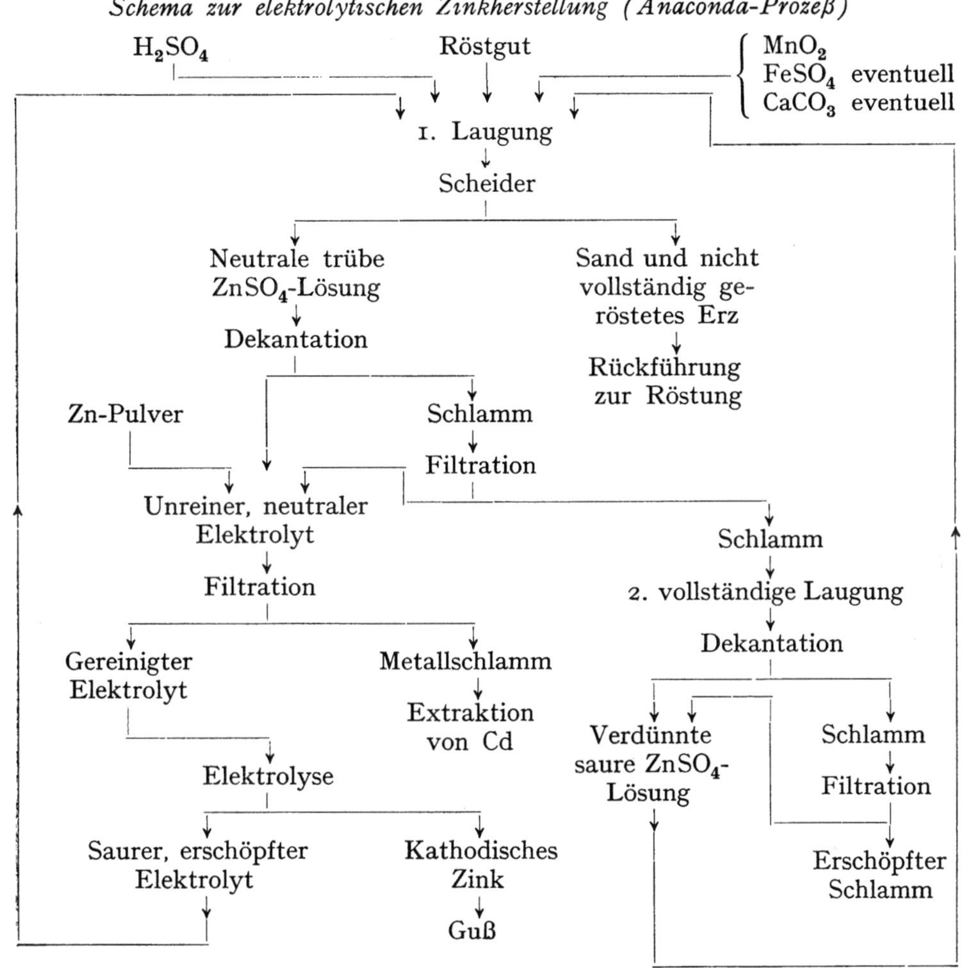

Der Anodenschlamm setzt sich fast ausschließlich aus Mangandioxyd zusammen.

Die elektrischen Daten finden sich in Tab. 61, die auch die entsprechenden Angaben zum Tainton-Prozeß enthält.

Einer späteren Entwicklung gehört der nach seinem Erfinder benannte Tainton-Prozeß an, der zwar bis heute keine ausgedehnte Verbreitung gefunden hat, aber wegen einiger interessanter Eigenheiten eine kurze Beschreibung verdient. Seine Besonderheiten sind hohe Konzentration der freien Schwefelsäure im erschöpften Elektrolyten (280 bis 300 g/l) und hohe Stromdichte bei der Elektrolyse ($\sim$ 1000 A/m²). Die hohe Acidität der Laugungsflüssigkeit, die auch den Ferrit angreift, erlaubt die Verarbeitung von bedeutend eisenhaltigeren Erzen und auch eine Erhöhung der Rösttemperatur in den Öfen, wodurch die vollständige Umwandlung des ursprünglichen Zinkerzes in die Oxydform begünstigt wird. Ein anderes Charakteristikum, das mehr die Technik des Verfahrens als das Prinzipielle des Prozesses betrifft, ist die Art der Laugung, der die elektromagnetische Abscheidung des Ferrits vorangeht. Der stark ferrithaltige Teil wird zur leichteren Lösung unmittelbar mit dem erschöpften, stark sauren und heißen (60° C) Elektrolyten gelaugt. Erst nach dieser Vorbehandlung wird der ferritarme und zinkoxydreiche Teil zusammen mit Braunstein als Oxydationsmittel hinzugefügt, um die Fällung des Eisens in Form von Ferrihydroxyd zu begünstigen.

Schema zur elektrolytischen Zinkherstellung (Tainton-Prozeß)

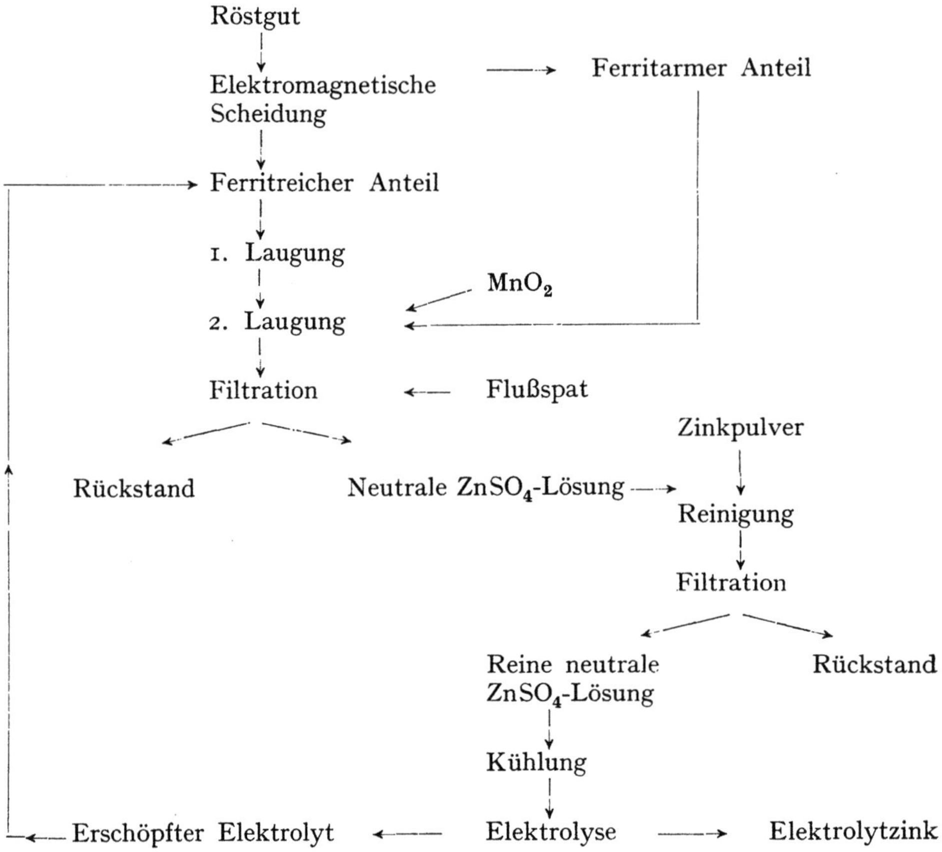

Wegen der hohen Stromdichte und der Notwendigkeit, die Elektrolysetemperatur niedrig zu halten, muß die Zirkulationsgeschwindigkeit des Elektrolyten sehr groß und die Kühlung sehr intensiv sein, so daß eine eigene Kühlanlage erforderlich wird. Bei der hohen Zirkulationsgeschwindigkeit ist es unmöglich, das abscheidbare Zink in einem einzigen Elektrolysegang niederzuschlagen, weshalb der Elektrolyt die Zellen mehrere Male durchfließen muß. Beim Tainton-Prozeß sind daher die verschiedenen Zellen für den Durchfluß des Elektrolyten parallel und nicht in Serie geschaltet, wie beim Anaconda-Prozeß. Einmal im Tage wird ein Teil des Elektrolyten den Laugungsanlagen zugeführt und durch frischen Elektrolyt aus den Reinigungsanlagen ersetzt. Zur Verbesserung des kathodischen Niederschlages wird dem Elektrolyten je Tonne Zink 1 kg Leim, Gummi arabicum oder Natriumsilicat zugesetzt. Dazu kommt noch ein geeigneter Schaumerzeuger, der an der Oberfläche einen dichten Schaum bildet und so die Schwefelsäuretröpfchen bindet, die sonst durch die reichliche anodische Sauerstoffentwicklung in die Umgebung versprüht würden.

Tabelle 60. *Typische Zusammensetzungen des Tainton-Prozesses*

Angereichertes Mineral	Elektrolyt			Elektrolytzink
Zn 46—48 %	frisch		erschöpft	Zn 99,99 %
Pb 3— 7 %				Cu 0,0019%
Cu 0,14 %	220 g/l	Zn	$\sim$ 30 g/l	Fe 0,0085%
Fe 10—11 %	—	H_2SO_4	$\sim$280 g/l	Pb Spuren
Cd 0,14 %	6 mg/l >	Cu	—	Cd Spuren
S 28—31 %	5 mg/l >	Cd	—	
SiO_2 3,2 %	2 mg/l >	Co	—	
Co Spuren				

Zu Gunsten des Tainton-Prozesses sprechen folgende Momente:

1. Die Möglichkeit, eisenreichere Erze zu verarbeiten.

2. Eine bessere Ausnützung der Röstöfen und Brennstoffersparnis, da die Röstung rascher und bei höherer Temperatur erfolgt.

3. Eine größere Zinkausbeute.

4. Es geht viel Eisen in Lösung und wird wieder gefällt, wodurch eine wirksamere Reinigung im Hinblick auf Arsen und Antimon möglich wird.

5. Durch Zusatz von Flußspat wird die Filtrierbarkeit des Rückstandes (s. Schema) verbessert und damit die Ausbeutung von Lagern ermöglicht, die angreifbare Silicate in größeren Mengen enthalten.

6. Durch Behandlung mit starken Oxydationsmitteln können auch Erze verarbeitet werden, die mehr Kobalt und Nickel enthalten.

7. Die zur Verarbeitung kommenden Flüssigkeitsmengen sind kleiner.

8. Wegen der größeren Acidität und Stromdichte ist die Gefahr der Zinkschwammbildung geringer.

Tab. 60 enthält einige typische Analyseergebnisse.

Die Daten der Elektrolyse sind für beide Prozesse in Tab. 61 zusammengestellt.

Tabelle 61. *Elektrolysedaten der Zinkherstellung*

	Prozeß	
	Anaconda	Tainton
Kathoden	Aluminium	Aluminium
Anoden	Blei; Pb-Ag-Legierung	Pb-Ag-Legierung (1% Ag)
Abstand	$\sim$9 cm zwischen den Anoden	—
Spannung	3,4 — 3,7 V	3,2 — 3,6 V
D	320 — 400 A/m²	1000 A/m²
R_{Strom}	0,93 — 0,95	0,88 — 0,93
Energieverbrauch	3,4 — 4 kWh/kg	3,4 — 4 kWh/kg
Temperatur	35 — 40° C	40 — 45° C
Kathodenwechsel alle	24 Stunden	$\sim$ 10 Stunden
Anodenschlamm	MnO_2	MnO_2

Aus Tab. 61 ist vor allem ersichtlich, daß der Energieverbrauch für beide Prozesse derselbe ist. Dies erklärt sich daraus, daß beim Tainton-Prozeß die größeren Energieverluste infolge des Jouleschen Effektes durch die niedrigere Spannung, die eben wegen der größeren Leitfähigkeit des Elektrolyten und des kleineren Elektrodenabstandes niedriger gehalten werden kann, kompensiert wird.

Bei der elektrolytischen Zinkherstellung erhält man als wichtiges Nebenprodukt den Filtrationsrückstand von der Reinigung der Lösung mit Zinkpulver, der außer dem überschüssigen Zink eine bedeutende Menge Cadmium enthält und deshalb zur Gewinnung dieses Metalles verwendet wird.

12. Elektrolytische Herstellung des Cadmiums

Die elektrolytische Herstellung des Cadmiums hat eine große Bedeutung erlangt, seitdem man die hervorragenden Schutzeigenschaften des Cadmiumüberzuges erkannt hat, der der Verzinkung überlegen ist. Außerdem kann es in Form von Legierungen zu Lötzwecken und dergleichen verwendet werden, was den raschen Anstieg der Nachfrage nach Cadmium erklärt.

Die kathodische Abscheidung des Cadmiums geht unter ähnlichen Bedingungen vor sich wie die Zinkabscheidung, mit dem Unterschied, daß sie leichter durchführbar ist, da das Entladungspotential des Cadmiums positiver als das des Zinks ist. Die theoretischen Elektrolysebedingungen, die Zusammensetzung des Elektrolyten und die verwendeten Werkstoffe sind ungefähr dieselben wie bei der Zinkelektrolyse und brauchen daher nicht noch einmal im einzelnen besprochen werden.

Besondere Lagerstätten von Cadmiumerzen kommen in der Natur nicht vor. Im allgemeinen ist das Cadmium ein Begleiter des Zinks und an den Lagerstätten der Zinkminerale immer in mehr oder minder großen Mengen anzutreffen. Der Ausgangsrohstoff für die Cadmiumherstellung besteht daher aus den Pulvern, die bei der thermischen Verhüttung hauptsächlich des Zinks, aber auch des Kupfers und Bleis (1) oder aus dem Rückstand gewonnen werden, den man bei der Reinigung der für die Elektrolyse bestimmten Zinksulfatlösung (2) mit Zinkpulver (s. Abschn. 10 und 11) erhält.

Prinzipiell ist die elektrolytische Cadmiumherstellung mit ähnlichen Schwierigkeiten wie die Zinkbereitung verbunden. Die Rohstoffe (1) und (2) werden zunächst auf verschiedene Weise chemisch vorbehandelt, um aus den genannten Produkten jene Metalle abzuscheiden, die edler als Cadmium sind. Zuletzt bleibt eine aus Cadmium zusammengesetzte schwammige Masse übrig, die Zink als Verunreinigung und eventuell auch Spuren von Eisen und Kupfer enthält. Diese Masse wird im erschöpften sauren Elektrolyten aufgelöst, nötigenfalls vom vorhandenen Eisen und Kupfer befreit und elektrolysiert.

Im einzelnen zeigen die chemischen Aufbereitungsverfahren kleine Verschiedenheiten, je nachdem ob die Pulver (1) oder der Rückstand (2) als Ausgangsstoff verwendet werden, da die Zusammensetzung dieser Stoffe qualitativ verschieden ist.

Die aus den Abgasen der Zinköfen gewonnenen Pulver setzen sich aus Zink, Cadmium, Kupfer, Eisen, Mangan, Arsen, Selen, Tellur, Kobalt, Nickel, Silber, Gold, Wismut, Thallium usw. zusammen[1].

Ist der Arsengehalt hoch, dann werden sie zunächst mit konzentrierter Schwefelsäure in Flammöfen bei niedriger Temperatur solange behandelt,

---

[1] Von den aufgezählten Metallen sind viele oft nur in Spuren vorhanden oder fehlen überhaupt.

bis die Rauchentwicklung aufhört. Dabei wird ein bedeutender Prozentsatz des vorhandenen Arsens ausgeschieden. Der Rückstand wird mit verdünnter Schwefelsäure ausgelaugt, die Zink, Cadmium, Eisen, Mangan, Arsen, Kobalt, Nickel und Spuren von Wismut, Silber, Thallium und Tellur zur Lösung bringt. Die klare Lösung wird dann mit pulverisiertem Kalkstein versetzt, wobei Luft zur Oxydation des Eisens eingeblasen wird. Das Eisen, das vom Ferrihydroxydniederschlag adsorbierte Arsen und ein Teil des Kupfers fallen aus. Nach der Filtration wird der Lösung Zinkpulver zugesetzt, das den Rest des Kupfers und Cadmiums fällt. Bei Suspension des Niederschlages in 25%iger Schwefelsäure bei 60° C gehen Zink und Cadmium in Lösung. Nach Neutralisierung mit Calciumcarbonat und Calciumhydroxyd wird das Cadmium mit Elektrolytzinkblättchen auszementiert. Das als schwammige Masse abgeschiedene Cadmium wird ausgewaschen und im erschöpften Elektrolyten der Cadmiumelektrolyse warm gelöst. Aus der Lösung wird das verbliebene Eisen mittels Calciumhydroxyd unter Einblasung von Luft und das allenfalls auch vorhandene Thallium mittels Natriumbichromat als Thalliumchromat gefällt. Danach wird die Lösung elektrolysiert.

Der aus dem Reinigungsprozeß der Zinksulfatlösung mit Zinkpulver gewonnene Rückstand (2) wird zunächst bei etwa 700° C geröstet, um das eventuell enthaltene Eisen, Arsen und Antimon unlöslich zu machen, und dann mit dem erschöpften Elektrolyten der Zinkelektrolyse (10 bis 12% freie Schwefelsäure) ausgelaugt und dekantiert. Die klare Lösung, die das gesamte Zink und Cadmium und einen Teil des Kupfers enthält, wird mit Zinkpulver genau zementiert, um zunächst nur das vorhandene Kupfer auszuscheiden, und nach der Filtration mit einem leichten Zinküberschuß behandelt, um das Cadmium zu fällen. Das so erhaltene schwammförmige Cadmium wird im erschöpften Elektrolyten der Cadmiumelektrolyse gelöst, die Lösung mit Cadmium versetzt, um die letzten eventuell noch vorhandenen Spuren von Kupfer auszuscheiden und nach der Filtration elektrolysiert. Die Lösungen, die das zur Ausscheidung der Verunreinigungen und zur Zementierung des Cadmiums verwendete Zink enthalten, werden gewöhnlich den Zinkelektrolyseanlagen zur Wiedergewinnung des Zinks zugeführt.

Aus der Beschreibung der Verfahren für die Elektrolytbereitung geht klar hervor, daß mit Vorteil ein schwefelsaurer Elektrolyt verwendet wird und daß ein hoher Reinheitsgrad der zu elektrolysierenden Cadmiumsulfatlösungen unbedingt erforderlich ist. Unreine Lösungen würden ähnliche Unannehmlichkeiten verursachen, wie sie bereits bei der Elektrolyse der Zinksulfatlösungen beschrieben wurden.

Der Elektrolyt hat einen zwischen 90 und 200 g/l schwankenden Cadmiumund einen veränderlichen Zinkgehalt, der ohne Nachteil bis auf 20% der vorhandenen Cadmiummenge anwachsen kann. Da Cadmium edler als Zink ist, setzt es sich vor dem Zink an der Kathode ab. Um einen kompakten kathodischen Niederschlag zu erhalten, setzt man bei der Elektrolyse etwa 1 kg Leim je Tonne abgeschiedenen Cadmiums zu. Auch beim Cadmium muß erwähnt werden, daß sein Niederschlag aus einer sauren Lösung unmöglich wäre, wenn nicht der Wasserstoff an einer Cadmiumkathode eine bedeutende Überspannung hätte. In neutraler Lösung sind die Entladungspotentiale der Cd^{2+}- und H^+-Ionen fast gleich.

Es ist nicht leicht, einen haftenden und kompakten Cadmiumniederschlag auf unbewegten Kathoden zu erhalten. Aus diesem Grunde wurden Zellen mit zylinderförmigen Kathoden konstruiert, die um eine waagrechte Achse langsam rotieren, wobei sie etwas weniger als zur Hälfte in den Elektrolyten eintauchen.

Von den rotierenden Kathoden wird das niedergeschlagene Cadmium ständig abgelöst. Es werden aber auch Zellen mit unbeweglichen Kathoden verwendet. In diesen Fällen gelingt es, mit Hilfe zweckmäßiger Maßnahmen (Zusatz von Kolloiden, Rühren des Elektrolyten usw.) ziemlich kompakte und gut haftende Niederschläge zu erzielen. Die Lösung wird gewöhnlich fast vollständig elektrolysiert. Die Daten der Elektrolyse sind in Tab. 62 zusammengestellt.

Tabelle 62. *Elektrolysedaten der Cadmiumherstellung*

Frischer Elektrolyt	$90 - 200$ g/l Cd
	$20 - 60$ g/l Zn
Erschöpfter Elektrolyt	$60 - 140$ g/l H_2SO_4
Anoden	Pb; Pb $+$ 1% Ag
Kathoden	Al
Spannung	$2,5 - 4$ V
D	$46 - 270$ A/m²
R_{Strom}	$\sim 0,85$
Energieverbrauch	$1,4 - 2,25$ kWh/kg
Temperatur	$30 - 35^0$ C

Das elektrolytisch gewonnene Cadmium wird unter Ätznatron geschmolzen, um die Oxydation zu vermeiden, und dann in Barren, Stangen oder sonst gewünschte Formen gegossen.

Der erschöpfte Elektrolyt wird neuerlich zur Laugung des Cadmiumschwammes herangezogen. Wenn er zu sehr zinkhaltig geworden ist, wird ein Teil ausgeschieden und durch den erschöpften Elektrolyten der Zinkelektrolyse ersetzt.

13. Galvanotechnik: Theoretische Grundlagen

In der Galvanotechnik werden metallische und eventuell auch nichtmetallische Gegenstände, sofern diese Leiter sind oder leitend gemacht werden, mit einer mehr oder weniger dünnen Schicht eines Metalles überzogen, das von dem der Unterlage verschieden ist. Dies geschieht, um die Oberflächenbeschaffenheit des Gegenstandes aus dekorativen oder technischen Gründen (Steigerung der Härte, Erhöhung der Korrosionsbeständigkeit usw.) zu verbessern; oder auch, um mittels eines elektrolytischen Niederschlages auf einer entsprechenden Unterlage Gegenstände bestimmter Form und mit bestimmten Eigenschaften herzustellen, z. B. nahtlose Rohre, Parabolspiegel, Druckstöcke, Matrizen zur Herstellung von Schallplatten usw. Von diesen beiden Arbeitsrichtungen ist die erste, die sogenannte *Galvanostegie*, weitaus wichtiger als die zweite, die *Galvanoplastik*.

In der Galvanostegie ist man bestrebt, auf der ganzen Oberfläche einen Niederschlag von möglichst konstanter Stärke zu erhalten. Er soll dabei glatt, regelmäßig, an der Unterlage intensiv haftend, nicht porös, sondern von möglichst kompakter Struktur und sehr feinkörnig sein und darf außerdem keine Fremdeinschlüsse und Oberflächenfehler, wie Risse, Blasen usw., aufweisen. Die Strukturtypen der Galvanostegie unterliegen den allgemeinen, in Abschn. 2 dargelegten Regeln, die durch einige Betrachtungen im Hinblick auf galvanische Niederschläge in sehr dünnen Schichten ergänzt werden müssen.

Während bei der Raffination und der elektrolytischen Herstellung der Metalle kleine Unterschiede in der Dicke der kathodischen Niederschläge keine große Rolle spielen, kann es in der Galvanostegie, bei der Schichtdicken in der Größenordnung von 10^{-1} bis 10^{-2} mm vorkommen, sehr wichtig sein, Niederschläge von konstanter Dicke auch auf Gegenständen mit unregelmäßigem Profil zu erhalten, bei denen die Anodenabstände der einzelnen Oberflächenpunkte sehr verschieden sind. Jedenfalls müssen die Dickeunterschiede innerhalb enger Grenzen gehalten werden, um zu vermeiden, daß an einigen Stellen ein zu starker und an anderen ein zu dünner Überzug entsteht. Die Dickeunterschiede rühren daher, daß die Stromdichte die Tendenz hat, gegen die Ränder hin und an den vorspringenden und daher näher zur Anode gelegenen Stellen zuzunehmen, besonders wenn deren Krümmungsradius klein ist; an den konkaven Stellen nimmt dagegen die Stromdichte ab. Dabei macht sich allerdings noch eine Reihe von Faktoren geltend, die dem Auftreten solcher Dickeunterschiede entgegenwirken. Im Sinne einer konstanten Niederschlagsdicke wirken hauptsächlich:

1. die Polarisationserhöhung bei Zunahme der Stromdichte;
2. eine allfällige Abnahme der Stromausbeute wegen Erhöhung der Stromdichte;
3. die Polarisationszunahme durch geeignete Auswahl des Elektrolyten.

Die Wirkung des ersten Faktors ist augenscheinlich. Wenn an einem beispielsweise näher zur Anode gelegenen Punkt der Kathode infolge des kleineren Ohmschen Widerstandes des Elektrolyten die Stromdichte zunimmt, dann muß an diesem Punkt auch die Polarisation zunehmen, die praktisch wie ein zusätzlicher Widerstand wirkt, so daß die weitere Zunahme der Stromdichte in dem betrachteten Punkt gegenüber der Umgebung und damit auch das Anwachsen der Niederschlagsdicke gehemmt wird. Der zweite Faktor wirkt sich in ähnlicher Weise aus. Ist die für die Entladung der Kationen aus einem bestimmten Elektrolyten notwendige Polarisation hoch, dann bedeutet der dritte Faktor, daß die Unterschiede der Ohmschen Widerstände zwischen der Anode und den verschiedenen Punkten der Kathode vernachlässigt werden können. Infolgedessen verteilt sich der Strom gleichförmiger über die ganze Kathodenoberfläche. Die Eigenschaft, mehr oder weniger regelmäßige Niederschläge zu geben, wird als Deckkraft bezeichnet.

Die Deckkraft wird durch Steigerung der Leitfähigkeit und durch Zusatz polarisationserhöhender Substanzen (Kolloide usw.) verbessert, während sie von allen jenen Faktoren herabgesetzt wird, die eine Tendenz zur Polarisationsverminderung zeigen; außerdem hängt sie vom Absolutwert der Stromdichte und anderen Faktoren ab. Alles in allem gibt es so viele und so verschiedene Faktoren, die berücksichtigt werden müßten, daß es trotz der Möglichkeit, einige allgemeine Regeln zu erkennen, in Wirklichkeit nur sehr schwer gelingt, die Deckkraft zahlenmäßig auszudrücken. Im allgemeinen werden daher zur Bestimmung der Deckkraft Proben empirischen Charakters ausgeführt. Eine Probe wird mit Platten vorgenommen, die äquidistante Aushöhlungen gleicher Form, aber verschiedener Tiefe aufweisen, eine zweite mit rechtwinklig abgebogenen Kathoden, deren senkrechter Teil parallel zur Anode verläuft, bei einer dritten wird die Bedeckung auf der Innenwand von Röhren gegebener Dimension untersucht usw. Die von Haring und Blum[1] vorgeschlagene Methode gilt noch heute als die beste. Sie besteht in der Vermessung des Niederschlages auf zwei Kathoden, die in verschiedenen Abständen von ein und derselben Anode angeordnet sind.

Zur Erzielung eines regelmäßigen und möglichst glatten Niederschlages, der ein besonders feinkristallines Korngefüge erfordert, kann man außer den in Ab-

---

[1] Haring, H. E. and W. Blum: Trans. Amer. Electrochem. Soc. **44**, 313 (1923). — Eine neuere Diskussion der Methode findet sich bei Hoar, T. P. and J. N. Agar: Discussions of the Faraday Society No. 1, Electrode Processes, S. 162 (1947).

schnitt 2 besprochenen Faktoren manchmal auch pulsierende Gleichströme oder überlagerte Wechselströme zu Hilfe nehmen, die sowohl die Konzentrationsdifferenzen als auch die an den verschiedenen Punkten der Kathode eventuell entstandenen Polarisationsdifferenzen auszugleichen suchen. In dieser Hinsicht spielt auch die Oberflächenstruktur des Grundmetalles eine Rolle. Wenn man z. B. einen so gleichförmigen und glatten Niederschlag erhalten will, daß er als Spiegeloberfläche benützt werden kann, muß das Grundmetall vorher entsprechend poliert werden.

Damit schließlich der Niederschlag auf seiner Unterlage vollkommen haftet, ist entweder eine Oberflächenbehandlung der Unterlage erforderlich, die sozusagen die Verankerung des Niederschlages im Grundmetall ermöglicht (Beizen, s. folgenden Abschn.), oder die beiden Metalle, Grundmetall und Oberflächenniederschlag, müssen miteinander eine Legierung vom Mischkristalltypus bilden können. Im letzteren Fall diffundieren die ersten Abscheidungsschichten in das Grundmetall hinein, wobei sie eine wenn auch ganz dünne Legierungszwischenschicht bilden, die jedoch ausreicht, um eine vollkommene und sehr zähe Verbindung des Niederschlages mit der Unterlage zu gewährleisten. Kann das Grundmetall mit dem Abscheidungsmetall keine Legierung eingehen, dann empfiehlt es sich, ein drittes Metall einzuschalten, das sich seinerseits mit den beiden anderen verbindet. Aus diesem Grunde haften z. B. viele Niederschläge besser, wenn das Arbeitsstück vorher oberflächlich amalgamiert oder — wie manchmal bei der Vernicklung — verkupfert wurde. Eine wesentliche Bedingung für gute Haftung ist jedoch in jedem Fall die absolute Reinheit der zu überziehenden Fläche und deren zweckentsprechende Vorbehandlung (s. folgenden Abschnitt).

Ein Galvanostegiebad enthält folgende Bestandteile:

1. Eine Verbindung, die durch Dissoziation das Kation liefert, das nach seiner Entladung den galvanischen Niederschlag bildet.

2. Nötigenfalls einen indifferenten Elektrolyten zur Erhöhung der Leitfähigkeit.

3. Nötigenfalls eine Substanz, welche die Auflösung der Anoden fördert.

4. Eventuell Verbesserungszusätze in kleinen Mengen, die die Oberflächenbeschaffenheit des kathodischen Niederschlages im gewünschten Sinne beeinflussen (Kolloide usw.).

5. Nötigenfalls Substanzen, die die Lösung in einem bestimmten p_H-Bereich halten.

Bisweilen kann der eine oder andere dieser Bestandteile entfallen; es kommt aber auch vor, daß ein einziger Stoff gleichzeitig mehrere der angeführten Funktionen erfüllt. Aus diesem Grunde sind die Galvanostegiebäder immer viel komplexer zusammengesetzt als die zur Raffination oder elektrolytischen Metallherstellung bestimmten Elektrolytlösungen.

Allgemein kann ein galvanotechnischer Prozeß in gewissem Sinne einem Raffinationsprozeß insofern gleichgestellt werden, als die Zusammensetzung des Elektrolyten konstant bleibt. Während sich nämlich die Kationen an der Kathode entladen, geht die aus demselben Metall bestehende Anode in äquivalenter Menge in Lösung. Ein charakteristisches Beispiel hiefür ist die galvanische Versilberung. Unlösliche Anoden werden seltener verwendet. Bei der Verchromung ist z. B. die Anode unlöslich und der Elektrolyt stellt gleichzeitig die Quelle und Reserve der zu entladenden Kationen dar.

14. Galvanotechnik: Praktischer Teil[1]

Eine sorgfältige Vorbehandlung[2] des Werkstückes ist für ein gutes Gelingen der galvanotechnischen Operationen von grundlegender Bedeutung. Vor Durchführung der Elektrolyse muß die zu überziehende Metallfläche wirklich vollständig bloßgelegt werden, das heißt, es müssen alle jene Substanzen, die gewöhnlich oder auch nur gelegentlich an der zu galvanisierenden Fläche haften und die die elektrolytische Abscheidung oder im günstigsten Fall die Haftfestigkeit des Niederschlages beeinträchtigen könnten, entfernt werden. Diese Substanzen können in zwei Gruppen eingeteilt werden:

1. Substanzen, die von dem zu galvanisierenden Metall herrühren (Oxyde, durch Korrosion entstandene Salze, wie Carbonate, Sulfide usw.);

2. Fremdkörper: Rückstände der Gußformen, Fett, Öl, Staub, Schmutz im allgemeinen.

Alle diese Stoffe müssen gänzlich entfernt werden. Zuerst bearbeitet man das Werkstück gewöhnlich mechanisch (Schmirgeln, Bürsten, Polieren usw.), um alle fest haftenden Teile abzulösen, speziell wenn diese mit chemischen Mitteln nicht angreifbar sind, wie dies z. B. bei den Sandteilchen der Fall sein kann, die von den Gußformen herrühren und am Werkstück kleben geblieben sind. Die mechanische Vorbearbeitung dient auch dem Zweck, die Oberfläche zuzurichten und sie im gewünschten Ausmaß regelmäßig und glatt zu machen.

Nach dieser ersten Operation, die auch aus mehreren Arbeitsgängen bestehen kann, schreitet man zur eigentlichen Reinigung des Werkstückes mittels geeigneter Lösungen. Diese können nur dann wirksam sein, wenn das Werkstück vollständig benetzt wird. Man kann daher die chemischen Arbeitsgänge in zwei große Gruppen unterteilen: die ersteren dienen der Beseitigung auch der letzten Spuren von Fetten und Ölen (auch Mineralölen), durch die die Benetzbarkeit beeinträchtigt wird, die letzteren der Entfernung der übrigen Verunreinigungen (Oxyde usw.).

Es gibt zwei Arten von Entfettungsbädern: einerseits organische Lösungsmittel (Benzol, Toluol, Trichloräthylen usw.), anderseits mehr oder minder alkalische wässerige Lösungen von Ätznatron, Natrium- oder Kaliumcarbonat, gewöhnlich mit einem Zusatz von emulgierenden Mitteln, wie Wasserglas, Trinatriumphosphat, organischen Emulgatoren usw. und in der Wärme wirksame Mittel. Manchmal enthalten die alkalischen Bäder auch Lösungsmittel für verschiedene Oxyde (z. B. Cyanide).

Die eigentlichen Fette werden durch die Behandlung mit Alkalien verseift und in Lösung gebracht, während die mineralischen Fette und Öle chemisch zwar nicht angegriffen werden, durch die Wirkung der Emulsionsmittel aber doch von der Oberfläche, an der sie haften, entfernt werden. Taucht man das Werkstück in eine alkalische Waschlösung ein und polarisiert es kathodisch, dann fördert die in ganz kleinen Bläschen vor sich gehende Wasserstoffentwicklung die emulgierende Wirkung des Bades noch weiter und übt außerdem auch

---

[1] In diesem Abschnitt werden vor allem einige grundlegende Operationen der Galvanostegie behandelt. Hinsichtlich der Galvanoplastik, die eigentlich nur eine spezielle Arbeitstechnik ist, wird auf die Fachliteratur verwiesen.

[2] Bei der Besprechung der unter die Sammelbezeichnung *Vorbehandlung* fallenden Operationen wird das Hauptgewicht auf die Grundlagen gelegt, die als allgemeine Regeln gelten können. Für jeden besonderen Fall müssen dann die geeignetsten Bedingungen erst festgestellt werden, die von so vielen Faktoren abhängen (grundlegend ist z. B. das Material, aus dem der zu galvanisierende Gegenstand besteht), daß es unmöglich ist, ein einziges, *immer* zweckentsprechendes Verfahren anzugeben.

eine mechanische Wirkung aus, indem sie die anhaftenden Filmschichten ablöst. Dieser Vorgang, der auch als *elektrolytische Spülung*[1] bezeichnet wird, wird weiters dadurch erleichtert, daß der Kathodenfilm durch die Entladung der H^+-Ionen eine Ätzalkalilösung wird.

Soll die elektrolytische Spülung wirksam sein, dann muß reichlich Wasserstoff entwickelt werden. Die Stromdichte darf daher 1 A/dm² nicht unterschreiten. Gewöhnlich arbeitet man mit 2 A/dm².

Die elektrolytische Spülung ist bei Gegenständen aus Zink, Zinn, Blei oder deren Legierungen mit Schwierigkeiten verbunden, da diese Metalle die Tendenz haben, in alkalischen Flüssigkeiten in Lösung zu gehen und sich kathodisch in einer dünnen, schwach haftenden Schicht wieder abzuscheiden, die die darauffolgende galvanische Operation ungünstig beeinflußt. Dem kann durch eine kurz dauernde anodische Polarisation des Gegenstandes, welche die kathodisch abgeschiedene Metallschicht wieder auflöst, entgegengewirkt werden.

Von seltenen Einzelfällen abgesehen, folgt auf die eigentliche Waschung die Entfernung der Verunreinigungen der ersten Gruppe, die in saurer Lösung durchgeführt wird. Dieses sogenannte Beizen wird mit Schwefelsäure, Salpetersäure, Salzsäure oder Flußsäure, die einzeln oder in Mischungen, eventuell mit einem Zusatz von Natriumchlorid zur Anwendung kommen, bei hoher Temperatur (manchmal nahe am Siedepunkt) ausgeführt. Durch die Säurebehandlung gehen die Verunreinigungen der ersten Gruppe zum Teil in Lösung, zum anderen Teil werden sie dadurch beseitigt, daß die Säure die unmittelbar mit der Oxydschicht in Berührung stehende Metalloberfläche angreift. Auf diese Weise wird die Unterlage, an der die Verunreinigung haftet, zerstört, so daß diese von den bei der Metall-Säurereaktion entwickelten Wasserstoffbläschen leicht abgelöst wird.

Wenn die Metalloberfläche dem Angriff durch Säuren ausgesetzt wird, so hat dies auch den Zweck, eine ganz leichte Aufrauhung zu erzeugen, die die Haftintensität des Niederschlages erhöht, indem dieser in der Unterlage gewissermaßen verankert wird. Diese Behandlung ist unbedingt erforderlich, wenn das abgeschiedene und das Grundmetall keine Mischkristalle bilden und wenn man keine metallische Zwischenschicht einfügen will oder kann, die ihrerseits mit den beiden anderen Metallen Mischkristalle bildet. Das Beizen kann auch elektrolytisch durch kathodische Polarisation des Werkstückes im sauren Bad ausgeführt werden; hiefür gilt im großen und ganzen dasselbe, was bereits für die elektrolytische Waschung gesagt wurde. Im besonderen bietet das elektrolytische Beizen keine Vorteile hinsichtlich des Säureverbrauches. Es ist jedoch vorzuziehen, da es gleichmäßiger und rascher wirkt, bei niedrigerer Temperatur durchgeführt werden kann und eine bessere Oberfläche liefert.

Unmittelbar nach dem Beizen schreitet man zur Galvanisierung, wobei der Gegenstand in das Elektrolytbad getaucht und kathodisch polarisiert wird.

Muß der zu galvanisierende Gegenstand bei seiner Zurichtung mehrere Bäder verschiedener Zusammensetzung hintereinander durchlaufen, dann wird er nach jeder einzelnen Behandlung mit kochendem Wasser gründlich gewaschen, um nicht die verschiedenen Lösungen zu verunreinigen, und nötigenfalls mit Sägespänen getrocknet, um die Neubildung eines Oberflächenoxydfilms zu verhüten.

---

[1] Die elektrolytische Waschung wird auch unabhängig von einer darauffolgenden galvanotechnischen Operation zur bequemen und raschen Entfernung von Lacken von Metallgegenständen, die neu gestrichen werden sollen, oder zur Reinigung schwer zugänglicher Innenflächen von Metallgefäßen herangezogen.

In der Praxis erweist es sich auch als notwendig, verschiedene Größen, die auf die eigentliche Elektrolyse Bezug haben, wie z. B. die Elektrolysedauer, die Dicke des Niederschlages, dessen Gewicht usw., im voraus zu bestimmen. Diese Größen werden in erster Annäherung durch einige sehr einfache Rechnungen ermittelt. Wird mit

M das elektrochemische Äquivalent in g/Ah (s: Tab. 33, S. 124),
I die Stromstärke in A,
s die Oberfläche des zu galvanisierenden Gegenstandes in dm²,
D die kathodische Stromdichte I/s in A/dm²,
S das spezifische Gewicht des Niederschlages,
d die Dicke des Niederschlages in mm,
R die Stromausbeute bei der Elektrolyse,
t die Zeit in Stunden,
G das Gesamtgewicht des galvanischen Niederschlages in g,
G' das Gewicht des Niederschlages in g/dm²

bezeichnet, so gelten folgende Beziehungen:

Das Gesamtgewicht des galvanischen Niederschlages ist durch

$$G = M\,I\,t\,R \tag{1}$$

und das Gewicht je dm² durch

$$G' = \frac{G}{s} = \frac{M\,I\,t\,R}{s} = M\,D\,t\,R \tag{2}$$

gegeben.

Die zur Erzielung eines bestimmten Niederschlages je dm² erforderliche Zeit ergibt sich aus der Umformung von Gl. (2) zu

$$t = \frac{G'}{M\,D\,R}. \tag{3}$$

Will man die für eine bestimmte Niederschlagsdicke notwendige Zeitdauer berechnen, dann führt man das spezifische Gewicht ein, wobei folgende Beziehungen zur Anwendung kommen:

$$G' = \frac{G}{s} = \frac{G\,d}{s\,d} = \frac{S\,d}{10} = M\,D\,t\,R,$$

$$t = \frac{S\,d}{10\,M\,D\,R}. \tag{4}$$

Durch einfache Umformungen der Beziehungen (1), (2), (3) und (4) erhält man alle gewünschten Größen: Stromstärke, Niederschlagsdicke usw., sofern die übrigen Größen gegeben sind. Diese Beziehungen gelten exakt für Elektrolyte und Gegenstände in Ruhe, wenn das Werkstück auf einmal vollständig in den Elektrolyten eingetaucht wird. Sie werden komplizierter, wenn das Werkstück ständig durch den Elektrolyten bewegt wird, wie dies z. B. in der Galvanostegie der Drähte der Fall ist.

In Tab. 63 sind die Daten der gebräuchlichsten galvanischen Niederschläge zusammengestellt.

Eine spezielle Klasse von Galvanostegiebädern ist auf der Verwendung von Cyaniden aufgebaut. Über die Zusammensetzung und Eigenschaften solcher Bäder existiert aus neuerer Zeit eine Abhandlung von Thompson[1].

---

[1] Thompson, M. R.: Trans. Electrochem. Soc. **79**, 417 (1941).

Tabelle 63. *Typische Daten einiger Galvanostegiebäder*

Metall	Atom-gewicht	Wertigkeit	Spezifisches Gewicht	Zusammensetzung des Bades in g/l [1]	Elektro-chemisches Äquivalent in g/Ah	Spannung [2]	Stromdichte A/dm^2 [3]	Strom-ausbeute	Temperatur in °C	Anode	Bemerkungen
Ag	107,88	1	10,5	$AgCN$: 35; KCN : 37; K_2CO_3 : 38	4,025	1—2	0,3	0,99	15—20	Ag	
Au	197,2	1	19,5	Au : 2 (als $AuCN$); KCN : 2; $Na_2HPO_4 \cdot 12 H_2O$: 40; Na_2SO_3 : 20	7,357	2—4	0,4	0,65	60—80	{Au / C; Pt	Lösliche Anode / Unlösliche Anode
Cd	112,41	2	8,6	CdO : 45; $NaCN$: 120; Na_2SO_4 : 30; $NiSO_4 \cdot 7 H_2O$: 6; Türkischrotöl : 12	2,097	2—3	1—5	0,96	25—40	Cd	
Cr	52,01	6	6,5	CrO_3 : 250; H_2SO_4 : 2,5	0,324	3—4	11—32	0,1	40—50	Pb	Unlösliche Anode
Cu	63,57	2	8,9	$CuSO_4 \cdot 5 H_2O$: 200; H_2SO_4 : 30	1,186	0,75—2	1,5—3	0,99	20—30	Cu	
Cu	63,57	1	8,9	$CuCN$: 22,5; $NaCN$: 34; Na_2CO_3 : 15; $Na_2S_2O_3$: 0,2	2,372	2—3	0,3—0,6	0,75	20—30	Cu	
Ni	58,69	2	8,8	$NiSO_4 \cdot 7 H_2O$: 105; H_3BO_3 : 15; $NiCl_2 \cdot 6 H_2O$: 15; NH_4Cl : 15	1,094	1,5—2	0,5—2	0,95	25—30	Ni	pH 5,3—5,8
Ni	58,69	2	8,8	$NiSO_4 \cdot 7 H_2O$: 230; H_3BO_3 : 30; $NiCl_2 \cdot 6 H_2O$: 68	1,094	3—4	3—5	0,95	60—70	Ni	pH 1,5
Pb	207,22	2	11,4	$PbCO_3$: 142; HF (50%) : 240; H_3BO_3 : 106; Leim : 0,2	3,866	0,15—1,5	0,5—3	0,99	20—30	Pb	
Pt	195,23	4	21,4	Pt : 10 [als $Pt(NH_4)_2(NO_2)_2$]; NH_4NO_3 : 100; $NaNO_2$: 10; NH_3 : 50	1,821	4—5	1,3—5	0,08	95	Pt; C	Unlösliche Anoden
Pt	195,23	4	21,4	$H_2PtCl_6 \cdot 6 H_2O$: 4; $(NH_4)_2 HPO_4$: 20; Na_2HPO_4 : 100	1,821	3—4	0,95	0,08	70—90	Pt; C	Unlösliche Anoden
Rh	102,91	3	12,1	Rh : 2 [als $Rh(OH)_3$]; H_2SO_4 : 35	1,280	2,5—5	1—8	0,8	40—50	Pt; C	Statt H_2SO_4 auch H_3PO_4
Rh	102,91	3	12,1	Rh : 3—6 [als $Rh(SO_3NH_2)_3$]; $H_2SO_3NH_2$: 12—50	1,280	2,0—2,6	0,2—10	0,72	15	Pt	
Sn	118,70	2	7,3	$SnCl_2 \cdot 6 H_2O$: 30; $NaOH$: 75; Traubenzucker : 60	2,214	4—6	1	0,9	50	Sn	
Sn	118,70	4	7,3	Na_2SnO_3 : 90; $NaOH$: 7,5; $Na(C_2H_3O_2)$: 15; H_2O_2 : 2	1,107	4—6	1	0,86	60—70	Sn	
Zn	65,38	2	7,0	$ZnSO_4 \cdot 7 H_2O$: 250; $Al_2(SO_4)_3$: 50; NH_4Cl : 15	1,220	1—2	0,5—1	0,99	25—50	Zn	
Zn	65,38	2	7,0	$Zn(CN)_2$: 60; $NaCN$: 23; $NaOH$: 53	1,220	3—5	0,5—2	0,7	40—50	Zn	

[1] Die Zusammensetzung der Bäder ist im allgemeinen sehr verschieden und hängt auch von dem zu galvanisierenden Metall und den gewünschten Eigenschaften des Endproduktes ab. Die angegebenen Zusammensetzungen eignen sich für normale Galvanisierungen; speziellen Zwecken muß die Zusammensetzung entsprechend angepaßt werden.   [2] Richtwerte; die wichtigste Angabe ist die Stromdichte.

[3] Auf den ruhenden Elektrolyten bezogen; ist der Elektrolyt oder der Gegenstand bewegt, dann können bisweilen auch die angegebenen Maximalwerte überschritten werden (was allerdings nicht immer ratsam ist).

15. Metallpulver

Die Herstellung von Metallpulvern nimmt immer mehr an Bedeutung zu, da sie die pulvermetallurgische Erzeugung von Werkstücken erlaubt, die mit anderen Methoden (Schmelzen, Schmieden usw.) nur schwer geformt werden können; sie gestattet ferner die Herstellung von porösen Werkstücken (für Teile, die imprägniert werden sollen, Lager usw.), die nicht anders erhalten werden können, die Bearbeitung von sehr harten Metallen, die Erzeugung von Pulvern für katalytische Reaktionen usw.

Es gibt verschiedene Herstellungsverfahren für Metallpulver: Elektrolyse, chemische Reduktion von Oxyden in Pulverform, Zerkleinerung von spröden Metallen, Zerstäubung geschmolzener Metalle usw. Das elektrolytische Verfahren ist jedoch den anderen qualitativ überlegen, da es eine größere Feinheit der Teilchen und eine gleichförmigere Körnung mit Durchmessern von 0,1 bis 30 μ ergibt.

Für die Herstellung von Metallpulvern sind Abscheidungsbedingungen maßgebend, die das gerade Gegenteil der optimalen Voraussetzungen zur Erzielung metallischer Niederschläge bilden, wie man sie in der Galvanotechnik anstrebt. Die im Abschnitt 2 besprochenen allgemeinen Regeln bezüglich der Struktur metallischer Niederschläge können hiefür als Richtlinien gelten.

Bei der Erzeugung von Pulvern kann eine möglichst gleichförmige Körnung von Wichtigkeit sein. Im allgemeinen erhält man einen pulverigen Niederschlag bei hoher Stromdichte und niedriger Ionenkonzentration des abzuscheidenden Kations; gute Resultate erzielt man durch zweckmäßige Wahl der Elektrolytzusammensetzung, die dann während des ganzen Prozesses sorgfältig überwacht werden muß.

Die Pulver können entweder direkt oder auf dem Weg über einen spröden Kathodenniederschlag, der nachher mechanisch bearbeitet wird, gewonnen werden. In beiden Fällen ist eine reichliche Wasserstoffentwicklung an der Kathode sehr nützlich.

Die Feinheit der direkt durch die Elektrolyse erhaltenen Teilchen kann variiert werden, indem man in geeigneter Weise auf die Faktoren Einfluß nimmt, die die Bildung neuer Kristallkeime fördern, gleichzeitig aber deren Wachstum hemmen. In diesem Zusammenhang ist es zur Aufrechterhaltung einer konstanten Stromdichte notwendig, den pulverigen kathodischen Niederschlag ständig von der Kathode zu entfernen, da er mit seiner großen Oberfläche die Tendenz hat, die effektive Stromdichte herabzusetzen. Als nützlich hat sich außerdem der Zusatz von reduzierenden Substanzen erwiesen, die anodisch wieder oxydiert werden, oder von Stoffen kolloider Natur, die die Herstellung von Pulvern höchsten Feinheitsgrades ermöglichen, indem sie die gleichzeitige Wasserstoffentwicklung hemmen oder überhaupt unterbinden. Dadurch erhöht sich auch die Stromausbeute.

Auf industrieller Basis werden heute in der Hauptsache folgende Metallpulver erzeugt: Kupfer, Zink, Eisen, Cadmium, Zinn, Antimon, Silber, Nickel, Wolfram.

Tab. 64 enthält als Beispiele die Herstellungsdaten einiger Metallpulver.

Tabelle 64. *Herstellungsdaten einiger Metallpulver*

	Kupfer	Eisen	Nickel	Zink
Elektrolyt g/l	$Cu : 10—15$ freie H_2SO_4 : $50—150$ $Na_2SO_4 : 0—80$	$FeCl_2$ NH_4Cl $HCOOH$ pH 7	$NiSO_4 \cdot 7 H_2O$: 300 $H_3BO_3 : 20$ $Na_2SO_4 : 25$ $NaCl : 3$	$ZnSO_4$ pH 4,5—6,5
Temperatur in ^{0}C	54	—	50	60
Spannung in V	0,77	—	—	—
Kathodische Stromdichte in A/m^2	1500—3000	600—700	6000—8000	900—1000
R_{Strom}	0,90	—	0,44—0,51	—

16. Korrosion

Die Korrosion der Metalle stellt eine besonders wichtige elektrochemische Erscheinung dar. Um sich über die Bedeutung dieses Vorganges für die Metallwirtschaft eine Vorstellung zu machen, genügt die Feststellung, daß die Zerstörung allein von Gegenständen aus Eisen infolge Korrosion vor dem zweiten Weltkrieg auf etwa 20 Millionen Tonnen pro Jahr (heute ist diese Zahl wahrscheinlich noch höher anzusetzen) geschätzt wurde und daß nur in den Vereinigten Staaten im Jahre 1947 120 Millionen Gallonen (540 Millionen Liter) Lacke für den Korrosionsschutz von Eisen und Stahl verbraucht wurden. Bei der Korrosion wandelt sich das Metall je nach der Natur der korrodierenden Stoffe in verschiedene Verbindungen um, die eine weitaus kleinere mechanische und chemische Widerstandsfähigkeit besitzen als das Metall selbst. Das Metall setzt sich um und der Gegenstand fällt der Zerstörung anheim.

Unter Korrosion versteht man die Gesamtheit der Reaktionen, durch die ein Metall aus dem Elementarzustand in eine Verbindung übergeht, sei es in Form einer Oberflächenkruste oder als lösliche Substanz. Die auf die unmittelbare Einwirkung von Gasen zurückzuführende Korrosion (z. B. O_2 oder auch H_2S der Atmosphäre) ist nicht erheblich und hört gewöhnlich nach kurzer Zeit automatisch auf. Von weitaus größerer Bedeutung ist der Angriff, der durch vagabundierende Ströme in jenen (als Anode wirkenden) Punkten auftritt, wo diese Ströme aus dem Metall in eine Umgebung elektrolytischer Natur austreten. Ein solcher Angriff beginnt an der Metalloberfläche, kann aber in die Tiefe wirken und schließlich die vollständige Durchlöcherung des Gegenstandes zur Folge haben.

Die Korrosion läßt sich daher auf elektrochemische Ursachen zurückführen. Der betreffende Vorgang kann galvanischer oder elektrolytischer Natur sein. Im ersteren Fall hängt die Korrosion mit der Bildung galvanischer Lokalelemente zusammen, in denen der Stromdurchgang eine Folge der chemischen Reaktion zwischen Metall und korrodierendem Stoff ist. Im zweiten Fall ist es der Durchgang eines vagabundierenden Stromes, der eine Elektrolyseerscheinung und damit die anodische Auflösung des Metalles verursacht. Die beiden Fälle sind daher gesondert zu untersuchen.

Im ersten Fall ist die Korrosion einer chemischen Reaktion zuzuschreiben, die zwischen dem Metall und der elektrolytischen Substanz vor sich geht, die in dem mit dem Metall in Berührung stehenden Wasser gelöst ist. Hat das Metall keinen direkten Kontakt mit Wasser, dann ist es oft die atmosphärische Feuchtigkeit, die durch Kondensation einen für die Lösung der korrodierenden Stoffe ausreichenden Flüssigkeitsschleier erzeugt, sofern sie nicht selbst korrodierend wirkt.

Für jene Metalle, die unedler als Wasserstoff sind, kann die Korrosion durch die Reaktion

$$2\,Me + 2\,z\,H^+ \rightarrow 2\,Me^{z+} + z\,H_2$$

gedeutet werden. Diese Reaktion ist möglich, wenn das Gleichgewichtspotential des im Wasser immer anwesenden Wasserstoffions H^+ unter den gegebenen Aciditätsbedingungen, vermehrt um die eventuelle Überspannung des Wasserstoffes an dem betreffenden Metall, positiver bleibt als das Potential des Metalles selbst. Das so entstandene Metallion bildet mit dem Überschuß von OH^--Ionen, die nach der Entladung der H^+-Ionen im Wasser verbleiben, ein im allgemeinen schwer lösliches Hydroxyd, das ausfällt. Sind im Wasser Gase saurer Natur, wie sie in der atmosphärischen Luft allgemein vorhanden sind (CO_2, H_2S, SO_2 usw.), gelöst, dann bilden sich die betreffenden Metallsalze, die ebenfalls schwer löslich sind. Diese Art von Korrosion wird durch Anwesenheit von gelöstem Sauerstoff offenbar erleichtert und tritt auch auffälliger in Erscheinung, da der Sauerstoff als Depolarisator die Entladung des H^+-Ions begünstigt.

Diese Theorie kann natürlich auf edlere Metalle als Wasserstoff nicht angewendet werden. Alle möglichen Fälle einer spontanen, also nicht durch vagabundierende Ströme verursachten Korrosion werden dagegen von jener Theorie erfaßt, die die Bildung galvanischer Lokalelemente als den maßgebenden Faktor betrachtet. Danach liegt die Grundursache der Korrosion im elektrischen Strom, der durch das galvanische Lokalelement erzeugt wird. Tatsächlich sind die Metalle sowohl vom chemischen als auch vom physikalischen Gesichtspunkt niemals *vollkommen rein* und auch nicht absolut homogen, besonders wenn sie chemisch nicht als *reine* Metalle, sondern als Legierungen vorliegen. In den Legierungen finden sich im allgemeinen verschiedenartige Bestandteile vor: feste Lösungen unterschiedlicher Zusammensetzung, Eutektika, bestimmte chemische Verbindungen, Gase, die örtlich in verschiedenem Ausmaß gelöst sind, oberflächlich abgelagerte Verunreinigungen usw.; ebenso können die das Metall benetzenden Flüssigkeiten heterogene Zusammensetzungen aufweisen. Infolgedessen erzeugen zwei verschiedene Phasen, die sich z. B. aus zwei Kristallen eines Eutektikums oder aus dem Metall und einer eingeschlossenen Verunreinigung zusammensetzen und von einer Elektrolytlösung benetzt werden, ein asymmetrisches elektrochemisches System, das eine EMK entwickelt. Das heißt in anderen Worten: eine der beiden Phasen wird gegen die andere positiv. Da sie sich unmittelbar berühren und daher im Verhältnis zu dem galvanischen Lokalelement einen sehr kleinen äußeren Ohmschen Widerstand haben, kann die Stärke des zur Wiederherstellung des elektrischen Gleichgewichtes zwischen den beiden Phasen fließenden Stromes sehr hohe Werte annehmen, denen eine chemische Umwandlung von bedeutendem Ausmaß entsprechen muß. An der als negativem Pol des galvanischen Elementes wirkenden Phase führt die elektrochemische Reaktion zur Bildung von Kationen[1], das heißt zur Auflösung des Metalles. An dieser Phase vollzieht sich der Vorgang der Korrosion.

Auf die elektrochemische Reaktion können auch andere Faktoren fördernd einwirken, besonders in Form von depolarisierenden Stoffen, unter denen in erster Linie der Sauerstoff zu nennen ist, welcher in der mit dem Metall in Berührung stehenden Flüssigkeit gelöst ist. Man versteht nun leicht, warum

---

[1] Seltener zur Entladung von Anionen.

einer größeren Reinheit des Metalles eine höhere Korrosionsbeständigkeit entspricht.

Eine besondere Art eines galvanischen Elementes wird von ein und demselben Metall dargestellt, das an zwei auseinanderliegenden Stellen durch eine verschieden belüftete Flüssigkeit benetzt wird. Die von Evans unter dem Namen Theorie der differentiellen Belüftung formulierte Theorie gründet sich auf diesen Sonderfall. Sie fällt jedoch in denselben Rahmen wie die Funktionsweise eines galvanischen Lokalelementes, die eben behandelt wurde.

Eine Elektrolytlösung, die Sauerstoff enthält und eine Metallphase benetzt, kann als eine Sauerstoffelektrode betrachtet werden, deren EMK für Temperaturen nahe der Zimmertemperatur durch die Beziehung

$$\varepsilon = \varepsilon_0 + \frac{0,059}{4} \lg \frac{[O_2]}{[OH^-]^4}$$

gegeben ist. Daraus geht ohne weiteres hervor, daß eine Konzentrationszunahme des gelösten Sauerstoffes die Elektrode positiver macht. Wird ein Metall an zwei Punkten von der gleichen, aber verschieden stark belüfteten Flüssigkeit benetzt, so ist die Konzentration des gelösten Sauerstoffes in den beiden Flüssigkeitszonen verschieden. Es entsteht also ein asymmetrisches elektrochemisches System in Form eines Konzentrationselementes, dessen positiver Pol durch jene Zone dargestellt wird, die mit dem sauerstoffhaltigeren, das heißt stärker belüfteten Elektrolyten in Berührung steht. Am negativen Pol des Elementes bilden sich Kationen; dort also tritt die Korrosion in Erscheinung. Darauf ist der scheinbare Widerspruch zurückzuführen, daß das Metall dort oxydiert wird, wo die Sauerstoffkonzentration am niedrigsten ist, was z. B. erklärt, daß in Wasserleitungsrohren die Korrosion innerhalb von Sprüngen und Rissen am intensivsten ist und nicht an der Oberfläche, die vom laufenden Wasser unmittelbar benetzt wird[1].

Wird ein metallisches Werkstück an verschiedenen Stellen einer unterschiedlichen thermischen oder mechanischen Behandlung unterzogen, so kann auch dies zu Potentialdifferenzen zwischen den betreffenden Stellen führen. Wenn diese dann mit dem gleichen Elektrolyten in Berührung kommen, entsteht ein asymmetrisches System, das einem galvanischen Element gleichkommt. Damit erklärt sich, warum die kalt bearbeiteten Metalle gewöhnlich leichter der Korrosion anheimfallen.

Schließlich muß noch darauf hingewiesen werden, daß eine Temperaturdifferenz zwischen zwei Punkten eines Metallstückes, das mit dem gleichen Elektrolyten in Berührung steht, Korrosion verursachen kann, wenn die EMK des galvanischen Halbelementes Metall-Elektrolyt einen merklichen Temperaturkoeffizienten besitzt (s. Kap. III, 3).

Die Bedingungen für eine Verminderung der Korrosion der Metalle sind also: eine glatte und homogene Oberfläche, größter Reinheitsgrad und größte Homogenität des Materials, gleiche Belüftung an allen Stellen, die mit Elektrolyten in Berührung kommen, keine Berührungsstellen mit edleren Metallen, möglichst gleiche Temperatur bei der thermischen oder mechanischen Behandlung desselben Werkstücks. Zu den korrosionsunbeständigsten Legierungen, die also

---

[1] Eine praktische Untersuchung der Korrodierbarkeit der Metalle, die mit einer sehr reichhaltigen Tabelle von Potentialen der für die Korrosionsreaktionen in Betracht kommenden Halbelemente ausgestattet ist und in der zahlreiche praktische Beispiele für die Vorausbestimmung der Korrosion unter bestimmten Bedingungen angeführt sind, liegt vor von Camp, T. R.: J. New England Water Works Ass. **60**, 188, 282 (1946).

korrodierenden Einflüssen so weit als möglich entzogen werden müssen, gehören jene, die im festen Zustand nicht vollkommen mischbar sind.

Nicht zu vernachlässigen sind auch die Korrosionswirkungen, die auf vagabundierende Ströme zurückzuführen sind. Diese nehmen von Eisenbahn-, Straßenbahn-, Telephon-, Rundfunk-, elektrolytischen, kurz allen jenen Anlagen ihren Ausgang, die für einen klaglosen Betrieb eines Erdanschlusses bedürfen. Trifft ein vagabundierender Strom auf einen metallischen Leiter (Geleise, Rohre usw.), dann tritt er in diesen ein, wenn das Metall einen kleineren Ohmschen Widerstand bietet als die Umgebung, und verläßt ihn an einer anderen Stelle, von der aus der Stromkreis mit dem kleinsten Widerstand geschlossen wird. Die Austrittsstellen des Stromes aus dem Metall wirken dann wie Anoden in Elektrolysezellen, da immer eine gewisse Feuchtigkeit vorhanden ist. Meist bestehen solche Metallkörper aus Eisen, das, in eine Elektrolysezelle gebracht, als lösliche Anode wirken würde. Unter diesen Bedingungen kommt daher die Korrosion durch anodische Auflösung zustande.

Die auf vagabundierende Ströme zurückzuführende Korrosion hat mit der allgemeinen Entwicklung der Elektrotechnik Ausmaße angenommen, die als alarmierend bezeichnet werden müssen. Ein besonders auffallendes Kennzeichen hiefür sind Fälle, in denen das Eisen von Betonstützen in verhältnismäßig kurzer Zeit nach Inbetriebnahme zersetzt wurde.

Die geeignetste Korrosionsschutzmethode besteht im Überzug der zu schützenden Teile mit verschiedenen Deckstoffen. Dazu gehören z. B. Teer, verschiedene Lacke mit und ohne Pigmentstoffe, die gleichfalls eine Schutzwirkung ausüben, Metalle, Oxyde, Zemente usw. Die wirksamsten Schutzüberzüge sind Metalle. Ein metallischer Schutzüberzug muß verschiedene charakteristische Eigenschaften aufweisen. Vor allem muß er an dem zu schützenden Grundmetall gut haften, darf nirgends undicht sein, muß eine gewisse mechanische Festigkeit haben und natürlich korrosionsbeständiger sein als das Grundmetall. Die Korrosionsbeständigkeit kommt entweder dadurch zustande, daß das Metall leicht passiv wird (Cr, Ni usw.), oder auch dadurch, daß das Metall sich mit einer Schutzschicht, im allgemeinen einer Oxydschicht, überzieht, die eine mechanische Passivität erzeugt (Zn, Al usw.).

Der Mechanismus des Korrosionsschutzes eines metallischen Überzuges ist verschieden, je nachdem das Deckmetall elektropositiver oder elektronegativer als das Grundmetall ist. Wenn der Überzug edler als das Grundmetall ist, im Falle eines kathodischen Überzuges also (z. B. Zinn auf Eisen), ist der Schutz ausschließlich der Korrosionsbeständigkeit des Überzuges zuzuschreiben, der absolut dicht sein *muß*. Ist der Überzug aus irgendeinem Grund an einer Stelle unterbrochen, so daß dort die Oberfläche des Grundmetalles bloßliegt, dann bildet sich bei Anwesenheit eines Elektrolyten an dieser Stelle ein galvanisches Lokalelement mit dem Grundmetall als negativem Pol, das dann viel stärker korrodiert wird, als wenn überhaupt kein Überzug vorhanden wäre.

Ist dagegen das Deckmetall unedler als das Grundmetall (z. B. Zink auf Eisen), im Falle eines anodischen Überzuges also, dann wirkt es, solange es dicht bleibt, in derselben Weise wie ein kathodischer Überzug, das heißt durch eigene Beständigkeit gegen korrodierende Stoffe. Entsteht eine das Grundmetall freilegende Undichtigkeit im Überzug, dann bleibt dessen elektrochemische Schutzwirkung trotzdem erhalten, da in dem so gebildeten galvanischen Element nunmehr das unedlere Deckmetall den negativen Pol bildet und daher der Korrosion unterworfen wird, während das Grundmetall als positiver Pol wirkt, nicht angegriffen wird und daher geschützt bleibt.

Als kathodische Schutzüberzüge eignen sich jene Metalle am besten, die eine hohe Härte aufweisen und sich daher nicht leicht abnützen, so daß die Wahrscheinlichkeit einer Bloßlegung des Grundmetalles klein ist, und die außerdem dazu neigen, in den passiven Zustand überzugehen.

Eine Schutzmethode mit rein elektrischen Mitteln besteht in der kathodischen Polarisation der zu schützenden Teile. Sie hat jedoch den Nachteil, eine eventuell vorher vorhandene Passivität zu beseitigen, und kann sich unter bestimmten Bedingungen zum Schaden von benachbarten Metallteilen auswirken.

Für einige Metalle und Legierungen läßt sich eine sehr wirksame Schutzschicht durch anodische oder einfach auch chemische Oxydation erzeugen. Dieses Verfahren eignet sich besonders gut für Aluminium und dessen Legierungen. Aluminium schützt sich selbst, da es an der Oberfläche rasch oxydiert. Die für das bloße Auge oft unsichtbare Oxydschicht verhindert die weitere Oxydation, solange diese Schicht nicht durch andere Agenzien gelöst wird. Macht man das aus Aluminium oder aus einer Aluminiumlegierung bestehende Werkstück in einem Elektrolytbad geeigneter Zusammensetzung zur Anode und wählt man die elektrochemischen Größen in zweckmäßiger Weise, dann erhält man Oxydschichten besonderer Art, die nach dem Namen eines Patentes oft auch als Eloxalschichten bezeichnet werden.

Tab. 65 enthält einige Daten zur Herstellung und Anwendung solcher Schichten.

Die Bildung der Eloxalschicht läßt sich wahrscheinlich mit einer der Passivität analogen Erscheinung erklären. Das Aluminium geht durch anodische Auflösung in den Zustand des Al^{3+}-Ions über, das mit den anwesenden Anionen die entsprechenden Salze bildet. Es ist sehr wahrscheinlich, daß in der unmittelbaren Nachbarschaft der Anodenoberfläche das Löslichkeitsprodukt des Aluminiumsalzes überschritten wird, worauf es sich in Form einer anfänglich porösen Schicht auf der als Anode wirkenden Metalloberfläche abscheidet. Diese Schicht verkleinert die aktive Anodenoberfläche außerordentlich stark, was zu einer Erhöhung der Stromdichte und damit der Anodenpolarisation in einem solchen Ausmaß führt, daß die Entladung von Anionen mit Sauerstoffentwicklung einsetzt. Der Sauerstoff reagiert seinerseits direkt mit dem Aluminium, wobei das Oxyd entsteht. Gleichzeitig fördert jedoch die durch die hohe Stromdichte hervorgerufene örtliche Temperaturzunahme im Innern der Schichte die Hydrolyse des Aluminiumsalzes und die wenigstens teilweise Entwässerung des gebildeten Hydroxyds. Diese Entstehungsweise erklärt sowohl die Zusammensetzung der Eloxalschicht, die von außen nach innen Änderungen aufweist, als auch deren Veränderlichkeit mit der Zusammensetzung des Elektrolyten und die sehr große Haftintensität am Grundmetall.

Die Eigenschaften der Eloxalschicht hängen außer von der Zusammensetzung des Elektrolyten auch vom Grundmetall, von dessen Vorbehandlung, von der Stromdichte und von der Temperatur ab. Die mittlere Dichte der Eloxalschicht schwankt zwischen 0,010 und 0,030 mm; es wurden jedoch Schichtdicken bis 0,6 mm erzielt. Wenn man von den anderen Allgemeinbedingungen absieht, können die Schichten je nach ihrer Dicke sehr hart und spröde (dicke Schichten) oder so fein und elastisch sein, daß sie eine nachfolgende Bearbeitung durch plastische Formung aushalten. Sie sind äußerst temperaturbeständig und können ohne chemische Veränderung bis zum Schmelzpunkt des Aluminiums (660° C) erhitzt werden.

Alle diese Eigenschaften zusammengenommen gewährleisten nicht nur einen guten Korrosionsschutz, sondern erlauben auch die Verwendung von Eloxal-

Tabelle 65. *Elektrochemische Daten einiger anodischer Oxydationsprozesse zur Erzeugung von Eloxalschichten*

Prozeß	Elektrolyt	Strom	Spannung V	Strom-dichte A/dm²	Zweck
Benghough Stewart	CrO_3	Gleichstrom	0—40—50	0,3—0,5	1; 2
Eloxal	H_2CrO_4 + Oxydationsmittel + organische Säuren	Gleich- oder Wechselstrom	20—60	0,7—12	1; 2; 3; 4; 5
Jirotka	HNO_3 + Oxydationsmittel	Gleichstrom	—	—	6; 7
Sheppard	H_2SO_4 + Glycerin + Alkohol	Gleichstrom	18—20	1,0	1; 3; 5
Alumilite	H_2SO_4 + HCl oder Glycerin oder Alkohol	Gleichstrom	13—14	0,7—1,5	1; 5; 6
Alcoa	NH_3 oder $(NH_4)_2SO_4$	Gleichstrom	150	4—70	1
Setoh-Miyota	H_2CrO_4	Gleichstrom, mit Wechselstrom überlagert	70—120	1,0—3,0	3
Z. H. R. Kenkyujo	H_2CrO_4	Wechselstrom	60—120	5—15	1; 3

1 = Korrosionsschutz; 2 = Imprägnierung mit Farbölen oder anderen Substanzen; 3 = elektrische Isolation; 4 = Oberflächenhärtung; 5 = dekorative Effekte; 6 = Wärmeisolation; 7 = Färbung.

schichten als Wärmeisolatoren, elektrische Isolatoren, Stromgleichrichter und Schutzschichten gegen Abnützung. Sie eignen sich ferner wegen ihrer Porosität und Adsorptionsfähigkeit zur Imprägnierung mit verschiedenen Substanzen, die ihre Wirksamkeit im Hinblick auf die angegebenen Verwendungszwecke erhöhen und dekorative Effekte usw. erzielen.

Eine typische Schutzmethode durch rein chemische Oxydation ist der M.B.V.-Prozeß. Dabei wird das aus Aluminium oder einer Aluminiumlegierung bestehende Werkstück in ein Bad getaucht, das durch Natriumhydroxyd stark alkalisch gemacht wurde und außerdem Natriumchromat enthält. Das Alkali greift in der Wärme das Aluminium an, wobei es Wasserstoff in statu nascendi entwickelt, der seinerseits das $CrO_4{}^{2-}$-Ion zum Cr^{3+}-Ion reduziert. In Gegenwart vieler OH^--Ionen schlägt sich letzteres auf dem Werkstück in Form von Chromhydroxyd nieder, das wegen der hohen Temperatur wenigstens zum Teil dehydratisiert bleibt. Die Schutzschicht setzt sich in diesem Fall aus dem Oxyd Cr_2O_3 zusammen. Korrosionsschutzverfahren durch Oberflächenoxydation sind auch für Zink, Magnesium, Eisen und Stahl ausgearbeitet worden.

Andere Korrosionsschutzverfahren sind die Brünierung, die Phosphatierung usw.

Der Korrosionsschutz gegen vagabundierende Ströme ist schwieriger. Manchmal kann er mit rein elektrotechnischen Mitteln, z. B. durch entsprechende Stromableitung, erreicht werden.

Schließlich ist noch die Anwendung der Korrosionsvorgänge für praktische Zwecke zu erwähnen. Dabei wird die unterschiedliche Angreifbarkeit auseinanderliegender Punkte einer Metalloberfläche infolge verschiedener Zusammensetzung oder mechanischer Bearbeitung des Metalles ausgenützt.

*Zum eingehenderen Studium der im siebenten Kapitel behandelten 'Themen und verwandter
Verfahren, die nicht berücksichtigt werden konnten, werden die folgenden Abhandlungen
empfohlen:*

Addicks, L.: Copper Refining. New York: Mc Graw Hill, 1921. — Silver in Industry.
New York: Reinhold, 1940.

Altmannsberger, K.: Der Verchromungsbetrieb. Coburg: Müller, 1932.

Bablik, H.: Grundlagen des Verzinkens. Berlin: Julius Springer, 1930.

Bauer, O., O. Krönke und G. Masing: Die Korrosion metallischer Werkstoffe. Unveränderter Nachdruck des Originals. Ann Arbor: J. W. Edwards, 1944.

Bertorelle, E.: Galvanotecnica. Milano: U. Hoepli, 1947.

Billiter, J.: Technische Elektrochemie, Bd. I. Halle: Knapp, 1923. — Die neueren
Fortschritte der technischen Elektrochemie, Ergänzungsband. Halle: Knapp, 1930. —
Prinzipien der Galvanotechnik. Wien: Julius Springer, 1936.

Blum, W. and G. B. Hogaboom: Principles of Electroplating and Electroforming,
2. Aufl. New York: Mc Graw Hill, 1930.

Burns, R. M. and A. E. Schuh: Protective Coatings for Metals, American Chemical
Society Monograph, N. 79. New York: Reinhold, 1939.

Engelhardt, V.: Handbuch der technischen Elektrochemie, Bd. I, Teile 1, 2, 3. Leipzig:
Akademische Verlagsgesellschaft, 1931—1933.

Evans, U. R.: Metallic Corrosion, Passivity and Protection. London: Arnold, 1946.

Field, S. and A. D. Weill: Electroplating, a Survey of Modern Practice. London:
I. Pittman, 1945.

Freemann, B. and F. G. Hoppe: Electroplating with Chromium, Copper and Nickel.
New York: Prentice Hall, 1930.

Guidi, G. e G. Guzzoni: La corrosione dei metalli. Milano: U. Hoepli, 1937.

Hartmann, F.: Verzinnen, Verzinken, Vernickeln, Verbleien usw., 8. Aufl. Wien-
Leipzig: Hartleben, 1924.

Hofman, O. H.: Metallurgy of Zinc and Cadmium. New York: Mc Graw Hill, 1922.

Jenny, A.: Die elektrolytische Oxydation des Aluminiums und seiner Legierungen.
Leipzig-Dresden: T. Steinkopff, 1938.

Jones, W. D.: Principles of Powder Metallurgy. London: Arnold, 1937.

Macchia, O.: Cromatura elettrolitica. Milano: U. Hoepli, 1932.

Machu, W.: Metallische Überzüge, 2. Aufl. Leipzig: Akademische Verlagsgesellschaft, 1943.

Mc Kay, R. J. and R. Worthington: Corrosion Resistance of Metals and Alloys, American Chemical Society Monograph N. 71. New York: Reinhold, 1936.

Müller, R.: Allgemeine und technische Elektrometallurgie. Wien: Julius Springer, 1932.

Newton, J. and C. V. Wilson: Metallurgy of Copper. New York: J. Wiley, 1942.

Pfanhauser, W.: Die elektrolytischen Metallniederschläge, 7. Aufl. Berlin: Julius Springer,
1928.

Pfanhauser, W. und Mitarbeiter: Galvanotechnik. Leipzig: Verlagsges. Becker und
Erler, 1942.

Ralston, O. C. und G. Eger: Zinkelektrolyse und naßmetallurgische Verfahren. Halle:
Knapp, 1928.

Richards, E. S.: Chromium Plating. Philadelphia: J. B. Lippincott, 1936.

Schlotter-Lipp: Die Galvanoplastik. Berlin: Deutscher Buchdruckerverein, 1928.

Skaupy, F.: Principles of Powder Metallurgy. New York: Philosophical Library, 1944.

Weiß, J.: Die Galvanoplastik. Wien-Leipzig: Hartleben, 1924. — Modern Electroplating, Electrochemical Society. Columbia University. New York 1942.

Achtes Kapitel

Nichtmetallurgische elektrolytische Prozesse[1]

A. Elektrolyse der Alkalichloride

1. Primärreaktionen

Die erste elektrochemische Industrie, die es je gab, befaßte sich mit der Elektrolyse der Alkalichloride. Sie entstand schon vor der Erfindung der Dynamomaschine (1867), zu einer Zeit, als noch das einzige Mittel zur Erzeugung elektrischer Energie in größerer und kontinuierlicher Menge die galvanischen Elemente waren. Das erste Patent für die Herstellung einer Ätznatronlösung durch Elektrolyse von Natriumchlorid auf industrieller Basis geht tatsächlich auf das Jahr 1851 zurück. Seitdem ist ein Jahrhundert verflossen, in dem diese Industrie eine ganz hervorragende Bedeutung erlangt hat, sei es wegen der Mannigfaltigkeit der Produkte (Wasserstoff, Ätzalkalien, Chlor, Hypochlorite, Chlorate und Perchlorate), die sie mit relativ einfachen Mitteln und Anlagen in reinster Qualität direkt herstellt, sei es wegen der Wichtigkeit der Erzeugnisse selbst, unter denen einige Schlüsselprodukte für die übrige chemische Industrie sind, sei es auch wegen der jährlichen Produktionsmengen.

Die Bedeutung dieser Industrie kann auch aus der überaus großen Zahl wissenschaftlicher Forschungsarbeiten und Patente geschlossen werden, welche die Elektrolyse der Alkalichloride zum Gegenstand haben, und aus der wirklich beträchtlichen Zahl von Elektrolysezellen, die für diesen Zweck konstruiert wurden und sich auch wirtschaftlich gesehen bewährt haben. Schon in der Einleitung wurde auf die Unmöglichkeit hingewiesen, den jeweils letzten Entwicklungsstand technischer Anlagen vollständig zu erfassen. Dies gilt besonders in diesem Zusammenhang. Aber auch wegen der Vielfalt der industriellen Verfahren der Elektrolyse der Alkalichloride können im folgenden die in der Industrie verwendeten Zellen nicht im einzelnen beschrieben werden. Dagegen werden die grundlegenden Prinzipien stärker unterstrichen, was umso berechtigter ist, als sich oft Zellen untereinander nur durch konstruktive Besonderheiten und nicht prinzipiell unterscheiden.

Da durch die Elektrolyse ein und derselben Verbindung so viele verschiedenartige Produkte — wenn auch unter verschiedenen Arbeitsbedingungen — hergestellt werden können, ist es klar, daß die Primärreaktionen von mannigfachen Sekundärreaktionen begleitet sein müssen, die je nach den gegebenen Elektrolysebedingungen stattfinden oder nicht stattfinden. Da die Reaktionen für die verschiedenen Alkalihalogenide prinzipiell ähnlich verlaufen und da das wichtigste und am weitesten verbreitete Halogenid das Natriumchlorid ist, werden die einzelnen Verfahren am Beispiel des Natriumchlorids behandelt.

In einer wässerigen Lösung von Natriumchlorid sind folgende Ionenarten vorhanden: Na^+, H^+, Cl^-, OH^-. An der Kathode besteht die Primärreaktion in der Entladung des Kations mit dem edelsten Entladungspotential. Das Normalpotential des H^+-Ions ist 0,000 V; in neutraler Lösung beträgt das Entladungspotential des Wasserstoffs an Elektroden aus platiniertem Platin im Gleichgewichtszustand — 0,41 V. Das Normalpotential des Na^+-Ions beträgt

---

[1] S. Anmerkung auf S. 220.

— 2,71 V. Um eine zumindest gleichzeitige reversible Entladung der H^+- und Na^+-Ionen zu erhalten, müßte also die Konzentration der Na^+-Ionen so stark erhöht werden, daß deren Entladungspotential unter den gegebenen Konzentrationsbedingungen dem des H^+-Ions gleichkäme. Es müßte also die Beziehung

$$-0,41 = -2,71 + 0,059 \lg [Na^+]$$

erfüllt sein, wobei der Einfachheit halber die Aktivitäten den Konzentrationen gleichgesetzt werden, da im Augenblick ja nur die Größenordnung von Interesse ist. Für die Konzentration der Na^+-Ionen errechnet sich auf diese Weise ein Wert von etwa 10^{39}, das heißt eine Konzentration von absurder Höhe. Selbst wenn die Überspannung des Wasserstoffes an dem üblicher Weise als Kathode verwendeten Material (Eisen) berücksichtigt wird, wird niemals ein effektives Entladungspotential erreicht, das die kathodische Abscheidung metallischen Natriums ermöglichen würde. Der einzig mögliche kathodische Vorgang bleibt daher ausschließlich die Entladung des H^+-Ions, es sei denn, daß es durch entsprechende Vorkehrungen gelingt, das effektive Entladungspotential des H^+-Ions negativer als das des Na^+-Ions zu machen. Das ist der Fall, wenn die Kathode Quecksilber ist, an dem der Wasserstoff eine starke Überspannung aufweist und das Entladungspotential des Na^+-Ions infolge Amalgambildung depolarisiert erscheint (s. Kap. IV, 11).

Auch für die Anode müssen analoge Schlüsse gezogen werden. Das Normalpotential des OH^--Ions beträgt $+0,40$ V und das Entladungspotential in neutraler Lösung $+0,81$ V. Das Normalpotential des Cl^--Ions ist $+1,36$ V. Es wäre also nur dann möglich, gleichzeitig OH^-- und Cl^--Ionen reversibel zu entladen, wenn die Konzentration der Cl^--Ionen die Beziehung

$$0,81 = 1,36 + 0,059 \lg \frac{1}{[Cl^-]}$$

erfüllte, woraus sich für die Cl^--Ionenkonzentration ein Wert von etwa 10^9 ergäbe. Da aber die Entladung der OH^--Ionen immer von einer starken Überspannung begleitet ist (die auch an Kohleelektroden beträchtlich größer als die Überspannung für die Entladung der Cl^--Ionen ist) und daher das effektive Entladungspotential der OH^--Ionen positiver als das der Cl^--Ionen ist, werden an der Anode vorwiegend Cl^--Ionen und nur in geringem Ausmaß gleichzeitig OH^--Ionen mit Sauerstoffentwicklung entladen. An Kohle- oder Graphitelektroden enthält das anodische Gas auch einen gewissen Prozentsatz Kohlensäure, die von der durch den Sauerstoff verursachten Oxydation der Elektrode herrührt. Das an Graphit- oder Kohleanoden entwickelte Chlorgas ist daher immer durch kleine Mengen Sauerstoff und Kohlensäure verunreinigt.

2. Herstellung von Ätznatron und Chlor: Theorie

Die Primärreaktion besteht an Kathoden, die nicht aus Quecksilber sind, ausschließlich aus der Entladung von H^+-Ionen, die von der Dissoziation des Wassers herrühren. Für jedes Äquivalent entladener H^+-Ionen bleibt daher in der Kathodenflüssigkeit ein Äquivalent OH^--Ionen zurück, die mit den zur Kathode wandernden Na^+-Ionen das gewünschte Ätznatron bilden. Diese OH^--Ionen, deren Konzentration in der Kathodenzone mit fortschreitender Elektrolyse zunimmt, haben jedoch die Tendenz, von dem Kathoden- zum Anodenraum zu wandern, da die Potentialdifferenz und der Konzentrationsunterschied sie in diese Richtung drängen. Gelingt es ihnen, die Anodenzone zu erreichen, dann rufen sie dort verschiedene Primär- und Sekundärreaktionen hervor, die verhindert werden müssen, wenn nicht die kathodische Stromausbeute, die wegen der bereits besprochenen unvermeidlichen Verluste ja von vorneherein immer kleiner als 1 ist, noch weiter herabgesetzt werden soll. Dasselbe gilt für die anodische Stromausbeute wegen der Löslichkeit des Chlors in Wasser und der daraus folgenden Sekundärreaktionen.

Die anodische Primärreaktion führt tatsächlich zur Entwicklung elementaren Chlors, das in der anodischen Lösung teilweise löslich ist. Das gelöste Chlor reagiert jedoch mit Wasser nach dem Schema

$$Cl_2 + H_2O \rightleftharpoons HClO + H^+ + Cl^-. \tag{1}$$

Die Gleichgewichtskonstante dieser Reaktion beträgt unter Vernachlässigung der Wasserkonzentration bei 25^0 C

$$K_1 = \frac{[HClO]\,[H^+]\,[Cl^-]}{[Cl_2]} = 4{,}84 \cdot 10^{-4}. \tag{2}$$

Die Beziehung (2) zeigt, daß eine Konzentrationszunahme der Cl^--Ionen unter sonst gleichen Bedingungen eine Konzentrationsabnahme der unterchlorigen Säure bedingt. Außerdem wird dadurch die Löslichkeit des elementaren Chlors herabgesetzt. Die an sich schwache unterchlorige Säure dissoziiert ihrerseits entsprechend dem Gleichgewicht

$$HClO \rightleftharpoons H^+ + ClO^-. \tag{3}$$

Die Dissoziationskonstante beträgt bei 25^0 C

$$K_2 = \frac{[H^+]\,[ClO^-]}{[HClO]} = 4{,}4 \cdot 10^{-8}. \tag{4}$$

In der Anodenzone findet sich daher neben undissoziierter unterchloriger Säure in relativ starker Konzentration immer eine gewisse, wenn auch noch so kleine Menge von ClO^--Ionen, die an der Anode auch einen primären Oxydationsprozeß gemäß der Reaktion[1]

$$6\,ClO^- + 3\,H_2O \rightleftharpoons 2\,ClO_3^- + 4\,Cl^- + 6\,H^+ + 1{,}5\,O_2 + 6\,e \tag{5}$$

hervorrufen können. Auch in diesem Fall entwickelt sich Sauerstoff und Kohlensäure, wenn die Elektrode aus Kohle oder Graphit besteht. Die Löslichkeit des Chlors erniedrigt also die Stromausbeute, sei es weil es aus der gasförmigen Phase austritt, sei es weil es bei der Primärreaktion (5), die durch die Sekundärreaktionen (1) und (3) ermöglicht wird, Strom verbraucht, um im Endeffekt ohne Entladung weiterer Cl^--Ionen Sauerstoff zu entwickeln und ClO_3^--Ionen zu erzeugen.

Ein weiterer Grund für die Erniedrigung der Stromausbeute ergibt sich, wenn die an der Kathode gebildeten OH^--Ionen in die Anodenzone gelangen. Erstens können sie an der primären Entladungsreaktion teilnehmen, wobei sie Strom verbrauchen und Sauerstoff und eventuell auch Kohlensäure entwickeln, die den Reinheitsgrad des Chlorgases verschlechtern. Zweitens geben sie zu Sekundärreaktionen mit dem gelösten Chlor gemäß der Reaktion

$$Cl_2 + 2\,OH^- \rightleftharpoons ClO^- + Cl^- + H_2O \tag{6}$$

Anlaß, deren Gleichgewichtskonstante bei 20^0 C unter Vernachlässigung der Wasserkonzentration

$$K_3 = \frac{[ClO^-]\,[Cl^-]}{[Cl_2]\,[OH^-]^2} = 1{,}2 \cdot 10^{17} \tag{7}$$

beträgt.

---

[1] S. Anmerkung auf S. 294.

Das gelöste Chlor und die OH^--Ionen reagieren also praktisch vollzählig miteinander und verschwinden aus der Lösung. Das bei den Reaktionen (3) und (6) entstandene ClO^--Anion kann sich an der Anode gemäß der Reaktion (5) entladen, wobei es Sauerstoff entwickelt, ClO_3^--Ionen bildet, Strom verbraucht und daher die Stromausbeute weiter herabsetzt.

Aus dem Gesagten ergibt sich, daß folgende Bedingungen für die Erzielung einer maximalen Stromausbeute erforderlich sind:

a) Eine hohe Konzentration von Cl^--Ionen, die deren bevorzugte Entladung gegenüber anderen gleichzeitig vorhandenen Ionen erleichtert, die Löslichkeit des elementaren Chlors erniedrigt und die Bildung von unterchloriger Säure gemäß Reaktion (1) sowie von Hypochloriten und Chloraten gemäß Reaktion (6) zu einem Minimum macht.

b) Eine hohe Stromdichte.

c) Eine hohe Temperatur, die die Löslichkeit des Chlors weiter herabsetzt, während sie die Leitfähigkeit gleichzeitig erhöht.

d) Vorkehrungen, die die Diffusion und Wanderung der OH^--Ionen zur Anode behindern.

Letzteres kann durch Einschaltung eines Diaphragmas zwischen Anode und Kathode oder auch durch Anwendung des Gegenstromprinzips erreicht werden, indem der Lösung eine von der Anode zur Kathode gerichtete Bewegung erteilt wird. Bei den meisten Zellen für die direkte Herstellung von Ätzalkalien und elementarem Chlor kommen beide Prinzipien, Diaphragma und Gegenstrom, zur Anwendung. Es handelt sich dabei um die sogenannten Filterzellen.

Eine andere Methode umgeht die unerwünschte Gegenwart von OH^--Ionen an der Anode überhaupt, indem sie sich auf die Verwendung von Quecksilber als Kathode stützt, wodurch die Bildung von Ätzalkali im Kathodenraum der Zelle vermieden wird. Tatsächlich beträgt das effektive Entladungspotential des Na^+-Ions einer Natriumchloridlösung an einer Quecksilberkathode mit $0{,}2\%$ Natrium etwa $-1{,}83$ V. Das effektive Entladungspotential des H^+-Ions erreicht etwa -2 V, wenn man berücksichtigt, daß es in Wirklichkeit an dem leicht alkalischen Kathodenfilm entladen wird, und wenn man außerdem die Überspannung des Wasserstoffes an Quecksilber und die Überspannungszunahme infolge der relativ hohen Stromdichte in Rechnung stellt; die Kathodenpolarisation für die Entladung des H^+-Ions wird daher größer als die für die Entladung des Na^+-Ions erforderliche Polarisation. Der primäre Kathodenvorgang besteht also in der Entladung der Na^+-Ionen mit Bildung von Natriumamalgam und nicht mehr in der Entladung der H^+-Ionen. Das Amalgam wird seinerseits durch Einwirkung von Wasser zersetzt, wobei in besonderen Zellen Natriumhydroxyd und Wasserstoff erzeugt werden.

Die Klemmenspannung muß gleich sein der Summe aus der Zersetzungsspannung, der anodischen und kathodischen Überspannung und dem Potentialabfall am Ohmschen Widerstand der Zelle.

Die auf Grund der Normalpotentiale entweder aus der Änderung der inneren Energie mittels der Thomsonschen Regel oder aus der Gibbs-Helmholtzschen Gleichung (s. Kap. III, 3) berechnete Zersetzungsspannung bewegt sich bei Zimmertemperatur um $2{,}2$ bis $2{,}3$ V, wenn an der Kathode H^+-Ionen entladen werden, und steigt auf etwa $3{,}4$ V an einer Quecksilberkathode bei Entladung von Na^+-Ionen an. Die betreffenden Werte können aus verschiedenen Gründen nicht exakt berechnet werden. Vor allem sind die Aktivitäten der Cl^--, H^+- und Na^+-Ionen für so stark konzentrierte Lösungen von Natriumchlorid und Natriumhydroxyd unbekannt; außerdem kennt man nicht genau den Temperaturkoeffizienten der EMK, der für die Berechnung nach der Gibbs-Helmholtzschen Gleichung erforderlich ist. Anderseits wäre die Genauigkeit dieser Größe insofern ausreichend, als auch die anodischen und kathodischen Überspannungen beträchtlich sind und mit der Temperatur, der Stromdichte und dem Elektrodenmaterial der Anode und Kathode variieren. Im Mittel bewegt sich die Klemmenspannung der Zelle um 4 V für diejenigen Prozesse, bei denen man an der Kathode unmittelbar die Natriumhydroxydlösung erhält; bei Zellen mit Quecksilberkathoden erreicht sie 5 V.

Von besonderer Wichtigkeit ist das Anodenmaterial, das gegen den Angriff des Chlors, des Sauerstoffs und der H^+-Ionen beständig sein muß. Wegen der starken Reaktionsfähigkeit fast aller Werkstoffe mit Chlor in statu nascendi bleibt die Auswahl der Anodenmaterialien auf Platin, Kohle in Form von Graphit oder Retortenkohle und auf Magnetit beschränkt. An Platin und Magnetit findet die Entladung der Cl^-- und OH^--Ionen mit einer höheren Überspannung als an Graphit statt. Das erleichtert natürlich die Entladung der ClO^--Ionen mit nachfolgender Bildung von ClO_3^--Ionen und Sauerstoffentwicklung. Bei Verwendung von Graphit oder Retortenkohle als Anodenmaterial zeigt die Elektrode einige unerwünschte Eigenschaften, die durch die Porosität dieser Werkstoffe bedingt sind; sie wirken nämlich nicht nur an der Außenfläche als Elektroden, sondern auch im Innern aller ihrer Poren, die mit Elektrolytlösung getränkt sind. Auf diese Weise tritt im Innern der Elektrode eine starke Verarmung an Cl^--Ionen ein, die wegen des großen Diffusionswiderstandes der ganz kleinen Porenquerschnitte nicht ersetzt werden können, so daß die Konzentration der ClO_3^--Ionen und die Sauerstoffentwicklung zunehmen, was zu einer raschen Oxydation des Elektrodenmaterials führt. Heute neigt man daher dazu, Graphit an Stelle von Retortenkohle zu verwenden, und zwar nicht nur, weil es leichter bearbeitbar ist, sondern auch weil es eine kompaktere Struktur hat; außerdem imprägniert man die Elektroden zur Verkleinerung der Porosität (s. Kap. VI, 3). Zur Verlängerung der Lebensdauer der gebräuchlichen Graphitanoden empfiehlt es sich, Graphit großer Dichte zu verwenden und der Zelle je Zeiteinheit mehr Natriumchlorid zuzuführen, als in der gleichen Zeit zersetzt wird.

Die Kathoden bestehen in der Praxis ausschließlich aus Eisen, sei es wegen der geringen Kosten, sei es auch wegen der niedrigen Überspannung bezüglich des Wasserstoffes. In alkalischer Umgebung wird Eisen nur wenig angegriffen. Wenn besonders reines Ätznatron hergestellt werden soll, wird auch Quecksilber als Kathode gewählt.

3. Diaphragmazellen mit hohem Diffusionswiderstand

Zellen dieser Art sind bereits als veraltet und überholt anzusehen. Einige Anlagen waren bis vor kurzem jedoch noch in Betrieb, da sie vollständig amortisiert erschienen. Trotzdem empfiehlt es sich, sie etwas eingehender zu behandeln, da ihre überaus einfache Wirkungsweise eine leichte Berechnung der theoretischen Stromausbeute der Diaphragmaprozesse erlaubt.

Kennzeichnend für diesen Zellentyp ist die Griesheimer Zelle, die aus einem großen, gegen außen thermisch und elektrisch isolierten Eisentrog besteht, der auch gleichzeitig als Kathode dient. Darin sind zwölf Eisenkörbe aufgehängt, an denen, mit Fensterscheiben vergleichbar, die Diaphragmen angebracht sind. Letztere bestehen aus Zementplatten, die z. B. durch Zusatz von fein pulverisiertem Salz oder anderer Stoffe, die nach dem Abbinden und Hartwerden durch Lösungsmittel oder Erhitzung leicht entfernt werden können, porös gemacht wurden. Jeder Korb enthält ein durchlöchertes Porzellangefäß mit festem Salz, um die Konzentration des gelösten Chlorides dauernd auf hinreichender Höhe zu halten, und eine Reihe von Anoden, die sich aus Graphitplatten oder Magnetitröhren zusammensetzen. Zwischen den einzelnen Körben sind Eisenplatten eingetaucht, die als zusätzliche Kathoden arbeiten. Jeder Korb ist mit einem Deckel wasserdicht verschlossen und mit einer Rohrleitung zum Abzug des Chlorgases versehen. Die Deckel der einzelnen Körbe sind so konstruiert, daß sie zusammengenommen den ganzen Trog vollständig und wasserdicht abschließen, wodurch die schädliche Verbreitung der Alkalinebel in die Umgebung vermieden und auch die Gewinnung des Wasserstoffes ermöglicht wird. Die Zelle wird durch eine Warmwasser- oder Dampfheizung erwärmt. Abb. 68 zeigt den schematischen Querschnitt der Griesheimer Zelle.

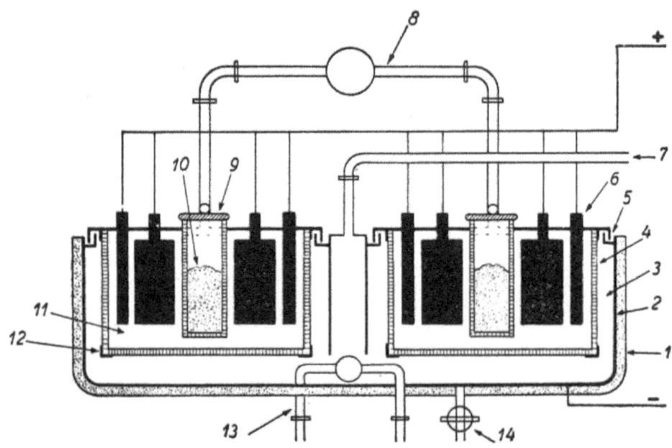

Abb. 68.   Griesheimer Zelle.   1 Wärmeisolation;   2 Eisentrog;   3 Kathodenraum; 4 Diaphragma; 5 Hydraulischer Verschluß; 6 Graphitanoden; 7 H_2-Abzug; 8 Cl_2-Abzug; 9 Perforierter Porzellanzylinder;   10 Festes NaCl;   11 Anodenraum;   12 Stützgestell des Diaphragmas;   13 Heizleitung;   14 NaOH-Ableitung

Die kathodische Ausbeutung des Prozesses bei Verwendung von Diaphragmen mit hohem Diffusionswiderstand kann auf Grund folgender Überlegung berechnet werden.

Zu Beginn der Elektrolyse ist im Elektrolyten nur das Alkalichlorid vorhanden. Bei Durchgang eines Ladungsäquivalentes wird der Stromanteil n_{Cl} von den Cl^--Ionen und der restliche Anteil $1 - n_{Cl}$ von den Na^+-Ionen getragen. Wenn der Strom weiterhin ausschließlich von den Cl^-- und Na^+-Ionen transportiert würde, wäre die Stromausbeute 1, da sich für jedes F 1 Äquivalent OH^--Ionen bildet.

Für jedes F bildet sich also 1 Äquivalent OH^--Ionen an der Kathode, während nur n_{Cl} Äquivalente Cl^--Ionen zur Anode wandern. Die Alkalikonzentration nimmt daher rascher zu, als die Konzentration des Chlorids abnimmt, und das spezifische Gewicht des Katholyten steigt mit fortschreitender Elektrolyse an.

Wenn aber nach Bildung einer gewissen Menge Alkali der Strom nur von den Na^+- und OH^--Ionen transportiert würde, entfiele der Stromanteil n_{OH} auf die OH^--Ionen und der Rest $1 - n_{OH}$ auf die Na^+-Ionen. Für jedes die Zelle durchfließende F würden dann n_{OH} Äquivalente OH^--Ionen aus der Kathodenzone herauswandern und sich entweder an der Anode entladen oder mit dem anodischen Chlor reagieren: die Stromausbeute wäre dann $1 - n_{OH}$.

In Wirklichkeit wird ein bestimmter Stromanteil x vom Alkali und der Rest $1 - x$ vom Chlorid transportiert. Das Verhältnis $(1 - x)/x$ ist gleich dem Verhältnis der spezifischen Leitfähigkeiten. Für den Fall, daß in der Zelle Natriumchlorid elektrolysiert wird, ergibt sich:

$$\frac{\varkappa_{\mathrm{NaCl}}}{\varkappa_{\mathrm{NaOH}}} = \frac{(c\,f_\lambda\,\lambda_0)_{\mathrm{NaCl}}}{(c\,f_\lambda\,\lambda_0)_{\mathrm{NaOH}}},$$

woraus folgt:

$$\frac{1 - x}{x} = \frac{(c\,f_\lambda\,\lambda_0)_{\mathrm{NaCl}}}{(c\,f_\lambda\,\lambda_0)_{\mathrm{NaOH}}} ; \qquad \frac{1}{x} - 1 = \frac{(c\,f_\lambda\,\lambda_0)_{\mathrm{NaCl}}}{(c\,f_\lambda\,\lambda_0)_{\mathrm{NaOH}}} ;$$

$$x = \frac{1}{1 + \dfrac{(c\,f_\lambda\,\lambda_0)_{\mathrm{NaCl}}}{(c\,f_\lambda\,\lambda_0)_{\mathrm{NaOH}}}}.$$

Die Gesamtstromausbeute ist durch die Summe der Teilausbeuten gegeben, die auf die von beiden Elektrolyten transportierten Stromanteile entfallen. Und zwar erhält man, wenn das Natriumchlorid den Stromanteil $1 - x$ transportiert,

$$R_{\mathrm{NaCl}} = 1 - x,$$

da in diesem Fall die Ausbeute 1 ist.

Die Ausbeute für den vom Natriumhydroxyd transportierten Teil x beträgt

$$R_{\mathrm{NaOH}} = x\,(1 - n_{\mathrm{OH}})$$

und die Gesamtstromausbeute

$$R = R_{\mathrm{NaCl}} + R_{\mathrm{NaOH}} = 1 - x + x\,(1 - n_{\mathrm{OH}}) = 1 - n_{\mathrm{OH}}\,x.$$

Setzt man für x den gefundenen Wert ein, dann wird die Stromausbeute durch die Beziehung

$$R = 1 - \frac{n_{\mathrm{OH}}}{1 + \dfrac{(c\,f_\lambda\,\lambda_0)_{\mathrm{NaCl}}}{(c\,f_\lambda\,\lambda_0)_{\mathrm{NaOH}}}}$$

ausgedrückt, worin das Verhältnis zwischen den beiden Leitfähigkeitskoeffizienten $\cong 1$ betrachtet werden kann, da es sich um zwei starke Elektrolyte von größenordnungsmäßig gleicher Konzentration handelt. Bezeichnet man das Verhältnis zwischen den beiden Leitfähigkeiten $\lambda_{0\mathrm{NaCl}}/\lambda_{0\mathrm{NaOH}}$ mit a, dann kann man schreiben:

$$R = 1 - \frac{n_{\mathrm{OH}}}{1 + a\,\dfrac{c_{\mathrm{NaCl}}}{c_{\mathrm{NaOH}}}}.$$

Da mit fortschreitender Elektrolyse die Konzentration des Chlorids abnimmt, während jene des Hydroxyds ansteigt, muß die Ausbeute kleiner werden. Die Ausbeute hängt weiters von der Überführungszahl des Anions OH^- und vom Verhältnis der Leitfähigkeiten des Chlorids und des Alkalihydroxyds ab. Für Natrium und Kalium ergeben sich z. B. folgende Zahlenwerte:

$$R_{\mathrm{NaOH}} = 1 - \frac{0{,}799}{1 + 0{,}50\,\dfrac{c_{\mathrm{NaCl}}}{c_{\mathrm{NaOH}}}} ; \qquad R_{\mathrm{KOH}} = 1 - \frac{0{,}726}{1 + 0{,}55\,\dfrac{c_{\mathrm{KCl}}}{c_{\mathrm{KOH}}}}.$$

Daraus folgt, daß bei Zimmertemperatur die Stromausbeute für Kaliumhydroxyd größer als für Natriumhydroxyd ist. Bei Temperaturerhöhung strebt die Überführungszahl des Anions OH^- gegen den Wert 0,5 und damit nimmt auch die Ausbeute zu.

Auch die anodische Ausbeute entspricht nicht dem theoretischen Wert, da die zur Anode wandernden OH^--Ionen mit dem gelösten Chlor unter Bildung von ClO^--Ionen reagieren, die ihrerseits entladen werden können und so die Ausbeute an Chlorgas erniedrigen. Außerdem· können auch die OH^--Ionen am Entladungsvorgang teilnehmen, wobei sie Strom verbrauchen. Dies hat Entwicklung von Sauerstoff, eine weitere Herabsetzung der anodischen Stromausbeute und die raschere Zerstörung der Anoden zur Folge, wenn diese aus Graphit bestehen.

Dieser Zellentyp zeigt jedoch verschiedene Nachteile, die dazu geführt haben, daß er heute nicht mehr benützt wird. Zunächst kann an der Kathode die Konzentration der Ätznatronlösung nicht über 40 bis 50 g/l gesteigert werden, da sonst der Durchgang von OH^--Ionen durch das Diaphragma ein beträchtliches Ausmaß annähme und die Stromausbeute nicht mehr rentabel wäre. Die Konzentration einer so stark verdünnten Ätznatronlösung ist aber ziemlich kostspielig.

Ein zweiter Nachteil ist die niedrige Stromausbeute, die größenordnungsmäßig 0,80 beträgt. Ein dritter grundsätzlicher Nachteil besteht darin, daß nicht ohne Unterbrechung gearbeitet werden kann, da die Zellen alle drei bis vier Tage entleert und frisch beschickt werden müssen und ihre Wartung zahlreiche Hilfskräfte erfordert. Schließlich ist noch zu bemerken, daß das Fehlen einer Zirkulation eine ziemlich starke Anreicherung von Verunreinigungen, besonders von SO_4^{2-}-Ionen, bedingt.

4. Schichtungszellen, Gegenstromzellen, Glockenzellen

Bei diesem Zellentyp wird das Gegenstromprinzip angewendet, um die Wanderung der OH^--Ionen zur Anode zu verhindern. Zur Erzielung der maximalen Stromausbeute müßte man dem Elektrolyten eine ebenso starke, aber entgegengesetzte Bewegung verleihen, wie sie die OH^--Ionen aufweisen. Die Wanderungsgeschwindigkeit der OH^--Ionen beträgt bei Zimmertemperatur in verdünnter Lösung 0,0017 cm/sec. Daraus berechnet sich für einen Potentialgradienten von 0,1 V/cm, der größenordnungsmäßig den Verhältnissen in den Elektrolysezellen entspricht, eine Geschwindigkeit von 6,12 mm/h. Die Wanderungsgeschwindigkeit in einer konzentrierten Lösung ist nicht mit Sicherheit bekannt. In erster Annäherung kann jedoch der obige Wert als brauchbar angenommen werden. Aus der spezifischen Leitfähigkeit einer gesättigten Natriumchloridlösung und aus der zur Erzielung eines Potentialgradienten von 0,1 V/cm erforderlichen Potentialdifferenz ergibt sich, daß in der Lösung eine Stromdichte von 2 A/dm² herrscht. Auf 1 dm² bezogen fließen je Stunde 2 Ah, die etwa 4,4 g Chlorid zersetzen und 3 g Hydroxyd erzeugen. Verleiht man der Flüssigkeit eine Geschwindigkeit von 6,2 mm/h, dann treten durch 100 cm² Fläche 62 cm³ Elektrolytlösung hindurch, woraus sich eine Hydroxydkonzentration von etwa 4,8% ergibt, die für industrielle Zwecke zu niedrig ist.

In analoger Weise berechnet sich die Geschwindigkeit, die der Flüssigkeit erteilt werden muß, damit das in ihr gelöste Chlorid vollständig elektrolysiert wird. Sie ergibt sich zu 1,6 mm/h.

Da diese Geschwindigkeit etwa ein Viertel derjenigen der OH^--Ionen beträgt, folgt daraus eine Stromausbeute, die bedeutend kleiner als 1 ist. Es muß daher experimentell jene Fließgeschwindigkeit gefunden werden, die bei größtmöglicher Stromausbeute die Gewinnung einer genügend konzentrierten Hydroxydlösung erlaubt. Diese Geschwindigkeit hängt unter anderem auch von der Größe und

Form der Zelle ab und muß über die ganze Querschnittsfläche möglichst gleichmäßig verteilt sein.

Es ist interessant zu beobachten, wie eine gleichförmige und homogene Flüssigkeitsströmung durch spontane Schichtbildung erleichtert wird. An der Kathode nimmt die Hydroxydkonzentration rascher zu, als die Chloridkonzentration abnimmt (s. Abschn. 3). Die Gesamtkonzentration des Katholyten steigt daher an und infolgedessen auch sein spezifisches Gewicht. Der Katholyt breitet sich daher unten schichtförmig aus, während der leichtere Anolyt in der Höhe eine Schicht bildet. Es gelingt nun, durch eine zweckmäßige Zellenkonstruktion und durch entsprechende Lenkung des von der Anode zur Kathode strömenden Elektrolyten die Wanderung der OH^--Ionen wirksam zu hemmen und Ätzalkalilösungen in ziemlich hoher Konzentration bei guter Stromausbeute zu erhalten.

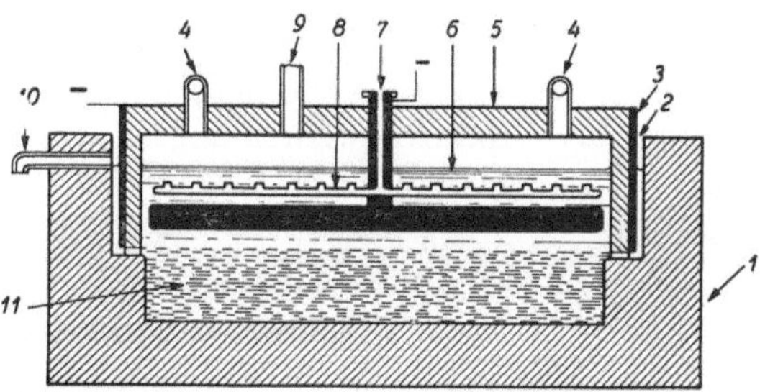

Abb. 69. Aussiger Zelle. 1 Zementtrog; 2 Kathodenraum; 3 Eisenkathode; 4 Verbindungsrohr der Glocken; 5 Zementglocke; 6 Anolyt; 7 Rohrleitung für die Elektrolytzufuhr; 8 Verteiler für die Salzlösung; 9 Cl_2-Abzug; 10 NaOH-Ableitung; 11 Katholyt

Bei diesem Zellentyp ist die Schichtbildung gut ausgeprägt, da eine neutrale Schicht zustande kommt. Während nämlich der Katholyt stark alkalisch ist, ist der Anolyt sauer, sei es durch Bildung von unterchloriger Säure als Folge der Reaktion zwischen Chlor, Wasser und OH^--Ionen, sei es durch Entladung von OH^--Ionen an der Anode. Die OH^--Ionen, die den Katholyt alkalisch machen, treffen bei ihrer Wanderung zur Anode auf die saure Schicht, mit der sie reagieren und so in einem bestimmten Abstand von der Kathode eine vollkommen neutrale Schicht bilden.

Ein typischer Vertreter dieser Klasse ist die Aussiger Zelle, die in Abb. 69 im Schnitt dargestellt ist. Andere auf dem Gegenstromprinzip aufgebaute Zellen moderner Art sind die Billiter-Leykam- und die Pestalozza-Zelle. Sie weisen in der Anordnung der Konstruktionselemente und außerdem noch darin Unterschiede auf, daß die Kathoden von einem Gasdiaphragma umgeben sind. Letzteres hat den Zweck, die durch die Wasserstoffentwicklung bedingte Flüssigkeitsvermischung zu verhindern. In der Aussiger Zelle ist ein Diaphragma nicht notwendig, da es die Anordnung der Elektroden unmöglich macht, daß der kathodisch entwickelte Wasserstoff in der Gesamtmasse des Elektrolyten lebhaftere Bewegungen hervorruft.

Dieser Zellentyp hat gegenüber dem vorhergehenden den Vorteil, daß ohne Unterbrechungen gearbeitet werden kann und daß Bau und Betrieb der Anlage sehr einfach sind. Das Fehlen eines Diaphragmas erfordert allerdings einen sehr regelmäßigen Gang der Elektrolyse und besonders die Verhinderung von ungeordneten Strömungen, welche die Schichtbildung stören oder gar zerstören könnten, da in einem solchen Fall die Vermischung von Anolyt und Katholyt sofort eine starke Herabsetzung der Stromausbeute verursachen würde. Diese Zellen haben daher nur ein kleines Leistungsvermögen und müssen insbesondere mit kleiner Stromdichte arbeiten. Außerdem ist es unmöglich, die Konzentration des Ätzalkalis über 100 bis 120 g/l zu steigern, ohne die Ausbeute auf einen industriell nicht mehr rentablen Wert absinken zu lassen. Solche Zellen nehmen infolgedessen viel mehr Raum ein als die Diaphragma- und Filterzellen (s. Abschn. 5). Außerdem ist ihre Energieausbeute besonders klein, sei es weil die Stromausbeute niedrig ist, da die Wanderung der OH^--Ionen zur Anode und der damit verbundene Verlust nicht vollkommen verhindert werden können, sei es auch, weil der innere Widerstand der Zelle wegen des notwendigerweise großen Abstandes zwischen Kathode und Anode größer ist.

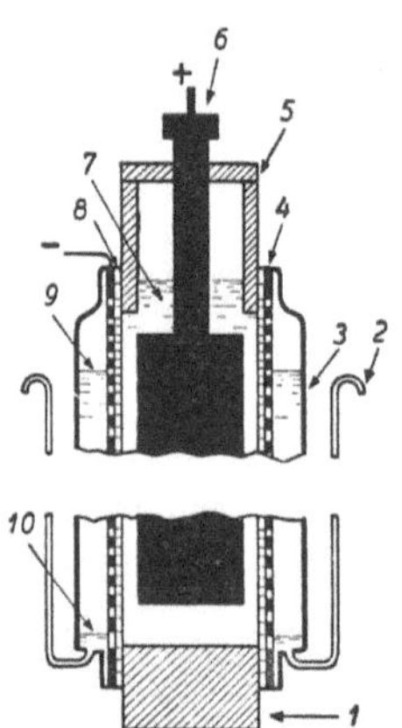

Abb. 70. Diaphragma-Filterzelle mit senkrechtem Diaphragma. 1 Gestell aus Zement; 2 Syphon für die NaOH-Ableitung; 3 Seitliche Abschlußwand aus Eisen; 4 Perforierte Eisenkathode; 5 Abschlußglocke der Zelle; 6 Graphitanoden; 7 Anolyt; 8 Diaphragma; 9 Nichtelektrolytische Flüssigkeit; 10 NaOH.

Diese Nachteile haben es mit sich gebracht, daß dieser wegen seines Konstruktionsprinzips interessante Zellentyp in der Industriepraxis keine Verbreitung gefunden hat und nur in kleinen Anlagen verwendet wird, die gewöhnlich anderen Industriewerken angeschlossen und dazu bestimmt sind, den internen Bedarf des Werkes an Chlor und Soda zu befriedigen.

5. Diaphragma-Gegenstrom-(Filter-)Zellen

Der Konstruktion der Diaphragma-Filterzellen liegt die Idee zu Grunde, die Vorteile der Diaphragmazellen mit hohem Diffusionswiderstand und der Gegenstromzellen miteinander zu vereinen. In ihnen haben beide Prinzipien praktische Anwendung gefunden. Das grundlegende Merkmal dieser Zellen besteht darin, daß sie ein gut durchlässiges Diaphragma besitzen, das der Zirkulation des Elektrolyten keinen bedeutenden Widerstand entgegensetzt, so daß sich eine von der Anode zur Kathode gerichtete Elektrolytströmung wie in den Gegenstromzellen einstellen kann. Dadurch wird die Wanderung und Diffusion der OH^--Ionen zur Anode am wirksamsten verhindert.

Die Diaphragma-Filterzellen werden in zwei große Kategorien eingeteilt, je nachdem ob der Kathodenraum leer (eventuell mit Nichtelektrolyten gefüllt) ist oder Elektrolytflüssigkeit enthält. Eine weitere Unterteilung kann je nach der Stellung des Diaphragmas in Zellen mit senkrechtem und in Zellen mit waagrechtem Diaphragma erfolgen.

Ein charakteristischer und weit verbreiteter Zellentyp mit senkrechtem Diaphragma ist in Abb. 70 schematisch dargestellt. Eine solche Zelle besteht aus einem ziemlich hohen U-förmigen Gestell aus Zement, innerhalb dessen sich der Anolyt befindet. Durch den gasdichten Deckel sind die Graphit- oder Kohleanoden und die Rohrleitungen für die Beschickung der Zelle und den Chlorabzug hindurchgeführt. Zu beiden Seiten des Gestelles sind Diaphragmen angebracht, die im wesentlichen aus mechanisch mehr oder minder versteiftem Asbestgewebe oder Asbestwolle bestehen. Sie sind mit verschiedenen Substanzen bestrichen bzw. imprägniert (Ferrioxyd oder Ferrihydroxyd, Bariumsulfat, Flußspat, Asbestpulver usw.), die den Zweck haben, die Durchlässigkeit herabzusetzen und den verschiedenen, mit der Höhe wechselnden hydrostatischen Drucken anzupassen. Auf diese Weise wird erreicht, daß die Flüssigkeitsströmung über die ganze Oberfläche möglichst gleichförmig verteilt ist. Fast in Berührung mit den Diaphragmen stehen die Kathoden aus perforiertem Eisenblech, durch die der im Zwischenraum zwischen Kathode und Diaphragma gebildete Katholyt abfließt. Wasserstoff kann sich nur an der Außenseite, das heißt an der vom Diaphragma abgewandten Seite, im Raum zwischen Kathode und äußerer Abschlußwand der Zelle entwickeln.

Es gibt natürlich noch weitere Zellentypen verschiedener Form, die sich allerdings höchstens in der mechanischen Konstruktion und in der Anordnung der verschiedenen Bauelemente unterscheiden, nicht aber in den Grundlagen ihrer Wirkungsweise. Einige Zellen dieser Art sind mit leerem Kathodenraum konstruiert worden, um auf diese Weise den unmittelbaren Abtransport der alkalischen Flüssigkeit zu ermöglichen und Verluste zu vermeiden. In diesen Zellen ändert sich der hydrostatische Druck mit der Höhe, so daß die Strömungsgeschwindigkeit in verschiedenen Höhen ungleich ist, was einen wesentlichen Nachteil bedeutet, da die optimale Ausbeute (s. vorhergehenden Abschn.) an eine bestimmte Strömungsgeschwindigkeit von der Anode zur Kathode gebunden ist. Um diesen Nachteil teilweise zu umgehen, ist bei einigen Zellen der Kathodenraum mit nichtelektrolytischen Flüssigkeiten gefüllt, wodurch der hydrostatische Druck ausgeglichen und gleichförmig verteilt wird, oder man sucht die Dicke bzw. die Durchlässigkeit des Diaphragmas auf die jeweilige Höhe abzustimmen.

Überlegt man jedoch, daß nur jene OH⁻-Ionen als Ladungsträger wandern können, die der elektrischen Feldwirkung zwischen Anode und Kathode ausgesetzt sind, und nicht jene, die sich bereits jenseits der Kathode befinden, so kommt man zum Schluß, daß in Zellen mit praktisch am Diaphragma anliegender Kathode auch der äußere Kathodenraum mit Elektrolytflüssigkeit gefüllt werden kann, ohne befürchten zu müssen, daß der dorthin gelangte Elektrolyt neuerlich zur Anode wandert. Füllt man auch den Kathodenraum mit Elektrolytflüssigkeit, dann wird der auf dem Diaphragma lastende hydrostatische Druck längs der ganzen Diaphragmahöhe ausgeglichen und vom Niveauunterschied zwischen Anolyt und Katholyt bestimmt. Auf diese Weise ist die Strömungsgeschwindigkeit des Elektrolyten durch das Diaphragma in allen Höhen konstant und durch Niveauveränderungen des Anolyten und Katholyten leicht regulierbar.

Zellen mit senkrechtem Diaphragma haben zwei wesentliche Vorteile: die kleine Bodenfläche, welche die Konstruktion von Zellen bedeutender Kapazität auf verhältnismäßig kleinem Raum erlaubt, und die leichte Handhabung und Demontierbarkeit, die eine rasche und bequeme Reinigung und Diaphragmenwechsel zuläßt. Letzteres bedeutet Einsparung von Hilfskräften für die Wartung der Zellen.

Diesen Vorteilen steht der bedeutende Nachteil gegenüber, daß wegen des relativ kleinen Abstandes zwischen Kathode und Anode und wegen der Stellung des Diaphragmas, die keine Schichtbildungen zuläßt, das Diaphragma auf einer Seite einer stark alkalischen und auf der anderen einer schwach sauren, gelöstes Chlor enthaltenden Lösung ausgesetzt ist (s. Abb. 72, S. 285). Da bisher weder ein natürlicher noch ein synthetischer Werkstoff gefunden wurde, der dem gleichzeitigen Angriff des Anolyten und Katholyten lange Widerstand leistet, so folgt daraus, daß das Diaphragma nach einer gewissen Betriebsdauer Schaden leidet und ausgebessert oder ersetzt werden muß.

Ein weiterer beträchtlicher Nachteil ergibt sich daraus, daß die OH⁻-Ionen, denen es bei ihrer Wanderung zur Anode gelingt, das Diaphragma zu durchqueren, unmittelbar auf den sauren, chlorhaltigen Anolyten treffen, mit dem sie sofort reagieren und verloren gehen.

Der dritte wesentliche Nachteil dieser Zelle ist die bereits erwähnte Ungleichheit der Strömungsgeschwindigkeit in verschiedenen Höhen des Diaphragmas. Trotzdem haben der kleine Raumbedarf, die Möglichkeit eines ununterbrochenen Betriebes mit hohen Stromdichten sowie die Einfachheit der Konstruktion dieser Zellen dazu geführt, daß sie zur elektrolytischen Gewinnung von Chlor und Ätzalkali aus Alkalichloriden eine weite Verbreitung gefunden haben. Das Ätzalkali wird an der Kathode in verschiedenen Konzentrationen zwischen 90 und 200 g/l gewonnen. Die zu elektrolysierende Natriumchloridlösung muß von Calcium-, Magnesium- und Eisensalzen sorgfältig gereinigt werden, da diese in ihre schwer löslichen Hydroxyde übergehen und das Diaphragma verstopfen würden. Auch der Gehalt an Sulfaten muß auf unter 3 bis 5 g/l herabgesetzt werden, um die Lebensdauer der Graphitanoden zu verlängern. In Gegenwart von $SO_4{}^{2-}$-Ionen tritt nämlich an der Anode eine stärkere Sauerstoffentwicklung ein, die eine raschere Zerstörung der Anode zur Folge hat.

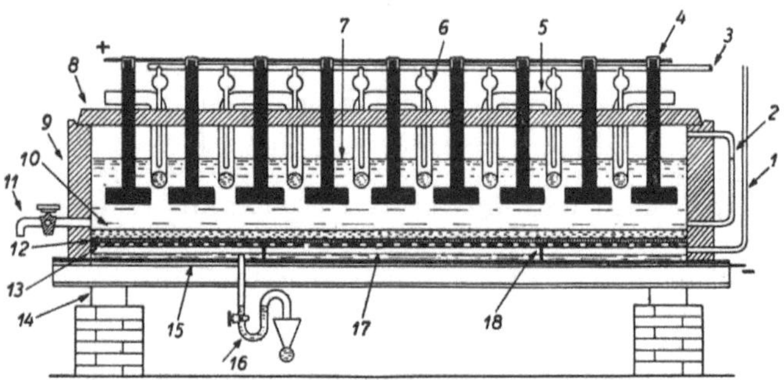

Abb. 71. Siemens-Billiter-Zelle. 1 H_2-Abzug; 2 Flüssigkeitsstandrohr; 3 Rohrleitung für die Elektrolytzufuhr; 4 Graphitanoden; 5 Heizschlange; 6 Verteiler für die Salzlösung; 7 Anolyt; 8 Deckplatte der Zelle; 9 Zementtrog; 10 Diaphragma in Pulverform; 11 Auslaßhahn der Zelle; 12 Asbestgewebe; 13 Perforierte Eisenkathode; 14 Isolierstützen; 15 Boden der Eisenzelle; 16 NaOH-Ableitungssyphon; 17 Katholyt; 18 Kathodenstützen

Zellen mit senkrechtem Diaphragma und leerem Kathodenraum sind z. B. die Hargreaves-Bird-, die Townsend-, die De Nora-, die Krebs-, die Allen-Moore-, die Moritz- und die Gibbs-Vorce-Zelle, solche mit elektrolytgefülltem Kathodenraum die Giordani-Pomilio-, die Ciba-Monthey-, die Dow-, die Hooker-Zelle und andere.

Eine spezielle Filterzelle mit leerem Kathodenraum ist die Siemens-Billiter-Zelle, die wegen der Art, in der bei ihr die verschiedenen Nachteile der Zellen mit senkrechtem Diaphragma umgangen werden, einen besonderen Hinweis verdient.

Die in Abb. 71 dargestellte Siemens-Billiter-Zelle ist mit einem waagrechten Diaphragma ausgestattet und besteht aus einem Eisentrog, in dem sich in einer bestimmten Höhe über dem Boden die Kathode in Form eines Netzes oder einer durchlöcherten Eisenplatte befindet. Unmittelbar auf der Kathode liegt das Diaphragma auf. Es besteht aus einem Asbestgewebe, auf dem eine Mischung von faserigen und pulverigen Substanzen, z. B. zerfaserter Asbest und

Schwerspat, in einer etwa 2 cm dicken Schicht gleichmäßig aufgetragen ist. In einem nach Bedarf verstellbaren Abstand befinden sich die Anoden in Form von Graphitplatten, die parallel zum Diaphragma angeordnet und von Graphitstangen gehalten werden, die durch die Deckplatte hindurchgehen. Letztere ist oft aus Schiefer angefertigt. Die Deckplatte enthält außerdem die Durchführungen für die Beschickung der Zelle, für den Chlorabzug und für die Beheizung. Die Stellung und Zusammensetzung des Diaphragmas bedingt eine gleichförmige hydrostatische Druckverteilung auf der ganzen Oberfläche und damit für jedes Flächenelement eine einheitliche und konstante Strömungsgeschwindigkeit des Elektrolyten. Damit ist einer der grundlegenden Mängel der Zellen mit senkrechtem Diaphragma, nämlich die ungleiche Durchflußgeschwindigkeit in verschiedenen Höhen des Diaphragmas, beseitigt.

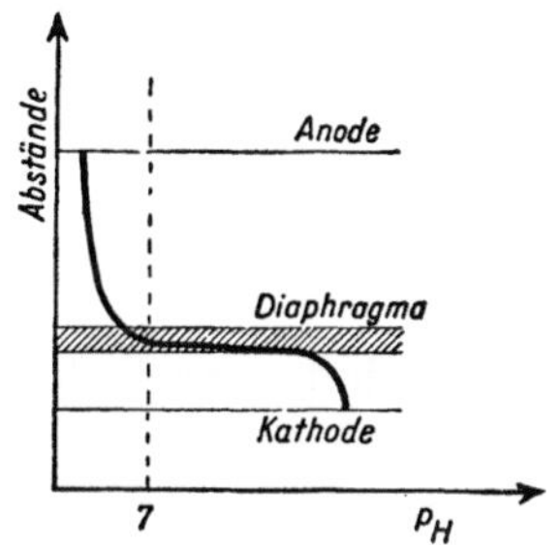

Abb. 72. p_H-Verteilung in Zellen mit senkrechtem Diaphragma

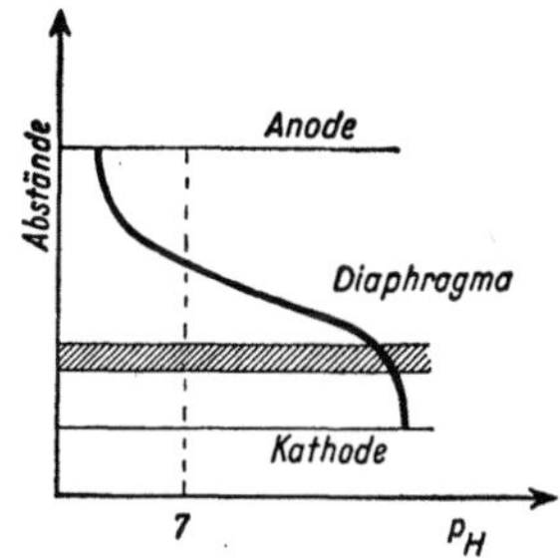

Abb. 73. p_H-Verteilung in Zellen mit waagrechtem Diaphragma

Ein anderer Vorteil besteht in der Regulierbarkeit der Durchflußgeschwindigkeit, die trotz des Anwachsens der Diaphragmaschicht infolge Abscheidung von Verunreinigungen, insbesondere von Erdalkalihydroxyden, durch eine einfache Steigerung des hydrostatischen Druckes mittels Niveauerhöhung der anodischen Lösung konstant gehalten werden kann.

Das an der Kathode gebildete Ätzalkali tropft durch die Löcher der Kathode auf den Boden der Zelle, wo es gesammelt und durch Rohrleitungen nach außen geführt wird. Trotzdem wandert ein gewisser Teil der OH$^-$-Ionen zur Anode. Da aber die kathodische Lösung ein größeres spezifisches Gewicht als die anodische hat, neigt sie oberhalb des Diaphragmas zu Schichtbildung (s. Abschn. 4). Da von oben dauernd Flüssigkeit zuströmt, wird der geschichtete Katholyt neuerlich durch das Diaphragma gedrückt, wodurch der Verlust von Alkali infolge Reaktion der OH$^-$-Ionen mit den im Anolyten enthaltenen H$^+$-Ionen und mit dem Chlor teilweise verhindert wird. Ist die Flüssigkeitsströmung in der Zelle gut einreguliert, dann bildet sich in einem bestimmten Abstand oberhalb des Diaphragmas eine neutrale Schicht. Infolgedessen ist das Diaphragma auf beiden Seiten einer Flüssigkeit gleicher Zusammensetzung ausgesetzt, so daß es aus Werkstoffen hergestellt werden kann, die gegen die Angriffswirkung dieser einzigen Flüssigkeit, nämlich des stark alkalischen Katholyten, besonders widerstandsfähig sind.

Die Diagramme der Abb. 72 und 73, in denen das p_H des Elektrolyten als Funktion des Abstandes von der Kathode bzw. Anode eingetragen ist, stellen schematisch die Arbeitsbedingungen des waagrechten und vergleichsweise des senkrechten Diaphragmas dar. Das eben Gesagte geht daraus klar hervor.

Die mit waagrechtem Diaphragma ausgestattete Siemens-Billiter-Zelle umgeht nicht nur die wesentlichen Nachteile der Zellen mit senkrechtem Diaphragma, sondern liefert auch Ätzalkali in durchschnittlich höherer Konzentration und mit höherer Stromausbeute als die Zellen mit senkrechtem Diaphragma. Ihr Hauptnachteil besteht darin, daß sie bei gleicher Leistung eine größere Bodenfläche beansprucht, da die Anodenfläche nur zur Hälfte für die Zwecke des Stromdurchganges ausgenützt ist. Eine andere Schwierigkeit betrifft die Montage der Anoden, die den Boden nicht berühren dürfen. Das gesamte Gewicht der waagrechten Graphitanodenplatten muß von den senkrechten Schäften getragen werden, wodurch insbesondere die Verbindungsstellen beansprucht werden. Sehr starke Schäfte lassen sich nicht herstellen, da sonst die mechanische Festigkeit der waagrechten Platte an der Durchbohrungsstelle für die Befestigung allzu sehr geschwächt würde. Daraus folgt, daß jede einzelne Platte unter Umständen mehrere Träger braucht, was natürlich die Konstruktion der Deckplatte komplizierter macht.

6. Zellen mit Quecksilberkathoden

Eine dritte Methode zur Vermeidung der Nachteile, die mit der Bildung von OH^--Ionen an der Kathode, mit deren Wanderung zur Anode und den daraus folgenden Primär- und Sekundärreaktionen verbunden sind, sieht die Verwendung von Quecksilberkathoden vor, wodurch die Bildung von Ätzalkali an der Kathode überhaupt verhindert wird. In Anbetracht der hohen Überspannung des Wasserstoffes und der depolarisierenden Wirkung des Quecksilbers für die Entladung der Na^+-Ionen infolge Bildung von verdünntem Amalgam gelingt es tatsächlich, an einer Quecksilberkathode die effektive Entladung der Na^+-Ionen an Stelle der H^+-Ionen zu erreichen.

Das an der Kathode erhaltene Amalgam wird dann in einer besonderen Zelle mit Wasser zersetzt, wobei dieselben Endprodukte entstehen: Chlor, Wasserstoff und Natriumhydroxyd, mit dem Unterschied allerdings, daß sowohl das Chlor als auch das Alkali einen bedeutend höheren Reinheitsgrad aufweisen und das Alkali außerdem viel konzentrierter ist.

Untersucht man die Systeme

$$Na \cdot x \, Hg \;(Amalgam)/ \, H_2O/Cl_2, \tag{1}$$
$$Na^+_{aq} \qquad\qquad /OH^-_{aq}/H_2/x \, Hg/Cl_2, \tag{2}$$
$$Na^+_{aq} \qquad\qquad /Cl^-_{aq}/x \, Hg, \tag{3}$$

so stellt man leicht fest, daß der Übergang von einem beliebigen System zum darauffolgenden exotherm erfolgt, was bedeutet, daß sie nach abnehmendem Energieniveau geordnet sind und daß ein Übergang in der entgegengesetzten Richtung Energiezufuhr erfordert. In den Diaphragmazellen[1] findet der Übergang vom System (3) zum System (2) statt, wenn eine bestimmte Energiemenge zugeführt wird, die sich aus dem Produkt Elektrizitätsmenge mal der um IR verminderten Klemmenspannung errechnet. Die auf IR entfallende Energie dient zur Überwindung des inneren Widerstandes der Elektrolysezelle und geht in Form von Wärme verloren.

In den Zellen mit Quecksilberkathoden vollzieht sich zunächst der Übergang vom System (3) zum System (1), das sich in einem höheren Energieniveau befindet. Da die für die Umsetzung der gleichen Substanzmenge notwendige

---

[1] Da in diesem Falle die Kathode aus Kohle oder Graphit besteht, wird die Komponente Hg durch die Komponente C ersetzt, was die Energiebilanz nicht ändert, da diese Komponente an der Umsetzung 3—2 nicht teilnimmt.

Elektrizitätsmenge konstant ist, ist also eine höhere Spannung erforderlich. Tatsächlich muß bei Verwendung von Quecksilberkathoden eine höhere Spannung an die Zelle gelegt werden, als dem für Diaphragmaprozesse ausreichenden Wert entspricht. Die Spannungsdifferenz dient zur Deckung des Energieunterschiedes zwischen den Systemen (1) und (2). In einem zweiten Schritt geht der Übergang vom System (1) auf das System (2) vor sich, wobei jener Energieüberschuß frei wird, der zur Herstellung des Systems (1) aufgewendet wurde.

Man könnte diesen Vorgang so durchführen, daß die frei werdende Energie in elektrische Energie umgewandelt wird, die dazu benützt werden könnte, den Unterschied im Energieniveau zwischen den Systemen (1) und (2) auszugleichen. Die bei der Zersetzung des Amalgams entwickelte Energie kann in elektrische Energie umgesetzt werden, wenn die Zersetzung in einer besonderen mit einer Eisenelektrode ausgestatteten Zelle vor sich geht. In dieser zweiten Zelle entsteht auf Grund der Reaktion

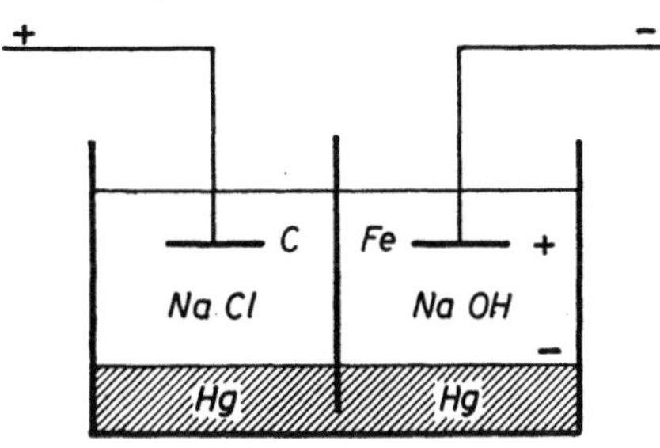

Abb. 74

$$\mathrm{Na} \cdot x\,\mathrm{Hg} + \mathrm{H_2O} \rightarrow x\,\mathrm{Hg} + \mathrm{NaOH} + \frac{1}{2}\mathrm{H_2}$$

das galvanische Element

$$-\,\mathrm{Na} \cdot x\,\mathrm{Hg} \,/\, \mathrm{NaOH} \,/\, \mathrm{H_2} \,/\, \mathrm{Fe}\;+,$$

dessen EMK theoretisch der Energiedifferenz zwischen den Systemen (1) und (2) entspricht. Man kann nun das aus der Zersetzungszelle bestehende galvanische Element mit der Elektrolysezelle gemäß Abb. 74 in Serie schalten. Dabei müßte die Klemmenspannung mit jener Spannung übereinstimmen, die für den Übergang von System (3) auf System (2) erforderlich ist, da die für die Herstellung des Systems (1) notwendige Energiedifferenz vom galvanischen Element $-\,\mathrm{Na} \cdot x\,\mathrm{Hg} \,/\, \mathrm{NaOH} \,/\, \mathrm{H_2} \,/\, \mathrm{Fe}\,+$ geliefert wird.

Der Nachteil dieser Schaltung besteht darin, daß die Stromausbeute der Elektrolysezelle immer kleiner als 1 ist und daß daher nicht soviel Amalgam gebildet wird, als der hindurchgegangenen Elektrizitätsmenge entspricht. Die Elektrizitätsmenge, die von der Zersetzungszelle geliefert werden kann, entspricht jedoch nach den Faradayschen Gesetzen der Menge des zersetzten Amalgams, die der in der Elektrolysezelle gebildeten Amalgammenge gleich ist. Das heißt, daß die Zersetzungszelle von einer größeren Elektrizitätsmenge durchflossen wird, als die Amalgamzersetzung ergibt. Der überschüssige Strom oxydiert die Quecksilberoberfläche, wobei um so mehr Quecksilber in Form von Oxyd verloren geht, je kleiner die Stromausbeute in der Elektrolysezelle ist.

Um diesen Nachteil zu beseitigen, könnte man an die Elektroden der Zersetzungszelle einen Parallelwiderstand R (s. Abb. 75) legen, über den der überschüssige Strom abgeleitet wird. Dies könnte durch geeignete Dimensionierung von R im Verhältnis zum Widerstand der Zersetzungszelle erreicht werden. In der Praxis verzichtet man jedoch auf eine solche Energieersparnis vor allem deswegen, weil sie kleiner ausfällt, als die theoretische Vorausberechnung auf Grund der Widerstände ergibt; zweitens, weil die Montage der Zelle dadurch bedeutend umständlicher würde und schließlich, weil der Betrieb eine sehr sorgfältige Überwachung und deswegen zahlreiche Hilfskräfte erfordern würde.

Da aber das Natriumamalgam, besonders in verdünntem Zustand, gegen Wasser ziemlich stabil ist, muß man zu seiner Zersetzung immer das erwähnte galvanische Element bilden. Man bedient sich hiezu einer Schaltung, wie sie in Abb. 76 angegeben ist. Darin stellt die Zersetzungszelle ein von der Elektrolysezelle unabhängiges galvanisches Element dar, dessen Energie in Form von Wärme verlorengeht.

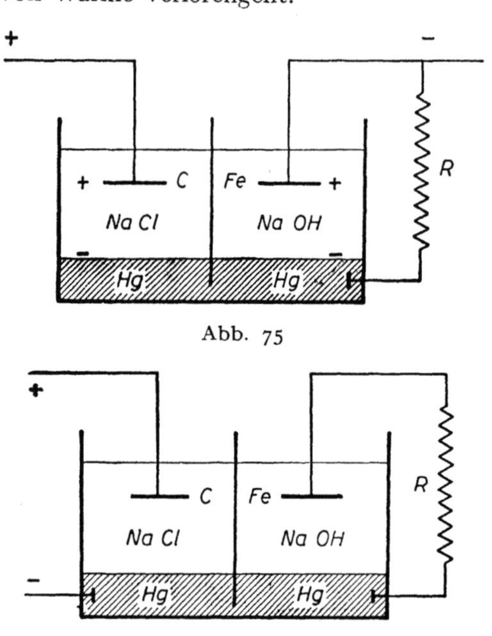

Abb. 75

Abb. 76

Bei Verminderung des Außenwiderstandes auf Null ändert sich an der Wirkungsweise der Zelle offenbar nichts. Das bedeutet aber, daß das Amalgam auch zersetzt wird, wenn die Eisenelektrode in unmittelbare Berührung mit dem Quecksilber gebracht und auf diese Weise ein kurzgeschlossenes galvanisches Element gebildet wird. Das ist gerade der Vorgang, der sich in den Amalgamzersetzungströgen abspielt, in denen das Amalgam in Gegenwart von Eisen mit Wasser zerlegt wird.

Lösungen von Alkalichloriden, die an Quecksilberkathoden elektrolysiert werden sollen, müssen gut gereinigt und insbesondere von Calcium-, Magnesium- und Eisensalzen befreit werden, die übrigens die häufigsten Verunreinigungen solcher Lösungen darstellen. Da das Entladungspotential dieser Kationen edler als das der Alkalimetalle ist, würden sie sich, falls in der Lösung vorhanden, früher oder gleichzeitig mit dem Natrium entladen und die betreffenden Amalgame bilden. Diese Amalgame würden jedoch unmittelbar darauf mit dem Natriumamalgam ein kurzgeschlossenes galvanisches Element, ähnlich dem in der letzten Schaltung beschriebenen, bilden, was zur Folge hätte, daß die Zersetzung des Amalgams in der Elektrolysezelle unter Entwicklung von Wasserstoff vor sich ginge, der zusammen mit dem anodischen Chlor eine Chlor-Knallgasmischung ergäbe.

Bei Verwendung von Zellen mit Graphitanoden müssen auch die Sulfate bis auf eine Konzentration von 3 bis 5 g/l (s. vorhergehenden Abschnitt) vorher ausgeschieden werden.

Eine ähnliche Zersetzung tritt auf, wenn Kohle- oder Graphitteilchen, die sich von der Anode gelöst haben, auf die Kathode fallen. Auch dann bildet sich ein kurzgeschlossenes galvanisches Element. Aus diesem Grunde wären bei Verwendung von Quecksilberkathoden Platinanoden an Stelle von Kohle und Graphit vorzuziehen. Bei Benützung von Platinanoden ist das Chlor reiner und enthält nicht die geringsten Spuren von Kohlensäure.

Aus zwei Gründen wird die Konzentration des Natriums im Amalgam sehr niedrig gehalten (sie beträgt um 0,2%). Vor allem deswegen, weil ein konzentriertes Amalgam leichter als ein verdünntes mit Wasser reagiert. Bei Erhöhung der Amalgamkonzentration läuft man Gefahr, daß die Zersetzung bereits einsetzt, während sich das Amalgam noch in der Elektrolysezelle befindet, was eine kleinere Stromausbeute, die Bildung des Chlor-Knallgasgemisches und die Entstehung von Ätzalkali in der Elektrolysezelle zur Folge hat, mit allen Nachteilen, die daraus erwachsen. Zweitens ist 1,7%iges Natriumamalgam bereits fest und würde nicht von der Elektrolyse- in die Zersetzungszelle hinüberwandern; 1%iges Amalgam ist immer noch so zähflüssig, daß es nur schwer von der einen in die andere Zelle gelangen würde.

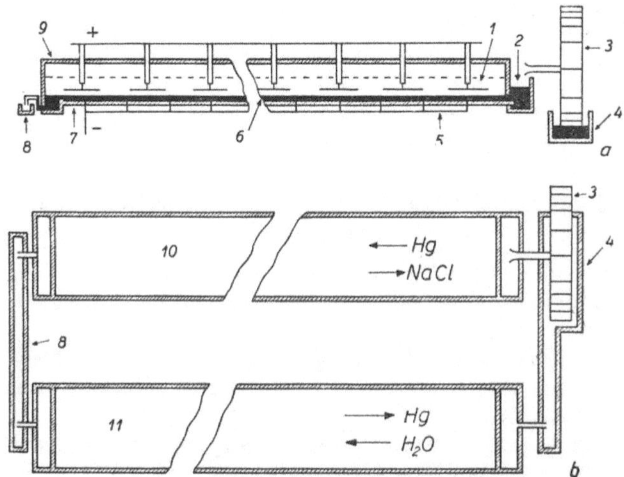

Abb. 77. Solvay-Zelle. 1 Platinanoden; 2 Kathodisches Quecksilber; 3 Quecksilber-Hebevorrichtung; 4 Quecksilberstandgefäß; 5 Kathodenanschluß; 6 Quecksilberkathode; 7 Zementwanne; 8 Verbindungsrinne zwischen Zersetzungs- und Elektrolysezelle; 9 Verschluß der Zelle; 10 Elektrolysewanne; 11 Amalgamzersetzungswanne

Ein besonderer Nachteil der Quecksilberkathodenzellen besteht im Zerfall des Quecksilbers in eine Unzahl kleiner Tröpfchen, die nicht mehr in eine einheitliche Masse zusammenfließen (Müllbildung). Diese Erscheinung wird durch die Bildung eines Oxyd- oder Oxydulfilms an der Quecksilberoberfläche verursacht, der die Wiedervereinigung der einzelnen Tröpfchen verhindert. In einem solchen Fall muß das Quecksilber nach den normalen chemischen Reinigungsprozessen destilliert werden, bevor es in den Zellen neuerlich zur Verwendung kommen kann.

Die Quecksilberkathodenzellen arbeiten mit sehr hoher Stromdichte, die notwendig ist, um die Überspannung des Wasserstoffes auf einem hohen Wert zu halten.

Die Konzentration des gewonnenen Ätzalkalis ist im allgemeinen bedeutend höher als bei Verwendung anderer Zellen. Sie schwankt zwischen 300 und 400 g/l.

Ein typisches Beispiel für jene Quecksilberkathodenzellen, die eine weite industrielle Verbreitung gefunden haben (Solvay-, Sörensen-, Krebs-Zelle u. a.), ist die in Abb. 77 schematisch dargestellte Solvay-Zelle. Sie besteht aus zwei parallelen Eisenwannen, die auf Isolatoren ruhen und mit Zement ausgefüttert sind. An einem Ende sind sie im selben Niveau miteinander verbunden, während am anderen die eine Wanne etwas über und die andere etwas unter diesem gemeinsamen Niveau liegen. Das Quecksilber läuft am Boden ab und gelangt, der Schwerkraft folgend, durch den Verbindungskanal von der einen in die andere

Wanne und wird schließlich in die erste Wanne zurückgepumpt. Die erste Wanne arbeitet als Elektrolysezelle; in ihr bildet sich das Amalgam, das dann in der zweiten Wanne zersetzt wird.

Beide Wannen sind gasdicht verschlossen, um das Chlor und den Wasserstoff sammeln zu können. Die Platin- oder Graphitanoden sind durch den Deckel hindurchgeführt. Der Kathodenanschluß ist mittels Metallkontakten am Boden der Zelle hergestellt. Die durch die Zementauskleidung hindurchgeführten Kontakte, liegen am Boden auf, bleiben aber immer vom Quecksilber bedeckt. Der Elektrolysezelle wird ständig Chloridlösung zugeführt, während in die Zersetzungszelle dauernd Wasser im Gegenstrom zum Quecksilber einströmt. Das Quecksilber nimmt in der Elektrolysezelle das Natrium auf und gibt es in der Zersetzungszelle an das Wasser ab, worauf es wieder in den Kreislauf zurückkehrt.

7. Fertigstellung der Produkte. Vergleich von Filter- und Quecksilberkathodenzellen

Für die Ätzalkali- und Chlorerzeugung werden heute zumeist Filter- oder Quecksilberkathodenzellen verwendet. Bei beiden Zellentypen erhält man als Endprodukte Chlor- und Wasserstoffgas und Ätzalkalilösungen. Letztere enthalten in Filterzellen noch unzersetztes Alkalichlorid. Quecksilberkathodenzellen liefern dagegen konzentrierteres und reineres Ätzalkali, das insbesondere frei von Alkalichloriden ist.

Der Wasserstoff wird in Stahlflaschen komprimiert und in dieser Form in den Handel gebracht. Das Chlor wird nach vorherigem Wasserentzug entweder durch starke Kompression bei leichter Abkühlung oder auch durch kräftige Abkühlung allein verflüssigt. Im flüssigen Zustand wird es in Stahlflaschen aufbewahrt.

Die aus den Filterzellen stammende Ätzalkalilösung wird zunächst unter reduziertem Druck auf 40° Bé konzentriert. Bei entsprechender Konzentration (484 g/l) sind die Alkalichloride praktisch unlöslich und fallen aus. Sie werden in Separatoren oder Zentrifugen abgesondert und für die Herstellung einer neuen Elektrolytlösung verwendet. Die konzentrierte Ätzalkalilösung wird dann in gußeiserne Kessel geleitet, wo sie weiter bis auf 50° Bé konzentriert wird, und darauf in Kessel aus Gußeisen, Nickel oder Nickelstahl gefüllt, wo das restliche Wasser so weit ausgeschieden wird, bis die fertige Ätzalkalischmelze vorliegt. Diese wird in Behälter aus brüniertem Blech gegossen, die luftdicht verschlossen werden, und verschickt; oder sie wird auch in seichte Formen gefüllt, in denen sie erstarrt. Die so entstandenen Kuchen werden dann zerkleinert und in Holzfässern verpackt.

In den Schmelzkesseln ist die Korrosion beträchtlich. Die beste Methode für ihre Bekämpfung ist die kathodische Polarisation des Kessels. Zu diesem Zweck werden der Kessel als Kathode und eine in die Schmelze eingetauchte Platinelektrode als Anode geschaltet. Bei Stromdurchgang ist der Kessel kathodisch polarisiert und wird daher nicht angegriffen. Außerdem wird das noch vorhandene Wasser elektrolytisch zersetzt und so der Entwässerungsvorgang beschleunigt.

Die Verarbeitung des durch Amalgamzersetzung gewonnenen Ätzalkalis ist genau die gleiche. Es fehlt nur der erste Arbeitsgang, der die Konzentration unter reduziertem Druck, die Kristallisation und Abscheidung des unzersetzten Chlorids umfaßt. Manchmal wird Ätzalkali auch als konzentrierte Lösung in den Handel gebracht und auf den vollständigen Wasserentzug verzichtet.

Stellt man die beiden wichtigsten Verfahren, das Diaphragma-Filterverfahren und das Quecksilberkathodenverfahren einander gegenüber, um zu sehen, welches von beiden das ökonomischere ist, dann lassen sich folgende Beobachtungen machen. Zugunsten der Verwendung von Quecksilberkathoden sprechen folgende Vorteile:

a) Das gewonnene Alkali hat eine höhere Konzentration; die Konzentrationsanlagen können infolgedessen kleiner gehalten werden oder ganz wegfallen, wodurch die betreffenden Anlage- und Betriebskosten verringert oder überhaupt erspart werden.

b) Die Qualität des Alkali ist bedeutend besser, da es sehr rein und insbesondere frei von Cl^--Ionen ist.

c) Die Kosten für die Inbetriebsetzung und Erhaltung des Diaphragmas fallen weg.

d) Eine Arbeitsperiode ist viel länger, was eine Verminderung jener Kosten bedingt, die für Hilfskräfte zur Wartung der Zelle ausgeworfen werden müssen.

Die Nachteile der Quecksilberkathodenzellen sind:

a) Die Quecksilberkathode erfordert die Anlage eines viel höheren Kapitals, was auf die große Quecksilbermenge zurückzuführen ist, die man für das Verfahren braucht (125 bis 330 g Quecksilber je Ampère), ferner auf die Platinanoden, auf den komplizierteren Bau der Zellen und schließlich auf den größeren Flächenbedarf je Einheitsmenge des zu elektrolysierenden Salzes.

b) Die Kosten der Quecksilberdestillation zu Reinigungszwecken sind beträchtlich, auch die jährlichen Quecksilberverluste fallen ins Gewicht.

c) Quecksilberkathodenzellen haben im Mittel einen um 20% höheren Energieverbrauch.

d) Sie erfordern eine sorgfältigere Überwachung im Hinblick auf die Gefahr der Bildung von Chlor-Knallgasgemischen.

e) Verfahren, die mit Quecksilberkathoden arbeiten, erfordern besonders gut gereinigte Chloridlösungen.

Stellt man die verschiedenen Für und Wider in Rechnung, dann lassen sich folgende Schlüsse ziehen[1]:

a) Die Gesamtkosten der Anlage sind für beide Verfahren größenordnungsmäßig gleich.

b) Für die Erzeugung technischen Ätznatrons ist das Diaphragmaverfahren etwas wirtschaftlicher.

c) Für die Erzeugung *reinen* Ätznatrons ist dagegen das Quecksilberkathodenverfahren wirtschaftlich günstiger.

d) Bei niedrigen Strom- und hohen Brennstoffpreisen ist das Quecksilberkathodenverfahren etwas wirtschaftlicher.

e) Quecksilberkathodenzellen lassen sich leichter für andere Produktionszwecke umstellen (Kalium-, Lithiumhydroxyd usw.).

f) Quecksilberkathodenzellen sind vorzuziehen, wenn die Möglichkeit besteht, das Natriumamalgam unmittelbar zu verwenden.

g) Eine besonders vorteilhafte Kombination benützt gleichzeitig Diaphragma- und Quecksilberkathodenzellen, wobei letztere mit dem Natriumchlorid beschickt werden, das bei der Konzentration des Katholyten der Diaphragmazellen gewonnen wird.

Tab. 66 enthält die Zusammenstellung einiger Daten von Elektrolysezellen für die Erzeugung von Chlor und Ätznatron nach den verschiedenen Methoden.

---

[1] Siehe die Rentabilitätsuntersuchung zum Vergleich der beiden Verfahren von Mac Mullin, R. B.: Chem. Inds. **61**, 41 (1947).

Tabelle 66. *Vergleichsweise Übersicht über die wichtig-*

Zelle	Kathode	Anode	Art des Diaphragmas	Lebensdauer des Diaphragmas	Dauer einer Betriebsperiode	Spannung V
Griesheim[1]	Fe	C	s. v. [2]	2 Jahre	3—4 Tage	3,65—3,85
Aussig	Fe	Graphit	—	—	Jahre	3,5—4,0
Billiter-Leykam	Fe	Graphit	—	—	Jahre	3,1—4,5
Townsend	Fe	Graphit	s. l.	6 Monate	1 Monat	4,6—5,2
Allen-Moore	Fe	Graphit	s. l.	3—9 Monate	1 Monat	3,3—3,8
Nelson	Fe	Graphit	s. l.	6 Monate	1 Monat	3,7
Gibbs	Fe	Graphit	s. l.	4 Monate	2—4 Monate	3,4—3,6
Vorce	Fe	Graphit	s. l.	—	—	3,6
Krebs	Fe	Graphit	s. l.	7—10 Monate	—	3,25—3,75
De Nora	Fe	Graphit	s. l.	6 Monate	1 Monat	2,8—3,3
Giordani-Pomilio	Fe	Graphit	s. v.	8—14 Monate	—	3,5—4,2
Hooker S.	Fe	Graphit	s. v.	—	—	3,28—3,45
Ciba	Fe	Graphit	s. v.	12—15 Monate	12—15 Monate	3,3—3,45
Siemens-Billiter	Fe	Graphit	w. l.	Jahre	Jahre	3,4—3,6
Solvay	Hg	Pt	—	—	3—4 Monate	5
Sörensen	Hg	Graphit	—	—	—	3,85—4
Krebs	Hg	Graphit	—	—	—	4,1—4,2
I. G.	Hg	Graphit	—	—	—	4,2—5,0

[1] Diaphragma aus Zement; das Grundmaterial für die Diaphragmen aller anderen Zellen ist Asbest.

[2] s. v. = Senkrechte Anordnung, Kathodenraum mit Elektrolyt gefüllt;

s. l. = Senkrechte Anordnung, Kathodenraum leer, eventuell mit einem Nichtelektrolyten gefüllt.

w. l. = Waagrechte Anordnung, Kathodenraum leer.

8. Herstellung von Hypochloriten und Chloraten

Bei Vermischung der Anoden- mit der Kathodenflüssigkeit treten außer der primären Entladungsreaktion verschiedene Sekundärreaktionen auf, die zunächst die Bildung von Hypochlorit und in weiterer Folge von Chlorat bewirken. Hypochlorit entsteht durch direkte Reaktion des Chlors mit den OH^--Ionen:

$$Cl_2 + OH^- \rightleftarrows HClO + Cl^-, \tag{1}$$

$$HClO + OH^- \rightleftarrows ClO^- + H_2O. \tag{2}$$

Die in der Lösung vorhandenen Na^+-Ionen nehmen an der Reaktion nicht teil.

Das Hypochlorit ist jedoch das Salz einer schwachen Säure und einer starken Base und daher zum großen Teil hydrolysiert, was im Gleichgewicht (2) zum Ausdruck kommt. Neben den ClO^--Ionen ist daher immer auch undissoziierte unterchlorige Säure vorhanden. Die unterchlorige Säure kann ihrerseits noch einmal mit den ClO^--Ionen reagieren und gemäß der Reaktion

$$2 HClO + ClO^- \rightleftarrows ClO_3^- + 2 Cl^- + 2 H^+ \tag{3}$$

ClO_3^--Ionen bilden.

Die so entstandenen H^+-Ionen reagieren augenblicklich mit anderen ClO^--Ionen, um neue unterchlorige Säure zu bilden:

$$2 H^+ + 2 ClO^- \rightleftarrows 2 HClO. \tag{4}$$

sten Zellen für die Chlor- und Ätznatronherstellung

Stromdichte A/dm²		Ausbeute		Energieverbauch kWh/kg		Konzentration g/l		CO₂ % in Cl₂
anodisch	kathodisch	Strom	Energie	NaOH	Cl₂	NaOH	NaCl Endlös.	
1,4	3	0,80	0,49	3,1	3,5	40—60	150—175	10—12
—	2	0,85	—	3,0	—	120	—	2
—	2—4	0,89—0,93	—	2,2—2,4	—	100—120	—	4—5
1,3	10—15	0,93—0,97	0,48	3,2	3,6	140—200	135	2
4,3	4,0	0,90—0,95	0,58—0,63	2,5—2,9	2,8—3,3	100—150	90—140	5
3,2	4,0	0,90—0,95	0,56—0,60	2,8	3,2	80—100	150	5
1,3	3,0—3,6	0,92—0,95	0,62	2,7	3,0	120	140—170	1,5
1,5	3,8	0,95	0,62	2,6	2,8	90	160	1,7
4,3	4,5	0,90—0,94	0,58—0,66	2,3—2,8	2,7—2,9	85—135	130—170	1,2
—	7,5	0,90	—	—	—	160—180	—	2,4
5,4	4,5	0,92—0,95	0,52—0,58	2,8	3,3	120—180	110—150	1
3,3—4,8	2,9—4,1	0,94—0,95	0,67—0,70	2,3—2,4	2,6—2,7	135	140—150	—
—	4,5	—	—	—	—	110—130	—	2
—	4,8	0,94—0,96	—	2,5	—	120—150	—	1,1—1,2
—	20—30	0,95	—	3,4	—	350	—	—
10—17	9—16	0,90	0,52	2,9—3,2	3,2—3,7	350	—	—
—	—	0,95—0,96	—	2,8	—	350—450	—	1,1 – 3 H₂
14—37	—	0,94—0,96	—	—	3,5—4,1	∼ 500	—	—

Da die Geschwindigkeit der Reaktion (3) dem Quadrat der Konzentration der freien unterchlorigen Säure proportional ist, steigt entsprechend der Beziehung

$$-\frac{d\,[\mathrm{ClO^-}]}{dt} = k\,[\mathrm{HClO}]^2\,[\mathrm{ClO^-}]$$

die Konzentration des Hypochlorits, das heißt der ClO⁻-Ionen, in Abwesenheit anderer Reaktionen anfangs rasch an. In dem Maße aber, wie die Menge des entstandenen

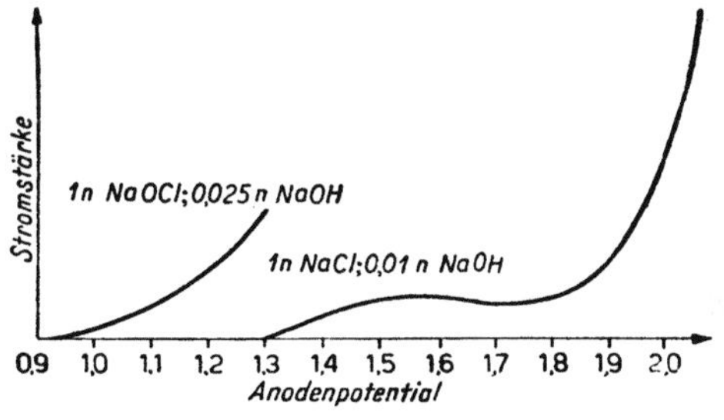

Abb. 78

Hypochlorits größer wird, nimmt seine Konzentration immer langsamer zu, bis ein stationärer Zustand erreicht wird, bei dem ebensoviel Hypochlorit durch die Entladung der Cl⁻-Ionen und die darauffolgende Reaktion des Chlors mit den OH⁻-Ionen entsteht, als durch die chemische Bildung der ClO₃⁻-Ionen nach Gl. (3) verschwindet.

Wenn ein System außer den Cl⁻- und OH⁻-Ionen auch ClO⁻-Ionen enthält, müssen neben der Cl⁻-Ionenentladung noch weitere elektrochemische Anodenreaktionen in Betracht gezogen werden. Tatsächlich können auch die ClO⁻-Ionen an der Entladung teilnehmen, besonders dann, wenn ihre Konzentration stärker ansteigt. Dies um so mehr, als das Entladungspotential der ClO⁻-Ionen bei gleicher Konzentration eine niedrigere Anodenpolarisation als die Cl⁻-Ionenentladung erfordert, wie aus Abb. 78 hervorgeht. Die Bildung der ClO₃⁻-Ionen erfolgt also wie bei der rein chemischen Bildung auf Kosten anderer ClO⁻-Ionen, die zu Cl⁻-Ionen reduziert werden, während der elektrische Strom alles in allem nur die Entwicklung gasförmigen Sauerstoffes aus dem Wasser bewirkt. Nach Foerster und Müller[1] vollzieht sich die anodische Bildungsreaktion der Chlorate über die elektrochemische Zwischenentladung der ClO$^-$-Ionen, die dann wegen ihrer Instabilität als ClO-Radikale mit Wasser nach dem Schema

$$6\,ClO^- + 3\,H_2O \rightleftarrows 2\,ClO_3^- + 4\,Cl^- + 6\,H^+ + \frac{3}{2}\,O_2 + 6\,e \qquad (5)$$

reagieren.

Diese Deutung des Reaktionsverlaufes der anodischen Oxydation der Hypochlorite zu Chloraten beruht auf der Feststellung, daß bei der Elektrolyse von Hypochloritlösungen, die *keine* Chloride enthalten, während der Oxydation zu Chloraten Cl$^-$-Ionen aufscheinen, während der Stromverbrauch gemäß den Faradayschen Gesetzen genau der entwickelten Sauerstoffmenge im gasförmigen Zustand entspricht.

Da sich an der Kathode gleichzeitig 6 OH$^-$-Ionen gebildet haben, die mit den an der Anode bei der Reaktion (5) entstandenen 6 H$^+$-Ionen 3 Moleküle Wasser ergeben, kann die Gesamtreaktion in folgender Form geschrieben werden:

$$6\,ClO^- + 3\,H_2O + 6\,OH^- \rightarrow 2\,ClO_3^- + 4\,Cl^- + 6\,H_2O + \frac{3}{2}\,O_2 + 6\,e,$$

das heißt

$$6\,ClO^- + 6\,OH^- \rightleftarrows 2\,ClO_3^- + 4\,Cl^- + 3\,H_2O + \frac{3}{2}\,O_2 + 6\,e. \qquad (6)$$

Die Reaktion (6), die im wesentlichen mit der Reaktion (3) übereinstimmt, läuft über die Zwischenphase der Entladung der ClO$^-$-Ionen ab: es hängt von der Konzentration der H$^+$-Ionen und der ClO$^-$-Ionen ab, ob die elektrochemische Bildungsgeschwindigkeit der Chlorate größer oder kleiner als die chemische ist. Die Reaktion (5) kann einsetzen, sobald die Konzentration der ClO$^-$-Ionen einen solchen Wert angenommen hat, daß unter Berücksichtigung auch aller eventuellen Überspannungen das effektive Entladungspotential der ClO$^-$-Ionen gleich wird dem effektiven Entladungspotential der Cl$^-$-Ionen unter den gegebenen Konzentrationsbedingungen.

In dem Maße, wie die Konzentration der ClO$^-$-Ionen in der Lösung anwächst, nimmt auch ihre mengenmäßige Entladung an der Anode zu, während bei gleicher Stromdichte die Menge der entladenen Cl$^-$-Ionen abnimmt. In einem bestimmten Zeitpunkt wird daher ein Ausgleich zwischen Bildungs- und Entladungsgeschwindigkeit der ClO$^-$-Ionen erreicht. Das bedeutet, daß die Konzentration des Hypochlorits eine bestimmte Obergrenze nicht überschreiten kann. Es wird also hinsichtlich des Hypochlorits ein stationärer Zustand erreicht, während die Menge und Konzentration des Chlorats ständig zunimmt.

Der stationäre Zustand ist durch die folgenden Reaktionen gekennzeichnet. Zur Bildung eines ClO$^-$-Ions ist die Reaktion von 2 Cl$^-$- und 2 OH$^-$-Ionen notwendig:

$$2\,Cl^- \rightleftarrows Cl_2 + 2\,e; \qquad Cl_2 + 2\,OH^- \rightleftarrows ClO^- + Cl^- + H_2O.$$

---

[1] Nach neueren Untersuchungen [Rius, A. y J. Llopis: Anal. fis. y quim. **41**, 1030 (1945)] soll die anodische Oxydationsreaktion lauten: $5\,ClO^- + 8\,H_2O \rightarrow 3\,ClO_3^- + 2\,Cl^- + 2\,O_2 + 16\,H^+ + 16\,e$. Dies würde nur eine quantitative Verschiebung in den Stromausbeuten zur Folge haben, ohne den Gang der Reaktion qualitativ zu ändern. Sollten diese Beobachtungen durch weitere Untersuchungen bestätigt werden, dann müßten die von Foerster und Müller angegebenen theoretischen Daten der Stromausbeute berichtigt werden (s. Abb. 79, S. 295).

An der Reaktion (6) sind 6 ClO⁻-Ionen beteiligt, daher:

$$12\,Cl^- + 12\,OH^- \rightleftarrows 6\,ClO^- + 6\,Cl^- + 6\,H_2O + 12\,e. \tag{7}$$

Die nachfolgende anodische Oxydation ist durch die Reaktion (6) gegeben, die, mit der Reaktion (7) vereinigt, den stationären Zustand charakterisiert.

$$12\,Cl^- + 18\,OH^- + 6\,ClO^- \rightleftarrows 2\,ClO_3^- + 10\,Cl^- + 6\,ClO^- + 9\,H_2O + \frac{3}{2}O_2 + 18\,e. \tag{8}$$

In vereinfachter Form lautet Gl. (8)

$$2\,Cl^- + 18\,OH^- \rightleftarrows 2\,ClO_3^- + 9\,H_2O + \frac{3}{2}O_2 + 18\,e. \tag{9}$$

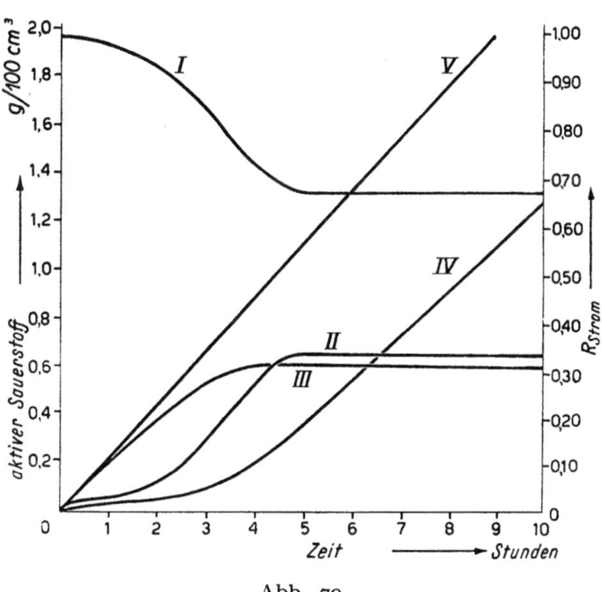

Abb. 79

Aus Reaktion (9) ist ersichtlich, daß zur Oxydation von 2 Cl⁻ zu ClO_3^--Ionen 18 Ladungseinheiten erforderlich sind, von denen nur 12 ausgenützt werden, während 6 für die Entwicklung des Sauerstoffgases aufgewendet werden. Die maximale theoretische Stromausbeute bei der elektrolytischen Herstellung von Chloraten kann daher den Wert 0,667 nicht überschreiten. Natürlich trifft das nur zu, wenn man dafür Sorge trägt, daß nicht das Hypochlorit und das Chlorat an die Kathode gelangen, wo sie unter Umständen reduziert werden. An Platinelektroden werden Chlorate nicht, Hypochlorite aber wohl reduziert. Die kathodische Reduktion der Hypochlorite kann verhindert werden, wenn der Chloridlösung eine kleine Menge eines Erdalkalisalzes zugesetzt wird. Oft genügt schon das Quantum, das als Verunreinigung im Ausgangssalz enthalten ist, oder etwas Alkalichromat (0,1 bis 0,2%). Es bildet sich dann an der Kathode ein Diaphragma aus Erdalkalihydroxyd bzw. Chromihydroxyd, an dem das Hypochlorit nicht reduziert wird.

Die stationären Bedingungen sind aus Abb. 79 ersichtlich. Die abgebildeten Kurven wurden bei der Elektrolyse von 200 cm³ einer 5,1 n-Natriumchloridlösung mit einem Zusatz von 0,44 g Kaliumchromat erhalten. Die Temperatur betrug 12,5⁰ C, die anodische Stromdichte 0,067 A/cm² an Platinanoden. In der

Abbildung stellt die Kurve *I* die Stromausbeute des aktiven Sauerstoffes dar (Skala rechts). Sie beginnt bei nahezu 0,97 bis 0,98 und sinkt bis auf 0,667 ab; die Kurve *II* (Skala rechts) gibt die Stromausbeute des gasförmigen Sauerstoffes wieder, die von Null bis auf 0,333 ansteigt; die Kurve *III* (Skala links) stellt die in Gramm ausgedrückte Sauerstoffmenge in Form von Hypochlorit dar, die nach einer gewissen Elektrolysedauer einen konstanten Wert erreicht; die Kurve *IV* (Skala links) stellt die in Gramm ausgedrückte aktive Sauerstoffmenge in Chloratform dar, die bis zur Sättigung dauernd ansteigt; die Kurve *V* (Skala links) gibt schließlich die Gesamtmengen des aktiven Sauerstoffes wieder, wie sie der Theorie entsprechen.

Will man Hypochlorit in größtmöglicher Konzentration erhalten, dann muß man Vorkehrungen treffen, daß der waagrechte Ast der Kurve *III* so spät als möglich erreicht wird. Die optimalen Bedingungen für die Hypochloritausbeute sind:

a) Eine möglichst hohe Konzentration des Alkalichlorids, wodurch die Entladung der Cl^--Ionen infolge Herabsetzung des Entladungspotentials begünstigt wird.

b) Eine hohe Stromdichte, die wahrscheinlich die Cl^--Ionen rascher entlädt als die ClO^--Ionen, so daß die Konzentration des gelösten Chlors ansteigt. Die Reaktion zwischen dem Chlor und den OH^--Ionen findet dann in einem bestimmten Abstand von der Anode in der sogenannten Diffusionsschicht statt. In der die Anode berührenden Flüssigkeitsschicht ist daher die ClO^--Ionenkonzentration niedrig und infolgedessen auch der Prozentsatz von ClO^--Ionen, die an der Anode entladen werden können, gering.

c) Eine niedrige Temperatur zur Verminderung der Reaktionsgeschwindigkeit der chemischen Chloratbildung.

d) Eine neutrale Reaktion des Elektrolyten. Die alkalische Reaktion des Elektrolyten begünstigt die elektrochemische Chloratbildung, da in alkalischer Lösung eine Anreicherung von ClO^--Ionen infolge der Gleichgewichte (1) und (2) auftritt, während die saure Reaktion die chemische Chloratbildung nach Gl. (3) fördert.

e) Durch geeignete Anordnung des Zellenaufbaues müssen turbulente Strömungen im Anolyten verhindert werden, um die anodische Entladung der ClO^--Ionen, die sich in einer gewissen Entfernung von der Anode in der Diffusionsschicht gebildet haben, zu vermeiden.

f) Durch geeignete Zusätze zum Elektrolyten (Kaliumchromat, Calciumchlorid, Türkischrotöl usw.) ist die kathodische Reduktion des Hypochlorits zu verhindern.

Will man Chlorat mit einer Gesamtausbeute erhalten, die den theoretischen Wert der elektrochemischen Bildung (0,667) übersteigt, dann muß man Bedingungen schaffen, die die Entstehung von Chlorat auf chemischem Wege gemäß Reaktion (3) erleichtern, das heißt eine saure Umgebung und hohe Temperatur, mit dem Zweck, die Geschwindigkeit der Reaktion (3) zu beschleunigen und das im Entstehen begriffene Hypochlorit rascher zu beseitigen.

Die Herstellung von Hypochloriten auf elektrochemischem Wege wird in der Praxis nur von kleinen Betrieben durchgeführt, die auf die Einfachheit des Arbeitsverfahrens ein größeres Gewicht legen als auf die bestmögliche Ausnützung der Rohstoffe und der aufgewandten Energie. Das hat seinen Grund in der bereits dargelegten Tatsache, daß die Stromausbeuten bei der elektrochemischen Herstellung wegen der unvermeidlichen Sekundärreaktionen niedrig sind.

Industriell wird heute Hypochlorit durch direkte Reaktion von Chlorgas mit Natriumhydroxyd oder mit Kalk und nachfolgende Zersetzung des Chlorkalks mit Natriumcarbonat hergestellt.

In allen Zellen zirkuliert der Elektrolyt während des Betriebes zwischen den Platin- oder Graphit- oder gemischten Elektroden (Platinanode, Graphitkathode). Die Schaltung ist immer bipolar. Die Behälter sind fast immer Sandsteintröge, die durch Glaswände in eine Reihe von Einzelzellen unterteilt sind. Der Abstand zwischen den Elektroden liegt in der Größenordnung von Millimetern. Als Elektrolyt wird 10 bis 15%ige Natriumchloridlösung, eventuell mit Zusatz von

0,2 bis 0,5%igem Calciumchlorid oder Kaliumchromat oder Harzseifen und dergleichen, verwendet. Die Endkonzentration schwankt zwischen 10 und 20 g/l aktiven Chlors, die Klemmenspannung einer Elementarzelle ist je nach dem Zellentyp ziemlich verschieden und bewegt sich zwischen 3,7 und 6,1 V; der Energieverbrauch beträgt infolgedessen zwischen 5 und 8 kWh/kg aktiven Chlors. Um den Elektrolyten vollkommen neutral zu erhalten, setzt man von Zeit zu Zeit Ätzalkali zu, das die an der Anode immer entstehende Säure neutralisiert.

Ein für die Herstellung von Hypochlorit charakteristischer Zellentyp ist die in Abb. 80 dargestellte Kellner-Zelle. *a*) zeigt den Grundriß und *b*) einen Schnitt durch die Zelle. Der Elektrolyt wird von der Zelle in eine Kühlanlage

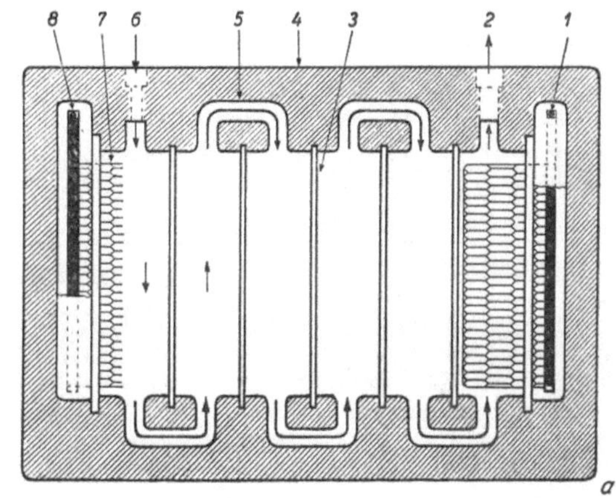

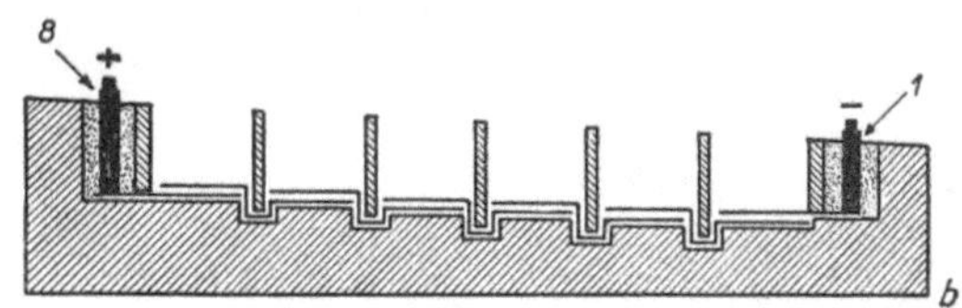

Abb. 80. Kellner-Zelle. 1 Anschluß der Graphitkathoden; 2 Auslaß für NaClO; 3 Glaswände; 4 Zementtrog; 5 Strömungskanäle für den Elektrolyten; 6 NaCl-Zuführung; 7 Bipolare Platinelektroden; 8 Anschluß der Graphitanoden

geleitet, von wo er wieder in die Zelle zurückgepumpt wird, bis die gewünschte Konzentration erreicht ist. In Tab. 67 sind alle Daten zusammengestellt, die einen Vergleich zwischen verschiedenen modernen Zellen für die Hypochloritherstellung erlauben.

Die Zellen für die elektrolytische Herstellung der Chlorate weisen keine nennenswerten Besonderheiten auf. In neuerer Zeit bestehen sie aus Eisen- oder Zementbehältern mit ausschließlicher Verwendung monopolarer Elektroden. Die Kathoden sind fast immer aus Eisen, die Anoden aus Platin, Graphit oder Magnetit. Die Elektrolyse wird bei etwa 40° C mit einem ausgesprochen sauren Elektrolyten (der allerdings nicht zu sauer sein darf, um nicht die Löslichkeit des Chlors herabzusetzen, unterchlorige Säure durch Verdampfung zu verlieren und das gallertartige Diaphragma aus Erdalkalihydroxyden oder Chromihydroxyd anzugreifen) ausgeführt, wodurch die chemische Chloratbildung erleichtert werden soll. Auf diese Weise wird eine bedeutend höhere Gesamtausbeute als 0,667 erzielt. Unter günstigen Arbeitsbedingungen — wenn man die kathodische Reduktion des Chlorats, vor allem aber des als Zwischenprodukt gebildeten Hypochlorits verhindert — kann man 0,90 bis 0,92 erreichen. In Tab. 68 sind die Daten der Chloratherstellung zusammengefaßt.

Tabelle 67. *Vergleichsdaten verschiedener Zellen zur Herstellung von Hypochloriten*

Zelle	Elektroden	NaCl g/l Anfangslösung	Spannung V	R_{Strom}	Aktives Chlor g/l	t^0 C	Energieverbrauch kWh/kg Chlor
Kellner	Pt-Ir	100	5	0,55	20	21	6
Haas-Oettel	Graphit	150	3,7	0,53	14	23	6
Schoop	Pt	—	4,5—5	0,75	10	—	5,5
Schuckert	Graphit Pt-Ir	100	5,5—6,1	0,60—0,65	18	20—30	7

Tabelle 68. *Elektrolysedaten der Chloratherstellung*

Anoden	Pt; Graphit; Magnetit
Kathoden	Fe; Stahl
Spannung	2,5 — 4 V
D_{Anode}	1 — 16 A/dm²
$D_{Kathode}$	1 — 5 A/dm²
R_{Strom} (Gesamtwert)	0,75 — 0,90
p_H	6,0 — 6,8
Temperatur	35° C
Anfangslösung	250 g/l NaCl
Endlösung	500 g/l $NaClO_3$; 85 g/l NaCl
Energieverbrauch	6 — 7 kWh/kg für $KClO_3$
	7 — 8 kWh/kg für $NaClO_3$

Die Klemmenspannung beträgt etwa 2,5 bis 4 V. Elektrolysiert wird eine 25%ige Kaliumchlorid- oder eine gesättigte Natriumchloridlösung. Letzterer wird während der Elektrolyse ständig Natriumchlorid zugeführt, bis die Chloratsättigung bei der gegebenen Elektrolysetemperatur erreicht ist. Ist dies geschehen, so wird der Elektrolyt in Tröge geleitet, allenfalls gekühlt und das Chlorat auskristallisiert, wobei es sich am Boden absetzt. Danach wird der Elektrolyt neuerdings mit Chlorid gesättigt und wieder in den Kreislauf zurückgeleitet.

B. Andere nichtmetallurgische Elektrolyseprozesse

9. Elektrolyse des Wassers

Die Elektrolyse des Wassers wird zur Herstellung von Sauerstoff und Wasserstoff in sehr reinem Zustand durchgeführt. Diese beiden Gase können auch mit Hilfe anderer Methoden dargestellt werden, die Wassergas, flüssige Luft usw. als Ausgangsprodukt benützen. Die elektrolytische Methode hat jedoch den Vorteil, daß man rasch bedeutende Mengen der beiden Gase mit einem überaus hohen Reinheitsgrad unter Verwendung verhältnismäßig einfacher Apparaturen erzeugen kann.

Reines Wasser kommt als Elektrolyt nicht in Frage, da es eine zu niedrige Leitfähigkeit hat. Es muß daher eine nicht zu stark verdünnte Lösung einer Sauerstoff-Säure, einer Base oder eines zweckmäßig gewählten Salzes herangezogen werden. Für die richtige Deutung der an den Elektroden stattfindenden Vorgänge ist die Beobachtung wichtig, daß die Zersetzungsspannung der meisten Sauerstoff-Säuren und Basen zwischen zwei Elektroden aus blankem Platin einen um 1,69 V schwankenden Wert (s. Tab. 34, S. 129) aufweist. Da das Zersetzungspotential durch die Summe der Entladungspotentiale des Kations und des Anions gegeben und konstant ist, muß der primäre Entladungsvorgang an jeder der beiden Elektroden immer derselbe sein, so verschieden auch die gelösten Verbindungen sein mögen.

In der wässerigen Lösung einer Säure oder einer Base sind immer mindestens drei Ionenarten vorhanden: in saurer Lösung das saure Anion, das H^+-Ion und das OH^--Ion; in alkalischer Lösung das basische Kation, das H^+-Ion und das OH^--Ion. Das heißt, daß sowohl die Säure als auch die Base gleichzeitig H^+-Kationen und OH^--Anionen liefern. Aus dieser Feststellung folgt ohne weiteres: wenn das Zersetzungspotential der Säuren und Basen konstant ist, ist dies dem Umstand zuzuschreiben, daß am Elektrolyseprozeß nur die H^+-Kationen und OH^--Anionen teilnehmen. Diese erfordern unter den gegebenen Elektrolysebedingungen die geringste Polarisation, wenn auch die OH^--Ionen in saurer Lösung eine sehr geringe Konzentration aufweisen und sich dasselbe von den H^+-Ionen in alkalischer Lösung sagen läßt.

Bei Betrachtung der Spannungsreihe kommt man leicht zu denselben Schlußfolgerungen, da an jeder Elektrode derjenige elektrochemische Vorgang zuerst auftritt, der das positivste Gleichgewichtspotential hinsichtlich der Kationen und das negativste hinsichtlich der Anionen aufweist. In Gegenwart von H^+-Ionen und des Kations eines Alkalimetalles besteht der kathodische Vorgang ausschließlich aus der Entladung der H^+-Ionen (s. Abschn. 1), während in Gegenwart von OH^--Ionen und eines sauren, Sauerstoff enthaltenden Anions der anodische Primärvorgang die Entladung von OH^--Ionen ist, da das Entladungspotential des OH^--Ions negativer als das der Anionen der Sauerstoff-Säuren ist.

Auch für den Fall des Salzes eines Alkalimetalles und einer Sauerstoff-Säure gelten offenbar die gleichen Überlegungen. In der Praxis wird jedoch die Elektrolyse nie in einer Salzlösung ausgeführt, da es sich empfiehlt, die große Beweglichkeit der H^+- und OH^--Ionen auszunützen, die eine Erniedrigung des Ohmschen Widerstandes der Zelle bedingt. Der Elektrolyt ist daher immer eine Säure oder eine Base.

Die Spannung von 1,69 V entspricht der Zersetzungsspannung des Wassers an Elektroden aus blankem Platin. Die theoretische Zersetzungsspannung müßte der EMK eines Knallgaselementes gleich sein und 1,24 V betragen. Es besteht also ein beträchtlicher Unterschied zwischen dem experimentell bestimmten und dem theoretischen Wert der Zersetzungsspannung, der in erster Linie durch die Überspannung des Sauerstoffes an blankem Platin (die des Wasserstoffes ist sehr klein: 0,07 V) und außerdem durch die unvollständige Sättigung der Elektrode mit Sauerstoff zu erklären ist.

Wichtig ist auch die Beobachtung, daß sich die Zersetzungsspannung bei Verwendung verschiedener Elektrolyte nicht ändert, obwohl das anodische und kathodische Entladungspotential jedes für sich von der Natur des Elektrolyten abhängen. Dies wird ohne weiteres verständlich, wenn man bedenkt, daß der für die Reaktion erforderliche Energieverbrauch immer der gleiche ist, wenn der Anoden- und Kathodenvorgang zusammengenommen zu derselben chemischen

Reaktion führt. Die elektrische Arbeit ist durch den Ausdruck $E\,n\,F$ (E = Zersetzungsspannung; n = Zahl der elektrischen Ladungen, die an der Umwandlung von 1 Mol beteiligt sind, im Falle des Wassers $n = 2$; F = 96 500 C) gegeben. Da nach den Faradayschen Gesetzen das Produkt $n\,F$ konstant ist, muß auch die Zersetzungsspannung E konstant bleiben.

In der Praxis muß die Klemmenspannung der Elektrolysezellen aus verschiedenen Gründen bedeutend größer sein als ihr theoretischer Wert. Vor allem müssen außer der theoretischen Zersetzungsspannung von 1,24 V auch die für die Wasserstoff- und Sauerstoffentladung notwendigen Überspannungen an den verschiedenen Elektrodenmaterialien, der innere Widerstand der Zelle und schließlich die GEMK berücksichtigt werden, die sich infolge Bildung eines Konzentrationselementes zwischen den beiden Zellenregionen einstellt. Letzteres ist eine Folge der elektrochemischen Reaktionen, die an den beiden Elektroden stattfinden und jeweils auch von dem verwendeten Elektrolyten abhängen.

Im Falle eines sauren Elektrolyten werden an der Kathode die in großer Konzentration vorhandenen H^+-Ionen entladen, während die Anionen zur Anode wandern. An der Anode entladen sich die aus der Dissoziation des Wassers stammenden OH^--Ionen, deren Anzahl allerdings gering ist. Die anodische Entladungsreaktion lautet im großen und ganzen:

$$2\,OH^- \rightarrow \frac{1}{2}\,O_2 + H_2O + 2\,e.$$

Für jedes Paar von OH^--Ionen, das heißt für jedes verbrauchte Wassermolekül, verbleiben $2\,H^+$-Ionen, die zusammen mit dem von der Kathode herkommenden Anion die ursprüngliche Säure wiederbilden. Wenn $2\,F$ die Zelle durchfließen, verschwinden 2 Äquivalente Säure aus dem Kathodenraum und ebensoviele werden im Anodenraum neu gebildet, aus dem übrigens 1 Molekül Wasser verschwindet: die Säurekonzentration der Anodenflüssigkeit nimmt daher zu.

Ist der Elektrolyt eine Base, dann werden an der Anode die aus der Dissoziation der Base stammenden OH^--Ionen entladen, wobei 1 Mol Wasser je $2\,F$ Ladungsdurchgang entsteht; gleichzeitig wandern die metallischen Kationen zur Kathode. An der Kathode entladen sich die aus der Dissoziation des Wassers stammenden H^+-Ionen; die überschüssigen OH^--Ionen stellen mit den metallischen Kationen die ursprüngliche Base wieder her. Insgesamt verschwinden an der Anode 2 Äquivalente Base und gleichzeitig entsteht 1 Mol Wasser; an der Kathode entstehen 2 Äquivalente Base und es verschwinden 2 Mole Wasser: die kathodische Lösung wird daher konzentrierter.

Der Fall der Elektrolyse eines Sauerstoff enthaltenden Salzes eines Alkalimetalles scheidet aus, da die Lösung eine viel geringere Leitfähigkeit als eine Säure oder Base aufweist und daher für die technische Elektrolyse des Wassers nicht in Betracht kommt.

Ob man nun einen sauren oder alkalischen Elektrolyten verwendet, immer bildet sich ein Konzentrationselement, dessen EMK zu der des Knallgaselementes hinzukommt und so die für die Elektrolyse notwendige Potentialdifferenz erhöht. Mit fortschreitender Elektrolyse nimmt die Konzentrationsdifferenz zwischen Anolyt und Katholyt zu und infolgedessen erhöht sich auch die EMK des Konzentrationselementes. Diese EMK kann allerdings nur bis auf einen bestimmten Grenzwert anwachsen, bei dem die Diffusion, die sich als Folge des Konzentrationsunterschiedes in der umgekehrten Richtung auswirkt, der Konzentrationsdifferenz selbst das Gleichgewicht hält. Der Konzentrationsunterschied kann zum Teil durch eine zweckmäßige Konstruktion der Zelle — z. B. durch eine Vorkehrung, die das zu elektrolysierende Wasser gerade an der Stelle zufließen läßt, wo der Elektrolyt am konzentriertesten ist, usw. — herabgesetzt werden.

In der Praxis wird heute ausschließlich Natrium- oder Kaliumhydroxyd als Elektrolyt verwendet. Dies erklärt sich aus folgenden Überlegungen. Vor allem ist es leichter, für Behälter, Elektroden und Diaphragmen Werkstoffe zu finden, die gegen alkalische Lösungen widerstandsfähig sind, als solche, die säurebeständig sind; zweitens sind an diesen Werkstoffen die Überspannungen des Wasserstoffes und Sauerstoffes kleiner als an Blei, dem einzigen Material, das gegen Schwefelsäure beständig ist, die ihrerseits wieder der einzige Elektrolyt wäre, der für eine industrielle Elektrolyse des Wassers in Frage käme.

Die Wahl eines alkalischen Elektrolyten ist aus den beiden oben genannten Gründen vorzuziehen, obwohl die Leitfähigkeit einer Natriumhydroxyd- oder Kaliumhydroxydlösung beträchtlich unter der einer Schwefelsäurelösung der gleichen Konzentration liegt und obgleich Ätzalkali in offenen Zellen durch Absorption von Kohlensäure aus der Luft in merklichem Ausmaß in Carbonat übergeht, wodurch die eigene Leitfähigkeit noch mehr herabgesetzt und die Angriffskraft des Elektrolyten gegen alle Werkstoffe, mit denen er in Berührung kommt, erhöht werden.

Ätzkali wäre an sich dem Ätznatron vorzuziehen, da es eine höhere Leitfähigkeit hat; es kostet jedoch mehr und wirkt außerdem stärker korrodierend. Die Wahl des Elektrolyten hängt daher auch von den örtlichen Preisen des Elektrolyten, der elektrischen Energie, der Ersatzteile der Zellen usw. ab.

Die Berechnung der Leitfähigkeit der gefüllten Zelle auf Grund der spezifischen Leitfähigkeit des Elektrolyten und der Größenausmaße der Zelle und der Elektroden während der Elektrolyse ist nicht möglich, da die Elektrolyseprodukte aus einer Unzahl von Gasbläschen bestehen, die bis zu einer gewissen Größe an der Elektrode haften bleiben. Eine ähnliche Erscheinung, als Anodeneffekt bezeichnet, tritt bei der Elektrolyse von Elektrolytschmelzen auf (s. Kap. IX, 1). Die nutzbare Berührungsfläche zwischen Elektrode und Lösung wird dadurch verkleinert und damit der Widerstand erhöht. Nach der Loslösung bleiben außerdem die Bläschen solange im Elektrolyten, bis sie die freie Oberfläche erreicht haben; dadurch wird der effektive Querschnitt des als Leiter betrachteten Elektrolyten verringert und der Widerstand um so mehr vergrößert, je intensiver die Gasentwicklung ist. In anderen Worten: der Ohmsche Widerstand der Zelle ist in Abhängigkeit von der aufgenommenen Stromstärke veränderlich. Bei den Wasserelektrolysezellen rechnet man daher gewöhnlich mit Stromstärken und nicht mit Stromdichten, da die effektiv nutzbare Oberfläche der Elektroden unbestimmt ist. Insgesamt setzt sich die effektive Klemmenspannung aus der Summe der Zersetzungsspannung, der anodischen und kathodischen Überspannung, der Polarisations-GEMK und des durch den Ohmschen Widerstand bedingten Potentialabfalles zusammen.

Will man die Klemmenspannung herabsetzen und damit eine günstigere Energieausbeute erzielen, dann sind folgende Punkte zu berücksichtigen:

1. Durch Vergrößerung der Elektrodenoberfläche mittels Lamellen, Rippen usw. werden bei gleichen Außendimensionen und aufgenommener Energie der Zelle die effektive Stromdichte und damit auch die Überspannungen herabgesetzt.

2. Darüber hinaus kann durch zweckmäßige Wahl des Werkstoffes für die Elektroden auf die Überspannungen Einfluß genommen werden; der gewählte

Werkstoff muß natürlich in jedem Fall gegen den Elektrolyten genügend widerstandsfähig sein.

3. Durch Rühren des Elektrolyten und Vermischung des Anolyten mit dem Katholyten wird die Bildung eines Konzentrationselementes gehemmt.

4. Höhere Temperatur erniedrigt den Wert der Überspannungen und vergrößert außerdem die spezifische Leitfähigkeit; nachteilig ist allerdings die intensivere Angriffswirkung des Elektrolyten und der erhöhte Wasserverbrauch infolge Verdampfung.

5. Auch die Konzentration des Elektrolyten ist von Bedeutung. Die spezifische Leitfähigkeit jedes Elektrolyten zeigt ein Maximum bei einer bestimmten Konzentration[1] (s. Kap. II, 4). Die der maximalen Leitfähigkeit entsprechende Konzentration ist ihrerseits eine Funktion der Temperatur. Für die üblichen Elektrolyte Natriumhydroxyd und Kaliumhydroxyd wächst die Konzentration der maximalen Leitfähigkeit monoton mit zunehmender Temperatur zwischen 0 und 100° C an; durch zweckmäßige Wahl von Temperatur und Konzentration können der innere Widerstand der Zelle und damit der Ohmsche Potentialabfall auf ein Minimum herabgedrückt werden.

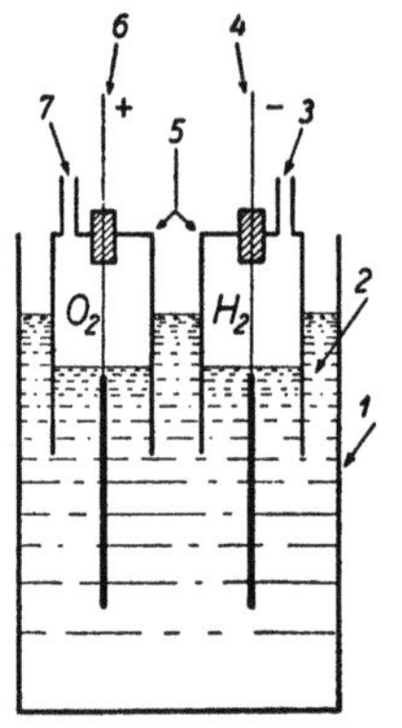

Abb. 81. Glockenzelle für die Wasserelektrolyse.

1 Äußerer Behälter; 2 Elektrolyt; 3 H_2-Abzug; 4 Kathode; 5 Gasglocken; 6 Anode; 7 O_2-Abzug

6. Der innere Widerstand der Zelle kann auch durch eine Verringerung des Elektrodenabstandes herabgesetzt werden. Die entwickelten Gase müssen jedoch immer die Möglichkeit haben, aus dem Raum zwischen den Elektroden rasch zu entweichen, um eine Widerstandszunahme infolge Verminderung der Elektrolytmenge zwischen den Elektroden zu vermeiden. Dies kann durch eine geeignete Elektrodenform erreicht werden.

7. Der innere Widerstand der Zelle kann schließlich noch durch eine kräftige Bewegung des Elektrolyten und durch alle möglichen konstruktiven Kunstgriffe, die den raschen Abzug der Elektrolysegase aus dem Elektrodenraum ermöglichen, herabgesetzt werden.

Die Elektroden können monopolar oder bipolar geschaltet sein. Die Zellen des monopolaren Systems sind im allgemeinen so konstruiert, daß über den Elektroden Glocken angeordnet sind, die unter Umständen nach unten als Diaphragmen verlängert sind und die Aufgabe haben, die Elektrolysegase getrennt zu sammeln. Die mit bipolaren Elektroden ausgestatteten Zellen setzen sich aus Metallelementen zusammen, die nach Art der Filterpressen in einem Gestell zusammengeschlossen und gegeneinander durch Diaphragmen und Isoliermaterial isoliert sind: alle derselben Seite zugewandten Flächen der einzelnen Elemente arbeiten als Kathode, die anderen als Anode. Im unteren Teil jedes Elementes ist die Wasserzuführung eingebaut, während der obere Teil Kanäle zum Auffangen des Wasserstoffes und Sauerstoffes trägt. Ein anderer Zellentyp des bipolaren Systems besteht aus einer Wanne, in welche die einzelnen Elektroden in entsprechenden Abständen, durch Diaphragmen getrennt,

---

[1] Ausgenommen der Fall, in dem Sättigung die Feststellung des Maximums unmöglich macht.

eintauchen. Eine Reihe von Glocken, die am Oberteil der Zelle befestigt sind, dient zum Auffangen der erzeugten Gase.

Die Zellen der Wasserelektrolyse können daher in monopolar- und bipolar-geschaltete eingeteilt werden. Die ersteren werden weiter unterteilt in Glocken-zellen (Typ 1, Abb. 81)[1], Diaphragmazellen (Typ 2, Abb. 82) und in kombinierte Diaphragma- und Glockenzellen (Typ 3, Abb. 83). Die Zellen des bipolaren Systems gliedern sich in Trogzellen (Typ 4, Abb. 84) und in Zellen nach Filterpressenart (Typ 5, Abb. 85).

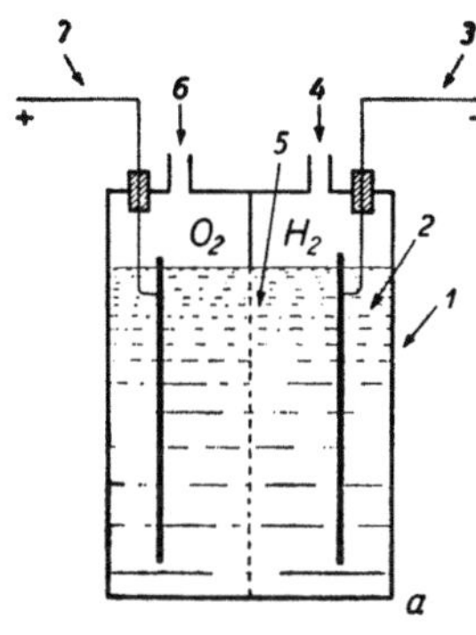
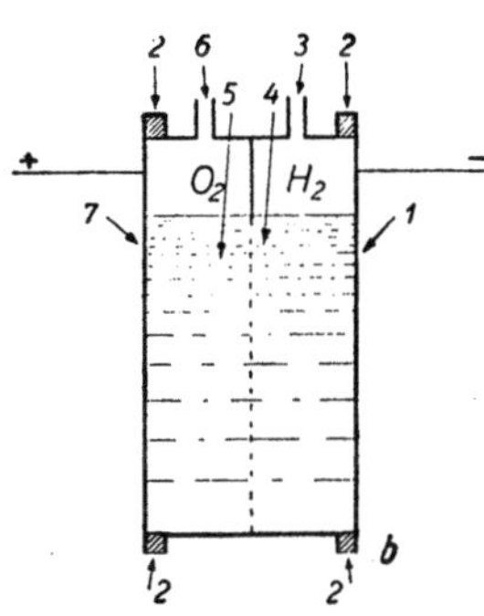

Abb. 82 *a* und *b*. Diaphragmazellen für die Wasserelektrolyse

a) 1 Behälter; 2 Elektrolyt; 3 Ka-thodenanschluß; 4 H_2-Abzug; 5 Dia-phragma; 6 O_2-Abzug; 7 Anodenan-schluß

b) 1 Als Kathode wirkende Außenwand; 2 Elektrische Isolation; 3 H_2-Abzug; 4 Diaphragma; 5 Elektrolyt; 6 O_2-Abzug; 7 Als Anode wirkende Außenwand

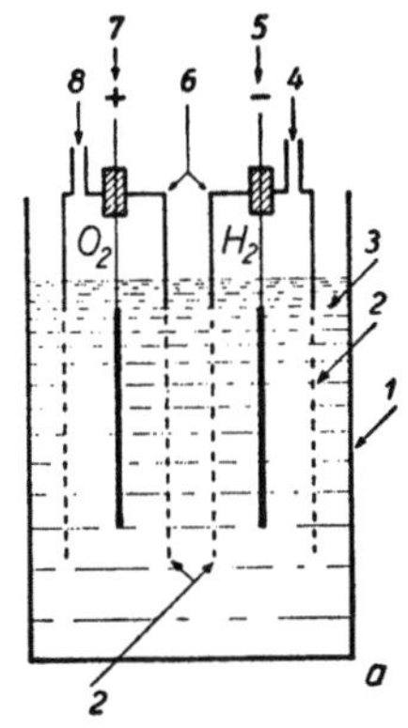
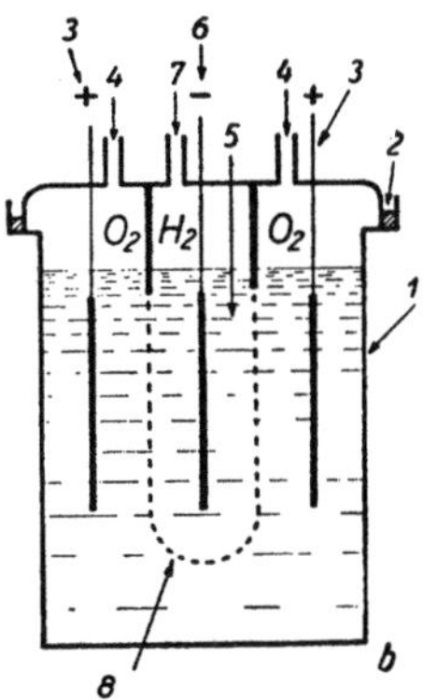

Abb. 83 *a* und *b*. Kombinierte Diaphragma- und Glockenzellen für die Wasserelektrolyse.

a) 1 Behälter; 2 Diaphragma; 3 Elektro-lyt; 4 H_2-Abzug; 5 Kathode; 6 Gas-glocken; 7 Anode; 8 O_2-Abzug

b) 1 Behälter; 2 Hydraulischer Verschluß; 3 Anoden; 4 O_2-Abzug; 5 Elektrolyt; 6 Kathode; 7 H_2-Abzug; 8 Diaphragma

Die Zelle muß aus einem Material hergestellt sein, das dem Angriff des Elek-trolyten Widerstand leistet. Als solches werden gewöhnlich Eisen, vernickeltes Eisen oder Eisen-Nickellegierungen verwendet. Bei den Elektroden muß außer der Beständigkeit auch der Überspannungswert berücksichtigt werden. Neben

---

[1] Die Abbildungen geben die verschiedenen Zellentypen nur schematisch wieder.

den genannten Werkstoffen wird noch mit Kobalt überzogenes Eisen für die Herstellung von Elektroden herangezogen.

Ein sehr wichtiger Teil der Zelle ist das Diaphragma, das die Vermischung des an der Kathode entwickelten Wasserstoffes mit dem an der Anode entwickelten Sauerstoff unbedingt verhindern muß, da sonst die Reinheit der gewonnenen Gase leiden und gefährliche Knallgasgemische entstehen würden. Natürlich darf das Diaphragma dem Stromdurchgang und der Zirkulation des Elektrolyten keinen allzu großen Widerstand entgegensetzen. Vielfach werden Diaphragmen aus Asbestwolle, aber auch aus Metallnetzen oder perforierten Metallblechen verwendet. In den beiden letztgenannten Fällen muß die Klemmenspannung niedriger als die doppelte Zersetzungsspannung des Wassers sein, da sonst das Diaphragmametall als bipolare Elektrode wirken würde.

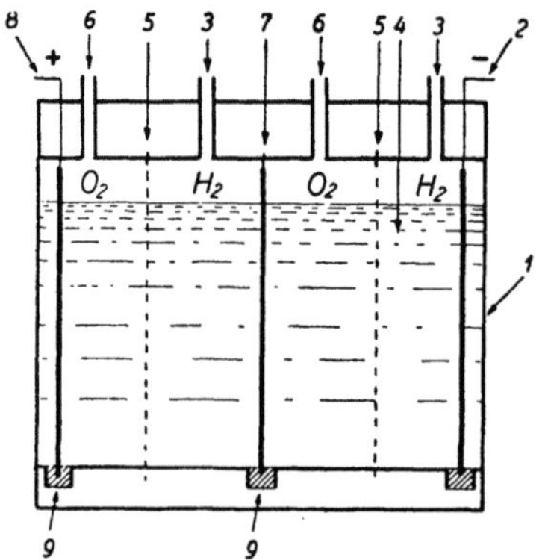

Abb. 84. Trogzelle für die Wasserelektrolyse. 1 Behälter; 2 Endkathode; 3 H₂-Abzug; 4 Elektrolyt; 5 Diaphragmen; 6 O₂-Abzug; 7 Bipolare Elektrode; 8 Endanode; 9 Isolatoren

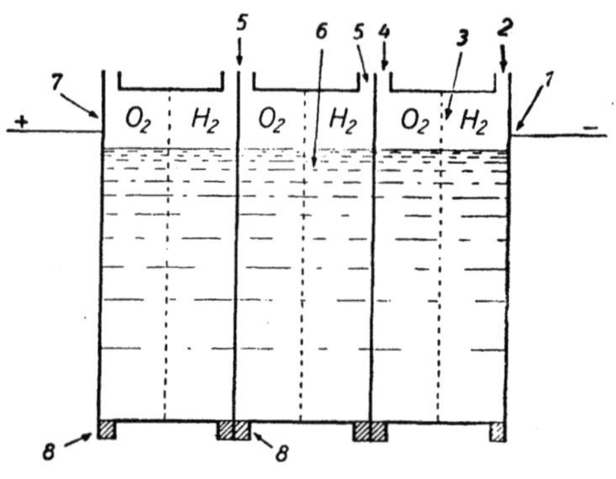

Abb. 85. Zelle nach Filterpressenart für die Wasserelektrolyse. 1 Als Endkathode wirkende Wand; 2 H₂-Abzug; 3 Diaphragma; 4 O₂-Abzug; 5 Als bipolare Elektrode wirkende Wand; 6 Elektrolyt; 7 Als Endanode wirkende Wand; 8 Isolatoren

Die Leistung der einzelnen Zellentypen weist große Unterschiede auf, da sie von vielen Faktoren abhängt. Zur Abscheidung von 1 m³ Wasserstoff und 0,5 m³ Sauerstoff sind theoretisch 4,78 kWh erforderlich, vorausgesetzt daß die Stromausbeute 1 ist und die Spannung dem theoretischen Wert entspricht. Diese Voraussetzungen treffen natürlich in der Praxis nicht zu, so daß der Energieverbrauch immer höher liegt. Tab. 69 enthält Vergleichsdaten von verschiedenen Zellen, die heute für die Wasserelektrolyse verwendet werden.

Die aus der Zelle austretenden Gase Wasserstoff und Sauerstoff enthalten natürlich Wasserdampf mit einem Partialdruck, der der Arbeitstemperatur der Zelle entspricht, und außerdem eine beträchtliche Menge Elektrolyt, der in Form von Nebeltröpfchen mitgerissen wurde. Der größte Teil des Wassers wird durch Kondensation während der Abkühlung der Gase von der Arbeitstemperatur der Zelle auf die Temperatur der Umgebung spontan ausgeschieden; will man absolut trockene Gase erhalten, dann wird die Entwässerung mittels Absorptionsmitteln, z. B. aktiver Kieselsäure (Silicagel), durchgeführt.

Der Elektrolytnebel wird in Separatoren durch Waschen der Gase mit dem Speisewasser der Zelle entfernt.

Der Betrieb der Zelle erfordert daher verschiedene zusätzliche Apparate: Destillatoren zur Herstellung des destillierten Speisewassers, Kondensatoren,

Waschapparate, Pumpen für die Beschickung der Zelle und die Zirkulation des Elektrolyten, Kompressoren usw. Beim Entwurf der Zelle selbst und auch der Hilfsapparate müssen parasitäre Nebenschlüsse so weit als möglich vermieden bzw. auf ein Minimum herabgedrückt werden, da diese Strom verbrauchen, dadurch die Ausbeute der Zelle herabsetzen und außerdem noch zu einer Verunreinigung der erzeugten Gase führen. Ein solcher Nebenschluß wird besonders bei den Filterpressezellen durch die Sammelkanäle für den Wasserstoff und Sauerstoff gebildet, die gewöhnlich mit Elektrolytschaum gefüllt sind, der noch eine beträchtliche elektrische Leitfähigkeit besitzt. Nimmt die Stromstärke in diesem Nebenschluß zu hohe Werte an, dann hat dies eine weitere Elektrolyse zur Folge, bei der Wasserstoff und Sauerstoff nicht mehr durch Diaphragmen getrennt erzeugt werden, so daß das austretende Gas verunreinigt erscheint.

Tabelle 69. *Vergleichsdaten einiger Zellen für die Wasserelektrolyse*

Zelle	Typ	Spannung V	Reinheit in Prozenten		t^0 C	Scheinbare Stromdichte D A/m²	R_{Strom}	Energieverbrauch kWh für 1m³ H₂+ + ½ m³O₂
			H$_2$	O$_2$				
Knowles	1	2,12—2,25	99,95	99,5	60—75	600—700	—	5,5—6,3
Electrolab	2	—	99,8	99,8	—	—	—	—
Fauser	3	2,0	99,9	—	60	400	—	—
Holmboe	3	1,99—2,09	99,95—99,99	99,5—99,9	—	—	—	—
Siemens	4	1,9—2,3	99,9	98	65—75	800—1500	0,96—0,98	4,5—5,6
Bamag	5	2,0—2,2	99,9—100	99,7—99,8	—	2500	0,995	5,35
Pechkranz	5	2,0—2,5	99,5—99,9	98,5—99	80	650—700	—.	5,74
Shriver	5	2	99,86	99,64	—	—	—	—

Wasserstoff und Sauerstoff werden gewöhnlich bei knapp über 1 Atm. Druck erzeugt; das gereinigte Gas wird in Kompressoren verdichtet, in Stahlflaschen gefüllt und so in den Handel gebracht.

Man hat auch daran gedacht, die Elektrolyse bei einem Druck durchzuführen, der dem der Stahlflaschen entspricht, wodurch die Anlage- und Betriebskosten der Kompressoren erspart werden könnten. Der Gedanke lag um so näher, als die Elektrolyse unter hohem Druck vom energetischen Gesichtspunkt wirtschaftlicher als unter normalen Druckbedingungen ist, so paradox dies auch auf den ersten Blick erscheinen mag. Tatsächlich bedingt die Elektrolyse unter Druck für den reversiblen Vorgang einen größeren Energieverbrauch, da die unter einem höheren als Atmosphärendruck gewonnenen Gase sich in einem höheren Energieniveau befinden. Der Energieaufwand für die Elektrolyse von Wasser unter hohem Druck würde auch wirklich größer sein, wenn alle übrigen Faktoren unverändert blieben. Die Druckzunahme bedingt jedoch eine Volumabnahme der entwickelten Gase gemäß der Beziehung $p\,v = $ konst. Das Volumen der Gasbläschen, ob diese nun an den Elektroden haften oder durch den Elektrolyten in die Höhe steigen, wird daher im Verhältnis kleiner. Die Leitfähigkeit des Elektrolyten nimmt also zu, da der für den Stromdurchgang verfügbare Querschnitt des als Leiter betrachteten Elektrolyten und die Berührungsfläche Elektrode-Elektrolyt vergrößert erscheinen. Daraus folgt ein kleinerer innerer Widerstand der Zelle und damit ein kleinerer Potentialabfall, so daß eine niedrigere Gesamtklemmenspannung ausreichen würde. Die Praxis hat gezeigt, daß der Spannungsgewinn infolge Verringerung des inneren Widerstandes der Zelle unbedingt größer als die Polarisationszunahme infolge des höheren Druckes ist, so daß alles in allem bei gleicher Elektrodenoberfläche und Stromstärke eine Elektrolysezelle bei hohem Druck mit einer kleineren Klemmenspannung arbeiten kann als bei Atmosphärendruck.

Die Hauptgründe, die eine industrielle Anwendung der Wasserelektrolyse unter hohem Druck bis heute verhindert haben, sind im wesentlichen der komplizierteren Bauweise der Zelle, der Schwierigkeit der richtigen Einstellung des Druckes, der zu beiden Seiten des Diaphragmas[1] ständig konstant gehalten werden muß, der Löslichkeit des Wasserstoffes und Sauerstoffes im Elektrolyten und den Stromverlusten zuzuschreiben.

Eine interessante Anwendung der Wasserelektrolyse ist die Gewinnung des schweren Wasserstoffisotops Deuterium. Im gewöhnlichen Wasser verhält sich die Zahl der Wasserstoffatome zu der der Deuteriumatome angenähert wie 5000 : 1. Bei der Elektrolyse des Wassers bleibt dieses Verhältnis nicht konstant, sondern wird in der gasförmigen Phase bedeutend größer. Bezeichnet man mit H und D die Anzahl der Wasserstoff- bzw. Deuteriumatome, die im Elektrolysegas vorhanden sind, und mit H_W und D_W die entsprechenden Zahlen im Wasser vor der Elektrolyse, dann gilt die Beziehung

$$\frac{H}{D} : \frac{H_W}{D_W} = \frac{H}{H_W} : \frac{D}{D_W},$$

woraus folgt

$$\ln\left(\frac{H}{H_W}\right) = \ln H - \ln H_W = \Delta \ln H,$$

$$\ln\left(\frac{D}{D_W}\right) = \ln D - \ln D_W = \Delta \ln D.$$

Man versteht unter dem *Trennungsfaktor* α das Verhältnis

$$\frac{\Delta \ln H}{\Delta \ln D},$$

dessen Mittelwert für verschiedene Elektroden und Elektrolysebedingungen um 6 schwankt. Es kommen jedoch starke Abweichungen vor. Die Elektrolyse bietet daher ein Mittel, Wasser mit Deuterium anzureichern.

Ähnliche Versuche wurden zur elektrolytischen Trennung der Sauerstoff-, Lithium-, Chlor- und Kaliumisotope gemacht, wobei die in Tab. 70 zusammengestellten Trennungsfaktoren erhalten wurden[2].

Die Ursachen der Isotopentrennung auf elektrolytischem Wege und die hiefür maßgebenden Faktoren sind noch nicht mit hinreichender Sicherheit bekannt.

Tabelle 70. *Elektrolytische Trennungsfaktoren einiger Isotope*

H/D	2,8 — 7,6
Li^7/Li^6	1,020 — 1,079
O^{16}/O^{18}	1,008
Cl^{35}/Cl^{37}	1,061
K^{39}/K^{41}	1,054

[1] Hiezu genügt die Bemerkung, daß eine Druckdifferenz von nur 1% zwischen den beiden Seiten des Diaphragmas in einer Zelle, die unter 200 Atm. Druck betrieben wird, einen effektiven Druck von 2 Atm. bedeutet. Einer solchen Beanspruchung könnten die empfindlichen Asbestdiaphragmen nicht standhalten.

[2] Hutchinson, D. A.: J. chem. Physics **14**, 401 (1946).

Zur Isotopentrennung wurde bisher nur die Wasserelektrolyse im industriellen Maßstab benützt. Man erhält dabei Lösungen, die bis zu 99,95% schweres Wasser enthalten, das heißt Wasser, dessen Wasserstoffatom zumindest zum Teil durch Deuterium ersetzt ist. Die Ausbeuten sind sehr gering, können aber gesteigert werden, wenn man nicht gewöhnliches destilliertes Wasser, sondern die Rückstände der industriellen Wasserelektrolyse, die wesentlich reichhaltiger an Deuterium sind, als Ausgangsprodukt verwendet.

10. Anodische Oxydationen und kathodische Reduktionen

Die elektrochemischen Oxydations- und Reduktionsvorgänge haben vom technisch-theoretischen Standpunkt verschiedene Vorteile gegenüber den auf rein chemischem Wege durchgeführten Verfahren. Vor allem ist die Reinheit der elektrochemisch gewonnenen Produkte gewöhnlich größer, da der Ausgangsstoff nicht mit einer anderen, als Oxydations- oder Reduktionsmittel wirkenden Substanz reagieren muß, die nach erfolgter Reaktion von dem gewünschten Produkt wieder getrennt werden muß.

Weiters ist hervorzuheben, daß das elektrochemische Verfahren viel besser kontrolliert werden kann. Daraus ergibt sich die wichtige Möglichkeit, bei jenen Reaktionen, die verschiedene Stadien durchlaufen, ausgehend von den gleichen Grundstoffen verschiedene Produkte zu erhalten, indem die Reaktionsbedingungen in sehr einfacher Weise, z. B. durch Änderung des Elektrodenpotentials, der Stromdichte usw., reguliert werden. Dies bedeutet außerdem noch, daß das Endprodukt durch das Auftreten von Zwischensubstanzen kaum verunreinigt wird. In anderen Worten: das gewünschte Endprodukt kann mit größerer Ergiebigkeit und höherem Reinheitsgrad als auf chemischem Wege erhalten werden.

Schließlich kann man elektrochemisch verhältnismäßig bequem Produkte erhalten, die nur schwierig auf chemischem Wege gewonnen werden können, abgesehen von Rentabilitätserwägungen, denenzufolge der Verbrauch eines starken Oxydations- oder Reduktionsmittels im allgemeinen viel kostspieliger ist als der bloße Verbrauch von elektrischer Energie.

Die Wahl des Werkstoffes für die Anode ist ziemlich begrenzt, da die Elektrode unangreifbar oder leicht passivierbar sein muß; dies um so mehr, als der Elektrolyt zur Erzielung einer kräftigen Oxydationswirkung sauer gehalten werden muß, um das effektive Entladungspotential der OH^--Ionen positiver zu machen und auf diese Weise die Anode weiter polarisieren zu können. In alkalischer Lösung können Platin, Iridium, Kohlenstoff (in Form von Retortenkohle oder Graphit), Eisen (allein oder mit Nickel legiert) und Nickel verwendet werden; in saurer Lösung bleibt die Auswahl praktisch auf Platin, Iridium, Kohlenstoff (Retortenkohle oder Graphit) und auf Blei (nur für schwefelsaure Elektrolyte) beschränkt. Als Kathoden können viel mehr Werkstoffe verwendet werden, da die kathodische Polarisation einerseits zwar die passivierenden Effekte beseitigt, andererseits jedoch eine sehr wirksame Schutzwirkung ausübt.

a) Perchlorate. Die Perchlorate leiten sich aus der Oxydation der Chlorate ab. Die Herstellung der Perchlorate durch direkte Oxydation der Chloride auf dem Wege über die Chlorate ist in der gleichen Zelle nicht möglich, da das effektive Entladungspotential des Cl^--Ions zu tief unter dem Entladungspotential des ClO_3^--Ions liegt und es daher notwendig ist, von einer Chloratlösung auszugehen, die so weit als möglich frei von Chloriden ist.

Ausgehend vom ClO_3^--Ion können verschiedene Reaktionen zur Bildung des ClO_4^--Ions führen. Die Primärreaktion ist die Entladung des ClO_3^--Ions

$$2\,ClO_3^- \rightarrow 2\,ClO_3 + 2\,e,$$

auf die die Sekundärreaktionen

$$2\,ClO_3 + H_2O \rightarrow 2\,HClO_3 + O,$$
$$2\,HClO_3 \rightarrow HClO_2 + H^+ + ClO_4^-$$
$$HClO_2 + O \rightarrow HClO_3$$

folgen, die schließlich die Bildung des ClO_4^--Ions ergeben.

Die Kathodenreaktion besteht in der Entladung der H^+-Ionen

$$2\,H^+ + 2\,e \rightarrow H_2.$$

Die ClO_3^--Ionen können in wässeriger Lösung nur dann an der Elektrolyse teilnehmen, wenn ihre Konzentration über einem bestimmten Minimum liegt, da sonst die OH^--Ionen des Wassers bevorzugt entladen werden. Außerdem können auch die bereits gebildeten ClO_4^--Ionen an den anodischen Vorgängen gemäß den Reaktionen

$$4\,ClO_4^- \rightarrow 4\,ClO_4 + 4\,e,$$
$$4\,ClO_4 + 2\,H_2O \rightarrow 4\,H^+ + 4\,ClO_4^- + O_2$$

beteiligt sein, was Verbrauch von Strom und Entwicklung von Sauerstoffgas, das heißt im Endeffekt eine Erniedrigung der Stromausbeute bedeutet. Für normale Elektrolysebedingungen entspricht das oben erwähnte Minimum einer etwa 5%igen Chloratlösung.

Zur Vermeidung der kathodischen Reduktion wird ein Diaphragma zwischen Anode und Kathode eingeschaltet oder man setzt etwas Kaliumbichromat zu, das sich an der Kathode zum Cr^{3+}-Ion reduziert und wegen der Alkalinität des Katholyten eine an der Kathode haftende Membran aus Chromihydroxyd erzeugt, die als Diaphragma wirkt. Der elektrische Widerstand dieses gallertartigen Diaphragmas ist jedoch viel kleiner als der eines gewöhnlichen Diaphragmas aus porösem Ton.

Die optimalen Bedingungen für die Herstellung von Perchloraten sind also:

1. ein hohes Anodenpotential, damit die Entladung der ClO_3^--Ionen zustandekommt;

2. eine hohe Konzentration der ClO_3^--Ionen, um deren Entladung zu erleichtern;

3. Abwesenheit von Cl^--Ionen.

Der ersten Forderung wird durch Verwendung von Anoden aus blankem Platin, an dem die Überspannung des Sauerstoffes hoch ist, durch eine hohe Stromdichte, die die Überspannung des Sauerstoffes noch weiter steigert, und durch tiefe Temperatur, die hinsichtlich der Überspannung im gleichen Sinne wirkt, Genüge getan.

Was die letzte Forderung anlangt, so muß bemerkt werden, daß sich die Cl^--Ionen in der Lösung auch auf Grund der Reaktionen

$$6\,HClO_2 \rightarrow 3\,HClO_3 + 3\,HClO,$$
$$3\,HClO \rightarrow HClO_3 + 2\,HCl$$

bilden können.

Ist der Elektrolyt sauer, dann werden die Cl^--Ionen neuerlich zu ClO_3^--Ionen mit einer Gesamtausbeute von über 0,667 (s. Abschn. 8) oxydiert, wodurch die Verluste kleiner werden.

In der Praxis wird als Elektrolyt eine konzentrierte neutrale Lösung von Natriumchlorat, das löslicher als Kaliumchlorat ist, verwendet. Nach erfolgter Oxydation wird das Natriumperchlorat in Kalium- oder Ammoniumperchlorat umgewandelt.

Die Klemmenspannung schwankt zwischen 5 und 6,8 V bei Anoden aus blankem Platin und Kathoden aus Eisen. Die Stromausbeute ist eine Funktion der Temperatur und der Stromdichte, beides Faktoren, die das Anodenpotential beeinflußen. Da ein Temperaturanstieg die Stromausbeute herabsetzt, empfiehlt es sich, mit niedriger Temperatur zu arbeiten. Bei entsprechend hoher Stromdichte ist jedoch auch eine höhere Temperatur tragbar, ja fast vorzuziehen. Unter solchen Bedingungen ist zwar die Stromausbeute etwas niedriger, der Energieverbrauch jedoch kleiner, da infolge Abnahme des Ohmschen Widerstandes der Zelle die für die Ingangsetzung der Elektrolyse notwendige Spannung kleiner wird.

Die normale Betriebstemperatur beträgt 50 bis 60° C und die anodische Stromdichte 40 bis 70 A/dm²; die kathodische Stromdichte kann kleiner sein (10 bis 20 A/dm²). Tab. 71 enthält die Daten der Perchloratherstellung.

Tabelle 71. *Elektrolysedaten der Perchloratherstellung*

Anoden	Pt
Kathoden	Stahl
Spannung ·	5 — 6,8 V
D_{Anode}	40 — 70 A/dm²
$D_{Kathode}$	10 — 20 A/dm²
R_{Strom}	0,85 — 0,97
p_H	8,5 — 10
Temperatur	50 — 60° C
Anfangslösung	650 — 750 g/l NaClO₃
Endlösung	800 g/l NaClO₄; 20 g/l NaClO₃
Energieverbrauch	2,6 — 4 kWh/kg

b) Permanganate. Die elektrochemische Herstellung der Permanganate hat heute fast vollständig die Erzeugung auf chemischem Wege verdrängt, hauptsächlich wegen der größeren Sparsamkeit im Verbrauch von Ätzkali. Das chemische Verfahren beruht auf der Bereitung von mangansaurem Kali durch Schmelzen von Braunstein mit Ätzkali in Gegenwart von Sauerstoff der Luft entsprechend der Reaktion

$$MnO_2 + 2\,KOH + \frac{1}{2}\,O_2 \rightarrow K_2MnO_4 + H_2O \tag{1}$$

und der darauffolgenden Oxydation des Manganats mit Chlor oder durch Einwirkung von Kohlensäure gemäß den Reaktionen

$$2\,K_2MnO_4 + Cl_2 \rightarrow 2\,KMnO_4 + 2\,K\,Cl, \tag{2}$$
$$3\,K_2MnO_4 + 2\,CO_2 \rightarrow 2\,KMnO_4 + MnO_2 + 2\,K_2CO_3. \tag{3}$$

Als Folge der Reaktion (2) gehen 50% des Ätzkalis in Form von Chlorid verloren, während bei der Reaktion mit Kohlensäure [Gl. (3)] 66,7% des Ätzkalis in Form von Carbonat abgehen.

Dagegen wird bei der elektrochemischen Herstellung das gesamte Ätzkali ohne Verluste verwertet. Das Ausgangsprodukt für die elektrochemische Bereitung ist ebenfalls mangansaures Kali, das auf Grund der Reaktion (1) gewonnen wird. Wird eine Lösung von mangansaurem Kali der Elektrolyse unterworfen, dann ist die Primärreaktion:

$$MnO_4^{2-} \rightarrow MnO_4^{-} + e$$

mit direkter Bildung von MnO_4^{-}-Ionen, während an der Kathode die Entladung eines von einem Wassermolekül dissoziierten H⁺-Ions erfolgt. Das in Lösung gebliebene OH⁻-Ion führt zusammen mit dem K⁺-Ion, das wegen der Abnahme der negativen Ladungen bei der Oxydation des Manganions im Überschuß geblieben ist, wieder zur Bildung von Ätzkali. Das überschüssige Ätzkali wird abgezogen und neuerlich zum Schmelzen mit Braunstein verwendet.

Da das Potential des Vorganges $MnO_4^{2-} \rightarrow MnO_4^- + e$ nicht sehr hoch ist ($\sim$ 0,66 V), ist kein besonderes Elektrodenmaterial mit hoher Überspannung gegen Sauerstoff zur Erhöhung des Anodenpotentials erforderlich. Es genügt daher, Eisen als Anode zu verwenden. Dies um so mehr, als keine wesentliche Abnützung der Elektroden zu befürchten ist, da die Flüssigkeit alkalisch ist.

Die anodische Stromdichte ist in zweckmäßiger Weise zu regeln, und zwar nicht nur um das für den Fortgang der Oxydation notwendige Anodenpotential aufrechtzuerhalten, sondern auch um die Anode zu passivieren und passiv zu erhalten. Diese Stromdichte darf jedoch nicht so groß werden, daß das für die Entwicklung von Sauerstoffgas notwendige Minimalpotential erreicht wird. Die kathodische Stromdichte kann dagegen viel größer sein. Im Gegenteil, einer hohen Kathodenstromdichte entspricht in den Zellen ohne Diaphragma eine geringe Reduktion des MnO_4^--Ions.

Da der Schutz der Elektroden zum großen Teil ihrer Passivierung anheimgestellt ist, müssen die Ausgangsmaterialien für die Herstellung des Manganats möglichst frei von Chloriden und Nitraten sein, die die Passivierung zunichte machen würden (s. Kap. IV, 10). Aus demselben Grunde ist es zweckmäßig, die Temperatur nicht zu stark zu erhöhen.

Die optimalen Bedingungen können daher in folgenden Punkten zusammengefaßt werden:

1. ein richtig eingestelltes Anodenpotential;
2. keine übermäßig hohe Anodenstromdichte;
3. eine hohe Kathodenstromdichte;
4. eine nicht zu hohe Temperatur;
5. Abwesenheit von Cl^-- und NO_3^--Ionen.

In der Praxis wird die Elektrolyse in Eisen- oder Nickelbehältern[1] unter Verwendung von praktisch gesättigter Kaliummanganatlösung mit Zusatz von 5% Ätzkali durchgeführt. Die Sättigung der Lösung mit Manganat wird durch festes Kaliummanganat, das in besonderen im Elektrolyt eingetauchten Gefäßen enthalten ist, in dem Maße wieder hergestellt, wie das Manganat in Permanganat übergeht. Das gewonnene Kaliumpermanganat ist weniger löslich als das Manganat, besonders in alkalischer Lösung, so daß es bei Abkühlung auskristallisiert. Die restliche alkalische Lösung kann ihre Funktion als Elektrolyt solange erfüllen, als der Gehalt des an der Kathode ständig regenerierten Ätzkalis 40% nicht erreicht. An diesem Punkt wird die Lösung durch frischen Elektrolyt ersetzt, der aus den Reinigungslaugen für die Umkristallisierung des Rohpermanganats besteht. Der erschöpfte Elektrolyt wird konzentriert und wieder in den Kreislauf eingeschaltet, indem er zum Schmelzen von neuem Braunstein verwendet wird.

Es gibt Zellen mit und ohne Diaphragma. Die ersteren erfordern eine höhere Spannung, um den Widerstand des Diaphragmas zu überwinden; dafür ist die Stromausbeute etwas höher, da die kathodische Reduktion der MnO_4^--Ionen insoferne kleiner ist, als ihre Diffusion gegen die Kathode vom Diaphragma behindert wird.

Die elektrischen Daten des Prozesses sind in Tab. 72 zusammengestellt.

---

[1] In letzteren ist eine höhere Stromausbeute beobachtet worden, vielleicht wegen der intermediären Bildung von NiO_2.

Tabelle 72. *Elektrische Daten der Permanganatherstellung*

Elektroden	Fe; Ni
Spannung	$2,5 - 3$ V
D_{Anode}	9 A/dm²
$D_{Kathode}$	90 A/dm²
R_{Strom}	$0,55 - 0,7$
Energieverbrauch	$0,77 - 0,85$ kWh/kg

c) Perschwefelsäure und Persulfate. Die Perschwefelsäure und die Persulfate werden ausschließlich durch anodische Oxydation hergestellt. Die anodischen Primärreaktionen sind noch nicht vollständig geklärt. In einer konzentrierten Schwefelsäurelösung sind H+- und HSO_4^--Ionen vorhanden, weshalb man glauben könnte, daß die anodische Primärreaktion sehr einfach

$$2\,HSO_4^- \rightarrow H_2S_2O_8 + 2\,e$$

ist.

Der Verlauf der Reaktion zeigt aber, daß der Vorgang nicht so einfach ist. Es müssen auch die folgenden Reaktionen als möglich in Betracht gezogen werden:

$$2\,OH^- \rightarrow O + H_2O + 2\,e,$$
$$2\,HSO_4^- + H_2O + O \rightarrow H_2S_2O_8 + 2\,OH^-.$$

In neutralen Sulfatlösungen muß auch die mögliche Teilentladung des SO_4^{2-}-Ions berücksichtigt werden, das sich nach der Entladung polymerisiert:

$$2\,SO_4^{2-} \rightarrow 2\,SO_4^- + 2\,e,$$
$$2\,SO_4^- \rightarrow S_2O_8^{2-}.$$

Die kathodische Primärreaktion ist die Entladung der H+-Ionen.

Die Untersuchung der anodischen Oxydation von konzentierten Schwefelsäurelösungen wird außerdem durch das Auftreten sekundärer spontaner Zersetzungsreaktionen der neugebildeten Perschwefelsäure und durch die anodische Zerstörung der dabei entstandenen Sulfopersäure erschwert:

$$H_2S_2O_8 + H_2O \rightarrow H_2SO_5 + H_2SO_4,$$
$$H_2SO_5 + 2\,OH^- \rightarrow H_2SO_4 + H_2O + O_2 + 2\,e.$$

Die letzte Reaktion bedeutet den Zerfall der Perschwefelsäure unmittelbar nach ihrer Umwandlung in Sulfopersäure, wobei die gleiche Anzahl von elektrischen Ladungen verbraucht wird, die zu ihrer Bildung notwendig waren. Die Stromausbeute kann daher auch negative Werte annehmen. Zur Erzielung einer hohen Stromausbeute muß man also die Konzentration der Perschwefelsäure rasch anwachsen lassen und versuchen, die Sulfopersäure gleich nach ihrer Bildung auf chemischem Wege zu beseitigen, z. B. durch Zusatz von Cl⁻-Ionen.

Wegen der verschiedenen Sekundärreaktionen ist es klar, daß die maximale Stromausbeute mit einer optimalen Konzentration der Schwefelsäure verbunden ist, die das Ausgangsprodukt darstellt; weiters mit der Temperatur, die so niedrig als möglich sein muß, um die Zersetzungsgeschwindigkeit der neugebildeten Perschwefelsäure herabzusetzen, und mit der Stromdichte (s. u.). Sie hängt weiters von der Gegenwart kleiner Mengen von K+- oder NH_4^+-Kationen ab.

Der Oxydationsvorgang zur Gewinnung von Perschwefelsäure oder von Persulfaten ist ausgesprochen irreversibel, wie auch die kathodische Reduktion der Persulfate irreversibel ist. Das zugehörige Normalpotential ist daher nicht bekannt. Es ist jedoch eine Erfahrungstatsache, daß das Anodenpotential so hoch als möglich sein muß. Aus diesem Grunde empfiehlt es sich, mit hoher Stromdichte und mit Anoden zu arbeiten, an denen die Überspannung des Sauerstoffes hoch ist (blankes Platin).

Die optimalen Elektrolysebedingungen sind daher:

1. eine hohe, aber nicht zu hohe Konzentration der Schwefelsäure, um die Bildung der Sulfopersäure zu verhindern;
2. ein hohes Anodenpotential;
3. eine hohe, aber nicht zu hohe Stromdichte, um die anodische Zersetzung der Sulfopersäure zu verhindern;
4. eine niedrige Temperatur;
5. die chemische Beseitigung der Sulfopersäure.

Für die Herstellung von Perschwefelsäure kommen nur Diaphragmenzellen in Betracht, um die kathodische Reduktion der an der Anode entstandenen Perschwefelsäure zu vermeiden. Unter solchen Bedingungen erhält man die maximale Endkonzentration von aktivem Sauerstoff, wenn man von Schwefelsäure mit einer Konzentration von 500 bis 600 g/l ($d = 1{,}30$ bis $1{,}35$) ausgeht; die maximale Stromausbeute wird erzielt, wenn von Schwefelsäure mit einer Konzentration von 730 g/l (d $= 1{,}415$) ausgegangen wird.

Für die Herstellung von Persulfaten kommen Zellen mit und ohne Diaphragma in Frage. Im letzteren Fall empfiehlt es sich, dem Elektrolyten $\sim 0{,}2\%$ Kaliumbichromat zuzusetzen, das durch Reduktion auf der Kathode einen Chromihydroxydfilm erzeugt, der als Diaphragma wirkt und die Reduktion der Persulfate verhindert.

Der Elektrolyt besteht aus einer neutralen oder leicht angesäuerten gesättigten Lösung von Ammonsulfat oder seltener von Kaliumsulfat. Es bilden sich die entsprechenden Persulfate, die bereits viel weniger löslich als die Sulfate sind. Da die Zelle bei relativ niedriger Temperatur arbeitet (immer unter 30^0 C), kristallisieren sie aus. Bei der Elektrolyse neutraler Salze in Diaphragmenzellen muß das p_H der zum Sauerwerden neigenden Lösung sorgfältig überwacht werden, um zu vermeiden, daß der Chromihydroxydfilm wieder in Lösung geht. Wenn die Lösung leicht angesäuert wird, ist eine genaue Überwachung nicht mehr erforderlich. Die optimale Acidität liegt bei jener Schwefelsäurekonzentration, die der Verbindung NH_4HSO_4 entspricht; dies auch deshalb, weil das Ammonpersulfat in einer Lösung von Ammoniumbisulfat nur schwer löslich ist. Es scheidet daher durch Kristallisation aus der Lösung aus und entzieht sich damit weiteren Zersetzungseinflüssen. Der in Diaphragmenzellen aus einer Schwefelsäurelösung bestehende Katholyt neigt dazu, alkalisch zu werden, da die H^+-Ionen entladen werden und die SO_4^{--}-Ionen aus dem Kathodenraum herauswandern, während die NH_4^+-Ionen vom Anodenraum herkommen. Es muß daher dauernd Schwefelsäure zugeführt werden.

Die Behälter sind aus Holz gebaut und mit Blei oder Sandstein ausgekleidet. Die Anoden bestehen aus blankem Platin, die Kathoden aus Eisen oder Blei; in letzterem Fall dienen oft die bleiernen Kühlschlangen der Zelle als Kathoden. In Tab. 73 sind die elektrischen Daten zusammengefaßt.

Tabelle 73. *Elektrische Daten der Herstellung von Ammonpersulfat*
Elektrolyt: $(NH_4)_2 SO_4 + H_2 SO_4$

Anoden	Pt
Kathoden	Fe; Pb
Spannung	6 — 8 V
D	30 — 150 A/dm^2
R_{Strom}	0,6 — 0,8
Energieverbrauch	2,1 — 2,5 kWh/kg

d) Organische Oxydationen und Reduktionen. Viele organische Substanzen können auf elektrolytischem Wege hergestellt werden, auch wenn die Ausgangs- und Endprodukte selbst keine Elektrolyte sind, da solche Elektrolysen immer von Sekundärreaktionen des Depolarisators mit dem bei der anodischen oder kathodischen Primärreaktion abgeschiedenen Sauerstoff oder Wasserstoff begleitet sind.

Trotzdem haben die organischen Elektrolysereaktionen nicht dieselbe industrielle Bedeutung erlangt wie die anorganischen. Auf elektrochemischem Wege werden nur einige wenige Produkte hergestellt und auch die nicht in solchen Mengen, daß man von einer industriellen Erzeugung sprechen kann. Von den gebräuchlichen Verfahren, die aus den oben angeführten Gründen hier nicht näher beschrieben werden können, seien die Oxydation des Anthracens zu Anthrachinon, die Reduktion des Traubenzuckers zu Mannitol und Sorbitol, die Reduktion von Nitrobenzol zu p-Aminophenol usw. erwähnt.

Es gibt verschiedene Gründe, warum sich die organische Elektrochemie nicht auf breiter Basis entwickeln konnte. Vor allem durchlaufen, wie bereits erwähnt, fast alle organischen Herstellungsverfahren mehr oder minder zahlreiche und komplexe Sekundärreaktionen, die verschiedene Reaktionsgeschwindigkeiten aufweisen. Dabei treten oft verzögerte Reaktionen auf, die chemische Polarisationen und Überspannungen nach sich ziehen, die ihrerseits dem Prozeß eine andere Richtung geben können. Weiters sind organische Substanzen nur wenig wasserlöslich und haben eine geringe Leitfähigkeit. Schließlich ist es wegen des häufigen Auftretens verzögerter Reaktionen sehr schwierig, das Anoden- und Kathodenpotential so genau einzustellen, daß die Reaktion mit einer wirtschaftlich zufriedenstellenden Strom- und Energieausbeute erfolgt.

Die organischen elektrochemischen Reaktionen zeigen nach allem, was bisher in den Kap. IV und VIII über die Oxydations- und Reduktionsvorgänge gesagt wurde, keine nennenswerten Besonderheiten elektrochemischer Natur. Ob die gewünschte Reaktion stattfinden kann und mit welcher Ausbeute, hängt wie bei allen anderen Vorgängen vom Elektrodenpotential, von der Stromdichte, von der Konzentration des Depolarisators, von der Diffusionsgeschwindigkeit, der Konzentration, der Temperatur, der Flüssigkeitsbewegung, vom Elektrodenmaterial und dessen Katalytwirkung, von der Katalytwirkung anderer allenfalls zugesetzter Substanzen, von der Depolarisationsgeschwindigkeit usw. ab.

11. Schwerlösliche Metallverbindungen

Wenn ein Metall als Anode in eine Elektrolytlösung eintaucht, die Anionen enthält, mit denen das Metall schwerlösliche Verbindungen bildet, wird es kaum angegriffen, da die ersten durch anodische Auflösung entstandenen Kationen mit den in der Lösung vorhandenen Anionen die schwerlösliche Verbindung herstellen. Diese erzeugt auf der Anode einen haftenden Niederschlag und macht sie hiedurch passiv (s. Kap. IV, 10). Wenn aber der Elektrolyt auch Anionen enthält, die imstande sind, mit den von der Anode herkommenden Kationen eine leichtlösliche Verbindung einzugehen, können die Elektrolysebedingungen so gewählt werden, daß der Niederschlag der schwerlöslichen Verbindung nicht unmittelbar auf der Anodenoberfläche, sondern in einem bestimmten Abstand davon erfolgt. Das Niederschlagsprodukt bleibt dann nicht an der Anode haften, kann mit der Stromausbeute 1 in Lösung gehen und wieder gefällt werden.

Auf diesem Prinzip beruht die elektrochemische Herstellung von schwerlöslichen Verbindungen wie Bleiweiß (basisches Bleicarbonat) und Chromgelb (Bleichromat)[1], die beide auf industrieller Grundlage erzeugt werden.

Zuerst sei das von Luckow vervollkommnete Herstellungsverfahren erwähnt. Dabei wird ein Elektrolyt verwendet, der sich bei einer Gesamtkonzentration von 1,5% zu 80% aus Natriumchlorat und zu 20% aus Natriumcarbonat oder -chromat zusammensetzt. Die Anoden bestehen aus reinem Blei und die Kathoden aus Hartblei. Führt man die Elektrolyse mit niedriger Stromdichte, etwa mit 0,5 A/dm² durch, dann löst sich das basische Bleicarbonat bzw. Bleichromat leicht von der Anode ab.

Da die Bildung des basischen Carbonats bzw. Chromats dem Elektrolyten Anionen entzieht und dieser alkalisch wird, wird ständig ein Teil des Elektrolyten aus der Zelle abgezapft, mit Kohlensäure bzw. Chromsäure gesättigt und wieder in den Kreislauf zurückgeführt.

Ein moderneres Verfahren zur Herstellung von Bleiweiß ist der Sperry-Prozeß, bei dem Diaphragmenzellen und zwei verschiedene Elektrolyte an der Anode und Kathode verwendet werden. Der Anolyt besteht aus einer Lösung, die 4% Natriumacetat, 0,06 bis 0,2% Natriumcarbonat und 0,05% Natriumbicarbonat enthält. Der Katholyt enthält ebenfalls 4% Natriumacetat, die Carbonatkonzentration ist jedoch beträchtlich höher und kann 5% erreichen. An der Anode geht das Blei entsprechend der Reaktion

$$Pb \rightarrow Pb^{2+} + 2\,e$$

in Lösung, wobei es in der Nähe des Diaphragmas auf CO_3^{2-}-Ionen trifft, die von der Kathodenzone herkommend das Diaphragma durchquert haben. Es fällt auf Grund der Reaktion

$$3\,Pb^{2+} + 4\,CO_3^{2-} + 2\,H_2O \rightarrow (2\,PbCO_3) \cdot Pb(OH)_2 + 2\,HCO_3^-$$

aus.

Der Anolyt, in dem das so gebildete Bleiweiß suspendiert ist, wird durch Konzentrationsvorrichtungen und Filter geführt und kehrt klar in die Anodenzone zurück. Er dient daher auch als Transportmittel für die dauernde Abfuhr von Bleiweiß aus der Zelle.

Der alkalisch gewordene Katholyt durchläuft dagegen einen Absorptionsturm, in dem er im Gegenstrom mit Kohlensäure wieder gesättigt wird, und fließt als Carbonat zur Anodenzone zurück. Um ein hochwertiges Produkt gleichbleibender Zusammensetzung zu erhalten, muß die Zusammensetzung des Anolyten konstant gehalten werden, was durch entsprechende Abstimmung der Zirkulationsgeschwindigkeit des Anolyten und Katholyten im Verhältnis zur Gesamtstromstärke der Zelle erreicht wird.

Das Verfahren ist in Abb. 86 schematisch dargestellt.

Die Zellen sind gewöhnlich aus Eisenbeton gebaut und mit Asphalt ausgekleidet, um zu vermeiden, daß der Elektrolyt in Risse des Zements einsickert. Die Anoden bestehen aus Blei, das meist schon einen ziemlich hohen Reinheitsgrad hat. Dies ist jedoch nicht unbedingt erforderlich, da die allgemein im Blei enthaltenen Verunreinigungen alle edler als Blei sind und daher beim anodischen Primärvorgang nicht in Lösung gehen, sondern als wässeriger Anodenschlamm an der Anode haften bleiben, von wo sie von Zeit zu Zeit durch Bürsten entfernt werden. Die Kathoden sind aus Eisen oder besser aus Stahl. Die Dia-

---

[1] Es sind auch Verfahren zur Herstellung von basischen Chromaten und Sulfochromaten (wahrscheinlich Gemischen von Sulfaten und Chromaten) der Schwermetalle für die Pigmenterzeugung unter Verwendung von Zellen mit zwei Elektrolyten patentiert worden.

phragmen sind aus einem dichten Leinengewebe hergestellt, das zwischen den Elektroden ausgespannt ist, ohne sie zu berühren, und das Abwandern der Bleiweißteilchen in den Kathodenraum verhindern soll.

Das so erhaltene Bleiweiß hat einen hohen Reinheitsgrad, konstante Zusammensetzung, ein sehr feines und gleichförmiges Korn und glänzende weiße Farbe. Im Anolyten ist es zu etwa 0,5% suspendiert und wird durch einen Verdampfer, einen Eindicker und schließlich durch einen Filter geführt. Darauf wird das Rohbleiweiß mit warmem Wasser gewaschen, getrocknet und pulverisiert. Die letzte Operation dient nur zur Zerkleinerung der während der Trocknung entstandenen Krusten, braucht aber nicht sehr weit getrieben werden, da die Feinheit des Kornes bereits durch den elektrochemischen Prozeß bestimmt ist. Tab. 74 enthält die elektrischen Daten der Bleiweißherstellung.

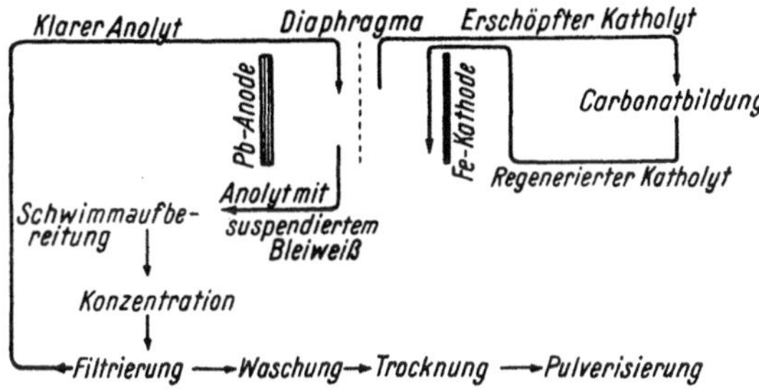

Abb. 86.   Schema der Bleiweißherstellung

Tabelle 74.   *Elektrische Daten der Bleiweißherstellung   (Sperry-Prozeß)*

Spannung	3,5 V
D	2,7 — 2,8 A/dm²
R_{Strom}	0,97
Energieverbrauch	0,45 — 0,5 kWh/kg

Zum eingehenderen Studium der im achten Kapitel behandelten Themen und verwandter Verfahren, die nicht berücksichtigt werden konnten, werden die folgenden Abhandlungen empfohlen:

Allmand, A. J. and H. J. T. Ellingham: The Principles of Applied Electrochemistry. London: Arnold, 1924.

Angel, G.: Die Theorie der Alkalichloridelektrolyse in Diaphragmenzellen, I. Teil. Berlin: Verlag Chemie, 1933.

Billiter, J.: Elektrolyse mit unlöslichen Anoden ohne Metallabscheidung. Halle: Knapp, 1924. — Die neueren Fortschritte der technischen Elektrolyse. Halle: Knapp, 1930.

Brockmann, C. J.: Electro-organic Chemistry. New York: J. Wiley, 1926.

Engelhardt, V.: Handbuch der technischen Elektrochemie, Bd. II, 1. und 2. Teil. Leipzig: Akademische Verlagsgesellschaft, 1933.

Fichter, F.: Organische Elektrochemie. Dresden-Leipzig: T. Steinkopff, 1942.

Glasstone, S. and A. Hickling: Electrolytic Oxidations and Reductions. New York: Van Nostrand, 1935.

Hou, P. T.: The Manufacture of Soda, 2. Aufl., American Chemical Society Monograph No. 65. New York: Reinhold, 1942.

Müller, R.: Elektrochemie nichtmetallischer Stoffe. Wien: Julius Springer, 1937.

Taylor, H. S.: Industrial Hydrogen, American Chemical Society Monograph No. 4. New York: Chemical Catalog Company, 1921.

Neuntes Kapitel

Schmelzflußelektrolyse[1]

1. Spezielle Betrachtungen zur Elektrolyse geschmolzener Salze

Die Elektrolyse geschmolzener Salze hat in der Technik bei der Herstellung jener Metalle Anwendung gefunden, deren Erzeugung durch Reduktion des Oxydes mit Kohle, wenn überhaupt möglich, so doch schwierig und kostspielig ist und für die aus verschiedenen Gründen eine Elektrolyse in wässeriger Lösung nicht in Frage kommt. Solche Metalle sind vor allem die Alkali-, die Erdalkali- und einige Metalle der Untergruppen des periodischen Systems (Vanadium, Uran, Titan, Thallium usw.). Die Schmelzflußelektrolyse hat mit der Elektrolyse von Lösungen vieles gemeinsam. Hinsichtlich der allgemeinen Grundlagen kann daher auf Kap. IV verwiesen werden. Einige spezielle Eigenschaften müssen dagegen näher untersucht werden.

Ein erster grundsätzlicher Unterschied besteht darin, daß die Elektrolytschmelzen im allgemeinen keines Lösungsmittels zur Dissoziation bedürfen. Bezüglich ihres molekularen Zustandes weisen unsere heutigen Kenntnisse noch einige Lücken auf (s. Kap. II, 8). Alles, was sich auf diesem Gebiete sagen läßt, ist, daß es auch bei den Schmelzen neben Nichtelektrolyten starke, mittlere und schwache Elektrolyte gibt, das heißt Elektrolyte, die einen hohen, mittleren oder niedrigen Dissoziationsgrad aufweisen. Dagegen ist es nicht möglich, sich eine genaue quantitative Vorstellung über den Dissoziationsgrad zu machen, da aller Wahrscheinlichkeit nach die Moleküle nicht nur in Ionen aufgespalten sind, sondern sich auch zu komplexen, bi- oder mehrmolekularen Verbänden vereinigen, deren Identifizierung und quantitative Erfassung sehr schwierig sind. Wenn nur ein einziger Elektrolyt in geschmolzenem Zustand vorhanden ist, wenn also nicht von einer Lösung eines Elektrolyten in einem anderen gesprochen werden kann, kommen alle jene Erscheinungen in Wegfall, die mit der Änderung der Ionenkonzentration zusammenhängen, wie z. B. die Konzentrationspolarisation usw.

Nützliche Hinweise könnte die Messung der Zersetzungsspannung der geschmolzenen Salze mittels Stromstärke - Spannungsdiagrammen ergeben (s. Kap. IV, 3).

Eine solche Messung ist jedoch sehr schwierig, da die Depolarisationserscheinungen die charakteristische Kurvenkrümmung undeutlich machen und daher weitgehend eliminiert werden müßten. Die Depolarisationserscheinungen sind zum Teil der chemischen Natur des elektrolysierten Systems und zum Teil allenfalls vorhandenen Verunreinigungen zuzuschreiben. Die ersteren werden hauptsächlich durch die Löslichkeit des kathodisch abgeschiedenen Metalles im Elektrolyten verursacht, das entweder in Form einer echten Lösung oder in Form von Additionsverbindungen, von komplexen Ionen oder eines Metallnebels zur Anode hin diffundiert und dort mit den Produkten der primären anodischen Reaktion reagiert.

Ist ferner der Elektrolyt nicht chemisch rein oder weist er nicht zumindest eine definierte und bekannte Zusammensetzung auf, können weitere Depolarisationseffekte auftreten; so ist z. B. die Gegenwart von Wasser, das aus der Luft absorbiert wurde, eine der hauptsächlichsten und häufigsten Fehlerquellen,

---

[1] S. Anmerkung auf S. 220.

da es sich bei sehr niedriger Spannung zersetzt und im Stromstärke-Spannungs-diagramm einen singulären Punkt erzeugt, der mit der Zersetzungsspannung des zu untersuchenden Elektrolyten nicht verwechselt werden darf. Es führt außerdem zu Hydrolyseerscheinungen, die wegen der hohen Temperatur besonders ins Gewicht fallen. Dabei entstehen neue Stoffe, die eine vom Elektrolyten verschiedene Zersetzungsspannung haben und daher die Messung stören oder geradezu verfälschen können. Alle diese Depolarisationserscheinungen bedingen einen Reststrom, dessen Stärke durchaus nicht vernachlässigbar ist. Es wäre daher notwendig, den inneren Widerstand der Zelle zu kennen, um von der Klemmenspannung den Potentialabfall IR des Reststromes in Abzug bringen zu können. Um zuverlässige Ergebnisse zu erhalten, müssen daher außer der Klemmenspannung und der Stromstärke auch der Zellenwiderstand, die anodischen und kathodischen Stromausbeuten und die Elektrolyseprodukte bekannt sein. Nur dann ist feststellbar, ob und wie weit die Depolarisationserscheinungen die Messungsergebnisse verfälschen.

Alle diese Bestimmungen sind ziemlich schwierig, immer mit nicht vernachlässigbaren Fehlern behaftet und außerdem stark temperaturabhängig. In keinem Fall können jedoch aus der Zersetzungsspannung die Potentiale der einzelnen Metalle ermittelt werden, da die Potentiale der Anionen der als Elektrolyte benützten Salze bei der Versuchstemperatur unbekannt sind und es daher fast unmöglich ist, eine Spannungsreihe für Elektrolytschmelzen aufzustellen. In Tab. 75 sind die Zersetzungsspannungen der gebräuchlichsten Elektrolytschmelzen zusammengestellt.

Tabelle 75. *Zersetzungsspannungen E_Z einiger Elektrolytschmelzen*

Elektrolyt	t^0 C	E_Z V	Elektrolyt	t^0 C	E_Z V
LiCl	800	3,17	KBr	800	2,88
NaCl	820	3,15	KJ	800	2,405
NaBr	800	2,75	KOH	200	2,4
NaJ	800	2,22	KOH	300	2,35
NaOH	200	2,32	$MgCl_2$	800	$\sim 2,5$
NaOH	300	2,25	$CaCl_2$	800	3,21
$Na_4P_2O_7$	1010	0,71	$BaCl_2$	1005	3,14
Na_2SO_4	890	2,5	$ZnCl_2$	400	1,96
KCl	800	3,10	$PbCl_2$	~ 600	$\sim 1,28$

Ein weiterer Unterschied zwischen der Schmelzflußelektrolyse und der Elektrolyse in wässeriger Lösung besteht darin, daß die elektrolytische Zersetzung einer gelösten Verbindung theoretisch unmöglich ist, wenn diese eine höhere Zersetzungsspannung aufweist als das Lösungsmittel. In der Praxis müssen natürlich auch die für den gegebenen Fall charakteristischen Überspannungen (Natur der Elektroden, Temperatur, Stromdichte usw.) berücksichtigt werden. Bei den Elektrolytschmelzen ist im allgemeinen wegen der Abwesenheit eines Lösungsmittels (Sonderfälle ausgenommen, wie z. B. die Elektrolyse von Aluminiumoxyd) die Elektrolyse theoretisch immer möglich, wenn nur die notwendige Zersetzungsspannung erreicht wird.

Die Elektrolyse der Elektrolytschmelzen gehorcht vollkommen den Faraday-schen Gesetzen, so schwierig auch der Nachweis deren Gültigkeit sein mag. Tatsächlich treten bei der Schmelzflußelektrolyse bedeutende und nicht leicht vermeidbare Verluste in der Stromausbeute auf. Diese Verluste haben verschiedene Gründe, wie z. B. die Verdampfung oder Destillation des im geschmolzenen Zustand abgeschiedenen Metalles oder Sekundärreaktionen des Metalles mit Substanzen der Umgebung. Der Hauptgrund der Ausbeuteverluste ist jedoch in der Bildung der Metallnebel im Innern der Elektrolytschmelze zu suchen. Das an der Kathode abgeschiedene Metall löst sich zum Teil wieder im geschmolzenen Salz und diffundiert einerseits zur Oberfläche, wo es durch den Luftsauerstoff rasch oxydiert wird, und andererseits zur Anode, wo es mit dem Entladungsprodukt des Anions, das sehr oft ein Halogen ist, reagieren kann, um das Ausgangssalz wieder zu bilden.

Um die Bedingungen für eine mögliche Erhöhung der Stromausbeute richtig zu verstehen, muß die chemische Natur der Metallnebel gründlicher untersucht werden. Vor allem ist zu bemerken, daß sich oft auch unabhängig vom Elektrolysevorgang Nebel bilden, wenn ein Metall in eines seiner geschmolzenen Salze eingebracht wird. In diesen Fällen diffundieren die Nebel von der Metalloberfläche ins Innere der geschmolzenen Masse. Sie können auch entstehen, wenn dem geschmolzenen Salz kleine Mengen eines Reduktionsmittels zugesetzt werden. Die ultramikroskopische Untersuchung der Elektrolytmasse, in der sich ein Metallnebel gebildet hat, zeigt nach der Abkühlung klar eine kolloidartige Dispersion des Metalles, die bei geeigneter chemischer Behandlung, z. B. mit Chlor und Chlorwasserstoffsäuregas, verschwindet. Aus dieser Beobachtung allein kann jedoch nicht der Schluß gezogen werden, daß das Metall tatsächlich auch bei Schmelztemperatur kolloidal zerteilt ist. Die chemische Analyse deutet eher auf das Vorhandensein einer Verbindung zwischen dem Metall und dem zum größten Teil aus einzelnen Molekülen bestehenden Salz hin. Blei löst sich z. B. in Bleichlorid unter Bildung eines Metallnebels. Das gelöste freie Blei kann mittels Bleidioxyd gemäß der Reaktion

$$PbO_2 + Pb \rightarrow 2\,PbO$$

titriert werden.

Anderseits kann durch Wägung des Bleimetallstückes vor und nach dem Eintauchen in das geschmolzene Bleichlorid auf Grund des Gewichtsverlustes die Gesamtmenge des gelösten Bleis bestimmt werden. Diese stimmt mit der auf Grund der Bleidioxydreaktion festgestellten freien Bleimenge nicht überein. Man muß daher die Bildung einer Molekülverbindung gemäß dem Gleichgewicht

$$n \cdot Pb + PbCl_2 \rightleftarrows Pb_n \cdot PbCl_2$$

annehmen, das sich mit zunehmender Temperatur gegen links verschiebt.

Während der Erstarrung kristallisiert die $PbCl_2$-Komponente und scheidet aus dem Gleichgewicht aus, wodurch die Molekülverbindung zerfällt. Das dabei entstehende überschüssige Blei stellt eine übersättigte Lösung dar und kristallisiert in feinst verteilter Form aus, da das in einer Flüssigkeit hoher Viskosität gelöste Blei nur sehr schwer diffundieren kann und dadurch die Entstehung großer Kristallaggregate unmöglich wird. Auf diese Weise treten die Metallteilchen im bereits erstarrten Elektrolyten mit allen Anzeichen einer kolloiden Zerteilung auf. Das Zustandekommen der Molekülverbindung ist auf die Sekundärvalenzen des geschmolzenen Salzes zurückzuführen.

Setzt man dem geschmolzenen Salz einen Stoff zu, der imstande ist, auf Grund der Restvalenzen des Elektrolyten eine Additionsverbindung zu bilden, dann bleiben die Restvalenzen abgesättigt, die Entstehung der Molekülverbindung zwischen Metall und geschmolzenem Salz wird verhindert und damit auch die Lösung des Metalles in der Salzschmelze unmöglich gemacht oder zumindest erschwert. Der Metallnebel tritt, sofern er sich überhaupt noch bilden kann, in viel kleineren Mengen auf. Additionsverbindungen dieser Art sind bekannt.

Metallnebel können allerdings manchmal auch durch eine mangelhafte Vereinigung der einzelnen bei der Elektrolyse entstehenden submikroskopischen Metallteilchen zustande kommen.

Zur Erzielung der größtmöglichen Stromausbeute in der Praxis muß die Elektrolyse bei möglichst niedriger Temperatur, das heißt also bei einer Temperatur durchgeführt werden, die nur wenig über dem Schmelzpunkt liegt. Der Zusatz eines anderen Salzes bietet zwei praktische Vorteile:

1. Die Entstehung von Additionsverbindungen hemmt die Bildung von Metallnebeln. Tab. 76 zeigt die Zunahme der Stromausbeute durch Zusatz von Kaliumchlorid bei der Elektrolyse von Bleichlorid bei 600° C und einem Elektrodenabstand von 35 mm.

Tabelle 76. *Stromausbeute bei der Elektrolyse von geschmolzenem Bleichlorid in Gegenwart von Kaliumchlorid*

KCl Gewichtsprozente	R_{Strom}	KCl Gewichtsprozente	R_{Strom}
0	0,921	11,9	0,976
2,4	0,935	16,1	0,983
5,1	0,957	27,3	0,984
8,2	0,969	44,6	0,987

2. Durch den kryoskopischen Effekt wird der Schmelzpunkt des Elektrolyten und infolgedessen auch die Elektrolysetemperatur herabgesetzt, was zu einer weiteren starken Abnahme der Löslichkeit des geschmolzenen Metalles und der Nebelbildung führt. Der Temperatureinfluß auf die Stromausbeute der Elektrolyse von Bleichlorid geht aus Tab. 77 hervor.

Tabelle 77. *Stromausbeute bei der Elektrolyse von geschmolzenem Bleichlorid bei verschiedenen Temperaturen*

t^0 C	R_{Strom}
540	0,963
600	0,926
700	0,876
800	0,659
900	0,380
956 [1]	0

1 Siedetemperatur.

Eine weitere Steigerung der Stromausbeute kann durch möglichst hohe Stromdichte und Vergrößerung des Elektrodenabstandes erreicht werden. Der Einfluß der Stromdichte erklärt sich daraus, daß die Ausbeute bei der Elektrolyse deswegen kleiner als 1 ist, weil sich ein Teil des abgeschiedenen Metalles wieder auflöst. Da die Menge dieses Teiles praktisch konstant und nur temperaturabhängig ist, nimmt bei einer Zunahme des elektrolytisch abgeschiedenen Metalles auch die Stromausbeute zu. Die Stromdichte darf jedoch nicht die Grenze überschreiten, an der der Anodeneffekt (s. u.) einsetzt.

Der Einfluß des Elektrodenabstandes erklärt sich leicht aus der bereits gemachten Bemerkung, daß das zur Anode hin diffundierende Metall neuerlich mit dem Entladungsprodukt des Anions reagieren kann und so die ursprüngliche Verbindung wieder herstellt. Auf diese Weise scheidet eine der Komponenten des Gleichgewichtes zwischen gelöstem Metall und geschmolzenem Elektrolyt, und zwar das gelöste Metall, aus. Zur Wiederherstellung des Gleichgewichtes muß anderes Metall in Lösung gehen. Durch Vergrößerung des Abstandes der Elektroden oder deren Trennung durch ein Diaphragma wird diese Sekundärreaktion verhindert und damit die Stromausbeute erhöht.

Die Tab. 78, 79 und 80 zeigen den Einfluß der Stromdichte, des Elektrodenabstandes und der Elektrodentrennung auf die Stromausbeute. Alle Werte beziehen sich auf die Elektrolyse von geschmolzenem Bleichlorid.

Tabelle 78. *Stromausbeute bei der Elektrolyse von geschmolzenem Bleichlorid für verschiedene Elektrodenabstände*

Elektrodenabstand mm	R_{Strom}
2,5	0,775
5,0	0,792
10	0,813
25	0,854
35	0,876
60	0,875

Tabelle 79. *Stromausbeute bei der Elektrolyse von geschmolzenem Bleichlorid für verschiedene Stromstärken*

Stromstärke A	R_{Strom}
2,0	0,953
1,0	0,926
0,5	0,897
0,3	0,841
0,1	0,728
0,05	0,441
0,03	0,197
0,01	0,1

Tabelle 80. *Stromausbeute bei der Elektrolyse von geschmolzenem Bleichlorid mit abgeschirmten Elektroden*

Eingekapselte Elektroden	R_{Strom}
Anode	0,9795
Kathode	0,9946
Beide Elektroden	0,9998

Eine besondere Erscheinung der Schmelzflußelektrolyse ist schließlich noch der sogenannte *Anodeneffekt*. Er besteht im Aufhören der regulären Gasentwicklung an der Anode und in der Loslösung der geschmolzenen Masse von der Elektrode, so daß diese nicht mehr benetzt erscheint. Es bilden sich dann zwischen der Schmelze und der Anode zahlreiche kleine Lichtbögen, der Ohmsche Widerstand der Zelle nimmt stark zu und damit auch die Klemmenspannung, während die Stromstärke gleichzeitig sinkt. In anderen Worten: der Anodeneffekt ist durch die Bildung eines die Elektrode einhüllenden Gasfilms gekennzeichnet, der die Benetzung der Anode durch den Elektrolyten verhindert.

Der Anodeneffekt tritt vorwiegend bei hoher Stromdichte auf. Er ist für jeden einzelnen Elektrolyten an eine charakteristische Stromdichte gebunden, die außer von der Elektrolytschmelze auch von der Elektrodenart (Kohle oder Graphit) und insbesondere von der Reinheit des geschmolzenen Elektrolyten abhängt. Je höher der Reinheitsgrad, um so niedriger ist der Wert der kritischen Stromdichte, oberhalb dessen der Anodeneffekt auftritt.

Unter den Verunreinigungen, die imstande sind, die kritische Stromdichte hinaufzusetzen, kommt den Oxyden besondere Bedeutung zu. Diese bilden sich auch im reinsten Elektrolyten, sei es durch Reaktion des Elektrolyten mit Wasser, das zumindest in Spuren immer vorhanden ist, sei es durch Reaktion mit dem Luftsauerstoff. Durch vollständige Entfernung des gelösten Oxyds erreicht man eine so niedrige kritische Stromdichte, daß reine Elektrolyte praktisch als nicht elektrolysierbar betrachtet werden können. Systematische Untersuchungen zur Klärung der Ursachen des Anodeneffektes haben ergeben, daß einer der Gründe in einer Störung elektrostatischer Natur zu suchen ist. Es läßt sich zeigen, daß sich auf den Gasbläschen, die den Elektrolyten durchsetzen, eine elektrische Doppelschicht bildet, welche die Bläschen zu einem Verhalten veranlaßt, als ob diese selbst eine elektrische Ladung trügen, deren Vorzeichen von der Natur des Elektrolyten abhängt. In einem oxydfreien Elektrolyten haben die Bläschen negative Ladung; dagegen genügt ein kleiner Prozentsatz gelöster Oxyde, um das Vorzeichen der Bläschenladung umzukehren. Der Anodeneffekt wird also in diesem Fall durch elektrostatische Kräfte zwischen Elektroden- und Bläschenladung hervorgerufen. Sind die Vorzeichen entgegengesetzt, dann bedeckt sich als Folge der elektrostatischen Anziehung die Anode mit einem Gasfilm, der die geschmolzene Masse des Elektrolyten von der Elektrode trennt und zum Auftreten von Bogenentladungen, zur Erhöhung des Widerstandes und zu den übrigen oben erwähnten Erscheinungen führt.

Die Gegenwart von Oxyden oder anderen Verunreinigungen in der Elektrolytschmelze wirkt sich aber auch in einer entsprechenden Änderung der Grenzflächenspannung zwischen Anode und Elektrolyt aus und beeinflußt damit die Benetzbarkeit der Anode, die offenbar auch von der Natur des Anodenmaterials abhängt: je größer die Benetzbarkeit der Anode, um so höher ist die kritische Stromdichte, oberhalb der der Anodeneffekt auftritt.

Sobald der Anodeneffekt eingeleitet ist, erhitzt der über zahllose Lichtbögen zwischen Anode und Schmelze überspringende Strom das Gas des Elektrodenfilms beträchtlich, dehnt es aus und vergrößert dadurch noch den Abstand zwischen Elektrolyt und Elektrode.

Eine zweite Ursache für den Anodeneffekt kann in einer lokalen Überhitzung der Elektrode gefunden werden, die zur Verdampfung oder thermischen Zersetzung des Elektrolyten führt, wodurch in beiden Fällen gasförmige Produkte entstehen, die den geschmolzenen Elektrolyten von der Elektrode trennen. Im übrigen kann der Anodeneffekt durch alle Erscheinungen hervorgerufen werden, die geeignet sind, eine örtliche Überhitzung und im besonderen die Bildung von Filmen aus festem Material mit hohem elektrischen Widerstand zu begünstigen. Dazu gehören der erstarrte Elektrolyt, unlösliche Stoffe, die als Verunreinigungen in der Anode oder im Elektrolyten vorhanden sind und zur Anode wandern, usw.

Die technische Schmelzflußelektrolyse wird am häufigsten bei Chloriden, Oxyden und Hydraten angewandt. Bei der Elektrolyse eines unreinen, das heißt aus einem Gemisch mehrerer Bestandteile bestehenden Elektrolyten werden zuerst die edleren Kationen abgeschieden, natürlich unter Berücksichtigung der verschiedenen Zersetzungsspannungen und Konzentrationen, die bei der Betriebstemperatur gegeben sind.

Die Betriebstemperatur der industriellen Schmelzflußelektrolysen liegt gewöhnlich über dem Schmelzpunkt des an der Kathode abgeschiedenen Metalles, so daß sich dieses während der Elektrolyse in flüssigem Zustand abscheidet und auch flüssig bleibt. Auf diese Weise verlaufen Elektrolyse und kathodische Abscheidung sehr regelmäßig, ohne zu Störungen Anlaß zu geben, wie sie in Kap. VII, 2 im Zusammenhang mit den verschiedenen Strukturtypen der Metallniederschläge besprochen wurden.

2. Elektrolytische Herstellung des Aluminiums: Elektrolyt und Reaktionen

Die Herstellung von Aluminium auf elektrischem Wege aus einer wässerigen Lösung ist wegen des stark negativen Abscheidungspotentials dieses Metalles nicht möglich. Sie ist aber auch aus der Schmelze eines reinen Aluminiumsalzes unmöglich, da

a) das Chlorid eine äußerst niedrige elektrische Leitfähigkeit hat und daher praktisch als Nichtelektrolyt betrachtet werden muß, in dem die Moleküle zum größten Teil undissoziiert sind; außerdem sublimiert Aluminiumchlorid bei normalem Druck, das heißt, es geht in Dampfform über, bevor es schmilzt;

b) auch andere Aluminiumsalze verschiedene Nachteile aufweisen, so daß man zum Aluminiumoxyd greifen muß, das praktisch die einzige stabile Aluminiumverbindung bei hoher Temperatur darstellt. Sein Schmelzpunkt liegt bei 2050^0 C. Aus diesem Grunde kann es nicht als reine Schmelze elektrolysiert werden, da die technischen Schwierigkeiten bei der Konstruktion von Öfen für so hohe Temperaturen und in Dimensionen, die für eine industrielle Erzeugung ausreichen, sehr groß sind; außerdem würden sehr hohe Energieverluste durch Ausstrahlung eintreten. Das Aluminiumoxyd muß daher in einem Lösungsmittel gelöst werden, das folgenden Forderungen entspricht:

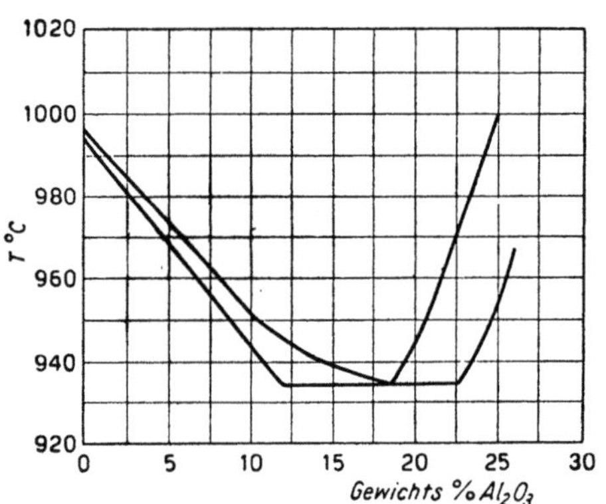

Abb. 87. Zustandsdiagramm Kryolith-Tonerde

1. Es muß Tonerde gut lösen.

2. Es muß eine höhere Zersetzungsspannung aufweisen als Aluminiumoxyd.

3. Es muß eine gute elektrische Leitfähigkeit haben.

4. Es muß frei von Verunreinigungen, insbesonders solcher metallischer Natur sein, da sich diese bei einer niedrigeren Kathodenpolarisation abscheiden, als für den Niederschlag des Aluminiums erforderlich ist.

5. Es muß eine möglichst niedrige Schmelztemperatur haben, um einerseits die Strahlungsverluste klein zu halten und andererseits die Bildung von Aluminiumcarbid durch Reaktion des metallischen Aluminiums mit dem Kohlenstoff der Kathode zu vermeiden.

6. Es darf nicht zu zähflüssig sein.

7. Sein spezifisches Gewicht muß bei der Betriebstemperatur unter dem des Aluminiums liegen.

8. Es muß einen niedrigen Dampfdruck haben.

9. Es darf weder mit den Elektroden, noch mit den Elektrolyseprodukten reagieren.

Der Elektrolyt, dessen Eigenschaften diesen Forderungen am weitesten entgegenkommen, ist der Kryolith: das Doppelsalz Natrium-Aluminiumfluorid mit der Zusammensetzung $3\,NaF \cdot AlF_3$; genau genommen muß es als ein komplexes Fluorid (Na_3AlF_6) betrachtet werden. Im geschmolzenen Kryolith ist Tonerde ziemlich gut löslich. Die beiden Komponenten Tonerde und Kryolith stellen ein System dar, dessen Zustandsdiagramm (s. Abb. 87) vollständige Mischbarkeit im geschmolzenen und teilweise Mischbarkeit im festen Zustand zeigt.

Das Eutektikum setzt sich aus 81,5% Kryolith und 18,5% Tonerde zusammen und schmilzt bei 935⁰ C. Der Mischbarkeitsbereich erstreckt sich unter Bildung des Eutektikums von 12 bis 22,5% Tonerde.

Zur Erniedrigung der Elektrolysetemperatur setzt man weitere Bestandteile zu, z. B. Calciumfluorid, Natriumfluorid und Aluminiumfluorid. Bei der Herstellung solcher Gemische, die eine niedrigere Schmelztemperatur als das Eutektikum von Kryolith und Aluminiumoxyd aufweisen, muß das spezifische Gewicht der Mischung im geschmolzenen Zustand bei der Betriebstemperatur berücksichtigt werden. Und zwar muß das spezifische Gewicht der geschmolzenen Masse immer unter dem der metallischen Aluminiumschmelze (2,29 bei 1000⁰ C) liegen, um zu vermeiden, daß letztere auf der Oberfläche des Bades schwimmt und dabei durch den an der Anode entwickelten Sauerstoff oder auch durch den Luftsauerstoff oxydiert wird.

Calciumfluorid wird mit Vorteil als Flußmittel zur Erniedrigung der Schmelztemperatur verwendet. Das ternäre Eutektikum, bestehend aus Kryolith, Calciumfluorid und Tonerde, hat die bedeutend niedrigere Schmelztemperatur von 868⁰ C. In beträchtlichen Mengen zugesetzt, verursacht jedoch Calciumfluorid Schwierigkeiten, da es das spezifische Gewicht der Elektrolytschmelze erhöht. Durch Beimengung von Natriumfluorid würde die Löslichkeit der Tonerde bis zur eutektischen Zusammensetzung des Systems $NaF—Na_3AlF_6$ anwachsen und bei weiterer Zunahme der Fluoridkonzentration wieder sinken. Aber auch in diesem Fall begegnet man erheblichen Schwierigkeiten im Zusammenhang mit der Zunahme des spezifischen Gewichtes des resultierenden Elektrolyten. Der Zusatz von Aluminiumfluorid erniedrigt sowohl die Schmelztemperatur als auch die Löslichkeit der Tonerde, aber auch das spezifische Gewicht des Elektrolyten. Am häufigsten werden daher Calciumfluorid und Aluminiumfluorid beigemengt. Manchmal wird an Stelle des Aluminiumfluorids der ökonomischere Chiolith beigemischt[1]. Aluminiumfluorid und Chiolith sind außerdem für die richtige Einstellung der Alkalinität des Elektrolyten nützlich, die die Tendenz hat, mit fortschreitender Elektrolyse anzusteigen (s. Abschn. 3). Im übrigen muß man sich darüber klar sein, daß alle diese Zusätze im allgemeinen die Leitfähigkeit der resultierenden Schmelze herabsetzen.

Am liebsten verwendet man künstlichen Kryolith, der bei der Reaktion

$$6\,NaOH + Al_2O_3 + 12\,HF = 2\,Na_3AlF_6 + 9\,H_2O$$

entsteht. Der Grund hiefür liegt darin, daß es nicht immer möglich ist, den natürlichen Kryolith von störenden Quarzeinschlüssen (Reduktion des Quarzes zu Silicium, das seinerseits mit Aluminium eine Legierung bilden würde) zu befreien, und daß natürlicher Kryolith in genügend reiner und industriell verwertbarer Form auf der ganzen Welt praktisch nur an einer einzigen Stelle, und zwar in Grönland vorkommt.

Die für die Elektrolyse in Betracht kommende Aluminiumverbindung ist das Oxyd Al_2O_3. In der Natur kommt ein hydratisiertes Oxyd, der *Bauxit*, vor, das jedoch nicht direkt elektrolysiert werden kann, da es zu viele Verunreinigungen enthält, vor allem Eisen in beträchtlicher Menge, das sich kathodisch vor dem Aluminium abscheiden und eine unerwünschte Al-Fe-Legierung ergeben würde. Der Bauxit muß daher vorher in möglichst reine, wasserfreie Tonerde umgewandelt werden (s. Abschn. 4).

---

[1] Chiolith ist ebenfalls ein komplexes Natrium-Aluminiumfluorid von der Zusammensetzung $5\,NaF—3\,AlF_3$. Er enthält daher mehr Aluminiumfluorid als der Kryolith.

Die Ansichten über die zweckmäßigste Tonerdekonzentration für die Elektrolyse haben sich im Laufe der Zeit sehr geändert. Bei den ersten Versuchen einer industriellen Aluminiumerzeugung auf elektrolytischem Wege empfahl Hall, ein Pionier dieses Industriezweiges, eine gesättigte Lösung. In der Folge erkannte man jedoch, daß es günstiger ist, weniger konzentrierte Lösungen zu verwenden, um die Leitfähigkeit des Elektrolyten zu erhöhen. Heute sind Konzentrationen zwischen 1,5 und etwa 7% gebräuchlich. Es empfiehlt sich nicht, diese Grenze zu überschreiten, da die in regelmäßigen Zeitabständen zugesetzte Tonerde sich nicht genügend rasch löst und sich wegen ihres spezifischen Gewichtes, welches um 4 liegt und daher größer als das der Aluminiumschmelze ist, unter der geschmolzenen Aluminiumschicht absetzen würde. Dadurch würde aber der elektrische Kontakt zwischen der Auskleidung der Zelle und der als Kathode wirkenden Aluminiumschmelze beeinträchtigt werden. Die Widerstandszunahme würde dann örtliche Überhitzungen hervorrufen, welche die Gefahr der Bildung von Aluminiumcarbid mit sich brächten.

Der kathodische und der anodische Vorgang sind noch nicht mit Sicherheit geklärt.

In dem beschriebenen Elektrolyten sind verschiedene Ionenarten vorhanden, die alle an den elektrochemischen Vorgängen teilnehmen können.

Nach Piontelli[1] könnte der primäre Kathodenvorgang durch eine der Reaktionen

$$3\,Na^+ + AlF_3 + 3\,e \rightarrow Al + 3\,NaF,$$
$$3\,Na^+ + Al_2O_3 + 3\,e \rightarrow Al + Na_3AlO_3$$

beschrieben werden. Dabei sind die Wirkung des elektrischen Feldes auf den Kathodenfilm, in dem die Elektronen die Ladung der einen Platte des Elementarkondensators (s. Kap. IV, 2) und die in starker Konzentration vorhandenen Na^+-Ionen die Ladung der zweiten Platte darstellen, die stark deformierende Wirkung der Na^+-Ionen auch auf undissoziierte Moleküle und die Zersetzungsspannungen der vorhandenen Molekülarten in Betracht gezogen.

Nach Pearson und Waddington[2] soll der primäre Kathodenvorgang die Entladung von Al^{3+}-Ionen sein. Diese Erklärung stützt sich auf die Untersuchung der Zersetzungsspannungen der verschiedenen Fluoroaluminate mit und ohne Beimengung von Tonerde, wie sie in Tab. 81 zusammengestellt sind.

Tabelle 81. *Zersetzungsspannungen verschiedener Fluoroaluminatschmelzen*

Fluoroaluminat	E_Z bei 950° C	E_Z bei 1080° C
Na_3AlF_6	—	2,07
$Na_3AlF_6 + 15\%\ AlO_3$	2,22	2,01
K_3AlF_6	—	2,13
$K_3AlF_6 + 15\%\ Al_2O_3$	2,20	2,01
Li_3AlF_6	—	2,20
$Li_3AlF_6 + 7\%\ Al_2O_3$	2,20	2,03
Al_2O_3 (theoretisch)	2,15	—

[1] Piontelli, R.: Chim. e Ind. **22**, 501 (1940).
[2] Pearson, T. G. and J. Waddington: Discussions of the Faraday Society No. 1, Electrode Processes, S. 307 (1947).

Da die Zersetzungsspannungen in Gegenwart von Tonerde konstant sind, in deren Abwesenheit aber je nach dem Alkalikation des Fluoroaluminats Unterschiede aufweisen, schließen die genannten Autoren, daß die Al^{3+}-Kationen von der Dissoziation der Tonerde nach dem Schema

$$Al_2O_3 \rightarrow Al^{3+} + AlO_3{}^{3-} \tag{1}$$

herrühren und nicht von der Dissoziation des Aluminiumfluorids (das selbst bei der thermischen Zersetzung des Kryoliths entsteht) nach dem Schema

$$2\,AlF_3 \rightarrow Al^{3+} + AlF_6{}^{3-}.$$

Die primäre kathodische Stromausbeute müßte 1 sein, die effektive Stromausbeute ist jedoch infolge Bildung von Metallnebel kleiner.

Der primäre Anodenvorgang ist noch nicht hinreichend geklärt. Unter anderem liegt ein Grund hiefür darin, daß nicht mit Sicherheit gesagt werden kann, ob und welche Komplexionen sich aus dem Kryolith und der Tonerde bilden. Unter normalen Umständen ist die primäre Entladung von F^--Ionen mit Bildung von elementarem Fluor auszuschließen, da es sonst in den anodischen Gasen entweder in Form des Elementes F_2 oder als Verbindung CF_4 nachweisbar sein müßte, was aber nicht der Fall ist. In gleicher Weise muß die Anwesenheit einfacher O^{2-}-Ionen ausgeschlossen werden.

Nach Piontelli[1] kommen als Träger der elektrischen Ladungen hauptsächlich die Anionen F^- und $AlF_6{}^{3-}$ in Betracht. In der Schmelze sind aber auch die Anionen $AlO_2{}^-$ und $AlO_3{}^{3-}$ vorhanden. Der primäre Anodenvorgang müßte also die Entladung dieser Anionen mit Entwicklung von Sauerstoff gemäß einer Reaktion von der Art

$$2\,AlO_2{}^- \rightarrow Al_2O_3 + O + e$$

oder

$$6\,F^- + Al_2O_3 \rightarrow 2\,AlF_3 + 3\,O + 6\,e$$

ohne primäre Entladung der F^-- oder $AlF_6{}^{3-}$-Ionen sein. Eine solche Primärentladung ist im übrigen aus kinetischen und energetischen Gründen wenig wahrscheinlich. Schließlich ist zu berücksichtigen, daß die Entladungsreaktionen von Sauerstoff enthaltenden Anionen an Graphitelektroden infolge der Reaktion zwischen Kohlenstoff und Sauerstoff depolarisiert bleiben und daher alles in allem mit größerer Wahrscheinlichkeit auftreten.

Auch Pearson und Waddington[2] gelangen auf Grund einer eingehenden Untersuchung des Vorganges zu analogen Schlußfolgerungen. Nach diesen Autoren ist der primäre Anodenvorgang die Entladung des Anions $AlO_3{}^{3-}$ (das von der Dissoziation der Tonerde herrührt) gemäß der Reaktion

$$2\,AlO_3{}^{3-} \rightarrow Al_2O_3 + \frac{3}{2}\,O_2 + 6\,e,$$

$$\frac{3}{2}\,O_2 + \frac{3}{2}\,C \rightarrow \frac{3}{2}\,CO_2. \tag{2}$$

Unter normalen Bedingungen setzt sich das anodische Gas zu 70 bis 90% aus Kohlensäure und zu 10 bis 30% aus Kohlenoxyd zusammen. Aus der energetischen und kinetischen Betrachtung der Gleichgewichtsreaktion

$$CO_2 + C \rightarrow 2\,CO$$

[1] Piontelli, R.: Chim. e Ind. **22**, 501 (1940).

[2] Pearson, T. G. and J. Waddington: Discussions of the Faraday Society No. 1, Electrode Processes, S. 307 (1947).

und aus der Gegenüberstellung der analytischen Zusammensetzung des Anodengases mit der kathodischen Stromausbeute ziehen die genannten Autoren den Schluß, daß der anodische Primärvorgang eine Reaktion des Typs (2) mit primärer Kohlensäurebildung und mit der primären anodischen Stromausbeute 1 sein muß. Die Anwesenheit von Kohlenoxyd wird durch die Reaktion zwischen dem Metallnebel (der sich hauptsächlich aus Aluminiumteilchen und eventuell aus Gasbläschen von elementarem Natrium mit über 1000 mm Hg Dampfdruck bei der Betriebstemperatur der Zelle zusammensetzt) und der Kohlensäure erklärt. Letztere wird von den Metallen des Metallnebels fast augenblicklich zu Kohlenoxyd reduziert, wobei sich Al_2O_3 bzw. Na_2O bilden. Das Natriumoxyd kann weiters mit Aluminiumfluorid die Reaktion

$$3\,Na_2O + 2\,AlF_3 \rightarrow 6\,NaF + Al_2O_3$$

eingehen.

Am Ende erhält man daher aus den anodischen und kathodischen Primärprodukten (CO_2, Al bzw. Na) als Folge der verschiedenen Sekundärreaktionen wieder Tonerde, was sowohl die Anwesenheit von Kohlenoxyd im Anodengas als auch die Stromausbeute < 1 erklärt. Damit gelangt man unter Berücksichtigung der stöchiometrischen Relationen zu der Beziehung[1]

$$CO_2 = 2\,R_{Strom} - 100, \tag{3}$$

in der CO_2 und R_{Strom} in Prozenten ausgedrückt sind. Die auf industriellen Daten aufgebaute Tab. 82 scheint dies zu bestätigen.

Tabelle 82. *Gegenüberstellung von R_{Strom} und CO_2 (in Prozenten) im Anodengas*

R_{Strom}	CO_2 theoretische Prozente	CO_2 beobachtete Prozente
0,85 = 85%	70	71
0,83 = 83%	66	66
0,72 = 72%	44	45

Im ganzen gesehen läuft der Vorgang am Ende auf die Zersetzung des Aluminiumoxyds hinaus. Dies wird durch die Untersuchung der Zersetzungsspannungen der anwesenden Verbindungen bestätigt. Im geschmolzenen Zustand ist der Kryolith teilweise in seine Komponenten Natriumfluorid und Aluminiumfluorid aufgespalten. Es ist also, als ob gleichzeitig Aluminiumoxyd, Aluminiumfluorid und Natriumfluorid elektrolysiert würden. Die Angaben über die Zersetzungsspannungen dieser drei Verbindungen sind eher unsicher. In der Literatur finden sich z. B. für Natriumfluorid Werte zwischen 2,80 und 5,92 V. Es ist jedoch gewiß, daß die Zersetzungsspannung des Aluminiumoxyds

---

[1] Tatsächlich lautet das theoretische Verhältnis zwischen kathodischem Aluminium und anodischer Kohlensäure 4 Al : 3 CO_2 (beide unter der Voraussetzung $R_{Strom} = 1$ gerechnet). Angenommen z. B., daß die effektive Stromausbeute 0,75 beträgt, das heißt, daß von 4 erzeugten Al-Atomen eines in den Metallnebel übergeht und danach quantitativ mit CO_2 nach dem Schema

$$Al + 3/2\,CO_2 \rightarrow 1/2\,Al_2O_3 + 3/2\,CO$$

reagiert, setzt sich das Anodengas zu 50% aus CO_2 und zu 50% aus CO zusammen. Denn 3/2 CO_2, das heißt die Hälfte des gesamten CO_2, reduziert sich zu CO. Der Prozentanteil des CO_2 beträgt also (für $R_{Strom} = 0,75$) 50%, wie von Gl. (3) gefordert.

niedriger als jene der beiden anderen Verbindungen ist. Berücksichtigt man weiters, daß der Anodenvorgang durch die Reaktion zwischen Sauerstoff und dem Kohlenstoff der Elektrode depolarisiert wird, dann wird klar, daß der Gesamtvorgang die Zersetzung der Tonerde sein muß.

3. Elektrolytische Herstellung des Aluminiums: Elektroden und Vorgänge

Da sich an der Anode Sauerstoff bei einer Temperatur von rund 1000° C entwickelt, kommt als einziger industrieller Werkstoff für die Anoden Kohle in Frage, die sich mit dem Sauerstoff zu Kohlensäure und sekundär zu Kohlenoxyd verbindet, das weder den Elektrolyten, noch das Elektrolyseprodukt verdirbt. Die für die Anodenherstellung bestimmte Kohle muß sehr rein sein und insbesondere einen möglichst kleinen Aschegehalt haben. Besonders schädlich wirken sich Kieselsäure und Ferrioxyd aus, deren Reduktionsprodukte (Si und Fe) mit dem an der Kathode abgeschiedenen Aluminium leicht Legierungen bilden.

Zu den wichtigsten physikalischen Eigenschaften der Anoden gehört die mechanische Splitterfestigkeit während des Betriebes, da losgelöste Teilchen wegen ihres niedrigeren spezifischen Gewichtes auf der Elektrolytschmelze schwimmen und Kurzschlüsse zwischen den Anoden und der Auskleidung der Zelle erzeugen können; außerdem verunreinigen sie den Elektrolyten.

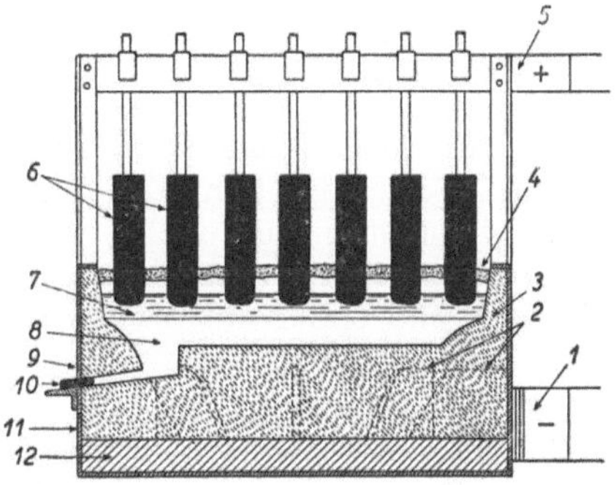

Die Kathode wird durch die Zellenauskleidung dargestellt. Gewöhnlich besteht sie aus einer ähnlichen Kohlemasse wie die Anode; sie kann jedoch einen höheren Prozentsatz an Verunreinigungen und insbesondere an Aschen enthalten, da sie am Elektrolysevorgang chemisch nicht beteiligt ist. Als Kathode wirkt auch die flüssige Aluminiumschicht, die sich am Boden der Zelle als Elektrolyseprodukt ansammelt. Wird eine neue oder eine Zelle, deren Betrieb

Abb. 88. Schmelzflußelektrolysezelle zur Herstellung von Aluminium. 1 Kathodenanschluß; 2 Gerüst zur Herstellung des Kontaktes mit der Kohleauskleidung; 3 Kohleauskleidung; 4 Erstarrter Elektrolyt; 5 Anodenanschluß; 6 Anoden; 7 Elektrolytschmelze; 8 Aluminiumschmelze; 9 Eisenzelle; 10 Graphitspund zum Ablassen des Aluminiums; 11 Eisenzelle; 12 Isolierschicht

aus irgendeinem Grunde unterbrochen war, zum Anlaufen gebracht, dann läßt man gewöhnlich soviel reine Aluminiumschmelze zufließen, daß der Boden vollständig bedeckt ist. Die Auskleidung der Zelle darf keine Risse aufweisen, in die die Aluminiumschmelze einsickern könnte, da das Aluminium im Kontakt mit der Außenwand der Zelle Eisen lösen und auf diese Weise durch Bildung einer Fe-Al-Legierung das kathodische Produkt verunreinigen würde. Auch die Auskleidung muß große mechanische Festigkeit besitzen und ebenso wie die Anoden splitterfest sein.

Die heute gebräuchlichen Verfahren zur elektrolytischen Herstellung des Aluminiums unterscheiden sich praktisch nur in der Zusammensetzung des Elektrolyten, dessen Grundlage immer der Kryolith ist, der aber, wie bereits angedeutet, durch verschiedene Beimengungen verbessert wird. Aus diesem Grund sind auch die verschiedenen Zellen untereinander sehr ähnlich. Abb. 88 zeigt den Schnitt einer sehr verbreiteten modernen amerikanischen Zelle.

Die Zellen arbeiten mit einer Potentialdifferenz von 5,5 bis 7 V, welche die Zersetzungsspannung des Aluminiums beträchtlich übersteigt. Der vom Elektrolytwiderstand in Wärme umgesetzte Energieüberschuß dient zur Aufrechterhaltung der Betriebstemperatur der Zelle. Er kompensiert die Wärmeverluste, die hauptsächlich der Ausstrahlung, dann aber auch der ständigen Zufuhr von kaltem oder fast kaltem Rohmaterial (Al_2O_3) zuzuschreiben sind, und den Wärmeentzug, der bei der Entnahme der Elektrolyseprodukte aus der heißen Zelle entsteht. Die Betriebstemperatur der Zelle wird aber nicht nur durch Zufuhr elektrischer Energie, sondern zum Teil auch durch die Wärme aufrechterhalten, die bei der anodischen Verbrennungsreaktion des Elektrodenkohlenstoffes frei wird. Es wird allerdings nicht die gesamte Energie der anodischen Sekundärreaktion

$$C + 2\,O \rightarrow CO_2$$

in Wärme umgewandelt; ein Teil entfällt auf die Depolarisation des Anodenvorganges.

Die kathodische Stromdichte bewegt sich um 2,5 A/cm²; die anodische ist niedriger und beträgt etwa 1 A/cm². Dies hat den Zweck, den Anodenverschleiß durch Vermeidung örtlicher Überhitzungen infolge übergroßer Stromdichte zu vermindern. Der Elektrodenabstand beträgt etwa 10 cm. Die Regulierbarkeit der Anodenhöhe ist wichtig, um den Elektrodenabstand konstant halten und den Verschleiß kompensieren zu können. Die Anoden sollen möglichst einzeln verstellbar sein, um alle auf den gleichen Abstand von der Kathode einstellen zu können, wodurch eine möglichst homogene Verteilung der Strombelastung und daher auch der Temperatur und des Anodenverschleißes erzielt wird. Die Gesamtstromstärke wird dann so geregelt, daß die Masse des Elektrolyten im geschmolzenen Zustand erhalten wird und sich nur an der Oberfläche eine dünne erstarrte Schicht bildet.

Die Arbeitstemperatur schwankt zwischen 900 und 1000⁰ C, darf jedoch 1000⁰ C nicht übersteigen, um einerseits allzu starke Elektrolytverluste (besonders von Aluminiumfluorid) infolge Verflüchtigung zu vermeiden und andererseits die Bildung von Nebeln zu verhindern. In diesem Fall hätte die Nebelbildung eine andere Ursache als die in Abschnitt 1 besprochene. Und zwar würde der Nebel aus metallischen Aluminiumteilchen im Zustand feinster Zerteilung gebildet, die durch die Kräfte des sehr starken elektromagnetischen Feldes der Zelle mit der geschmolzenen Masse vermischt würden. Eine so feine Zerteilung ist um so leichter möglich, je flüssiger die Aluminiumschmelze wird, das heißt aber, je höher die Temperatur ist. Bildung von Metallnebel setzt natürlich die Stromausbeute herab. Unter normalen Bedingungen schwankt diese zwischen 0,75 und 0,90. Der Hauptgrund hiefür ist die unvermeidliche gleichzeitige Entladung von Na+Ionen. Bei der Betriebstemperatur verdampft das metallische Natrium sofort und geht durch Oxydation an der Anode oder an der Zellenoberfläche verloren.

Die Energieausbeute ist nicht bekannt und auch nicht berechenbar, da man die theoretische Zersetzungsspannung der Tonerde bei der Betriebstemperatur der Elektrolyse nicht genau kennt.

Das kathodische Elektrolyseprodukt ist Aluminium mit einem Reinheitsgrad von 99,7%; es enthält noch $\sim$ 0,14% Silicium und $\sim$ 0,16% Eisen. Die Reinheit des Aluminiums wird speziell im Hinblick auf den Eisengehalt ständig kontrolliert. Eine Zunahme des Eisengehaltes über den normalen Betrag deutet darauf hin, daß die Auskleidung der Zelle schadhaft geworden ist, so daß das kathodische Aluminium mit dem Eisen oder Stahl der Außenwand in

Berührung gekommen ist und eine Legierung gebildet hat. In einem solchen Fall muß die Zelle außer Betrieb gesetzt und wieder in Ordnung gebracht werden.

An der Anode besteht das Elektrolyseprodukt aus einem Gemisch von Kohlensäure und Kohlenoxyd. Auf Grund der frei gewordenen Sauerstoffmenge müßten daher für jedes abgeschiedene kg Aluminium etwa 550 g Anodenkohlenstoff verbraucht werden; in Wirklichkeit erhöht sich diese Zahl auf 600 g, da eine wenn auch minimale Absplitterung der Anode unvermeidlich ist. Mit fortschreitender Elektrolyse nimmt die Tonerdekonzentration ab. Sobald sie eine bestimmte untere Grenze (etwa 1%), die außer von der chemischen Natur des Systems Elektrode-Elektrolyt auch von der Stromdichte und der Temperatur abhängt, erreicht hat, tritt der Anodeneffekt auf. Sowie er einsetzt, steigt die Klemmenspannung rasch an; eine parallel geschaltete Glühlampe leuchtet auf und zeigt damit an, daß neue Tonerde zugeführt werden muß.

Die Tonerde muß sehr feinkörnig sein, damit sie im Elektrolyten so lange Zeit im Schwebezustand verbleiben kann, als zu ihrer Auflösung erforderlich ist. Sie würde sich sonst wegen ihres größeren spezifischen Gewichtes nicht nur oberhalb, sondern auch unterhalb der geschmolzenen Aluminiumschicht absetzen und die bereits erwähnten unerwünschten Folgen zeitigen: Zunahme des Widerstandes und der Temperatur, Gefahr von Carbidbildung usw. Die Tonerde wird rasch zugeführt, indem sie auf die Kruste des erstarrten Elektrolyten gestreut und diese dann durchbrochen wird. Dies ist notwendig, da während des Anodeneffektes das an der Anode entwickelte Gas fast vollständig aus Kohlenoxyd besteht und daher einen stark übernormalen Anodenverschleiß bedingt. Außer Aluminiumoxyd wird normalerweise auch Aluminiumfluorid in regelmäßigen Zeitabständen zugesetzt, teils um den Verlust durch Verflüchtigung auszugleichen, teils um zu verhindern, daß der Elektrolyt alkalisch wird. Letzteres erklärt sich daraus, daß das Aluminiumoxyd immer ein wenig Natriumcarbonat als Verunreinigung enthält.

Der normale Energieverbrauch beträgt 22 bis 28 kWh/kg Aluminium. In einigen modernen Anlagen konnte er bis auf 19 kWh/kg gesenkt werden.

Tab. 83 enthält die elektrischen Daten der elektrolytischen Aluminiumherstellung.

Tabelle 83. *Elektrische Daten der Aluminiumherstellung*

Spannung	$5,5 - 7$ V
$D_{Kathode}$	250 A/dm²
D_{Anode}	100 A/dm²
R_{Strom}	$0,75 - 0,90$
Energieverbrauch	$19 - 28$ kWh/kg

4. Elektrolytische Herstellung des Aluminiums: Vorbereitende Arbeitsgänge

Die unmittelbare Herstellung von Reinaluminium durch Elektrolyse reinen Aluminiumoxyds, das in einem reinen Elektrolyten gelöst ist, hat sich bei Verwendung einwandfreier Elektroden bedeutend wirtschaftlicher erwiesen als die Erzeugung unreinen Aluminiums aus natürlichen, nicht vorbehandelten Ausgangsprodukten mit nachfolgender Raffination. Alle für den elektrolytischen Herstellungsprozeß des Aluminiums erforderlichen Produkte müssen daher einen hohen Reinheitsgrad aufweisen. Aus diesem Grund gehören zu einem elektrolytischen Aluminiumwerk gewöhnlich auch verschiedene Nebenanlagen für die Vorbehandlung des Rohmaterials, die in gewissem Sinne einen integrierenden Bestandteil des gesamten Produktionsverfahrens darstellen, da die Produkte dieser Anlagen ausschließlich für die Aluminiumerzeugung bestimmt sind und nicht anderweitig in den Handel kommen.

Tonerde. In der Natur kommt ein hydratisiertes Aluminiumoxyd, der Bauxit, vor. Im großen und ganzen weist es eine Zusammensetzung auf, die der Formel $Al_2O_3 \cdot 2\,H_2O$ entspricht, und enthält außerdem einen beträchtlichen Prozentsatz von Ferrioxyd, Kieselsäure und anderen Verunreinigungen. Typische Analyseergebnisse brauchbarer Bauxitvorkommen sind in Tab. 84 zusammengestellt.

Tabelle 84. *Typische Bauxitzusammensetzungen*

Bestandteil	Bauxit aus		
	Amerika Prozent	Frankreich Prozent	Istrien Prozent
Al_2O_3	50	50—57	50—70
Fe_2O_3	2	21—24	7—25
SiO_2	3	3—7	1,6—4
TiO_2	4	2—3	1,8—6
Glühverlust	32	21—24	6,7—25,5

Der Bauxit besteht im wesentlichen aus einem Gemisch von Mono- und Trihydroxyden des Aluminiums (Diaspor, Böhmit, Hydrargillit), die als Minerale erkennbar sind und die oben angeführten Verunreinigungen in unterschiedlichen Mengenverhältnissen enthalten. Wegen des hohen Prozentgehaltes von Verunreinigungen, speziell an Eisen und Silicium, kann der einfach entwässerte Bauxit nicht als Ausgangsmaterial für die Elektrolyse verwendet werden, da man sonst an Stelle reinen Aluminiums eine Al-Fe-Si-Legierung erhalten würde. Der Bauxit muß daher zunächst in reines Aluminiumoxyd umgewandelt werden. Hiefür sind zahlreiche Verfahren ausgearbeitet worden, jedoch nur wenige haben industrielle Bedeutung erlangt. Fast alle wichtigeren Verfahren haben als gemeinsames Kennzeichen die Ausnützung des amphoteren Verhaltens des Aluminiumhydroxyds für die Herstellung eines Aluminats, das von den anderen Bestandteilen leicht getrennt werden kann. In einem zweiten Arbeitsgang ergibt die Hydrolyse des Aluminats das Aluminiumhydroxyd, das calciniert wird und sich dabei in das sehr reine Oxyd verwandelt.

1. Trockenverfahren. Der natürliche Bauxit wird zunächst geröstet, wodurch das Wasser entzogen und eventuell vorhandene organische Substanzen zerstört werden. Die Rösttemperatur darf 600⁰ C nicht übersteigen, um nicht die Reaktionsfähigkeit mit den Alkalien zu vermindern. Danach wird das Röstprodukt fein gemahlen, mit ebenfalls pulverisiertem, wasserfreiem Natriumcarbonat vermischt, nach Zusatz von 10 bis 20% Kalk mit einer Sodalösung angefeuchtet und in Drehrohröfen bis auf 1000 bis 1100⁰ C erhitzt. Das Aluminium und das Eisen des Bauxits wandeln sich in Natrium- und Calciumaluminat bzw. -ferrit um, während das Titan und das Silicium größtenteils in der Schlacke als Calciumsilicat bzw. -titanat verbleiben. Das Produkt dieser ersten Behandlung wird nach Zerkleinerung mit einer schwach alkalischen Lösung bei 80⁰ C digeriert. Das Natriumaluminat geht vollständig in Lösung und das Ferrit hydrolysiert sich, wobei es sich in Natriumhydroxyd und unlösliches Ferrihydroxyd aufspaltet. Der nicht als Calciumsilicat verschlackte Teil der Kieselsäure fällt in

Form von Natrium- und Aluminiumsilicat aus. Nach Filtration wird die klare Aluminatlösung mit Kohlensäure bei 80⁰ C gesättigt oder auch unter ständigem Rühren zunächst verdünnt und erst dann mit Kohlensäure versetzt. Auf diese Weise fällt das Aluminiumhydroxyd aus; es wird gewaschen und dann bei 1100⁰ C calciniert. Die so erhaltene Tonerde enthält 99,5% Al_2O_3. Danach werden die Laugen eingedampft, wobei die Soda auskristallisiert. Letztere kann so in den Handel gebracht oder nach Calcinierung wieder in den Kreislauf eingeschaltet werden.

2. Bayer-Verfahren. Bei diesem Verfahren erfolgt die Umwandlung in Aluminat auf feuchtem Wege, und zwar durch Behandlung des getrockneten und zerkleinerten Bauxits mit einer Ätznatronlösung von 46 bis 47⁰ Bé (42 bis 45%) in Autoklaven bei 160 bis 170⁰ C. Die Natronlauge ist so zu wählen, daß das Verhältnis $Na_2O : Al_2O_3$ etwa 1 : 1,18 beträgt. Dabei wird außer dem Aluminium auch ein kleiner Teil der Kieselsäure angegriffen. Die Konzentration des Natriumhydroxyds, die Temperatur und die Dauer der Laugung werden daher je nach dem Kieselsäuregehalt des ursprünglichen Bauxits gewählt. Die angegriffene Kieselsäure geht aber nicht in Lösung, da sie in Form von Natrium-Aluminiumsilicat unlöslich bleibt. Bei Zunahme der Temperatur, der Laugungsdauer und der Ätznatronkonzentration wird der Ertrag an löslich gemachtem Aluminium größer; es nimmt aber auch die nicht durch Hydrolyse niedergeschlagene Aluminiummenge zu (s. u.) und gleichzeitig steigt der Verbrauch des als Natrium-Aluminiumsilicat gebundenen Ätznatrons an. Auch die Schwierigkeiten bei der Filtration werden größer.

Nach erfolgter Dekantation wird die klare Natriumaluminatlösung bis auf 20⁰ Bé verdünnt, gerührt und mit Aluminiumhydroxyd versetzt. Das Natriumaluminat hydrolysiert sich, wobei etwa 70 bis 80% des Aluminiums als Hydroxyd gefällt werden. Letzteres wird filtriert, gewaschen und bei 1100 bis 1200⁰ C calciniert. Auch bei diesem Verfahren hat die Tonerde einen Gehalt von 99,5% Al_2O_3. Die zurückgebliebene klare Lösung wird zum Ausgleich der durch die Kieselsäure verursachten Verluste eingedampft, mit Ätznatron angereichert und danach neuerdings in den Kreislauf zur Laugung neuen Bauxits zurückgeführt.

3. Pedersen-Verfahren. Der Bauxit wird im elektrischen Ofen mit Eisenerz, Kohle und Kalk behandelt. Das durch die Kohle reduzierte Eisen und Silicium scheiden sich in Form einer Eisen-Siliciumlegierung ab, während das Aluminium in die Schlacke übergeht, die sich vorwiegend aus Calciumaluminat, 30 bis 50% Aluminiumoxyd, 5 bis 10% Kieselsäure und Eisen zusammensetzt. Die Schlacke wird zerkleinert und danach mit einer 5%igen Sodalösung unter Zusatz von 0,5% Natriumhydroxyd gelaugt. Das Natriumaluminat geht in Lösung, während das Calciumcarbonat ungelöst bleibt. Durch Sättigung der filtrierten Natriumaluminatlösung mit Kohlensäure erhält man das Aluminiumhydroxyd, das wie bei den vorhergehenden Verfahren behandelt wird.

4. Haglund-Verfahren. Dieses Verfahren stützt sich auf die Löslichkeit des Aluminiumoxyds in Aluminiumsulfid. Wird Bauxit im elektrischen Ofen bei einer Temperatur zwischen 1200 und 1400⁰ C mit Ferrosulfid (Pyrrotit) und Kohle behandelt, dann findet die Reaktion

$$Al_2O_3 + 3\,C + 3\,FeS \rightarrow Al_2S_3 + 3\,CO + 3\,Fe$$

statt.

Aluminiumsulfid löst in geschmolzenem Zustand beträchtliche Mengen von Aluminiumoxyd, das bei Abkühlung der Masse in Form von Korund auskristallisiert. Nach der vollständigen Erkaltung wird die Sulfidschlacke gemahlen und mit Wasser und Dampf behandelt, die das Aluminiumsulfid gemäß der Reaktion

$$Al_2S_3 + 6\,H_2O \rightarrow 2\,Al(OH)_3 + 3\,H_2S$$

zersetzen.

Der Korund wird vor dem Hydroxyd abgeschieden; das Aluminiumhydroxyd wird filtriert und wieder in den Kreislauf zurückgeführt; der Schwefelwasserstoff wird vom frischen Bauxit adsorbiert, dessen Eisen sich in Sulfid verwandelt, wodurch der Verbrauch von Schwefeleisen herabgesetzt wird.

Schließlich ist noch zu erwähnen, daß man heute bestrebt ist, ein Verfahren zu finden, das die direkte Gewinnung der Tonerde aus Ton erlaubt.

Kryolith. Der synthetische Kryolith wird gewöhnlich in eigenen Werken erzeugt. Dabei kommen verschiedene Verfahren zur Anwendung, die sich entweder auf die bereits in Abschn. 2 zitierte Reaktion stützen oder die Behandlung von Aluminiumfluorid mit Natriumchlorid in Gegenwart von Flußsäure bzw. die Behandlung von Natriumfluorid mit Aluminiumsulfat vorsehen.

Anoden und Auskleidungsmaterial. Ausgangsstoffe für die Herstellung der Anoden sind Petrolkoks und Koks spezieller Anthrazite mit ganz niedrigem Aschengehalt (0,1 bis 0,4%), die gemahlen und mit Teerpech (maximal zulässiger Aschengehalt 1 bis 2%) als Bindemittel zu einer teigigen Masse geknetet werden. Durch Pressen oder Ausziehen werden die Anoden in die gewünschte Form gebracht und bei einer Temperatur von 1000° C und darüber gebrannt. Ein spezielles Anodenherstellungsverfahren ist das Södeberg-Verfahren, bei dem die ungebrannte Paste durch eine Art Röhre ständig in die Elektrolysezelle gepreßt wird. Auf diese Weise wird die Paste kurz vor ihrer Verwendung als Elektrode durch die hohe Temperatur der Zelle selbst gebrannt.

Die Zellenauskleidung wird unter Verwendung derselben Ausgangsstoffe wie bei der Anodenerzeugung hergestellt, mit dem Unterschied allerdings, daß der Koks nicht so rein zu sein braucht und daß für das Brennen eine Temperatur von 700° C ausreicht. Die Auskleidung kann in einzelnen Platten gebrannt werden, die dann im Innern der Zelle entsprechend angeordnet und mit einem Gemenge von Teer, Pech und Kokspulver verkittet werden. Es kann aber auch eine nahtlose Auskleidung hergestellt werden, indem die Zelle zuerst mit der ungebrannten Masse ausgelegt wird und das Brennen in der Zelle selbst erfolgt.

5. Elektrolytische Raffination des Aluminiums

Will man noch reineres Aluminium als das direkt durch die Elektrolyse gewonnene herstellen, dann bedient man sich eines elektrolytischen Raffinationsverfahrens, dessen Ausgangsprodukt nicht das auf die oben beschriebene Weise gewonnene Aluminium ist, sondern eine auf elektrothermischem Wege erzeugte Kupfer-Aluminium-Silicium-Legierung. Aus den bereits in Abschn. 2 dargelegten Gründen kommt eine wässerige Lösung als Elektrolyt nicht in Betracht. Es ist auch nicht möglich, ein organisches Lösungsmittel heranzuziehen, da dies zu kostspielig wäre. Man benützt daher als Elektrolyten ein ähnliches Gemisch wie bei der elektrolytischen Aluminiumherstellung; es setzt sich aus Aluminium-, Natrium-, Barium-, Calcium- und Magnesiumfluoriden und aus Aluminiumoxyd zusammen.

Die elektrolytische Raffination des Aluminiums mittels einer solchen Elektrolytschmelze stellt einen elektrometallurgischen Prozeß mit löslicher Anode dar, der der elektrolytischen Raffination der Metalle in wässeriger Lösung vollkommen analog ist. Denn auch in diesem Fall geht das Aluminium der Anodenlegierung in Form von Al^{3+}-Ionen auf ein entsprechendes Lösungsmittel über, aus dem es an der Kathode als metallisches Aluminium entladen wird. Der einzige praktisch bewährte Raffinationsprozeß ist das Hooper-Verfahren, auch Dreischichtverfahren genannt. Es verwendet einen Elektrolyten, dessen Dichte zwischen der Anodenlegierung und dem kathodischen Reinaluminium liegt und der sich daher automatisch zwischen die Anodenschmelze am Boden der Zelle und die oben schwimmende Reinaluminiumschmelze als Trennungsschicht einschiebt.

Vielfach und mit gutem Erfolg wird als Elektrolyt ein ternäres Gemisch aus Aluminiumfluorid, Natriumfluorid und Bariumfluorid verwendet, das außerdem noch Aluminiumoxyd und Calcium- und Magnesiumfluorid enthält. Die mengenmäßige Zusammensetzung dieses Elektrolyten geht aus Tab. 85 hervor.

Tabelle 85. *Zusammensetzung des Elektrolyten für die Aluminiumraffination*

Bestandteil	Prozent
AlF_3	26 — 31
NaF	26 — 31
BaF_2	31 — 41
Al_2O_3	0,5 — 3
	oder nahezu gesättigt
CaF_2 }	~ 2
MgF_2 }	

Ein solcher Elektrolyt gestattet den Betrieb der Raffinationszelle bei Temperaturen zwischen 900 und 1100° C. Bei 950° C betragen die spezifischen Gewichte des Reinaluminiums etwa 2,3, des Elektrolyten 2,6 und der Anodenlegierung 2,8.

Die Anodenlegierung wird auf elektrothermischem Wege hergestellt und hat die in Tab. 86 angegebene Zusammensetzung.

Tabelle 86. *Zusammensetzung der Anodenlegierung für die Aluminiumraffination*

Bestandteil	Prozent
Al	30 — 40
Cu	45 — 55
Si	5 — 10
Fe	~ 5
Ti	< 1

Eine Legierung mit höherem Aluminiumgehalt als dem in Tab. 86 angegebenen kann auf elektrothermischem Wege direkt nicht erhalten werden, da die Gefahr der Carbidbildung besteht, das die Legierung unbrauchbar machen würde. Der Prozentgehalt dieser Legierung an Aluminium kann jedoch durch Vermischung mit weiterem Aluminium bis auf 60% gesteigert werden.

Es empfiehlt sich, die Anodenlegierung so herzustellen, daß sich im Elektrolyten *keine* Verunreinigungen ansammeln können (Unterschied gegenüber der Raffination in wässerigen Lösungen). Dies gilt insbesondere für die Raffination von Schrott, der Magnesium enthalten kann. In diesem Falle wird das Magnesium in einem vorgeschalteten Ofen durch Reaktion mit Aluminiumfluorid ausgeschieden. Dabei entstehen Magnesiumfluorid und Aluminium.

Da das Aluminium das unedelste Metall der Anode darstellt, ist der einzig mögliche Vorgang der Übergang des Aluminiums der Legierung auf den Elektrolyten in Form von Al^{3+}-Ionen. Der hohe Siliciumgehalt der Anodenlegierung ergibt sich aus der Notwendigkeit, über eine hinreichend bewegliche Anodenschicht zu verfügen, auch wenn der Prozentgehalt des Aluminiums infolge der Elektrolyse beträchtlich abgesunken ist. Dadurch soll eine allzu starke Aluminiumabnahme in der Oberflächenschicht der Legierung vermieden werden. Wenn nämlich das in Lösung gegangene Aluminium nicht im gleichen Ausmaß aus der Legierung ersetzt wird, tritt eine oberflächliche Verarmung ein, die auch die Auflösung der anderen Komponenten der Legierung und dadurch eine Verunreinigung des Endproduktes verursachen könnte.

Der Gehalt an Eisen und Titan muß dagegen so niedrig als möglich sein, da diese beiden Elemente dazu neigen, die Schmelztemperatur der Anodenlegierung zu erhöhen.

Der kathodische Vorgang ist mit dem der elektrolytischen Aluminiumherstellung identisch, das heißt, er besteht in der Entladung der Al^{3+}-Ionen. Die Entladung einer gewissen Menge Na^+-Ionen ist unvermeidlich. Das metallische Natrium diffundiert zur Oberfläche und wird sofort oxydiert, was eine Erniedrigung der Stromausbeute zur Folge hat. Aus diesem Grunde muß nach einer bestimmten Betriebsdauer, die von der Ampèrezahl der Zelle, von der Stromdichte, von der Menge des anfänglich vorhandenen Elektrolyten und von dessen Temperatur abhängt, das durch die Elektrolyse

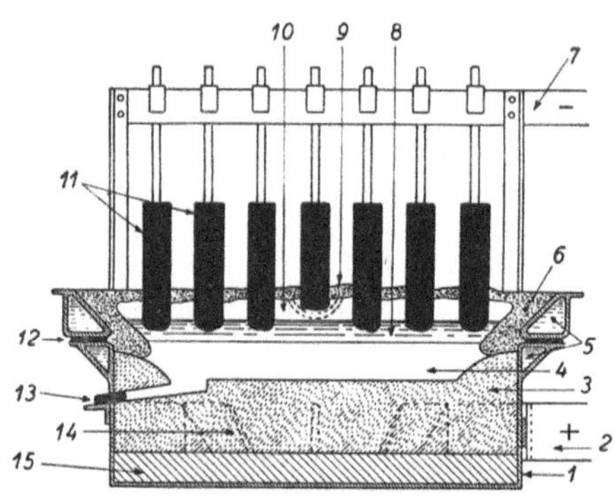

Abb. 89. Schmelzflußelektrolysezelle zur Raffination von Aluminium. 1 Eisenzelle; 2 Anodenanschluß; 3 Kohleauskleidung; 4 Anodenlegierung; 5 Kühlkanäle; 6 Erstarrter Elektrolyt; 7 Kathodenanschluß; 8 Elektrolyt; 9 Aluminiumauslauf; 10 Aluminiumschmelze; 11 Anoden; 12 Isolierschicht; 13 Abstich; 14 Gerüst zur Herstellung des Kontaktes mit der Kohleauskleidung; 15 Isolierschicht

entzogene Natrium dem Elektrolyten wieder zugeführt werden. Die in Abb. 89 dargestellte Zelle weist eine ähnliche Konstruktion auf wie die Zelle für die Aluminiumherstellung. Der Hauptunterschied besteht in zwei Kühlringen, in denen Wasser zirkuliert. Der untere ist mit der Zelle fest verbunden und vom oberen durch eine Asbestschicht isoliert. Die Kühlringe bezwecken die elektrische Isolation der Anodenlegierung vom kathodischen Aluminium. Sie sollen verhindern, daß die Wände der Zelle oder die Kohleauskleidung als Nebenschluß für den Elektrolyten wirken, da jeder Stromanteil, der nicht durch den Elektrolyten fließt, für den Raffinationsprozeß verlorengeht. Die Kohleauskleidung reicht etwa bis zur halben Höhe des unteren Kühlringes. Die Kühlung bewirkt, daß die Auskleidung des ganzen Oberteiles der Zelle aus erstarrtem Elektrolyt mit hohem elektrischen Widerstand besteht und daher eine wirksame Isolierung zwischen Anode und Kathode längs der Zellenwände darstellt. An einer Stelle ist der obere Ring so geformt, daß das Reinaluminium durch einen Auslauf aus der Zelle austreten kann.

Die Zelle arbeitet insofern gerade umgekehrt wie die Zellen für die Aluminiumherstellung, als die Auskleidung mit dem positiven und die oberen Elektroden mit dem negativen Pol verbunden sind. Da bei der Elektrolyse keine Gasentwicklung auftritt und außerdem die oberen Elektroden am negativen Pol liegen, brauchen die Elektroden nicht aus Petrolkoks zu bestehen. Statt dessen werden normale Graphitelektroden verwendet, die unter anderem den Vorteil eines kleineren elektrischen Widerstandes haben.

Die Zelle wird in Betrieb gesetzt, indem zunächst soviel Elektrolytschmelze eingegossen wird, daß man eine Schicht in der Mindestdicke von 10 cm erhält. Eine so dicke Schicht ist erforderlich, um zu vermeiden, daß die ziemlich heftigen Bewegungen, denen die anodische und kathodische Metallschicht infolge der hohen Temperatur und Stromdichte und des starken elektromagnetischen Feldes ausgesetzt sind, eine Vermischung des Kathodenproduktes mit der Anodenlegierung verursachen und so die Raffinationsarbeit zunichte machen. Dann wird die geschmolzene Aluminiumlegierung langsam zugegossen, bis eine Höhe etwas unterhalb der Isolierschicht zwischen den beiden Kühlringen erreicht ist. Zuletzt fügt man eine Schicht reiner Aluminiumschmelze hinzu. Danach werden die Kathoden der Höhe nach so eingestellt, daß sie nur in das Reinaluminium eintauchen. Auf der Oberfläche bildet sich sofort eine Oxydkruste, die das Aluminium vor weiterer Oxydation durch den Luftsauerstoff schützt. Nunmehr ist die Zelle betriebsfertig.

Die Anodenlegierung kann solange elektrolysiert werden, als ihr Aluminiumgehalt nicht unter 20% sinkt. Dann muß sie wieder mit Aluminium angereichert werden. Zu diesem Zweck wird nach Ausschaltung des Stromes ein Teil der kupferreichen Anodenlegierung durch die untere Austrittsöffnung in einen genügend großen Schmelztiegel geleitet, der die neue Charge des zu raffinierenden Aluminiums oder der Legierung in bereits geschmolzenem Zustand in solcher Menge enthält, daß immer eine Legierung mit einem größeren spezifischen Gewicht als dem des Elektrolyten entsteht. Bei der Vermischung mit dem in der Zelle verbliebenen Teil kommt eine neue Anodenlegierung in der ursprünglichen Zusammensetzung zustande. Die Schmelze wird durch einen mit Kohle ausgekleideten und bis zum Boden der Zelle reichenden Trichter in die Zelle eingegossen. Da das Gesamtvolumen der in die Zelle eingebrachten Legierung größer als das entnommene Volumen ist, bewirkt der Niveauanstieg, daß ein Teil des auf dem Elektrolyten schwimmenden Reinaluminiums durch den vorgesehenen Auslaß austritt und in einem anderen Tiegel gesammelt wird. Das so raffinierte Aluminium hat einen Gehalt von 99,8 bis 99,9% Al; unter besonders günstigen Umständen wurden 99,98% erreicht. Die hauptsächlichste Verunreinigung stellt das Kupfer dar.

Je länger die Anodenlegierung benützt wird und je mehr Raffinationszyklen sie durchlaufen hat, um so größer wird ihr Gehalt an Eisen, Titan und eventuell noch anderen Verunreinigungen. Sie muß daher periodisch erneuert werden, damit nicht die in Tab. 85 angegebenen Maximalwerte für den Prozentsatz an Eisen und Titan überschritten werden. Die erschöpfte Anodenlegierung wird zur Kupfergewinnung verwendet. In Tab. 87 sind die elektrischen Daten zusammengestellt.

Tabelle 87. *Elektrische Daten der Aluminiumraffination*

Spannung	5 — 7 V
D	140 — 150 A/dm^2
R_{Strom}	— 1
Energieverbrauch	22 — 24 kWh/kg

[1] In der Fachliteratur nicht angegeben, aber bestimmt sehr hoch.

Es sind noch weitere Verfahren in Vorschlag gebracht worden, die die Verwendung eines aus Aluminiumchlorid und Alkalichloriden bestehenden Elektrolyten vorsehen, der den Vorteil hat, bei viel niedrigerer Temperatur (120 bis 150° C) zu schmelzen. Bei dieser Temperatur sind sowohl die zu raffinierenden Anoden als auch die aus raffiniertem Aluminium bestehenden Kathoden fest. Auf letzteren gibt das Aluminium keine glatten Niederschläge. Zur Erzielung glatter Niederschläge müssen dem Elektrolyten Schwermetallsalze zugesetzt werden. Das so gewonnene Aluminium ist jedoch beträchtlich unreiner als das mit dem Hooper-Verfahren erhaltene; sein Gehalt schwankt zwischen 99,5 und 99,9% Al.

Diese Verfahren haben jedoch noch keine industrielle Anwendung in großem Maßstab gefunden.

6. Elektrolytische Herstellung des Magnesiums

Auch Magnesium konnte bis vor kurzem nur durch Schmelzflußelektrolyse eines seiner Salze hergestellt werden, da sein Entladungspotential viel negativer als das des H^+-Ions ist und es sich daher aus einer wässerigen Lösung nur bei Sättigungskonzentration und sehr hoher Stromdichte abscheiden würde. Aber auch dann würde das Magnesium nur mit sehr niedriger Stromausbeute und in technisch nicht verwendbarer Form abgeschieden werden.

Die wirtschaftlichsten Elektrolyte wären das Chlorid und das Sulfat; verwendbar ist aber nur das Chlorid, da das Sulfat bei Berührung mit metallischem Magnesium nach dem Schema

$$Mg + MgSO_4 \rightarrow 2\,MgO + SO_2 \tag{1}$$

unter Bildung von unlöslichem Oxyd reagiert, was andere Nachteile bedingt (s. u.). Es wurde auch ein Verfahren erprobt und eine Zeitlang sogar im industriellen Maßstab angewendet, das mit der Aluminiumherstellung Ähnlichkeiten aufwies, da als Elektrolyt ein Gemisch von Magnesium- und Bariumfluorid zu gleichen Teilen mit einem geringen Zusatz von Natriumfluorid benützt wurde. In diesem Elektrolyten wurde Magnesiumoxyd suspendiert, von dem etwa 0,1% in Lösung ging. Das Verfahren wurde jedoch aus verschiedenen Gründen (höherer Preis des Rohstoffes, höhere Betriebstemperatur usw.) praktisch fallengelassen. Heute stammt das elektrolytisch erzeugte Magnesium fast ausschließlich aus Zellen, in denen als Elektrolyt eine Schmelze von wasserfreiem Magnesiumchlorid verarbeitet wird.

Vom theoretischen Gesichtspunkt weist die Elektrolyse des wasserfreien Magnesiumchlorids keinerlei nennenswerte Besonderheiten auf. An der Kathode findet die Entladung der Mg^{2+}-Ionen mit Bildung von metallischem Magnesium und an der Anode die Entladung der Cl^--Ionen mit Chlorgasentwicklung statt. Die anodischen und kathodischen Primärreaktionen sind von keinerlei ins Gewicht fallenden Sekundärreaktionen begleitet.

Der Elektrolyt besteht aus wasserfreiem Magnesiumchlorid, dem manchmal Natriumchlorid oder andere Alkali- oder Erdalkalichloride beigemengt sind, um den Schmelzpunkt zu erniedrigen, die Leitfähigkeit zu erhöhen, die Hydrolyse [Reaktionen (3) und (4)] zu erschweren und die Regelung des spezifischen Gewichtes zu ermöglichen. Der Elektrolyt muß sehr rein sein, wenn eine Herabsetzung der Ausbeuten vermieden werden soll. Am häufigsten kommen folgende Verunreinigungen im entwässerten Magnesiumchlorid vor: Wasser, Sulfate, Spuren von Eisen und Calcium. Der Wassergehalt des für die Elektrolyse bestimmten Magnesiumchlorids liegt selten unter 1 bis 2%. Selbst wenn von jenem Teil abgesehen wird, der als im Gleichgewicht mit dem Produkt der Entwässerungsoperation betrachtet wird, ist während der Entnahme des Magnesiumchlorids aus der Entwässerungsanlage, während des Transportes, der Beschickung der Elektrolysezellen usw. genügend Gelegenheit gegeben, daß Wasser, wenn auch in ganz kleinen Mengen, aus der Luft absorbiert wird.

Das im Gleichgewicht mit dem Magnesiumchlorid befindliche Wasser wird vom Strom noch vor dem Magnesiumchlorid, dessen Zersetzungsspannung sicher höher liegt, zersetzt, wofür ein beträchtlicher Energieaufwand erforderlich ist. So muß z. B. eine mit 1500 kg Magnesiumchlorid mit 2% Wassergehalt beschickte Zelle gut 18 Stunden mit 5000 A betrieben werden, bevor die Abscheidung des Magnesiums einsetzen kann. Dies wiederholt sich bei jedem folgenden Arbeitsgang, wobei die zusätzliche Feuchtigkeit, die vom Rückstand der Schmelze in der Zelle während der Beschickung absorbiert wird, noch gar nicht berücksichtigt ist. Das neu hinzukommende Wasser kann außerdem mit dem bereits abgeschiedenen Magnesium nach dem Schema

$$Mg + H_2O \rightarrow MgO + H_2 \tag{2}$$

reagieren. Diese Reaktion ist hinsichtlich der Stromausbeute der elektrolytischen Zersetzungsreaktion des Wassers vollkommen gleichzusetzen, da die beiden für die Abscheidung eines Grammatoms Magnesium aufgewendeten Stromäquivalente bei der Oxydation des Magnesiums so verloren gehen, als ob 1 Mol Wasser elektrolysiert würde, was ebenfalls 2 Stromäquivalente erfordert. Die Reaktion (2) wirkt sich darüber hinaus noch ungünstiger aus, da das Magnesiumoxyd nicht elektrolysiert werden kann und daher auch ein Verlust an Elektrolyt eintritt. Wasser kann mit Magnesiumchlorid schließlich noch die Reaktionen

$$MgCl_2 + H_2O \rightleftarrows Mg(OH)Cl + HCl, \tag{3}$$
$$MgCl_2 + H_2O \rightleftarrows MgO + 2\,HCl \tag{4}$$

eingehen, mit Bildung des Oxychlorids bzw. Oxyds, die beide für Elektrolysezwecke unverwendbar sind. Je nach den Eigenschaften des als Ausgangsprodukt verwendeten Magnesiumchlorids (geschmolzen, in Stücken, pulverisiert) verdampft jedoch ein mehr oder weniger beträchtlicher Teil des Wassers, bevor er noch Zeit hat, sich in der Elektrolytschmelze wirklich zu lösen und die Reaktionen (2), (3) und (4) hervorzurufen, besonders wenn die Beschickung der Zelle in einem zweckmäßig konstruierten Anodenraum so erfolgt, daß der warme Chlorgasstrom die Verdampfung des Wassers und den Abzug des Dampfes erleichtert.

Auch Verunreinigungen von $SO_4{}^{2-}$-Ionen sind schädlich, und zwar aus demselben Grund, aus dem die Elektrolyse einer Magnesiumsulfatschmelze wegen der Reaktion (1) unmöglich ist. Der Prozentgehalt an Sulfaten darf 0,3% nicht übersteigen. Die Bildung von Magnesiumoxyd im Bad durch die Reaktionen (3) und (4) setzt die Stromausbeute weiter herab, da es das Zusammenfließen der Magnesiummetalltröpfchen behindert, indem es sie mit einer ganz feinen Staubschicht überzieht. Auf diese Weise geht ein Teil des bereits abgeschiedenen metallischen Magnesiums in der Masse des Magnesiumoxyds, das sich wegen seines höheren spezifischen Gewichtes am Boden der Zelle ablagert, verloren. Tatsächlich ergibt die Analyse des aus Elektrolysezellen stammenden Magnesiumoxyds gewöhnlich einen höheren Magnesiumgehalt, als der Theorie entspricht, was sich eben aus der Anwesenheit metallischen Magnesiums erklärt.

Tab. 88 enthält die typischen Analysedaten des Bodensatzes.

Tabelle 88. *Analyse des Bodensatzes einer Magnesiumelektrolysezelle*

Bestandteil	Prozent
MgO	18
Mg	5
Schwermetalle	1
Flußmittel	76

Geringe Zusätze von Natrium- und Calciumfluorid hemmen die Bildung von dispersem metallischem Magnesium, da sie als Lösungsmittel für das disperse Magnesiumoxyd wirken. Verunreinigungen von Eisen und anderen Schwermetallen, die allerdings selten auftreten, beeinträchtigen die Qualität des Endproduktes der Elektrolyse. Unter den Verunreinigungen wirkt sich Bor besonders ungünstig aus, da es sich an der Kathode abscheidet und metallische Borverbindungen ergibt, die außer der Verunreinigung des Endproduktes eine Dispersionswirkung auf das kathodische Magnesium ausüben und dessen Dichte erhöhen. Beides muß vermieden werden (s. u.). Die Anwesenheit anderer Alkali- und Erdalkaliionen ist nicht schädlich, da sie an der Kathode nicht abgeschieden werden, solange ihre Konzentration nicht sehr hohe Werte annimmt. Das ist bei der Zusammensetzung des Elektrolyten für die Elektrolyse von Magnesiumchlorid niemals der Fall, beim Calciumchlorid beträgt der betreffende Wert etwa 20%, beim Natriumchlorid 70% und beim Kaliumchlorid 85%.

Bei Gebrauch von wirklich wasserfreiem und reinem Magnesiumchlorid kommt die Stromausbeute dem theoretischen Wert sehr nahe und das aus der Elektrolyse gewonnene Metall ist sehr rein (über 99,9% Mg).

Wenn auch durch zweckmäßige Dosierung der Bestandteile ein spezifisches Gewicht des Elektrolyten erreicht werden kann, das unter dem der metallischen Magnesiumschmelze liegt, so daß sich das Magnesium am Boden der Zelle ablagert, zieht man es doch immer vor, das geschmolzene Magnesiummetall auf der Oberfläche schwimmend zu erhalten, da dadurch eine Vermischung mit dem am Zellenboden angesammelten Oxyd vermieden wird. Letzteres würde die Vereinigung der von den Kathoden herabfallenden Magnesiumtröpfchen zu einer einheitlichen Masse verhindern. Außerdem kann das Magnesium leichter aus der Zelle entnommen werden, wenn es auf der Oberfläche schwimmt; auch eine Vereinfachung der Zellenkonstruktion wird dadurch ermöglicht. In Anbetracht der automatischen Ausscheidung des sich am Boden ablagernden Magnesiumoxyds, der Lösungs- und in gewissem Sinne auch Waschwirkung des Elektrolyten und des Fehlens einer kathodischen Abscheidung anderer Verunreinigungen erhält man bei Verwendung genügend reiner Ausgangsstoffe Magnesium von sehr hohem Reinheitsgrad (etwa 99,9%). Die hauptsächlichsten Verunreinigungen sind Aluminium, Silicium und Eisen. Bisweilen kann man auch Elektrolyteinschlüsse finden. Eine solche für das bloße Auge oft unsichtbare Verunreinigung wirkt sich sehr schädlich aus; sie darf, in Prozenten des vorhandenen Chlors ausgedrückt, 0,005% nicht überschreiten.

Ist das kathodische Produkt nicht rein genug, dann wird die weitere Raffination durch Sublimation bei reduziertem Druck (0,15 bis 0,5 mm Hg) und einer Temperatur durchgeführt, die ein wenig unter dem Schmelzpunkt des Magnesiums (600° C) liegt. Unter solchen Bedingungen kann man aus einem Metall mit 90% Magnesiumgehalt Magnesium mit einem Reinheitsgrad von 99,99% erhalten.

Die Zersetzungsspannung des Magnesiumchlorids ist nicht genau bekannt; sie beträgt ungefähr 2,5 V und liegt daher unter den Zersetzungsspannungen der anderen eventuell vorhandenen Bestandteile des Elektrolyten. Die wirkliche Klemmenspannung der Zelle ist jedoch bedeutend größer (6 bis 9 V), da die Betriebstemperatur des Elektrolyten zum Teil oder vollständig durch elektrische Energie aufrechterhalten wird. Die Zellen arbeiten gewöhnlich mit einer anodischen Stromdichte von etwa 500 bis 1000 A/dm², während die kathodische Stromdichte bedeutend kleiner (100 A/dm²) ist, wenn auch diese Werte keine

entscheidende oder maßgebende Bedeutung für die Ergiebigkeit des elektrolytischen Prozesses haben. Die Stromausbeute kann nicht genau festgestellt werden; wie bereits angedeutet, hängt sie größtenteils vom Wassergehalt des Magnesiumchlorids im Augenblick der Beschickung der Zelle ab. Die Betriebstemperatur muß etwas über dem Schmelzpunkt des Magnesiums (650⁰ C) liegen und beträgt im Durchschnitt 700⁰ C. Bei dieser Temperatur hat das geschmolzene Magnesium keine starke Tendenz, mit dem anodischen Chlor zu reagieren, so daß die dadurch bedingten Verluste absolut vernachlässigt werden können. Andererseits ist die Magnesiumschmelze gegen Oxydation durch den Luftsauerstoff von einer dünnen Oberflächenschicht der Elektrolytschmelze geschützt.

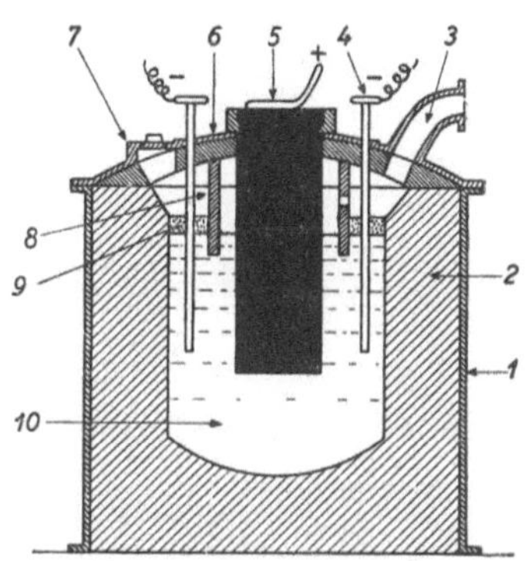

Abb. 90. Schmelzflußelektrolysezelle zur Herstellung von Magnesium. 1 Eisenzelle; 2 Feuerfestes Material; 3 Cl₂-Abzug; 4 Kathode; 5 Anode; 6 Deckel; 7 MgCl₂-Zuführung; 8 Diaphragma; 9 Magnesiumschmelze; 10 Elektrolyt

Eine für die Magnesiumherstellung typische Zelle ist in Abb. 90 dargestellt. Sie wird ausschließlich elektrisch geheizt. Es gibt aber auch Zellen, die zum Teil oder fast vollständig von außen erhitzt werden. Die Zelle ist aus feuerfestem Material hergestellt, das gegen geschmolzenes Magnesiumchlorid widerstandsfähig ist, und zur Erhöhung der mechanischen Festigkeit außen mit Eisen umkleidet. Der Eisendeckel ist an der Innenseite mit feuerfestem, gegen Chlorgas beständigem Material belegt. Die Kathoden sind aus Eisen; wird die Temperatur genügend tief gehalten, dann tritt keine nennenswerte Auflösung des Eisens ein. Die Anode besteht aus Kohle oder Graphit. Der Stromverbrauch bewegt sich um 17,5 bis 20 kWh/kg je nach der effektiven Klemmenspannung, das heißt je nachdem ob die Zelle vorwiegend von außen oder vorwiegend bzw. vollständig elektrisch geheizt wird. Die elektrischen Daten sind in Tab. 89 zusammengestellt.

Tabelle 89. *Elektrische Daten der Magnesiumherstellung*

Spannung	6 — 9 V
$D_{Kathode}$	100 A/dm²
D_{Anode}	500 — 1000 A/dm²
R_{Strom}	0,75 — 0,80 [1]
Energieverbrauch	17,5 — 20 kWh/kg

[1] Ist aber vom Wassergehalt des Elektrolyten abhängig.

7. Herstellung von wasserfreiem Magnesiumchlorid

Die Ausgangsstoffe für die Herstellung des Elektrolyten sind:

a) lösliche Magnesiumminerale: Bischofit ($MgCl_2 \cdot 6\,H_2O$), Carnallit ($MgCl_2 \cdot KCl \cdot 6\,H_2O$), Tachyhydrit ($MgCl_2 \cdot CaCl_2 \cdot 12\,H_2O$);

b) leicht umsetzbare Magnesiumminerale: Magnesit ($MgCO_3$), Dolomit ($MgCO_3 \cdot CaCO_3$); Brucit [$Mg(OH)_2$];

c) stark magnesiumhaltige Salzquellen;

d) Meerwasser.

Aus allen diesen Rohstoffen erhält man im allgemeinen durch Lösung und fraktionierte Kristallisation, an die sich allenfalls eine Behandlung mit Magnesiumhydroxyd zur Ausscheidung der aus Silicium, Eisen, Aluminium und anderen Metallen bestehenden Verunreinigungen und eine Behandlung zur Gewinnung des eventuell vorhandenen Broms anschließt, reines Magnesiumchlorid mit $6\,H_2O$. Der Magnesit muß zuerst in Chlorid umgewandelt werden. Erfolgt der Umwandlungsprozeß auf trockenem Wege mit Chlorgas und Kohle oder Kohlenoxyd, dann ist das gewonnene Chlorid bereits wasserfrei und für die Elektrolyse unmittelbar verwendbar. In diesem Fall muß der den Ausgangsstoff darstellende Magnesit einen Reinheitsgrad von mindestens 97% aufweisen. Wenn die Umwandlung auf nassem Wege durchgeführt wird, z. B. durch Behandlung mit Chlorwasserstoffsäure, einem Verfahren, das auch für den Dolomit anwendbar ist, dann ist ein höherer Prozentsatz von Verunreinigungen zulässig, da diese im Laufe des Verfahrens ausgeschieden werden.

Es erscheint interessant, das Verfahren zur Gewinnung von Magnesiumchlorid aus dem Meerwasser kurz zu erörtern, um zu zeigen, wie auch stark verdünnte Lösungen unter entsprechenden Bedingungen ausgebeutet werden können. Das Meerwasser wird zunächst durch Netze filtriert, um die schwebenden festen Teilchen abzusondern, und dann mit Kalk behandelt, wobei das p_H unter strenger Kontrolle gehalten wird, um einen guten Niederschlag von Magnesiumhydroxyd zu erhalten. Nach vorangegangener Dekantation liefert die Filtration der gewonnenen Magnesiummilch Hydroxydkuchen, die in 10%iger Chlorwasserstoffsäure aufgelöst werden. Letztere wird durch Verbrennung von Wasserstoff in einer Chloratmosphäre erhalten. Das Chlor wird als Elektrolyseprodukt des Magnesiumchlorids oder aus Alkalichloriden gewonnen. Die verdünnte Magnesiumchloridlösung wird zunächst eingedampft und dann in Trockenanlagen verschiedener Art entwässert. Am Ende dieser Operation liegt das reine und fast wasserfreie Magnesiumchlorid vor. Eine Tonne Magnesium wird aus 800 Tonnen Meerwasser gewonnen.

Die Magnesiumgewinnung aus Meerwasser kann nur dort wirtschaftlich sein, wo die Hilfsrohstoffe in der Nachbarschaft zu billigen Preisen zur Verfügung stehen. Das in Freport in Texas gelegene Werk der Dow Chemical Co. verwendet für die Erzeugung des Calciumoxyds in der Nähe vorkommende Ablagerungen von Austernschalen und für die Herstellung der Chlorwasserstoffsäure Wasserstoff aus natürlichen Gasquellen und Chlor, das als Nebenprodukt anderer Elektrolyseverfahren abfällt.

Der folgende Arbeitsgang besteht in der Entwässerung des Hexahydrats und stellt den heikelsten Punkt des Herstellungsverfahrens von wasserfreiem Magnesiumchlorid dar. Der Wasserentzug gelingt leicht bis zu einem Wassergehalt, der der Zusammensetzung $MgCl_2 \cdot 2\,H_2O$ entspricht. Der weitere Übergang zu völlig wasserfreiem Chlorid ist schon wesentlich schwieriger. Der Grund hiefür sind die Hydrolysereaktionen (3) und (4), die sich bei der für die vollständige Entwässerung notwendigen erhöhten Temperatur besonders stark bemerkbar machen.

Zur Abschwächung der Hydrolysereaktionen werden dem Magnesiumchlorid Natriumchlorid und eventuell auch in kleinen Mengen Ammonchlorid zugesetzt; oder es wird die endgültige Entwässerung in einer Atmosphäre von gasförmiger Chlorwasserstoffsäure durchgeführt. Das für die Elektrolyse direkt verwendbare wasserfreie Magnesiumchlorid enthält gewöhnlich 10% Magnesiumoxyd, das sich jedoch während der Elektrolyse nicht weiter störend bemerkbar macht.

8. Elektrolytische Herstellung des Natriums

Die elektrolytische Herstellung metallischen Natriums stellt insbesondere wegen der Schwierigkeiten, die im Hinblick auf die große Reaktionsfähigkeit der Endprodukte bei der Bildungstemperatur gemeistert werden müssen, einen der heikelsten metallurgischen Prozesse dar.

Metallisches Natrium kann nicht unmittelbar aus der wässerigen Lösung eines seiner Salze auf einer gewöhnlichen Metallelektrode abgeschieden werden (s. Kap. VIII, 1), da sein Entladungspotential viel negativer als das des Wasserstoffes ist. Auch bei Verwendung von Quecksilber als Kathode wäre die Überspannung des Wasserstoffes an diesem Metall allein nicht ausreichend, um den Unterschied der Entladungspotentiale des Wasserstoffes und des Natriums zu decken. Die Entladung des Na^+-Ions an einer Quecksilberkathode (s. Kap. VIII,6) wird dadurch ermöglicht, daß Natrium und Quecksilber zwischenmetallische Verbindungen mit exothermer Bildungsreaktion und mit relativ hohen Bildungswärmen ergeben und daß außerdem diese Verbindungen im Überschuß des kathodischen Quecksilbers löslich sind, so daß das effektive Entladungspotential des Na^+-Ions ausreichend depolarisiert wird. Die Herstellung metallischen Natriums würde aber in einer zweiten, ziemlich kostspieligen Operation die Trennung des Natriums vom Amalgam erfordern, was diesen Weg im Endeffekt unrentabel macht.

Man zieht es daher vor, Natrium durch Elektrolyse einer Schmelze herzustellen. Die gesamte Erzeugung metallischen Natriums erfolgt heute auf diesem Wege.

Die erste Schwierigkeit dieses Verfahrens betrifft die Elektrolysetemperatur im Zusammenhang mit dem Elektrolyten. Natrium ist ein Metall, das einen relativ niedrigen Schmelzpunkt und Siedepunkt (98^0 C bzw. 880^0 C) hat. Man muß daher bei möglichst niedriger Temperatur arbeiten, um Verluste durch Verdampfung und durch Reaktion mit anodischen Produkten und atmosphärischen Gasen in Anbetracht der mit der Temperatur wachsenden Reaktionsfähigkeit des Natriums zu vermeiden.

Der in dieser Hinsicht geeignetste Elektrolyt ist die Schmelze von wasserfreiem Natriumhydroxyd, das in reinem Zustand bei 318^0 C schmilzt. Aus diesem Grund wird es auch gewöhnlich als Elektrolyt für die Natriumerzeugung verwendet. Theoretisch könnte man metallisches Natrium auch aus anderen weniger kostspieligen Natriumsalzen, wie Natriumchlorid, -carbonat, -nitrat, -borat usw., abscheiden. In diesen Salzen ist jedoch der Natriumgehalt viel geringer als im Hydroxyd, so daß der Preisunterschied zum Teil ausgeglichen erscheint. Von den Salzen hat sich nur Natriumchlorid als Elektrolyt behaupten können, da es sich als Rohstoff viel billiger stellt als das Hydroxyd. Heute ist noch nicht endgültig entschieden, welcher Elektrolyt am Ende das Feld behaupten wird, da die Elektrolyse von Natriumhydroxyd in viel billigeren Behältern und bei wesentlich niedrigerer Temperatur ausgeführt werden kann, so daß auch diese beiden Faktoren beim Ausgleich der Preisdifferenz eine Rolle spielen.

a) Elektrolyse des Natriumhydroxyds. Die Primärreaktionen während der Elektrolyse des Natriumhydroxyds sind:

$$\text{an der Kathode} \qquad Na^+ + e \rightarrow Na, \qquad\qquad (1)$$
$$\text{an der Anode} \qquad 4\,OH^- \rightarrow 2\,H_2O + O_2 + 4\,e. \qquad (2)$$

Das an der Anode gebildete Wasser ermöglicht eine weitere kathodische Primärreaktion, und zwar

$$2\,H^+ + 2\,e \rightarrow H_2. \qquad\qquad (3)$$

Das an der Kathode entstandene Natrium ist jedoch im Elektrolyten in beträchtlichem Ausmaß löslich; die Löslichkeit nimmt mit steigender Temperatur ab. Da aber der Diffusionskoeffizient mit der Temperatur zunimmt, ist die Diffusion bei höherer Temperatur größer. Das im Elektrolyten diffundierende metallische Natrium kann sowohl mit dem an der Anode gebildeten Wasser als auch mit Sauerstoff folgende Sekundärreaktionen eingehen:

$$2\,Na + 2\,H_2O \quad \rightarrow 2\,NaOH + H_2, \qquad (4)$$
$$2\,Na + O_2 \quad \rightarrow Na_2O_2, \qquad\qquad (5)$$
$$2\,Na + Na_2O_2 \quad \rightarrow 2\,Na_2O, \qquad\qquad (6)$$
$$2\,Na_2O + 2\,H_2O \quad \rightarrow 4\,NaOH. \qquad\qquad (7)$$

Die Gruppe der Sekundärreaktionen (4), (5), (6) und (7) verbraucht bereits abgeschiedenes Natrium und setzt dadurch die Stromausbeute herab, die wegen der gleichzeitig stattfindenden kathodischen Primärreaktion (3) an sich schon niedrig ist (s. u.). Die Reaktionen (4) und (5) sind auch aus einem anderen Grund schädlich. Infolge der Reaktion (4) entwickelt sich im Anodenraum Wasserstoff, der, mit dem atmosphärischen oder anodischen Sauerstoff vermischt, Knallgas ergibt, das dauernd explodiert. Auch auf Grund der Reaktion (5) erzeugt das mit dem Luft- oder Anodensauerstoff reagierende Natrium fortgesetzte Explosionen, weshalb eine ununterbrochene und sorgfältige Überwachung der Vorgänge in der Zelle notwendig ist.

Die Zersetzungsspannung des Natriumhydroxyds bei der Betriebstemperatur beträgt ungefähr 2,2 V, während die Zersetzungsspannung des Wassers bei derselben Temperatur nur etwa 1,4 V beträgt. Die Zersetzung des an der Anode gebildeten und des im Elektrolyten wegen dessen Hygroskopie enthaltenen Wassers ist also unvermeidlich. Das bedeutet aber, daß das Natriumhydroxyd während der Elektrolyse vollständig in seine Elemente Natrium, Wasserstoff und Sauerstoff zerlegt wird und daher für die Zersetzung von 1 Mol Natriumhydroxyd die Elektrizitätsmenge 2 *F* notwendig ist. Die theoretische Stromausbeute könnte daher den Wert 0,5 nicht überschreiten, wenn nicht eine gewisse Wassermenge aus der Schmelze verdampfte. Praktisch ist es schwierig, über eine Stromausbeute von 0,4 hinauszukommen, da die Sekundärreaktionen Natrium verbrauchen, es sei denn, daß die Konstruktion der Zelle besondere Vorkehrungen aufweist, die die Ausscheidung des größten Teiles des anodischen Wassers durch Verdampfung ermöglichen (s. u.).

Die von den Sekundärreaktionen aufgebrauchte Menge metallischen Natriums wächst rasch an, wenn die Temperatur über den Schmelzpunkt des Elektrolyten ansteigt. Bei 25^0 C über dem Schmelzpunkt verbrauchen die Sekundärreaktionen praktisch das ganze kathodisch abgeschiedene Natrium, so daß die Stromausbeute rasch gegen Null geht. Aus diesem Grund ist die Spanne der Elektrolysetemperatur sehr eng bemessen. Sie beträgt 15 bis 20⁰ C und muß ziemlich strenge innerhalb der vorgeschriebenen Grenzen gehalten werden. Ist die Temperatur nämlich zu niedrig, dann wird der Elektrolyt zähflüssig und bildet an der Kathode einen steifen Schaum, der das Zusammenfließen der Natriumtröpfchen behindert; ist die Temperatur zu hoch, dann wird die Oberflächenspannung des flüssigen Natriums zu klein und hemmt neuerlich die Vereinigung der Natriumtröpfchen, abgesehen davon, daß die Stromausbeute allzu sehr absinken würde. Innerhalb dieser Temperaturgrenzen schwankt die praktische Stromausbeute zwischen 0,45 und 0,36. Der Temperaturgang kann auch an Hand eines parallel zur Zelle geschalteten Voltmeters verfolgt werden: mit abnehmender Temperatur steigt die Klemmenspannung an und umgekehrt.

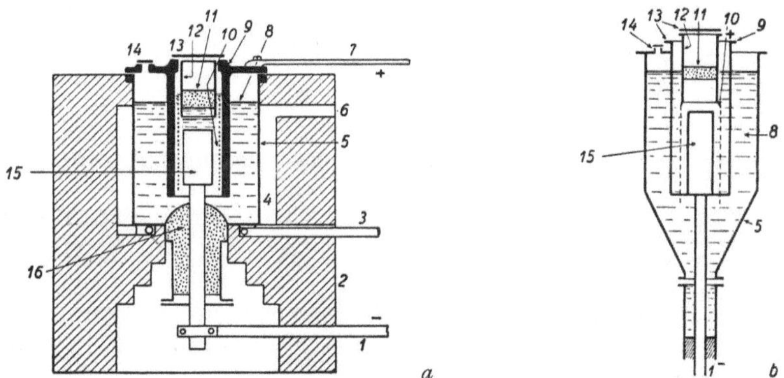

Abb. 91. Castner-Zelle. 1 Kathodenanschluß; 2 Feuerfestes Material; 3 Heizgaszufuhr; 4 Heizkammer; 5 Eisenzelle; 6 Heizgasabzug; 7 Anodenanschluß; 8 Elektrolyt; 9 Anode; 10 Diaphragma; 11 Natriumschmelze; 12 Natrium-Sammelgefäß; 13 Deckel; 14 Öffnung für die NaOH-Zuführung; 15 Kathode; 16 Erstarrter Elektrolyt

Die Schmelztemperatur des reinen, wasserfreien Natriumhydroxyds liegt bei 318⁰ C; da es aber immer etwas unrein und nie vollständig trocken ist, kann der Schmelzpunkt bis auf etwa 300⁰ C absinken. In der Praxis schwankt daher die Betriebstemperatur zwischen 310 und 320⁰ C.

Der Elektrolyt muß sehr rein und möglichst trocken sein, wenn unnötiger Stromverbrauch durch Zersetzung von Wasser noch vor Beginn der Elektrolyse des Natriumhydroxyds und eine allzu intensive Schaumbildung vermieden werden sollen. Insbesondere muß der Elektrolyt frei von Chloriden sein, da sonst das anodisch entwickelte Chlor die gewöhnlich aus Eisen bestehenden Metallteile der Zelle, die mit dem Elektrolyten in Berührung kommen, angreifen würde. Dabei würde Ferrichlorid und in weiterer Folge durch Hydrolyse Ferrioxyd entstehen, das den Elektrolyten und das kathodische Produkt verunreinigen und das Diaphragma verlegen würde (s. u.). Als Elektrolyt wird daher gewöhnlich Natriumhydroxyd verwendet, das in Zellen mit Quecksilberkathoden hergestellt wurde (s. Kap. VIII, 6). Das auf solche Art erzeugte Natrium hat ein kleineres spezifisches Gewicht als der Elektrolyt und schwimmt daher auf der Oberfläche.

Zur möglichst weitgehenden Verhinderung der Knallgasbildung und der damit und mit der Natrium-Sauerstoffreaktion verbundenen Explosionen empfiehlt es sich, zwischen Anode und Kathode ein netzartiges Diaphragma einzuschalten, dessen Maschen allerdings nicht zu dicht sein dürfen, da es sonst als bipolare

Elektrode wirken würde. Trotzdem finden fast ununterbrochen die sekundären Explosionsreaktionen statt und lassen in gewissem Sinn den Verlauf der Elektrolyse erkennen. Wird ihre Häufigkeit oder Intensität zu groß, dann bedeutet dies, daß die Elektrolyse nicht ordnungsgemäß abläuft und neu einreguliert werden muß.

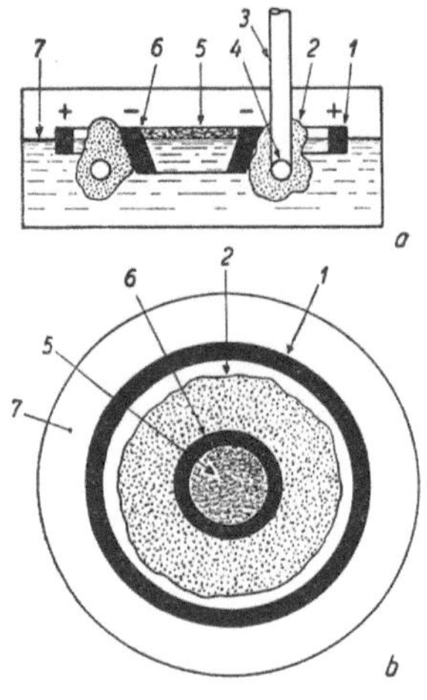

Der Elektrolyt wird entweder rein elektrisch oder zum Teil durch Erhitzung von außen im geschmolzenen Zustand erhalten. Im ersten Fall ist die Klemmenspannung natürlich wesentlich größer als im zweiten.

Als Werkstoff für den Zellenbau, und zwar sowohl für die Behälter als auch für die Elektroden, wird gewöhnlich Eisen verwendet, das gegen den Angriff des geschmolzenen Ätznatrons, sofern dieses rein ist, ziemlich beständig ist. Widerstandsfähiger sind Kupfer, reines Nickel oder ein Nickelstahl. Diese drei Werkstoffe sind allerdings bedeutend kostspieliger. Den besten Schutz für die Behälterwände stellt jedoch immer eine erstarrte Elektrolytschicht dar. Bei den modernen Zellen wird daher auf die Außenbeheizung verzichtet, um eine solche Schicht an den Wänden des Behälters erzeugen zu können.

Eine typische Zelle dieser Art ist die in Abb. 91 dargestellte Castner-Zelle: *a*) in der ursprünglichen Form mit Außenheizung und *b*) in einer moderneren Konstruktion mit elektrischer Heizung.

Abb. 92. Zelle der Karlsbader A.G. für chem. und metallurgische Produktion. 1 Anode; 2 Erstarrter Elektrolyt; 3 Senkrechter Kühler zur Kondensation des Wasserdampfes; 4 Ringkühler zur Kühlung des Elektrolyten; 5 Natriumschmelze; 6 Kathode; 7 Elektrolyt

Eine von der A.G. für chemische und metallurgische Produktion in Karlsbad entwickelte Spezialzelle zur Erzielung höherer Stromausbeuten bei der Hydroxydelektrolyse ist von besonderem Interesse. Die Erhöhung der Stromausbeute wird durch zweckmäßige Konstruktion und Anordnung der Elektroden und durch Verwendung eines Diaphragmas erreicht, das aus erstarrtem Elektrolyt besteht (s. Abb. 92: *a* Schnitt, *b* Grundriß). Zwischen Anode und Kathode befindet sich ein wassergefüllter Kühlring, um den herum sich eine verfestigte Elektrolytschicht bildet, die die Anode mechanisch und elektrisch von der Kathode trennt. Die konisch geformte Kathode kann nur an der Innenseite als solche wirken, so daß das abgeschiedene Natrium nicht zur Anode diffundieren kann.

In analoger Weise beschränkt sich die Funktion der Anode auf ihre Außenseite. Das anodisch gebildete und in der Elektrolytschmelze gelöste Wasser macht diese leichter, so daß der wasserhältige Elektrolyt die Neigung hat, oben zu schwimmen. In Anbetracht der hohen Temperatur der Masse wird der größte Teil des Wassers durch Verdampfung ausgeschieden, wodurch die Stromausbeute bis auf 0,8 gesteigert werden kann. Die Betriebsspannung dieser Zelle beträgt 8 V bei einem Energieverbrauch von kaum 10 kWh/kg Natrium.

Es empfiehlt sich die Herstellung von metallischem Natrium durch die Natriumhydroxydelektrolyse mit der Natriumhydroxyderzeugung zu kombinieren. Außer dem generellen Vorteil einer Senkung der allgemeinen Kosten ergeben sich daraus zwei weitere Vorteile:

a) Ersparung von Heizmaterial, indem die zum Schmelzen des Elektrolyten erforderliche Heizung in Wegfall kommt, da ja die Zelle mit dem aus den Entwässerungsanlagen stammenden, bereits geschmolzenen Elektrolyten gefüllt werden kann.

b) Größere wirtschaftliche Elastizität, da eine eventuelle Einstellung der Erzeugung von Natriummetall nicht ohne weiteres die Schließung der Fabrik nach sich zu ziehen braucht, die statt dessen elektrolytisch hergestelltes Natriumhydroxyd auf den Markt bringen kann.

b) Elektrolyse des Natriumchlorids. Vom theoretischen Gesichtspunkt bietet die Elektrolyse der Natriumchloridschmelze einige bemerkenswerte Besonderheiten. Zwischen dem im Elektrolyten gelösten und zur Anode diffundierten metallischen Natrium und dem anodischen Chlor bzw. atmosphärischen Sauerstoff kommt es zu Sekundärreaktionen, die zur Bildung von Natriumperoxyd, Natriumchlorat und -chlorid führen können. Diese Reaktionen erniedrigen die Stromausbeute. An der Anode kann außerdem aus dem Kohlenstoff der Anode und dem Sauerstoff der Luft Kohlenoxyd und durch Reaktion des Kohlenstoffs mit dem anodischen Chlor Phosgen entstehen. Letzteres ist als Giftgas besonders gefährlich.

Die Zersetzungsspannung des geschmolzenen Natriumchlorids bei der Schmelztemperatur beträgt ungefähr 3,24 V; die Reaktion findet jedoch mit beträchtlichen Überspannungen von 2 bis 5 V statt.

Die größte Schwierigkeit bei der praktischen Durchführung dieser Reaktion ist durch die hohe Schmelztemperatur des Natriumchlorids gegeben (800° C), weshalb die Betriebstemperatur der Zelle 850 bis 900° C betragen müßte, um den Elektrolyten im geschmolzenen Zustand und hinreichend flüssig zu erhalten. Der Siedepunkt des metallischen Natriums liegt aber unter Atmosphärendruck bei 877° C, so daß es dann praktisch vollständig verdampfen würde.

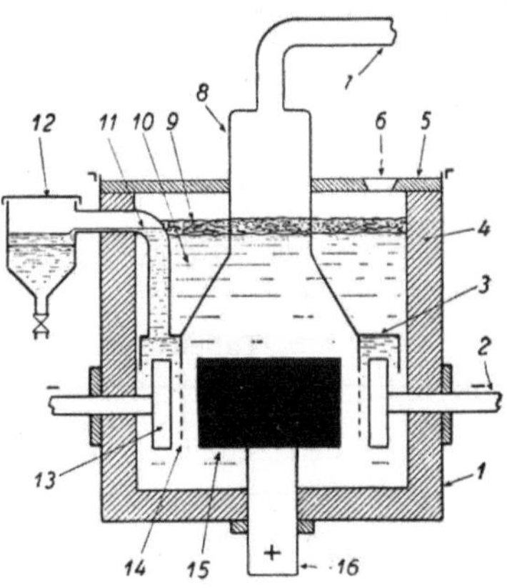

Abb. 93. Downs-Zelle. 1 Eisenzelle; 2 Kathodenanschluß; 3 Natrium-Sammelraum; 4 Feuerfestes Material; 5 Deckel; 6 Öffnung für die NaCl-Zuführung; 7 Cl_2-Abzug; 8 Cl_2-Sammelraum; 9 Erstarrter Elektrolyt; 10 Elektrolytschmelze; 11 Natriumschmelze; 12 Natrium-Sammelgefäß; 13 Kathode; 14 Diaphragma; 15 Anode; 16 Anodenanschluß

Eine andere Schwierigkeit besteht in der großen Dünnflüssigkeit des metallischen Natriums bei so hohen Temperaturen. Schließlich muß auch die Löslichkeit des metallischen Natriums im Elektrolyten berücksichtigt werden: sie wächst zwischen 500 und 600° C rasch an und schon bei etwa 700° C ist die Nebelbildung so stark, daß eine Abscheidung metallischen Natriums fast unmöglich wird. Die Betriebstemperatur der Natriumchloridelektrolyse kann jedoch reduziert werden, wenn man nicht reines Chlorid, sondern ein Gemisch verwendet, das den Schmelzpunkt erniedrigt. Durch verschiedene Zusätze, z. B. von Natriumcarbonat, ist es möglich, die Betriebstemperatur der Zellen bis auf 600° C zu senken. Aber diese Temperatur ist immer noch zu hoch, da das metallische Natrium auch dann noch eine bedeutende Dampfspannung aufweist und bei Berührung mit dem Luftsauerstoff sofort verbrennen würde. Das abgeschiedene Natrium muß daher in der Zelle auf eine entsprechend niedrige Temperatur abgekühlt werden, bevor es mit der Luft in Berührung kommt.

In den Zellen der Natriumchloridelektrolyse können die Kathoden aus Eisen oder Kupfer sein, während die Anoden nur aus Graphit bestehen dürfen. Außerdem muß die Zelle aus Werkstoffen konstruiert sein, die gegen den Angriff des geschmolzenen Natriumchlorids widerstandsfähig sind.

Die in Abb. 93 wiedergegebene Downs-Zelle ist eine typische Vertreterin der Zellen zur Elektrolyse von Chloridschmelzen. Sie wird elektrisch geheizt. Da das Chlorid eine bedeutend höhere Zersetzungsspannung als das Hydroxyd hat, da weiters die Überspannungen bei der Chloridelektrolyse höher sind und auch ein größerer Energieverbrauch erforderlich ist, um die Zelle auf der wesentlich höheren Temperatur zu halten, so folgt daraus, daß die Klemmenspannung erheblich höher als bei der Hydroxydelektrolyse sein muß. Die größere Stromausbeute der Chloridelektrolyse gleicht aber die höhere Spannung aus, so daß der auf 1 kg erzeugtes Natrium bezogene Energieverbrauch ungefähr in derselben Größenordnung liegt. Zugunsten des Chloridverfahrens spricht der billigere Rohstoff, für den Hydroxydprozeß dagegen die billigere Bauart der Zellen.

In Tab. 90 sind die elektrischen Daten der drei angeführten Zellen zusammengestellt.

Tabelle 90. *Elektrische Daten der Natriumherstellung*

	Elektrolyt		
	NaOH[1]	NaOH[2]	NaCl[3]
Spannung	4—5 V	8 V	10 V
$D_{Kathode}$	200 A/dm²	—	—
D_{Anode}	150 A/dm²	—	—
R_{Strom}	0,36—0,45	0,8	0,75—0,8
Energieverbrauch	14—15 kWh/kg	10—11 kWh/kg	14—15 kWh/kg

[1] Castner-Zelle mit Außenheizung.
[2] Zelle der A.G. für chemische und metallurgische Produktion Karlsbad.
[3] Downs-Zelle.

Zum eingehenderen Studium der im neunten Kapitel behandelten Themen und verwandter Verfahren, die nicht berücksichtigt werden konnten, werden folgende Abhandlungen empfohlen:

Anderson, R. J.: The Metallurgy of Aluminium and Aluminium Alloys. New York: Baird, 1925. — Secondary Aluminium. Cleveland: Sherwood, 1931.
Berge, A.: Die Fabrikation der Tonerde, 2. Aufl. Halle: W. Knapp, 1926.
Billiter, J.: Die elektrochemischen Verfahren der chemischen Großindustrie, Bd. VIII. Halle: W. Knapp, 1932.
Edwards, J. D., F. C. Frary and Z. Jeffries: The Aluminium Industry. New York: Mc Graw Hill, 1930.
Engelhardt, V.: Handbuch der technischen Elektrochemie, Bd. III. Leipzig: Akademische Verlagsgesellschaft, 1934.
Koelliker, E. e U. Magnani: L'alluminio. I metalli leggeri e le loro leghe. Milano: U. Hoepli, 1930.
Müller, R.: Allgemeine und technische Metallurgie. Wien: Julius Springer, 1932.

Zehntes Kapitel

Elemente und Akkumulatoren

1. Allgemeines

Ein Element liefert elektrische Energie auf Kosten einer chemischen Umsetzung. Das erste Element wurde von Volta im Jahre 1800 gebaut. Lange Zeit hindurch waren Elemente die einzige leistungsfähige Stromquelle, da vor der Erfindung der Dynamomaschine (1865) die damals bekannten Reibungselektrisiermaschinen wohl hohe Spannungen, aber keine bedeutenden Elektrizitätsmengen zu liefern imstande waren. Galvanische Elemente waren es auch, mit deren Hilfe die für die Elektrochemie grundlegenden Untersuchungen von Faraday, Davy und anderen Forschern ausgeführt wurden.

Das erste Volta-Element bestand aus Kupfer- und Zinkscheiben, die durch Schichten eines angefeuchteten Absorptionsmittels miteinander verbunden waren. Bei einer solchen Anordnung bilden sich unter der Einwirkung des Sauerstoffes und der Kohlensäure der Luft kleine Mengen von Bicarbonaten, die in Lösung gehen, so daß die auftretende EMK bei offenem Stromkreis der Kette Cu / Cu^{2+} / Zn^{2+} / Zn entspricht. Sobald jedoch der Stromkreis geschlossen wird, werden die gelösten Kupferspuren abgeschieden und am positiven Pol findet die elektrochemische Reaktion

$$2\,H^+ + 2\,e \rightarrow H_2$$

statt.

Dieses Element war jedoch praktisch nicht verwendbar; das erste einwandfrei funktionierende Element war das Daniellsche, an das sich in der Folgezeit andere Typen anschlossen.

Es gibt nur wenige galvanische Elemente, die für eine praktische Auswertung in Frage kommen. Die wichtigsten sind in Tab. 91 zusammengestellt.

Tabelle 91. EMK von Elementen mit zwei Elektrolyten

Element	Zusammensetzung				EMK V
Bunsen	Zn amalg.	$H_2SO_4 + 12\,H_2O$	HNO_3 rauchend	C	1,94
Bunsen	Zn amalg.	$H_2SO_4 + 12\,H_2O$	$HNO_3\ d = 1,38$	C	1,86
Poggendorf	Zn amalg.	$H_2SO_4 + 12\,H_2O$	$12\,K_2Cr_2O_7 + 25\,H_2SO_4 + 100\,H_2O$	C	2,00
Poggendorf	Zn amalg.	$H_2SO_4 + 12\,H_2O$	$12\,K_2Cr_2O_7 + 100\,H_2O$	C	2,03
Daniell	Zn amalg.	$H_2SO_4 + 4\,H_2O$	$CuSO_4 \cdot 5\,H_2O$ ges. Lös.	Cu	1,06
Daniell	Zn amalg.	NaCl aq	$CuSO_4 \cdot 5\,H_2O$ ges. Lös.	Cu	1,05
Daniell	Zn amalg.	$ZnSO_4 \cdot 7\,H_2O$ 5%	$CuSO_4 \cdot 5\,H_2O$ ges. Lös.	Cu	1,08
Grove	Zn amalg.	$H_2SO_4 + 12\,H_2O$	HNO_3 rauchend	Pt	1,93
Grove	Zn amalg.	$ZnSO_4$ aq	$HNO_3\ d = 1,33$	Pt	1,66
Grove	Zn amalg.	$H_2SO_4\ d = 1,136$	$HNO_3\ d = 1,33$	Pt	1,79
Grove	Zn amalg.	NaCl aq	$HNO_3\ d = 1,33$	Pt	1,88
Meidinger	Zn amalg.	$ZnSO_4$ ges. Lös.	$CuSO_4$ ges. Lös.	Cu	1,18

Alle diese Elemente, ausgenommen vielleicht das Meidingersche, werden heute so gut wie nicht mehr verwendet. Ihr Hauptnachteil bestand in der Anwendung von zwei Elektrolyten, was entweder ein Diaphragma oder besondere konstruktive Vorkehrungen zur Verhinderung der Diffusion des einen in den anderen Elektrolyten notwendig machte. Anderenfalls würde nämlich die chemische Reaktion ohne Erzeugung elektrischer Energie ablaufen und eine rasche Erschöpfung des Elementes eintreten.

Die Benützung von Elementen als Stromquellen beschränkt sich heute praktisch auf Taschenlampenbatterien und Batterien für verschiedene tragbare Elektronenröhrengeräte. Fast überall, wo sie früher eingeführt waren (Telegraph und Telephon, Signalanlagen, Läutwerke, Fahrzeugbeleuchtung usw.), wurden sie allmählich entweder durch an das Wechselstromnetz angeschlossene Schwachstromumformer bzw. Gleichrichteranlagen oder durch Akkumulatoren ersetzt.

Ein brauchbares Element muß während des Betriebes eine möglichst hohe und konstante Klemmenspannung aufweisen und überdies einen möglichst hohen Prozentanteil der freien Energie der chemischen Reaktion in nutzbare elektrische Energie umwandeln. In anderen Worten: die Leistungsfähigkeit eines Elementes ist für praktische Zwecke durch seine EMK, seinen inneren Widerstand und seine Kapazität bei dauernder und intermittierender Entladung gegeben.

Praktisch ist die Umwandlung der gesamten freien Energie in äußere elektrische Arbeit nicht möglich, sei es weil der innere Widerstand von Null verschieden ist und daher ein bestimmter Teil der EMK als Joulesche Wärme innerhalb des Elementes verloren geht, sei es weil die chemischen Reaktionen niemals vollkommen reversibel sind, besonders wenn eine der Primärreaktionen in der Entladung von H^+-Ionen besteht, wie es in vielen Elementen der Fall ist. Mangelnde Reversibilität führt unmittelbar zum Auftreten von Polarisationen.

Zur Erzielung einer hohen Klemmenspannung sind zwei Bedingungen notwendig: eine hohe EMK und ein niedriger innerer Widerstand (s. Kap. III, 2). Konstante Spannung wird dann erhalten, wenn das Element nur geringfügige Polarisationserscheinungen aufweist. Nur wenn andere wesentliche Vorteile gegeben sind, kann bis zu einem gewissen Grad auf die Konstanz der Spannung verzichtet werden, wie dies z. B. bei den Leclanché- oder Trockenelementen der Fall ist. Unter diesem Gesichtspunkt können die Elemente in konstante und nichtkonstante eingeteilt werden.

Bei den Elementen treten zwei Polarisationsformen auf: Konzentrationspolarisation und chemische Polarisation. So verdünnt sich z. B. die Kupfersulfatlösung eines Daniell-Elementes während des Betriebes, während die Konzentration der Zinksulfatlösung zunimmt. Da das Potential einer Metallelektrode erster Art von der Konzentration der elektrochemisch aktiven Metallionen abhängt, sinkt während des Betriebes das Potential der Kupferelektrode ab und steigt das Potential der Zinkelektrode an. Da aber das Kupfer den positiven Pol und das Zink den negativen Pol des Daniell-Elementes darstellen, so folgt daraus, daß die Potentialdifferenz zwischen den beiden Elektroden abnimmt. Diese Erscheinung geht auf die Konzentrationspolarisation zurück. Sie hat keinen großen Einfluß, da eine Konzentrationsänderung im Verhältnis $1 : 10$ bei Zimmertemperatur an jeder der beiden Elektroden nur eine Potentialänderung von $0{,}059/z$ V ·bedingt.

Von viel größerer Bedeutung ist die chemische Polarisation, die durch die begrenzte Geschwindigkeit der in den beiden Halbelementen vor sich gehenden chemischen Reaktionen verursacht wird. Dieser Effekt macht sich z. B. bei der Wasserstoffentwicklung, bei der Auflösung oder Abscheidung von Eisen usw. bemerkbar. In solchen Fällen wird die Reaktionsgeschwindigkeit schon bei niedrigen Stromstärken so klein, daß dadurch die EMK stark absinkt. Es empfiehlt sich daher, die Wirkung der chemischen Polarisation durch Zusatz geeigneter

Substanzen, die im Sinne einer Ausschaltung oder Beschleunigung der verzögerten Reaktionen wirken, zu beseitigen oder. wenigstens zu vermindern. Solche Substanzen werden als *Depolarisatoren* bezeichnet.

Der grundlegende Vorteil der Elemente mit einem einzigen Elektrolyten besteht darin, daß wegen der Unmöglichkeit von Diffusionserscheinungen die chemischen Reaktionen, die zum Verbrauch der aktiven Masse des Elementes und damit zu seiner Erschöpfung im Ruhezustand (Selbstentladung) führen, unmöglich oder auf ein Minimum reduziert sind. Damit wird dieser Elementtyp auch für verhältnismäßig lange Zeit lagerfähig.

Alle heute noch in Verwendung stehenden Elemente arbeiten mit einem einzigen Elektrolyten. Ihre Daten sind in Tab. 92 [1] zusammengestellt.

Tabelle 92. *Elemente mit einheitlichem Elektrolyten*

	Leclanché	Leclanché-Trocken-element	Lalande Cupron	Carbone	National Carbon Co.
Positiver Pol	Zn amalg.	Zn amalg.	Zn amalg.	Zn amalg.	Zn amalg.
Negativer Pol	C	C	C	C	C
Depolarisator	MnO_2	MnO_2	CuO	Luft	Luft
Elektrolyt	NH_4Cl [1]	NH_4Cl	NaOH	NH_4Cl	NaOH
	10—20%	10—20%	20—25%		20%
Mittlere Spannung in V	1,1	1,1	0,85	1,0	~1,2
Kapazität in Ah	~30	1—2	300—1000	~125	~500
Kapazität in Wh	~33	1—2	250—850	~125	~600
Mittlere Lebensdauer in Jahren	2	1,5	unbestimmt	unbestimmt	unbestimmt

[1] Eventuell mit Zusatz anderer Elektrolyte, wie z. B. Magnesiumchlorid.

Bei den Elementen ist die Umkehrung der elektrochemischen Reaktion nicht möglich, so daß das Element nicht mehr verwendbar ist, wenn seine aktive Masse verbraucht ist.

Bei den Akkumulatoren ist dagegen die Umkehrung ihrer Arbeitsweise möglich. Läßt man innerhalb der Zelle einen elektrischen Strom vom positiven zum negativen Pol fließen, dann verhält sich der Akkumulator wie eine Elektrolysezelle, in der der elektrochemische Vorgang der Entladung in der entgegengesetzten Richtung abläuft und so das Element wieder in den Anfangszustand zurückbringt. Er ist daher imstande, zumindest einen Teil der aufgenommenen Energie wieder abzugeben. Die Bezeichnung *Akkumulator = Sammler* rührt eben daher, daß ein Akkumulator bei der Ladung von außen

---

[1] In den letzten Jahren sind einige neue Elementtypen hinzugekommen, wie z. B.: Zn / KOH / HgO / Hg [Salcedo, R.: Anal. fis. y quim. **41**, 321 (1941)]; Mg / NaCl / AgCl / C [Mullen, J. B. and P. L. Howard: Trans. Electrochem. Soc. **90**, 529, (1946)]; Mg / $Na_2S_2O_8$ + Na_2SO_4 + NaOH + $K_2Cr_2O_7$ / MnO_2 / C [Fichter, R.: Chimia **1**, 141 (1947). Dort sind noch weitere bibliographische Angaben über Magnesiumzellen zu finden; siehe auch Friedmann, M. and C. E. McCauley: Trans. Electrochem. Soc. **92**, 81 (1947)]. Ein endgültiges Urteil über alle diese Elemente ist noch nicht möglich, da sie noch nicht lange genug in der Praxis erprobt werden konnten.

gelieferte elektrische Arbeit in Form chemischer Energie aufspeichert und bei der Entladung die angesammelte chemische Energie in Form elektrischer Energie nach außen wieder abgibt.

Theoretisch könnte jede reversible Reaktion der Konstruktion eines Akkumulators zugrundegelegt werden. In der Praxis ist jedoch die Wahl unter den für diesen Zweck in Betracht kommenden Reaktionen durch die Forderung nach einem einheitlichen Elektrolyten stark eingeschränkt. Tab. 93 gibt eine Übersicht über jene Elemente, die heute als Akkumulatoren benützt werden.

Tabelle 93. *Zusammensetzung der Akkumulatoren*

Typ	Zusammensetzung	Mittlere Spannung V
Blei	PbO_2 / H_2SO_4, $d = 1,20$ / Pb	$\sim 2,00$
Edison	$Ni_2O_3 \cdot xH_2O$ / KOH, $\sim 20\%$ + LiOH / Fe	$\sim 1,25$
Jungner	$Ni_2O_3 \cdot xH_2O$ / KOH, $20—25\%$ + LiOH / Cd	$\sim 1,2$

2. Leclanché-Element

Das am weitesten verbreitete Element ist heute zweifellos das Leclanché-Element, allenfalls mit gewissen Abänderungen. Im wesentlichen haben sich die anderen Typen aus ihm entwickelt. Das ursprüngliche Leclanché-Element hat die Zusammensetzung

— Amalgamiertes Zink / NH_4Cl, $\sim 10\%$ / MnO_2 / Kohle +.

Die Reaktion am negativen Pol besteht in der Bildung von Zn^{2+}-Ionen:

$$Zn \rightarrow Zn^{2+} + 2\,e.$$

Die Reaktion am positiven Pol kann als Entladung von H^+-Ionen gedeutet werden:

$$2\,H^+ + 2\,e \rightarrow H_2.$$

Der Wasserstoff wird vom Braunstein zu Wasser oxydiert. Der Braunstein wirkt daher als fester Depolarisator. Die Gesamtreaktion am positiven Pol des Leclanché-Elementes kann also so dargestellt werden:

$$2\,MnO_2 + 2\,H^+ + 2\,e \rightarrow Mn_2O_3 + H_2O. \tag{1}$$

Das errechnete Potential dieser Elektrode stimmt jedoch, besonders unmittelbar nach Inbetriebsetzung, mit dem gemessenen Wert nicht überein, so daß die obige Darstellungsweise nur in sehr groben Zügen als richtig angesehen werden kann.

Ein zweiter Deutungsversuch betrachtet die Braunsteinelektrode als Sauerstoffelektrode, wobei sich der im Braunstein gelöste Sauerstoff im Gleichgewicht mit dem atmosphärischen Sauerstoff, das heißt also unter dem Partialdruck von 0,2 Atm. befindet. Dem müßte in neutraler Lösung ein Potential von ungefähr 0,80 V entsprechen. Das Anfangspotential der Zinkelektrode beträgt, solange noch die Konzentration der Zn^{2+}-Ionen niedrig ist, — 0,86 V, so daß sich die Anfangs-EMK des Elementes auf 1,66 V belaufen würde, was dem gemessenen Wert sehr nahe kommt. Diese Auffassung dürfte also der Wirklichkeit eher entsprechen als die vorhergehende.

Aber auch diese zweite Darstellung ist immer noch zu grob, da die EMK des Elementes nach kurzer Betriebsdauer eine sprunghafte Änderung zeigt. In Wirklichkeit ist das Potential eines Braunsteinelementes, besonders unmittelbar nach Inbetriebsetzung, nicht vollständig definiert und hängt stark von der Herstellungsweise und der vorangegangenen Behandlung des Braunsteins ab. Diese Abhängigkeit könnte zum Teil auf die Adsorptionsfähigkeit hinsichtlich des Luftsauerstoffes zurückgeführt werden, der so als ein zweiter Depolarisator (s. u.) ebenfalls am elektrochemischen Prozeß teilnimmt. Zum anderen Teil ist die chemisch-physikalische Konstitution der Oxyde MnO_2, Mn_2O_3 und Mn_3O_4, welch letzteres sich besonders gegen Ende der Entladung ebenfalls bilden kann, noch nicht vollständig geklärt.

Während des Betriebes wird die Reversibilität der Elektrode noch kleiner, da die geringe Lösungsgeschwindigkeit des Luftsauerstoffes im Braunstein dem Sauerstoffverbrauch nicht die Waage halten kann. Die Elektrode polarisiert sich also und die Gesamtspannung des Elementes sinkt auf 1,4 V ab. Bei diesem Potential müßte die eigentliche Reduktion des Braunsteins einsetzen und die Gesamtspannung des Elementes dem thermodynamisch berechneten Wert nahekommen, vorausgesetzt daß der positive Pol gemäß Gl. (1) arbeitet. Daß die Wirkungsweise einer solchen Elektrode noch nicht vollständig geklärt ist, geht auch aus der nachträglichen Analyse der Elektrode hervor. Danach können außer den bereits erwähnten Reaktionen noch weitere mit Bildung von basischen Zinkchloriden, des Oxyds Mn_3O_4, allenfalls auch von zweiwertigen Mangansalzen usw. erfolgen.

Scarpa[1] hat den in einem Leclanché-Element ablaufenden Vorgang etwas genauer zu analysieren versucht, indem er die Gesamt-EMK und die chemische Reaktion in ihrer Gesamtheit untersucht. Er unterscheidet vor allem Elemente mit natürlichem und aktiviertem Braunstein als Depolarisator. Erstere liefern im Durchschnitt eine Anfangs-EMK von 1,53 V; letztere haben bei mittelmäßiger Aktivierung des Braunsteins eine mittlere Anfangs-EMK von 1,67 V; stark aktivierter Braunstein kann die EMK bis auf etwa 1,9 V ansteigen lassen. Der Temperaturkoeffizient beträgt für Elemente mit natürlichem Braunstein im Mittel 0,000 85 $\pm$ 0,000 05 V/^{0}C. Aus diesen Daten errechnet sich mit Hilfe der Gibbs-Helmholtzschen Gleichung (s. Kap. III, 3) für 20^0 C der Wert $\Delta E/n$ (n = Anzahl der beteiligten F) zu 30 030 cal.

Die möglichen reversiblen Reaktionen sind nach Scarpa:

$$\text{für } n = 2 : Zn + 2\,NH_4Cl\,aq + 2\,MnO_2 \rightleftarrows (ZnO \cdot 2\,NH_4Cl)\,aq + Mn_2O_3, \qquad \text{(I)}$$

$$\text{für } n = 4 : 2\,Zn + 4\,NH_4Cl\,aq + 3\,MnO_2 \rightleftarrows 2\,(ZnO \cdot 2\,NH_4Cl)\,aq + Mn_3O_4, \qquad \text{(II)}$$

$$\text{für } n = 2 : Zn + 2\,NH_4Cl\,aq + MnO_2 \rightleftarrows (ZnO \cdot 2\,NH_4Cl)\,aq + MnO. \qquad \text{(III)}$$

Von diesen drei Reaktionen liefert nur (I) übereinstimmende Werte für die aus thermochemischen oder elektrischen Daten berechnete Änderung der inneren Energie, nämlich 59 500 bzw. 60 060 cal, so daß die Reaktion (I) den elektro-

---

[1] Scarpa, O.: Ric. scient. **12**, 5 (1941).

chemischen Bruttoprozeß des mit natürlichem, nicht aktiviertem Braunstein arbeitenden Elementes befriedigend zu erklären vermag[1].

Bei Verwendung von aktiviertem Braunstein errechnet sich dagegen aus der Anfangs-EMK eine weitaus größere Änderung der inneren Energie, als sich aus den thermochemischen Daten ergibt, so daß der Vorgang im Element nicht mehr durch die Reaktion (I) beschrieben werden kann. Wird der Luftsauerstoff als Depolarisator betrachtet, dann müßte die Reaktion

$$Zn + 2\,NH_4Cl\,aq + \frac{1}{2}\,O_2 \rightleftarrows (ZnO \cdot 2\,NH_4Cl)\,aq \qquad (IV)$$

eine EMK von 1,99 V erzeugen. Dieser Wert ist von den experimentellen Ergebnissen nicht allzu weit entfernt, wenn man bedenkt, daß eine gemäß Reaktion (IV) arbeitende Elektrode beträchtliche Irreversibilität aufweist und insbesondere der Sauerstoff nicht einfach als *absorbiert*, sondern eher als *adsorbiert* betrachtet werden muß. Die aufgewandten Adsorptionsenergien sind nicht zu vernachlässigen und erniedrigen die resultierende EMK, besonders wenn deren Messung nicht mit unendlich kleiner Stromstärke erfolgt. Auf diese Weise wäre am Anfang die Reaktion (IV) ausschlaggebend; später sinkt die EMK ab, da die Reaktion (I) immer mehr an Bedeutung gewinnt.

Die während des Betriebes an der Anode entladenen H^+-Ionen stammen aus der Dissoziation des Wassers. Am positiven Pol wird daher die Lösung wegen des Überschusses an zurückgebliebenen OH^--Ionen alkalisch. Die Alkalisierung der Umgebung des positiven Pols führt zu einer Polarisation der Elektrode mit Erniedrigung des Potentials. Die Abhängigkeit des Potentials einer Braunsteinelektrode vom p_H kann qualitativ unter der Annahme erklärt werden, daß sie gemäß Reaktion (I) arbeitet. Das Potential ist dann bei 25° C durch

$$\varepsilon = \varepsilon_0 + \frac{0{,}059}{2}\,\lg\,\frac{[MnO_2]^2\,[H^+]^2}{[Mn_2O_3]\,[H_2O]} \qquad (2)$$

gegeben.

Nimmt man in die Konstante ε_0 die Werte der Konzentrationen[2] $[MnO_2]^2$ und $[Mn_2O_3]$ auf, da diese Verbindungen auch in festem Zustand in der Lösung

---

[1] Nach C. Drotschmann [Chemiker-Ztg. **65**, 53 (1941)] lauten die Depolarisationsreaktionen:

$$MnO_2 + 4\,HCl \rightarrow MnCl_4 + 2\,H_2O,$$
$$3\,NH_4Cl + MnCl_4 \rightarrow (NH_4)_3MnCl_6 + \tfrac{1}{2}\,Cl_2,$$
$$\tfrac{1}{2}\,Cl_2 + \tfrac{1}{2}\,H_2 \rightarrow HCl,$$
$$3\,NH_4OH + (NH_4)_3MnCl_6 \rightarrow Mn(OH)_3 + 6\,NH_4Cl.$$

Diese Depolarisationsreaktionen unterscheiden sich von der klassischen Ansicht nur in ihrem Mechanismus, da die Endprodukte, Mangan-III-Hydroxyd und Wasser, dieselben sind.

Dagegen haben McMurdy, H. F., D. N. Craig und G. W. Vinal [Trans. Electrochem. Soc. **90**, 509 (1946)] besonders auf Grund röntgenographischer Spektralanalysen von Pulvern gefunden, daß Bestandteile der erschöpften positiven Elektrode Linien aufweisen, die mit denen des Hetäroliths ($ZnO \cdot Mn_2O_3$) übereinstimmen, woraus sie schließen, daß das feste Endprodukt nicht $ZnO \cdot 2\,NH_4Cl$, sondern eher $ZnO \cdot Mn_2O_3$ ist. So gewagt dieser Schluß auch sein mag, so ist es doch wahrscheinlich, daß *unter anderem auch* eine solche Verbindung auf Grund der Bruttoreaktion $Zn + 2\,OH^- + 2\,MnO_2 + 2\,H^+ \rightarrow ZnO \cdot Mn_2O_3 + 2\,H_2O$ entsteht. Eine solche zusätzliche Reaktion macht die Analyse des Gesamtvorganges im Leclanché-Element noch komplizierter und liefert einen weiteren Grund für die mangelnde Übereinstimmung zwischen experimentellen Messungen und theoretischen Werten, die so berechnet sind, als ob nur eine einzige Reaktion im Element stattfände. S. a. Copeland, L. C. and F. S. Griffith: Trans. Electrochem. Soc. **89**, 495 (1946).

[2] Da nur die Größenordnung von Interesse ist, können die Aktivitäten durch Konzentrationen ersetzt werden.

vorhanden sind, und auch die Konzentration $[H_2O]$, da Wasser in großem Überschuß zugegen ist, so geht die Beziehung (2) über in

$$\varepsilon = \varepsilon_0 + 0{,}059 \lg [H^+].$$

Sinkt die Konzentration der H^+-Ionen, so wird das Potential negativer.

Wäre die vom Element gelieferte Stromstärke äußerst klein, das heißt gegen Null gehend, dann müßte das p_H der Umgebung der Braunsteinelektrode und daher auch deren Potential konstant bleiben, da die beiden nach der Entladung von zwei H^+-Ionen verbliebenen OH^--Ionen durch die folgenden Sekundärreaktionen verbraucht würden:

$$2\,NH_4Cl \rightleftarrows 2\,NH_4{}^+ + 2\,Cl^-, \tag{3}$$
$$2\,NH_4{}^+ + 2\,OH^- \rightleftarrows 2\,NH_4OH, \tag{4}$$
$$2\,NH_4OH \rightleftarrows 2\,NH_3 + 2\,H_2O, \tag{5}$$
$$Zn^{2+} + 2\,Cl^- + 2\,NH_3 \rightleftarrows [Zn(NH_3)_2]Cl_2. \tag{6}$$

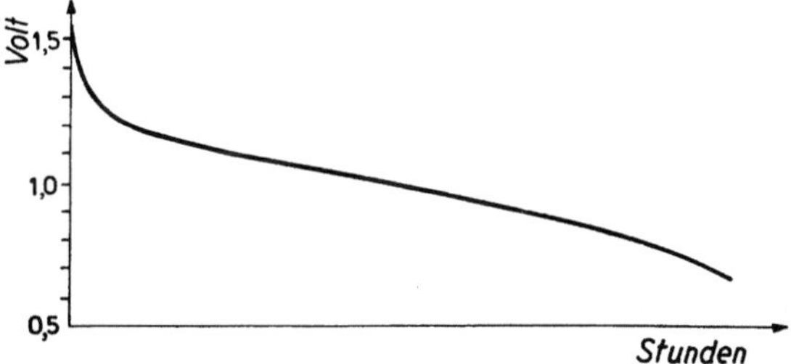

Abb. 94. Entladungskurve eines Leclanché-Elementes

Auf Grund der Reaktion (6) bildet sich die schwerlösliche Verbindung $[Zn(NH_3)_2]Cl_2$, die das gasförmige Ammoniak bindet und sich im festen Zustand abscheidet. Es wird jedoch nicht das gesamte bei der Reaktion (5) gebildete Ammoniak durch das Zinkchlorid gebunden. Ein Teil verflüchtigt sich immer in Gasform, trägt so zur Irreversibilität des Elementes bei und fördert jene anderen noch nicht klar erkannten Reaktionen (Bildung von basischen Zink-Chlorverbindungen usw.), die die Deutung der Wirkungsweise eines Leclanché-Elementes so schwierig machen.

Das Leclanché-Element ist ein typischer Vertreter der Gruppe der nichtkonstanten Elemente. Während des Betriebes mit endlicher, nicht gegen Null gehender Stromstärke polarisiert es sich stark, da die am positiven Pol gebildeten OH^--Ionen nur schwer aus dem festen Depolarisator herausdiffundieren und daher die Umgebung der Braunsteinelektrode stark alkalisch machen, wodurch die EMK und infolgedessen auch die Klemmenspannung herabgesetzt werden.

Abb. 94 zeigt die typische Entladungskurve eines Leclanché-Elementes. Der Kurvenabfall ist ceteris paribus gerade wegen der Polarisationserscheinungen eine Funktion der Entladungsstromstärke: die Steilheit der Kurve wächst mit der Entladung. Wird das Element nach einer gewissen, wenn auch intensiven Betriebsdauer, während der die aktive Masse allerdings nicht erschöpft werden darf, ruhen gelassen, dann verursacht die Diffusion der OH^--Ionen aus der Braunsteinmasse in den Elektrolyten ein Absinken der Alkalinität in der Umgebung des Braunsteins und die Spannung steigt wieder an. Das Diagramm einer intermittierenden Entladung in Abb. 95 zeigt klar das Wiederansteigen der Spannung nach jeder Ruheperiode.

Eine Variante des Leclanché-Elementes ist das Trockenelement, das sich vom ersteren nicht in der elektrochemischen Wirkungsweise, sondern nur dadurch unterscheidet, daß der Elektrolyt durch Zusatz gelierender Substanzen, wie Weizenmehl, Agar usw. verdickt ist.

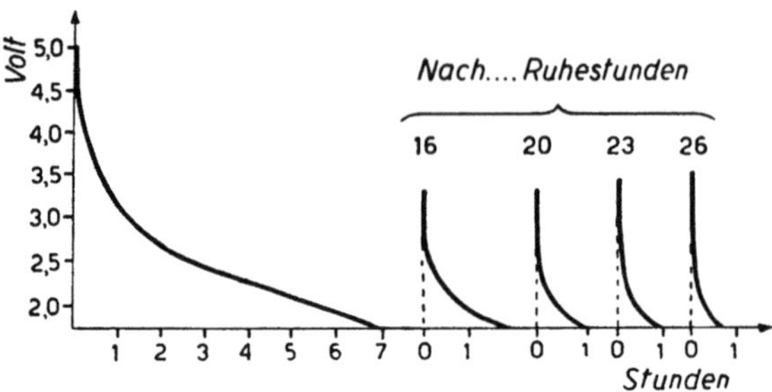

Abb. 95.   Entladung mit Unterbrechungen

Die Kapazität dieser Elemente ist mehr oder weniger nur empirisch bestimmbar, da sie nicht nur von der aktiven Masse, sondern auch in sehr bedeutendem Ausmaß von den Entladungsbedingungen: Stärke des Entladungsstromes, kontinuierliche oder intermittierende Entladung, Spannung, bei der das Element praktisch als erschöpft betrachtet wird, usw. abhängt.
Nimmt man die Bruttoreaktion

$$Zn + 2\,MnO_2 + 2\,NH_4Cl \rightleftarrows [Zn(NH_3)_2]\,Cl_2 + Mn_2O_3 + H_2O$$
$$65 \qquad 174 \qquad 107 \qquad 170 \qquad 158 \qquad 18$$

als richtig an, dann müßten für je 2 F gelieferter Elektrizitätsmenge die Gewichte der an der Reaktion beteiligten Substanzen mit den Zahlen übereinstimmen, die unter jedem Bestandteil angeschrieben sind.   Im gleichen Verhältnis müßten die verschiedenen Bestandteile im Element vorhanden sein. In der Praxis ist jedoch die Anzahl der gelieferten Ah, besonders bei Entnahme niedriger oder intermittierender Stromstärke, größer als sich aus den ursprünglich im Element vorhandenen Gewichtsmengen des Braunsteins und Ammonchlorids ergibt.   Diese Tatsache bestätigt nur, was bereits über den komplexen Charakter der elektrochemischen Reaktionen des Leclanché-Elementes und insbesondere über die Beteiligung des Luftsauerstoffes an den Reaktionen, über die Reduzierbarkeit des Braunsteins sowie dessen Verbindungen Mn_2O_3, eventuell auch Mn_3O_4 und MnO, die vermischt nur schwer nebeneinander feststellbar sind, und schließlich über die Bildung der basischen Zinksalze gesagt wurde. Das Zink wird dagegen höchstens zu 25 bis 30% verbraucht, schon deswegen, weil es beim Trockenelement als Behälter dient und daher nicht bis zur vollständigen Zersetzung ausgenützt werden kann.
Eine Spontanentladung kommt im Leclanché-Element kaum vor, besonders wenn bei der Erzeugung genügend reine Ausgangsmaterialien verwendet wurden, die insbesondere frei von edleren Metallen als Zink, wie Kupfer, Blei, Silber usw., sein müssen.   Diese Metalle würden durch elektrolytische Abscheidung auf dem metallischen Zink ein kurzgeschlossenes Lokalelement des Daniellschen Typus bilden, analog dem Vorgang, auf den die Korrosionserscheinungen zurückzuführen sind (s. Kap. VII, 16).   Dies hätte aber einen raschen Verbrauch des Zinks, unter Umständen auch eine Durchlöcherung des Zinkbehälters und die Außerbetriebsetzung des Elementes zur Folge.

Die wesentlichen Vorteile des Leclanché-Elementes sind seine lange Lagerungsfähigkeit und die Möglichkeit, den Elektrolyten in Gelform zu fixieren, so daß es sich besonders gut für die Verwendung in nicht ortsfesten Batterien eignet.

Seine Nachteile sind der relativ hohe innere Widerstand von etwa $0{,}1\ \Omega$ [1], das Ansteigen des inneren Widerstandes bei fortschreitender Entladung und der Abfall der Klemmenspannung während des Betriebes. Wird das Element mit Unterbrechungen benützt, dann ist dieser letztere Nachteil weniger fühlbar.

3. Andere Elementtypen

Ein anderes Element, das sich gut bewährt hat und den Vorteil einer teilweisen Regenerationsfähigkeit bietet, ist das Lalande-Element. Seine Zusammensetzung lautet

$$- \text{Zn amalg.} \mid \text{NaOH, 20 bis 25\%} \mid \text{CuO} \mid \text{Cu} +.$$

Der Vorgang am negativen Pol ist derselbe wie beim Leclanché-Element:

$$\text{Zn} \rightarrow \text{Zn}^{2+} + 2\,e.$$

Abb. 96. Entladungskurve eines Lalande-Cupron-Elementes

Der Vorgang am positiven Pol lautet ebenfalls:

$$2\,\text{H}^+ + 2\,e \rightarrow \text{H}_2.$$

Der in Entwicklung begriffene Wasserstoff wird dagegen von dem als Depolarisator wirkenden Kupferoxyd gemäß der Reaktion

$$\text{CuO} + \text{H}_2 \rightarrow \text{Cu} + \text{H}_2\text{O}$$

gebunden.

Die Zn^{2+}-Ionen sind in alkalischer Umgebung nicht stabil und reagieren nach dem Schema

$$\text{Zn}^{2+} + 2\,\text{OH}^- \rightarrow \text{Zn(OH)}_2, \tag{1}$$

$$\text{Zn(OH)}_2 + \text{NaOH} \rightarrow \text{NaHZnO}_2 + \text{H}_2\text{O} \tag{2}$$

mit Bildung von schwerlöslichem Natriumzinkat.

Die Konzentration der Zn^{2+}-Ionen ist daher enorm klein und das Potential der Zinkelektrode stark negativ. Die beiden für die Bildung des Zinkhydroxyds notwendigen OH^--Ionen werden vom Wasser als Restionen der Entladung von $2\,\text{H}^+$-Ionen geliefert.

Beim Lalande-Element sind sowohl das Kupferoxyd als auch das Zink und das Natriumzinkat im Elektrolyten schwerlöslich, so daß dieser bezüglich der Anfangs- und Endprodukte der Elektrodenreaktionen immer als gesättigt betrachtet werden kann. Dies hat eine größere Konstanz der EMK und damit auch der Klemmenspannung während des Betriebes zur Folge. Abb. 96 zeigt

---

[1] Man sucht diesen Nachteil zu umgehen, indem man dem Braunstein Kohle oder Graphitpulver zur Erhöhung der Leitfähigkeit beimengt.

die Entladungskurve eines Lalande-Cupron-Elementes mit einem deutlich erkennbaren, fast waagrechten Kurvenabschnitt, der einer konstanten Spannung während der Entladung entspricht. Die EMK ist kleiner als beim Leclanché-Element, aber auch der innere Widerstand ist beträchtlich kleiner ($10^{-2}\ \Omega$), so daß sich diese beiden Faktoren bis zu einem gewissen Grad ausgleichen.

Das Kupferoxyd ist in der Natriumhydroxydlösung wenig löslich, anderseits aber doch nicht so wenig, um die Spontanentladung durch Bildung eines kurzgeschlossenen Lokalelementes infolge Abscheidung von metallischem Kupfer auf dem Zink zu verhindern. Das Element ist daher nicht gut lagerungsfähig. Durch Beimengung von Substanzen, die S^{2-}- oder $S_2O_3^{2-}$-Ionen abgeben, kann die Konzentration der Cu^{2+}-Ionen weiter gesenkt werden, wodurch die Lebensdauer des Elementes verlängert wird.

Die Elektrolytmenge wird so bemessen, daß sie fast völlig verbraucht[1] ist, wenn die Reduktion des Kupferoxyds zu metallischem Kupfer abgeschlossen ist. Das entladene Element kann jedoch neuerlich verwendet werden, wenn man das Kupfer an der Luft wieder oxydieren läßt, allenfalls bei etwas höherer Temperatur als die Umgebung, und den erschöpften Elektrolyten erneuert. Die hauptsächlichsten Vorteile des Elementes sind konstante Spannung, Regenerationsmöglichkeit und Einfachheit der Konstruktion, die es als Energiequelle besonders in Signal- und Beleuchtungsanlagen überall dort als geeignet erscheinen läßt, wo keine anderen Stromquellen zur Verfügung stehen.

Neuerlich scheint sich ein Elementtyp zu bewähren, bei dem der Luftsauerstoff als Depolarisator verwendet wird. Ein charakteristischer Vertreter dieser Art ist das Féry-Element, das sich in gewisser Hinsicht vom Leclanché-Element ableiten läßt. Bei ihm wird nämlich der sekundäre Depolarisationseffekt, der auf den von der Braunstein- und Kohlemasse adsorbierten Luftsauerstoff zurückzuführen ist, zum ausschlaggebenden Faktor gemacht, indem der Braunstein überhaupt weggelassen wird. Das Element setzt sich dann folgendermaßen zusammen:

$$- \mathrm{Zn\ amalg.} / \mathrm{Elektrolyt} / \mathrm{C} +.$$

Die Reaktionen an den Elektroden mit Luftsauerstoff als Depolarisator sind:

$$\mathrm{Zn} \rightarrow \mathrm{Zn}^{2+} + 2\,e,$$

$$2\,\mathrm{H}^+ + \frac{1}{2}\,\mathrm{O}_2 + 2\,e \rightarrow \mathrm{H}_2\mathrm{O}$$

oder auch

$$\frac{1}{2}\,\mathrm{O}_2 + \mathrm{H}_2\mathrm{O} + 2\,e \rightarrow 2\,\mathrm{OH}^-.$$

Ist der Elektrolyt Ammonchlorid, dann finden die Sekundärreaktionen (3), (4), (5) und (6) des Abschn. 2 statt; besteht er dagegen aus Natriumhydroxyd, dann treten die oben angegebenen Sekundärreaktionen (1) und (2) auf.

Beim Féry-Element ist die Kohleelektrode porös und ragt ziemlich weit aus dem Elektrolyten heraus, so daß der Luftsauerstoff von der Kohle adsorbiert werden und als Depolarisator wirken kann.

Das Féry-Element hat eine anfängliche Spannung von etwa 1,25 V, die jedoch während des Betriebes rasch bis auf 0,9 V absinkt. Sein Hauptnachteil besteht in der Langsamkeit der depolarisierenden Wirkung des Sauerstoffes, weshalb das Element keine großen Stromstärken liefern kann.

---

[1] Der Elektrolyt darf nicht vollständig verbraucht werden, da sonst der innere Widerstand des Elementes zu sehr ansteigen würde.

Eine wesentliche Verbesserung wurde von den Firmen Le Carbone und National Carbon Co. erzielt, die als Elektrolyt Ammonchlorid oder Natriumhydroxyd verwenden. Die Kohlekörner der positiven Elektroden dieser Elemente werden mit einer wasserabstoßenden Substanz behandelt. Auf diese Weise kann die Porosität der Elektrode bedeutend erhöht werden, ohne daß man befürchten muß, daß bei der Benetzung der Kohlekörner der Elektrolyt in die Poren der Elektrode eindringt. Die Elektrode bleibt nur an ihrer Außenseite mit dem Elektrolyten in Kontakt. Es ist, als ob die für die Gleichgewichtseinstellung zwischen Luftsauerstoff und adsorbiertem Sauerstoff maßgebende Oberfläche der ·Kohleelektrode enorm vergrößert wäre, was die Depolarisationswirkung des Sauerstoffes wesentlich erhöht.

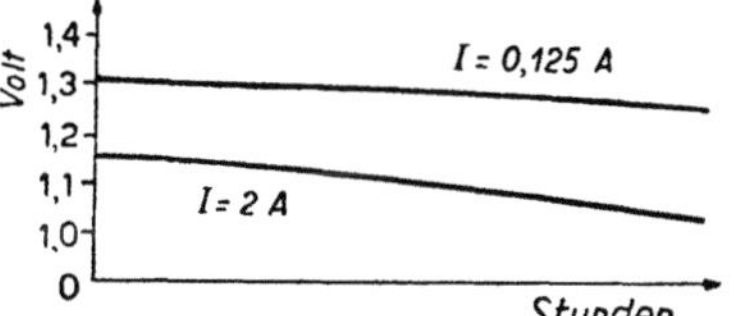

Abb. 97. Entladungskurve eines Le Carbone-Elementes

Wegen der größeren effektiven Elektrodenoberfläche beträgt die mittlere Spannung des Le Carbone-Elementes bei Verwendung von Ammonchlorid etwa 1,0 V. Sie liegt also um 0,1 V über der Spannung des Féry-Elementes. Eine weitere Spannungserhöhung wird erzielt, wenn man das Ammonchlorid durch Natriumhydroxyd ersetzt, in dem das Potential der Zinkelektrode um ungefähr 0,2 V negativer ist. Die mittlere Gesamtspannung ergibt sich also zu etwa 1,2 V. Wie aus Abb. 97 hervorgeht, bleibt die Spannung bei beiden Elementtypen auch während der Entladung mit beträchtlicher Stromstärke konstant.

Der National Carbon Co. gelang eine weitere Verbesserung des Elementes durch Zusatz von Kalk[1], der mit Natriumzinkat unter Bildung von Calciumzinkat reagiert, wobei das Natriumhydroxyd regeneriert wird. Die Reaktion lautet:

$$Ca(OH)_2 + 2\ NaHZnO_2 \rightarrow CaZn_2O_3 + 2\ NaOH + H_2O.$$

4. Bleiakkumulatoren

Unter Akkumulatoren versteht man eine besondere Gattung von galvanischen Elementen, deren Anoden- und Kathodenvorgänge fast vollständig reversibel sind. In ihnen kann der elektrochemische Vorgang am Ende der Entladung durch einen Strom von außen umgekehrt werden. Das Element arbeitet dann wie eine Elektrolysezelle, in der die elektrochemische Reaktion das System in den Anfangszustand zurückführt. Dabei wird die elektrische Energie großenteils in innere Energie des Systems umgewandelt, die bei einer neuerlichen Entladung wieder nutzbar wird. Die bisher beschriebenen Elementtypen können nicht als Akkumulatoren arbeiten, da ihre Prozesse nicht reversibel sind. So würde man z. B. am positiven Pol eines Leclanché-Elementes Chlorentwicklung erhalten, wenn man versuchte, es wieder zu laden.

Theoretisch könnte jeder reversible elektrochemische Vorgang der Konstruktion eines Akkumulators zugrundegelegt werden. In der Praxis schränken jedoch die Forderung nach einem einheitlichen Elektrolyten (s. Abschn. 2) und andere Forderungen technischer Art (Haftfestigkeit der Reaktionsprodukte, genügende Leitfähigkeit derselben, geringe Polarisierbarkeit usw.) die Wahl der für Akkumulatoren in Frage kommenden elektrochemischen Vorgänge stark ein. Bis heute haben sich nur der Bleiakkumulator und der Eisen-Nickel- und

---

[1] S. z. B. Heise, G. W., E. A. Schumacher and C. R. Fischer: Trans. Electrochem. Soc. **92**, Preprint (1947).

Cadmium-Nickelakkumulator als brauchbar erwiesen. Ihre Eigenschaften sind in Tab. 94 zusammengefaßt.

Tabelle 94. *Eigenschaften der Akkumulatoren*

	Akkumulator		
	Blei	Ni — Fe	Ni — Cd
Positiver Pol	PbO_2 auf Pb	Ni_2O_3	Ni_2O_3
Negativer Pol	Pb	Fe	Cd
Elektrolyt	H_2SO_4,	KOH, 21%	KOH, 21%
	15—40%	+ LiOH, 50 g/l	+ LiOH, 50 g/l
Mittlere Spannung in V	1,95	1,18—1,20	1,20
Kapazität in Ah/kg	12,4	21	20
Kapazität in Wh/kg	23,3	25	24
Mittlere Lebensdauer in Jahren	15	10	10

Bei dem im Jahre 1859 von Planté konstruierten Bleiakkumulator besteht der positive Pol aus Bleidioxyd und der negative Pol aus metallischem Blei. Die Elektrodenreaktionen sind:

$$PbO_2 + 2\,H_2O \rightleftarrows Pb(OH)_4,$$
$$Pb(OH)_4 + 4\,H^+ + 2\,SO_4{}^{2-} \rightleftarrows Pb^{4+} + 4\,H_2O + 2\,SO_4{}^{2-},$$
$$*Pb^{4+} + 2\,e \rightleftarrows Pb^{2+},$$
$$Pb^{2+} + SO_4{}^{2-} \rightleftarrows PbSO_4$$
$$\overline{PbO_2 + 4\,H^+ + 2\,SO_4{}^{2-} + 2\,e \rightleftarrows PbSO_4 + SO_4{}^{2-} + 2\,H_2O}$$

und am negativen Pol

$$*Pb \rightleftarrows Pb^{2+} + 2\,e$$
$$Pb^{2+} + SO_4{}^{2-} \rightleftarrows PbSO_4$$
$$\overline{Pb + SO_4{}^{2-} \rightleftarrows PbSO_4 + 2\,e.}$$

Der elektrochemische Gesamtvorgang des Akkumulators setzt sich aus der Summe der einzelnen Elektrodenvorgänge zusammen:

$$\text{Entladung}$$
$$^+ PbO_2 + 2\,H_2SO_4 + Pb^{\,-} \rightleftarrows {}^+ PbSO_4 + 2\,H_2O + PbSO_4{}^{\,-}.$$
$$\text{Ladung}$$

Die Potentiale der einzelnen Elektroden und damit die EMK des Akkumulators hängen von der Schwefelsäurekonzentration ab. Die EMK des Akkumulators wird von den beiden Vorgängen bestimmt, die mit einem Sternchen gekennzeichnet sind. Für den positiven Pol gilt bei 25° C die Beziehung

$$\varepsilon_1 = \varepsilon_{0\,Pb^{2+}/Pb^{4+}} + \frac{0{,}059}{2}\,\lg\frac{[Pb^{4+}]}{[Pb^{2+}]}. \tag{1}$$

Das Normalpotential der Pb^{2+}/Pb^{4+}-Elektrode beträgt etwa 1,7 V (s. Tab. 28, Kap. III). In einer Schwefelsäurelösung mit $d = 1{,}15$ beträgt bei 18° C die Pb^{4+}-Ionenkonzentration $0{,}91 \cdot 10^{-4}$ und die Pb^{2+}-Ionenkonzentration $5 \cdot 10^{-6}$; durch Einführung dieser Werte in Gl. (1) erhält man für Zimmertemperatur

$$\varepsilon_1 = 1{,}70 + 0{,}0295\,\lg\frac{0{,}91 \cdot 10^{-4}}{5 \cdot 10^{-6}} = \sim + 1{,}74.$$

Das Normalpotential der Pb/Pb^{2+}-Elektrode beträgt $-0{,}126$ V. Unter Berücksichtigung der oben angeführten Pb^{2+}-Ionenkonzentration erhält man als Potential der Elektrode

---

[1] Aus Einfachheitsgründen werden die Aktivitätskoeffizienten $= 1$ angenommen.

$$\varepsilon_2 = \varepsilon_{0Pb/Pb^{2+}} + \frac{0{,}059}{2} \lg [Pb^{2+}] = -0{,}126 + 0{,}0295 \lg (5 \cdot 10^{-6})$$

$$= -0{,}276 \text{ V}.$$

Die Gesamt-EMK eines Akkumulators mit Schwefelsäure der Dichte $d = 1{,}15$ wird daher bei Zimmertemperatur

$$E = \varepsilon_1 - \varepsilon_2 = 1{,}74 - (-0{,}276) = 2{,}016 \text{ V}.$$

Experimentell wird bei 20° C eine EMK von 1,98 V gefunden, was in Anbetracht der schwierigen Bestimmung der Konzentration der Pb^{4+}- und Pb^{2+}-Ionen und deren Aktivität (die bei der gegebenen Konzentration der Schwefelsäurelösung möglicherweise größer als 1 ist) dem theoretischen Wert sehr nahe kommt.

Will man das Potential dieser Elektrode in Abhängigkeit von der H^+-Ionenkonzentration berechnen, dann ist zu berücksichtigen, daß das Bleidioxyd als Bodenkörper vorhanden ist und daher die Konzentration des Hydroxyds konstant erscheint. Die Gleichgewichtskonstante der Reaktion

$$Pb(OH)_4 + 4\,H^+ + 2\,SO_4{}^{2-} \rightleftarrows Pb^{4+} + 4\,H_2O + 2\,SO_4{}^{2-}$$

wird also, da die Konzentrationen des Plumbihydroxyds und des Wassers konstant sind,

$$K = \frac{[Pb^{4+}]}{[H^+]^4}. \tag{2}$$

In anderen Worten: die Konzentration der Pb^{4+}-Ionen wächst mit der vierten Potenz der H^+-Ionenkonzentration. Ersetzt man in Gl. (1) die Pb^{4+}-Ionenkonzentration durch den aus Gl. (2) gewonnenen Ausdruck, dann geht Gl. (1) über in

$$\varepsilon_1 = \varepsilon_{0Pb^{2+}/Pb^{4+}} + \frac{0{,}059}{2} \lg \frac{K[H^+]^4}{[Pb^{2+}]}.$$

Andererseits nimmt mit wachsender H^+-Ionenkonzentration auch die Konzentration der $SO_4{}^{2-}$-Ionen zu. Da das Löslichkeitsprodukt des Bleisulfats durch die Beziehung

$$[Pb^{2+}]\,[SO_4{}^{2-}] = L$$

ausgedrückt wird, muß bei Ansteigen der $SO_4{}^{2-}$-Konzentration die Konzentration der Pb^{2+}-Ionen abnehmen. Die EMK der Bleidioxydelektrode nimmt daher noch positivere Werte an. Gleichzeitig verschiebt eine Abnahme der Pb^{2+}-Ionenkonzentration das negative Elektrodenpotential gegen negativere Werte, so daß im Endeffekt die EMK des Akkumulators erhöht erscheint, wenn die Konzentration der H^+-Ionen wächst. Die Abhängigkeit der EMK des Bleiakkumulators von der H^+-Ionenkonzentration wird aus den folgenden einfachen Umformungen ersichtlich:

$$\begin{aligned}
E_{\text{gesamt}} &= \varepsilon_1 - \varepsilon_2 \\
&= \varepsilon_{0Pb^{2+}/Pb^{4+}} + \frac{RT}{2F} \ln \frac{[Pb^{4+}]}{[Pb^{2+}]} - \left(\varepsilon_{0Pb/Pb^{2+}} + \frac{RT}{2F} \ln [Pb^{2+}] \right), \\
&= E_0 + \frac{RT}{2F} \ln [Pb^{4+}] - \frac{RT}{2F} \ln [Pb^{2+}] - \frac{RT}{2F} \ln [Pb^{2+}], \\
&= E_0 + \frac{RT}{2F} \ln (K[H^+]^4) - \frac{RT}{F} \ln [Pb^{2+}], \\
&= E_0 + \frac{RT}{2F} \ln K + \frac{RT}{F} \ln [H^+]^2 - \frac{RT}{F} \ln [Pb^{2+}], \\
&= E_0 + \frac{RT}{F} \ln \frac{[H^+]^2}{[Pb^{2+}]} = E_0 + 0{,}059 \lg \frac{[H^+]^2}{[Pb^{2+}]}. \tag{3}
\end{aligned}$$

Eine Erhöhung der H^+-Ionenkonzentration wirkt sich auf den Ausdruck der Gl. (3) sowohl direkt als auch indirekt aus, da sie, wie oben ausgeführt, eine Erniedrigung der Pb^{2+}-Ionenkonzentration bedingt.

Während der Entladung wird Schwefelsäure verbraucht, die H^+-Ionenkonzentration wird kleiner und die EMK sinkt infolgedessen ab; bei der Ladung findet der umgekehrte Vorgang mit Bildung von Schwefelsäure, Ansteigen der H^+-Ionenkonzentration und Anwachsen der EMK statt. Die Abhängigkeit der EMK eines Akkumulators mit der Säuredichte d wird durch die empirische Formel

$$E = 1{,}85 + 0{,}917\,(d - 1)$$

ausgedrückt.

Bei der Entladung wird sowohl an der Anode als auch an der Kathode Bleisulfat in so feiner Verteilung gebildet, daß die umgekehrte Reaktion bei der Ladung ohne Schwierigkeit erfolgen kann.

Die Kapazität eines Bleiakkumulators hängt ab von der aktiven Masse, vom Zustand der aktiven Masse, von der Art der Elektroden (s. u) und dem Grad ihrer Ausnützung, von der Säurekonzentration, von der Entladestromstärke, von der Endspannung, bei der der Akkumulator als erschöpft betrachtet wird, und schließlich von der Temperatur. Dünne und poröse Elektroden weisen bei gleicher aktiver Masse eine höhere Kapazität als dicke und kompakte Elektroden auf; sie können allerdings nie hundertprozentig ausgenützt werden, da sie beträchtliche Volumänderungen durchmachen. Die Umwandlung von PbO_2 in $PbSO_4$ ist von einer Volumänderung von 164% begleitet, während die Umsetzung $Pb \rightarrow PbSO_4$ mit einer Volumänderung von 82% verbunden ist. Würden die Elektrodenreaktionen bis zum vollständigen Verbrauch der aktiven Masse getrieben, dann würden die starken Volumänderungen in kürzester Zeit zum Zerfall der Elektrodenmasse führen und den Akkumulator unbrauchbar machen. Gewöhnlich werden nur 25 bis 35% der aktiven Masse ausgenützt.

Die Schwefelsäurekonzentration beeinflußt nur insoweit die Kapazität eines Akkumulators, als von ihr die EMK abhängt. Dazu ist zu bemerken, daß für die EMK nicht die mittlere Konzentration der gesamten Schwefelsäure, sondern nur die jenes Teiles maßgebend ist, der die Elektroden tränkt. Je höher die Entladungsstromstärke ist, um so rascher nimmt die Konzentration gerade dieses Säureteiles ab. Da die Diffusion langsam vor sich geht, wird das Konzentrationsgleichgewicht zwischen der Säure im Innern der Elektroden und der Säuremasse, in die die Elektroden eintauchen, nur schwer erreicht. Je größer die Stärke des gelieferten Stromes ist, um so rascher sinkt daher die EMK und damit auch die Klemmenspannung ab. In anderen Worten: je rascher die Endspannung erreicht wird, um so kleiner wird die Kapazität.

Die Temperatur wirkt sich auf die Diffusionserscheinungen so aus, daß einer Temperaturerhöhung eine Zunahme der Kapazität entspricht. So sinkt z. B. bei einer Temperaturabnahme von 27^0 C auf 12^0 C die Kapazität auf die Hälfte ab.

Der Temperatureinfluß auf die EMK des Bleiakkumulators ist nach den thermodynamischen Gesetzen beträchtlich und könnte errechnet werden. Die EMK eines Akkumulators wird aber als Funktion der Temperatur in bequemer Weise durch die empirische Beziehung

$$E = E_0 + at + bt^2$$

ausgedrückt, in der die Konstanten E_0 (EMK bei 0^0 C), a und b eine leichte Abhängigkeit von der Säurekonzentration zeigen. Die entsprechenden Zahlenwerte sind in Tab. 95 zusammengestellt.

Tabelle 95. *Abhängigkeit der Konstanten E_0, a und b von der Molarität der Schwefelsäure*

$m\ H_2SO_4$	E_0	$a \cdot 10^6$	$b \cdot 10^8$
2	1,9666	159	103
3	2,0087	178	97
4	2,0479	177	91
5	2,0850	167	87
6	2,1191	162	85
7	2,1507	153	80

Ein Bleiakkumulator wird dann als erschöpft betrachtet, wenn der Endwert der Spannung 1,8 V beträgt; unterhalb dieser Spannung beginnen die
Bleisulfatkörnchen beträchtlich an Größe zuzunehmen, wodurch die nachfolgende Aufladung erschwert wird, da nicht nur der Ohmsche Widerstand erhöht, sondern auch die Reaktionsgeschwindigkeit zur Wiederherstellung der

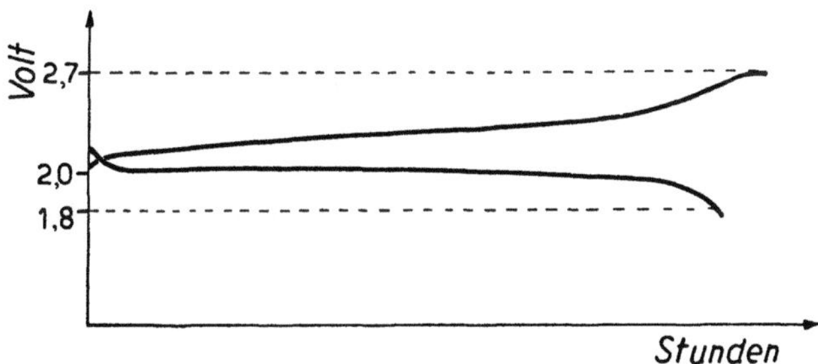

Abb. 98. Bleiakkumulator. Obere Kurve: Aufladung; Untere Kurve: Entladung

Anfangsstoffe (PbO_2 und Pb) verlangsamt erscheint. Hat die Spannung 1,8 V
erreicht, dann fällt die Entladungskurve steil ab (s. Abb. 98). Das bedeutet
jedoch nicht, daß die aktive Masse erschöpft ist. Es ist eher ein Anzeichen, daß
jedes Teilchen der Masse mit einer so dicken Bleisulfatschicht bedeckt ist, daß
dadurch die Reaktionsgeschwindigkeit verkleinert wird und infolgedessen die
Akkumulatorspannung absinkt. Ein Bleiakkumulator darf daher niemals unter
1,8 V entladen und, besonders im entladenen oder fast entladenen Zustand,
auch nie längere Zeit hindurch unbenützt gelassen werden, wenn das Anwachsen
der Sulfatkörner vermieden werden soll, eine Erscheinung, die in der Technik
als Sulfatisierung bekannt ist. Die Kapazität eines gewöhnlichen Akkumulators
beträgt ungefähr 12 Ah/kg Gesamtgewicht; die Energiekapazität etwa
24 Wh/kg. Diesen Zahlen liegen folgende Annahmen und Daten zugrunde:
die Äquivalentgewichte der je gelieferten Ah verbrauchten Substanzen (3,886 g Pb;
12,75 g PbO_2; 12,8 g H_2SO_4, $d = 1,30$); die aktive Masse wird nur zu 25%
genutzt; für das Gewicht der Montageteile, des Gefäßes und der überschüssigen
Schwefelsäure[1] werden etwa 19 g/Ah in Rechnung gestellt.
Die Spontanentladung des Bleiakkumulators ist hauptsächlich auf folgende
Sekundärreaktionen zurückzuführen:

---

[1] Die Schwefelsäure muß gegenüber der aktiven Masse im Überschuß vorhanden sein,
damit der Elektrolyt auch am Ende der Entladung, wenn die aktive Säure in Sulfatform
gebunden ist, genügend freie Säure enthält, um eine gute Leitfähigkeit zu gewährleisten.

a) Das während der Aufladung an der Kathode abgeschiedene, fein verteilte Blei reagiert langsam mit den H^+-Ionen nach dem Schema

$$Pb + 2 H^+ \rightarrow H_2 + Pb^{2+}.$$

b) In Gegenwart von Schwefelsäure reagiert das Bleidioxyd mit dem Blei des Plattengerüstes:

$$2 H_2SO_4 + PbO_2 + Pb \rightarrow 2 PbSO_4 + 2 H_2O.$$

Beide Reaktionen werden durch Verunreinigungen im Elektrolyten beschleunigt, unter denen Spuren edlerer Metalle als Blei und außerdem Schwefligsäureanhydrid, Salzsäure, Salpetersäure und Chromsäure einen besonders schädlichen Einfluß ausüben. Am unangenehmsten wirkt sich die zweite Reaktion aus, da sie nicht nur zur Entladung des Akkumulators führt, sondern auch das Blei des Stützgerüstes der positiven Elektrode angreift. Unter günstigen Bedingungen darf ein Akkumulator innerhalb eines Monates nicht mehr als 30% seiner Ladung verlieren.

Die wichtigste Eigenschaft des Bleiakkumulators ist die Konstanz der Spannung während der Entladung (s. Abb. 98). Der ganz leichte Spannungsabfall ist auf die Verdünnung der Säure zurückzuführen.

Der Akkumulator ist ein Speicher elektrischer Energie, die während der Aufladung in innere Energie des Systems umgewandelt wird, um bei der nachfolgenden Entladung wieder abgegeben zu werden. In Wirklichkeit gibt der Akkumulator natürlich nur einen Teil der aufgenommenen Energie wieder ab. Als *Strom-Nutzeffekt* eines Akkumulators wird das Verhältnis zwischen abgegebener und aufgenommener Elektrizitätsmenge und als *Energie-Nutzeffekt* das Verhältnis zwischen abgegebener und aufgenommener Energiemenge definiert. Beide Nutzeffekte sind kleiner als 1.

Vor allem ist bemerkenswert, daß das reversible Entladungspotential der OH^--Ionen unter dem Potential der Bleidioxydelektrode liegt und daß daher bei Abwesenheit einer Überspannung des Sauerstoffes an dieser Elektrode der Aufladungsvorgang unmöglich wäre. Dasselbe gilt für das Entladungspotential des H^+-Ions hinsichtlich des Potentials der Bleielektrode. Der Aufladungsvorgang wird erst durch die Überspannungen des Sauerstoffes und Wasserstoffes an den betreffenden Elektroden ermöglicht.

Mit fortschreitender Aufladung bildet sich Schwefelsäure, die Konzentration der H^+- und SO_4^{2-}-Ionen nimmt zu und die Polarisationen der beiden Elektroden steigen an, bis jenes Potential erreicht ist, bei dem sich die H^+- und OH^--Ionen an den betreffenden Elektroden entladen. An diesem Punkt hört die Aufladung auf, da der Akkumulator als Elektrolysezelle zu arbeiten beginnt, in der an Stelle des elektrochemischen Ladungsvorganges Wasser zersetzt wird. Das Ende der Aufladung entspricht der kleinen Stufe in der Ladekurve, von der aus sie sich asymptotisch dem Wert 2,7 V nähert. Es ist an der überreichlichen Gasentwicklung zu erkennen, die Strom verbraucht, der vom Akkumulator nicht mehr abgegeben werden kann: darin besteht der Hauptgrund für das Absinken des Nutzeffektes unter 1.

Weitere Verluste gehen auf Rechnung der bereits untersuchten Spontanentladung der Elektroden.

Bleiakkumulatoren weisen in gutem Erhaltungszustand und bei sachgemäßer Wartung einen Strom-Nutzeffekt zwischen 0,94 und 0,98 auf.

Der Energie-Nutzeffekt ist natürlich ebenfalls kleiner als 1, da er sich aus dem Produkt Strom-Nutzeffekt mal Verhältnis der Klemmenspannungen bei der Ent- und Aufladung ergibt. Auch dieses Verhältnis ist kleiner als 1. Während der Aufladung ist die Klemmenspannung durch die Beziehung

$$V_L = E + I\,R_i$$

und während der Entladung durch

$$V_E = E - I\,R_i$$

gegeben, woraus das Verhältnis $V_E/V_L < 1$ folgt.

Der durch den inneren Widerstand R_i des Akkumulators bedingte Unterschied der Klemmenspannungen bei der Auf- und Entladung reicht jedoch nicht aus, um das Absinken der Klemmenspannung während der Entladung und ihr Ansteigen während der Aufladung in dem aus Abb. 98 ersichtlichen Umfang vollständig zu erklären, da ja der innere Widerstand der Akkumulatoren sehr gering ist und sich in der Größenordnung von $10^{-3}\ \Omega$ bewegt.

Die wesentliche Ursache für die beobachtete Differenz der Klemmenspannungen ist eher in der bereits erwähnten Langsamkeit der Diffusionserscheinungen zu suchen. Danach ist die Säurekonzentration im Innern der Elektrode und damit auch deren EMK während der Entladung kleiner als die mittlere Konzentration der gesamten Säuremasse, während bei der Aufladung das Umgekehrte der Fall ist. Das Verhältnis V_E/V_L wird daher bedeutend kleiner als 1. Der Energie-Nutzeffekt des Bleiakkumulators schwankt zwischen 0,75 und 0,85.

Bei den Elektroden der Bleiakkumulatoren (allgemein als Platten bezeichnet) lassen sich nach der Herstellungsart zwei Typen unterscheiden: die Planté-Elektroden und die Faure-Elektroden, auch gepastete Elektroden genannt, bei denen die aktive Masse durch Elektrolyse einer Paste von Bleioxyden und Schwefelsäure gebildet wird.

Für die Herstellung von Planté-Elektroden darf nur sehr reines Blei als Rohstoff verwendet werden. Elektrolysiert man eine solche Bleiplatte in einem reinen Schwefelsäurebad, so bedeckt sich die als Anode geschaltete Platte rasch mit einer Bleidioxydschicht, worauf die weitere elektrochemische Wirkung in der Entwicklung von Sauerstoff aus dem Wasser der Lösung besteht. Enthält die Schwefelsäurelösung auch eine Säure, die mit Blei lösliche Salze (NO_3^-, ClO_4^-, CH_3COO^- usw.) bilden kann, dann bleibt bei der richtigen Temperatur und entsprechendem Mischungsverhältnis zwischen der Schwefelsäure und der zusätzlichen Säure die Umsetzung von Blei in Bleidioxyd nicht an der Oberfläche stehen, sondern setzt sich in die Tiefe fort. Der dabei wirksame Mechanismus besteht wahrscheinlich aus der Bildung des löslichen Bleisalzes, dem Niederschlag des Bleisulfats in einer nicht zu stark haftenden und kompakten Schicht auf der Elektrode durch Reaktion des löslichen Salzes mit der Schwefelsäure und nachfolgender Umwandlung des Sulfats in Bleidioxyd. Bei Umkehrung der Stromrichtung wird die Bleidioxydschicht zu porösem, metallischem Blei reduziert. Auf diese Weise werden die negativen Platten hergestellt. Um eine rasche und einigermassen tiefgehende Formierung zu erhalten, wird die effektive Oberfläche der Platte durch Rippen oder ähnliche Kunstgriffe vergrößert. Das so erzeugte Bleidioxyd und auch der Bleischwamm sind ziemlich porös, so daß der Elektrolyt ins Innere der aktiven Masse eindringen kann, gleichzeitig aber auch so kompakt, daß die Elektrode ihre Form und Größe behält. Nachteilig ist, daß die elektrochemische Bildungsreaktion unter Umständen auch noch fortdauern kann, wenn die Platten im Akkumulator montiert sind, wobei allmählich auch der Metallkern der Platte umgesetzt und damit deren mechanische Festigkeit beeinträchtigt wird.

Die **Faure**-Platten bestehen dagegen aus einem Gittergerüst aus Hartblei, das gewöhnlich noch 8% Antimon enthält. Das Gitter ist mit einer Paste ausgefüllt, die aus einem Gemisch von Bleioxyden (PbO, Pb_3O_4) besteht und mit Schwefelsäure vermengt ist. Bei den negativen Platten können der Paste indifferente Substanzen, wie Bariumsulfat, Graphit, Sägespäne usw., zugesetzt werden, um die Porosität aufrechtzuerhalten und eine übermässige Kontraktion zu vermeiden. Bei den positiven Platten wird zur Erhöhung der Porosität Magnesiumsulfat, Ligninsulfosäure, Zucker und dergleichen zugesetzt, da diese Substanzen nach der Formierung wegen ihrer Löslichkeit entfernt werden können. Nach der Trocknung bestehen die Platten in der Hauptsache aus Bleisulfat, das durch Reaktion der Oxyde mit Schwefelsäure unter Ausscheidung von Wasser erzeugt wurde, und einem Überschuß von Oxyden. Werden diese Platten in Schwefelsäure mit der Dichte $d = 1{,}1$ bis $1{,}2$ getaucht und elektrolysiert, dann setzen sie sich in schwammiges Bleidioxyd um. Bei dieser Art von Formierung ist es nicht erforderlich, daß die Schwefelsäure des Elektrolysebades löslich machende Agenzien enthält. Die Elektrolyse wird nicht bis zur vollständigen Umsetzung der Oxyde und des Sulfats in Bleidioxyd bzw. Blei fortgesetzt. Die fertigen Platten haben gewöhnlich die in Tab. 96 angegebene Zusammensetzung.

Tabelle 96. *Zusammensetzung aufgeladener Faure-Platten*

Bestandteil	Positive Platte	Negative Platte
PbO_2	90%	—
Pb	—	95%
PbO	7%	3%
$PbSO_4$	3%	2%

Der kleine Prozentsatz von Bleioxyd und Sulfat wird belassen, da er zur größeren Festigkeit und Konsistenz der Platten beiträgt.

Bei den **Faure**-Platten ist die Feinheit der für die Paste verwendeten Oxydteilchen von Bedeutung, da die Lebensdauer des Akkumulators auch davon abhängt.

Der Bleiakkumulator bedarf einer dauernden Wartung. Das verdunstete und das gegen Ende der Aufladung zersetzte Wasser muß durch destilliertes Wasser ersetzt werden. Wasserleitungswasser kommt hiefür nicht in Betracht, um eine Ansammlung von Verunreinigungen zu vermeiden. Die Säuredichte muß ständig überwacht werden. Auch wenn der Akkumulator eine Zeitlang nicht gebraucht wird, muß er doch regelmäßig ge- und entladen werden. Bei der Aufladung und bei der Entladung müssen die Vorschriften bezüglich Stromstärke und zugeführter bzw. entnommener Energiemenge genau beachtet werden. Eine übermäßige Lade- oder Entladestromstärke würde sprunghafte, auf die Oberflächenschichten beschränkte Volumänderungen hervorrufen, die in kurzer Zeit die Elektrode deformieren und zum Zerfall der aktiven Masse führen würden. Ein Bleiakkumulator kann kurze Zeit hindurch auch starke Entladungsströme bis zu einer Stromdichte von 1 A/cm^2 Elektrodenoberfläche vertragen. Bei Dauerentladung darf jedoch $0{,}1$ A/cm^2 nicht überschritten werden. Zu weitgehende Entladung unter $1{,}8$ V führt zu einer Vergrößerung der Bleisulfatkörner, übermäßige Aufladung zum Zerfall der Elektrode infolge der auch im Elektrodeninnern erfolgenden Gasentwicklung.

5. Alkaliakkumulatoren

Die Suche nach einem leichteren Akkumulatortyp hat zur Entwicklung des Alkaliakkumulators, auch Edison- oder Eisen-Nickelakkumulator genannt, geführt. Eine Abart davon ist der Jungnersche Cadmium-Nickelakkumulator. Der Alkaliakkumulator besteht aus einer Elektrode aus fein verteiltem Eisen und einer Nickelihydroxydelektrode, die beide in eine 21%ige Ätzkalilösung eintauchen, der 50 g Lithiumhydroxyd je Liter zugesetzt sind.

Ein solcher Akkumulator weist gewisse Analogien mit dem Lalande-Element (s. Abschn. 3) auf, von dem er abgeleitet werden kann, wenn man sich vorstellt, daß das Zink durch Eisen und das Kupferoxyd durch Nickel-III-Oxyd ersetzt ist. Zum Unterschied vom Lalande-Element sind jedoch im Alkaliakkumulator beide Elektrodenvorgänge reversibel.

Die stromerzeugenden Reaktionen sind

am positiven Pol

$$2\,Ni(OH)_3 \rightleftharpoons 2\,Ni^{3+} + 6\,OH^-$$
$$*2\,Ni^{3+} + 2\,e \rightleftharpoons 2\,Ni^{2+}$$
$$\underline{2\,Ni^{2+} + 4\,OH^- \rightleftharpoons 2\,Ni(OH)_2}$$
$$2\,Ni(OH)_3 + 2\,e \rightleftharpoons 2\,Ni(OH)_2 + 2\,OH^-$$

und am negativen Pol

$$*Fe \rightleftharpoons Fe^{2+} + 2\,e$$
$$\underline{Fe^{2+} + 2\,OH^- \rightleftharpoons Fe(OH)_2}$$
$$Fe + 2\,OH^- \rightleftharpoons Fe(OH)_2 + 2\,e.$$

Die mit einem Sternchen bezeichneten Reaktionen bestimmen die Potentiale. Insgesamt setzt sich der Vorgang aus der Summe der Anoden- und Kathodenreaktionen zusammen:

$$\overset{\text{Entladung}}{\underset{\text{Ladung}}{}}$$
$$^+ 2\,Ni(OH)_3 + Fe\ ^{--} \rightleftharpoons\ ^+ 2\,Ni(OH)_2 + Fe(OH)_2\ ^- \tag{1}$$

Die positive Elektrode ist also eine Redoxelektrode, deren Potential durch die Beziehung[1]

$$\varepsilon_1 = \varepsilon_{0\,Ni^{2+}/Ni^{3+}} + \frac{R\,T}{2\,F} \ln \frac{[Ni^{3+}]^2}{[Ni^{2+}]^2}$$

gegeben ist.

Das Potential der negativen Elektrode ist einfach durch die Beziehung

$$\varepsilon_2 = \varepsilon_{0\,Fe/Fe^{2+}} + \frac{R\,T}{2\,F} \ln [Fe^{2+}]$$

gegeben.

Die Gesamt-EMK ist die Differenz der beiden Potentiale:

$$E = \varepsilon_1 - \varepsilon_2 = \varepsilon_{0\,Ni^{2+}/Ni^{3+}} + \frac{R\,T}{2\,F} \ln \frac{[Ni^{3+}]^2}{[Ni^{2+}]^2} - \varepsilon_{0\,Fe/Fe^{2+}} - \frac{R\,T}{2\,F} \ln [Fe^{2+}] =$$

$$= E_0 + \frac{R\,T}{2\,F} \ln \frac{[Ni^{3+}]^2}{[Ni^{2+}]^2\,[Fe^{2+}]} = E_0 + \frac{0{,}059}{2} \lg \frac{[Ni^{3+}]^2}{[Ni^{2+}]^2\,[Fe^{2+}]}.$$

Bei diesem Akkumulatorentyp hat der Elektrolyt nur die Funktion eines Leiters, da er zum Unterschied vom Bleiakkumulator am elektrochemischen Vorgang nicht teilnimmt. Die EMK müßte daher von der Konzentration unab-

---

[1] Gewöhnlich werden der Einfachheit halber die Aktivitätskoeffizienten = 1 angenommen.

hängig sein. Tatsächlich sind alle Hydroxyde immer als Bodenkörper anwesend. Es müssen daher die drei Beziehungen gelten:

$$[Ni^{3+}]\,[OH^-]^3 = L_1; \qquad [Ni^{3+}]^2 = \frac{L_1^2}{[OH^-]^6},$$

$$[Ni^{2+}]\,[OH^-]^2 = L_2; \qquad [Ni^{2+}]^2 = \frac{L_2^2}{[OH^-]^4},$$

$$[Fe^{2+}]\,[OH^-]^2 = L_3; \qquad [Fe^{2+}] = \frac{L_3}{[OH^-]^2},$$

woraus folgt:

$$\frac{[Ni^{3+}]^2}{[Ni^{2+}]^2\,[Fe^{2+}]} = \frac{\dfrac{L_1^2}{[OH^-]^6}}{\dfrac{L_2^2}{[OH^-]^4}\cdot\dfrac{L_3}{[OH^-]^2}} = \frac{L_1^2}{L_2^2\cdot L_3}\quad [1].$$

Die EMK des Akkumulators müßte also von der Konzentration des Elektrolyten unabhängig und überdies konstant sein.

In Wirklichkeit ist während des Betriebes eine leichte Änderung der EMK und auch der Elektrolytdichte zu beobachten, und zwar erscheint der Elektrolyt nach der Aufladung verdünnter. Das bedeutet, daß die Beschreibung der Elektrodenvorgänge durch Gl. (1) nicht scharf genug erfaßt wird und durch die weniger definierte, aber exaktere Form

$$Ni_2O_3\cdot a\,H_2O + Fe + (2\,b + c - a)\,H_2O \rightleftarrows 2\,NiO\cdot b\,H_2O + FeO\cdot c\,H_2O \qquad (2)$$

ersetzt werden muß.

Nach Foerster sind a mit 1,2 und b und c mit 1 anzusetzen, so daß Gl. (2) übergeht in

$$Fe + Ni_2O_3\cdot 1,2\,H_2O + 1,8\,H_2O \rightleftarrows 2\,Ni(OH)_2 + Fe(OH)_2.$$

Das Konzentrationsverhältnis $\dfrac{[Ni^{3+}]^2}{[Ni^{2+}]^2\,[Fe^{2+}]}$ ist dann weder konstant, noch von der Konzentration der OH^--Ionen unabhängig, was die Veränderungen der EMK des Akkumulators sowie der Elektrolytkonzentration während des Betriebes erklärt[2].

Die Anfangsspannung beträgt 1,4 V, sinkt sofort nach Entladungsbeginn rasch auf 1,3 V und dann dauernd langsam bis auf 1 V ab. Bei dieser Spannung wird der Akkumulator als erschöpft betrachtet. Der Verlauf der Lade- und Entladekurven geht aus Abb. 99 hervor. Daraus läßt sich entnehmen, daß wahrscheinlich neben den Hauptreaktionen noch einige Sekundärreaktionen stattfinden, die den Verlauf der Kurven und damit den Energie-Nutzeffekt durch die von ihnen erzeugten Potentiale beeinflussen.

Vor allem zeigt die Entladungskurve der Eisenelektrode allein (Abb. 100) zwei deutliche Stufen: die erste (I) entspricht der Anfangsladung des Wasserstoffes, die sofort nach Schließen des Entladungsstromkreises verschwindet, die zweite (II) ist mit der Umsetzung

$$FeO \rightarrow Fe_2O_3$$

---

[1] Gewöhnlich werden der Einfachheit halber die Aktivitätskoeffizienten $= 1$ angenommen.

[2] Nach Ezshler, B. V., G. S. Tymikov und A. D. Smirnova [J. phys. Chem. USSR **14**, 985 (1940)] soll die Konzentrationsänderung auf Adsorption der Kalilauge durch das Nickelihydroxyd zurückzuführen sein, was eine Konzentrationsabnahme während der Aufladung zur Folge hätte. In dem Maße, wie das Nickelihydroxyd während der Entladung zu Nickelohydroxyd reduziert wird, geht die Kalilauge wieder in Lösung und läßt die Konzentration neuerlich ansteigen.

verbunden, die vermieden werden soll, da sie ein zu niedriges Potential liefert und auch die umgekehrte Ladungsreaktion langsam und schwierig ist. Die Oxydation bis zum dreiwertigen Eisen entspräche in ihrer Wirkung der Sulfatisierung eines Bleiakkumulators.

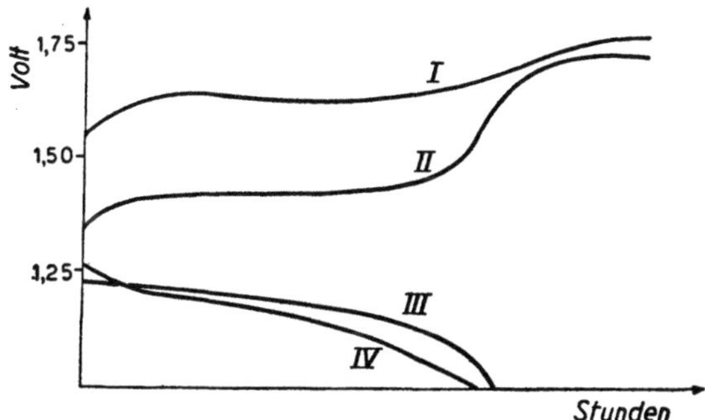

Abb. 99. I Ladungskurve des Fe-Ni-Akkumulators; II Ladungskurve des Cd-Ni-Akkumulators; III Entladungskurve des Fe-Ni-Akkumulators; IV Entladungskurve des Cd-Ni-Akkumulators

Weiters liegen die Potentiale der Ladungskurven wesentlich über denen der Entladung. Wenn auch der innere Widerstand eines normalen Alkaliakkumulators ungefähr fünfmal so groß als der eines Bleiakkumulators ist, so reicht diese Differenz doch nicht aus, um den Unterschied der Klemmenspannungen bei der Ladung und Entladung zu erklären. Für eine solche Differenz kann auch die Konzentrationsänderung des Elektrolyten im Innern der Elektroden nicht verantwortlich gemacht werden, da deren Einfluß minimal ist. Offenbar muß sie einem irreversiblen Vorgang zugeschrieben werden, und

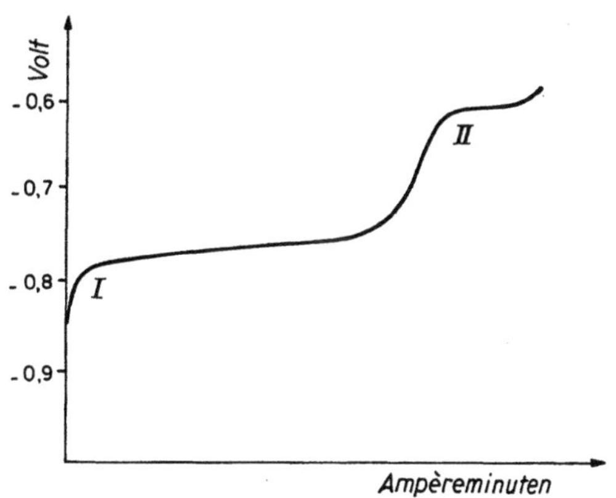

Abb. 100. Potential der Eisenelektrode eines Fe-Ni-Akkumulators während der Entladung

zwar für die positive Elektrode wahrscheinlich einem Oxydationsvorgang, auf Grund dessen das Primärprodukt der Ladungselektrolyse ein Oxyd des Typs NiO_2 ist, das sich später unter spontaner Sauerstoffentwicklung und Reduktion zu Ni_2O_3 zersetzt. An der negativen Elektrode ist wegen der Neigung des Eisens passiv zu werden die Umsetzung $FeO \rightarrow Fe$ wahrscheinlich verzögert, so daß eine Überspannung aufscheint, die überwunden werden muß.

Vom elektrochemischen Gesichtspunkt wäre es gleichgültig, Natrium- oder Kaliumhydroxyd als Elektrolyt zu benützen. Man zieht jedoch Kaliumhydroxyd wegen seiner größeren Leitfähigkeit vor.

Da die Elektrolytkonzentration die EMK des Akkumulators nur minimal beeinflußt, würde sich die Wahl einer Konzentration empfehlen, bei der die maximale spezifische Leitfähigkeit (s. Kap. II, 4) gegeben ist, das ist 6,58 n (28%, $d = 1,271$). Bei dieser Konzentration wird jedoch die Eisenelektrode vom Elektrolyten stark angegriffen, was sich auf die Kapazität des Akkumulators ungünstig auswirkt, da dadurch die spontanen Entladungsreaktionen erleichtert werden. Man zieht daher eine niedrigere Konzentration vor, und zwar den Höchstwert, bei dem die Löslichkeit der Eisenelektrode gerade noch vernachlässigbar bleibt. Er entspricht 20 bis 21%igem Kaliumhydroxyd.

Im Elektrolyten wird gewöhnlich auch eine bestimmte Menge Lithiumhydroxyd aufgelöst, dessen Gegenwart die Kapazität des Akkumulators erhöht. Durch Zusatz von 50 g/l Lithiumhydroxyd (praktisch der Sättigungswert) wird die Kapazität um fast 22% gesteigert. Das Lithiumhydroxyd erhöht sowohl die Dichte als auch den inneren Widerstand der Elektrolytlösung. Letzterer nimmt um etwa 20% zu. Der Einflußmechanismus des Lithiums auf die Kapazität des Akkumulators ist noch nicht geklärt.

Der Hauptnachteil des Alkalielektrolyten ist dessen Neigung, Kohlensäure aus der Luft zu absorbieren und sich in Carbonat umzuwandeln. Für die Elektrodenreaktionen hätte dies keine Bedeutung, die Carbonatbildung im Elektrolyten erhöht jedoch den Widerstand bedeutend. Die maximal zulässige Konzentration beträgt, ausgedrückt in CO_2, 0,4 n, was bedeutet, daß 10% des ursprünglich vorhandenen Kaliumhydroxyds in Carbonat umgewandelt werden dürfen. Bei Überschreitung dieser Grenze muß der Elektrolyt erneuert werden. Unter normalen Verhältnissen wird die Erneuerung ungefähr einmal im Jahre durchgeführt. Bei festen Anlagen empfiehlt es sich, die Elektrolytoberfläche mit einer Schicht Vaselinöl zu bedecken, um zu vermeiden, daß der Elektrolyt mit der Luft in Berührung kommt und dadurch Carbonatbildung eintritt.

Die Kapazität des Eisen-Nickelakkumulators hängt nicht in so empfindlicher Weise von so vielen Faktoren ab wie die des Bleiakkumulators. Der einzige physikalische Faktor von Bedeutung ist in dieser Hinsicht die Temperatur, und zwar entspricht einer Temperaturerhöhung eine leichte Kapazitätszunahme. Die Kapazität eines gewöhnlichen Eisen-Nickelakkumulators beträgt ungefähr 20 Ah/kg und ist daher größer als die des Bleiakkumulators. Dabei sind folgende Daten und Annahmen zugrunde gelegt: die Äquivalentgewichte der je gelieferter Ah verbrauchten aktiven Massen (1,042 g Fe; 4,094 g $Ni_2O_3 \cdot 3\ H_2O$); Nutzung der aktiven Massen zu 17% bzw. 45%; für das Gewicht der Montageteile, des Gefäßes, des Elektrolyten usw. werden 40 bis 50 g/Ah in Rechnung gestellt. Berücksichtigt man jedoch, daß der innere Widerstand des Alkaliakkumulators größer als der des Bleiakkumulators ist, so ist leicht festzustellen, daß die in Wh/kg ausgedrückte Kapazität weitgehend von der Entladungsstromstärke abhängt. Bei einer mittleren Spannung von 1,1 V und normaler Entladungsstromstärke beträgt die Kapazität des Alkaliakkumulators ungefähr 25 Wh/kg; sie ist daher der Kapazität eines Bleiakkumulators größenordnungsmäßig gleichzusetzen.

Die Spontanentladung spielt eine geringere Rolle als beim Bleiakkumulator, da die Möglichkeit hiefür infolge der praktischen Unlöslichkeit der elektrochemisch aktiven Bestandteile im Elektrolyten, der seinerseits an den Elektrodenreaktionen nicht teilnimmt, beschränkt ist. Berücksichtigt man ferner, daß die Sekundärreaktionen

$$Fe + 2\ H^+ \rightleftarrows Fe^{2+} + H_2,$$
$$Ni_2O_3 + Ni \rightleftarrows 3\ NiO$$

sehr langsam ablaufen, dann wird die größere chemische Unempfindlichkeit des Alkali- gegenüber dem Bleiakkumulator verständlich.

Ein Hauptvorteil des Alkaliakkumulators besteht jedoch in seiner Unempfindlichkeit im entladenen Zustand, weshalb er lange Zeit hindurch ohne Schaden außer Gebrauch gestellt werden kann. Es ist sogar vorteilhaft, einen Alkaliakkumulator vollständig zu entladen, wenn er für eine gewisse Zeit außer Betrieb gesetzt werden soll.

Im Vergleich zum Bleiakkumulator weist der Alkaliakkumulator einen niedrigeren Strom- und Energie-Nutzeffekt auf. Der erstere beträgt etwa 0,82; der letztere hängt stark von der Ladungs- und Entladungsstromstärke ab, da wegen des relativ hohen inneren Widerstandes bei einer Erhöhung der Stromstärke auch der Prozentanteil der auf den Jouleschen Effekt zurückzuführenden Energieverluste ansteigt. Andererseits kann die Ladungsstromstärke nicht unter eine bestimmte Grenze gesenkt werden, da für die Überwindung der bereits erwähnten Überspannung der Umsetzung $FeO \rightarrow Fe$ eine gewisse Polarisation erforderlich ist. Liegt die Ladungsstromdichte unter dem für diese Polarisation notwendigen Minimum, dann setzt die Elektrodenreaktion aus und es entwickelt sich Wasserstoffgas, ohne daß sich der Akkumulator weiter auflädt. Unter normalen Betriebsbedingungen beträgt der Nutzeffekt für die Energie etwa 0,5.

Die aktiven Massen des Alkaliakkumulators haben gelatineartigen Charakter und verfügen über keinerlei mechanischen Zusammenhalt; mit Ausnahme des metallischen Eisens haben sie außerdem eine sehr geringe Leitfähigkeit. Es ist daher notwendig, sie in geeignete Gefäße zu füllen und überdies Substanzen zur Erhöhung der Leitfähigkeit beizumengen. Die Gefäßelemente sind aus Nickelstahl in Röhren- oder irgendeiner anderen zweckentsprechenden Form hergestellt. Die Wände sind durchlöchert und durch Ringe oder andere Beschläge versteift, um den Druckänderungen, die durch die während des Betriebes auftretenden Volumschwankungen hervorgerufen werden, standhalten zu können. In die als positive Elektroden vorgesehenen Behälter werden abwechselnd Schichten von zweiwertigem Nickeloxyd und Nickelmetallblättchen gepreßt, während in die Behälter der negativen Elektroden mit Quecksilberoxyd vermischtes Eisenpulver gefüllt wird. Das Quecksilberoxyd wird im Kontakt mit dem metallischen Eisen zu metallischem Quecksilber reduziert. Da dieses nicht in Tröpfchen zusammenlaufen kann, stellt es eine Art Leitungsnetz dar, das in der aktiven Masse der negativen Elektrode versenkt ist. Die einzelnen Elemente sind in Nickelstahlformen reihenweise geordnet und verlötet, die ihrerseits in den Elektrolyten eintauchen. Alle positiven und negativen Elemente in Parallelschaltung zusammengefaßt bilden den Akkumulator. Diese Eigenheiten tragen dazu bei, daß die Bauart des Alkaliakkumulators robuster und widerstandsfähiger, aber auch kostspieliger als die des Bleiakkumulators ist. Der Alkaliakkumulator ist deshalb auch gegen Stöße, übermäßig langdauernde Entladung, hohe Stromstärken usw. unempfindlich.

Der Ausgangsstoff für die Herstellung der aktiven Masse der positiven Elektrode ist in Schwefelsäure gelöstes reines Nickel. Durch Einspritzung einer Nickelsulfatlösung in eine warme Natriumhydroxydlösung wird das Nickelhydroxydul gefällt. Dieses wird filtriert, gewaschen, getrocknet, mit heißem Wasser gelaugt, wieder getrocknet, zerkleinert und gesiebt. Die Nickelblättchen werden gewonnen, indem elektrolytisch abgeschiedene Filme von $1\,\mu$ Dicke in kleine Quadrate mit etwa 1,5 mm Seitenlänge zerschnitten werden. Die aktive Masse der positiven Elektrode enthält 14% Nickelblättchen, die schichtweise, abwechselnd mit Nickeloxyd, in die Röhrenelemente gepreßt werden. Nach der Füllung wird die Elektrode, als Anode geschaltet, der Elektrolyse unterworfen, wobei das zweiwertige zum dreiwertigen Nickeloxyd oxydiert wird.

Der Ausgangsstoff für die aktive Masse der negativen Elektrode ist durch wiederholte Kristallisation gereinigtes Ferrosulfat, das in oxydierender Atmosphäre geröstet wird, um in Ferrioxyd überzugehen. Durch Laugung werden die letzten Reste metallischer Verunreinigungen entfernt. Nach der Waschung und Trocknung wird das Ferrioxyd mit Wasserstoff bei 480^0 C reduziert, hierauf in Wasserstoffatmosphäre gekühlt und schließlich teilweise zu Fe + FeO wieder oxydiert. Vor der Füllung wird es getrocknet und gemahlen und nach Beimengung von 3% Quecksilberoxyd in die Behälter gepreßt.

Eine Variante des Eisen-Nickelakkumulators ist der Cadmium-Nickelakkumulator, auch Jungnerscher Akkumulator genannt, der sich nur darin vom Edison-Akkumulator unterscheidet, daß die negative Elektrode an Stelle von Eisen aus Cadmium besteht. Dies hat gewisse Vorteile. Vor allem besitzt das während der Entladung entstehende Oxyd eine gute Eigenleitfähigkeit, so daß die Beimengung von Quecksilberoxyd wegfallen kann. Zweitens gibt das Cadmium zu keinerlei Sekundärreaktionen Anlaß, da keine Verbindungen von dreiwertigem Cadmium existieren, und schließlich ist die Spontanentladung

$$Cd + 2\,H^+ \rightarrow Cd^{2+} + H_2$$

von geringerer Bedeutung als die analoge Entladungsreaktion der Eisenelektrode. Außerdem ist Cadmium zum Unterschied vom Eisen nicht passivierbar. Alle diese Eigenschaften erklären, warum die Ladungskurve des Cadmium-Nickelakkumulators bei einem bedeutend niedrigeren Potential als die des Eisen-Nickelakkumulators verläuft, wodurch ein etwas höherer Energie-Nutzeffekt zustande kommt.

Der Hauptnachteil des Cadmiums gegenüber dem Eisen besteht darin, daß der Cadmiumschwamm durch Alterung stark einschrumpft. Zum Teil kann dieser Nachteil durch Verwendung einer gemischten Eisen-Cadmiumelektrode umgangen werden. Die Ladungskurve einer solchen Elektrode (Abb. 101) zeigt einen stufenlosen Verlauf, woraus hervorgeht, daß das Eisenoxyd in keiner Weise an den elektrochemischen Vorgängen teilnimmt, sondern sich wie eine indifferente Masse verhält.

Aus dem Gesagten ergeben sich die in Tab. 97 schematisch zusammengefaßten speziellen Eigenschaften der beiden Akkumulatorentypen.

Tabelle 97. *Vergleichsdaten des Blei- und des Eisen-Nickelakkumulators*

	Pb	Fe—Ni
$R_{Energie}$	0,75	0,50
Spannungsabfall während der Entladung in Prozent	15	33
Kapazität in Wh/kg	23,3	25
,, ,, Wh/l	58,5	67
Spontanentladung im Laufe eines Monats in Prozent	10—30	2—30
Mittlere Lebensdauer in Jahren	1—15 [1]	15
Reparaturen	häufig	keine
Empfindlich gegen Überladung	ja	nein
,, ,, übermäßige Entladung	ja	nein
,, ,, Inaktivität	ja	nein
,, ,, Verbleiben im entladenen Zustand	ja	nein
,, ,, Erschütterungen	ja	nein

[1] Die kleinere Zahl bezieht sich auf nichtortsfeste, die höhere auf ortsfeste Anlagen.

Der Alkaliakkumulator hat den eigentlichen Zweck, für den er konstruiert wurde, nämlich ein relativ kleineres Gewicht, nicht voll erreicht. Immerhin weist er gegenüber dem Bleiakkumulator verschiedene Vorteile auf, die ihn besonders dort als zweckmäßig erscheinen lassen, wo nur wenig oder gar kein ausgebildetes Personal zur Verfügung steht.

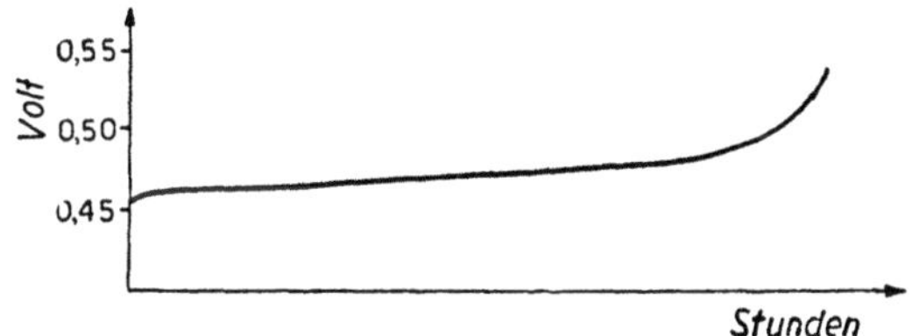

Abb. 101.   Potential einer gemischten Fe-Cd-Elektrode während der Aufladung des Akkumulators

Zum eingehenderen Studium der im zehnten Kapitel behandelten Themen werden die folgenden Abhandlungen empfohlen:

Arndt, K.: Technische Elektrochemie.   Stuttgart: F. Enke, 1929.
Bermbach, W.: Die Akkumulatoren, 4. Aufl.   Berlin: Julius Springer, 1929.
Codd, A. M.: Practical Primary Cells.   London: I. Pitman, 1929.
Crennel, J. T. and F. M. Lea: Alcaline Accumulators.   London: Longmans, 1928.
Crocker, L. B., M. Arendt and R. F. Kuns: Storage Batteries.   Chicago: American Technical Society, 1933.
Drotschmann, C. und P. J. Moll: Die Fabrikation von Trockenbatterien und Bleiakkumulatoren.   Leipzig: Verlagsgesellschaft Becker und Erler, 1943.
Drucker, C. und A. Finkelstein: Galvanische Elemente und Akkumulatoren. Leipzig: Akademische Verlagsgesellschaft, 1932.
Féry, C., C. Chéneveau et G. Paillard: Piles primaires et accumulateurs. Paris: Bailliére, 1925.
Foerster, F.: Elektrochemie wässeriger Lösungen, 4. Aufl.   Leipzig: J. A. Barth, 1923.
Gunterschulze, W.: Galvanische Elemente.   Halle: W. Knapp, 1929.
Kretzschmar, F. E.: Die Krankheiten des Bleiakkumulators, 3. Aufl.   München: R. Oldenbourg, 1928.
Vinal, G. W.: Storage Batteries, 3. Aufl.   New York: J. Wiley, 1940.

Elftes Kapitel

Elektrochemie der Kolloide und elektrokinetische Erscheinungen[1]

1. Allgemeines über Kolloide

Viele kolloide und alle elektrokinetischen Erscheinungen sind einwandfrei elektrochemischer Natur und können gut beschrieben und gedeutet werden, wenn man die Kolloide als Elektrolyte auffaßt und die an der Grenzfläche zwischen zwei Phasen auftretende Potentialdifferenz der Gegenwart von Substanzen zuschreibt, die nach einem elektrolytischen Schema dissoziiert sind. Es erscheint daher zweckmäßig, die kolloiden Systeme und die elektrokinetischen Erscheinungen von einem umfassenderen Gesichtspunkt zu behandeln, als dies gewöhnlich in elektrochemischen Abhandlungen der Fall ist.

Der kolloide Zustand der Materie ist durch eine Reihe von Eigenschaften gekennzeichnet, durch die er sich sowohl von den einphasigen Lösungen als auch von den grob zweiphasigen Suspensionen beträchtlich unterscheidet. Tatsächlich ist er jedoch ein Grenzzustand, der außer den für ihn spezifischen Eigenschaften einiges auch mit den Lösungen und Suspensionen gemeinsam hat. Folgende Hauptmerkmale unterscheiden den kolloiden Zustand von einer Lösung: Unmöglichkeit der Dialyse, äußerst geringe Diffusionsgeschwindigkeit, nur geringe Tendenz zur Kristallisation und sehr häufig optische Inhomogenität. Der Unterschied gegenüber einer zweiphasigen Dispersion ist insofern energetischer Natur, als es nicht zulässig ist, den dispersen Teil als eigentliche Phase im Sinne der Definition von Gibbs zu betrachten, da die Oberflächenenergie und -entropie eines Teilchens im Verhältnis zur Gesamtenergie und -entropie nicht mehr vernachlässigbar sind.

Ein wesentliches Kennzeichen der kolloiden Systeme ist die Dimension der Teilchen, die groß sind im Vergleich zu den normalen Molekülen einer richtigen Lösung und klein im Vergleich zu den mikroskopisch noch erkennbaren Teilchen einer zweiphasigen Suspension.

Die Teilchengröße variiert jedoch beim Übergang von den zweiphasigen Suspensionen zu den echten Lösungen in so kontinuierlicher Weise, und zwar bis zu den Dimensionen der Ionen, daß es heute unmöglich ist, auf dieser Grundlage eine theoretisch begründete Trennung von zweiphasigen Suspensionen, kolloiden und echten Lösungen durchzuführen, bzw. die Teilchengröße als Unterscheidungskriterium für die genannten Systeme einzuführen.

Ein anderes Kennzeichen ist die optische Inhomogenität, das heißt die mikroskopische oder ultramikroskopische Erkennbarkeit der Teilchen. Sie hängt außer von der Teilchengröße auch von der Wellenlänge des für die Beobachtung benützten Lichtes und von den Brechungsindizes des Dispersionsmittels und der dispersen Substanz ab. Auch die optische Inhomogenität ist daher kein eindeutiges Unterscheidungsmerkmal. Dasselbe gilt für alle übrigen Eigenschaften: Möglichkeit der Dialyse, Kristallisierbarkeit, osmotischer Druck, Unlöslichkeit im molekularen Zustand usw. In der Praxis hält man sich an empirische Kriterien, die nicht ganz frei von einer gewissen Willkür sind. Danach werden solche

---

[1] Die Behandlung der kolloiden und elektrokinetischen Erscheinungen ist in diesem Kapitel auf die wässerigen Lösungen beschränkt, die auch vom technischen Gesichtspunkt die weitaus wichtigsten sind und bisher am eingehendsten untersucht wurden.

Systeme als kolloide Lösungen betrachtet, in denen die Größe der zerstreuten Teilchen innerhalb der Grenzen von 10^{-7} und 10^{-4} cm liegen.

In Wirklichkeit zeigt sich beim Durchlaufen der kontinuierlichen Zustandsreihe von den groben, thermodynamisch zweiphasigen Suspensionen bis zu den eigentlichen Lösungen, daß der komplexe Charakter der Eigenschaften im Bereich der kolloiden Lösungen ein Maximum aufweist. Das liegt daran, daß die Suspensionen viele Eigenschaften gemeinsam haben, die in gewissem Ausmaß von der chemischen Natur der dispersen Substanz unabhängig sind, während das Verhalten der molekularen Lösungen wieder wegen der Einfachheit ihrer physiko-chemischen Konstitution verhältnismäßig unkompliziert ist. Im Bereich der kolloiden Lösungen sind die physikalischen Merkmale der Suspensionen den chemischen Eigenschaften der Lösungen überlagert.

Die Gesamtheit der dispersen Teilchen einer kolloiden Lösung weist eine sehr große Oberflächenausdehnung auf und besitzt daher eine bedeutende Oberflächenenergie. Auf den ersten Blick erscheint es deshalb merkwürdig, daß sich nicht die Teilchen zu immer größeren Aggregaten vereinigen, wobei ihr Gehalt an Oberflächenenergie so weit abnähme, daß zwei makroskopisch unterscheidbare Phasen entstünden. In anderen Worten: es ist merkwürdig, daß sie stabil sind. Ein Stabilitätsfaktor ist zweifellos die elektrische Ladung, die in jedem Teilchen einer kolloiden Lösung ihren Sitz hat. Die Existenz einer solchen Ladung ist durch Elektrophorese leicht nachweisbar (s. Abschn. 4). Alle Kolloidteilchen sind Träger einer elektrischen Ladung, die zwar mengenmäßig variiert, dem Vorzeichen nach aber in einer bestimmten Lösung für alle Teilchen gleich ist. Diese Ladung bedingt die Abstoßungskräfte zwischen zwei Kolloidteilchen und verhindert, daß sie sich zu einem größeren Aggregat vereinigen, wodurch sie freie Oberflächenenergie freisetzen und auf ein niedrigeres und daher stabileres Energieniveau übergehen würden[1].

Einige Kolloide sind allerdings auch in praktisch ladungsfreiem Zustand stabil. Die Stabilität solcher Kolloide ist auf die Affinität zwischen den Molekülen der Kolloidteilchen und den Molekülen des Lösungsmittels zurückzuführen. Diese Affinität muß größer sein als die zwischen den einzelnen Molekülen des Lösungsmittels untereinander. Dabei findet in gewissem Sinne eine Oberflächenreaktion zwischen Lösungsmittel und Kolloid statt, wobei sich das Kolloidteilchen mit einer oder mehreren Schichten des Lösungsmittels überzieht, die eine allzu starke Annäherung beim Zusammenstoß verhindern.

Die Solvatation ist der ausschlaggebende Stabilitätsfaktor für jene Kolloide, die vorwiegend der Gruppe der solvatokratischen (lyophilen) Kolloide angehören. Diese bilden sich spontan, wenn Dispersionsmittel und disperse Substanz zusammenkommen. Das bedeutet aber, daß der Bildungsvorgang von einer negativen Änderung $(-\varDelta F)$ der freien Energie beim Übergang von einem System mit zwei getrennten Bestandteilen zu einem kolloiden Lösungssystem begleitet ist. Für die elektrokratischen Kolloide trifft das Umgekehrte zu. Die ersteren sind daher thermodynamisch stabil, während die letzteren thermodynamisch instabil sind und ihre Existenzmöglichkeit einer Art Energiebarriere verdanken, die beim Übergang vom thermodynamisch instabilen Zustand (Lösung) zum stabilen

---

[1] Jene Kolloide, für welche die elektrische Ladung den ausschlaggebenden Stabilitätsfaktor darstellt, gehören vorwiegend der Gruppe der elektrokratischen (lyophoben) Kolloide (s. u.) an. Eine ausführliche theoretische Untersuchung auf diesem Gebiet stammt von Verwey in Philips Research Rep. **1**, 33 (1945).

Zustand (getrennte Phasen) überwunden werden muß. Diese Barriere wird durch Abstoßungskräfte elektrostatischer Natur gebildet.

Es haben jedoch noch viele andere Faktoren auf die Stabilität der kolloiden Lösungen Einfluß: die chemische Natur der Teilchen, die Oberflächenspannung, Anziehungskräfte zwischen den Kolloidteilchen, Gegenwart von Elektrolyten im Dispersionsmittel, Struktur der elektrischen Doppelschicht (s. Abschn. 2), Hydratationsenergie usw. Diese Faktoren sind so zahlreich und untereinander in so verwickelter Weise abhängig, daß es heute noch unmöglich ist, eine vollständige und befriedigende Theorie der Stabilität der Kolloide zu geben.

Vom Gesichtspunkt der Stabilität können die Kolloide im Hinblick auf die elektrische Ladung, die den wichtigsten Faktor darstellt, in zwei große Gruppen eingeteilt werden: in die elektrokratischen Kolloide, für deren Stabilität die elektrische Ladung maßgebend ist, und in die solvatokratischen Kolloide, deren Stabilität auch im entladenen Zustand erhalten bleibt. Normalerweise sind jedoch auch die solvatokratischen Kolloide Träger einer elektrischen Ladung. Die Unterscheidung von elektrokratischen und solvatokratischen Kolloiden stimmt zum großen Teil mit der Einteilung in lyophobe und lyophile Kolloide überein. In Tab. 98 sind die Unterscheidungsmerkmale der beiden Kolloidklassen zusammengestellt.

Tabelle 98. *Unterscheidungsmerkmale der elektrokratischen (lyophoben) und solvatokratischen (lyophilen) Kolloide*

Elektrokratisches Kolloid (Typus: Kolloides Gold)	Solvatokratisches Kolloid (Typus: Gelatine)
Nur bei kleiner Konzentration stabil.	Oft auch bei hoher Konzentration stabil.
Nach längerer Dialyse instabil.	Nach längerer Dialyse stabil.
Wird durch kleine Elektrolytzusätze sehr leicht gefällt.	Gegen kleine Elektrolytzusätze unempfindlich; wird nur durch starke Elektrolytzusätze gefällt.
Irreversible Koagulation[1].	Reversible Koagulation[1].
Nach erfolgter Trocknung keine Quellung mehr bei Berührung mit dem Dispersionsmittel.	Nach erfolgter Trocknung Quellung bei Berührung mit dem Dispersionsmittel und eventuell Rückkehr in den Solzustand.
Geliert nicht.	Kann gelieren.
Wandert immer unter dem Einfluß des elektrischen Feldes.	Wandert nicht immer unter dem Einfluß des elektrischen Feldes.
Weist eine nur etwas größere Viskosität als das Dispersionsmittel auf.	Hohe Viskosität (größer als die des Dispersionsmittels).
Hat praktisch dieselbe Oberflächenspannung wie das Dispersionsmittel.	Die Oberflächenspannung ist oft niedrig (kleiner als die des Dispersionsmittels).
Starker Tyndall-Effekt.	Schwacher Tyndall-Effekt.

[1] S. Abschn. 7.

Aber auch diese Unterteilung gilt nicht streng, da es Grenzfälle von Kolloiden mit Eigenschaften gibt, die zwischen den beiden Klassen liegen.

2. Theorien der elektrischen Ladung der Kolloide

Es gibt zwei Theorien für das Zustandekommen der elektrischen Ladung der Kolloide.

Nach Helmholtz wäre die Ladung an festen Oberflächen in Flüssigkeiten, also auch von einzelnen Teilchen, einer nahezu starren elektrischen Doppelschicht zuzuschreiben. Eine Vorstellung von dem Ursprung dieser Ladung wird nicht entwickelt. Diese bildet sich nach einer späteren vor allem von Freundlich vertretenen Auffassung an den Teilchen durch selektive Adsorption einer in der Elektrolytlösung vorhandenen Ionenart, wodurch das Teilchen eine Ladung bestimmten Vorzeichens erhält, während die andere, in der Dispersionsflüssigkeit verbliebene und durch elektrostatische Kräfte angezogene Ionenart die Flüssigkeit im entgegengesetzten Sinn auflädt. Auf die Doppelschicht wenden Helmholtz und Smoluchowski die Gesetze der Elektrostatik an, als ob es sich um einen Kondensator mit einem Plattenabstand von molekularer Größenordnung handelte. Gouy hat im Sinne dieser Theorie einen Schritt weiter getan, indem er die äußere Doppelschicht nicht als starr, sondern als diffus mit abnehmender Ladungsdichte gegen das Innere der Dispersionsflüssigkeit betrachtet. Die Theorie, die in der Hauptsache auf Beobachtungen von Erscheinungen an der Grenzfläche zwischen zwei makroskopischen Phasen aufgebaut ist, beschreibt diese Erscheinungen auch quantitativ und wurde durch Verkleinerung der Dimension der dispersen Phase bis auf kolloide Größen extrapoliert und damit auch auf Kolloidteilchen anwendbar gemacht. In der Folgezeit wurde die Doppelschichttheorie unter Einbeziehung vieler anderer Faktoren, die in den ersten Entwicklungen nicht berücksichtigt worden waren, mathematisch weiter ausgebaut.

Die Einflußfaktoren auf die elektrokinetischen Erscheinungen, deren Studium die hauptsächlichste Grundlage für die Doppelschichttheorie bildet, sind so zahlreich und unterschiedlich, daß es auch heute noch für viele kolloide Erscheinungen (z. B. die Elektrophorese) keine Gleichung gibt, die diese Vorgänge in quantitativer Weise so beschreibt, daß die Ergebnisse immer mit der Erfahrung übereinstimmen.

Die Adsorptionstheorie wird immer noch von den Schulen Freundlichs und Rabinowitchs zumindest für einige elektrokratische Kolloidtypen vertreten.

Eine andere, in ihrer ersten Formulierung auf Malfitano[1] und Duclaux zurückgehende Theorie wurde hauptsächlich von Pauli und seiner Schule weiterentwickelt und ausgebaut. Sie betrachtet die Kolloide als echte Elektrolyte, die in gewöhnliche und viel größer dimensionierte Ionen der kolloiden Größenordnung dissoziieren. Danach werden die Eigenschaften der Elektrolytlösungen durch Vergrößerung der Dimension einer der beiden Ionenarten bis zur Kolloidgröße extrapoliert.

Rein theoretisch beruht die Behandlung der Kolloide sowohl mit der Adsorptionstheorie als auch mit der Paulischen Theorie auf der gleichen unexakten Grundlage, da beide Theorien Extrapolationen anwenden, die nicht ohne weiteres als zulässig betrachtet werden dürfen. Linderström-Lang hat jedoch gezeigt, daß bei vielen Erscheinungen besonders physikalischer Natur das Endergebnis praktisch dasselbe ist, ob nun auf die Kolloide die Theorie der Oberflächenadsorption oder der Dissoziation angewendet wird. Dies würde die

---

[1] Doch ist hier den Ionen eine Funktion als Kondensationszentren im Innern der Kolloidteilchen zugeschrieben. Die Paulische Entwicklung weicht von dieser Anschauung weitgehend ab.

Auffassung der Kolloide als Grenzsysteme bestätigen, die Eigenschaften von einphasigen Lösungen und zweiphasigen Suspensionen gemeinsam haben. Im ganzen hat sich jedoch die Paulische Dissoziationstheorie der Adsorptionstheorie als überlegen erwiesen, besonders was die Beschreibung und Deutung des chemischen Verhaltens der kolloiden Lösungen betrifft, wenn auch manche den Lösungen eigene thermodynamische Begriffe (Dissoziationskonstante, Aktivität, Löslichkeitsprodukt usw.) auf einige typisch elektrokratische (lyophobe) anorganische Kolloide nur schwer anwendbar sind; bei den solvatokratischen (lyophilen) Kolloiden (Seifen, Proteine usw.) treten solche Schwierigkeiten dagegen überhaupt nicht auf.

Zu Gunsten der Dissoziationstheorie spricht ferner, daß die thermodynamischen Gesetze der Elektrochemie auch für die kolloiden Systeme gelten, natürlich mit Berücksichtigung der spezifischen Eigenschaften solcher Systeme. Insbesondere haben Pauli und Mitarbeiter in vielen Veröffentlichungen und später Hartley[1] und Audubert[2] die Debye-Hückelsche Theorie nach entsprechender Modifizierung auf Kolloide angewendet und nicht unbefriedigende Ergebnisse erzielt, deren Behandlung jedoch den Rahmen dieses Buches sprengen würde. Die elektrische Ladung des Kolloidteilchens als Folge der Dissoziation eines ionogenen Oberflächenkomplexes (s. Abschn. 3) gibt eine plausible Erklärung für den Unterschied im Verhalten kolloider Lösungen derselben Art, indem der Unterschied der ionogenen Teile hiefür bedeutungsvoll wird.

Es ist jedoch wahrscheinlich, daß für einige typisch elektrokratische Systeme (z. B. Paraffintröpfchen oder in Wasser disperse Luftbläschen) selektive Ionenadsorptionserscheinungen in Betracht gezogen werden müssen. Eine solche Adsorption kommt durch die von der Ladung eines Ions induzierte Polarisation des Kolloidteilchens zustande, das so ein Dipolmoment erhält. Die Größe des Dipolmomentes hängt von vielen Faktoren (Polarisierbarkeit, Hydratation, Abstand zwischen Ion und Kolloidteilchen usw.) ab. Ist die Anziehungskraft zwischen dem gelösten Ion und dem induzierten Dipol des Kolloidteilchens im Endeffekt um vieles größer als die kinetische Energie (der thermischen Bewegung) des Ions und des Teilchens, dann tritt die Adsorptionserscheinung in stabiler Form auf und das Kolloidteilchen nimmt auf diese Weise eine definierte Ladung an.

Natürlich darf man bei der Behandlung der Kolloide als Elektrolyte niemals die grundlegenden Unterschiede gegenüber echten Elektrolytlösungen vergessen. Diese Unterschiede betreffen die Teilchengröße, welche die von normalen Ionen bei weitem übertrifft, und die von Ion zu Ion quantitativ veränderliche Ladung, die mit geeigneten Mitteln auch im Vorzeichen geändert werden kann und die in keinerlei stöchiometrischem Verhältnis mit der Masse der Teilchen selbst steht. Die Kolloidionen einer Lösung sind jedoch alle gleichsinnig geladen.

Ein zweiter Unterschied ist thermodynamischer Natur. Zur Definition der inneren Energie eines kolloiden Systems reichen nämlich die Veränderlichen nicht mehr aus, die zur Definition der eindeutig einphasigen oder auch mehrphasigen Systeme, bei denen jedoch die Grenzfläche zwischen den einzelnen Phasen im Verhältnis zu deren Volumen nicht groß ist, benützt werden. Wegen der weitaus größeren Oberflächenausdehnung der (als zweiphasig betrachteten) kolloiden Systeme muß man in den Ausdruck der thermodynamischen Funktionen auch die Oberflächenenergie mit einbeziehen, die durch eine Beziehung der Form

[1] Hartley, G. S.: Trans. Faraday Soc. **31**, 31 (1935).
[2] Audubert, R.: Trans. Faraday Soc. **36**, 144 (1940).

$$dE_F = (T\,dS)_F + \sigma\,da + (\Sigma\,\mu_i\,dn_i)_F$$

ausgedrückt werden kann. Darin bedeuten E_F die Oberflächenenergie, S_F die Oberflächenentropie, σ die Oberflächenspannung, μ_i das chemische Oberflächenpotential, a die Oberfläche und n_i die Molzahl der Komponente i.

Weiters müssen auch die elektrischen Ladungen der Teilchen berücksichtigt werden, für die das chemische Potential μ_i durch eine Beziehung der Form

$$\overline{\mu}_i = \mu_i + z\,e\,\psi$$

ausgedrückt wird. Darin sind μ_i das chemische Potential der elektrisch geladenen Komponente i (zur Definition eines Mols einer kolloiden Komponente s. Anmerkung 1, S. 379), z die Wertigkeit (s. Abschn. 3), e die Ladung eines Elektrons und ψ das elektrische Potential (s. Abschn. 5).

Das Aufscheinen dieses zusätzlichen Terms folgt unmittelbar aus der Gleichheit der äußeren elektrischen Arbeit und der Änderung der freien Energie während eines bestimmten Vorganges (s. drittes Kapitel). Beim Übergang von dn Teilchen einer elektrisch geladenen Art aus der Phase 1 in die Phase 2 ist die Änderung der freien Energie

$$dF = dn\,(\mu_2 - \mu_1) = -\,dn \cdot z\,e\,\varepsilon. \tag{1}$$

ε ist die Potentialdifferenz an der Grenzfläche und z eine ganze Zahl, die je nach dem Vorzeichen der elektrischen Ladung des Teilchens negativ oder positiv sein kann. Durch Einsetzen der Differenz der Potentiale beider Phasen $(\psi_2 - \psi_1)$ für ε und Umstellung, sowie mit Rücksicht darauf, daß bei Gleichgewicht $dF = 0$ ist, geht Gl. (1) bei Gleichgewicht über in

$$dn \cdot z\,e\,(\psi_2 - \psi_1) + dn\,(\mu_2 - \mu_1) = 0,$$

woraus folgt

$$\mu_2 + z\,e\,\psi_2 = \mu_1 + z\,e\,\psi_1. \tag{2}$$

Der zusätzliche Term $z \cdot e \cdot \psi$, der immer dann in Wegfall kommen kann, wenn bei einem Vorgang gleiche Mengen positiver und negativer Teilchen gleicher Wertigkeit von der einen Phase in die andere übergehen[1], wird nicht mehr vernachlässigbar bei kolloiden Systemen, in denen eine elektrisch geladene Teilchengattung (die Kolloidteilchen) nicht diffundieren kann.

Ein anderer Unterschied besteht noch darin, daß das Kolloidion im allgemeinen nicht aus einer einzigen Substanz zusammengesetzt ist. Schließlich müssen noch weitere Unterscheidungsmerkmale in Betracht gezogen werden, und zwar der in Wirklichkeit mehrphasige Charakter der kolloiden Systeme, die Asymmetrie des kolloiden Elektrolyten, die Mehrwertigkeit des Kolloidions (s. Abschn. 3) und der Umstand, daß nicht die ganze Masse, sondern nur die Oberfläche eines Kolloidteilchens für die Definition der Gleichgewichte als aktiv anzusehen ist (s. Abschn. 3).

Die Elektrochemie der Kolloide und der elektrokinetischen Erscheinungen ist nach jeder Richtung hin noch im Werden. Besonders in den letzten Jahren hat man die systematische und quantitative Untersuchung der elektrischen Doppelschicht an der Grenzfläche zweier Phasen, von denen wenigstens eine flüssig ist und gelöste Ionen enthält, wieder aufgenommen. Die dabei erzielten Ergebnisse sind, auch wenn die Kolloide im Sinne der Paulischen Theorie aufgefaßt werden, auf die Struktur der Doppelschicht selbst anwendbar, deren Existenz nicht bezweifelt werden kann.

---

[1] Da sich in diesem Fall die beiden Terme $z\,e\,\psi$ und $-z\,e\,\psi$ aufheben.

3. Kolloide als Elektrolyte

Nach Pauli ist ein Kolloidteilchen vom chemischen Gesichtspunkt insofern nicht vollkommen homogen, als es aus einem neutralen Teil (C) und einem ionogenen Teil (J), auch *ionogener Komplex* genannt, zusammengesetzt ist. Der neutrale Teil umfaßt im allgemeinen nahezu die gesamte Masse des Kolloidteilchens und besteht aus einer bestimmten Anzahl gleicher Atome und Moleküle, die im Lösungsmittel des Kolloids meist unlöslich sind und keine Ionen durch elektrolytische Dissoziation abgeben können. Der ionogene Teil ist gewöhnlich viel kleiner und hat im allgemeinen an der Oberfläche des Kolloidions seinen Sitz. Er setzt sich aus löslichen Verbindungen zusammen, die in Ionen dissoziieren können, von denen eine Art in Lösung geht, während die andere durch chemische Kräfte oder durch Adsorption an das Kolloidteilchen gebunden bleibt und ihm die Ladung verleiht. Die rohe Zusammensetzung der Kolloidteilchen wird durch die schematische Formel $x\,C \cdot y\,J$ zum Ausdruck gebracht, wobei $x \gg y$ ist. Mit Rücksicht darauf, daß ein Teil des ionogenen Komplexes nach dem Schema

$$J \rightleftarrows A^+ + G^- \quad \text{(eventuell } A^- + G^+)$$

dissoziiert, worin G^- das in die Dispersionsflüssigkeit übergehende Kompensationsion (s. u.) symbolisiert, geht die Formel der rohen Zusammensetzung eines Kolloidteilchens über in

$$(x\,C + y\,J + z\,A)^{z+} + z\,G^-.$$

Wird der kolloide Elektrolyt wie ein starker Elektrolyt als vollkommen dissoziiert betrachtet, dann nimmt die Formel den Ausdruck

$$(x\,C + z\,A)^{z+} + z\,G^-$$

an.

Insgesamt bleibt die Lösung immer elektroneutral, was bedeutet, daß die Ladung der Kolloidionen durch die der gelösten Ionen vollständig kompensiert wird. Letztere werden daher als *Gegenionen* (Pauli) bezeichnet. Die Dissoziationstheorie macht ein solches Verhalten vollkommen verständlich.

Auf Grund der chemischen Natur des ionogenen Komplexes können die Kolloide in drei große Gruppen eingeteilt werden:

1. *Isomolekulare Kolloide.* Der neutrale Teil hat dieselbe Zusammensetzung wie der ionogene Komplex, wenn dieser noch undissoziiert ist. Zu dieser Gruppe gehören die Seifen, einige Farbstoffe, Kieselsäure usw. Ein Teilchen kolloider Kieselsäure hat z. B. die Zusammensetzung

$$[x\,(SiO_2 \cdot n\,H_2O) \cdot z\,HSiO_3]^{z-} + z\,H^+.$$

In dieser Kolloidgruppe kann ein gewisser Prozentsatz des ionogenen Teiles sich auch in echter Lösung im chemischen Gleichgewicht mit dem neutralen Teil befinden. Längere Dialyse würde dann das Kolloid völlig zum Verschwinden bringen, wie dies z. B. bei den Seifen der Fall ist.

2. *Heteromolekulare Kolloide.* Der ionogene Teil hat nicht die gleiche Zusammensetzung wie der neutrale Teil. Zu dieser Gruppe gehören die kolloiden Metalle, deren Oxyde, Hydroxyde, Halogenide, Sulfide usw. Als Beispiel sei die Zusammensetzung eines Teilchens kolloiden Eisenhydroxyds angeführt:

$$\{x\,[Fe(OH)_3\,n\,H_2O] \cdot z\,FeO\}^{z+} + z\,Cl^-.$$

Trotz unterschiedlicher Zusammensetzung haben in dieser Gruppe der neutrale und der ionogene Teil immer chemische Gemeinschaft.

3. Eine dritte Kolloidgruppe ist dadurch gekennzeichnet, daß der ionogene und der neutrale Teil durch Hauptvalenzen aneinander gebunden sind. Zu

dieser Gruppe gehören die Proteine, verschiedene Gummiarten (Gummi arabicum usw.), Pektinstoffe, Stärke usw.

Die ionogenen Komplexe sind nicht immer vom neutralen Teil trennbar und für sich allein stabil. Oft hängen ihre Stabilität und Ionisierbarkeit von elektrostatischen Wechselwirkungen mit dem neutralen Teil in Form von molekularen Polarisationen oder von einer Verschiebung und Neuverteilung der Elektronenwolken usw. ab. Ist der ionogene Komplex einmal identifiziert, so ist es möglich, mittels einer einfachen chemischen Analyse die Formel der rohen Zusammensetzung und insbesondere das Verhältnis $x : y : z$ bzw. $x : z$ zu ermitteln. Darüber hinaus muß die Möglichkeit des gleichzeitigen Bestehens verschiedener, sich wechselseitig beeinflussender ionogener Komplexe in Betracht gezogen werden.

Auf Grund der Dissoziation wird auch die Wertigkeit eines Kolloidions definiert. Die effektive Wertigkeit z ist durch die Zahl der elektrischen Ladungen gegeben, die nach der Dissoziation des ionogenen Komplexes auf dem kolloiden Ion zurückgeblieben sind. Häufig kommt es vor, daß die effektive Wertigkeit zwischen 10 und 100 schwankt. Zur Ermittlung der mittleren Wertigkeit z und der Äquivalentkonzentration müssen noch weitere Größen festgelegt werden. Bezeichnet man mit a die Zahl der Kolloidteilchen je Liter, dann ergibt sich die molare Konzentration c_{Mol} der Kolloidlösung[1] aus dem Verhältnis

$$\frac{a}{N} = c_{Mol}$$

(N = Avogadrosche Zahl). Die mittlere Wertigkeit $\overline{z}$ wird durch die Beziehung

$$\overline{z} = \frac{\Sigma z}{a}$$

definiert, das heißt, sie ist gleich der Gesamtladung aller in einem Liter enthaltenen Teilchen, dividiert durch die Anzahl dieser Teilchen. Die Äquivalentkonzentration ist durch das Produkt

$$c_{\ddot{A}q} = c_{Mol} \, \overline{z} \cdot = \frac{a \cdot \overline{z}}{N}$$

gegeben.

Da die Lösung elektroneutral ist, ist die Äquivalentkonzentration des Kolloids der Äquivalentkonzentration der Gegenionen gleich. Diese Konzentration oder besser Aktivität kann potentiometrisch gemessen werden, während eine direkte potentiometrische Messung derselben, aber auf das Kolloidion bezogenen Größe nicht möglich ist, da galvanische Halbelemente, in denen das Kolloidion elektrochemisch aktiv ist, nicht konstruiert werden können.

---

[1] Die molare Konzentration darf im Fall einer kolloiden Lösung nicht im chemischen Sinn von Mol Substanz je Liter Lösung aufgefaßt werden, sondern eher unter Zugrundelegung der Avogadroschen Definition eines Moleküls, wonach als Molekül jedes freie Teilchen zu betrachten ist, das eine von den übrigen Teilchen der Lösung unabhängige mechanische Einheit bildet; die Zahl und Art der Atome, aus denen das Teilchen selbst zusammengesetzt ist, sowie die Art der Bindung der Einzelatome kann außer Betracht bleiben. Danach ist jedes Kolloidteilchen ein kolloides Molekül. Eine 1 m-Kolloidlösung enthält somit N (6,06 · 10²³) Kolloidteilchen je Liter. Die molare Konzentration nach der üblichen chemischen Auffassung ist daher viel größer und hängt vom Aggregationszustand der Kolloidteilchen ab. Ein stöchiometrisches Verhältnis zwischen der kolloiden molaren Konzentration und der molaren Konzentration im klassischen Sinn der Chemie existiert nicht.

Bei der potentiometrischen Bestimmung der Konzentration (bzw. Aktivität) der Gegenionen muß immer die Möglichkeit in Betracht gezogen werden, daß andere Elektrolyte, eventuell mit gemeinsamen Ionen, vorhanden sind, die das Meßergebnis fälschen könnten.

Eine andere charakteristische Größe der Kolloidlösungen ist das Kolloidäquivalent K, das sich aus dem Verhältnis der im klassischen Sinn verstandenen Moleküle und der Zahl der Ladungen ergibt.

$$K = \frac{x + z}{z} = \frac{x}{z} + 1 = \frac{c^*}{c_{Äq}} + 1.$$

c^* stellt die eigentliche, im chemischen Sinn verstandene molare Konzentration des neutralen Teiles dar. In dieser Weise wird das Äquivalent auf die Gesamtzahl der Ladungen bezogen. Will man es auf die Zahl der aktiven freien Ladungen beziehen, dann müssen diese durch Bestimmung der Gegenionen ermittelt werden. In diesem Fall ist der Aktivitätskoeffizient oder der Leitfähigkeitskoeffizient oder auch der osmotische Koeffizient in Rechnung zu stellen, je nachdem ob die Zahl der aktiven freien Ionen durch Messung der Aktivität, der Leitfähigkeit oder des osmotischen Druckes der Gegenionen bestimmt wird. Gewöhnlich sind aber die Werte der drei Koeffizienten f_a, f_λ und f_0 untereinander nicht gleich, so daß das kolloide Äquivalent in gewisser Hinsicht von der Meßmethode abhängt.

Weiters muß man an die Möglichkeit einer Ionenassoziation im Sinne von Bjerrum (s. Kap. II, 8) denken, die wegen der hohen effektiven Wertigkeit der Kolloidionen nicht unwahrscheinlich ist. Nehmen die drei Koeffizienten f_a, f_λ und f_0 den gleichen Wert an, dann wäre dies ein Zeichen dafür, daß das Kolloid eher als schwacher Elektrolyt zu behandeln ist und der gemeinsame Wert der Koeffizienten numerisch dem Dissoziationsgrad gleichgesetzt werden kann. Sehr wahrscheinlich beeinflußt die chemische Natur des ionogenen Teils das Verhalten des Kolloids als starker oder schwacher Elektrolyt.

Durch Multiplikation des Kolloidäquivalentes K mit dem wahren Molekulargewicht[1] der Substanz, aus der sich das Kolloidteilchen zusammensetzt, erhält man das Äquivalentgewicht des Kolloidelektrolyten. Für das Verhalten eines Kolloidteilchens bleiben jedoch immer die beiden charakteristischen Größen räumliche Ausdehnung und effektive Wertigkeit maßgebend. Die Bestimmung dieser Größen wurde auf die verschiedenste Weise, mit Hilfe der Leitfähigkeit, des osmotischen Druckes, der Wanderungsgeschwindigkeit, der Teilchenzählung, der Sedimentationsgleichgewichte, der Membranpotentiale, der Diffusion usw. versucht. Bisher wurde jedoch noch keine Methode gefunden, die völlig einwandfreie Ergebnisse liefert. Andererseits weisen die auf Grund verschiedener Methoden erhaltenen Resultate beträchtliche Unterschiede auf. Der Hauptgrund für die Unstimmigkeit ist wahrscheinlich darin zu suchen, daß man bei

---

[1] Streng genommen müßte berücksichtigt werden, daß ein Kolloidteilchen gewöhnlich aus x Molekülen des neutralen Teiles und z Molekülen des ionogenen Komplexes zusammengesetzt ist und daß daher in die Rechnung als Molekulargewicht ein Mittelwert einzusetzen ist, der sich aus der Beziehung

$$\overline{M} = \frac{x M_x + z M_z}{x + z}$$

ergibt. (M_x = Molekulargewicht der Substanz, aus der sich der Neutralteil zusammensetzt; M_z = Molekulargewicht des ionogenen Komplexes). Da aber gewöhnlich $x \gg z$ ist, bleibt die obige Definition für das Äquivalentgewicht eines Kolloids hinreichend genau.

jeder dieser Methoden gezwungen ist, nicht ganz zulässige Vereinfachungen anzuwenden. So wird z. B. die Gültigkeit des Stokesschen Gesetzes mit der Voraussetzung angenommen, daß die Teilchen Kugelform haben; die auch im Ultramikroskop unsichtbaren amikroskopischen Teilchen werden vernachlässigt; die Polarisation des haftenden Lösungsmittels wird nicht berücksichtigt usw.

4. Elektrochemische Größen der Kolloide

Die Existenz einer elektrischen Ladung der Kolloidteilchen kann durch die Elektrophorese leicht nachgewiesen werden. Legt man an zwei in eine Kolloidlösung eintauchende Elektroden eine Potentialdifferenz, dann kann man mit Hilfe eines zweckmäßig adaptierten Mikroskops[1] außer der ungeordneten Brownschen Bewegung auch eine dauernde Wanderung der Kolloidteilchen in der einen oder anderen Richtung je nach dem Vorzeichen der Ladung beobachten. Diese im Jahre 1893 von Linder und Picton entdeckte Erscheinung wird als *Elektrophorese* bezeichnet und dient in erster Linie zur Identifizierung des Vorzeichens der Ladung der Kolloide.

Auf Grund des Ladungsvorzeichens werden die Kolloide in *negative*, zur Anode wandernde und *positive*, zur Kathode wandernde Kolloide eingeteilt. Die Elektrophorese der negativen Kolloide wird auch als *Anaphorese*, die der positiven als *Kataphorese* bezeichnet.

Die Elektrophorese entspricht vollkommen der Ionenwanderung. Sie wird daher quantitativ durch die ganz gleichen Größen wie die Ionenwanderungsgeschwindigkeiten u und v (s. Kap. II, 2) beschrieben, die auch für die Kolloidionen die gleiche Bezeichnung führen und für positive und negative Kolloide durch das gemeinsame Symbol u_{Koll} ausgedrückt werden.

Die experimentelle Bestimmung der Wanderungsgeschwindigkeit wird in ähnlicher Weise wie bei den echten Lösungen (s. Kap. II, 5) ausgeführt[2]. Natürlich sind die hiefür verwendeten Apparate den besonderen Eigenschaften der Kolloide[3] angepaßt. Für Kolloide muß die Möglichkeit einer Verfälschung der Messungen durch elektrosmotische Effekte (s. Abschn. 8) in Betracht gezogen werden. In einem solchen Fall muß eine entsprechende Korrektur angebracht werden. Die Wanderungsgeschwindigkeiten der Kolloidionen sind von der gleichen Größenordnung wie die der echten Ionen, nämlich ungefähr 10^{-4} cm/sec. Für sie gilt auch angenähert die auf verschiedene Temperaturen bezogene Waldensche Regel. Danach ist das Produkt Wanderungsgeschwindigkeit mal Viskosität des Lösungsmittels für die betreffende Temperatur konstant.

Die Verlagerung eines Kolloidions gemeinsam mit seinen elektrischen Ladungen unter der Einwirkung eines elektrischen Feldes zeigt, daß auch kolloiden Lösungen eine gewisse Leitfähigkeit beigemessen werden muß. Die kolloiden Lösungen werden daher als Leiter zweiter Klasse angesprochen, bei denen die elektrische Leitung mit Materiewanderung verbunden ist.

Die spezifische Leitfähigkeit einer Kolloidlösung wird genau so wie die einer normalen Elektrolytlösung gemessen. Es gelten auch hiefür die gleichen Beziehungen:

---

[1] Das sogenannte Ultramikroskop beruht darauf, daß Teilchen unter der Sichtbarkeitsgröße auf Grund des Tyndall-Effektes erkennbar sind, wenn sie in einem Medium suspendiert sind, dessen Brechungsindex von dem der Teilchen selbst verschieden ist.

[2] Spezielle Apparate und Methodik s. Pauli, Wo. und E. Engel: Z. physik. Chem. **126**, 247 (1927); Brady, A. P.: J. Amer. Chem. Soc. **70**, 911, (1948).

[3] S. z. B. Henry, D. C. and J. Brittain: Trans. Faraday Soc. **29**, 798 (1933).

$$\varkappa = \lambda\, c_{\ddot{A}q} \cdot 10^{-3} \cdot f_\lambda \;^1,$$

$$= F\,(u_{Koll} + u_{Ion})\, c_{Mol} \cdot \overline{z} \cdot 10^{-3} \cdot f_\lambda \;^2,$$

$$= 10^{-3}\, F\left(u_{Koll} \cdot f_{\lambda Koll}\, \frac{a}{N}\, \overline{z} + u_{Ion} \cdot c_{\ddot{A}q} \cdot f_\lambda\right).$$

Diese Beziehung ist jedoch nicht leicht anwendbar, da weder die mittlere Wertigkeit $\overline{z}$, noch die Wanderungsgeschwindigkeit u_{Koll} bei unendlicher Verdünnung, noch der Leitfähigkeitskoeffizient $f_{\lambda Koll}$ des Kolloids bekannt sind. Bei Anwesenheit weiterer Elektrolyte muß natürlich auch deren Leitfähigkeit berücksichtigt werden. Die beste Methode zur Bestimmung der Eigenleitfähigkeit des Kolloidelektrolyten ist gewöhnlich die Reinigung des Elektrolyten bis zum Auftreten einer konstanten Leitfähigkeit. Die Endleitfähigkeit kann dann nach eventuellem Abzug der Leitfähigkeit des Lösungsmittels als Eigenleitfähigkeit des Kolloidelektrolyten betrachtet werden. Diese Methode ist anwendbar, wenn es möglich ist, andere außer den Gegenionen vorhandene Elektrolyte, die mit diesen im Gleichgewicht stehen und von deren Gegenwart unter Umständen die Stabilität der Kolloidlösung abhängt (s. Abschn. 7), auszuschalten.

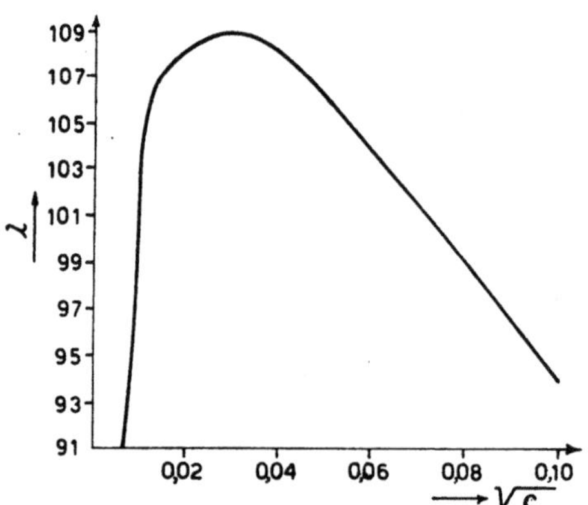

Abb. 102. Äquivalentleitfähigkeit λ eines Kolloids (Methylenblau) als Funktion der Quadratwurzel der Konzentration c

Die Äquivalentleitfähigkeit eines Kolloids hängt in empfindlicher Weise von der Gegenwart anderer Elektrolyte ab, die durch Einwirkung auf die Ladung der einzelnen Kolloidteilchen (s. Abschn. 7) deren Wanderungsgeschwindigkeit beeinflussen können. Manchmal weist sie eine Anomalie auf, die bei den echten Lösungen niemals angetroffen wird, und zwar kann die Äquivalentleitfähigkeit innerhalb eines kleinen Konzentrationsbereiches mit wachsender Konzentration stark zunehmen, um nachher neuerlich abzusinken. Ein typisches Beispiel hiefür liefern einige Farbstoffe, deren Kolloidteilchen sich im chemischen Gleichgewicht mit den molekular dispersen Teilchen des gleichen Farbstoffes befinden. Nach Robinson kann diese Anomalie durch die Aggregation von molekular gelösten Ionen zu Kolloidteilchen, die sich aus einer bestimmten Anzahl q von aggregierten Einzelionen zusammensetzen, gedeutet werden. Das Stokessche Gesetz (s. Kap. II, 2) kann, bezogen auf den Einheitspotentialgradienten, für ein Kolloidion mit angenäherter Kugelgestalt in der Form

$$u_{Koll} = \frac{z \cdot e}{6\pi\,\eta\,r} \tag{1}$$

---

[1] Als Volumeinheit wird 1 Liter statt 1 cm³ angenommen.

[2] u_{Ion} gibt die Wanderungsgeschwindigkeit des Gegenions unabhängig von dessen Vorzeichen an.

geschrieben werden (z = effektive Wertigkeit des Kolloidions; e = elektrische Elementarladung; η = Viskosität des Lösungsmittels; r = Radius des als Kugel betrachteten Kolloidions)[1].

Die Wertigkeit z des Kolloidions wächst aber im selben Verhältnis wie die Aggregationszahl q, während der Radius proportional zu $\sqrt[3]{q}$ zunimmt. Das Verhältnis z/r ist also $q^{2/3}$ proportional. Mit dem Anwachsen der Aggregationszahl q, die immer größer als 1 ist, muß die Wanderungsgeschwindigkeit im Verhältnis zu $q^{2/3}$ solange zunehmen, als nicht andere Faktoren, wie z. B. die Abnahme des Leitfähigkeitskoeffizienten, die teilweise Entladung des Kolloidions durch Assoziation von Gegenionen usw., ein Absinken der Äquivalentleitfähigkeit bewirken. Abb. 102 zeigt deutlich den beschriebenen Verlauf der Äquivalentleitfähigkeit als Funktion der Quadratwurzel der Konzentration für Methylenblau. Die Untersuchung des Ganges der Äquivalentleitfähigkeit in Abhängigkeit von der Konzentration kann daher ein brauchbarer Weg zur Vertiefung der Kenntnisse über den Aggregationszustand mancher Kolloide sein.

Auch bei den Kolloiden stellt die Überführungszahl den Anteil des betreffenden Teilchens am Stromtransport dar. Die Überführungszahl eines Kations kann nach der Hittorfschen Definition und der Art der von ihm angegebenen Berechnung auch durch die Anreicherung von Kationen im Kathodenraum für den Durchgang von 1 F (s. Kap. II, 2) ausgedrückt werden. Auch für ein Gemisch von kolloiden Elektrolyten gilt die Beziehung

$$n_i = \frac{u_i \cdot c_{\ddot{A}q,i}}{\Sigma\, u_i \cdot c_{\ddot{A}q,i}}.$$

Darin sind mittels der Symbole u_i auch alle kolloiden Wanderungsgeschwindigkeiten sowohl der Kationen u_i als auch der Anionen v_i ausgedrückt.

Man muß daher die Äquivalentkonzentration jeder einzelnen Ionenart kennen, die am Stromtransport beteiligt ist. Bei den Kolloiden sind Äquivalentkonzentration und Äquivalentgewicht vom experimentellen Gesichtspunkt nicht exakt definierbar. Die Überführungszahl könnte zumindest näherungsweise auch aus der Konzentrationszunahme für den Durchgang von 1 F auf Grund der Beziehung

$$n_{Koll} = \frac{\Delta\, c_{\ddot{A}q,\,Koll}}{m}$$

---

[1] In Wirklichkeit entspricht die für die Wanderung eines Kolloidteilchens maßgebende Ladung nicht dessen Wertigkeit, sondern ist kleiner. Da nämlich ein Kolloidteilchen gewöhnlich mehrwertig ist, befindet sich in der mit ihm fest verbundenen Solvatationsschicht eine gewisse Anzahl von Gegenionen, die ebenso fest mit ihm verhaftet sind. Mit dem Teilchen zusammen ergeben sie eine kinetische Einheit freier Ladung, die der Differenz zwischen der Ladung des Kolloidteilchens und der Summe der Ladungen der in der Solvatationsschicht gebundenen Gegenionen gleich ist. Die Beziehung (1) müßte daher in der strengeren Form

$$u_{Koll} = \frac{\Delta\, z \cdot e}{6\,\pi\,\eta\,r_t}$$

geschrieben werden, in der Δz die sich aus der obigen Differenz ergebende Zahl und r_t den Gesamtradius der aus dem Kolloidteilchen und der Solvatationsschicht zusammengesetzten kinetischen Einheit bedeuten. Die Zahl Δz ist nicht konstant, da sie auch von der Konzentration der Fremdelektrolyte abhängt. Für unendliche Verdünnung wird die Beziehung (1) in erster Annäherung als gültig betrachtet. Zur Messung der freien Ladung eines Kolloidteilchens gibt es verschiedene Methoden, hinsichtlich deren auf die Spezialliteratur verwiesen wird.

berechnet werden. [n_{Koll} = Überführungszahl des Kolloids; $\Delta c_{Äq,Koll}$ = Zunahme der Äquivalentkonzentration des Kolloids (s. Abschn. 3); m = Anzahl der Ladungsäquivalente F, die die Zelle durchflossen haben.]

Die Zunahme der Äquivalentkonzentration des Kolloids ist aber gleich der analytisch gefundenen Gewichtszunahme Δp, dividiert durch das Äquivalentgewicht des Kolloids, das sich seinerseits aus dem Produkt des wahren Molekulargewichts M der Substanz des Kolloidteilchens mal dem Kolloidäquivalent ergibt. Es gilt also:

$$n_{Koll} = \frac{\Delta p}{m\,M\,K}.$$

Die Unsicherheit in der Bestimmung des Kolloidäquivalentes K (vgl. Abschn. 3) überträgt sich natürlich auf die Bestimmung der Überführungszahl des Kolloids n_{Koll}.

Durch Überführungsbeobachtungen und Messung der spezifischen Leitfähigkeit ist es jedoch möglich, die Äquivalentleitfähigkeit des Kolloidions in ziemlich einfacher und genauer Weise zu bestimmen, vorausgesetzt daß die Lösung keine Fremdelektrolyte enthält. Definitionsgemäß ist die Überführungszahl gleich dem von dem betreffenden Ion transportierten Stromanteil. Man kann daher setzen:

$$\lambda_{Koll} = \lambda \cdot n_{Koll},$$

$$= \frac{\varkappa}{c_{Äq}} \cdot n_{Koll},$$

$$= \frac{\varkappa}{c_{Äq}} \cdot \frac{\Delta p}{m\,M\,K}.$$

Der Ausdruck $MKc_{Äq}$ ist aber nichts anderes als die Gesamtkonzentration c, ausgedrückt in Gramm, so daß geschrieben werden kann

$$\lambda_{Koll} = \frac{\varkappa \cdot \Delta p}{m \cdot c}.$$

Die auf der rechten Seite stehenden Größen dieser Beziehung sind alle durch direkte Messung zugänglich.

Die Überführungszahl hängt auch vom Aggregationsgleichgewicht der Kolloide ab, die diese Erscheinung aufweisen, da die Überführungszahl eines Ions definitionsgemäß eine Funktion der Wanderungsgeschwindigkeit ist. Infolgedessen können Messungen der Überführungszahl auch zur Untersuchung des Aggregationsgleichgewichtes herangezogen werden.

Aus dem Gesagten ergibt sich ohne weiteres, daß durch Kombination von potentiometrischen, konduktometrischen und Messungen der Überführungszahl zahlreiche physikalisch-chemische Größen der Kolloidionen mit guter Genauigkeit bestimmt werden können.

Die Existenz einer elektrischen Ladung auf den Kolloidteilchen, wie sie bei der Elektrophorese in Erscheinung tritt, läßt auf eine Potentialdifferenz zwischen Kolloidteilchen und Dispersionsmittel schließen. Betrachtet man gemäß der Helmholtz-Smoluchowski-Gouyschen Theorie die Oberfläche eines Kolloidteilchens als Kondensator, dann ist die für den Ladungszustand der Grenzfläche charakteristische elektrophoretische Wanderungsgeschwindigkeit unter dem Einfluß eines Feldes mit dem Einheitspotentialgradienten direkt proportional der Potentialdifferenz, die zwischen den beiden eine gegenseitige Relativbewegung ausführenden Oberflächen besteht. Die Wanderungsgeschwindigkeit ist also der Potentialdifferenz an der Verschiebungsfläche proportional und nicht der thermodynamischen Potentialdifferenz ε an der *wahren* Grenzfläche zwischen den beiden Phasen. Tatsächlich ist jedes Kolloidteilchen immer von einer mehr oder minder dicken Schicht von Molekülen des Lösungsmittels umgeben, die während der Bewegung mit dem Teilchen verhaftet bleiben. Die an der Verschiebungsfläche bestehende und für die Bewegung des Teilchens maßgebende Potentialdifferenz wird als *elektrokinetisches Potential* bezeichnet und durch den griechischen Buchstaben ζ symbolisiert. Diese Potentialdifferenz ist nicht direkt meßbar. Sie wird durch die Arbeit definiert, die bei einer Verlagerung der Einheitsladung aus einem beliebigen Punkt der Verschiebungsfläche (die eine Äquipotentialfläche ist) ins Unendliche gewonnen oder verbraucht wird, und ist auf Grund der Doppelschichttheorie berechenbar, wenn man von der Wanderungsgeschwindigkeit ausgeht. Die Rechnung ist für kleine, kugelförmige Teilchen einfach. Die Gültigkeit des Stokesschen Gesetzes vorausgesetzt, ist die auf ein Kolloidteilchen in einer Ionenlösung sehr niedriger Konzentration (verdünnte Lösung) wirkende Kraft gegeben durch das Produkt freie Ladung des Teilchens $\Delta z \cdot e$ mal Potentialgradient. Man kann also schreiben:

$$\Delta z \cdot e \frac{V}{l} = 6\pi\eta r w.$$

Durch Einsetzen von $u\,V/l$ für die effektive Geschwindigkeit w erhält man:

$$u = \frac{\Delta z \cdot e}{6\pi\eta r}.$$

Diese Beziehung ermöglicht also eine unmittelbare Berechnung der freien Ladung für kleine Teilchen mit Kugelform in verdünnten Lösungen. Andererseits ist das Potential ζ an der Oberfläche einer Kugel mit der Gesamtladung q und der Dielektrizitätskonstante ε des Mediums durch die Beziehung

$$\zeta = \frac{q}{\varepsilon \cdot r}$$

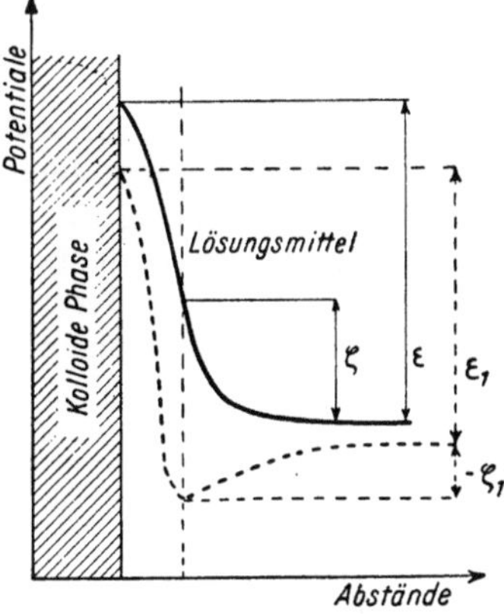

Abb. 103

verknüpft, woraus sich schließlich mit Rücksicht darauf, daß für ein kugelförmiges Teilchen die Ladung $\Delta z \cdot e = q$ zu setzen ist, ergibt:

$$u = \frac{\varepsilon \zeta}{6\pi\eta}.$$

Diese letzte Beziehung erlaubt die Ermittlung des elektrokinetischen Potentials für kleine Kugelteilchen durch Messung der Wanderungsgeschwindigkeit. Für große kugelförmige oder anders geformte Teilchen (auf die das Stokessche Gesetz nicht anwendbar ist) wird die Berechnung wesentlich komplizierter.

Bei gleicher Dimension der Teilchen hängt das elektrokinetische Potential von der gesamten freien Ladung, von der Struktur der Ionenatmosphäre in der Umgebung der Teilchen, das heißt von der Struktur der elektrischen Doppelschicht und damit auch von der Gegenwart anderer Fremdelektrolyte, von der Dielektrizitätskonstante im Innern der Doppelschicht und von der Viskosität des Mediums ab. Das elektrokinetische Potential ζ ist gewöhnlich kleiner als das thermodynamische Potential, kann aber auch das entgegengesetzte Vorzeichen annehmen. Abb. 103 zeigt seinen Verlauf schematisch für zwei mögliche Fälle.

5. Membrangleichgewichte

In Zusammenhang mit nichtdialysierenden Kolloiden stellen sich besondere Gleichgewichte ein, die zuerst von Donnan untersucht wurden: die sogenannten Membrangleichgewichte. Eine Lösung befindet sich im echten thermodynamischen Gleichgewicht, wenn die Konzentration jeder gelösten Teilchengattung in jedem Volumelement konstant ist. Ist aber die Lösung durch eine Membran unterteilt, die nur für das Lösungsmittel und einige, aber nicht *alle* Teilchengattungen durchlässig ist, dann werden sich nur jene Teilchen, für welche die Membran durchlässig ist, so verteilen können, daß ihre Konzentration in jedem Volumelement zu beiden Seiten der Membran konstant ist.

Wenn nun eines der nichtdialysierenden Teilchen eine elektrische Ladung trägt, wenn es also ein Ion kolloider oder nichtkolloider Art ist, dann wird dadurch die oben erwähnte thermodynamische Gleichgewichtsverteilung der anderen Ionenarten, und nur dieser Arten, beeinflußt, da die Lösung in jedem Volumelement immer elektrisch neutral bleiben muß. Diese Einschränkung hat zur Folge, daß die Diffusion einer einzelnen Ionenart unmöglich ist, da sonst das Gleichgewicht der elektrischen Ladungen zu beiden Seiten der Membran gestört würde und der elektroneutrale Zustand verloren ginge. Die verschiedenen Ionenarten können daher nur paarweise mit entgegengesetzten Vorzeichen und in äquivalenten Mengen diffundieren, so daß die Bedingung der Elektroneutralität immer aufrechterhalten bleibt.

Zur Vereinfachung der Rechnung sei angenommen, daß die Lösung das Kolloid Koll mit dem Gegenion Na$^+$ und mit Natriumchlorid als Fremdelektrolyt auf der anderen Seite der Membran enthält. Die Gleichgewichtsverteilung geht aus folgendem Schema hervor:

I	II
[Koll^{z-}]	[Na$^+_{II}$]
[Na^+_I]	[Cl$^-_{II}$]
[Cl^-_I]	

Die Membran ist durchlässig für das Lösungsmittel und die Na$^+$- und Cl$^-$-Ionen. In Anbetracht der Elektroneutralität der Lösung gelten in jedem Volumelement die Beziehungen:

$$[\text{Na}^+_I] - [\text{Koll}^{z-}] - [\text{Cl}^-_I] = 0,$$
$$[\text{Na}^+_{II}] - [\text{Cl}^-_{II}] = 0,$$

in denen die Indizes I und II die Äquivalentkonzentrationen auf der einen und der anderen Seite der Membran bezeichnen. Mit Rücksicht darauf, daß im Gleichgewichtszustand das chemische Potential der Na$^+$-Ionen auf beiden Seiten der Membran gleich sein muß und dieselbe Bedingung für die Cl$^-$-Ionen gilt, kann geschrieben werden:

$$\mu_{0\,\text{Cl}^-} + R\,T \ln a_{\text{Cl}^-_I} = \mu_{0\,\text{Cl}^-} + R\,T \ln a_{\text{Cl}^-_{II}},$$
$$\mu_{0\,\text{Na}^+} + R\,T \ln a_{\text{Na}^+_I} = \mu_{0\,\text{Na}^+} + R\,T \ln a_{\text{Na}^+_{II}}.$$

Nach Summierung und Vereinfachung der beiden Gleichungen erhält man:

$$a_{\text{Na}^+_I} \cdot a_{\text{Cl}^-_I} = a_{\text{Na}^+_{II}} \cdot a_{\text{Cl}^-_{II}}. \tag{1}$$

Wenn man zur Vereinfachung der Rechnung die Volumina zu beiden Seiten der Membran und die Aktivitätskoeffizienten gleich 1 setzt (verdünnte Lösungen) und die durch die Membran hindurchgetretene NaCl-Menge mit x bezeichnet, ergeben sich schließlich folgende Konzentrationen:

c_1 = Konzentration der Na$^+$-Ionen, welche die Ladung des Kolloidions kompensieren;

x = Konzentration der Cl$^-$-Ionen in der Zone I, die der Konzentration jener Na$^+$-Ionen gleich ist, die nicht die Ladung der Kolloidionen in der Zone I kompensieren und die aus der Zone II in die Zone I gewandert sind;

$(c_2 - x)$ = Konzentration der Cl$^-$-Ionen in der Zone II [1], die der Konzentration der in der gleichen Zone im Gleichgewicht befindlichen Na$^+$-Ionen gleich ist. Die Beziehung (1) geht dann über in

$$(c_1 + x)\, x = (c_2 - x)^2,$$

woraus unmittelbar folgt:

$$x = \frac{c_2{}^2}{c_1 + 2\, c_2}.$$

Es gilt aber immer die Beziehung

$$\frac{[\mathrm{Cl^-_{II}}]}{[\mathrm{Cl^-_I}]} = \frac{[\mathrm{NaCl_{II}}]}{[\mathrm{NaCl_I}]}.$$

Wegen $[\mathrm{Cl^-_{II}}] = c_2 - x$ und $[\mathrm{Cl^-_I}] = x$ ergibt sich daher

$$\frac{[\mathrm{NaCl_{II}}]}{[\mathrm{NaCl_I}]} = \frac{c_2 - \dfrac{c_2{}^2}{c_1 + 2\, c_2}}{\dfrac{c_2{}^2}{c_1 + 2\, c_1}} = 1 + \frac{c_1}{c_2},$$

das heißt:

$$[\mathrm{NaCl_{II}}] > [\mathrm{NaCl_I}].$$

Für $c_2 \gg c_1$ strebt das Verhältnis c_1/c_2 gegen Null und damit das Verhältnis der Natriumchloridkonzentrationen in den Zonen I und II gegen 1, das heißt, daß das Natriumchlorid die Tendenz hat, sich auf beide Zonen gleichmäßig zu verteilen; für $c_2 \ll c_1$ nimmt dagegen c_1/c_2 sehr hohe Werte an und die Konzentration des Natriumchlorids wird daher in der Zone II viel größer sein als in der Zone I. In anderen Worten: es kann fast vollständig aus jener Zone eliminiert werden, die nichtdialysierende Ionen enthält, insbesondere dann, wenn in dieser Zone Kolloidionen vorhanden sind.

Ein Sonderfall ist gegeben, wenn die Dialyse gegen reines Lösungsmittel erfolgt. Ist das dialysierende Ion z. B. ein Kation, nicht aber das H$^+$-Ion, dann wird das Kation wegen der ständigen Anwesenheit von H$^+$- und OH$^-$-Ionen im Wasser nicht allein, sondern mit OH$^-$-Anionen gepaart diffundieren, so daß sich die Flüssigkeit in der Zone I mit H$^+$-Ionen anreichert, das heißt sauer wird. Die Membran kann also eine besondere Art von Hydrolyse hervorrufen, die eben deswegen als *Membranhydrolyse* bezeichnet wird.

Wendet man die Beziehung (2) des Abschn. 2 auf die Na$^+$-Ionen an, die sich in verschiedener Konzentration in den Zonen I und II befinden, dann ist leicht einzusehen, daß die Trennungsmembran zwischen den beiden Zonen bei Gleichgewicht der Sitz einer Potentialdifferenz sein muß. Auf diese Weise entsteht das sogenannte *Membranpotential* π.

Die Beziehung (2) nimmt, bezogen auf 1 Mol, die Form

$$\mu_I + \boldsymbol{F}\, \psi_I = \mu_{II} + \boldsymbol{F}\, \psi_{II}$$

---

[1] c_2 ist die Anfangskonzentration des Natriumchlorids in der Zone II.

an, woraus folgt:

$$\pi = \psi_{II} - \psi_I = \frac{1}{F}\,(\mu_I - \mu_{II})\,,$$

$$= \frac{1}{F}\,[(\mu_0 + R\,T \ln a_I) - (\mu_0 + R\,T \ln a_{II})]\,,$$

$$= \frac{R\,T}{F}\ln \frac{a_I}{a_{II}}\,.$$

Für den allgemeinen Fall mehrwertiger Ionen nimmt die obige Beziehung die Form

$$\pi = \frac{R\,T}{z\,F}\ln \frac{a_I}{a_{II}}$$

an.

Das bedeutet, daß die Potentialdifferenz an der Membran mit umgekehrtem Vorzeichen gleich ist der EMK des Konzentrationselementes, das sich infolge der ungleichmäßigen Verteilung des dialysierbaren Elektrolyten gebildet hat. Dies ist verständlich, wenn man bedenkt, daß nach Erreichen des thermodynamischen Gleichgewichtes zwischen den beiden Zonen die gemessene Gesamt-EMK zwischen zwei gleichen in die Zone I und II eintauchenden Elektroden Null sein muß, da sonst Stromdurchgang und damit äußere elektrische Arbeit, das heißt eine Änderung der freien Energie auftreten würde, was im Gegensatz zum Kriterium des thermodynamischen Gleichgewichtes steht, das gerade die Bedingung $\Delta F = 0$ fordert.

Das Membranpotential ist für viele biologische Gleichgewichte von größter Bedeutung. Es kann durch getrennte Bestimmung der Ionenaktivitäten auf der einen und der anderen Seite der Membran mit Hilfe besonderer Bezugselektroden gemessen werden.

In Gegenwart mehrerer Ionenarten entgegengesetzten Vorzeichens müssen für jedes mögliche aus einem Anion und Kation bestehende Ionenpaar analoge Beziehungen erfüllt sein. Dabei ist auch die Wertigkeit der Ionen entsprechend den bekannten Prinzipien in Rechnung zu stellen.

Die allgemeine Gleichgewichtsbedingung kann also in der leicht abzuleitenden Beziehung

$$\frac{a_I}{a_{II}} = e^{\frac{\pi\,z\,F}{RT}}$$

zusammengefaßt werden. Darin stellen a_I (a_{II}) die Aktivität einer bestimmten Ionenart in der Zone I (II) dar, z deren Wertigkeit und π das Membranpotential; die übrigen Symbole haben die gewohnte Bedeutung.

Die Donnanschen Gleichgewichte sind bei den osmometrischen Messungen, bei der Dialyse und allgemein bei fast allen kolloiden Erscheinungen zu berücksichtigen.

6. Herstellung und Reinigung der Kolloide

Die Herstellung einer Kolloidlösung ist in gewisser Hinsicht für das betreffende Kolloid selbst charakteristisch, da es allgemeingültige und auf alle Kolloide ohne Unterschied anwendbare Methoden nicht gibt. Andererseits kann die Herstellungsmethode auch ganz wesentlich die Eigenschaften des Kolloidelektrolyten in Abhängigkeit von der Natur des ionogenen Komplexes beeinflussen, der je nach der Herstellungsart verschieden sein kann.

Die verschiedenen Herstellungsmethoden lassen sich in zwei allgemeine Klassen einteilen: in Dispersionsmethoden und in Kondensationsmethoden, je nachdem ob sich die Kolloidteilchen durch Zerteilung einer makroskopischen Phase oder durch Vereinigung noch kleinerer Teilchen bilden. Beispiele für die erste Methode sind der einfache Kontakt mit dem Dispersionsmittel[1], die Zerstäubung von Metallen mittels des elektrischen Lichtbogens unter Wasser (Bredigsche Methode), die Peptisation[2] von Niederschlägen usw. Beispiele für die zweite Methode sind die Reduktion oder Oxydation mit nachfolgender Fällung (mit Hilfe einer anderen Substanz), die auf die kolloiden Dimensionen beschränkt wird, Änderung des Lösungsmittels, Hydrolyse usw.

Dem Umstand, daß die Stabilität der Kolloide (mit Ausnahme der solvatokratischen Kolloide) eine elektrische Ladung erfordert, muß insoweit bei der Herstellung Rechnung getragen werden, als die für die Bildung des notwendigen ionogenen Komplexes geeigneten Bedingungen zu schaffen sind. Diese Bedingungen lassen sich sehr oft auf die Gegenwart eines Elektrolyten im Lösungsmittel zurückführen, in dem die Bildung des Kolloids vor sich geht. Es ist z. B. unmöglich, Edelmetalle im kolloiden Zustand mit der Bredigschen Methode in einer Umgebung zu erhalten, die *absolut* frei von einem geeigneten Elektrolyten, z. B. Salzsäure, ist. Die Peptisation der frisch gefällten Metallhydroxyde zeigt ein ebenso typisches Verhalten: bei Abwesenheit eines entsprechenden Elektrolyten ist es unmöglich, das Hydroxyd kolloid zu zerteilen.

Eine notwendige Voraussetzung für die Untersuchung kolloider Systeme ist ihre größtmögliche Reinheit. Die Bedeutung dieser Bedingung ist für die chemische Untersuchung der Stoffe seit langem als wesentlich erkannt. Gleichwohl hat sich diese Erkenntnis für die Kolloide erst in den letzten 20 bis 30 Jahren durchgesetzt. Eine zweite Bedingung lautet, daß die Teilchen in der Größenausdehnung möglichst homogen sein sollen, da viele Eigenschaften auch durch die Teilchengröße beeinflußt werden. Die einfachste Reinigungsmethode ist die Dialyse durch Membranen, die für Elektrolyte und Kristalloide allgemein durchlässig, für Kolloide dagegen undurchlässig sind, wobei die Außenflüssigkeit ständig ersetzt wird. Bei der Reinigung durch Dialyse müssen die mit der Membran zusammenhängenden Erscheinungen berücksichtigt werden. Die Gesetze des Membrangleichgewichts definieren jedoch nur den Gleichgewichtszustand, während sie für die Kinetik des Dialyseprozesses ohne Bedeutung sind. Hiefür maßgebend sind dagegen außer den Konzentrationsunterschieden auch die Diffusions- und Membranpotentiale. Im Falle einiger sehr empfindlicher Kolloide muß auch die Möglichkeit einer zeitweiligen Acidifizierung oder Alkalisierung der Kolloidlösung infolge Membranhydrolyse (s. Abschn. 5) in Betracht gezogen werden.

Die Membranhydrolyse kann z. B. durch übermäßige Acidifizierung der der Dialyse unterworfenen Lösung ein Protein während der Dialyse selbst denaturieren. Sie kann weiters die Art der Gegenionen und eventuell auch die Natur des ionogenen Komplexes verändern, was zu einer Änderung der Eigenschaften des Kolloids führt. Es ist z. B. möglich acidoide[3] Kolloide durch Hydrolyse von typisch negativen Kolloiden zu erhalten, wie im Fall des Kongorot, dessen Gegenion das Na^+-Ion ist, das während der Dialyse durch H^+-Ionen ersetzt werden kann. Die Lösungen einiger zur Gruppe des Kongorot gehöriger

---

[1] Nur für solvatokratische Kolloide.

[2] Unter Peptisation versteht man die Dispersion eines gewöhnlich amorphen Niederschlages in der Lösung eines geeigneten Elektrolyten.

[3] Mit H^+ als Gegenion.

Farbstoffe ändern nach längerer Dialyse die Farbe. Im Fall des Kongorot selbst tritt Blaufärbung ein. Der neutrale Teil einer längere Zeit hindurch dialysierten Kongorotlösung setzt sich nach Pauli aus der chinoiden Form des Zwitterions[1]

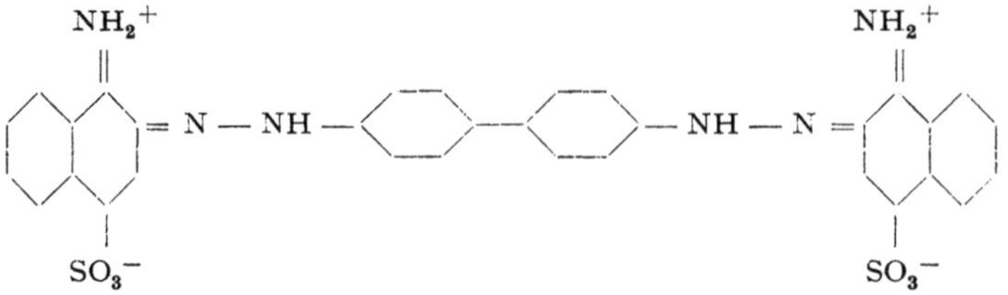

$$NH_2^+ \quad\quad\quad\quad NH_2^+$$
$$\|\quad\quad\quad\quad\quad\quad\quad\quad \|$$

I

$$SO_3^- \quad\quad\quad\quad SO_3^-$$

zusammen, während der ionogene Komplex aus demselben Farbstoff in der azoiden Form der Sulfosäure

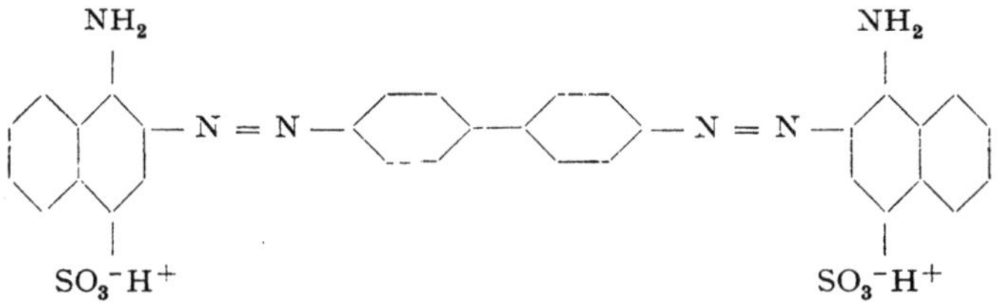

$$NH_2 \quad\quad\quad\quad NH_2$$

II

$$SO_3^-H^+ \quad\quad\quad\quad SO_3^-H^+$$

besteht, die H$^+$-Ionen als Gegenionen dissoziiert. Er ist daher ein der Disulfosäure entsprechendes Acidoid, deren Natriumsalz eben das Kongorot ist.

Die azoide Form II kann als Abkömmling der chinoiden Zwitterionenform I betrachtet werden, entstanden durch Umlagerung, wobei SO$_3$H-Gruppen auftreten und sich dissoziierte Säuren bilden. Es kann dies als eine Art innerer Hydrolyse angesehen werden. Tatsächlich sind auch die hiefür charakteristischen Merkmale gegeben. Die chinoide Form I kann sich wegen der positiven und negativen Ladungen, die frei und örtlich fixiert in ein und demselben Molekül vorhanden sind, in viel größerem Ausmaß assoziieren als die azoide Form. Die so gebildeten Teilchen kolloider Größenordnung können oberflächlich in der beschriebenen Weise hydrolysiert werden, wobei sie sich in die azoide Form umwandeln. Diese Form stellt den ionogenen Komplex dar, der imstande ist, H$^+$-Ionen zu dissoziieren und die Kolloidteilchen in Lösung zu halten.

Die Komplexumwandlungen während der Dialyse sind eine Bestätigung für die Dissoziationstheorie, welche die Kolloide als Elektrolyte betrachtet. Andererseits sind sie für die Bedingungen der Oberflächenladung und für die Kolloidreaktionen von großer Bedeutung.

Sobald die Elektrolytkonzentration der Kolloidlösung sehr klein geworden ist, geht die Dialyse nur mehr ganz langsam vor sich. Außerdem darf in diesem

---

[1] Als *Zwitterionen* werden solche Substanzen bezeichnet, die in ihrem Molekül basische *und* saure Gruppen haben, z. B. Amino- und Sulfogruppen. Je nach dem p_H des Lösungsmittels und dem Dissoziationsgrad der betreffenden Säure oder Base, die den Grad der Hydrolyse bestimmt, können diese Substanzen von Fall zu Fall den Charakter einer Base oder einer Säure annehmen. Kennzeichnend für solche Stoffe ist, daß sie sich bei bestimmten p_H-Werten — natürlich immer in Abhängigkeit von den oben genannten Dissoziationskonstanten — *gleichzeitig* als Säure und als Base verhalten und eventuell auch innere Salze bilden können, wenn die sauren und basischen Gruppen nahe genug beisammenliegen und nicht eine zu kleine saure bzw. basische Dissoziationskonstante haben.

Das *gleichzeitige* Auftreten alkalischer und saurer Eigenschaften unterscheidet solche Substanzen von den amphoteren Stoffen, wie z. B. dem Aluminiumhydroxyd, die sich zwar auch entweder als Säuren oder als Basen verhalten können, aber nicht gleichzeitig als Säuren *und* Basen. Viele Proteine haben den Charakter eines Zwitterions.

Fall die Möglichkeit einer Verunreinigung des Elektrolyten durch zusätzlich im Wasser vorhandene Ionen (NH_4^+ oder HCO_3^-) nicht außer acht gelassen werden. Es ist daher die Elektrodialyse vorzuziehen, die als ein durch die Wirkung eines elektrischen Feldes beschleunigtes Dialyseverfahren betrachtet werden kann. Das elektrische Feld wird durch zwei Elektroden erzeugt, die beide außerhalb der zu reinigenden Kolloidlösung liegen. Letztere befindet sich innerhalb einer Membran. Die Ionen des zu entfernenden Elektrolyten wandern dann unter dem Einfluß des Feldes in der einen und der anderen Richtung und beschleunigen auf diese Weise die Reinigung. Die Elektrodialyse liefert in viel kürzerer Zeit reine Kolloidlösungen. Sie ist zum Unterschied von der einfachen Dialyse den Gesetzen des Membrangleichgewichtes nicht unterworfen. Es muß jedoch bemerkt werden, daß die Elektrodialyse unter Umständen zur Koagulation von Kolloiden führen kann, deren Stabilität von der Gegenwart einer bestimmten Elektrolytmenge abhängt (s. u.).

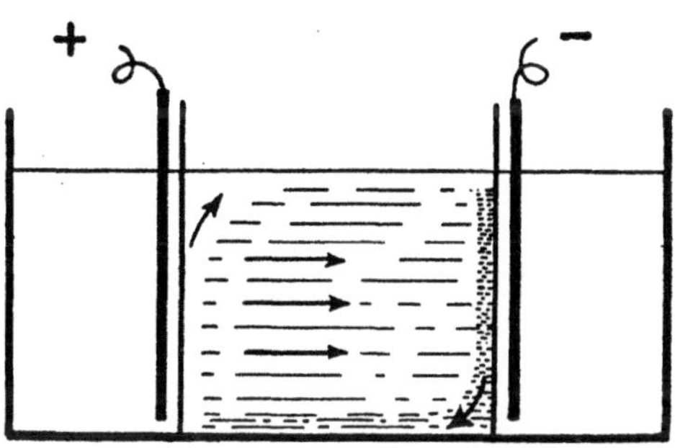

Abb. 104.   Elektrodekantation

Ein weiteres Reinigungsverfahren ist die *Elektrodekantation* (Pauli und Mitarbeiter)[1].

Die Elektrodekantation ist eine direkte Folge der Elektrophorese der Kolloidteilchen. Unterzieht man nämlich das Kolloid der Elektrodialyse, dann wandern unter dem Einfluß des elektrischen Feldes nicht nur die Elektrolytionen, sondern auch die Kolloidteilchen. Letztere können die Membran, zu der sie wandern, nicht durchqueren und sammeln sich daher in der an die Membran angrenzenden Schicht an, wodurch diese eine höhere Konzentration und damit ein größeres spezifisches Gewicht erhält. Es bildet sich eine absinkende Flüssigkeitsschicht, die sich in weiterer Folge am Boden ausbreitet. An der entgegengesetzten Membran tritt dagegen eine Verarmung an Kolloidteilchen ein, die Flüssigkeit wird leichter und breitet sich daher auf der Oberfläche aus. Der Vorgang ist schematisch vergröbert in Abb. 104 dargestellt. Es gibt einige Kolloide, die ein kleineres spezifisches Gewicht als Wasser haben, z. B. Latex; für sie ist der Vorgang bei der Elektrodekantation umgekehrt.

Bei längerer Dauer des Prozesses führt die Elektrodekantation dazu, daß sich die Kolloidlösung in zwei Schichten teilt, von denen eine das konzentrierte Kolloid enthält, während die andere kolloidfrei ist. Die Verunreinigungen verteilen sich dagegen in mehr oder minder gleicher Konzentration über die ganze Flüssigkeit. Saugt man den klaren, kolloidfreien Teil ab, ersetzt ihn durch reines Lösungsmittel und wiederholt die Elektrodekantation mehrere Male, so erhält man zuletzt eine gut gereinigte Kolloidlösung, die keine Fremdsubstanzen mehr enthält. Die Elektrodekantation hat außerdem den Vorteil, daß man viel konzentriertere Kolloidlösungen herstellen kann als mit den anderen Reinigungsmethoden.

Bei einigen Kolloiden elektrokratischer Natur kann die Reinigung nicht bis zur vollständigen Entfernung des Elektrolyten getrieben werden, da sie sonst koagulieren würden (s. Abschn. 7).

---

[1] Zusammenfassung in Pauli, Wo.: Helv. Chim. Acta **25**, 137 (1942).

Eine andere Methode besteht in der direkten Anwendung der Elektrophorese. Ihre Technik wurde besonders für die Untersuchung und Trennung der Proteine entwickelt. Da nämlich die Teilchen der verschiedenen Kolloidarten unterschiedliche Wanderungsgeschwindigkeiten haben, wird es möglich, auf diese Weise die verschiedenen Arten für den analytischen Nachweis zu trennen, wobei die Bildung und Verlagerung von Grenzschichten mit starker Änderung des Brechungsindex verfolgt werden. Die Unterschiede in der Wanderungsgeschwindigkeit können aber auch zu präparativen Zwecken benützt werden, um aus einem Gemisch von Proteinen die einzelnen Bestandteile mit hohem Reinheitsgrad zu erhalten[1].

7. Stabilität und Reaktionen der Kolloide

Es wurde bereits angedeutet, daß die Stabilität der Kolloidlösungen an die elektrische Ladung der Kolloidteilchen gebunden ist, insbesondere im Fall der elektrokratischen Kolloide. Aus diesem Grund ist es oft nicht möglich, die Kolloidlösung vollkommen elektrolytfrei zu erhalten. Tatsächlich befinden sich in vielen Fällen die Gegenionen mit einem in der Lösung vorhandenen Elektrolyten im Gleichgewicht, wobei dieser Elektrolyt nicht vollständig entfernt werden kann, ohne auch gleichzeitig die Gegenionen zu eliminieren. Das Kolloid würde dann seine Stabilität verlieren und koagulieren (s. u.). So stehen z. B. bei den Kolloidlösungen der Chloridoide die Cl^--Ionen mit der Chlorwasserstoffsäure im Gleichgewicht. Die Säurekonzentration darf nicht unter $10^{-6}\,n$ gesenkt werden, da sonst Koagulation eintritt.

Zum Unterschied von den echten Lösungen läßt die Stabilität eines Kolloids eine starke und in gewissem Sinne nichtspezifische Abhängigkeit von der Gegenwart von Elektrolyten erkennen. Die Stabilität zeigt als Funktion der Elektrolytkonzentration gewöhnlich keinen kontinuierlichen Verlauf, sondern einen singulären Punkt, das heißt, daß eine plötzliche Änderung der Stabilität bei einer bestimmten Elektrolytkonzentration in Erscheinung tritt, die von vielen Faktoren abhängt: der Natur des Elektrolyten, der Wertigkeit der Ionen, dem Ionenradius, der Hydratation, der Temperatur usw. (s. u.). Als Folge einer solchen Stabilitätsänderung koaguliert der Elektrolyt das Kolloid, wobei unter *Koagulation* die Trennung der Kolloidlösung in zwei makroskopisch unterschiedene Phasen verstanden wird (s. u.).

Der Gang der Stabilität eines Kolloids in Abhängigkeit von den Reaktionen, an denen es teilnehmen kann, kann mit Hilfe der Elektrophorese deutlich gemacht werden, da in dem Maße, in dem die freie Ladung der Kolloidteilchen abnimmt, auch deren Wanderungsgeschwindigkeit kleiner wird. Wenn die Stabilität Null geworden ist, koaguliert das elektrokratische Kolloid und die Wanderungsgeschwindigkeit wird ebenfalls Null. In anderen Worten: Stabilität und Wanderungsgeschwindigkeit haben einen ähnlichen Gang.

In manchen Fällen nimmt jedoch die Wanderungsgeschwindigkeit negative Werte an, was bedeutet, daß die Kolloidteilchen in der entgegengesetzten Richtung wandern und das Vorzeichen ihrer Ladung gewechselt haben.

Auch die Ladungsumkehrung wird von der Paulischen Theorie leicht erklärt, die eine Reaktion des ionogenen Komplexes mit der zugesetzten Substanz und Bildung eines neuen ionogenen Komplexes an der Oberfläche des Kolloidteilchens annimmt. Das Umladungsreagens muß den Charakter eines Ions haben und zur Entstehung mehrwertiger Ionen Anlaß geben. So wird z. B. die

---

[1] S. insbesondere die Arbeiten von Tiselius und seinen Mitarbeitern seit 1930.

Umladung des positiven Kolloids Ferrihydroxyd mittels eines Pyrophosphats durch die Reaktion des ionogenen Komplexes $Fe(OH)_2^+ \cdot Cl^-$ nach dem Schema

$$Fe(OH)_2Cl + Na_4P_2O_7 \rightarrow FeP_2O_7^- + Na^+ + 2\,NaOH + NaCl$$

hervorgerufen.

Auf Grund dieser Reaktion bildet sich der neue ionogene Komplex $FeP_2O_7^-$, der an das Kolloidteilchen gebunden bleibt und ihm die negative Ladung verleiht, die von den als Gegenionen wirkenden Na^+-Ionen der Lösung neutralisiert wird. Auch Kolloide dieser Art können mit den üblichen Methoden gereinigt werden.

Solche Umladungen können durch graduelle Beimengungen geeigneter mehrwertiger Elektrolyte nicht hervorgerufen werden, da das Kolloid nach erfolgter Koagulation nicht mehr durch weitere Zusätze desselben Elektrolyten peptisiert werden kann und eine Umkehrung des Ladungsvorzeichens auf diese Art daher unmöglich ist. Um eine Umladung zu erzielen, muß der gesamte für die Reaktion mit dem ionogenen Komplex notwendige Elektrolyt auf einmal zugesetzt werden. Dabei wird die Ladung durch Bildung eines neuen ionogenen Komplexes umgekehrt. Die Wertigkeit des für die Umladung maßgebenden Ions ist von ausschlaggebender Bedeutung. So kann z. B. die Ladung des bereits erwähnten Ferrihydroxyds mit $[Fe(CN)_6]^{3-}$-Ionen nicht umgekehrt werden; die Umladung ist nur mit mindestens vierwertigen Ionen, $[Fe(CN)_6]^{4-}$, $[P_2O_7]^{4-}$ usw., möglich. Das kolloide Thoriumoxyd ist nicht einmal mit dem $[Fe(CN)_6]^{4-}$-Ion umkehrbar; für die Umladung ist zumindest ein fünfwertiges Ion, z. B. das fünfwertige Ion der Hexawolframsäure, erforderlich usw. Eine andere Art von Umladung kann an positiven Kolloiden durch Basen oder Salze schwacher Säuren hervorgerufen werden, die sich hydrolysieren und dann ähnlich wie Basen wirken. In einem solchen Fall bilden sich neue ionogene Komplexe von viel geringerer Stabilität. Aus dem Ferrylkomplex bildet sich z. B. das weniger stabile Ferrition:

$$FeO^+ + 2\,OH^- \rightarrow (FeO_2)^- + H_2O.$$

Die umgeladenen Kolloide dieser zweiten Gruppe sind deshalb viel empfindlicher. Sie reagieren mit der Kohlensäure der Luft und können nicht vollständig rein erhalten werden.

Ein Hauptmerkmal der Kolloide besteht in ihrer Tendenz zu koagulieren, das heißt sich in zwei makroskopische Phasen, das Lösungsmittel und das Koagulum, zu trennen. Im letzteren ist die Substanz vereinigt, die ursprünglich im kolloiden Zustand zerteilt war. Auch diese Erscheinung muß als Folge einer Reaktion des ionogenen Komplexes gedeutet werden, selbst wenn die Koagulation unter dem Einfluß rein physikalischer Faktoren stattfindet, die den Energiegehalt verändern, wie z. B. durch eine Temperaturänderung (Koagulation durch Erhitzen oder Gefrieren) oder durch heftige Bewegung (Koagulation durch Schütteln) usw. Gewöhnlich wird die Koagulation einer Kolloidlösung durch Zusatz eines Elektrolyten bewirkt.

Die Koagulation kann reversibel oder irreversibel sein, je nachdem ob der Zustand der Kolloidlösung durch Ausschaltung der Faktoren, welche die Koagulation verursacht haben, wiederhergestellt werden kann oder nicht. Letzten Endes für die Koagulation, das heißt für den Verlust der Stabilität eines Kolloids maßgebend ist die Verringerung oder der Gesamtverlust der elektrischen Ladung. Sobald die elektrischen Abstoßungskräfte zwischen den einzelnen Teilchen verschwinden, können sich diese immer leichter zu Aggregaten vereinigen, die unter dem Einfluß der vorhandenen Anziehungskräfte der Oberflächenenergie allmählich anwachsen, in anderen Worten koagulieren.

Die Koagulation durch Zusatz von Elektrolyten kann auch als eine Adsorptionserscheinung von Ionen entgegengesetzten Vorzeichens durch die Teilchen betrachtet werden. Wenn solche Ionen infolge ihrer Konzentration ins Innere der elektrischen Doppelschicht, das heißt also in jenen Teil eindringen, der die Ladung des Kolloidteilchens darstellt, nimmt die Zahl der freien Ladungen ab und damit auch die Ladungsdichte an der Verschiebungsfläche. Diese Abnahme hat eine Verkleinerung des elektrokinetischen Potentials zur Folge, das als ein mehr oder weniger genauer Maßstab für die Stabilität des Kolloids betrachtet werden kann. Tatsächlich ist das aus der Wanderungsgeschwindigkeit berechnete elektrokinetische Potential unter sonst gleichen Bedingungen, insbesondere auch hinsichtlich der Größe der Kolloidteilchen, proportional der an das Teilchen gebundenen Ladung. Je größer die Ladung, das heißt aber, je stärker die Abstoßungskräfte sind, um so größer ist auch das elektrokinetische Potential. Seine Abnahme läßt daher auf eine Verringerung der Stabilität schließen. Eine Ausnahme hievon machen die solvatokratischen Kolloide, deren Stabilität von der elektrischen Ladung nicht in empfindlicher Weise abhängt. Die Adsorptionstheorie erklärt ziemlich gut eine Reihe von Koagulationserscheinungen, aber nicht alle. Die Dissoziationstheorie gibt dagegen ein vollkommeneres und detaillierteres Bild des Koagulationsvorganges.

Nach der Dissoziationstheorie ist die Koagulation elektrostatischen Kraftwirkungen zwischen den Gegenionen und den Kolloidteilchen zuzuschreiben. Bei Erhöhung der Elektrolytkonzentration verlieren die Gegenionen immer mehr ihre Aktivität, so daß eine Assoziation mit Verminderung der freien Ladung immer wahrscheinlicher wird. Diese Deutung der Koagulation wird durch die Erfahrung gestützt, daß Ionen, die mit dem ionogenen Komplex unter Entladung des Kolloidteilchens unlösliche Verbindungen ergeben können, leichter die Koagulation hervorrufen.

Auf einige Koagulationen ist die Schulze-Hardysche Regel anwendbar, wonach der Schwellenwert der Konzentration, das ist die kleinste Elektrolytkonzentration, die imstande ist, die betreffende Kolloidlösung innerhalb einer bestimmten Zeit zur Koagulation zu bringen, mit abnehmender Wertigkeit des zum Kolloid entgegengesetzt geladenen Ions wächst und nicht von der Wertigkeit des gleichsinnig geladenen Ions abhängt. Diese Regel könnte eine starke Stütze für die Adsorptionstheorie sein. Sie trifft allerdings nicht sehr häufig zu und außerdem sind bei den fällenden Ionen gleicher Wertigkeit bedeutende Unterschiede zu beobachten. Das bedeutet, daß die charakteristischen Eigenschaften jeder einzelnen Ionenart in Grenzfällen auch den Einfluß der größeren Ladung der mehrwertigen Ionen überwinden können, was indirekt eine Bestätigung für die Paulische Theorie ist. Im übrigen wird auch die Schulze-Hardysche Regel durch diese Theorie auf Grund der stärkeren inaktivierenden Wirkung der mehrwertigen Ionen als Gegenionen gut erklärt[1].

Schließlich sind noch der Einfluß des Durchmessers und der Hydratation des fällenden Ions und die in gewissem Sinn schützende Wirkung der mit dem Kolloid gleichsinnig geladenen Ionen anzuführen. Bei Erhöhung der Konzentration der letzteren steigt der Schwellenwert der koagulierenden Elektrolytkonzentration an.

Wird bei einigen mehrwertigen Elektrolyten der Schwellenwert stark überschritten, dann ist es möglich, daß überhaupt keine Koagulation eintritt, sondern sich statt dessen die Kolloidladung umkehrt. Die Abhängigkeit der Umladung

---

[1] Zusammenfassung in Pauli Wo.: Helv. Chim. Acta **24**, 1253 (1941).

von der chemischen Natur des Kolloids und vom koagulierenden Elektrolyten ist ein weiteres Argument zugunsten der Auffassung, daß die Koagulation eine spezifische chemische Reaktion ist (s. o.).

Die Koagulation durch Zusatz eines anderen Kolloids mit entgegengesetztem Vorzeichen kann ebenfalls als eine elektrolytische Koagulation betrachtet werden. Auch in diesem Fall muß die Koagulation als eine Kolloidreaktion angesehen werden, die auf der Wechselwirkung der Oberflächengruppen zwischen den beiden ungleichsinnig geladenen Kolloiden beruht. Vollständige Koagulation tritt ein, wenn die beiden Kolloidmengen hinsichtlich der Gesamtladung in einem äquivalenten Verhältnis stehen. Befindet sich eines von ihnen im Überschuß, dann findet die Koagulation entweder überhaupt nicht oder nur teilweise statt, und das in geringerer Menge vorhandene Kolloid lädt sich um. Der ionogene Komplex kann ebenso an das koagulierte Teilchen gebunden bleiben wie auch von ihm getrennt werden und auf das Lösungsmittel übergehen.

Die Beimengung eines Elektrolyten zu einem anderen in Mengen, die hinsichtlich der Ladung nicht äquivalent sind, kann sowohl die Empfindlichkeit erhöhen als auch eine Schutzwirkung zur Folge haben, das heißt der Schwellenwert der Konzentration eines koagulierenden Elektrolyten kann dadurch entweder herabgesetzt oder gesteigert werden. Der Mechanismus der Empfindlichkeitszunahme ist auf Grund einer wechselseitigen Teilentladung der Oberflächenladungen mit Bildung größerer und daher empfindlicherer Sekundärteilchen leicht deutbar. Der Mechanismus der Schutzwirkung ist dagegen bedeutend komplizierter. Vor allem muß die Tatsache unterstrichen werden, daß es nur sehr wenige wirklich verläßliche Daten über die schützende oder empfindlichkeitssteigernde Wirkung eines Kolloids auf ein anderes gibt, da die meisten Untersuchungen, die zu diesem Zweck ausgeführt wurden, keine Gewähr dafür bieten, daß die betreffenden Kolloide von den Elektrolyten genügend gereinigt waren. Die Ionenladung dieser Elektrolyte fälscht oft die Ergebnisse ganz bedeutend. Insofern ist die Schutzwirkung der Gelatine und anderer Proteine auf die Kolloidlösungen des Goldes und der Kongoblausäure, die beide eindeutig elektrokratische Kolloidlösungen darstellen, typisch, da es in diesem Fall eine primäre Schutzwirkung nicht gibt. Tatsächlich wird eine Bredigsche Goldkolloidlösung, die bis zur fast vollständigen Entfernung des Fremdelektrolyten gereinigt ist, und eine ebenfalls bis an die Grenze des Möglichen gereinigte Kolloidlösung der Kongoblausäure von kolloiden Proteinlösungen in einem weiten Konzentrationsbereich zur Koagulation gebracht, während die gleichen, nicht extrem gereinigten Lösungen durch Gelatinelösungen geschützt erscheinen.

Es gibt jedoch zwischen Kolloiden höchsten Reinheitsgrades sicher Schutzwirkungen, die zweifellos der gegenseitigen Beeinflussung bestimmter Oberflächengruppen zuzuschreiben sind. Die Schutzwirkung, die ein Kolloid auf ein anderes mit entgegengesetztem Vorzeichen ausübt, z. B. arabischer Gummi auf Eisenhydroxyd, kann leicht durch eine Wechselwirkung ionischer oder auch elektrostatischer Natur, z. B. durch einen Polarisationseffekt, gedeutet werden. Im Falle gleichsinnig geladener Kolloide ist die Erklärung ein wenig schwieriger. Die Schutzwirkung wird dann auf spezifische Wechselwirkungen mehr chemischer Natur zwischen Oberflächengruppen der beiden Kolloide, die auch mit den ionogenen Komplexen nicht identisch zu sein brauchen, zurückgeführt. In einem solchen Fall ist das geschützte Kolloid geradezu in eine Schicht des Schutzkolloids eingebettet, besonders wenn das letztere groß dimensioniert ist. Das so entstandene neue Kolloidteilchen verhält sich dann im großen und ganzen wie ein Teilchen des Schutzkolloids.

Der spezifische Charakter solcher schützender oder empfindlichkeitssteigernder Wirkungen bestätigt die für ihren Mechanismus gegebene Deutung, wonach sie echten chemischen Oberflächenreaktionen der Kolloide zugeschrieben werden müssen.

Die Koagulation durch rein physikalische Faktoren muß ebenfalls mit Reaktionen des ionogenen Komplexes infolge Änderung seiner Stabilität in Verbindung gebracht werden. Ein Beispiel hiefür wäre die Hydrolyse des ionogenen Komplexes mit Freisetzung des Elektrolyten auf der einen und der gleichzeitigen Entladung des Kolloidions auf der anderen Seite.

Zuletzt sei noch die Gruppe von Kolloidreaktionen erwähnt, die während der Elektrolyse stattfinden. Das Endergebnis der Elektrolyse einer Kolloidlösung ist sehr häufig die Koagulation des Kolloids. Bisweilen kann auch bei einigen Kolloiden mit amphoterem oder Zwitterionencharakter eine Umladung erfolgen.

Auch für die Elektrolysereaktionen der Kolloide mit primär erfolgender Koagulation ist die Gültigkeit der Faradayschen Gesetze wahrscheinlich, wenn auch ihr Nachweis in der Praxis aus verschiedenen Gründen nicht möglich ist. Vor allem beginnt ein Kolloid oft zu koagulieren, bevor es noch vollständig entladen ist; weiters müßte die Wertigkeit jedes einzelnen Ions bekannt sein; schließlich ist das Auftreten sekundärer Peptisationsreaktionen am bereits koagulierten Kolloid durch den Elektrolyten der Umgebung nicht kontrollierbar.

Koagulation durch Elektrolyse ist selten ein primärer Vorgang, das heißt, sie erfolgt selten durch direkte Entladung des Kolloidions an der Elektrode. Gewöhnlich ist die Koagulation die Folge einer Sekundärreaktion, die dem Auftreten bedeutender Mengen von H^+-Ionen an der Anode oder von OH^--Ionen an der Kathode infolge des primären Vorganges der Wasserelektrolyse zuzuschreiben ist. In Gegenwart anderer Elektrolyte ist es insbesondere die durch die Elektrolyse verursachte Konzentrationsänderung dieser Elektrolyte, die in Wirklichkeit die Koagulation hervorruft.

8. Elektrosmose und andere elektrokinetische Erscheinungen

Die Kolloidlösungen stellen die gemeinsame Grenze zwischen zwei Systemklassen dar: Ionenlösung einerseits und Flüssigkeit in Berührung mit einer anderen Phase andererseits. Läßt man ein Kolloid koagulieren oder gelieren, dann verhält es sich in vieler Hinsicht wie ein Diaphragma. Insbesondere können unter diesen neuen Bedingungen weitere elektrokinetische Erscheinungen beobachtet werden, zu denen auch die *Elektrosmose*[1] zu zählen ist. Solche Erscheinungen dürfen daher unter demselben Gesichtspunkt betrachtet werden, der auch für die Behandlung der kolloiden Phänomene gilt.

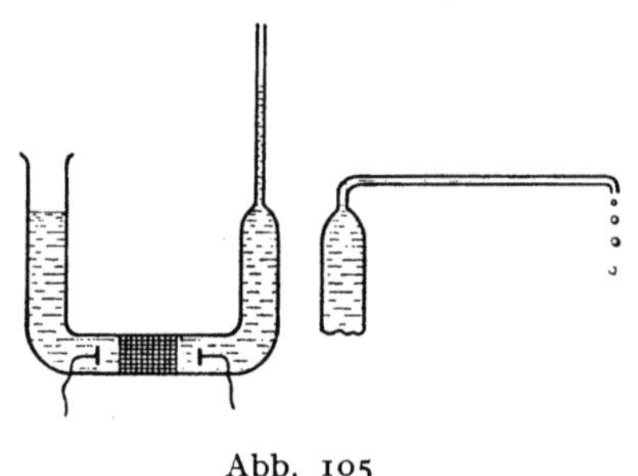

Abb. 105

Legt man an ein in einem U-förmigen Glasrohr befindliches Tondiaphragma (s. Abb. 105) eine Potentialdifferenz und füllt das Rohr selbst mit Wasser, dann kann leicht beobachtet werden, daß das Wasser in der Kapillare bis zu einem gewissen Druckwert steigt. Wenn aber das senkrechte Manometerrohr durch ein

---

[1] In der Literatur findet man auch manchmal den Ausdruck Elektroendosmose für Elektrosmose.

anderes, doppelt gebogenes in einer Weise ersetzt wird, wie es der rechte Teil der Abbildung zeigt, dann tropft dauernd Wasser aus der Austrittsöffnung. Dies deutet darauf hin, daß die angelegte Potentialdifferenz das Wasser durch das Diaphragma drückt. Ersetzt man das Diaphragma durch eine Glaskapillare, dann bleibt die Erscheinung, wenn auch in geringerem Umfang, qualitativ dieselbe. Insbesondere ist unter sonst gleichen Bedingungen das Phänomen um so augenfälliger, je größer das Verhältnis zwischen der Berührungsfläche Flüssigkeit—feste Wand und dem Volumen der Flüssigkeit selbst ist. Ein Diaphragma kann als ein Bündel von Kapillaren betrachtet werden, bei dem das oben genannte Verhältnis sehr hohe Werte annimmt. Die Erscheinung ist daher bei Verwendung eines Diaphragmas viel stärker ausgeprägt als bei einer einzelnen Kapillare. Die Bewegungsrichtung des beförderten Wassers[1] hängt von der chemischen Natur des Diaphragmas und von der Art der allenfalls vorhandenen Elektrolyte ab. Die beförderte Wassermenge hängt von der chemischen Natur des Diaphragmas, von dessen physikalischen Eigenschaften, vom Gradienten des angelegten Potentials und von verschiedenen anderen Faktoren ab.

Die erstmalig von Reuß beobachteten Erscheinungen der Elektrosmose wurden zuerst von Helmholtz theoretisch gedeutet. Dieser nahm an, daß an der Grenzfläche Wand—Flüssigkeit eine durch eine elektrische Doppelschicht erzeugte Potentialdifferenz besteht, und brachte darauf die für Kondensatoren maßgebenden elektrostatischen Gesetze, durch die Gesetze der Hydrodynamik ergänzt, zur Anwendung.

Nach Pauli können die elektrosmotischen und auch die übrigen elektrokinetischen Erscheinungen mit Hilfe der gleichen Dissoziationstheorie gedeutet werden, die sich bei der Untersuchung der kolloiden Phänomene so fruchtbar erwiesen hat. Man kann annehmen, daß ähnlich wie an den Kolloidteilchen an der festen Oberfläche ionogene Komplexe vorhanden sind, die durch elektrolytische Dissoziation der Wand eine elektrische Ladung verleihen, während die entgegengesetzte Ladung in Form von Gegenionen in Lösung geht. Letztere sind in der Nähe der Wand in größerer Dichte verteilt und stellen auf diese Weise die elektrische Doppelschicht und die bestehende Potentialdifferenz her. Dies ergibt sich gerade aus der Relativbewegung der Flüssigkeit zur Wand unter dem Einfluß des elektrischen Feldes: das elektrische Feld setzt die Gegenionen in Bewegung und diese ziehen infolge der inneren Reibung eine bestimmte Flüssigkeitsmenge mit, die somit relativ zur Wand verlagert wird.

Auch wenn man die Deutung von Pauli als die wahrscheinlichere annimmt, bleibt die quantitative Beschreibung der elektrosmotischen Erscheinungen formal die gleiche, wie sie von Helmholtz berechnet und in der Folgezeit vervollkommnet wurde (s. Abschn. 2, letzter Absatz).

Will man die elektrosmotisch beförderte Flüssigkeitsmenge berechnen, so betrachte man eine Kapillare des Querschnittes s unter der Einwirkung einer Potentialdifferenz V. Die Flüssigkeit ist dann der auf die Gegenionen einwirkenden Kraft unterworfen und nimmt eine wachsende Geschwindigkeit an, die erst konstant wird, wenn die wirksame Kraft dem Reibungswiderstand gleichkommt. Die Verschiebungsfläche ist nicht mit der Grenzfläche Wand-Flüssigkeit identisch, da eine wenn auch noch so dünne Flüssigkeitsschicht immer an der Wand haften bleibt. Der Reibungswiderstand A ist dann proportional der Viskosität und der Geschwindigkeit der Flüssigkeit und umgekehrt proportional der Dicke der Doppelschicht d:

---

[1] Bei anderen Flüssigkeiten hängt die Richtung auch von der chemischen Natur der Flüssigkeit ab.

$$A = \frac{\eta\,v}{d}. \tag{1}$$

Die Geschwindigkeit v kann durch das Verhältnis zwischen dem Volumen der je Zeiteinheit beförderten Flüssigkeitsmenge L und der Querschnittfläche der Kapillare s ersetzt werden:

$$A = \frac{\eta\,L}{d\,s}. \tag{2}$$

Die wirksame Kraft f ist proportional der freien Gesamtladung e, bezogen auf die Flächeneinheit, das heißt also der Ladungsdichte, und dem Potentialgradienten V/l, wobei mit l der Elektrodenabstand bezeichnet wird:

$$f = \frac{e\,V}{l}. \tag{3}$$

Die Geschwindigkeit wird stationär, wenn die wirksame Kraft f dem Reibungswiderstand A gleichkommt, das heißt, wenn die Beziehungen (2) und (3) den gleichen Wert annehmen:

$$\frac{\eta\,L}{d\,s} = \frac{e\,V}{l}. \tag{4}$$

Betrachtet man die Doppelschicht als Kondensator, dann wird dessen Kapazität je Flächeneinheit durch die Beziehung

$$\frac{e}{\zeta} = \frac{\varepsilon}{4\pi d} \tag{5}$$

gegeben, worin ζ die Potentialdifferenz zwischen den Platten, das heißt aber die Potentialdifferenz an der Verschiebungsfläche, in anderen Worten das elektrokinetische Potential (s. Abschn. 4) und ε die Dielektrizitätskonstante der Lösung bedeuten.

Durch Ermittlung von e aus Gl. (5) und Einsetzen in Gl. (4) erhält man schließlich:

$$L = \frac{\zeta\,\varepsilon\,s\,V}{4\,\pi\,\eta\,l}. \tag{6}$$

Da der Widerstand R durch die Beziehung (Kap. II, 3)

$$R = \frac{1}{\varkappa} \cdot \frac{l}{s}$$

und V nach dem Ohmschen Gesetz durch

$$V = I\,R = \frac{I\,l}{\varkappa\,s} \tag{7}$$

gegeben sind, folgt nach Einsetzen des aus Gl. (7) gewonnenen Terms für V in Gl. (6)

$$L = \frac{\zeta\,\varepsilon\,I}{4\,\pi\,\eta\,\varkappa}. \tag{8}$$

Die Beziehungen (6) und (8) drücken die je Sekunde beförderte Flüssigkeitsmenge in Abhängigkeit von der angelegten Potentialdifferenz bzw. von der Intensität des die Kapillare durchfließenden Stromes aus. Die erstere ist proportional der Potentialdifferenz und dem Nutzquerschnitt und umgekehrt proportional der Länge der Kapillare. Die von der chemischen Natur der Kapillarwand und der flüssigen Phase abhängigen Faktoren üben ihren Einfluß durch das elektrokinetische Potential, die Dielektrizitätskonstante und die Viskosität aus.

Für ein Diaphragma wird die Rechnung so ausgeführt, daß dieses in erster Näherung als ein Bündel paralleler Kapillaren betrachtet wird (s. Kap. VI, 4).

Bei der Berechnung des hydrostatischen Gleichgewichtsdruckes Δh ist zu berücksichtigen, daß das durch die Kapillare hindurchtretende Flüssigkeitsvolumen durch die Poiseuillesche Gleichung definiert ist, die, auf die Zeiteinheit bezogen, die Form

$$L = \frac{\pi r^4 \Delta h}{8 \eta l} = \frac{s r^2 \Delta h}{8 \eta l} \tag{9}$$

annimmt, worin Δh den hydrostatischen Druckunterschied zwischen den beiden Kapillarenenden bedeutet. Der Gleichgewichtsdruck Δh wird erreicht, wenn die Flüssigkeitsmenge, die durch den hydrostatischen Druck in die eine Richtung gedrängt wird, gleichkommt der Flüssigkeitsmenge, die durch den elektrosmotischen Druck in die entgegengesetzte Richtung gedrückt wird. Es müssen dann die Ausdrücke in Gl. (6) und (9) gleich sein:

$$\frac{\zeta \varepsilon s V}{4 \pi \eta l} = \frac{s r^2 \Delta h}{8 \eta l} .$$

Daraus läßt sich der hydrostatische Gleichgewichtsdruck in Abhängigkeit von der angelegten Potentialdifferenz leicht ermitteln:

$$\Delta h = \frac{2 \zeta \varepsilon V}{\pi r^2} = \frac{2 \zeta \varepsilon V}{s} .$$

Für ein Diaphragma sind die gleichen Überlegungen wie in Kap. VI, 4 anzustellen, das heißt, das Diaphragma wird als ein Kapillarenbündel betrachtet.

Die experimentellen Ergebnisse von Wiedemann und Quincke stimmen mit der Theorie überein.

Die Beziehung (6) erlaubt überdies die leichte Berechnung der effektiven Verschiebungsgeschwindigkeit. Tatsächlich genügt es, den Querschnitt s durch den aus der Beziehung $v = L/s$ gewonnenen Ausdruck zu ersetzen, um zu erhalten:

$$L = \frac{\zeta \varepsilon L V}{4 \pi \eta l v} ,$$

woraus folgt:

$$v = \frac{\zeta \varepsilon V}{4 \pi \eta l} .$$

Setzt man das Verhältnis $V/l = 1$, was einem Potentialgradienten $= 1$ entspricht, dann wird die Verschiebungsgeschwindigkeit, abgesehen vom numerischen Faktor 4 statt 6, gleich einer Wanderungsgeschwindigkeit und nimmt Werte der gleichen Größenordnung an wie die elektrophoretischen oder Ionenwanderungsgeschwindigkeiten. Die Verschiebungsgeschwindigkeit wird ebenso wie die elektrophoretische Geschwindigkeit stark vom Elektrolytgehalt der Lösung beeinflußt und kann auch den Wert Null annehmen oder eine Umkehrung erfahren. Alle diese Analogien zwischen den elektrosmotischen und elektrophoretischen Erscheinungen berechtigen vollauf eine analoge Behandlung der Elektrosmose und Elektrophorese.

Die beiden elektrokinetischen Erscheinungen der Elektrosmose und Elektrophorese haben ihr Gegenstück im *Strömungspotential* und im *Fallpotential* (auch

Sedimentationspotential genannt). Drückt man nämlich eine Flüssigkeit durch eine Kapillare oder ein Diaphragma hindurch, dann treten an den freien Enden des Diaphragmas Potentialdifferenzen auf; eine Potentialdifferenz kann auch nachgewiesen werden, wenn innerhalb einer Flüssigkeit Teilchen mit einer bestimmten Geschwindigkeit fallen.

Diese Erscheinungen sind allerdings sehr spezieller Natur. Näheres darüber findet sich in der am Ende des Kapitels angeführten Literatur.

9. Industrielle Anwendungen der elektrokinetischen Erscheinungen

Man hat vielfach versucht, die elektrokinetischen Erscheinungen industriell auszuwerten; bis heute hat jedoch keine der Anwendungen eine Bedeutung gewonnen, die mit der Entwicklung der technischen Elektrolyse oder der Herstellung von Primärelementen oder Akkumulatoren vergleichbar wäre.

Als Anwendungen der Elektrophorese sind zu erwähnen die Reinigung von Kaolin, die Entwässerung von Torf, das sogenannte elektrische Gerben, die Reinigung des Wassers, die Reinigung und Koagulation des Latex usw.

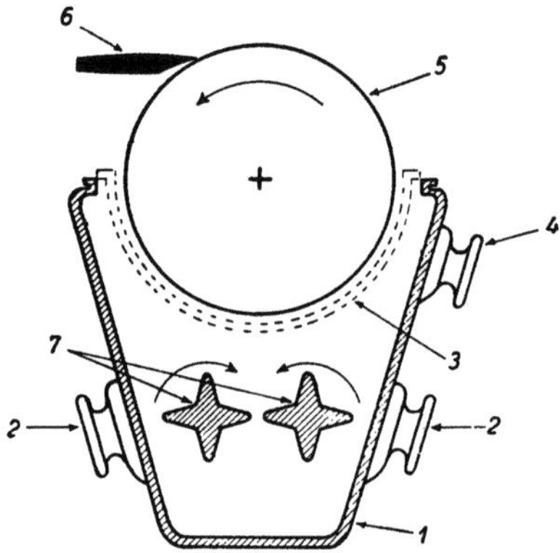

Abb. 106. Apparat zur Abscheidung von kolloidem Kaolin auf elektrokinetischem Wege

Unter allen diesen Anwendungen hat die Kaolinreinigung relativ die größte Bedeutung erlangt. Es empfiehlt sich, etwas näher darauf einzugehen, da in dieser Anwendung die hauptsächlichsten Erscheinungen der Elektrokinetik: Elektrophorese und Elektrosmose, von Kolloidelektrolyse begleitet, vereinigt sind.

Der für die keramische oder pharmazeutische Industrie bestimmte Kaolin muß besonders rein sein. Der wichtigste Bestandteil des Kaolins, der Kaolinit, ist ein hydratisiertes Aluminiumsilicat mit der Formel $Al_2O_3 \cdot 2\,SiO_2 \cdot 2\,H_2O$. Er ist ein Verwitterungsprodukt des Granits und anderer Gesteine der Feldspatgruppe. Als Verunreinigungen enthält er vorwiegend Quarz und Glimmer; dazu kommen unter Umständen auch Eisen und Carbonate.

Der im Ausgangsmineral enthaltene Kaolin wird in Wasser unter Zusatz von Natriumsilicat peptisiert, um eine stabile Suspension kolloider Natur zu erhalten, deren Teilchen negativ geladen sind und aus der die groben Verunreinigungen leicht ausgeschieden werden können. Aus dieser kolloiden Suspension kann jedoch der Kaolin wegen seiner Feinheit und kolloiden Stabilität durch Filtrieren oder Zentrifugieren nicht abgeschieden werden. Die Koagulation mittels eines Elektrolyten ist ebenfalls nicht ratsam, da die Reinheit und die für die Formung so wertvolle Plastizität verlorengehen würden.

Für die Abscheidung des Kaolins werden daher dessen kolloide Eigenschaften ausgenützt. Hiefür steht der in Abb. 106 schematisch dargestellte Apparat zur Verfügung. Die Suspension wird durch die Beschläge (2) zugeführt. Die beiden, in entgegengesetzter Richtung rotierenden Rührwellen (7) verhindern eine Schichtbildung der Kaolinteilchen. Im oberen Teil taucht zur Hälfte ein als Anode dienender Hartbleizylinder (5) ein, unter dem sich in koaxialer Lage die aus einem halbzylindrischen Metallnetz gebildete Kathode (3) befindet. Unter dem Einfluß des im Zwischenraum herrschenden elektrischen Feldes wandern die Kolloidteilchen zur Anode, wo sie teilweise oder ganz entladen werden. Sie scheiden sich in einer ziemlich kompakten Schicht ab, die außerdem zum Teil auf elektrosmotischem Weg entwässert wird. Die gereinigte Kaolinschicht wird vom rotierenden Zylinder mitgenommen und von diesem mittels des Schabers (6) dauernd abgestreift. Die klare Flüssigkeit tritt aus dem Rohr (4) aus und wird neuerlich zur Peptisation von Rohkaolin verwendet. Die angelegte Spannung beträgt etwa 70 bis 80 V/cm; die Stromdichte liegt unter 1 A/dm^2. Der Energieverbrauch schwankt zwischen 25 und 60 kWh je Tonne. Mit dieser Methode können auch andere Stoffe ähnlicher Art gereinigt werden, wie Ton, Zirkonoxyd, amorphe Kieselsäure usw. Kaolin und Tone, die auf diese Weise behandelt werden, weisen einen sehr hohen Reinheitsgrad auf und finden auch für pharmazeutische Zwecke Verwendung.

Zum eingehenderen Studium der im elften Kapitel behandelten Themen werden die folgenden Abhandlungen empfohlen:

Abramson, H. A.: Electrocinetic Phenomena, American Chemical Society Monograph No. 66. New York: Chemical Catalog Company, 1934.

Alexander, E. A. and P. Johnson: Colloid Science. Oxford: Clarendon Press, 1949.

Bolam, T. R.: The Donnan Equilibria. London: Bell, 1933.

Burton, E. F.: Physical Properties of Colloidal Solutions, 3. Aufl. London: Longmans, 1938.

Dervichian, D.: Colloïdes (Tabellen). Paris: Hermann, 1945.

Freundlich, H.: Kapillarchemie, 4. Aufl. Leipzig: Akademische Verlagsgesellschaft, 1930.

Gyemant, A.: Grundzüge der Kolloidphysik. Braunschweig: Vieweg, 1925.

Kopaczewski, W.: L'état colloidal et l'industrie. Paris-Lüttich: Ch. Béranger, 1925—1927.

Kruyt, H. R.: Colloïds, 2. Aufl. New York: J. Wiley, 1930.

Liesegang, R. E.: Kolloidchemische Technologie. Dresden-Leipzig: T. Steinkopff, 1927.

Pauli, Wo.: Hochgereinigte Kolloide. (Von der Elektrodialyse zur Elektrodekantation.) Helv. Chim. Acta **25**, 137 (1942). (Zusammenfassung.)

Pauli, Wo. und E. Valko: Elektrochemie der Kolloide. Wien: Julius Springer, 1929. — Kolloidchemie der Eiweißkörper. Dresden-Leipzig: T. Steinkopff, 1933.

Prausnitz, P. H. und J. Reitstötter: Elektrophorese, Elektrosmose, Elektrodialyse. Dresden-Leipzig: T. Steinkopff, 1931.

Svedberg, T.: Colloid Chemistry, 2. Aufl. American Chemical Society Monograph No. 16. New York: Chemical Catalog Company, 1928.

Zsigmondy, R.: Kolloidchemie, 5. Aufl. Leipzig: O. Spamer, 1927. — Colloidal Electrolytes, Trans. Faraday Soc. **31**, 1—421 (1935). — The Electrical Double Layer, Trans. Faraday Soc. **36**, 1—322 (1940). — Hydrophobic Colloids. Amsterdam 1937.

Zwölftes Kapitel

Elektrochemie der Gase

1. Ionisation und Leitfähigkeit der Gase

Eine an eine Gasschicht angelegte Potentialdifferenz wird nur dann Stromdurchgang bewirken, wenn Elektrizitätsträger in Form von Gasionen oder freien Elektronen vorhanden sind. Solche Träger werden unabhängig von der Natur des Gases immer durch äußere Einwirkung erzeugt, so daß ein jedem Außeneinfluß entzogenes Gas als idealer Isolator betrachtet werden muß, wenigstens für nicht sehr hohe Feldstärken. Darin besteht ein erster grundlegender Unterschied gegenüber den elektrolytischen Systemen, bei denen die Anwesenheit bestimmter Ionenarten ein Kennzeichen des Systems und unabhängig von einer mehr oder minder ursächlichen Außenwirkung ist. Ein zweiter Unterschied ist dadurch gegeben, daß für die elektrolytischen Systeme auch die Ionenkonzentration eine charakteristische Eigenschaft darstellt, die außer von der chemischen Natur des Systems auch von den chemisch-physikalischen Bedingungen der Umgebung bestimmt wird, während in den gasförmigen Systemen die Ionenkonzentration veränderlich ist und mit den chemisch-physikalischen Bedingungen des Systems nicht in eine reproduzierbare quantitative Beziehung gebracht werden kann, wenn auch eine gewisse Abhängigkeit erkennbar ist.

Die Bildung von Ionen und freien Elektronen innerhalb einer Gasmasse kann durch Gründe verschiedener Art zustande kommen, allen ist jedoch gemeinsam, daß ein Minimum an Energie zugeführt werden muß, um die Abtrennung eines Elektrons von einem Atom oder Molekül des betreffenden Gases (eigentliche Ionisation) oder die Emission eines freien Elektrons durch einen anderen, gewöhnlich festen Stoff (thermoionischer Effekt, photoelektrischer Effekt) zu bewirken.

Eigentliche Ionisation kann hervorgerufen werden:

a) durch Zusammenstoß mit anderen geladenen Teilchen, deren Gehalt an kinetischer Energie genügend hoch ist, z. B. mit α-Teilchen, freien Elektronen, Atomen oder Molekülen des gleichen Systems, die auf eine genügend hohe Temperatur gebracht werden, usw.;

b) durch Absorption von Strahlungen hinreichend hoher Frequenz (äußerstes Ultraviolett, Schumann-Gebiet, Röntgenstrahlen);

c) durch kosmische Strahlen[1].

In allen drei Fällen muß dem Atom oder Molekül des Gases eine Energiemenge zugeführt werden, die gleich oder größer als die Ionisationsenergie ist. Darunter versteht man den für die Abtrennung eines Elektrons von einem Gasatom oder -molekül notwendigen Energiebetrag. Das betreffende Atom bzw. Molekül nimmt dabei die Form eines positiven Ions an. Tab. 99 enthält die Ionisationsarbeiten J einiger gasförmiger oder leicht in den gasförmigen Zustand überführbarer Stoffe.

---

[1] Die kosmischen Strahlen sind als Ionenbildner deswegen gesondert angeführt, weil ihre Natur noch nicht vollständig bekannt ist. Vom Gesichtspunkt ihres Ionisierungsvermögens können sie Teilchen gleichgestellt werden, deren Energiegehalt in der Größenordnung von Millionen Elektronenvolt liegt.

Tabelle 99. *Ionisationsarbeiten einiger Stoffe in Elektronenvolt*[1]

Atome				Moleküle			
Symbol	J	Symbol	J	Symbol	J	Symbol	J
Ar	15,68	Kr	13,94	Br_2	12	HCN	15
Ba	5,21	Li	5,37	CH_4	14,5	HJ	12,8
Ca	6,25	Ne	21,47	C_6H_6	9,2	H_2O	13,0
Cs	3,86	Rb	4,19	Cl_2	13	H_2S	10,4
He	24,48	X	12,08	CO	14,1	N_2	15,8
Hg	10,41	Zn	9,37	CO_2	14,4	NH_3	11,2
K	4,32			J_2	9,7	NO	9,5
				H_2	15,8	NO_2	11
				HBr	13,2	O_2	12,5
				HCl	13,8		

[1] Die Einheit Elektronenvolt (eV) entspricht der kinetischen Energie, die ein Elektron gewinnt, wenn es die Potentialdifferenz von 1 V durchläuft. 1 eV/Teilchen = 23,04 kcal/Mol.

Es gibt aber auch negativ geladene Gasionen, die durch Anlagerung eines Elektrons an ein neutrales Gasatom oder -molekül unabhängig von dessen chemischer Natur entstehen. Ein und dieselbe Substanz kann daher sowohl positive Ionen durch Verlust eines eigenen Elektrons als auch negative Ionen durch Aufnahme eines fremden Elektrons liefern. Diese Eigenschaft stellt einen dritten grundlegenden Unterschied zwischen dem Verhalten ionisierbarer Gase und elektrolytischer Systeme dar. In gelöstem Zustand kann z. B. Wasserstoff nur positive und Chlor nur negative Ionen bilden, während im gasförmigen Zustand positive *und* negative Wasserstoffmolekülionen (H_2^+, H_2^-) und positive *und* negative Chlormolekülionen (Cl_2^+, Cl_2^-) existieren, deren Wanderungsgeschwindigkeiten in Tab. 100 zusammengestellt sind.

Tabelle 100. *Wanderungsgeschwindigkeiten in* $(cm \cdot sec^{-1})$. $(V \cdot cm^{-1})^{-1}$ *von einwertigen positiven und negativen Ionen* $(t = 0^0\ C)$

Gas	Positive Ionen		Negative Ionen	
	$p = 1$ mm Hg	$p = 760$ mm Hg	$p = 1$ mm Hg	$p = 760$ mm Hg
Ar	$1,0 \cdot 10^3$	1,3	$4,8 \cdot 10^7$	—
Cl_2	$0,56 \cdot 10^3$	0,65	$0,56 \cdot 10^3$	0,51
CO	$0,84 \cdot 10^3$	1,1	$0,87 \cdot 10^3$	1,14
CO_2	$0,61 \cdot 10^3$	—	$0,70 \cdot 10^3$	1,1
H_2	$4,5 \cdot 10^3$	5,9	$5,9 \cdot 10^3$	8,2
HCl	$0,40 \cdot 10^3$	0,65	$0,47 \cdot 10^3$	0,56
He	$1,5 \cdot 10^3$	17	$1,7 \cdot 10^7$	500
H_2O	—	0,62*	—	0,56*
H_2S	$0,54 \cdot 10^3$	0,708	$0,54 \cdot 10^3$	0,68
N_2	—	1,28	—	1,8
NH_3	$0,43 \cdot 10^3$	0,75	$0,50 \cdot 10^3$	0,8
O_2	$1,0 \cdot 10^3$	2,18	$1,4 \cdot 10^3$	1,58

* $t \sim 100^0$ C.

Die Gegenwart der durch irgendeinen der oben beschriebenen Vorgänge entstandenen Gasionen verleiht den gasförmigen Systemen ihre Leitfähigkeit. Da in der Praxis die Wirkung der kosmischen Strahlen nicht ausgeschaltet werden kann, es sei denn unter ganz besonderen experimentellen Bedingungen, so folgt daraus, daß jedes gasförmige System (auch in Abwesenheit der übrigen oben angeführten Ionisierungsfaktoren oder Stoffe, die freie Elektronen emittieren können) immer eine gewisse Leitfähigkeit hat, die auf die Bewegung der geladenen Teilchen (positive und negative Ionen, Elektronen) innerhalb der Gasmasse zurückzuführen ist.

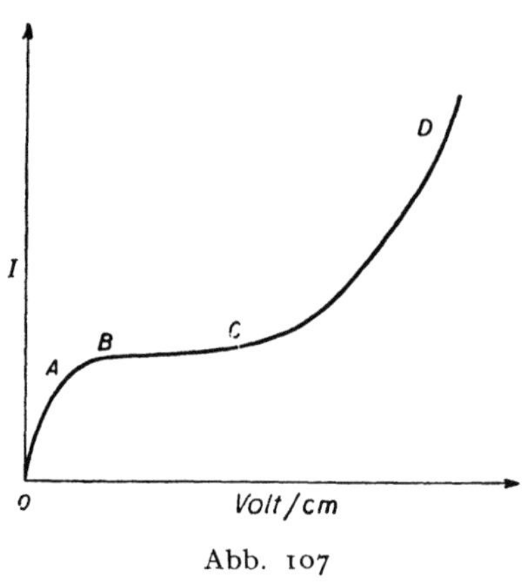

Abb. 107

Die Leitfähigkeit eines gasförmigen Systems wird eindeutig durch den angelegten Potentialgradienten beeinflußt, was einen Unterschied mehr gegenüber den elektrolytischen Systemen ausmacht. Trägt man in ein Diagramm die Stärke des in einem gasförmigen System zwischen zwei Elektroden fließenden Stromes als Funktion des angelegten Potentialgradienten ein, dann erhält man eine Kurve der in Abb. 107 dargestellten Art. Anfangs, solange noch der Potentialgradient klein ist, wächst die Stromstärke proportional mit dem Potentialgradienten (Gültigkeit des Ohmschen Gesetzes, Abschnitt OA), wie in einem vom Stokesschen Gesetz beherrschten elektrolytischen System, was auf die Zunahme der effektiven Wanderungsgeschwindigkeit der Trägerteilchen der elektrischen Ladungen zurückzuführen ist. In weiterer Folge hört die Proportionalität zwischen den Zuwachsen der Stromstärke und des Potentialgradienten auf (Abschnitt AB) und die Kurve läuft in eine zur Abszissenachse parallele Strecke BC aus, die dem Sättigungsstrom entspricht. Dieses Verhalten kommt dadurch zustande, daß die Zahl der Ladungsträger infolge Entladung an den Elektroden und infolge Neutralisierung der ungleichsinnig geladenen Teilchen im ganzen Kurvenabschnitt zwischen dem Ursprung und dem Punkt C konstant ist, wobei allerdings vom Punkte A an die effektive Geschwindigkeit einen solchen Wert erreicht hat, daß sie mit der Zunahme des Potentialgradienten nicht mehr Schritt halten kann; sie wird schließlich vom Potentialgradienten unabhängig (man beachte die Analogie zum Grenzstrom in den elektrolytischen Systemen). Die Kurve weist daher zunächst einen zur Abszissenachse konkaven Abschnitt auf, um dann in die Parallele überzugehen. Bei weiterer Steigerung des Potentialgradienten beginnt die Stromstärke neuerlich zuerst langsam und dann immer rascher (Abschnitt CD) zu wachsen, ohne eine bestimmte Tendenz zur Bildung eines Maximums zu zeigen. Dieser letzte Kurvenabschnitt ist auf eine vollkommen neue Erscheinung zurückzuführen: die Trägerteilchen der elektrischen Ladungen werden auf dem Wege zwischen zwei aufeinanderfolgenden Zusammenstößen vom elektrischen Feld so stark beschleunigt, daß sie im Durchschnitt eine größere kinetische Energie erwerben, als der Ionisationsenergie der angestoßenen neutralen Teilchen bzw. der Abtrennungsarbeit der Elektronen aus dem Elektrodenmaterial (im wesentlichen Kathodeneffekt) entspricht. Beim Zusammenstoß eines beschleunigten geladenen Teilchens mit einem neutralen Teilchen spaltet sich das letztere entsprechend einer bestimmten Wahrscheinlichkeit in ein freies Elektron und ein positives Ion auf und vermehrt auf diese Weise die Gesamtzahl der geladenen Teilchen je Volumeinheit. Die Leitfähigkeit nimmt also zu. Beim Zusammenstoß eines geladenen Teilchens mit der Elektrode kann entweder die einfache Emission eines neuen freien Elektrons oder auch die gleichzeitige Neutralisation des stoßenden Teilchens erfolgen. Die Ionisation durch Zusammenstoß mit neuen Atomen oder Molekülen und die Emission neuer freier Elektronen werden mit Zunahme des Potentialgradienten immer wahrscheinlicher und häufiger. Die Leitfähigkeit hat also die Tendenz, unbegrenzt anzuwachsen.

Mit der Stromstärke steigt im gleichen Maß auch die Stromdichte an der Oberfläche der Elektroden an, die sich daher infolge des Jouleschen Effektes allmählich erwärmen. Die Temperaturzunahme der Elektroden hat eine weitere Steigerung der Leitfähigkeit des Gases zur Folge, da die Elektroden von einer bestimmten Temperatur ab, die von der chemischen Natur ihrer Zusammensetzung abhängt, auf Grund des thermoionischen Effektes freie Elektronen emittieren, und zwar um so mehr, je höher die Temperatur liegt. Die Zahl der geladenen Teilchen nimmt daher weiter zu und die Leitfähigkeit erfährt einen noch weiteren Anstieg bei gleichzeitiger Verminderung des Potentialgradienten[1].

Der allgemeine Verlauf, so wie er oben beschrieben wurde, ist besonders charakteristisch für Systeme unter niedrigem Druck von der Größenordnung einiger mm Hg. In solchen Systemen nimmt die Entladung verschiedene Formen und infolgedessen auch verschiedene Benennungen an: *Dunkelentladung* oder *stille Entladung, Glimmentladung, Lichtbogen.* In Systemen unter hohem Druck von der Größenordnung des Luftdruckes kann die Entladung noch auf andere Art vor sich gehen, und zwar[2]:

a) In Form eines sehr starken intermittierenden Stromes, besonders wenn parallel zu den Elektroden ein Kondensator hoher Kapazität liegt. Dieser Entladungstyp, der bei hohen Potentialgradienten auftritt, wird als *Funkenentladung* bezeichnet. Er ist im wesentlichen einer Stoßionisation zuzuschreiben und hängt überdies vom Elektrodenmaterial, von der Form der Elektroden, von der Natur des Gases, dessen Druck und Temperatur und von der Gegenwart anderer Ionisatoren ab.

b) In Form eines besonderen Bogens zwischen Kohleelektroden, wenn die anodische Stromdichte Werte in der Größenordnung von 300 A/cm² erreicht. Infolge der hohen Anodenstromdichte, das heißt des überaus heftigen Elektronenbombardements gegen die Anode steigt die Anodentemperatur stark an und bringt Anodensubstanz selbst zur Verdampfung. Dieser Vorgang wird durch die *Anodenflamme* sichtbar gemacht. Während die Temperatur der Gase in einem normalen Lichtbogen sich um 7000 bis 8000⁰ C bewegt, liegt die Temperatur der Anodenflamme noch bedeutend über 8000⁰ C. Diese durch eine neuerlich ansteigende Charakteristik[2] gekennzeichnete Entladungsart wird als *Hochstromkohlebogen* bezeichnet.

c) Bei weiterer Erhöhung der Stromstärke verursacht das eigene Magnetfeld eine starke Kontraktion des Durchmessers der leuchtenden Gassäule, innerhalb der zwischen den Elektroden die Entladung vor sich geht, so daß die Stromdichte in der Gassäule Werte in der Größenordnung von 300 A/cm² annimmt und die Temperatur bis etwa 15 000⁰ C steigt. Diese Entladungsart wird unabhängig vom Elektrodenmaterial als *negative Stichflamme*[2] bezeichnet.

---

[1] Der dieser letzten Erscheinung entsprechende Kurvenabschnitt, auch *absteigende Charakteristik* genannt, ist in Abb. 107 nicht aufgenommen.

[2] Eine ins einzelne gehende Beschreibung der verschiedenen Entladungsarten und ihrer Eigenschaften geht über die Grenzen der Elektrochemie hinaus. Insofern muß auf die Spezialabhandlungen der Physik und Elektrotechnik verwiesen werden.

Entladungen in Gasen können außer durch Anlegen einer Gleichspannung auch mit Hilfe einer Wechselspannung zustande kommen; ist die Frequenz genügend hoch, dann findet die Entladung statt, selbst wenn die Elektroden vom System durch ein Dielektrikum getrennt sind.

2. Chemische Reaktionen in Gasentladungen

Die chemischen Reaktionen, die bei oder infolge einer elektrischen Entladung in einer gasförmigen Umgebung stattfinden, können in zwei große Gruppen eingeteilt werden: in solche, die auf die hohe Temperatur in der Umgebung der Reaktion zurückzuführen sind und deren Ablauf von den Faktoren, welche die Temperatur nicht empfindlich beeinflußen, unabhängig sind (z. B. Stromfrequenz eines Bogens oder Funkens), und in solche, die in ihrem Ablauf eine starke Abhängigkeit von den die Entladung beherrschenden elektrischen Faktoren und anderen Größen aufweisen, die mehr oder weniger die Existenz und Reaktionsfähigkeit der elektrisch geladenen Teilchen selbst beeinflußen. Die erste Gruppe umfaßt die nicht eigentlich elektrochemischen, sondern eher elektrothermischen Reaktionen, die vorwiegend dank der hohen Temperatur auftreten, besonders wenn sich die Ausgangs- und Endprodukte insgesamt oder zum Teil in der kondensierten Phase befinden (Calciumcarbid, verschiedene Stahlarten usw.). Vom elektrochemischen Gesichtspunkt ist diese Gruppe von Reaktionen ohne besonderes Interesse.

Die zweite Kategorie umfaßt dagegen jene Gasreaktionen, die direkt von den elektrischen Entladungsfaktoren beeinflußt werden und für deren Mechanismus Gasionen[1] als primäre Produkte der elektrischen Entladung angenommen werden müssen, die durch Zusammenstoß mit freien, vom Feld beschleunigten Elektronen entstanden sind. An die Stelle der Gasionen können auch Atome oder freie Radikale treten, die ebenfalls im Verlauf der komplizierten Reaktionen in Verbindung mit einer elektrischen Entladung innerhalb einer Gasmasse erzeugt werden und an deren Entstehung immer freie, durch das elektrische Feld beschleunigte Elektronen beteiligt sind. Solche Reaktionen sind als eigentlich elektrochemische aufzufassen und können insofern den erzwungenen Reaktionen der elektrolytischen Systeme (Elektrolysereaktionen) an die Seite gestellt werden, als sie auf Kosten von außen gelieferter elektrischer Energie von einem energieärmeren Anfangs- zu einem energiereicheren Endsystem führen. Beispiele hiefür sind die Bildung von Ozon, Stickoxyd, von Wasserstoff-, Sauerstoff-, Stickstoff- und anderen Atomen, von freien Radikalen des Typs OH oder NH usw.

Aus verschiedenen Gründen ist über Ablauf und Theorie solcher Reaktionen noch sehr wenig bekannt. Vor allem ist es unwahrscheinlich, daß die in einer Gasmasse bei elektrischer Entladung sich einstellenden Gleichgewichte nur von der Temperatur und den zur Umsetzung gelangenden und gemäß den thermodynamischen Gesetzen in Kalorien ausdrückbaren Energiebeträgen bestimmt werden. Es ist zwar richtig, daß z. B. eine von einer Bogenentladung durchsetzte Gasmasse als ein Gebiet hoher Temperatur betrachtet werden muß. Die Bedingungen der Bestandteile einer solchen Masse, insbesondere der geladenen Teilchen (Ionen und Elektronen), sind aber von denjenigen in einem Gebiet, in dem *nur* hohe Temperatur bei Abwesenheit eines elektrischen Feldes herrscht, z. B. in einer Flamme, wesentlich verschieden. Tatsächlich ist die kinetische Energie der geladenen Teilchen als Funktion ihrer Geschwindigkeit

---

[1] Die als notwendige Zwischenprodukte für die gewünschte chemische Reaktion anzusehen sind.

und damit der Temperatur nach der thermodynamischen Auffassung bedeutend größer als jene Energie, die dieselben Teilchen bei der gleichen absoluten Temperatur[1], aber in Abwesenheit eines elektrischen Feldes aufweisen, da sie, durch das elektrische Feld beschleunigt, im Durchschnitt eine größere Geschwindigkeit besitzen, als der thermodynamischen Temperatur des Systems entspricht. Daraus folgt, daß es äußerst schwierig, wenn nicht unmöglich ist, bei den stark endothermen Reaktionen die rein thermischen von den elektrischen Ursachen zu trennen. Dazu gehören aber gerade jene Vorgänge, die innerhalb einer von einer elektrischen Entladung durchsetzten Gasmasse stattfinden. Außerdem wird dadurch die thermodynamische Definition solcher Systeme unmöglich gemacht.

Zweitens bilden sich während der Entladung auf Grund von primären und einer Reihe von sekundären, von den besonderen Versuchsbedingungen abhängigen Reaktionen verschiedene kurzlebige Teilchenarten: freie Elektronen, ein- oder mehratomige Gasionen, die positiv oder negativ, einfach, im Grundzustand oder im elektronisch erregten Zustand sein können, freie Atome und freie Radikale im Grund- und im erregten Zustand und schließlich Teilchenhaufen, die aus einem Gasion bestehen, das von einer bestimmten Anzahl neutraler Moleküle umgeben ist. Alle diese instabilen oder metastabilen Teilchen besitzen eine hohe Reaktionsfähigkeit, die außerdem durch die Katalytwirkung von Spuren anderer, an der Reaktion unbeteiligter Substanzen oder der Gefäßwand (Wandkatalyse) in bestimmte Richtungen gelenkt werden kann. In anderen Worten: es muß das Nebeneinanderbestehen zahlreicher sich überlagernder Gleichgewichtsreaktionen angenommen werden, die im übrigen wegen der Instabilität eines oder mehrerer ihrer Bestandteile niemals einen echten thermodynamischen Gleichgewichtszustand erreichen. Darüber hinaus macht die Schwierigkeit einer experimentellen Bestimmung der jeweiligen Konzentration aller vorhandenen oder wenigstens an einer Reaktion teilnehmenden Ionenarten die Lösung der Probleme der Elektrochemie der Gase noch komplizierter.

Die Untersuchung der elektrochemischen Gasreaktionen wird auch dadurch erschwert, daß die Faradayschen Gesetze für solche Systeme nicht gelten, was einen weiteren grundlegenden Unterschied gegenüber den echten elektrolytischen Systemen darstellt. Die durch die elektrische Entladung umgewandelten Substanzmengen stehen in keinerlei Zusammenhang mit der Elektrizitätsmenge, die das System durchsetzt hat, und können je nach den chemisch-physikalischen Bedingungen des Systems (Druck und Temperatur) und den elektrischen Faktoren die verschiedensten Werte annehmen. Gleichzeitig ist folgendes bemerkenswert. Während für elektrolytische Systeme die Anwendung eines reinen, das heißt von einer Gleichstromkomponente freien Wechselstroms keine nachhaltigen Elektrolyseerscheinungen hervorruft, da der während einer Halbperiode ablaufende Vorgang gewöhnlich in der folgenden Halbperiode aufgehoben wird, ganz vereinzelte Fälle bei ausschließlich sehr hohen Frequenzen ausgenommen, ist das bei den gasförmigen Systemen nicht der Fall. Im Gegenteil, die Verwendung von Wechselstrom erhöht gewöhnlich noch die Ausbeute ganz bedeutend. Außerdem muß bemerkt werden, daß bei den elektrochemischen Gasreaktionen Stromausbeuten möglich sind, die weit über 1 liegen. So schwankt z. B. die für die Bildung eines Äquivalents Ozon notwendige Coulombzahl je nach den Angaben der einzelnen Autoren zwischen 84 und 1400 und liegt damit weit unter der Zahl 96 500, die den theoretischen Wert darstellen würde, wenn die Faradayschen Gesetze für solche Systeme gültig wären.

---

[1] Bei der die nichtgeladenen Teilchen dieselbe Verteilung der kinetischen Energie, oder — was dasselbe ist — die gleiche mittlere Energie haben.

Aus allen diesen Gründen befindet sich die Elektrochemie der Gase erst in einem Anfangsstadium ihrer Entwicklung, in dem ihre Ergebnisse noch ausschließlich experimenteller Natur sind. Eine vollständige Theorie, die diese Ergebnisse deutet und auf Grund der Versuchsbedingungen Vorhersagen erlaubt, ist noch ausständig.

Zur Illustration des Gesagten möge eine kurze Erörterung zweier elektrochemischer Gasreaktionen dienen, die auch industrielle Anwendung gefunden haben, nämlich die Darstellung von Ozon und die Synthese von Stickoxyd.

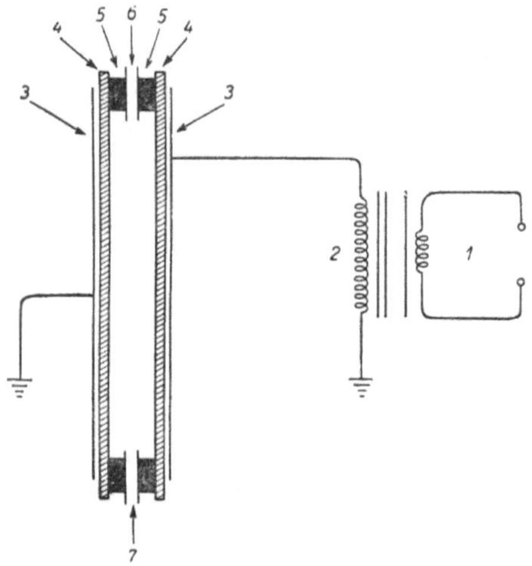

a) Ozon. Das Ozon bildet sich bei einer Dunkelentladung (auch stille Entladung genannt) in Apparaturen, die für diesen Zweck im Laufe der Zeit auch für industrielle Verwendung und andere Reaktionsarten entwickelt wurden. Die praktischen Ausführungen solcher als Ozonisatoren bezeichneten Apparate sind sehr zahlreich, das zugrundeliegende Prinzip ist aber immer dasselbe. Abb. 108 zeigt den schematischen Schnitt eines sogenannten Plattenozonisators. Dieser besteht aus einem Gestell (5) aus Isoliermaterial, das die Rohrleitungen

Abb. 108. Schema eines Plattenozonisators

für den Eintritt (7) und Austritt (6) der Gase trägt; an beiden Seiten des Gestells sind zwei Glasplatten (4) befestigt, die als Dielektrikum und gleichzeitig als sehr hoher Widerstand dienen; an den Außenseiten der beiden Glasplatten liegen die Elektroden (3), von denen eine geerdet und die andere mit der Hochspannungsquelle verbunden ist. Letztere kann die Sekundärspule eines Transformators (2) oder ein Hochspannungsgenerator oder auch ein Oszillator (für sehr hohe Frequenzen) sein. Die Größenordnung der an die Elektroden angelegten Potentialdifferenz beträgt einige Tausend Volt bis zu einem Höchstwert von etwa 25 000 V, während die Stromdichte um 0,1 bis 0,2 A/cm^2 liegt und die für technische Ozonisatoren benützte Frequenz zwischen 50 und 1000 Hertz schwankt (bei Laboratoriumsversuchen wurden Frequenzen bis über 10 000 Hertz benützt). In dem zwischen den beiden Platten strömenden Sauerstoff (Luft) findet eine stille Entladung statt, als deren Folge die Bruttoreaktion

$$3\,O_2 \rightarrow 2\,O_3$$

zustande kommt.

Diese Reaktion ist stark endotherm, da die Bildungswärme des Ozons + 34,5 kcal beträgt. Sie müßte daher durch hohe Temperatur begünstigt werden. Die Ozonbildung durch Wärme allein würde allerdings eine so hohe Temperatur erfordern, daß auch im Lichtbogen keine nennenswerte Ozonmenge entstünde. Trotzdem erhält man im Ozonisator eine gute Ausbeute bei niedrigen, wenig über der Umgebung liegenden Temperaturen und man kann die Ausbeute sogar noch erhöhen, wenn man mit einem Ozonisator bei der Temperatur der flüssigen Luft arbeitet[1]. Findet die Reaktion im Lichtbogen statt, dann kann die sehr

---

[1] Briner, E.: Arch. Sci. phys. nat. [5] **23**, 25, 71 (1941).

niedrige Ausbeute durch verschiedene Maßnahmen elektrischer Natur (z. B. Frequenzerhöhung) und chemisch-physikalischer Natur (z. B. Druckerniedrigung) gesteigert werden.

Alle diese Tatsachen deuten darauf hin, daß die Bildungsreaktion des Ozons wesentlich komplizierter ist als oben angegeben und daß sie von den bei der elektrischen Gasentladung entstandenen geladenen oder ungeladenen Primärteilchen, wenn schon nicht eigentlich hervorgerufen, so doch wesentlich beeinflußt sein muß. Bei der elektrischen Entladung in Sauerstoff oder Luft können durch Aufspaltung von Sauerstoffmolekülen, durch Ionisation und durch Addition freier Elektronen folgende für die Ozonbildung wichtige Teilchen entstehen: O, O_2^+, O_2^-, O^+, O^-. Aus diesen Teilchen könnte sich das Ozon theoretisch nach einer der folgenden Reaktionen bilden:

$$O_2 + O \rightarrow O_3,$$
$$O_2^+ + O^- \rightarrow O_3,$$
$$O_2^- + O^+ \rightarrow O_3,$$
$$3\,O \rightarrow O_3.$$

Der tatsächliche Mechanismus der Ozonbildung bei der stillen Entladung ist noch nicht genau bekannt. Mit großer Wahrscheinlichkeit entsteht das Ozon bei Zimmertemperatur auf Grund einer der obigen Reaktionen, an denen freie Atome, aber auch Gasionen teilnehmen.

Es ist interessant, daß Ozon auch durch Zusammentritt von drei Sauerstoffatomen entstehen kann. In diesem Fall wäre die Reaktion stark exotherm. Die gegenseitige Überlagerung einer stark exothermen und einer stark endothermen Reaktion, von denen die erstere durch eine niedrige und die letztere durch eine hohe Temperatur begünstigt wird (um nicht von den Reaktionen zu sprechen, an denen Gasionen beteiligt sind) stellt ein typisches Beispiel der bereits erwähnten Überlagerung verschiedener Gleichgewichte dar, welche die theoretische Untersuchung der elektrochemischen Reaktionen in gasförmiger Phase so schwierig macht.

Die einzige technische Herstellungsmethode für Ozon ist heute immer noch die stille Entladung. Aus den thermischen Reaktionsdaten errechnet sich, daß sich für jede Kilowattstunde 1200 g O_3 bilden müßten, während man heute unter günstigsten Bedingungen 250 g/kWh erreichen kann. Die Energieausbeute liegt daher um 0,20. Das Ozon findet verschiedene Anwendungen, die sich alle auf sein starkes Oxydations- und Sterilisierungsvermögen gründen. In der Hauptsache wird es jedoch zur Sterilisierung und Reinigung von Luft und Wasser verwendet, da sein hohes Oxydationsvermögen die Beseitigung von Substanzen gestattet, die diesen beiden Stoffen einen unangenehmen Geruch oder Geschmack verleihen.

b) Stickoxyd. Zur Bindung von atmosphärischem Stickstoff bediente man sich früher eines elektrischen Bogens mit besonderen Eigenschaften, welche die direkte, stark endotherme Reaktion

$$N_2 + O_2 \rightarrow 2\,NO - 43,2\ \text{kcal}$$

begünstigen.

Das so gebildete Stickoxyd reagiert weiter mit Sauerstoff, um NO_2 zu ergeben, und dieses bildet seinerseits mit Wasser HNO_3 und andere mehr oder weniger stabile Stickstoffabkömmlinge. Diese Methode ist heute durch die auf industrieller Grundlage durchgeführte Ammoniaksynthese vollständig verdrängt worden. Es erübrigt sich daher, die zahlreichen Vorrichtungen, die zur Herstellung der für die Stickoxydsynthese am besten geeigneten Bedingungen des Lichtbogens entwickelt wurden, auch nur schematisch anzudeuten.

Aus der obigen Bildungsreaktion und der damit verbundenen Reaktionswärme kann man schließen, daß diese Reaktion von einer hohen Temperatur gefördert werden muß. Das Stickoxyd kann sich aber auch durch die direkte, stark exotherme Reaktion der Atome

$$N + O \rightarrow NO + 121 \text{ kcal}$$

bilden, die daher von einer niedrigen Temperatur begünstigt wird. Die aus der Dissoziation der betreffenden Moleküle stammenden Stickstoff- und Sauerstoffatome können sich direkt durch thermische Reaktion bilden, sie können aber auch durch Aufspaltung infolge Zusammenstoßes mit geladenen Teilchen entstehen, die vom elektrischen Feld hinreichend beschleunigt werden. Beide Bedingungen sind im elektrischen Bogen gegeben, in dem also die Konzentration der Stickstoff- und Sauerstoffatome nicht vernachlässigbar ist und mit der Zunahme der Temperatur und der Potentialdifferenz an den Elektroden des Bogens ansteigt. Die Stickoxydbildung ist daher das Ergebnis nicht nur der beiden oben erwähnten, sondern auch anderer Reaktionen, an denen die bei der elektrochemischen Gasreaktion entstandenen Teilchen (N_2^+- oder auch N^+-Ionen, N-, O-Atome usw.) teilnehmen und deren Auftreten durch Untersuchungen über den Zusammenstoß mit Elektronen nachgewiesen wurde. Dabei konnte festgestellt werden, daß die Bildung von NO bei einer kleinsten Energie der beschleunigten Elektronen von 17 eV einsetzt, das ist die Ionisationsenergie des Stickstoffmoleküls, und bei einer Energie von 22 eV beschleunigt wird, das ist die für die Aufspaltung des Stickstoffmoleküls in ein neutrales Atom N, in ein positives Ion N^+ und in ein freies Elektron erforderliche Energie. Auf solche Reaktionen kann man auch aus der Stickoxydbildung bei niedriger Temperatur durch stille Entladung schließen, bei der die Gegenwart von Atomen durch thermische Aufspaltung ausgeschlossen werden muß, und schließlich aus dem Einfluß der Entladungsfrequenz auf die Ausbeute, die eine Intensitätszunahme der Emissionsbanden durch das N_2^+-Ion und damit indirekt die Erhöhung dessen Konzentration erkennen läßt.

Auch im Falle des Stickoxyds muß daher das Nebeneinanderbestehen mehrerer Bildungsreaktionen angenommen werden, von denen die eine oder die andere je nach den experimentellen Bedingungen den Ausschlag geben kann.

Zuletzt muß noch darauf hingewiesen werden, daß die elektrische Entladung in gasförmiger Phase zur Darstellung verschiedener Gase (H, N, O, Cl) im atomaren Zustand verwendet wurde, um deren Reaktionsfähigkeit zu prüfen, ferner zur Darstellung freier Radikale des Typs OH, NH usw. und daß sie im Zusammenhang mit zahlreichen Reaktionen verschiedener Art untersucht wurde. Die diesbezüglichen Ergebnisse sind jedoch vom theoretischen Gesichtspunkt nur schwer auf einen gemeinsamen Nenner zu bringen. Zweifellos bietet aber die Elektrochemie der Gase ungeahnte Forschungs- und Anwendungsmöglichkeiten, die erst voll zur Geltung kommen werden, wenn die experimentellen Mittel und die Theorie über ihren heutigen Entwicklungsstand hinausgekommen sein werden.

Zum eingehenderen Studium der im zwölften Kapitel behandelten Themen werden die folgenden Abhandlungen empfohlen:

Briner, E. und Mitarbeiter: Zahlreiche Mitteilungen hauptsächlich in Helv. Chim. Acta, aber auch in anderen Zeitschriften.

Dosse, J. und G. Mierdel: Der elektrische Strom im Hochvakuum und in Gasen. Leipzig: S. Hirzel, 1943.

Glockler, G. and S. C. Lind: The Electrochemistry of Gases and Other Dielectrics. New York: J. Wiley, 1939.

Seeliger, R.: Einführung in die Physik der Gasentladungen. Leipzig: J. A. Barth, 1943.

Thomas, C. L., G. Egloff and J. C. Maxwell: Chem. Rev. **28**, 1 (1941).

Sachverzeichnis